水科学前沿丛书

黄河流域旱情监测与水资源调配原理与技术

王　煜　彭少明等　著

科 学 出 版 社
北　京

内 容 简 介

本书面向黄河流域干旱应对与水资源调度管理的实践需求，发展了多时间尺度干旱评估与演变特征识别、基于陆气耦合的大型灌区干旱实时监测、基于多源降雨信息的洪水/径流多尺度嵌套耦合预报、多年调节水库旱限水位优化控制、多泥沙河流综合运用水库汛限水位优化、应对干旱的流域梯级水库群协同优化调度以及干旱应对与风险管理等关键技术，构建了支撑流域旱情实时监测与应对的水资源优化调配技术平台，优化提出了流域应对干旱的水资源调配方案及管理策略，有效提升了流域应对干旱的水资源调度管理水平。

本书可供水文学及水资源、大气科学、减灾等相关专业的科研人员及高等院校师生，以及从事水利工程规划、水资源管理等领域的工作人员参考。

图书在版编目（CIP）数据

黄河流域旱情监测与水资源调配原理与技术 / 王煜等著. —北京：科学出版社，2017. 3

（水科学前沿丛书）

ISBN 978-7-03-052022-7

Ⅰ. ①黄…　Ⅱ. ①王…　Ⅲ. ①黄河流域-旱情-监测②黄河流域-水资源管理　Ⅳ. ①P426. 616②TV213. 4

中国版本图书馆 CIP 数据核字（2017）第 047580 号

责任编辑：王　倩 / 责任校对：钟　洋
责任印制：肖　兴 / 封面设计：无极书装

科学出版社 出版
北京东黄城根北街 16 号
邮政编码：100717
http://www.sciencep.com
北京通州皇家印刷厂 印刷
科学出版社发行　各地新华书店经销
*
2017 年 3 月第　一　版　开本：787×1092　1/16
2017 年 3 月第一次印刷　印张：26 1/4
字数：600 000

定价：208.00 元

（如有印装质量问题，我社负责调换）

《水科学前沿丛书》编委会

（按姓氏汉语拼音排序）

顾　　问　曹文宣　陈志恺　程国栋　傅伯杰
韩其为　康绍忠　雷志栋　林学钰
卯　智　孟　伟　王　超　王　浩
王光谦　薛禹群　张建云　张勇传

主　　编　刘昌明

常务副主编　徐宗学

编　　委　蔡崇法　常剑波　陈求稳　陈晓宏
陈永灿　程春田　方红卫　胡春宏
黄国和　黄介生　纪昌明　康跃虎
雷廷武　李怀恩　李义天　林　鹏
刘宝元　梅亚东　倪晋仁　牛翠娟
彭世彰　任立良　沈　冰　王忠静
吴吉春　吴建华　徐宗学　许唯临
杨金忠　郑春苗　周建中

《水科学前沿丛书》出版说明

随着全球人口持续增加和自然环境不断恶化，实现人与自然和谐相处的压力与日俱增，水资源需求与供给之间的矛盾不断加剧。受气候变化和人类活动的双重影响，与水有关的突发性事件也日趋严重。这些问题的出现引起了国际社会对水科学研究的高度重视。

在我国，水科学研究一直是基础研究计划关注的重点。经过科学家们的不懈努力，我国在水科学研究方面取得了重大进展，并在国际上占据了相当地位。为展示相关研究成果、促进学科发展，迫切需要我们对过去几十年国内外水科学不同分支领域取得的研究成果进行系统性的梳理。有鉴于此，科学出版社与北京师范大学共同发起，联合国内重点高等院校与中国科学院知名中青年水科学专家组成学术团队，策划出版《水科学前沿丛书》。

丛书将紧扣水科学前沿问题，对相关研究成果加以凝练与集成，力求汇集相关领域最新的研究成果和发展动态。丛书拟包含基础理论方面的新观点、新学说，工程应用方面的新实践、新进展和研究技术方法的新突破等。丛书将涵盖水力学、水文学、水资源、泥沙科学、地下水、水环境、水生态、土壤侵蚀、农田水利及水力发电等多个学科领域的优秀国家级科研项目或国际合作重大项目的成果，对水科学研究的基础性、战略性和前瞻性等方面的问题皆有涉及。

为保证本丛书能够体现我国水科学研究水平，经得起同行和时间检验，组织了国内多位知名专家组成丛书编委会，他们皆为国内水科学相关领域研究的领军人物，对各自的分支学科当前的发展动态和未来的发展趋势有诸多独到见解和前瞻思考。

我们相信，通过丛书编委会、编著者和科学出版社的通力合作，会有大批代表当前我国水科学相关领域最优秀科学研究成果和工程管理水平的著作面世，为广大水科学研究者洞悉学科发展规律、了解前沿领域和重点方向发挥积极作用，为推动我国水科学研究和水管理做出应有的贡献。

刘昌明

2012 年 9 月

序　一

随着全球气候的持续变暖，近年来我国干旱发生频率和强度均呈现增加趋势，严重影响了人类生存和经济社会可持续发展，成为影响最大的自然灾害之一。黄河是我国西北、华北地区重要的水源，流域内土地、矿产资源十分丰富，在我国经济社会发展格局中的地位十分突出。但是黄河流域历史上就是旱灾最严重的地区之一，由于降水量少、抗旱能力差，素有“十年九旱”之说。特别是近 50 年来，黄河流域气温明显升高，河川径流减少，且有逐渐干旱化的趋势。自 20 世纪 80 年代以来，黄河流域干旱尤其是极端干旱发生的频次有增加趋势，尤其是 20 世纪 90 年代以来，为干旱发生较为频繁且严重的时期。干旱年份灌区用水受到限制，流域每年因旱灾造成的损失巨大，干旱和缺水问题成为严重制约黄河流域及相关地区经济社会的可持续发展瓶颈。

干旱应对和旱灾控制一直是世界关注的热点和研究的前沿问题。当前流域干旱监测与水资源调配存在干旱实时监测与早期预警技术手段缺乏、应对干旱的水源调配技术体系不完善、流域干旱管理机制不健全等问题，尚不能完全满足流域抗旱减灾的需求，流域干旱应对是正面临的重大科学技术挑战。针对这一重大问题，王煜及其领导下的团队以“十二五”国家科技支撑项目为依托，将信息技术、模拟技术及空间分析技术等前沿技术融合，通过 4 年攻关研究，在旱情的监测评估、径流/洪水预报、梯级水库调度以及干旱应对管理领域取得了多项创新性成果：

第一，综合考虑水文、气象、下垫面等因素对区域干旱演变的影响，构建了适用于多时间尺度的综合干旱监测与评估指标，全面揭示了水通量转化过程对干旱演化进程的影响，实现流域干旱的科学评估。

第二，建立了流域尺度高时空分辨率的陆面与大气耦合的灌区旱情实时监测系统，实现气象、水文、农业、生态等干旱过程的实时监测和评估，提高了灌区干旱的预报精度，灌区尺度干旱监测准确率达到 86.2% 以上，为灌区旱情的监测和预报提供了基础平台。

第三，实现了多年调节水库旱限水位控制、汛限水位优化和水库群协同优化技术创新，建立了集成应对干旱的水库群协同调控技术体系，实现了流域水资源年际调控、年内优化、库群协同、空间的协调，开辟了流域有序应对气候变化和流域干旱的新途径。

第四，建立了多层级多部门联动干旱风险管理机制，突破了传统应急式、短期式抗旱模式，提出了具体、系统、有效的组织体系和行动方案，实现流域干旱管理的定量化、精细化和高效化。

《黄河流域旱情监测与水资源调配原理与技术》一书是在“十二五”国家科技支撑计划重大项目“黄河流域旱情监测与水资源调配技术研究与应用”课题研究成果基础上提炼而成的，凝聚了作者多年来的科研成果。我相信该书的出版对应对干旱的水资源调配技术的发展和完善具有重要的推动作用。由于气候变化对流域干旱及水资源影响的科学问题极为复杂，希望作者和读者在成果的推广应用中进一步深入地开展研究，不断提升流域应对干旱水资源管理与调度的水平，为国家抗旱减灾做出更大贡献。

中国科学院院士 刘昌明

2017 年 3 月

序　　二

干旱和干旱化是影响人类社会最严重的灾害之一，旱灾控制一直是世界关注的热点问题，及时精准的监测及科学合理的应对，是减少旱灾损失的重要途径。

黄河流域历史上就是旱灾严重的地区之一，上游的宁蒙河套平原、中游汾渭盆地及下游引黄灌区是我国重要的农业生产基地，同时也是干旱化最严重的地区。在过去60年间，流域气温明显升高，干旱发生的频次和强度均有所增加；2000年以来，黄河流域多次发生严重旱情，给流域水资源安全和能源、粮食、生态安全保障带来了极大风险。急需突破干旱实时监测技术瓶颈、创新抗旱水源优化调配方法，提高旱灾控制能力和水资源管理水平，实现干旱的有序应对、减少旱灾损失。

以王煜为带头人的研究团队，以"十二五"国家科技支撑计划课题为依托，针对流域干旱评估方法、灌区干旱实时监测技术与应对干旱的水资源调配原理等关键问题，从灌区干旱监测、预报及科学应对等方面开展了系统的研究，经过4年的攻关，取得了丰硕的成果：揭示了黄河流域干旱、洪水发生和演变特征，以及灌区灌溉需水对干旱的响应关系，在流域干旱发生规律、演变趋势和灌溉需水响应领域取得了新认识，为精确、有序应对干旱提供了重要的科学基础。发展了干旱评估与演变特征识别技术、灌区干旱实时监测技术、洪水/径流多尺度嵌套耦合预报技术、应对干旱的流域梯级水库群协同优化调度技术，为进一步提升黄河流域干旱监测与水源调度技术水平提供了重要的支撑。开发了大型灌区旱情实时监测、应对干旱的黄河大型梯级水库群优化调度、黄河干流洪水预报等模型、系统，为流域旱情实时监测与水资源优化调配提供了重要的技术平台。

《黄河流域旱情监测与水资源调配原理与技术》一书的出版发行，对干旱有序应对领域的发展、提升黄河流域旱情监测水平和应对干旱的水资源调配管理能力将起到积极的推动作用。

黄河水利委员会副主任　薛松贵

2017年4月

前　言

气候变暖及日益频发的极端天气气候事件对我国粮食安全、水安全、生态安全和城市安全等造成严重威胁。研究表明，气候变化导致我国主要江河河川径流量减少，水资源时空分布不均，高温、干旱、洪涝、缺水问题尤为突出。黄河流域面积79.5万km^2，横贯中国东西，按气候因素，流域大致可分为干旱区、半干旱区和半湿润区。上游宁蒙河套平原、中游汾渭盆地及下游引黄灌区是我国重要的农业生产基地，同时也是干旱化严重的地区。近50年间，随着气候变化和人类活动加剧，黄河流域河川径流减少了17%。自20世纪80年代以来，黄河流域干旱发生频次呈增加趋势，尤其是20世纪90年代以来，为干旱发生较为频繁的时期，灌区用水受到限制，大面积的农田得不到灌溉，每年流域因旱损失超过100亿元，开展干旱监测、预测及科学应对已成为抗旱减灾的关键。当前干旱监测与水资源调配研究尚不能满足流域抗旱减灾的需求，主要存在以下问题：

第一，缺乏准确的灌区干旱实时监测与早期预警技术手段。当前干旱监测方法主要分为两类，即遥感为主的观测监测和基于耦合模式的数值模拟监测。遥感监测具有空间覆盖广的优势，但由于受波段的限制，在灌区尺度上存在空间分辨率和水量变化区分难等问题，同时也无法满足实时监测的时效性要求。地面站点观测具有数据准确可靠的特点，但布点稀少，代表性差，难以监测区域尺度的干旱。利用耦合模式的数值模拟监测尽管能够提供高时空分辨率的实时大气陆面要素的变化，但其模拟结果的可靠性依赖于气象观测资料和模式本身物理过程的描述。

第二，应对干旱的水源调配技术体系不完善。工程调节是将水资源进行时空尺度再分配，降低复杂气候、水文条件下来水的不确定性，为不同用水户提供相对稳定的供水水源，是应对流域干旱和规避旱灾风险的有效途径之一。现有研究多局限于应急层面，从流域水资源系统整体角度研究流域水资源合理组织、优化调配、提升流域抗旱能力的成果较少，对于流域梯级系统应对干旱的协同调度研究不够深入，尚未形成完善的技术体系。

第三，尚未形成完善的流域干旱管理机制。气候变化和人类活动具有复杂性，使得降水预报和需水预测难以做到实时准确，未能达到预报标准的要求，因此，需要完善的机制指导干旱有序应对，降低干旱的危害。当前黄河流域应对干旱的水资源管理与调配体制、机制尚不健全，行动方案属被动、单一应干旱的危机管理，缺乏全面风险管理与主动应对的方案。

“十二五”国家科技支撑计划“黄河流域旱情监测与水资源调配技术研究与应用”课题（2013BAC10B02）正是依据上述三大问题立项的，主要研究黄河流域大型灌区旱情的实时监测、干流洪水预报、应对干旱的黄河骨干水库调度技术，集成流域洪旱灾害监测与预警、抗旱水资源调度等综合适应技术体系，并提出流域干旱管理的策略，为黄河水资源调度与管理提供科学依据和技术支撑，提高黄河水资源安全保障能力。课题于 2013 年 4 月启动，在研究过程中课题组先后多次组织了黄河流域的调研、查勘和数据收集工作，创建了多时间尺度的干旱评估与演变特征识别、基于陆气耦合的灌区干旱实时监测、基于多源降雨信息的洪水/径流多尺度嵌套耦合预报、多年调节水库旱限水位优化控制、多泥沙河流综合利用水库多分期汛限水位优化、应对干旱的流域梯级水库群协同优化调度以及流域干旱应对与风险管理 7 项关键技术，揭示了流域干旱、洪水发生演变规律以及干旱与灌区需水关系 3 项认识，形成黄河流域旱情监测、抗旱水资源调度等综合适应技术体系；研发出灌区实时监测系统、应对干旱的黄河梯级水库群优化调度模型、黄河干流洪水预报系统 3 套模型系统，形成了支撑流域旱情监测与水资源高效利用的技术平台。课题于 2016 年 6 月通过科技部验收、8 月经国内多名院士和知名专家鉴定，研究成果达到国际领先水平。

本书是在“十二五”国家科技支撑计划课题研究的基础上，针对黄河水资源短缺、旱灾频发等重大问题，以应对干旱的黄河流域水资源调配作为切入点，集成大型灌区旱情实时监测、大型梯级水库群优化调度等关键技术，提出黄河流域抗旱水源调度、旱灾监测与预警等综合适应技术体系，建立应对干旱的响应机制。全书共 9 章：第 1 章讲述国内外及黄河流域应对干旱的现状基础，总结干旱监测与科学应对领域面临的主要问题，阐述了本书研究的目标、内容和技术路线；第 2 章构建适合于黄河流域灌区的干旱评估指标与方法，分析黄河流域农业干旱发生的特征和规律，定量研究黄河流域灌区需水与干旱的相关关系；第 3 章结合黄河流域气候类型和干旱特征建立了基于陆气耦合模式的干旱监测系统，采用 3 层嵌套模式开展黄河流域旱情的实时监测；第 4 章通过建模研究龙羊峡水库入库径流、小浪底水库入库洪水预报，并采用贝叶斯模型平均法对多个确定性预报结果进行综合，实现多模型综合的概率预报；第 5 章提出了最小保有灌溉水量概念，研究多年调节水库应对干旱的跨年度调节的最优控制水位，提出了多年调节水库年旱限水位控制策略；第 6 章从黄河中下游汛期洪水泥沙分期特点入手，提出基于分期运用的小浪底水库正常运用汛限水位优化方案；第 7 章统筹考虑黄河流域防洪、供水等要求，建立应对干旱的黄河梯级水库群调度规则；第 8 章分析干旱主要致灾因子，提出黄河流域应对干旱风险管理的基本框架；第 9 章总结研究所取得的主要成果、结论，展望未来流域干旱应对与适应气候变化领域的研究发展方向。

本书的研究工作得到“十二五”国家科技支撑计划“黄河流域旱情监测与水资源调配技术研究与应用”课题（2013BAC10B02）、国家国际科技合作项目（2013DFG70990）和河南省重点科技攻关计划项目（142102310091、152102310040）的共同资助。本书编写具体分工为第 1 章由王煜、彭少明、马柱国、任立良、武见、靖娟、蒋桂芹执笔；第 2 章由袁飞、蒋桂芹、郑子彦、马明卫执笔；第 3 章由马柱国、李明星、郑子彦、陈亮、杨庆、向卫国、朱克云执笔；第 4 章由王春青、刘晓伟、梁忠民、王中根、蒋桂芹、刘龙庆、许珂艳、刘吉峰、范国庆、张利娜等执笔；第 5 章由彭少明、王煜、张永永、蒋桂芹、郑小康、王林威、崔长勇、贾冬梅执笔；第 6 章由刘红珍、李超群、张厚军、李荣容、韦诗涛、王鹏执笔；第 7 章由赵麦换、李克飞、武见、韩岭、王慧杰、蒋桂芹、郭兵托、毕黎明执笔；第 8 章由任立良、袁飞、杨肖丽、沈鸿仁执笔；第 9 章由王煜、彭少明、马柱国、任立良、王春青、靖娟执笔。全书由王煜、彭少明统稿。

本书在研究和写作过程中，得到中国工程院王浩院士、丁一汇院士，中国科学院刘昌明院士、符淙斌院士和水利部黄河水利委员会副主任薛松贵教授级高工、副总工刘晓燕教授级高工，黄河水利委员会科技委主任陈效国教授级高工等诸多专家的悉心指导，并得到课题组成员的大力支持和帮助，在此表示衷心的感谢！

由于气候变化影响的不确定性以及极端气候事件发生的随机性，干旱实时监测、精确预报及科学应对问题高度复杂，是国际国内研究的前沿、热点问题和新方向，加之编写人员水平有限，书中疏漏之处在所难免，敬请专家读者批评指正。

作　者
2016 年 11 月

目　　录

第1章 绪 论

干旱和干旱化是影响人类社会最严重的灾害之一，也是长期以来备受关注的科学问题（符淙斌和安芷生，2002；马柱国和符淙斌，2006）。根据全国自然灾害损失统计，气象灾害损失占全部自然灾害损失的61%，而旱灾损失占气象灾害损失的55%，干旱已成为我国主要自然灾害之一。

干旱是一种由气候变化等引起的随机的、临时的水分短缺现象，按表现形式可分为气象干旱、水文干旱、土壤干旱和作物干旱等。按影响对象可分为农业干旱、城市干旱、生态干旱、人畜饮水困难等。旱情，是指干旱在发生、发展过程中，农村、城市、生态受影响的情况，包括干旱历时、影响范围、发展趋势和受旱程度等。旱灾，是指因降水减少、水工程供水不足引起的用水短缺，并对生活、生产和生态造成危害的事件。当降水减少、水工程供水不足进而引起用水短缺、水资源供需失衡，并对生活、生产和生态造成危害时，干旱发展为旱灾。

由于干旱发生具有隐蔽性和干旱发展具有长期性，准确的干旱监测、预警及水资源合理调配对抗旱减灾具有重要的实用价值。

1.1 黄河流域应对干旱的需求

按气候因素，黄河流域大致可分为干旱区、半干旱区和半湿润区。上游宁蒙河套平原、中游汾渭盆地及下游引黄灌区是我国重要的农业生产基地，同时也是干旱化显著的地区。在过去60年间，随着气候变化和人类活动加剧，黄河流域气温明显升高，河川径流减少17%，流域有逐渐变旱的趋势，干旱年份大面积灌区得不到灌溉，给流域水资源安全和能源、粮食、生态安全保障带来了极大风险。

1.1.1 黄河流域概况

黄河是我国第二大河，自西向东，流经青海、四川、甘肃、宁夏、内蒙古、陕西、山西、河南、山东9省（区），在山东省垦利县注入渤海，干流河道全长5464km，流域面积79.5万km^2。黄河流域位于我国北中部，属大陆性气候。东南部基本属湿润气候，中部属半干旱气候，西北部属干旱气候。流域冬季几乎全部在蒙古高压控制下，盛行偏北风，有少量雨雪，偶有沙暴；春季蒙古高压逐渐衰退；夏季主要在大陆热低压的范围内，盛行偏南风，水汽含量丰沛，降水量较多；秋季秋高气爽，降水量开始减少。黄河流域区位如图1-1所示。

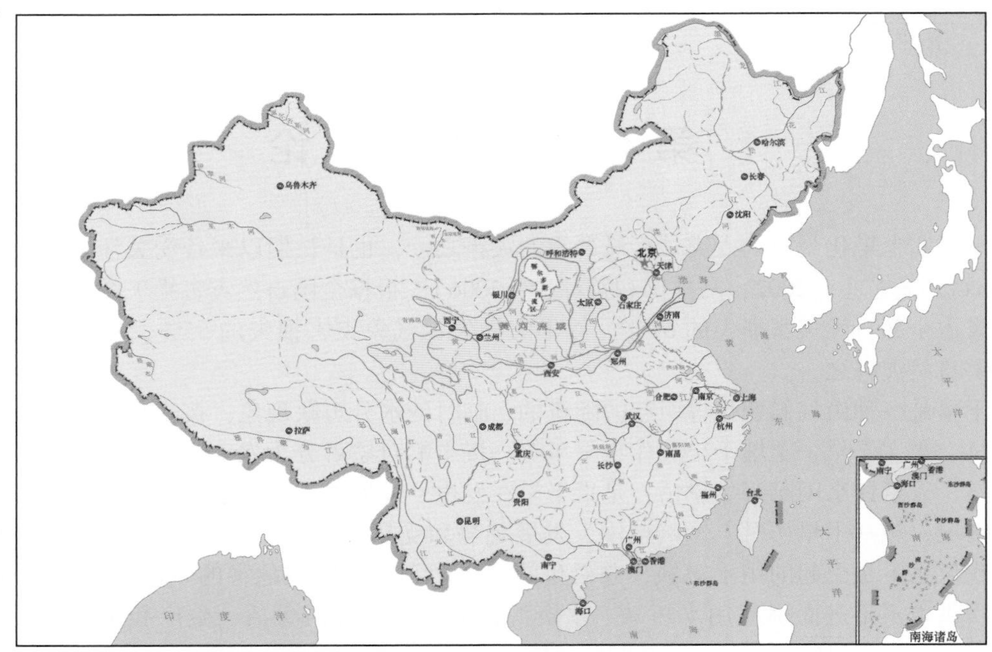

图 1-1　黄河流域区位图

根据 1956～2000 年系列评价，黄河流域多年平均年降水量为 445.8mm，降水具有地区分布不均和年际、年内变化大的特点。总的趋势是由东南向西北递减，降水量最多的是流域东南部湿润、半湿润地区，如秦岭、伏牛山及泰山一带年降水量达 800～1000mm；降水量最少的是流域北部的干旱地区，如宁蒙河套平原年降水量只有 200mm 左右。黄河流域降水量的年内分配极不均匀。流域内夏季降水量最多，最大降水量出现在 7 月；冬季降水量最少，最小降水量出现在 12 月；春秋介于冬夏之间，一般秋雨大于春雨。连续最大 4 个月降水量占年降水量的 68.3%。黄河流域降水量年际变化悬殊，降水量越少，年际变化越大。湿润区与半湿润区最大与最小年降水量的比值大都在 3 倍以上，干旱、半干旱区最大与最小年降水量的比值一般为 2.5～7.5 倍，黄河流域降水量等值线如图 1-2 所示。

黄河流域水面蒸发量随气温、地形、地理位置等变化较大。兰州以上多系青海高原和石山林区，气温较低，平均水面蒸发量为 790mm；兰州至河口镇区间，气候干燥、降雨量少，多沙漠草原，平均水面蒸发量为 1360mm；河口镇至龙门区间，水面蒸发量变化不大，平均水面蒸发量为 1090mm；龙门至三门峡区间面积大，范围广，从东到西，横跨 9 个经度，下垫面、气候条件变化较大，平均水面蒸发量为 1000mm；三门峡到花园口区间平均水面蒸发量为 1060mm；花园口以下黄河冲积平原平均水面蒸发量为 990mm。黄河流域蒸发量等值线图如图 1-3 所示。

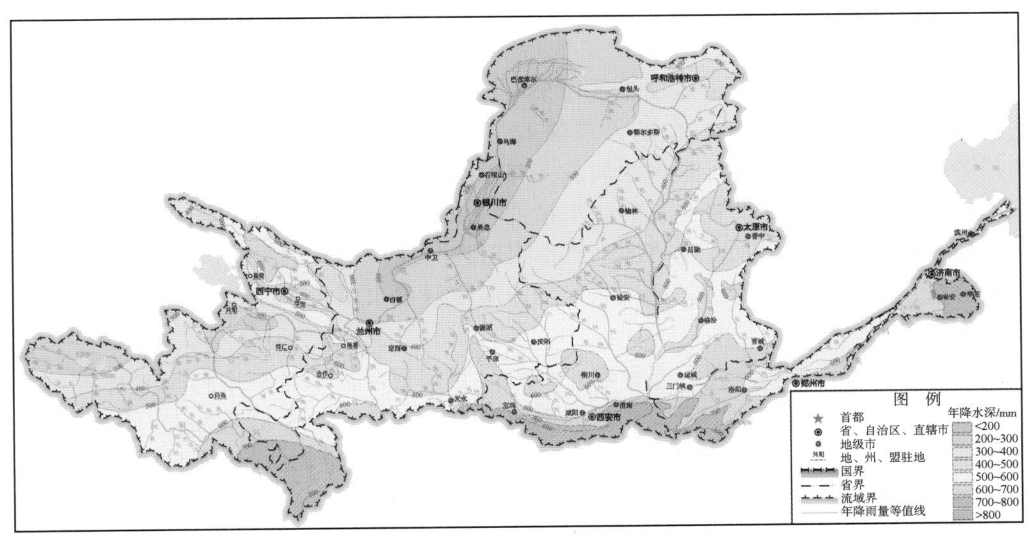

图 1-2　黄河流域降水量等值线图

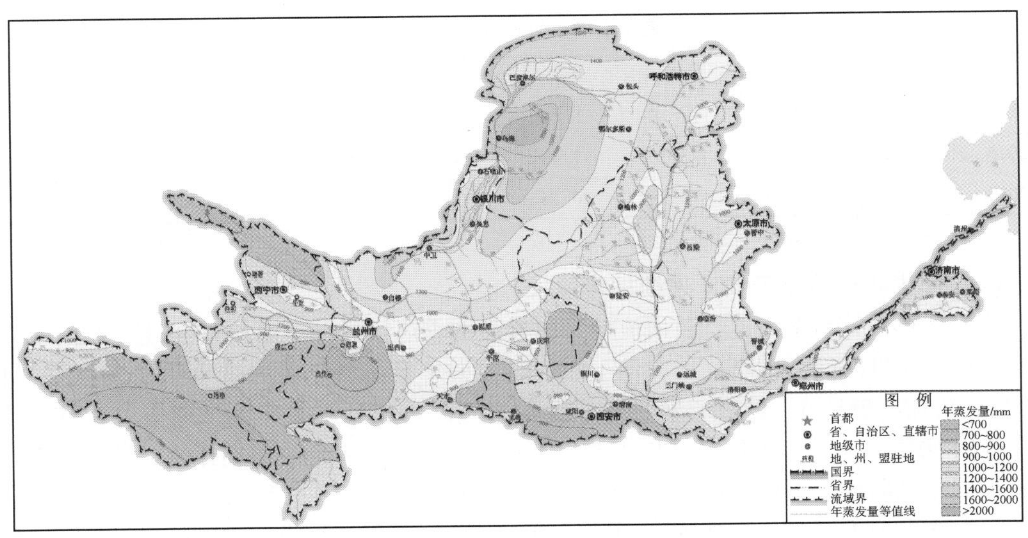

图 1-3　黄河流域蒸发量等值线图

1.1.2　黄河流域水资源问题

黄河流域降水量少、蒸发量大，水资源短缺、需求旺盛，正常年份水资源供需矛盾突出，干旱枯水年份水资源短缺更加突出。据《黄河流域水资源综合规划》评价成果，1956～2000 年黄河流域多年平均分区地表水资源量为 607.2 亿 m^3，黄河花园口断面多年平均径流量为 532.8 亿 m^3。黄河流域当前面临的主要水资源问题包括以下几个方面（刘昌明，

2004；薛松贵和张会言，2011）。

（1）水资源总量不足

黄河流域多年平均河川天然径流量为534.8亿m^3，仅占全国河川径流量的2%，却承担占全国15%的耕地面积和12%的人口供水任务，同时还有向流域外部分地区远距离调水的任务。黄河是世界上泥沙最多的河流，有限的水资源还必须承担一般清水河流所没有的输沙任务，使可用于经济社会发展的水量进一步减少。随着经济社会的发展，黄河流域及相关地区耗水量持续增加，水资源制约作用已经凸现。不断扩大的供水范围和持续增加的供水要求，使水少沙多的黄河难以承受，黄河流域供水量由1980年的446亿m^3增加到目前的512亿m^3。

据预测，不考虑气候变化因素影响，2020年黄河流域需水量将达到521.13亿m^3，而通过积极挖潜后地表水、地下水及非常规水源的总供水量为445.81亿m^3（不包括向流域外供水量92.8亿m^3），流域缺水量为75.32亿m^3，缺水率为14.5%。到2030年黄河流域需水量将增加到547.33亿m^3，流域可供水总量为443.18亿m^3（不含向流域外供水量92.42亿m^3），流域缺水量将达到104.16亿m^3，将严重影响流域的供水安全。黄河流域水资源供需形势见表1-1。

表1-1　黄河水资源供需形势　（单位：亿m^3）

水平年	流域内需水量	流域内供水量				流域内缺水量	流域内缺水率	流域外供水量	入海水量
		地表水	地下水	其他	合计				
2020	521.13	309.68	123.70	12.43	445.81	75.32	14.5%	92.80	188.82
2030	547.33	297.54	125.28	20.36	443.18	104.16	19.0%	92.42	185.79

（2）年内年际分布不均、连续枯水段长

黄河是降水补给型河流，黄河流域又属典型的季风气候区，降水的年际、年内变化决定了河川径流量时间分配不均。黄河干流各站最大年径流量一般为最小年径流量的3.1～3.5倍，支流一般达5～12倍；径流年内分配集中，干流及主要支流汛期7～10月径流量占全年的60%以上，且汛期径流量主要以洪水形式出现，中下游汛期径流含沙量较大，利用困难，非汛期径流主要由地下水补给，含沙量小，大部分可以利用。黄河自有实测资料以来，相继出现了1922～1932年、1969～1974年、1977～1980年、1990～2000年的连续枯水段，四个连续枯水段平均河川天然径流量分别相当于多年均值的74%、84%、91%和83%。

黄河河川径流年际变化大、年内分配集中、连续枯水段长，开发利用黄河河川径流必须进行调节。由于黄河流域属资源性缺水地区，在干旱枯水年水资源供需矛盾十分尖锐，灌区用水受到限制，据分析，连续枯水段由于需水量增加、可供水量减少，2020年和2030年水平黄河流域缺水量分别较多年平均增加76.20亿m^3和67.78亿m^3，向流域外供水量减少约20亿m^3，入海水量减少约43亿m^3，流域水资源矛盾更加突出。连续枯水段黄河流域水资源供需形势见表1-2。

表 1-2　黄河流域连续枯水段水资源供需形势　（单位：亿 m^3）

年份	流域内供需			向流域外供水	入海水量
	需水量	供水量	缺水量		
2020	532.07	380.55	151.52	72.57	145.39
2030	557.88	386.24	171.64	72.79	141.94

（3）水土资源分布不一致

黄河流域及下游引黄灌区具有丰富的土地资源，但水土资源分布很不协调。黄河上游河源区是主要的产水区，兰州断面河川径流量占黄河径流总量的 62%，而流域需水量的 95% 以上在兰州断面以下。大部分耕地集中在干旱少雨的宁蒙沿黄地区、中游汾河、渭河河谷盆地以及当地河川径流较少的下游平原引黄灌区。黄河流域分区水资源量及其需水量见表 1-3。

表 1-3　黄河流域分区水资源量及其需水量　（单位：亿 m^3）

区域	水资源量			需水量		
	地表水	地下水	总量	流域内	流域外	总量
上游	331.8	27.5	359.3	254.1	1.3	255.4
中游	201.0	65.6	266.6	183.0	10.3	193.3
下游	2.0	20.1	22.1	48.7	86.3	135.0

径流年内年际变化大、水沙异源、水土资源分布不一致的状况，要求黄河水资源的开发利用必须统筹兼顾除害兴利以及上中下游、各部门的关系，统一调度全河水量，上游水库调蓄和工农业用水必须兼顾中下游工农业用水和输送泥沙用水。

1.1.3　黄河流域水旱灾害

1.1.3.1　洪灾

历史上黄河洪水灾害问题比较突出，黄河含沙量大，下游河道淤积严重，引起频繁的灾害，长期以来成为一条闻名于世界的灾害性河流，下游最为严重。

黄河下游洪水主要来自中游地区，即河口镇到龙门区间、龙门到三门峡区间、三门峡到花园口区间。而来自上游的洪水，只是构成了黄河下游洪水的基流。黄河中游三个不同区间来源的洪水，组成了花园口三种不同类型的洪水。黄河中游地区暴雨多，来势猛，暴雨直接受大气环流的影响，每年 7、8 月暴雨次数最多，强度也大，因此黄河较大的洪水都发生在 7、8 月（陈家其，1993）。

黄河下游的水患历来为世人所瞩目（张芹和陈诗越，2013）。从周定王五年（公元前 602 年）到 1938 年花园口扒口的 2540 年中，有记载的决口泛滥年份有 543 年，决堤次数达1590余次，经历了5次大改道和迁徙，洪灾波及范围北达天津，南抵江淮，包括河北、山东、河南、安徽、江苏5省的黄淮海平原，纵横25万km^2，给两岸人民群众带来了巨大的灾难。在近代有实测洪水资料的1919～1938年的20年间，就有14年发生决口灾害，1933年陕县站洪峰流量22 000m^3/s，下游两岸发生50多处决口，受灾地区有河南、山东、河北和江苏4省30个县，受灾面积6592km^2，灾民273万人。新中国成立以来，逐步建成了以中游干支流水库、下游两岸堤防和蓄滞洪区等组成的“上拦下排，两岸分滞”的下游防洪工程体系，洪水灾害大为减轻。由于特殊的黄河河情，下游洪水泥沙威胁依然存在。在目前地形地物条件下，黄河下游的悬河一旦发生洪水决溢，其洪灾影响范围将涉及河北、山东、河南、安徽、江苏5省的24个地区（市）所属的110个县（市），总土地面积约12万km^2，耕地1.12亿亩①，人口约9064万人。向北最大影响范围3.3万km^2，向南最大影响范围2.8万km^2。

1.1.3.2 旱灾

黄河流域按气候因素大致可分为干旱区、半干旱区和半湿润区。上游宁蒙河套平原、中游汾渭盆地及下游引黄灌区是我国重要的农业生产基地。历史上黄河流域是旱灾最严重的地区之一，流域内大部分地区旱灾频繁，历史上曾经多次发生遍及数省、连续多年的严重旱灾，危害极大（龚志强和封国林，2008；佘敦先等，2012）。

从公元前1766年到1944年的3710年中，有历史记载的旱灾就有1070次。据《中国近五百年旱涝分布图集》分析，黄河流域1400年后典型地区的干旱年数呈较快增加趋势，其中在1701～1800年干旱总年数虽有减少，但是随后从1801年开始，干旱年数在迅速增加，并且有继续增大的趋势。近期研究表明，在过去60年间，随着气候变化和人类活动加剧，黄河流域气温明显升高，河川径流减少17%，流域有逐渐变旱的趋势（王琦等，2004；方宏阳，2014）。自20世纪80年代以来，黄河流域极端干旱和干旱的发生频次均有增加趋势，尤其是20世纪90年代以来，为干旱发生较为频繁且严重的时期（何福力等，2015）。

黄河流域特别是流域西北部的黄土高原地区，降水量仅100～300mm，蒸发量则高达1000～1400mm，加上水土流失严重，抗旱能力差，历史上更是十年九旱。清光绪年间的1876～1879年连续3年大旱，死亡人数达1300多万人，1920年的山西、陕西、山东、河南大旱，受灾人口达2000万、死亡人口50万。1950～1974年的25年中，黄土高原地区共发生旱灾17次，平均1.5年一次，其中有9年发生严重干旱，1965年陕北、晋西北大旱，山西省受灾面积达2600万亩，陕北榆林地区近1000万亩土地几乎颗粒无收。近20年来，黄河流域上中游地区多次出现严重旱灾，造成粮食大幅度减产，人民群众饮水十分困难，1980年因旱灾减产粮食332万吨，1982年旱灾绝收面积约1000万亩，1994年干旱成灾面积达6000万亩、粮食减产量达600万t，1997年的旱灾不仅造成农作物大量减产，而且黄河下游的断流天数、断流河长均创历史记录；2000年以来黄河流域几乎连年发生旱

① 1亩≈666.7m^2。

灾，如 2008 年冬季至 2009 年春季，我国北方大部分小麦主产省遭受干旱，河南、甘肃、陕西、山西、山东等省黄河流域受旱面积达 1.13 亿亩，旱灾损失达数百亿元。

1.1.4　黄河流域气候变化

全球变化对黄河的水资源及其时空分布产生了一定的影响，降水、水面蒸发及径流发生不同程度的变化，洪涝、干旱灾害等极端气候事件有频率增加、强度增大的趋势，气候的暖干化导致并加剧了黄河流域水资源的短缺（刘时银等，2002；邱新法等，2003；张建云等，2009；刘吉峰等，2011；常军等，2014）。

1.1.4.1　气温变化

气温升高趋势明显。研究表明，1951～2011 年的黄河流域气温发生了显著变化（图 1-4），2000 年以来的平均气温为 10.2℃，较 20 世纪 50 年代流域平均气温 8.7℃ 上升了 1.5℃，平均增温速率为 0.28℃/10a，高于全球和全国变暖的平均水平。

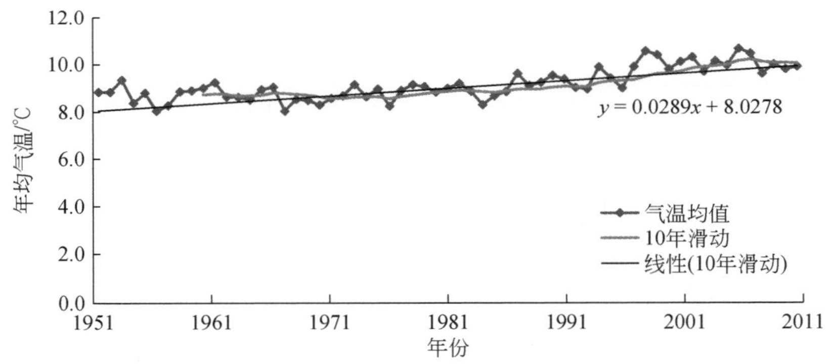

图 1-4　1951～2011 年黄河流域平均气温变化

从分区来看，中下游温度上升较河源区和黄河上游明显。1951 年以来黄河流域分区气温变化见表 1-4。不同区域气温变化有所不同，下游的升温率显著高于上游河源区，如图 1-5 所示。

表 1-4　黄河流域气温变化（1951～2010 年）　　（单位：℃）

时间	20 世纪 50 年代	20 世纪 60 年代	20 世纪 70 年代	20 世纪 80 年代	20 世纪 90 年代	2000 年以来
河源区	-3.8	-4.2	-4.2	-4.0	-3.4	-2.6
上游	6.0	5.5	5.6	5.6	6.1	6.6
中游	13.3	13.3	13.4	13.4	14.2	15.1
下游	14.2	14.3	14.2	14.1	14.7	15.4
流域平均	8.7	8.6	8.8	9.0	9.6	10.2

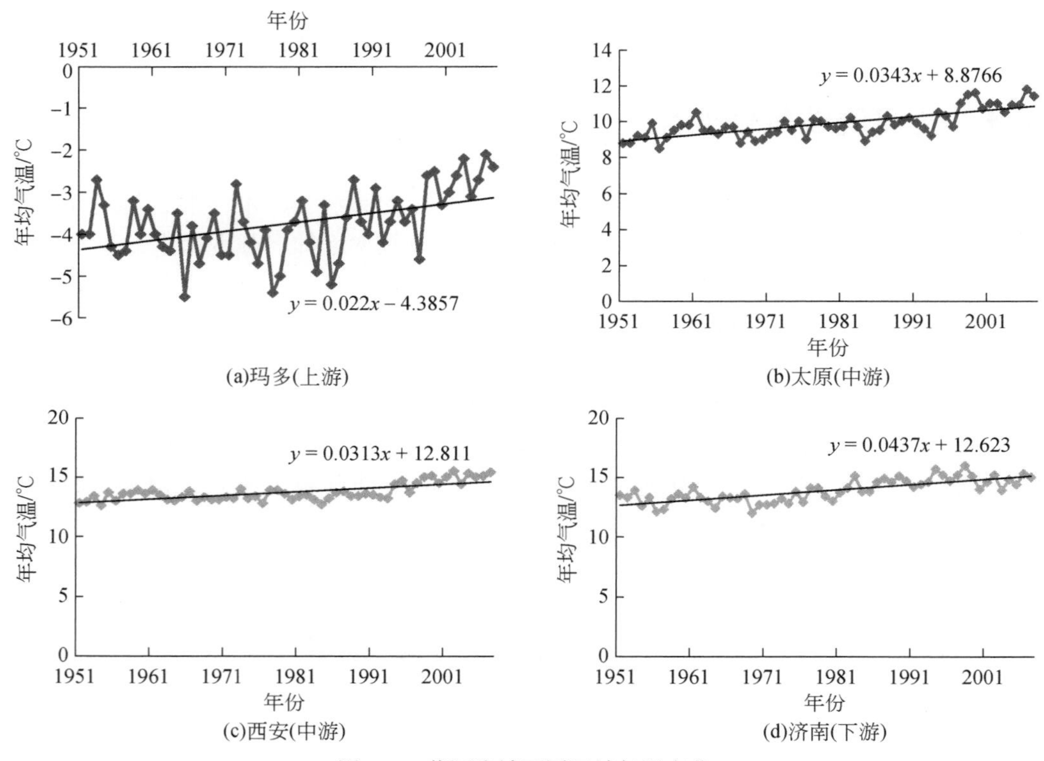

图 1-5　黄河流域不同区域气温变化

1.1.4.2　降水变化

总体来看，黄河流域降水量趋势性变化不明显，降水变化时空不均衡，下游降水量变化的幅度大于上游，降水量年代际波动强烈。从 1951 ~ 2010 年的降水量年代际变化来看，黄河流域总体有所减少，从 1951 ~ 1980 年的 457. 6mm 减少到 1981 ~ 2000 年的 437. 0mm，降水量减少了 4. 5%。降水的时空差异进一步加剧，中游降水减少幅度最大，减少 20. 8mm，河源区降水量略有增加，见表 1-5。黄河流域降水量变化如图 1-6 所示。

表 1-5　黄河流域降水量变化（1951 ~ 2010 年）　　（单位：mm）

年份	河源区	上游	中游	下游	黄河流域
1951 ~ 1980	483. 3	392. 4	460. 9	684. 3	457. 6
1981 ~ 2000	488. 6	383. 1	440. 1	627. 4	437. 0
2001 ~ 2010	487. 6	378. 8	443. 3	678. 8	443. 1

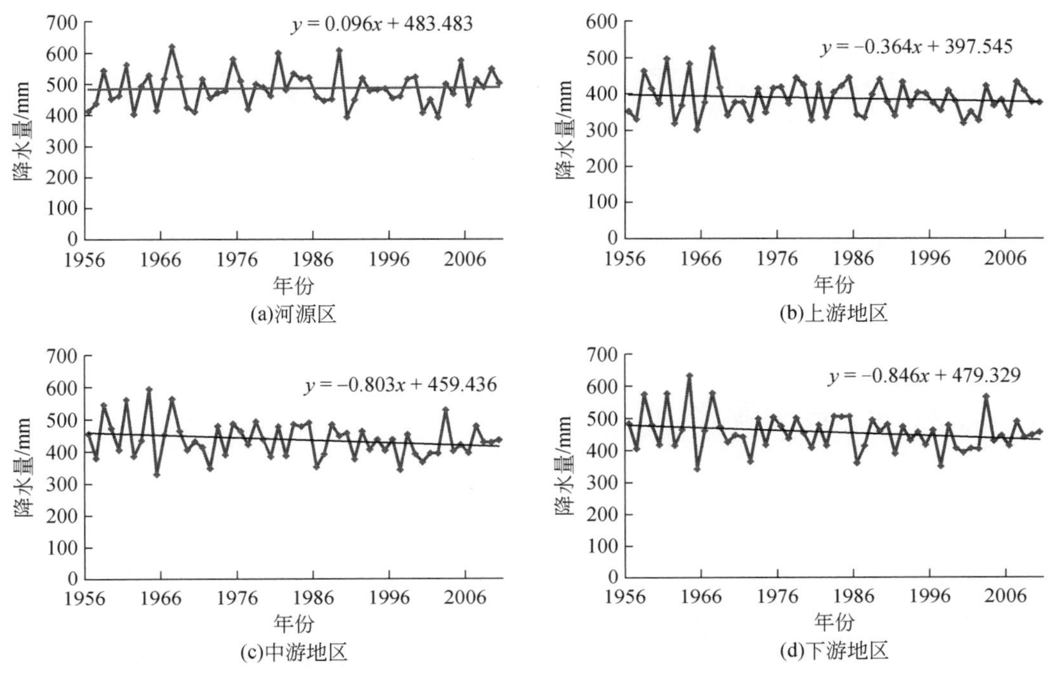

图 1-6　黄河流域不同区域降水量变化

1.1.4.3　蒸发变化

观测和研究表明，黄河流域近 50 年水面蒸发量呈下降趋势。据长系列资料分析，1980 ~ 2000 年较 1956 ~ 1979 年减少最多的可达到 31.2%（陕西马渡王站）。黄河流域平均蒸发量变化及分区蒸发量变化如图 1-7 及表 1-6 所示。

表 1-6　黄河流域分区蒸发量变化

省（区）	站名	1956 ~ 1979 年/mm	1980 ~ 2000 年/mm	相差/%
青海	玛多	771.8	769.7	−0.3
	西宁	1141.3	967.7	−15.2
甘肃	兰州	972.7	949.2	−2.4
	白银	1299.4	1269.2	−2.3
宁夏	同心	1235.5	1351.9	9.4
	盐池	1334.3	1256.3	−5.8
陕西	神木	1154.5	920.6	−20.3
	马渡王	1044.1	718.2	−31.2

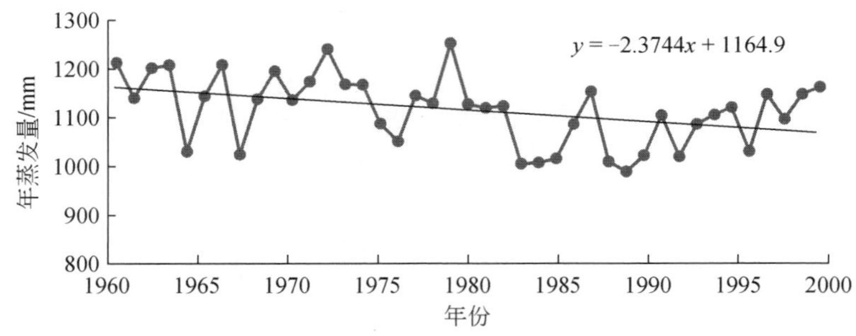

图 1-7　黄河流域不同区域蒸发量变化

1.1.5　黄河水资源变化

1.1.5.1　黄河径流量变化

黄河河川径流是以降水补给为主，降水、蒸发的变化驱动了河川径流量的变化（马柱国，2005；张少文，2005；胡彩虹等，2013；张国宏等，2013）。根据黄河主要水文站（1951～2010 年）天然径流系列分析，近 30 年来黄河河川径流减少显著，1919～1975 年黄河多年平均天然径流量为 580 亿 m^3，1956～2000 年黄河多年平均径流量为 534.8 亿 m^3，2001～2010 年黄河天然径流量进一步减少为 427.6 亿 m^3。1981～2000 年利津站平均径流量较 1951～1980 年减少 11.9%，2000 年以来则进一步减少了 20.6%。黄河上游的唐乃亥站、中游的头道拐站和下游的花园口站径流量均表现出不同程度减少。黄河主要水文站天然径流量变化见表 1-7 和图 1-8。

表 1-7　黄河主要水文站不同时期径流量变化　（单位：亿 m^3）

年份	唐乃亥	头道拐	花园口	利津
1951～1980	202.82	336.16	550.76	553.27
1981～2000	198.66	313.20	486.20	487.51
2001～2010	179.85	287.16	437.98	439.13

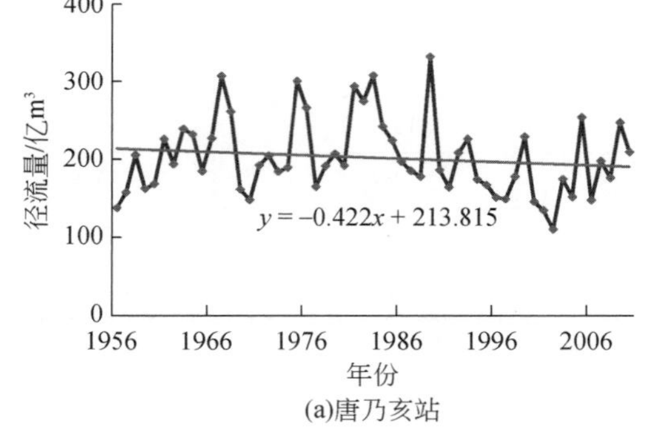

(a)唐乃亥站

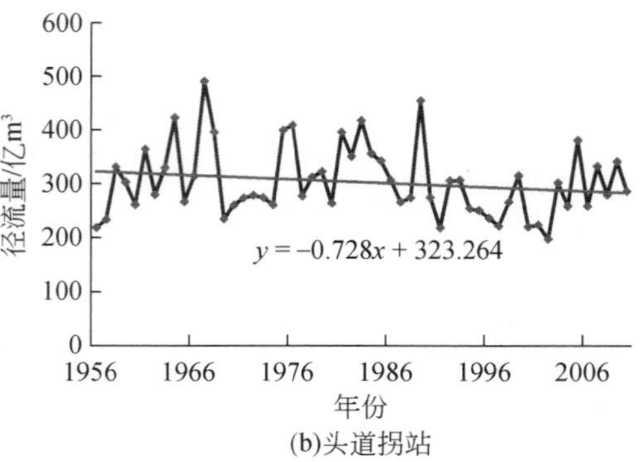

(b)头道拐站

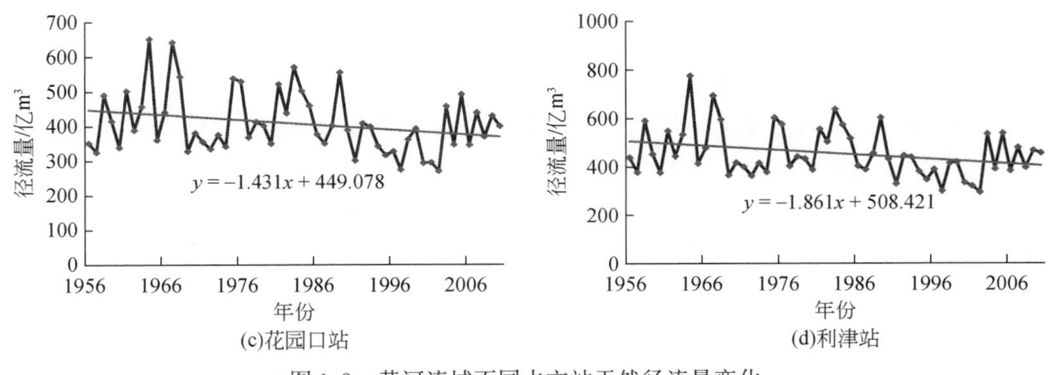

(c)花园口站　　(d)利津站

图 1-8　黄河流域不同水文站天然径流量变化

1.1.5.2　水资源时空分布变化

径流变化的空间差异较大，上游大通河径流量无明显变化，湟水径流略有增加；中游无定河、汾河和渭河均呈现出显著性减少的趋势，2001 ~ 2010 年径流与 1951 ~ 1980 年相比，无定河、渭河分别减少了 28.5% 和 26.1%，而汾河变化最为剧烈，减少了 56.9%；下游大汶河径流大幅波动，但没有显著性趋势（王静和胡兴林，2011；林琳等，2012）。黄河主要支流不同时期径流量变化见表 1-8。

表 1-8　黄河主要支流不同时期径流量变化　　（单位：亿 m³）

年份	大通河（享堂）	大夏河（民和）	无定河（白家川）	汾河（河津）	渭河（华县）	大汶河（戴村坝）
1951 ~ 1980	28.33	20.31	14.51	26.48	90.91	18.20
1981 ~ 2000	29.67	20.78	10.88	17.11	79.16	13.44
2001 ~ 2010	28.82	22.82	10.38	11.41	67.18	19.04

气候变化通过作用于水资源系统各个要素，进而影响流域水资源供需形势，改变水资源安全的格局。气候变化对黄河水资源影响主要表现在影响各用水需求项、各种水源可供水量及极端水文事件等方面，极端天气事件发生的频度和强度增加，不仅大大增加了黄河流域灾害的风险，使水资源供需矛盾更加尖锐，还给本已短缺的黄河水资源利用带来更大的挑战。

1.1.6　问题及需求

随着气候变化和人类活动加剧，近 20 年来黄河河川径流大幅减少，干旱发生频率和影响程度显著提升，极端水文气象事件增加，对公共安全影响巨大，给流域水资源安全和能源、粮食、生态安全保障带来了极大风险。现有的技术和手段尚不能及时、科学、有效应对干旱问题，急需研究气候变化条件下洪旱灾害特征，分析洪旱灾害情况下流域水资源系统的脆弱性及灾害发生的综合风险。开展实时的旱情监测、精确的洪水预报、科学的水量调配以及主动有序的策略管理是有效应对气候变化，减少损失的重要途径。

(1) 减少旱灾损失的需要

黄河流域历史上就是旱灾最严重的地区之一，由于降水量少、抗旱能力差，素有“十年九旱”之说。气候变化带来的极端天气事件发生的频度和强度不断升级，加剧了黄河流域洪旱灾害，导致水资源供需矛盾更加尖锐。当前黄河流域各大灌区的实时旱情监测分析技术缺乏、骨干水库入库洪水的预报能力和水平有限，开展流域旱情监测与水资源调配技术研究可提高水资源调配水平、科学应对干旱。

(2) 提高黄河水资源调控水平的需要

目前黄河干支流已建大型水库20余座，总库容700亿m^3以上，远超过黄河的河川径流量，黄河水量调度的时间范围已经从非汛期走向全年，空间范围已经从下游扩展到全河、从干流扩展到主要支流，合理确定水库群调度规则对提高黄河水资源调控水平、充分发挥黄河水资源效益至关重要，急需科学规范水库群的蓄水秩序和蓄水制度。

(3) 提升黄河水资源安全保障能力的需要

黄河水量统一管理和调度取得了连续12年不断流的骄人成绩，但并未改变缺水局面。目前黄河水量调度中的配水主要靠省（区）上报加流域来水平衡，对各大灌区的实际旱情掌握少，开展旱情监测与水资源调配技术研究，完善大型灌区旱情监测分析技术，合理确定水库的汛限、旱限水位，可为制定干旱应急响应策略、提高应对干旱的流域水资源调配水平、提升水资源安全保障能力提供技术支持。

1.2 黄河应对干旱的现状

黄河流域历史上洪旱灾害频发，灾害损失巨大，因此对于洪旱灾害的监测、预报、应对和管理一直备受关注，在该领域开展了大量的研究，形成了一定基础。

1.2.1 旱情监测

干旱监测（drought monitoring）是指通过选择适当的监测指标，确定干旱评价标准，并根据实测气象、水文要素综合评价干旱情势。目前干旱监测方法主要可分为两类，即遥感为主的观测监测和基于观测气象数据的数值模拟监测（杨扬等，2007；庄晓翠等，2010；王劲松等，2013）。遥感监测具有空间覆盖广的优势，但由于受波段的限制，目前主要应用于地表水分状况的监测，且主要集中在月、季、年尺度的水储量变化，在流域尺度上存在空间分辨率不足和水量变化区分难等问题，同时也无法满足实时监测的时效性要求。地面站点观测具有数据准确可靠的特点，但布点稀少，代表性差，监测区域尺度的干旱存在困难。

黄河流域现有气象站337个，雨量站1204个，气象站的观测能够提供6h分辨率的观测数据，为干旱监测提供了基本依据。现有卫星的多波段多光谱传感器（如MODIS、TM、

GRACE）能够监测植被、地表和陆地水储量变化的空间信息。陆面模式（如 CLM）目前已经完善了动态植被等过程，考虑地下水的变化，对陆地水循环各分量的描述具备一定的可靠性。当前还没有建立起能够全面实时监测大气降水、土壤墒情的流域干旱监测预测系统。中国气象局通过发布土壤湿度的墒情监测公报对近期干旱进行监测，墒情观测通常每旬一次，但时效性不能满足水资源调度的要求。基于常规气象资料的干旱指数（Ci 指数）不能直接描述流域水汽、墒情综合的变化，难以作为流域水资源变化调控的直接依据。

1.2.2　洪水预报

洪水预报（flood forecasting）是指根据前期和现实的水文、气象、流域下垫面信息，揭示和预测洪水产生及演进过程。由于黄河小浪底至花园口区间（简称小花间）洪水对下游的直接威胁，小花间洪水预报技术一直是黄河洪水预报的重点，黄河水利委员会（简称黄委）近年来在黄河河源区（刘晓伟和王来顺，1997）、小花间（王庆斋等，2003）、渭河下游（刘晓伟等，2012）相继开展了水文模型应用研究，取得了一些研究成果。目前的预见期已经从 20 世纪 90 年代的 8h 提高到 12h。然而，小浪底水库和龙羊峡水库的入库洪水预报水平仍处于较低水平，其中龙羊峡水库入库洪水预报工作尚未开展。在“973”项目“黄河流域水资源演化与可再生性维持机理”中，对黄土高原典型支流进行了产汇流规律分析，尝试建立了降雨径流模型，但受诸多条件限制，所建立的降雨径流模型仅停留在研究阶段，无法评定模型的精度及时效性。

1.2.3　水库调度

水库调度（reservoir regulation and operation）是根据水文预报，通过利用水库调蓄能力，有计划地安排水库蓄泄，以调节河川径流，提高流域防洪、兴利效益。

国家防汛抗旱总指挥部办公室、水利部对水库汛限水位设计与运用等问题一直非常重视。20 世纪 80 年代末至 90 年代初，我国北方一些水库开展了防洪预报调度（曹永强等，2005；刘晓藜，2008），针对水库防洪调度存在的矛盾以及常规调度造成的洪水资源浪费问题，国家防汛抗旱总指挥部办公室组织高校、科研院所、设计部门等进行汛限水位动态控制方法研究。2002 年国家防汛抗旱总指挥部办公室针对 12 座试点水库部署了水库汛限水位设计与运用研究工作，目前均已完成，并通过验收。但是，由于每座水库的地理位置、气候条件、库区地质条件、水库任务等各不相同，在某一水库获取的汛限水位调整成果很难复制于其他水库。

旱限水位重点针对枯水年份水库调度确立安全控制限值。我国对于水库、河流旱限水位的研究始于 2011 年，黄河流域及西南地区连续发生干旱之后，2011 年国家防汛抗旱总指挥部办公室制定《旱限水位（流量）确定办法》（办旱〔2011〕32 号）。目前研究均为针对年调节水库，考虑未来几个月的用水需求设置的预警水位，而对于应对连续干旱的多年调节水库旱限水位的控制问题则鲜有涉及。

国内针对长江梯级的防洪、发电、供水、航运、生态问题以及黄河梯级的水、沙、电、生态综合调度分别开展了研究（陈雄波等，2010；武见等，2010；陈广才，2011；丁毅等，2013），形成梯级水库群多目标优化的理论基础，初步构建梯级水库群的多目标优化模型系统。然而当前对于应对干旱的流域梯级系统蓄泄优化和调度规则的研究较少，缺乏指导流域有效应对干旱的实用技术和方法。

1.2.4 干旱应急管理

干旱应急管理（drought emergency management）即根据干旱缺水风险，通过科学的技术和管理方法，采取相应行动方案和措施，尽可能降低损失。

针对黄河流域旱灾问题，黄河流域及西北片水旱灾害编委会编著了“中国水旱灾害系列专著”丛书《黄河流域水旱灾害》（黄河水利出版社，1996 年），对黄河流域农业、牧区、城市的干旱（缺水）及灾害进行了描述，并评估了历史特大干旱。黄委目前针对旱灾建立了基于区域干旱、可供水量不足、断面预警等判别条件的旱情应急预案，针对干旱事件严重程度和影响范围，设定了不同的预警等级和响应行动，缺少相关的理论研究支撑。根据目前的研究成果来看，尚没有针对黄河流域旱灾应急响应机制的研究。

1.3 国内外研究进展

1.3.1 旱情监测与评估

干旱是人类面临的主要自然灾害之一，对农业生产和人类生活产生深远的影响，因此旱灾控制一直是世界关注的热点问题，及时、有效地监测旱情并采取抗旱应对措施，是减少因旱损失的重要途径。

在传统的农业旱情监测中，通常以气象观测站点获取的降水量、气温、土壤湿度等参数作为干旱指标，如降水量距平百分率、标准化降水指数、Palmer 干旱指数、相对土壤湿度等（张强等，2009；张树誉等，2010；王俊等，2011）。这些站点参数可以指示一定范围内的干旱情况，但受站点数量的限制，所能监测的区域范围有限，在大面积监测中突显出数据代表性不足、费用偏高等缺点。基于观测资料的数值模拟监测尽管能够提供高时空分辨率的实时陆面要素数值，但其模拟结果的可靠性依赖于气象观测资料和模式本身物理过程的描述。遥感技术宏观、客观、迅速和廉价的优势及其近年来的飞速发展，为旱情监测开辟了一条新途径（盛绍学等，2003；冯锐等，2009）。因此，综合气象台站观测、遥感监测及数值模拟进行流域尺度的干旱综合监测是目前干旱监测的主要发展方向。

(1) 干旱评估指标

干旱指标是基于一个或多个水文气象变量，构建用于识别干旱成因和严重程度的量度。干旱指标广泛应用于监测大范围干旱情势，量化评估不同干旱事件的特征，并提供决定采取干旱对策的时机和响应级别等特征。按照气象、农业、水文和社会经济干旱的分类方法，干旱指标可划分为气象干旱指数、农业干旱指数、水文干旱指数和社会经济干旱指数（冯平等，2002；张继权和李宁，2007；张家团和屈艳萍，2008；闫桂霞和陆桂华，2009；邹旭恺等，2010；尹盟毅等，2012；王素艳等，2012；侯威等，2013）。利用干旱指标监测评估流域旱情通常需要降水、气温、土壤含水量、流量（水位）等水文气象要素数据。通常降水、气温数据可由相对较密集的气象站点获得，而实际土壤含水量获取较困难，主要原因是墒情监测点相对稀少，且土壤含水量的空间插值误差较大，难以反映其真实的时空分布特征。

气象干旱指数与降水、气温和蒸发等气候变量紧密联系，常用的指数包括标准化降水指数（standardized precipitation index，SPI）、降水距平百分率指数、标准化降水蒸散指数（standardized precipitation evapotranspiration index，SPEI）、干旱勘察指数（reconnaissance drought index，RDI）等。农业干旱指数一般考虑了土壤含水量、植被状况、农作物产量等信息，如土壤水距平百分率指数、Palmer 干旱指数（palmer drought severity index，PDSI）。水文干旱指数一般考虑地表径流量、水库蓄量、湖泊水位、积雪量、地下水位等因子，如标准化径流指数（standardized runoff index，SRI）。水文干旱与气象、农业干旱间具有相位不一致的特点，往往存在滞后效应。降水短缺的出现通常经历数月时间，才能引起土壤含水量、河道流量、水库蓄量等要素的显著变化。该特点使水文干旱对社会经济的影响也存在一定的滞后效应。社会经济干旱指标主要用于评估干旱造成的经济损失。计算工业受旱损失价值量通常采用缺水损失法，根据受旱年份当地工业供水的缺供水量和万元产值取水量计算。此外，在评估干旱造成的工业、航运、旅游、发电等损失时，通常采用损失系数法，认为损失系数与受旱时间、受旱天数、受旱强度等因素存在函数关系。Shafer 和 Dezman（1982）提出了地表供水指数（SWSI），该指数采用积雪场、径流量、降水和水库蓄水为输入，综合表征社会经济干旱的胁迫程度，适用于监测地表供水水源的异常变化，以及水文干旱对城市及工业供水、灌溉、水力发电等的影响。从现有的干旱评估指标来看，均是对水文、气象、农业干旱的分离评价，缺乏一套能够综合表征各种干旱的指标体系。

(2) 旱情模拟模型

分布式水文模型将流域进行离散化，能输出具有空间分布特征的要素值，为干旱过程的分布式模拟和评估提供了可能（Mishra and Singh，2011）。Andreadis 和 Lettenmaier（2006）基于 VIC 模型，针对模型输出的 0.5°网格产流量和土壤含水量，采用聚类算法重建了北美大陆历史干旱，揭示了干旱演变规律。采用具有物理机制的陆面模型模拟水文过程，能够更好地反映水文变量空间分布的差异性。Sheffield 和 Wood（2007）采用 VIC 模型模拟的土壤含水量，分析 1950～2000 年全球干旱情况，发现大部分地区土壤含水量与干旱特征（历时、强度和烈度）具有较一致的年际和年代际特征，发现干旱与赤道附近太平洋及北大西洋的海表温度有关；全球大多数地区，尤其北半球高纬地区，自 20 世纪 70 年代呈干旱化趋势。Shukla 和 Wood（2008）基于 VIC 模型模拟的网格月平均流量，构建了标准化径流指数（SRI），直接描述干旱对水文的影响，并应用于实时旱情预报。

（3）干旱预警技术

干旱预警（drought early warning）即根据干旱监测结果，分析识别不同用水对象的缺水状况，确定干旱成灾风险，及时向政府抗旱部门及社会公众发布旱灾预警信息，以便提前采取抗旱应急措施，最大程度地减轻旱灾损失。干旱监测与预警工作紧密联系。监测是预警的前提，预警是对旱情监测评估监测结果的反馈。干旱预警的主要流程包括：①根据特定地区的水文气象特征、社会经济状况、供需水条件，选择合适的干旱预警指标，并制定具体的等级划分方案；②实时或近实时监测水文、气象要素以及农业、工业和生活供需水状况；③采用干旱监测指标对旱情进行数值模拟，评估流域面上的干旱成灾风险；④对可能出现干旱的区域发布相应等级的预警信息，采取相应的对策。

国际上较为成熟的干旱监测预警系统，如美国干旱监测（U. S. Drought Monitor，USDM）建设于 20 世纪末，至今已有十多年的发展历程，取得理想的成效。USDM 融合了降水、水库蓄水、积雪量、地下水位等因子，采用 Palmer 干旱指数（PDSI）、土壤含水量百分位数、径流量百分位数、SPI 和客观短期和长期尺度融合干旱指数（objective short and long-term drought indicators blends）5 种主要干旱指标和表层土壤水、Keetch-Byram 干旱指标、植被健康度指标等辅助指标，作为旱情监测评估的指标体系。USDM 干旱等级划分采用百分位数法，并综合了全美国超过 350 位专家的意见和评判。USDM 主要通过互联网发布旱情预警信息，即美国东部时间每周二上午 7 点提交预警所需数据，每周四上午 8 点半发布旱情相关的地图产品，每周由美国农业部、国家气候数据中心、国家气候中心及美国国家海洋和大气管理局联合更新一次。伴随着干旱监测预警图形产品的发布，文字产品也会一同发布，主要总结过去一周的干旱状况和当前全美国不同地区的干旱影响，还包括下一周干旱发展趋势的预测。

（4）干旱实时监测

近年来，随着全球性环境的恶化和水资源的短缺，与人类生存密切相关的干旱问题显得日益突出，已经引起许多国家和地区的关注和重视。美国、日本、俄罗斯及澳大利亚等发达国家相继建立了气候监测及诊断分析业务，以加强对灌溉用水和干旱灾害的研究（Bergman et al.，1988；Liu and Kogan，1996；Kim and Valdes，2003；Kim et al.，2003；Mishra et al.，2007）。早期的干旱统计预报法通常是建立在线性统计的基础上，建立用于气候分析的线性回归模式。但后来研究表明，在很多尺度上都存在着气候跃变现象，某一时段的气候统计特征可能会随着时间的改变而改变，其对气候所做的统计拟合难以精确地预报未来状况，因此，一些基于非线性系统理论的预报方法就应运而生。随着计算机技术的普及和天气预报技术的提高，数值预报法已经越来越多地被应用在气象干旱的预测预报中，是目前气象干旱预报中比较成熟的一种手段。

在国内，如何有效地监测旱情的动态变化并进行准确的预报，成为众多学者关心的研究课题，在长江上游（许继军和杨大文，2010）、阿克苏河（张玉虎等，2016）等地区分别建立了各类指标的干旱预报模型。但总的来说，由于干旱灾害受到诸多天气过程的影响，人们对其成灾机理仍不尽明确，这些模型大多具有比较明显的区域性和针对性，尚未形成能在全国各地广泛适用的预报模型。

1.3.2　洪水/径流预报

（1）洪水预报

洪水预报作为一种帮助人类防御洪水，减少洪灾损失的有效手段，在过去的几十年里得到了迅速的发展，尤其是随着计算机、网络技术在洪水预报工作中的广泛应用，洪水预报技术手段也随之有了长足的进步。

国际上分布式水文模型已进入实用阶段，模型以栅格数据为系统输入、输出，不仅可应用于洪水预报，也可应用于径流预报。美国目前正在开展定量降水预报与洪水预报耦合的应用及推广工作，意大利开发了气象预报和洪水预报耦合的一体化模型，德国、荷兰、澳大利亚等国也建立了以流域图形为平台的洪水预报系统，国外已研制了一系列的分布式水文模型，如 MIKESHE、TOPKAPI、SWAT 等。当前，基于水循环物理过程的分布式水文模型已经在国内外广泛研究，成为当前水文学研究的热点之一（任立良，2000；贾仰文等，2005a，2005b；刘昌明等，2006）。

20 世纪 50 ~ 60 年代，通过学习吸收苏联和美国的洪水预报方案，奠定我国的洪水预报基础；70 ~ 80 年代开始对不同地区的降雨径流关系进行研究，同时成功地开展了流域水文模型的研究和应用。90 年代以后，注重洪水预报与通信、计算机、网络等技术的结合，国内在水情自动测报、水文模型技术、洪水预报模型和方法、洪水预报系统建设等方面有了长足的发展。当前，我国洪水预报方法主要为实用洪水预报方案和洪水预报数学模型两种：①实用洪水预报方案是我国洪水预报的一个重要基础，是多年水文工作者总结出来的行之有效的预报方法。在全国七大流域主要控制站、重点防洪区、蓄滞洪区等建立了上千套预报方案，这些方案多为利用数理统计学得到的经验性的相关关系或相关图。②洪水预报数学模型包括流域水文模型（如新安江模型、陕北模型）、河道演算水文学模型和水力模型（如马斯京根河道流量演算、动力波洪水演进模型）和根据流域特点研制的专用模型（如河北雨洪模型）。现有模型多为集总式模型，不能反映流域分区特征和下垫面变化的影响，因此影响模型模拟的精度。

洪水预报的关键在于洪量和预见期。在预报误差实时校正技术方面，采用卡尔曼滤波和人工神经网络相结合的途径及抗差理论，利用实时水情、人类活动和历史洪水等多种信息，建立综合洪水预报校正方法，实现预报误差动态监控和智能化修正。目前我国洪水预报系统软件发展较为迅速，许多地区开发了不同的专家交互式洪水预报系统，如中国洪水预报系统（CNFFS）、WIS 水文预报平台（WISHFS）、黄河小花间分布式水文模型和淮河洪水预报系统等，这些系统大大提高了洪水作业预报速度。目前全国发布洪水预报的站点有 1000 余处，洪水的预报精度级别仅为乙级，预见期一般为 12h，尚不能满足流域防洪调度的需要。

（2）径流预报

中长期径流预报对于争取防汛、抗旱的主动权，制定科学调度预案，充分发挥水利设施的安全与经济效益有着重要的作用。影响水文过程的因素十分复杂，既有气候因素、地形地貌因素，也有人类活动因素。因此，水文中长期预报一直是水文学研究的难点。传统的中长期径流预报方法一般可归纳为两大类：物理成因分析法和数理统计方法。

物理成因分析法主要是利用天气形势或大气环流形势指标进行预报的天气学方法。根据前期的大气环流特征以及表示这些特征的各种高空气象要素，直接与后期的水文要素建立定量的关系进行预报。当前，中央气象台建立了一套短期数值天气预报系统，每 6h 滚动制作的短期数值天气预报，向公众发布暴雨的影响天气系统类型，大型水利枢纽均安装了卫星云图接收处理系统，已具备了先进的气象预报条件和大量的参考预报信息，并应用到水库径流预报和汛期库水位实时动态控制等领域。

数理统计方法是从大量历史资料中应用数理统计的理论和方法，寻找已经出现过的预报对象和预报因子之间关系的统计规律或水文要素自身历史变化的统计规律，建立预报模式进行中长期径流的预报。由于缺乏同期的气候水文等资料信息，目前中长期水文预报多采用统计方法，如多元回归分析、典型相关分析、因子分析等（陈守煜，1997；王文和马骏，2005）。应用范围从序列相关扩展到向量场相关。多元分析有坚实的理论基础，其预测结果较为稳定可靠，在中长期预报中得到广泛应用，其中，回归分析是气象水文统计预报所使用的最主要的方法之一。应用水文要素自身演变的统计规律，进行长期或中期预报，是中长期水文预报的又一途径。采取的方法主要是时间序列分析，即从“时域”或“频域”角度研究水文序列自身规律，建立预报模型，对于具有明显平稳随机特征的水文序列来说是非常有效的方法。

近年来，由于气象学、海洋学、统计学与计算数学等学科的发展，以及日地关系与海气相互作用的深入研究，尤其是大量新的探测手段的出现与计算机的广泛应用，中长期水文预报研究在影响因素的探讨、长期演变规律的研究和预报方法方面都得到新的进展。总之，充分利用径流预报建模最新技术成果，分析影响河道径流的主要因素，考虑径流变化的物理成因和时间序列统计特征，建立实用径流预报模型，是黄河径流预报业务和黄河水量统一调度的重要基础。

1.3.3 应对干旱的梯级水库群调度

水库在防洪、发电、供水、灌溉等方面起着重大作用，流域梯级水库群系统通常具有防洪、发电、供水、航运、生态等多个目标，因此具有复杂、多变、不确定性的特点，合理调度、科学决策，对于充分发挥梯级水库群系统的综合效益具有十分重要的意义。经过长期的理论研究和经验积累，水库调度技术已从单目标调度发展到多目标综合调度，从单一水库调度发展到库群联合调度，从常规调度发展到优化调度，从理论研究发展到实践应用。但对水库（群）的兴利优化调度研究较多，应对干旱的梯级水库（群）联合调度研究较少，需要充分认识水情规律，探索优化控制方法，协调各种需求、制定合理的水利工程运行模式。

(1) 水库汛限水位研究

在水库防洪调度过程中，汛限水位是允许蓄水的上限，是协调水库防洪、兴利矛盾的关键，优化控制汛限水位是科学充分利用洪水资源，组织抗旱水源的有效途径。汛限水位优化问题主要涉及分期汛限水位和汛限水位动态控制两个方面。

分期汛限水位研究（周庆义等，1995；孙秀玲等，1997；刘秀华等，1999；刘攀等，2005）。目前确定分期汛限水位的研究方法有：①设计洪水过程线法。按分期的时间界限取样，进行分期设计洪水频率计算，拟定出各分期设计洪水过程线，选取合适的调洪算法与防洪调度方式，进行调洪计算，得到各期的汛限水位。设计洪水过程线法是国内应用最多、最为传统的方法，但也存在设计洪水过程线频率意义不清晰等问题。②模糊分析法。模糊分析法是根据其隶属于汛期的程度来给出相应的防洪库容。首先需要确定汛期模糊子集隶属函数，根据属于汛期的隶属度大小来决定所需的防洪库容，直接求出汛期分期的汛限水位。方法简单易行，但是对于所需的防洪库容与相对于主汛期的隶属度呈一定的函数关系这一假设，有待研究与商榷。③多目标优化设计方法。汛限水位的确定实际上是一个多目标优化问题，目标是防洪、兴利等总效益最大，可以用多目标规划的方法建模求解。该方法可自动设置过渡期，避免规划设计与实际运行脱节，该方法利用系统分析原理，最大化水库的综合效益，理论上较为可行，只是在具体应用时，优化模型和多目标综合分析方法的构建将成为技术难点。

汛限水位动态控制研究（员汝安和曹升乐，1998；刘攀等，2004；王本德和周惠成，2004；解阳阳等，2014）。水库汛限水位动态控制主要采用的方法有：①累计净雨信息法。利用总量原则提前判断洪水级别大小，提前采取预泄措施，争取防洪主动性。该方法可大大减小由降雨预报流量过程产生不确定性，但忽略了在水库控制中洪峰带来的短时防洪风险。②实时预蓄预泄法。根据水库的泄流能力实时上下浮动水位，并留有余地。该法可操作性强，但与洪水涨落规律关系较大。③其他还有综合信息推理模式法、前后关联控制法及防洪风险调度模型等方法。汛限水位动态控制是一种实时调控的汛限水位控制方式，需要接受由此带来的可能的防洪风险。因此，对于小浪底这样涉及干支流水库群联合防洪调度的多泥沙河流水库，需要慎重对待。

水库汛限水位研究的实质是洪水资源利用与防洪减淤控制的博弈问题。从目前的研究成果来看，无论是分期汛限水位研究还是汛限水位动态控制研究，对于多泥沙河流鲜有较为深入的研究成果，尤其对涉及多泥沙河流干支流水库群联合运用水库的研究更少。

(2) 旱限水位控制研究

多年调节水库通常位于梯级水库群的龙头位置，在梯级系统发挥补偿作用，其运行调度的好坏，将影响整个梯级未来一年或几年的效益发挥。文献研究表明，现有成果主要集中在多年调节水库年末消落水位的研究，针对梯级水库发电、航运等需求，采用回归方法找出年末水位影响因素，通过推理演绎构建年末消落水位关系函数，运用数据挖掘技术和人工智能算法预测多年调节水库年末水位并研究其变化规律，但对于缺水流域应对干旱的调度问题则较少涉及。由于采用回归方法建立的关系函数缺乏物理机制，存在函数类型难以确定、影响因素难以预测等不足，其结果往往不是最优的控制水位，直接影响着理论研究成果的实际应用。

水库旱限水位在国外研究主要是在水库调度中，考虑未来用水的需求预留一定的水量（water-reserved）满足高等级用水需求，因此是预留水量的概念。旱限水位控制研究在国内处于起步阶段，当前研究主要针对年调节水库，应对未来一月或数月的干旱问题，考虑设计来水和用水需求，以逐月滑动计算的水库应供水量最大值作为旱限水位计算依据，旱限水位重点针对枯水年份水库调度确立安全控制限值。2011 年国家防汛抗旱总指挥部办公室及水利部水文局制定了《旱限水位（流量）确定办法》，提出了旱限水位的新概念及水库旱限水位确定的方法，应综合考虑水库的主要用水需求、所承担的城乡供水、企业生产、农业灌溉、交通航运和环境生态等主要供水任务，以其最高需求值作为确定依据，并结合一定设计来水情况进行综合分析。在此基础上确定旱限水位的数值，从而明确抗旱的警戒水位限制线。刘攀等（2012）、宋树东和朱文才（2014）根据年调节水库入库径流划分枯水时段，提出了水库旱限水位分期控制方法，按照不同时期入库径流和需水变化分期设置限制水位。

从目前国内已有的研究成果来看，主要集中在确定的水库或河道径流条件下，下游出现旱情的水库旱限水位确定方法，通常按照一个月或几个月的下游需水量预留水库蓄水库容。研究没有考虑多年调节水库的跨年度补水要求，不能应对流域发生跨年和连续干旱（干旱历时超过一年）问题，常使枯水年水库旱限水位以下的蓄水量不敢动用，丰水年又有大量弃水产生，造成水资源浪费，经济效益损失。

（3）应对干旱的梯级水库优化调度研究

梯级水库群优化调度即充分考虑梯级水库群各库之间具有的联系性（水力联系和电力联系）和补偿性（水文补偿和库容补偿），按照运行调度基本原则，利用一定优化方法和技术，寻求梯级水库群的最优运行调度方式，实现水库群均衡联合调度，达到流域防洪和兴利的双重目的。黄河梯级已建水库的总库容超过 900 亿 m^3，形成了控制性的水库群，因缺乏统一有效的规则和协调机制，影响黄河流域抗旱能力发挥。

流域梯级水库系统的优化调度作为水资源管理的一个重要内容一直备受研究关注，对于应对干旱的水库调度问题，国内外学者进行了大量理论研究和实践，主要是以大系统递阶理论为基础，应用系统优化方法研究了区域抗旱应急调水问题，通过建立多目标混合整数规划模型，研究了考虑供水优先权的干旱期水库优化调度问题，提出了基于风险评估分析系统的干旱期供水方案。

水库协同调度规则和蓄泄秩序是应对干旱的流域梯级水库群联合调度的关键问题。国内外在水库群联合调度领域开展了大量研究（魏加华等，2004；王才君等，2004；王煜，2006；邹进和何士华，2006；郭旭宁等，2012；李芳芳等，2012；张双虎等，2012；黄草等，2014），水库群优化调度及其调度规则的研究方法主要有两类：一类是优化+回归模型获得，另一类是初设规则，通过仿真优化推荐。第一类方法一般通过建立优化模型，直接仿真和优化长系列的水库群调度过程，产生不同时段离散的优化解向量集，然后采用统计回归等方法分析优化解的向量集，提出优化调度规则。此类方法原理简单，移植方便，但有时回归分析可能失效，无法获得可用的优化调度规则，且当水库数目较多时，还容易陷入“维数灾”。第二类方法则先基于调度经验，拟定含待定参数的水库或水库群优化调度规则，然后通过模型仿真长系列的水库群调度过程，优化待定参数，最终由优化的待定参数确定优化的调度规则。

按照优化方法来划分，通常可以分为确定性优化和不确定性优化。确定性优化调度方法又称隐随机优化调度方法，即采用实际径流序列来描述入库径流过程，并通过模拟-优化法或统计回归法等技术寻求水库群优化调度策略（调度规则），并以此指导水库群调度过程。利用确定性方法生成的梯级水库调度规则（如调度图调度函数）易于使用，但所提供的调度规则过于粗略，难以充分利用信息，再加上对径流过程描述的局限性，使得优化成果与实际存在一定的偏差。不确定性方法的研究主要集中在随机性优化方法的研究上，将径流描述为某种形式的随机过程，根据径流时序相关性的强弱，将径流处理成为独立随机过程或马尔科夫过程，基于所建立的随机径流过程，通过优化技术获得水库运行的调度规则。随机性优化方法能够充分提炼并利用现有的长系列径流资料，与实际情况较为吻合。但不确定性方法涉及的影响因子较多，略微复杂的径流随机描述就会使多库联合调度模型的求解常常遇到“维数灾”。

文献研究表明，当前国内外对于干旱期水库群应对调度规则、蓄泄秩序及供水限制等研究涉及较少，不能有效指导应对流域干旱调度。应对干旱的水库群联合优化调度涉及社会、经济、技术和管理等多学科，是一个复杂的系统多维调控问题，不同功能之间以及同一功能不同用水户之间，还存在诸多制约和协调问题需要研究解决，协调多目标间的矛盾，以及优化水库群的联合调度规则，需要发展有效的适合求解高维、非线性优化问题的方法，当前仍有许多技术难点。

1.3.4　应对干旱的水资源管理

随着我国经济社会的快速发展，全社会对水资源的需求不断增加，水资源供需矛盾日益尖锐，尤其是在干旱时期，缺水问题更加突出，迫切需要采取有效的水资源管理办法，降低干旱灾害所带来的损失。目前，国际上将针对干旱风险的减灾管理称为干旱管理。干旱管理的本质是解决干旱时期缺水问题的水资源管理，但解决短期的干旱缺水问题与长期水资源供需条件密不可分。我国通常将干旱管理称为“抗旱”，当前的干旱管理模式基本属于被动抗旱，即在干旱发生后，才开始做出响应，采取临时应急措施和对策，是一种典型的危机管理方式。该管理方式着眼于应对眼前的、短期的干旱，对长远的、持续的干旱考虑少；考虑局部较多，考虑流域、区域全局较少；立足抗旱较多，考虑防旱减灾较少。针对目前干旱管理的问题，开展对干旱风险管理的研究，由被动抗旱向主动抗旱、科学防旱转变，从常规的应急式、短期式抗旱模式向以中长期旱情监测预警为基础的流域层面水资源优化调配机制转变，将促进流域和区域的干旱科学管理，变被动防御为主动应变，提高防旱减灾的效果（王浩，2010；翁白莎和严登华，2010a，2010b）。

(1) 我国传统干旱管理方法

我国传统的干旱管理方法是建立在社会经济不发达、用水需求相对较低、水资源开发程度也较低的基础上。新中国成立至20世纪70年代，我国大部分城市人口规模和工业规模都相对较小，工业、生活需用水量也较小，整体水资源开发利用程度较低，大部分城市和工业用水可以得到基本保证。此时，干旱管理主要解决的问题是干旱期农业生产用水以及偏远山区人畜饮用水矛盾。这一时期我国兴建了大量的水利工程，主要目标是防洪和增加农业灌溉面积，提高粮食产量。但受经济总体情况的限制，水利工程的规模仍很小，对水资源的调节能力较小。这种情况下，当干旱发生时，仍可能出现农业缺水无法满足的现象，解决的主要途径就是采取紧急措施开辟新的水源。由于地下含水层自然调蓄能力较大，受短期降水亏缺影响小，且开采便捷，“打井抗旱”就成为抗旱的主要措施。在河流具有一定流量的情况下，河水也是抗旱水源之一，通常通过建立一些临时性小型引提水工程紧急取水，甚至通过车拉肩挑的方式取水。这一时期干旱管理的主要目标是尽可能增加供水量，主要策略是从自然界获取更多的水（及水源）。以此目标和策略建立的干旱管理模式，曾在抵御旱灾的过程中发挥了重要作用，特别是在减少旱灾对农业生产造成的损失方面。

在水资源开发利用程度较低的情况下，通过政府的组织、号召和直接干预，以及广大农民艰苦的努力，尽可能地获取更多水源来保证农作物在干旱期的生存和生长，减少干旱造成的农产品减产，对于尽可能保证人民的基本温饱十分重要。然而，这种策略在水资源开发利用程度较低时有效，随着水资源开发利用程度的提高，抗旱效果将逐步丧失。随着我国经济社会的快速发展，人口规模不断扩大，人民生活水平提高，水资源需求量也在大幅增加，水资源开发利用程度越来越高。改革开放以来，我国经济得以快速发展，水需求剧增，促使水利工程建设不断推进，水利工程的调节能力不断加大，水资源的开发和利用程度也越来越高。目前，我国北方大部分地区水资源开发利用程度已经很高，很多流域已经达到了极限，并引起水环境恶化等问题。水资源的高度开发利用，使得干旱管理面临的问题不再仅仅是农业缺水，而是整个社会、经济和环境的缺水。同时，受水资源承载力的限制，地下水降深加大，干旱发生时未必能开采到地下水，河道流量甚至出现断流，导致无水可取，传统的干旱管理方法往往是盲目且收效甚微的。总体来说，我国干旱管理主要存在以下问题：

1）政府干预过多。我国主要依靠行政手段解决水量分配、用水秩序规范、经济补偿等水问题，过多的政府干预降低了农民自主抗旱能力，增加了政府负担，不利于长期、科学抗旱，也阻碍了农业可持续发展。

2）缺乏及时有效的旱情监测、预警，政府投资力度不够。目前，我国旱情监测系统建设较落后，在旱情信息采集、传输、分析，以及预警信息的发布等方面采用的设备和技术也较落后，很多地区仍凭借经验判断旱情，缺乏准确、定量、高效的应对机制，抗旱减灾行动存在一定的盲目性。

3）缺乏科学、有效的干旱管理规划。干旱管理是一项包括旱前监测、分析、预警，旱期抗灾减损以及旱后恢复重建的完整过程，干旱管理规划是该工作的指导性文件。目前，我国许多省（直辖市、自治区）均相继开展了干旱管理规划（预案）编制工作，但工作处于起步阶段，其实用性和操作性不强。

4）灾后评价机制有待完善。灾后评价不仅是旱灾救助、重建的主要依据，还是对今后抗旱工作的重要参考，完善灾后评价机制，客观评估干旱事件、灾害损失等内容，及时修订与更新已有的干旱管理规划，对未来干旱管理具有重要的实践和指导意义。

5）缺乏水危机意识。目前，社会上认为水资源“取之不尽，用之不竭”的观念仍然存在，反映了广大群众抗旱知识匮乏，缺乏节水观念和危机意识。

（2）干旱风险管理

干旱风险管理是一种科学的干旱管理模式，它主要包括合理架构的组织体系、干旱管理规划、干旱监测与预警、风险评估、灾后损失评估与救助等内容。在充分了解干旱及灾害形成机理的基础上，掌握区域干旱灾害的时空演变规律和发展趋势，采用有效的干旱评估与预警指标体系对干旱的发生发展进行识别，根据风险理论，对干旱灾害的潜在影响进行评价；及时发布旱情预警信息，使相关部门及早了解干旱的演变趋势，依据制定的干旱管理规划，采取相应的措施应对不同程度的干旱；联合协调干旱管理相关部门，如防汛抗旱指挥部、水库管理单位等，对干旱期的水资源进行综合调度管理，尽可能减轻干旱所带来的灾害损失。

1）干旱管理规划编制。目前，我国许多省（直辖市、自治区）均相继开展了干旱管理规划（预案）编制工作，但工作处于起步阶段，其实用性和操作性不强。尽管各地区致旱因素、干旱时空特征存在差异，规划的侧重点会有不同，但规划编制的过程和主要内容基本一致。

干旱管理规划的编制包括构建干旱管理行政组织体系、确定干旱监测方法和干旱指标体系，选取干旱致灾因子、脆弱性评估方法及干旱风险评估方法，制定用水优先级规则和旱灾分级响应基本措施及防旱抗旱的宣传和教育等方面。首先应分析研究区域历史干旱演变的时空特性，对过去的旱灾事件影响进行评价，从中选取资料条件较好、具有代表性的干旱过程，作为干旱管理规划研究的模式。在此基础上评估发生类似旱情的生态环境、城市供水及农业生产风险，进而制定不同干旱等级的水资源配置原则、干旱应对策略及长期防旱减灾计划。在干旱管理规划实施期间，要根据旱情的反馈调整应对策略；干旱事件结束后，要进行旱后评价，评价干旱管理对减轻旱灾损失、消除不利社会后果的作用以及实施过程的有效性。

2）干旱监测、预警及风险评估。干旱监测是指根据研究区的干旱发生演变规律，应用有效的干旱指标体系对干旱进行实时或近实时分析；干旱预警通常根据干旱监测的结果，结合研究区可能受旱对象（如农业生产）的脆弱性以及致灾因子的演变趋势（如降水量、墒情），提前发布预警信息。目的是使政府和有关部门在旱灾发生之前，有充足的时间采取适当的措施尽可能延缓旱灾的发生、降低旱灾带来的损失。

干旱监测技术往往综合应用遥感监测、中长期预报、水文过程模拟等技术，选择适当的数据和信息，对水文气象因子以及区域供需水条件进行监测，识别干旱的发生演变阶段。由于干旱的形成是一个极其复杂的物理过程，干旱监测、预警指标的选择要综合各类因素对干旱的影响，如降水量、气温、蒸散发、土壤含水量、河道流量、地下水水位、水库和湖泊水位等，尽可能反映水循环中各要素间的相互作用机理。

旱灾风险评估是连接干旱监测与预警的桥梁，灾害是致灾因子和人类社会相互作用的结果，当降水亏缺引起的干旱强度超出人类的应对能力则发生灾害，反之，则说明人类社会足以抵抗自然灾害。风险评估是风险识别、分析和评价的全部过程，需要识别和量化干旱风险、选取致灾因子、评估受旱元素的脆弱性、分析干旱向旱灾的转化。一般步骤为，根据干旱监测和评估的结果，确定干旱等级以及干旱发生、发展的趋势和影响范围，绘制干旱风险图集；对旱灾致灾因子进行持续监测和分析，指示干旱情势的演变；结合区域水资源供需分析，评价当地的旱灾脆弱性，分析可能遭受旱灾破坏的地区，据此进行干旱管理行动方案的编制和实施。

3）干旱期水资源配置。干旱管理本质上是一种干旱期的区域水资源配置，科学、合理调配旱期水资源是有效应对干旱的方法。干旱期的水资源管理措施主要包括供水的优先次序、取水量紧急限制标准及水库调度策略。当发生干旱时，可能无法保证区域内的全部类型用水，须实施限制取水措施控制用水量，通过限制低效益、高污染用水，保证干旱时期的用水效益最大化。供水顺序按用水优先规则进行，即优先向用水优先序高的部门供水。水库在干旱期主要起到合理储备水资源、预留抗旱应急供水量的作用，并针对不同的旱情发展和下游需水量，按照一定的调度规则蓄泄水量。

4）旱灾分级响应策略。干旱发生的隐蔽性、发展的缓变性以及演变的复杂性，使得在实际防旱减灾工作中难以准确识别干旱起止和发展阶段，并适时采取应对措施。因此，必须选取有效的干旱指标体系，对干旱进行实时或近实时监测，并定量划分干旱等级，结合旱灾风险评估结果，提出分级预警方案，为干旱管理行动提供定量化、精确化的指南。根据干旱强度及其波及程度，结合未来时段气候模式预报（预测）结果，制定不同预警等级对应的旱灾响应措施。短期干旱应对措施主要包括挖掘供水潜力、开辟新水源，同时限制需用水量；长期干旱应对措施还应当着手于改进区域农业种植结构和耕种方式，提高农业灌溉水利用率，采用水价机制促进社会节约用水等方面，从根本上实现开源节流。

1.3.5 存在的问题

抗旱减灾的关键在于准确、及时地掌握旱情信息，并根据流域水情信息高效、有序地组织调度各种水源，当前流域应对干旱技术尚不能满足抗旱减灾的需求。

在灌区干旱评估方面，缺乏一套全面综合描述流域水汽、墒情变化的指标，不能综合气象、水文、下垫面等因素，描述联合水分亏缺状态；在旱情监测方面，多采用干旱指数对水文、气象、土壤湿度等进行评估，缺乏对气象、水文、农业、生态等过程的监测，而且监测的精度不够、信息发布不及时。

在水情预报方面，预报信息来源单一常导致对流域径流/洪水预报精度不高、预见期不够长，洪水过程、洪量预报的准确度不高；在水利工程调度方面，缺少多年调节水库跨年度调节水量蓄留的技术和方法，对于多泥沙河流综合利用水库洪水资源化利用涉及的水沙综合分期、汛限水位优化研究不足，在流域梯级水库群在应对干旱时的蓄泄秩序、协同规则方面研究较少。

在干旱风险管理方面，缺乏对干旱风险的识别和预警技术，流域干旱管理的机制不健全，还属应急、短期、抗旱的管理模式。有序应对流域干旱、有效减少灾害损失，需要建立完善的干旱实时监测、评估、水资源调配以及干旱风险管理的综合技术体系，在干旱评估方面需要构建多时间尺度的综合干旱评估指标，实现气象、水文、农业、生态等过程的评估。

在干旱监测方面需要建立陆气耦合模式平台，实现“天地一体化”立体实时监测；在水情预报方面需要开发多源信息快速同化与多模型嵌套技术，实现径流洪水的精准快捷预报；在流域水源调配方面需要创建梯级水库群协同优化技术方法，实现流域水资源多维时空的优化；在干旱风险管理方面需要建立多层级多部门联动干旱风险管理机制，实现流域干旱管理的定量化、精细化和高效化，全面提升流域干旱应对的能力和水平。

1.4　研究目标、内容与技术路线

1.4.1　研究目标

针对黄河水资源短缺、旱灾频发等重大问题，以应对干旱的黄河流域水资源调配作为切入点，开展大型灌区旱情实时监测、大型梯级水库群优化调度等关键技术集成与示范；建立黄河流域大型灌区实时旱情分析系统、黄河流域应对干旱的水资源调配系统等；提出黄河流域抗旱水源调度、旱灾监测与预警等综合适应技术体系，建立应对干旱的响应机制，提高适应气候变化的黄河水资源调配能力，并应用于黄河水量调度系统。

（1）提高大型灌区旱情监测的准确率

研发基于土壤墒情监测、大气降水观测等多元信息耦合的大型灌区实时旱情监测和灌区需水评估关键技术，提高大型灌区旱情监测的准确率。

（2）提高洪水预报预见期

创建具有物理机制的分布式洪水预报模型和干流洪水演进模型，建立基于贝叶斯理论的水文预报技术，提高洪水预报预见期。

（3）提升应对干旱的水资源调度水平

研发以龙羊峡旱限、小浪底汛限水位优化控制的大型水库群调度关键技术，开发应对干旱的黄河梯级水库优化调度模型，提升应对干旱的水资源调度水平。

（4）改善应对干旱的流域管理能力

建立黄河流域旱灾应急机制和应对干旱的风险管理系统，改善应对干旱的流域管理能力。

1.4.2 研究内容

本书围绕气候变化背景下黄河流域水资源管理和调度面临的关键技术问题和科学难题，从黄河流域水文水资源和旱情监测评估、水资源调配、支撑管理三个层面展开研究，研究内容主要包括以下四个方面。

(1) 黄河中下游大型灌区实时旱情监测与分析系统开发

1）基于气象数据的区域干旱指数的建立。以气象台站观测数据为基础，考虑区域分收支，综合降水和蒸散过程的效应，确定适合黄河中下游地区气候和生态环境特征的区域干旱指标。

2）陆面模式气象驱动场数据处理系统的建立。基于气象观测资料，建立陆面模式气象驱动场实时更新和时空插值及格式转换系统，用以支持陆面模式的模拟。

3）陆面水循环过程的模拟。基于气象观测资料，模拟流域内土壤湿度、径流等的时空变化，为生态、水文干旱监测提供数据。

4）区域干旱的监测、分级评估和综合评估预报。通过降水、蒸发、土壤湿度、径流等指标监测不同等级干旱，评估和预估干旱发展等的变化。

5）基于灌区干旱评估的农业灌溉需水预测。应用灌区干旱监测评估，建立灌区农业需水的指标和模型预测农业灌溉的需水量。

(2) 黄河骨干水库入库洪水/径流预报关键技术研究

1）利用气象部门产品制作河源区、利用中尺度数值预报模式制作泾渭河地区短期定量降水预报；对地面实测降雨、遥测降雨、卫星云图反演降雨等进行多源降水信息同化，对实时降雨和预报降雨信息进行拼接。

2）研究融合多源信息、基于具有物理基础的分布式水文模型的洪水/径流预报模型，实现连续滚动的洪水/径流预报。

3）利用贝叶斯理论，实现洪水预报的不确定性分析，以概率的形式提供预报结果，为水库优化调度提供数据支撑；建立黄河骨干水库入库洪水/径流预报系统，建成水文预报示范基地。

(3) 以骨干水库为中心的黄河水资源调配技术集成

1）龙羊峡水库旱限水位控制技术集成。研究龙羊峡水库入库长系列径流特征和年际丰枯水变化；在流域干旱情景灌区需水预测的基础上，通过长系列调算，研究不同保证率的龙羊峡水库抗旱补水量；分析龙羊峡年末水位变化规律，通过风险效益的比较，优选并提出龙羊峡水库的合理旱限水位控制策略。

2）小浪底水库汛限水位优化技术集成。研究分期入库设计洪水；结合小浪底水库实际运用和汛限水位控制情况，分析黄河下游防洪减淤等对小浪底水库汛限水位的要求，考虑洪水预报，研究汛限水位调整策略；研究不同调整策略在防洪、减淤、供水、灌溉、发电等方面的作用和影响，提出近期小浪底水库汛限水位的优化方案。

3）应对干旱的黄河大型水库群联合蓄泄规则研究。统筹防洪、防凌、减淤、供水

(灌溉)、生态环境、发电等综合要求，建立黄河大型水库群联合优化调度模型；结合黄河流域干旱年份来水和用水的特点，考虑断面流量控制、省区用水控制等约束，开展水库群长系列优化调度模拟，分析干旱年份水库调度与缺水变化的响应关系，提出应对干旱的黄河大型水库群联合蓄泄规则，建成大型水库群优化调度示范基地。

（4）黄河流域旱灾应急响应对策研究

1）黄河流域干旱发生及演变规律研究。分析黄河流域干旱的影响因子、空间变化特征和发生频率等，研究干旱灾害发生及演变规律；研究综合干旱指数各特征参数间的关联度及综合干旱评价方法，提出基于综合干旱指标的干旱等级划分方法，建立适用于不同区位和不同时间尺度的干旱预警指标体系及等级划分标准。

2）黄河流域典型地区干旱应急响应风险管理对策研究。选择黄河流域典型区域，分析旱灾过程及主要致灾因子，从需水管理、供水管理、灾害控制、应急机制等方面提出抗旱策略和对策措施，架构一套干旱应急响应风险管理保障系统，实现管理模式由被动应急向主动响应、单一应急向全面响应、危机管理向风险管理的转变。

各部分研究内容之间的关系及其逻辑关系如图 1-9 所示。

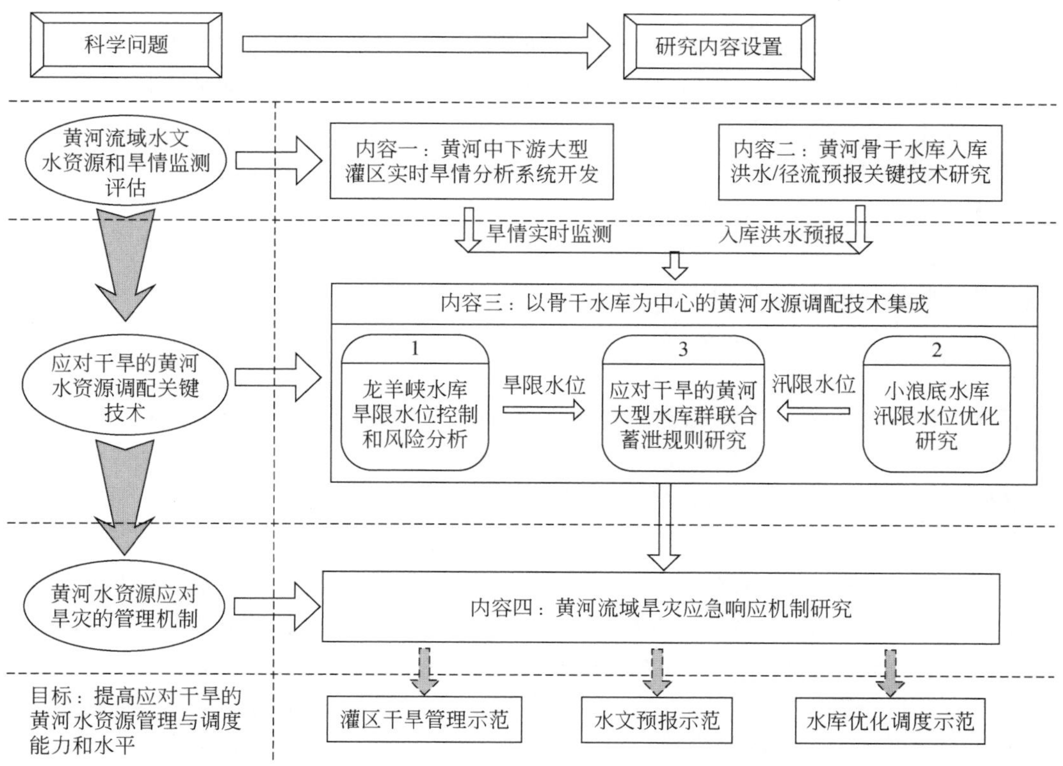

图 1-9　各部分研究内容之间的关系及其逻辑关系

1.4.3 研究技术路线

本书研究综合运用气象、水文、生态、遥感、地理、灾害、经济、系统科学等学科理论，按照“问题剖析—机理研究—技术创建—模型构建—方案优化—应用示范”的技术路线开展研究。技术路线图见图 1-10。

问题剖析。通过总结国家在流域干旱监测评估、水资源综合调配、应对管理方面现状，剖析科技需求，找准研究的切入点。

机理研究。通过系统研究黄河流域干旱、洪水发生演变的机制，定量研究干旱与流域灌溉需水的关系以及流域径流中长期演变的态势，揭示流域旱情、水情及洪水发生演变的重大规律，为流域技术开发和系统集成研究提供基础。

技术创建。着手创建多源信息耦合技术、旱情实时监测技术、洪水不确定性预报技术、多年调节水库旱限水位最优控制、多泥沙河流综合运用水库汛限水位优化、应对干旱的梯级水库群调度规则以及干旱综合应对管理等关键技术，形成应对干旱的流域旱情监测与水资源调配技术体系。

模型构建。构建大型灌区实时监测、黄河干流洪水预报、应对干旱的黄河流域梯级水库群优化调度的模型系统，搭建应对干旱的流域旱情监测与水资源调配的工具平台。

方案优化。以研究创建的技术、模型为基础，提出黄河上游宁蒙灌区、中游汾渭灌区及下游引黄灌区旱情监测的应用方案，黄河干流龙羊峡、刘家峡、三门峡、小浪底 4 级梯级水库优化调度及水资源优化分配的方案，黄河干流径流/洪水预报方案。

应用示范。将研究技术、模型及方案成果，在黄河流域的主要灌区旱情监测中进行示范应用，检验模型的可靠性和准确程度，开展黄河水情预报，检验洪水预报系统的预见期，将梯级水库群优化调度系统应用于黄河流域水资源调度与管理中，检验干旱年份的调度水平。

流域旱情实时监测与水资源调配技术体系是本书研究的重点和核心，从关键技术创建、重要特性认识、模型系统开发三个层次来构建。

关键技术创建针对黄河流域旱情监测与水资源调配面临的重大技术瓶颈，重点研究多时间尺度的干旱评估与演变特征识别、基于陆气耦合的灌区干旱实时监测、基于多源降雨信息的洪水/径流多尺度嵌套耦合预报、多年调节水库旱限水位最优控制、面向洪水资源利用的水库多分期汛限水位优化、应对干旱的流域梯级水库群协同优化调度、多时间尺度干旱演变特征识别与应对等关键技术，形成流域干旱的综合应对技术体系。

特征揭示以主要特性的认识为基础，获得对干旱演变特征、洪水泥沙分期特征、干旱与灌溉需水定量关系等的深刻诠释，揭示黄河水旱特征、找准技术突破方向。

模型系统的构建以重大规律揭示为基础，以关键技术创建为手段，着手构建大型灌区旱情实时监测系统、基于多源信息降水的径流/洪水多尺度嵌套耦合预报系统以及应对干旱的黄河梯级水库群调度系统，形成流域应对干旱的水资源调配平台和工具，通过对流域旱情的监测、预警、径流/洪水的分析和水资源的优化调配，优化并推荐应对流域干旱水

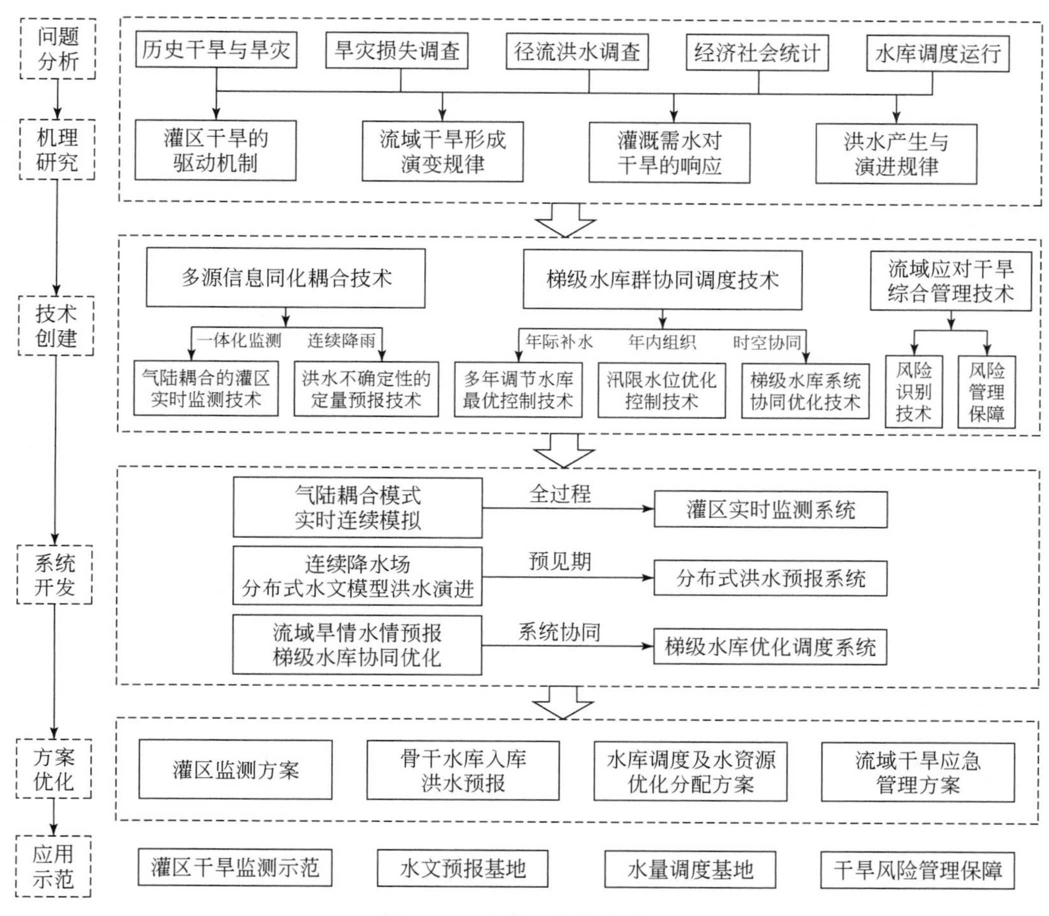

图 1-10　本书研究技术路线

资源调配与管理的方案，为黄河流域有效应对干旱、控制灾情提供决策支持。

流域旱情实时监测与水资源调配技术框架如图 1-11 所示。

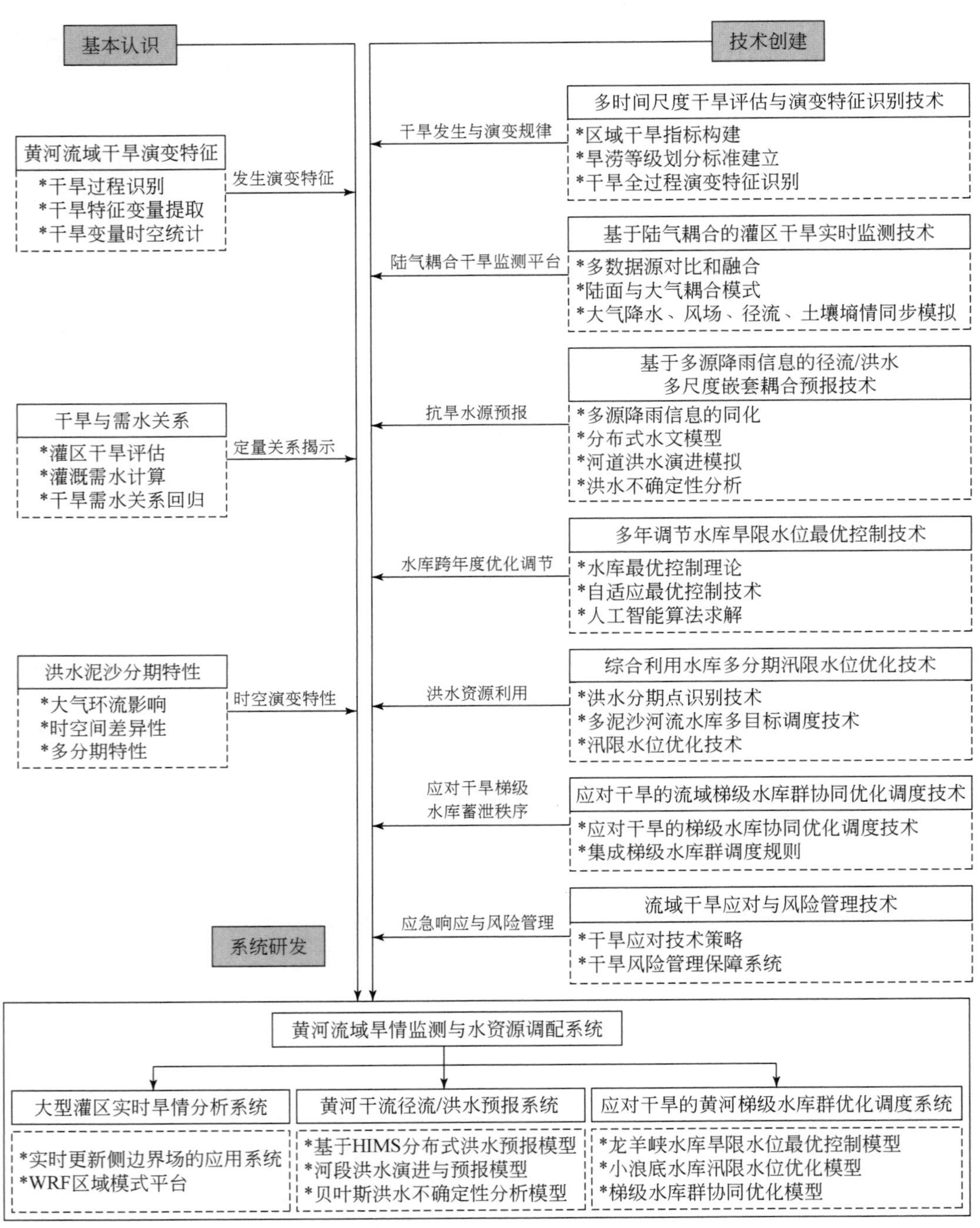

图 1-11　流域旱情实时监测与水资源调配技术框架

第 2 章　多时间尺度干旱评估与演变特征识别

基于分布式水文过程模拟，构建适用于黄河流域的综合干旱指标 SPDI-JDI（标准化帕默尔–联合水分亏缺指数），诠释了黄河流域干旱灾害发生及演变规律。利用建立的综合干旱指标 SPDI-JDI 评估黄河流域主要灌区历史干旱情况，采用灰色关联和回归分析方法定量分析黄河流域灌区需水与综合干旱指标 SPDI-JDI 的关系，为指导灌区干旱应对提供科学依据。

2.1　黄河流域干旱评估指标与评估方法

干旱评估是指根据特定的干旱指标，确定干旱评价标准，定量综合评价干旱情势。本研究构建综合干旱指标并提出区域干旱评估方法，开展黄河流域干旱演变特性研究。

2.1.1　综合干旱指标

干旱指标是根据一个或多个水文气象变量构建的旨在识别干旱起止和严重程度的量度。干旱分析的变量可归纳为 5 类：①降水；②河川径流量、水库及湖泊蓄量、水位；③地下水位；④土壤含水量；⑤农作物产量。Friedman（1957）认为干旱指标应符合 4 个基本标准：①时间尺度匹配；②适用于度量空间尺度大、历时长的干旱；③对所研究的问题具有实用价值；④能准确反映历史旱情。通常考虑变量较少的简单干旱指标（如仅考虑降水的标准化降水指数），概念简洁，计算简便，但难以完善反映干旱的发展和影响因素。

研究构建综合考虑降水、蒸散发、径流、土壤墒情等要素，并根据大气强迫、模型模拟水循环分量全面刻画干旱过程的综合干旱指标。

（1）Palmer 干旱指数 PDSI

Palmer 干旱指数 PDSI 是美国天气局 Palmer 于 1965 年提出的，表示水分供给的累计偏差。PDSI 指标综合考虑了降水、蒸散发、径流和土壤含水量等水文要素以及水分供需关系，以此确定干旱的开始、发展、结束以及干旱严重程度。Palmer 干旱指数是目前最为有效的干旱指标之一，已广泛应用于评估和监测长期干旱事件。

PDSI 指标采用双层土壤模型描述水分收支过程，该模型设定上层土壤最大蓄水深度为 1ft①，下层土壤持水能力则根据研究区域实际情况确定；基于月降水和气温，采用实测降水量与气候适宜降水量之间的差值反映某一地区特定时刻的水分亏缺：

---

① 1ft=0.3048m。

$$d = P - \widetilde{P} = P - (\alpha_i \mathrm{PET} + \beta_i \mathrm{PR} + \gamma_i \mathrm{PRO} - \delta_i \mathrm{PL}) \tag{2-1}$$

式中，P 和 $\widetilde{P}$ 分别为实测降水量和气候适宜降水量；d 为相应水分偏差；α_i、β_i、γ_i 和 δ_i 称为各月（i=1，2，…，12）的权重因子或水量平衡系数；PET 为可能蒸散量；PR 为可能补水量；PRO 为可能径流量；PL 为可能失水量。

$\widetilde{P}$ 依赖于 4 个水文系数（α、β、γ、δ）：

$$\alpha_i = \frac{\overline{\mathrm{ET}_i}}{\overline{\mathrm{PET}_i}},\ \beta_i = \frac{\overline{R_i}}{\overline{\mathrm{PR}_i}},\ \gamma_i = \frac{\overline{\mathrm{RO}_i}}{\overline{\mathrm{PRO}_i}},\ \delta_i = \frac{\overline{L_i}}{\overline{\mathrm{PL}_i}} \tag{2-2}$$

式中，ET 为蒸散量；PET 为可能蒸散量；R 为补水量；PR 为可能补水量；RO 为径流量；PRO 为可能径流量；L 为失水量；PL 为可能失水量。

（2）标准化 Palmer 干旱指数 SPDI

本书针对黄河流域构建标准化 Palmer 干旱指数 SPDI，主要过程如下：

1）基于潜在蒸散发、土壤含水量、实际蒸散发、径流深及土壤信息等数据，分别计算 PDSI 指标中的潜在值和实际值，进而计算水分亏缺量 d（以月为单位）；

2）将所计算的水分亏缺量 d 时间序列进行滑动累积求和，即 $X_k = \sum d_k$，其中 k = 1，2，…，代表不同时间尺度或时间步长；

3）针对时间尺度为 k 的滑动累积序列 X_k，根据不同结束月份将其划分为 12 个独立的子序列 X_k^m，其中 m = 1，2，…，12，代表不同月份；

4）选用广义极值分布（GEV）分别拟合结束月份为 m 的累积序列 X_k^m，计算相应累积概率：

$$F_{X_k^m}(x_k^m) = \exp\left\{-\left[1-\kappa\left(\frac{x_k^m-\mu}{\alpha}\right)\right]^{\frac{1}{\kappa}}\right\} \tag{2-3}$$

式中，μ、α、κ 分别为 GEV 分布的位置、尺度和形状参数，可由极大似然法或线性矩法估计。

5）将所计算的累积概率值 $F_{X_k^m}(x_k^m)$ 进行标准正态化，得到相应标准化干旱指数值 SPDI_k^m，即

$$\mathrm{SPDI}_k^m = \Phi^{-1}(F_{X_k^m}(x_k^m)) \tag{2-4}$$

式中，Φ^{-1} 为标准正态分布的逆函数。

6）按时间先后顺序，将不同结束月份的干旱指数值 SPDI_k^m 序列重新排列，得到逐月干旱指数序列 SPDI_k。

根据上述步骤求得的 SPDI 指标近似服从标准正态分布，其采用的旱涝等级划分标准与 SPI 一致（表 2-1）。SPDI 从首尾两个方面改进了传统 Palmer 干旱指数：其一，采用 VIC 模型取代了最初的两层土壤水模型，更为准确地模拟水文循环过程；其二，采用类似 SPI 的标准化过程替代 PDSI 的标准化过程，弥补传统 PDSI 指标时空可比性差、极端旱涝频率估计系统偏大及不具备多时间尺度等弊端。

表 2-1　SPDI 及 SPDI-JDI 旱涝等级划分

发生频率/%	旱涝等级	SPDI/SPDI-JDI
2 ~ 5	特涝	≥ 2.00
5 ~ 10	重涝	1.50 ~ 1.99
10 ~ 20	中涝	1.00 ~ 1.49
20 ~ 30	轻涝	0.00 ~ 0.99
20 ~ 30	轻旱	-0.99 ~ 0.00
10 ~ 20	中旱	-1.49 ~ -1.00
5 ~ 10	重旱	-1.99 ~ -1.50
2 ~ 5	特旱	≤ -2.00

（3）基于 SPDI 的联合水分亏缺指数 SPDI-JDI

假设时间尺度为 k 月的水分偏离序列 X_k^m 所对应的累积概率 $F_{X_k^m}(x_k^m)$，将其按时间顺序重新组合并记为 $F_{X_k}(x_k)$。若给定多个时间尺度 k，则有相应不同时间尺度水分偏离序列的边缘概率分布函数 $u_j=F_{X_j}(x_j)$，$j=1, 2, \cdots, d$，其中 d 代表所采用时间尺度或边缘分布的个数。因此存在唯一的 d 维 Copula 函数（Nelson，1999）$C_{U_1,\cdots,U_d}$ 满足：

$$H_{X_1,\cdots,X_d}(x_1, \cdots, x_d) = C_{F_{X1}, \cdots, F_{X_d}}(F_{X_1}(x_1), \cdots, F_{X_d}(x_d)) = C_{U_1,\cdots,U_d}(u_1, \cdots, u_d) \tag{2-5}$$

式中，u_j 为第 j 个边缘分布；$H_{X_1,\cdots,X_d}$ 为多维变量 $\{X_1, \cdots, X_d\}$ 的联合累积概率分布函数。

本书中选用 Gaussian Copula 函数表示高维变量间的相关性结构。d 维 Gaussian Copula 的参数表达式为

$$\begin{aligned} C_{U_1,\cdots,U_d}(u_1, \cdots, u_d; \boldsymbol{\Sigma}) &= \Phi_{\Sigma}[\Phi^{-1}(u_1), \cdots, \Phi^{-1}(u_d)] \\ &= \int_{-\infty}^{\Phi^{-1}(u_1)} \cdots \int_{-\infty}^{\Phi^{-1}(u_d)} \frac{1}{(2\pi)^{\frac{3}{2}} |\boldsymbol{\Sigma}|^{\frac{1}{2}}} \exp\left(-\frac{1}{2}\boldsymbol{w}\boldsymbol{\Sigma}^{-1}\boldsymbol{w}^{\mathrm{T}}\right) \mathrm{d}w_1 \cdots \mathrm{d}w_d \end{aligned} \tag{2-6}$$

式中，Φ 为标准正态累积概率分布函数；Φ_{Σ} 为多元标准正态累积概率分布函数；对称协方差矩阵 $\boldsymbol{\Sigma}$ 为 Copula 函数的参数，其中各元素可根据秩相关系数进行估算，$\boldsymbol{w}=[w_1, \cdots, w_d]$ 代表相应积分变量。

上述 Copula 函数实际上提供了 d 维空间中边缘样本 $\{u_1, \cdots, u_d\}$ 的累积概率测度 $P[U_1 \leqslant u_1, \cdots, U_d \leqslant u_d] = q$，该概率值可作为反映其联合概率特性的综合指标。在干旱分析中，累积概率 q 可表征某地点的水分联合亏缺状态，较小的 q 值代表总体干旱状况，较大的 q 值则表明水分出现盈余。Kendall 分布函数 K_C 被定义为集合 $\{(U_1, \cdots, U_d) \in [0, 1]^d | C_{U_1,\cdots,U_d}(U_1, \cdots, U_d) \leqslant q\}$ 的概率测度，即

$$K_C(q) = P[C_{U_1,\cdots,U_d}(U_1, \cdots, U_d) \leqslant q] \tag{2-7}$$

式中，$q \in [0, 1]$ 代表某累积概率水平；K_C 为 Copula 函数 $C_{U_1,\cdots,U_d}$ 的概率分布函数，即

表示 Copula 值小于等于 q 的概率；而 q 指示了特定干旱或湿润状况的多元临界点，能将多维信息映射到一维空间。

K_C 针对 Gaussian Copula 的解析表达式未知，需采用相应经验 Kendall 分布函数：

$$K_{C_n}\left(\frac{l}{n}\right)=\frac{b}{n} \tag{2-8}$$

式中，$l=1$，…，n；b 为满足 C_n（λ_1/n，…，λ_d/n）$\leqslant l/n$ 的样本 $\{x_1$，…，$x_d\}$ 个数；C_n（λ_1/n，…，λ_d/n）代表样本长度为 n 的经验 Copula 函数；$1\leqslant\lambda_1$，…，$\lambda_d\leqslant n$ 为相应秩次。

以不同时间尺度（$k=1$，…，d）水分偏离序列 X_k 作为边缘分布，可求得其联合分布的累积概率 q，而 Kendall 分布函数 K_C 能够作为相应于此累积概率 q 的联合水分亏缺状态的概率测度。基于 SPDI 的联合水分亏缺指数（SPDI-JDI）可定义如下：

$$\begin{aligned}\text{SPDI-JDI}&=\Phi^{-1}(K_C(q))=\Phi^{-1}(P[C_{U_1,\cdots,U_d}(u_1,\cdots,u_d)\leqslant q])\\&=\Phi^{-1}(P[C_{F_{X_1},\cdots,F_{X_d}}(F_{X_1}(x_1),\cdots,F_{X_d}(x_d))\leqslant q])\end{aligned} \tag{2-9}$$

SPDI-JDI 实质上仍为一维标准正态分布的分位数，具有与 SPDI 相同的旱涝分级体系（表 2-1）。SPDI-JDI 指数值取决于联合水分亏缺状态的累积概率 q，SPDI-JDI>0（$0.5<K_C<1$）代表总体水分盈余，SPDI-JDI<0（$0<K_C<0.5$）表示总体干旱状态，SPDI-JDI = 0（$K_C=0.5$）表示正常状况。因此，极端干旱将导致极小的 q 值，相应的 SPDI-JDI 也对应一个很小的概率。

本书取最大时间尺度 $k=24$ 月，以考虑干旱持续长达 2 年的情形。对于 $k=1$，2，…，24，即 $d=24$，因此构建和求解相应超高维 Gaussian Copula 函数难度和计算量较大。为高效识别干旱的持续特性，本书降低 Copula 函数的维数，仅采用 5 个时间尺度（$d=5$），即 $k=1$（月）、3（季节）、6（半年）、12（年）和 24（2 年）反映干旱的边缘概率特性，并采用 5 维 Gaussian Copula 函数构建相应联合概率分布。对比验证表明，上述方法计算的 SPDI-JDI 序列与 24 维经验 Copula（$k=1$，2，…，24）的结果较一致，即降维后的 5 维 Gaussian Copula 能保留 24 维经验 Copula 所反映的绝大部分信息，二者所反映的旱涝交替及转换过程完全相同；5 维 Gaussian Copula 能准确反映多元联合分布的极小累积概率值 q（严重或极端干旱）；24 维经验 Copula 则存在明显的截断误差，不能有效反映较小的 q 值，无法表征或比较严重干旱的程度。

2.1.2 区域干旱评估方法

区域干旱不仅与干旱程度紧密联系，还与干旱面积相关。SPDI-JDI 作为表征干旱状况的综合干旱指数，其值为负时指示干旱的发生，SPDI-JDI 值越小，表示干旱越严重。据此定义区域综合干旱指数 CRDI（Comprehensive Regional Drought Index）为

$$\text{CRDI}=\frac{1}{A}\sum_{i=1}^{n}(\text{SPDI-JDI}_i * A_i) \tag{2-10}$$

式中，A 为区域总面积；A_i 为计算网格面积；n 为网格数。

CRDI 识别干旱等级与 SPDI-JDI 相同。根据游程理论对干旱指标序列进行干旱过程识别，并由此提取干旱特征变量。如图 2-1 所示，采用某给定截断水平 X_0（阈值）截取一个指标序列，干旱历时是指干旱指标低于给定阈值的干旱开始时刻至干旱结束时刻所持续的时间，干旱烈度是指干旱历时内干旱指标与阈值之差的累积和（取绝对值）。干旱烈度用来表示干旱的严重程度，其值越大，干旱越严重。干旱历时内干旱指标序列的最小值即为该场干旱的干旱峰值。干旱频次为特定时期内干旱发生次数。

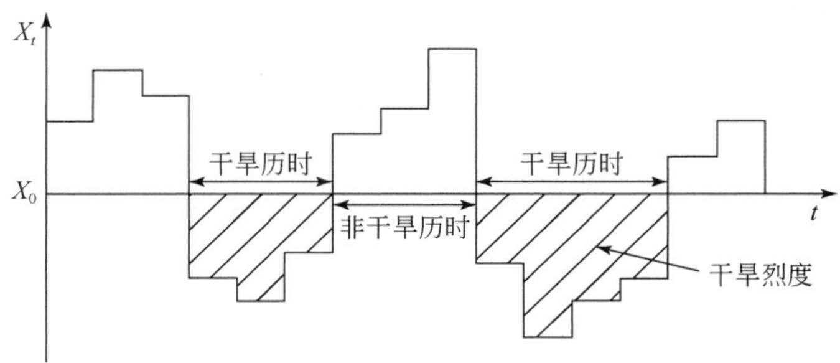

图 2-1　干旱过程识别及干旱特征变量提取示意图

2.1.3　干旱指标适用性分析

构建基于栅格尺度和区域尺度的综合干旱指数 SPDI-JDI 和 CRDI，为检验综合干旱指数在黄河流域的适用性，选取延安站及四大灌区内主要气象站点（表 2-2）为代表站，将综合干旱指数与常用干旱指数（SPI-3、SRI-3、SPEI-3、SPI-12、SRI-12、SPEI-12 和 SMAPI）、《中国近五百年旱涝分布图集》（以下简称《旱涝图集》）和《中国历史干旱（1949—2000）》（以下简称《历史干旱》）进行比较分析。《旱涝图集》采用5个等级表示旱涝状况，为便于和上述干旱指标所反映的旱涝情况进行对比，本书对《旱涝图集》的旱涝等级划分进行相应调整（表 2-3）。

表 2-2　黄河流域四大灌区对应代表站点

灌区	内蒙古河套灌区	山西汾河灌区	陕西渭河平原灌区	宁夏青铜峡灌区
站点	陕坝	太原	西安	银川

表 2-3　《中国近五百年旱涝分布图集》旱涝分级对照表

旱涝程度	涝	偏涝	正常	偏旱	旱
原旱涝分级	1	2	3	4	5
调整后分级	2	1	0	−1	−2

2.1.3.1　SPDI-JDI 适用性分析

表 2-4 统计了各代表站 SPDI-JDI 与常用干旱指数的相关系数。以延安站为例，其

SPDI-JDI 与其他干旱指数的相关系数为 0.55 ~ 0.75，其中与 PDSI 相关性最好，与 SPI-12 相关性最差。总体上，SPDI-JDI 与其他多因子干旱指标（PDSI、SPEI 和 SPDI）相关性高于与单因子干旱指标（SPI、SRI 和 SMAPI）的相关性。SPDI-JDI 与其他干旱指数基本一致，均能反映研究区旱涝情情势，如 1957 年、1965 年、1972 年、1974 年、1999 年、2000 年的严重干旱事件。针对某些具体干旱事件，不同干旱指数所反映的干旱程度不尽相同，如 1999 年和 2000 年 SPDI-JDI、PDSI、SPI-12、SPI-12、SPEI-12 和 SPDI-12 指数均识别为重旱，但是 SMAPI、SPI-3、SRI-3、SPEI-3 和 SPDI-3 指数均识别为轻旱。

表 2-4　各代表站 SPDI-JDI 与其他干旱指数的相关系数

干旱指数	SPDI-JDI				
	延安	陕坝	太原	西安	银川
SPI-3	0.71	0.72	0.73	0.75	0.74
SPI-12	0.69	0.71	0.70	0.68	0.69
SRI-3	0.70	0.65	0.71	0.65	0.72
SPI-12	0.55	0.66	0.63	0.37	0.66
SPEI-3	0.68	0.48	0.68	0.70	0.66
SPEI-12	0.70	0.47	0.68	0.66	0.63
SMAPI	0.64	0.59	0.66	0.71	0.64
PDSI	0.75	0.67	0.67	0.71	0.75
SPDI-3	0.74	0.74	0.75	0.77	0.76
SPDI-12	0.72	0.71	0.71	0.72	0.70

西安站为渭河灌区代表站，其 SPDI-JDI 与 SPDI-3 具有较好的相关性，与 SPI-12 相关性较低（表 2-4）。总体上，SPDI-JDI 与 SPEI、PDSI、SPDI 等多因子干旱指数的相关性略高于 SRI、SMAPI 等单因子干旱指数。图 2-2 比较了西安站 SPDI-JDI 与其他各类干旱指数的时间序列，发现 SPDI-JDI 与其他单因子和多因子干旱指数的时间序列基本一致，能较为准确地表征旱涝情势，如 1959 年、1977 年、1986 年、1995 年、1997 年的严重干旱事件。

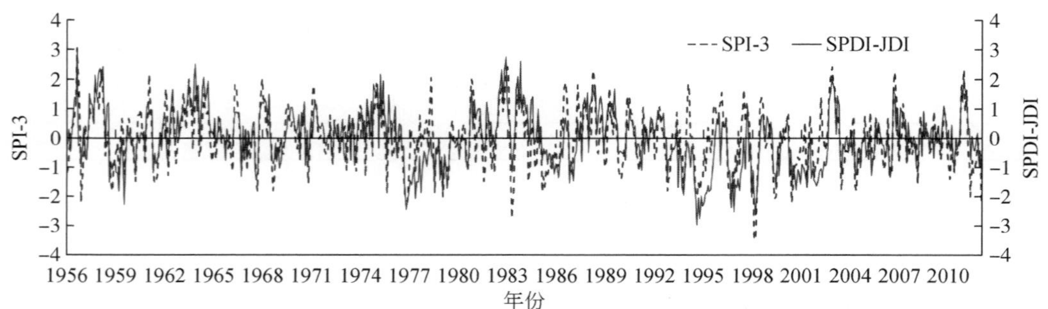

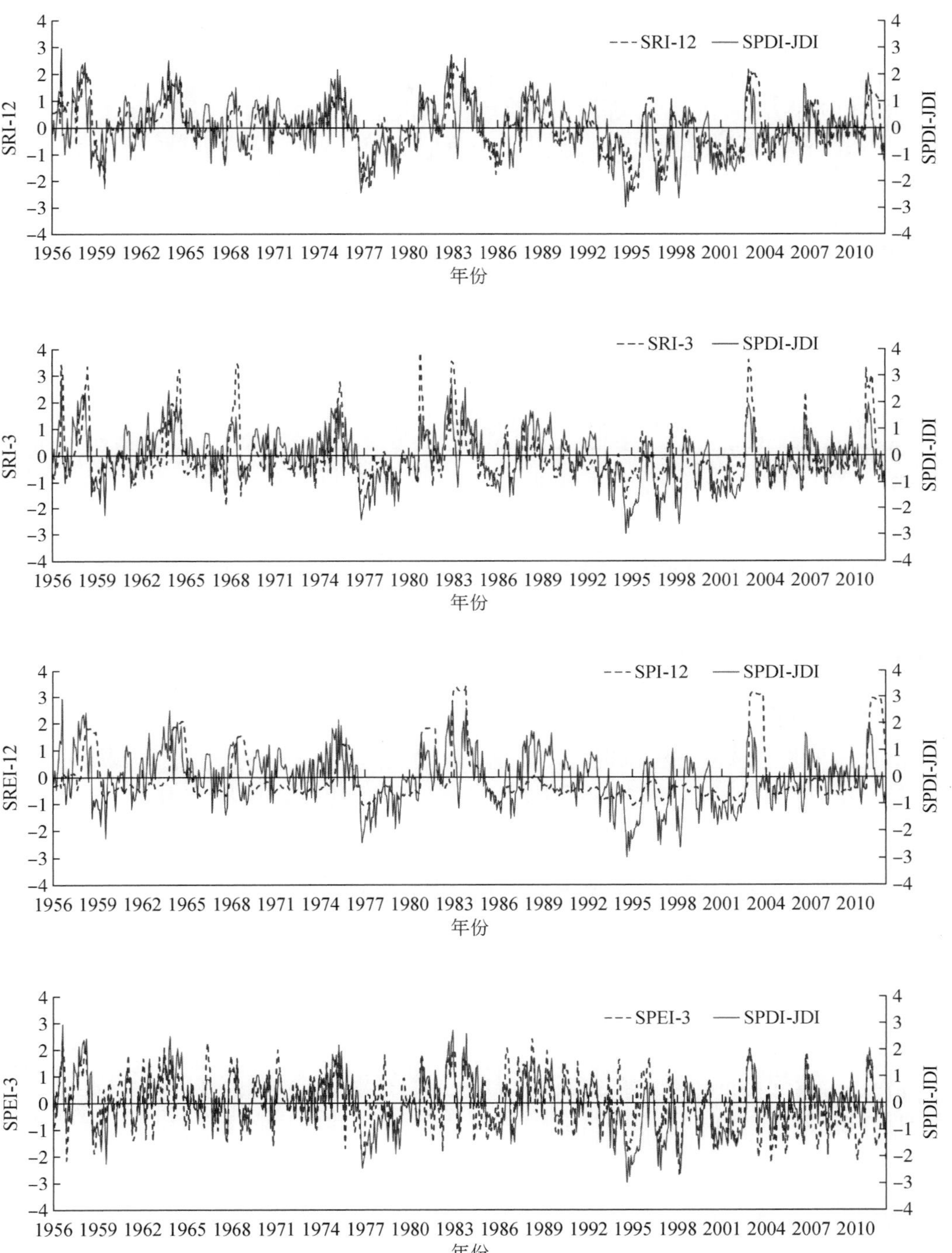
SRI-12
SPDI-JDI
SRI-3
SREI-12
SPI-12
SPEI-3
年份
1956 1959 1962 1965 1968 1971 1974 1977 1980 1983 1986 1989 1992 1995 1998 2001 2004 2007 2010

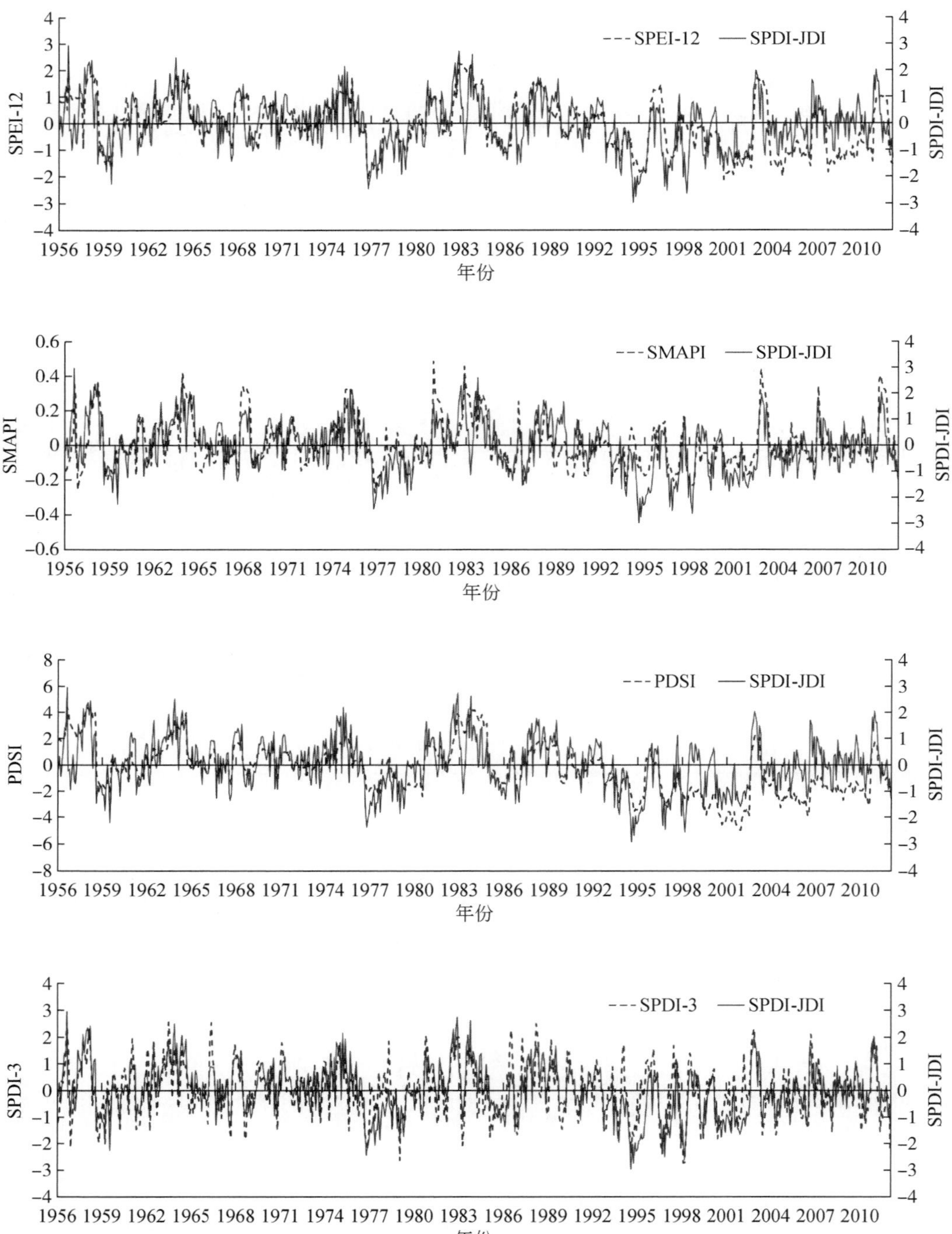
SPEI-12
SPDI-JDI
SPEI-12
SPDI-JDI
年份
SMAPI
SPDI-JDI
SMAPI
SPDI-JDI
年份
PDSI
SPDI-JDI
PDSI
SPDI-JDI
年份
SPDI-3
SPDI-JDI
SPDI-3
SPDI-JDI
年份
1956 1959 1962 1965 1968 1971 1974 1977 1980 1983 1986 1989 1992 1995 1998 2001 2004 2007 2010

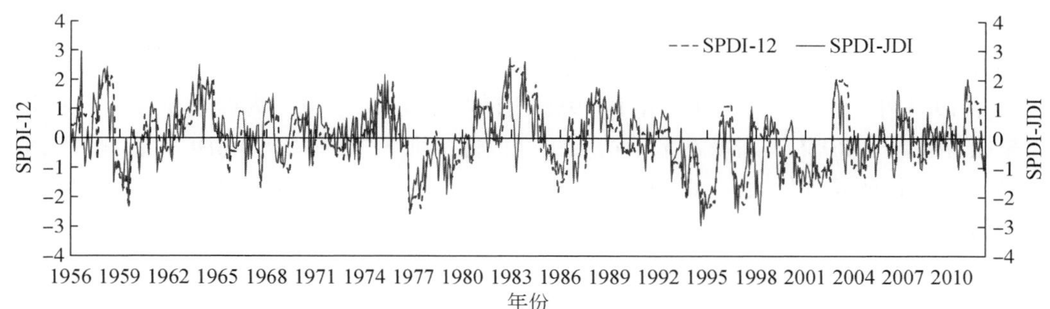

图 2-2　西安站 SPDI-JDI 与其他干旱指数的比较

图 2-3 详细比较了延安站 PDSI、SPDI-3、SPDI-12、SPDI-JDI 反映的旱涝情势与《旱涝图集》记载的历史旱涝状况。延安站 PDSI 有效识别了当地 20 世纪 90 年代的严重干旱，但对其他时段干旱的识别精度较低，某些年份 PDSI 表征的旱涝情势与图集记录差异较大。SPDI 指数较 PDSI 识别旱涝精度较高。SPDI-3 序列因时间尺度小而对干旱发生和结束反应灵敏，指标序列较易出现波动。SPDI-12 时间尺度大，对持续干旱具有较好表现，但具有滞后效应。SPDI-JDI 综合了不同时间尺度，对初现干旱和持续干旱都有较好的识别能力，能够有效识别典型历史干旱事件，如对 1957 年、1974 年、1997 年、1999 年、2000 年的重旱均能准确识别。SPDI-JDI 表征某些年份的旱涝情势与《旱涝图集》不一致。主要原因为二者所采用的数据、统计时段和处理方法不尽相同；基于水文模拟的 SPDI-JDI 侧重反映网格内较大空间范围内的旱情，而《旱涝图集》仅代表延安站所在地点的干旱状况。

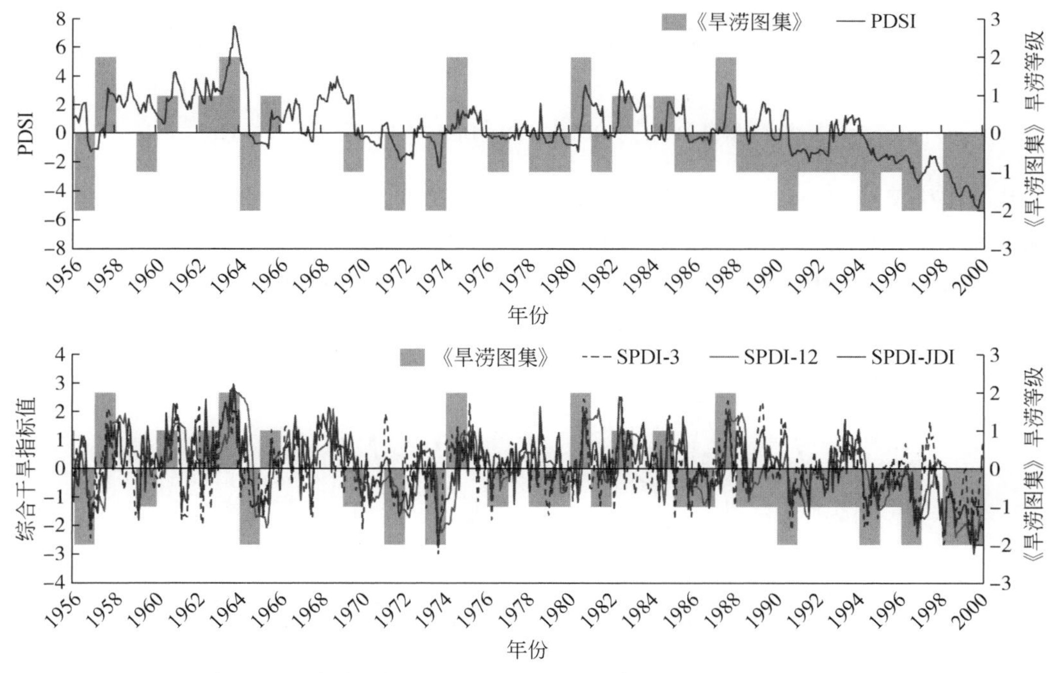

图 2-3　延安站 PDSI、SPDI 及 SPDI-JDI 与《旱涝图集》的对比

图 2-4 以内蒙古河套灌区代表站陕坝站为例，计算了该站 PDSI、SPDI-3、SPDI-12 和 SPDI-JDI 等干旱指数时间序列并与《旱涝图集》进行比较。《旱涝图集》显示：陕坝站 1957 年、1963 年、1965 年、1972 年和 1986 年的旱涝等级为-2，为严重干旱。对比该站各干旱指标发现，PDSI 识别该站干旱情势精度偏低，而 SPDI 和 SPDI-JDI 均能有效识别历史干旱事件。其他灌区代表站（太原、西安和银川）综合干旱指数对历史旱情的识别均具有类似特性。

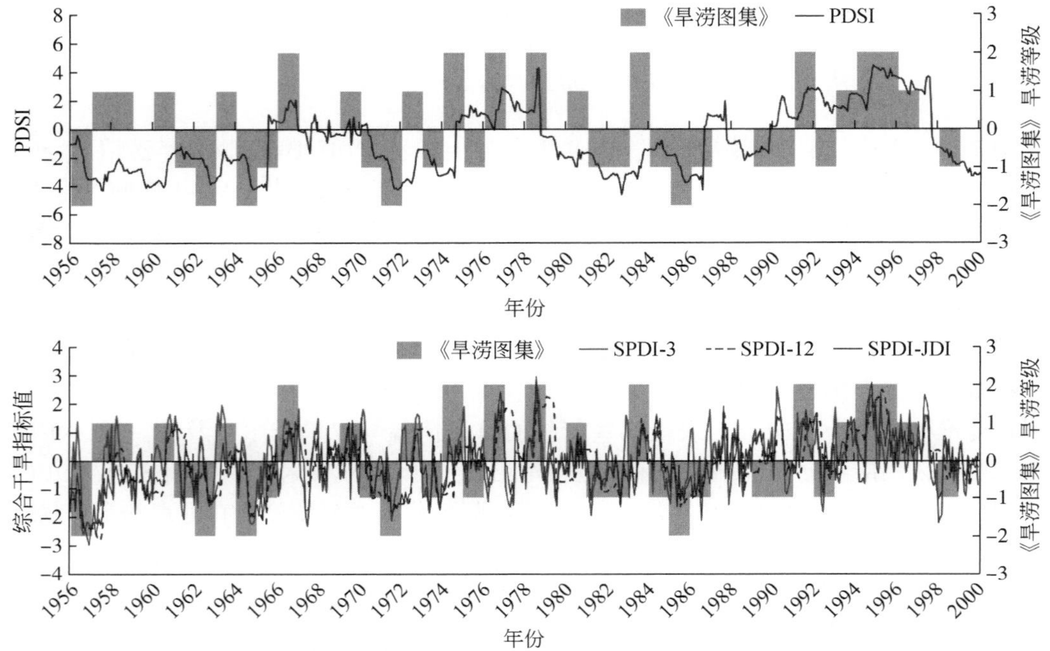

图 2-4　陕坝站 PDSI、SPDI、SPDI-JDI 与《旱涝图集》的对比

基于栅格尺度 SPDI-JDI，计算黄河流域逐年受旱率（干旱面积与总面积之比），对比该结果和《中国历史干旱（1949—2000）》记录的黄河流域逐年农业受旱率与成灾率。如图 2-5 所示，基于 SPDI-JDI 统计的黄河流域受旱率与文献记录的农业受旱、成灾率变化趋

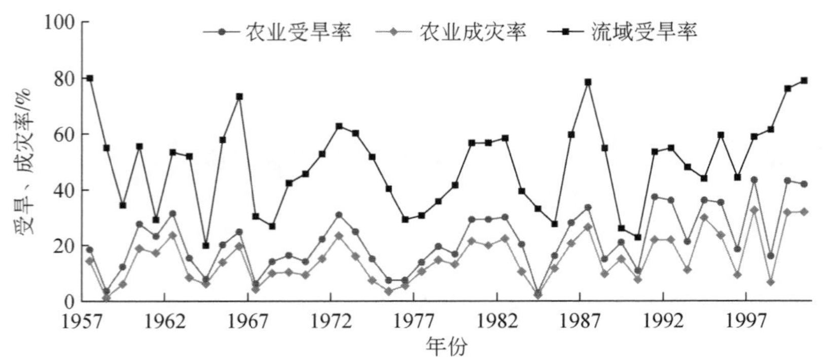

图 2-5　黄河流域受旱率计算值与农业受旱、成灾率记录值的比较

势基本一致，其线性相关系数分别为 0.65 和 0.62。基于干旱指标计算的受旱率普遍高于文献记录的受旱率，主要原因是二者统计口径的差异。由于干旱发生的隐蔽性和发展的缓慢性，文献中仅统计了干旱成灾后的数据，而干旱指标可以量化干旱的起止，故其面积大于以农业受灾为基础的统计结果。

2.1.3.2 CRDI 适用性分析

表 2-5 列出各区域 CRDI 时间序列的 M-K 趋势检验统计量，结果表明黄河流域大部分区域旱情有加剧的趋势，尤其是渭河流域华县、黄河中游龙门及三门峡等区域，相应 M-K 统计量小于-1.96，通过 0.05 显著性水平的检验。为了检验 CRDI 与可能致旱因子在反映干旱情势上的一致性，表 2-6 统计了黄河流域 9 个分区的 CRDI 与降水、径流及土壤含水量的相关系数，结果表明：黄河上中游区域 CRDI 与降水具有较为显著的相关性；下游区域 CRDI 与径流具有较高的相关性。

表 2-5　黄河流域各分区干旱指数 CRDI 的 M-K 统计量

分区	M-K 统计量	分区	M-K 统计量
唐乃亥以上	1.52	河津至三门峡区间	-2.23
唐乃亥至兰州区间	0.18	咸阳以上	-1.89
兰州至头道拐区间	-0.16	咸阳至华县区间	-2.45
头道拐至吴堡区间	-1.29	三门峡至花园口区间	-0.09
吴堡至龙门区间	-2.42	花园口至入海口区间	0.6
河津以上	-1.52	内流区	0.56

表 2-6　黄河流域各分区 CRDI 与实测降水及径流相关系数

分区	降水	径流
唐乃亥以上	0.60	0.69
兰州至头道拐区间	0.67	0.17
头道拐至吴堡区间	0.56	0.30
吴堡至龙门区间	0.60	0.49
河津以上	0.57	0.45
河津至三门峡区间	0.55	0.73
咸阳以上	0.74	0.65
咸阳至华县区间	0.60	0.70
三门峡至花园口区间	0.53	0.52

图 2-6 以华县区间为例，进一步比较了 CRDI 指数与相应年降水、径流和土壤含水量的时间序列。与表 2-6 结果类似，CRDI 能够基本反映降水的变化，但 CRDI 与年径流量的变化趋势差异较大。

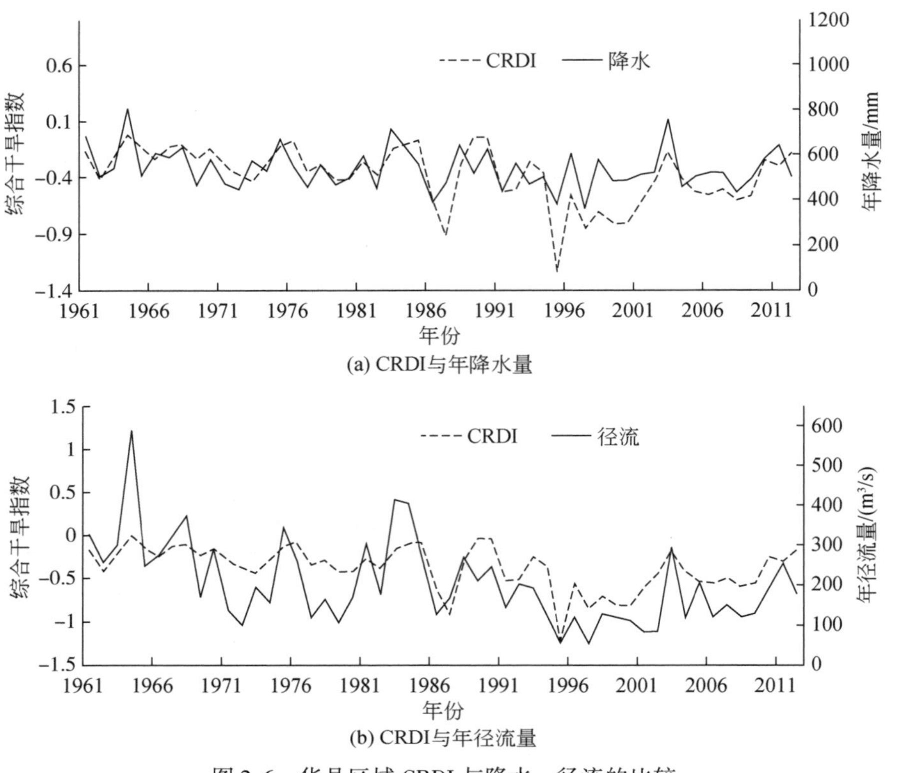

图 2-6 华县区域 CRDI 与降水、径流的比较

2.2 黄河流域干旱演变特征

2.2.1 黄河流域干旱趋势分析

为分析黄河流域干旱时空演变特性，本节对 SPDI-JDI 时空演变进行 M-K 趋势分析；基于游程理论和干旱指标 SPDI-JDI 时间序列识别干旱过程，提取干旱特征变量（干旱历时、烈度、频次等），分析黄河流域各年代际及全序列干旱统计变量的时空变化特性。

（1）M-K 趋势分析

图 2-7 统计了黄河流域四季及年平均 SPDI-JDI 的 M-K 统计量空间分布，发现夏季与冬季黄河流域大部分地区呈不显著的干旱化加剧趋势，黄河源区及宁夏河套平原部分地区干旱呈显著减轻趋势；甘肃东南部地区，泾河、渭河及洛河流域大部分地区春旱有显著增强的趋势；洛河及汾河流域部分区域秋旱增加趋势较显著；从年尺度来看，吴堡至三门峡之间黄河干流区域及汾河流域干旱增加趋势显著。

（2）干旱历时

全流域 1956 ~ 2012 年最大干旱历时（图 2-8）平均为 36.4 个月，黄河流域上游和汾

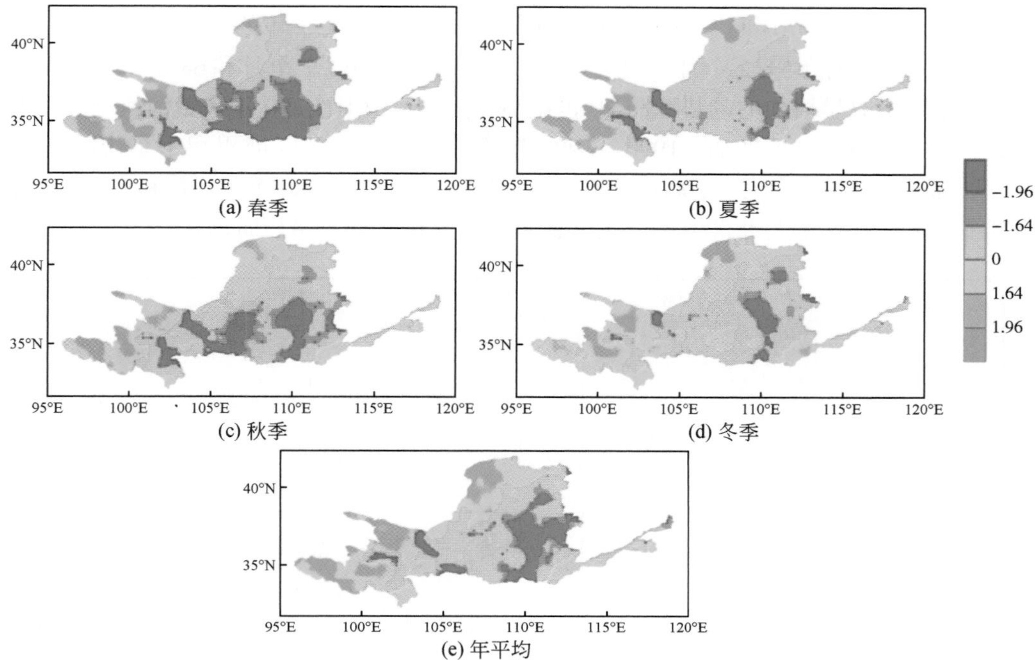

图 2-7　黄河流域季尺度和年尺度 SPDI-JDI 的 M-K 统计量空间分布

河流域干旱最大历时较大，个别地区最大干旱历时达到 100 个月以上。从年代际来看，1980 ~ 1989 年和 2000 ~ 2009 年最大干旱历时较大，1970 ~ 1979 年干旱最大历时较短。

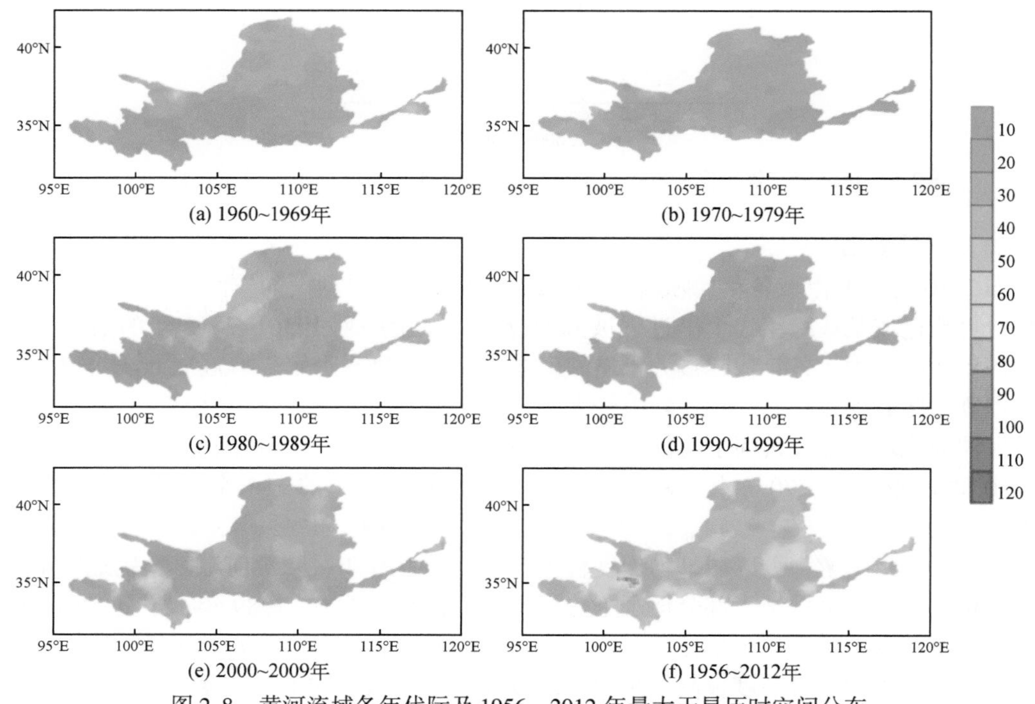

图 2-8　黄河流域各年代际及 1956 ~ 2012 年最大干旱历时空间分布

20 世纪 60 年代、70 年代、80 年代、90 年代和 21 世纪前十年的全流域平均干旱累积历时（图 2-9）分别为 54.2 个月、54.1 个月、58.9 个月、62.7 个月和 64.7 个月。全流域整体干旱累积历时呈增加的趋势。与 20 世纪 60 ~ 70 年代相比，90 年代黄河流域西北及东部区域累积干旱历时显著增加。1990 ~ 1999 年流域南部及东部区域累积干旱历时超过 60 个月，局部地区达 100 个月。2000 ~ 2009 年累积干旱历时大于 80 个月的区域较 20 世纪 90 年代继续扩大，除西部及北部的部分区域，全流域整体累积干旱历时增加。

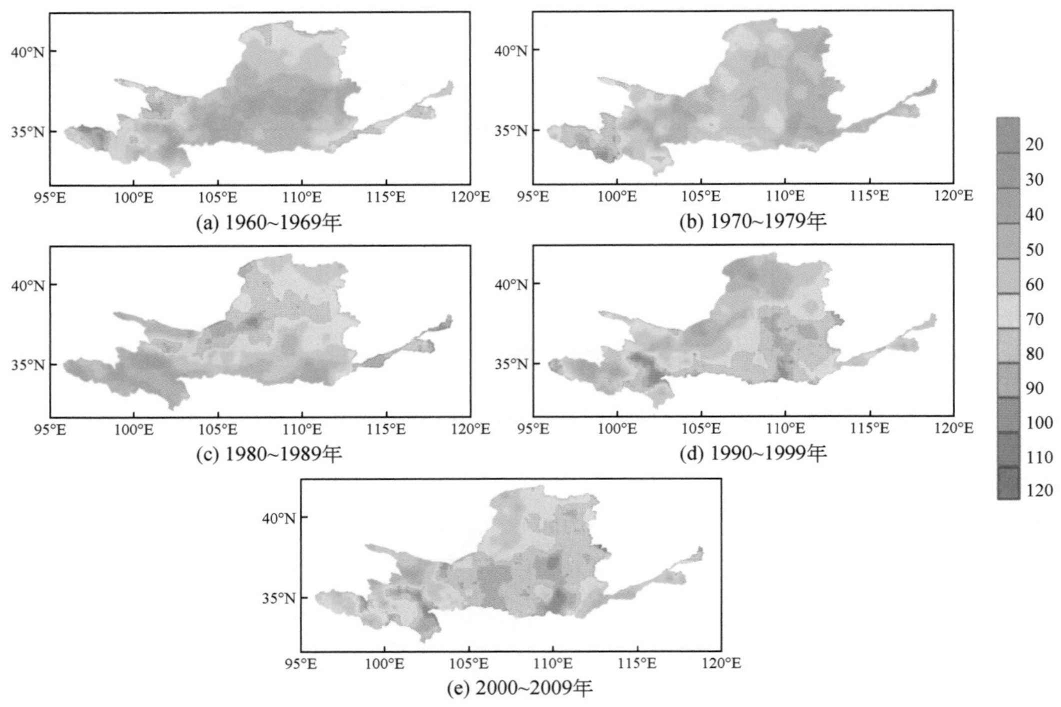

图 2-9　黄河流域各年代际累积干旱历时（月/10 年）空间分布（单位：月/10 年）

(3) 干旱烈度

图 2-10 为黄河流域各年代际及 1956 ~ 2012 年最大干旱烈度的空间分布。由于年代际的划分可能造成某些跨年代干旱过程被人为分割，故全序列 1956 ~ 2012 年的最大干旱烈度较各年代际偏大。各年代际最大干旱烈度在空间上变化不明显，2000 ~ 2009 年出现较大干旱烈度的区域面积在 5 个年代际中最大。唐乃亥站附近区域、河套灌区西北、汾河流域中游、渭河流域上游及黄河下游部分区域的最大干旱烈度较大，均在 100 以上。

20 世纪 60 年代、70 年代、80 年代、90 年代和 21 世纪前十年全流域平均干旱烈度（图 2-11）分别为 3.35、2.14、2.52、3.60 和 4.33。1960 ~ 1969 年，黄河源区、湟水流域和黄河中部及下游部分区域平均烈度较大。1970 ~ 1979 年，除黄河源区个别地区平均干旱烈度偏高以外，流域绝大部分地区平均干旱烈度较低。1980 ~ 1989 年，宁夏青铜峡灌区和黄河下游部分地区平均干旱烈度较高。1990 ~ 1999 年，唐乃亥站附近区域、汾河流域上游、渭河流域平均干旱烈度较高。2000 ~ 2009 年，全流域平均干旱烈度达到最大，黄河源

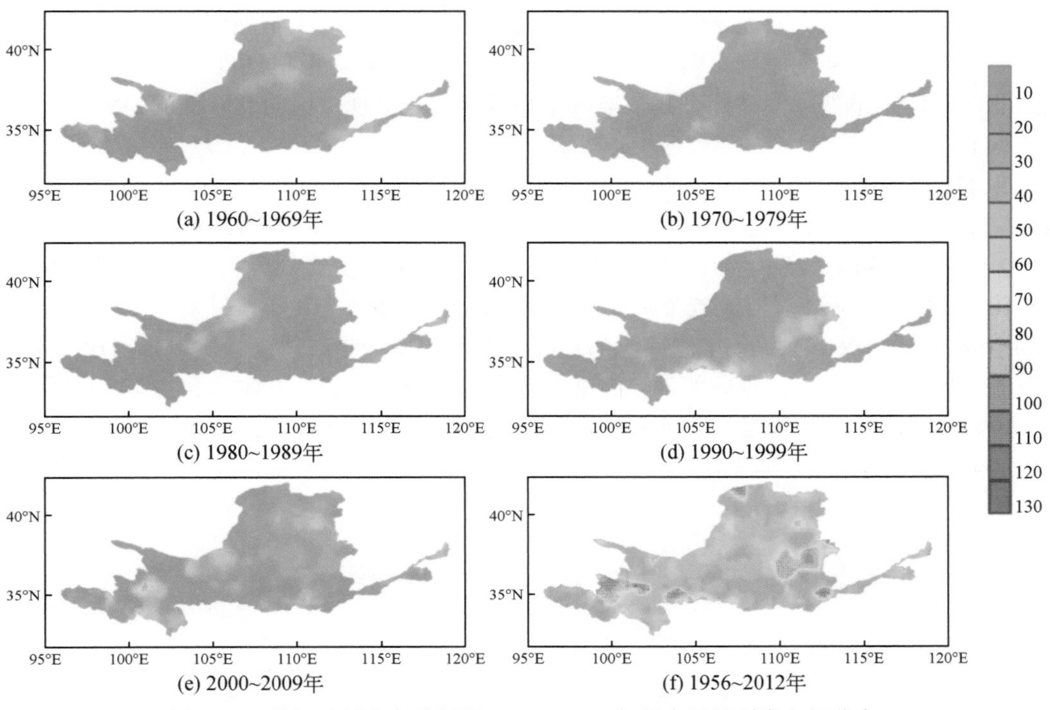

图 2-10　黄河流域各年代际及 1956 ~ 2012 年最大干旱烈度空间分布

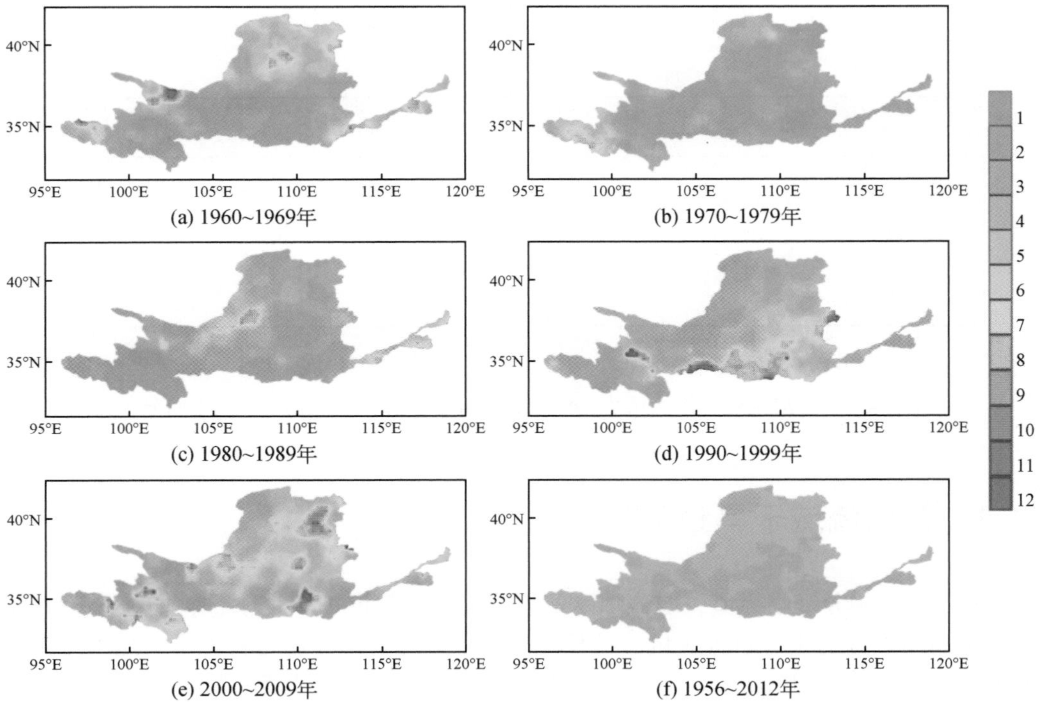

图 2-11　黄河流域各年代际及 1956 ~ 2012 年平均干旱烈度空间分布

区部分地区、大黑河流域无定河流域下游、渭河流域下游平均干旱烈度偏高，其余区域平均干旱烈度较低。从全序列来看，1956～2012 年全流域平均干旱烈度为 3.07，除河套灌区西北部平均干旱烈度偏高外，其余地区平均干旱指数呈现由南向北降低的趋势。

（4）干旱频次

20 世纪 60 年代、70 年代、80 年代、90 年代和 21 世纪前十年全流域平均干旱频次（图 2-12）分别为 14.5 次/10 年、18.3 次/10 年、16.8 次/10 年、15.8 次/10 年和 14.9 次/10 年。全序列干旱发生频次为 15.3 次/10 年，全流域主要划分为 12～15 次/10 年和 15～18次/10 年，另外渭河流域个别地区干旱频次超过 20 次/10 年。针对不同年代干旱频次的空间分布，1960～1969 年流域西部及南部干旱频发，北部地区频次较低。1970～1979 年全流域整体频次增加，流域西部、南部及北部区域频次较高。1980～1989 年干旱相对较轻。1990～1999 年流域西部干旱频次有所增加，2000～2009 年流域南部部分区域频次较高。

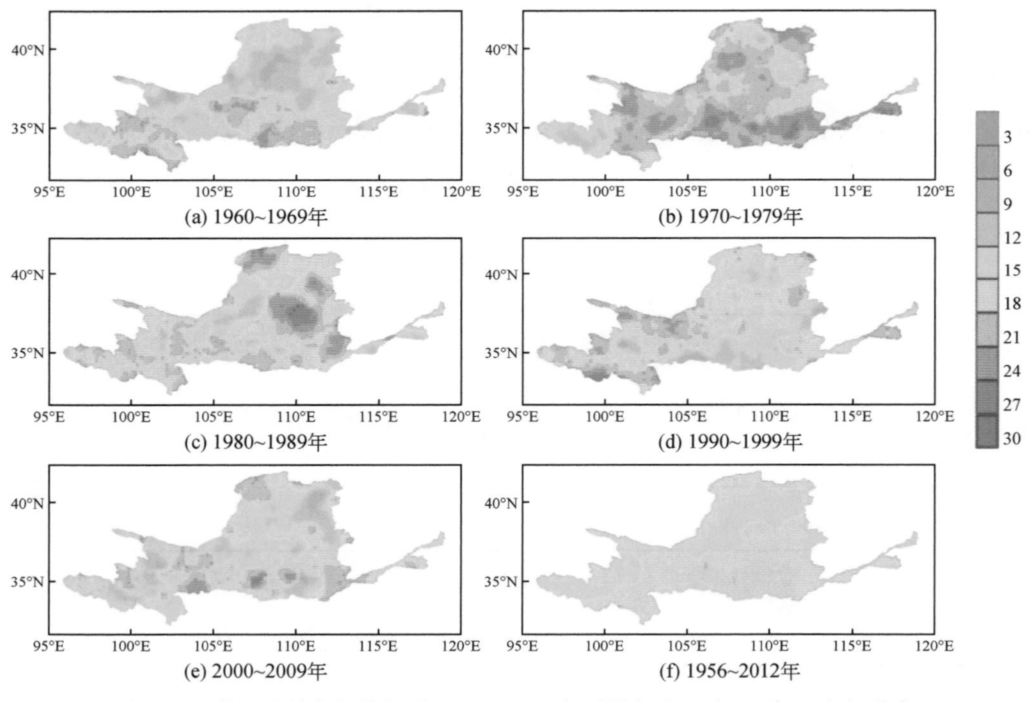

图 2-12　黄河流域各年代际及 1956～2012 年干旱频次（次/10 年）空间分布

2.2.2　黄河流域干旱频率分析

根据 CRDI 的分级临界值，取截取水平 CRDI＝-0.5 识别干旱事件，所得小于等于截断水平的负游程即为干旱过程，负游程长度为干旱历时，负游程之和为干旱烈度。采用两参数 Gamma 分布分别作为干旱历时和干旱烈度（伽马分布要求所有变量值为正，因此需对干旱烈度取绝对值）的理论分布，可求得其单变量概率与重现期。在此基础上，选用阿基米德族中的 Clayton Copula 函数构建干旱历时和干旱烈度的联合概率分布，并估算二者组合情况下的联合概率与重现期。此外，借助 Clayton Copula 条件概率分布，还可以进一步建立区域干旱烈度–历时–频率（重现期）曲线，即在已知干旱历时（或干旱烈度）的条件下推求特定联合重现期所对应的干旱烈度（或干旱历时）。以黄河流域为例，计算区域干旱历时和烈度的联合概率与重现期，并对历史干旱事件进行统计分析。

黄河全流域同等干旱历时和干旱烈度值对应的联合重现期仅约为相应单变量重现期的一半（表 2-7）。例如，单变量频率分析中，100 年重现期对应的干旱历时和干旱烈度分别约为 21. 1 个月和 14. 2；而在两变量联合概率分布中，干旱历时超过 21. 1 个月或干旱烈度超过 14. 2 的区域干旱重现期仅为 52. 7 年。两变量联合重现期低于干旱历时和干旱烈度的单变量重现期，两变量同现重现期大于相应单变量重现期；极端干旱历时和干旱烈度值组合的同现重现期非常大。图 2-13 ~ 图 2-15 分别为黄河流域全区干旱历时–烈度的联合不超过概率、两变量联合重现期与同现重现期，以及干旱烈度–历时–频率（重现期）曲线，据此可进一步考查相应黄河流域干旱历时和干旱烈度的两变量联合概率分布特征。

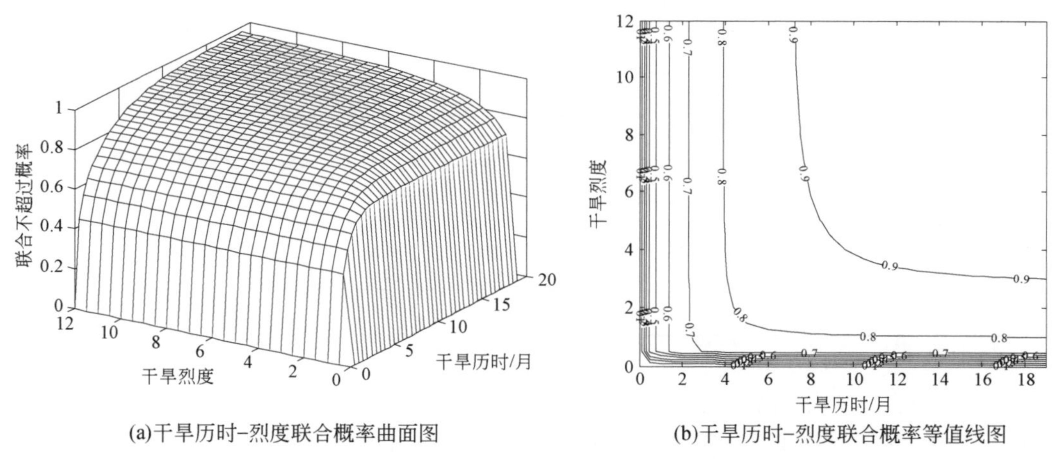

(a)干旱历时–烈度联合概率曲面图　(b)干旱历时–烈度联合概率等值线图

图 2-13　黄河流域干旱历时–烈度的两变量联合概率

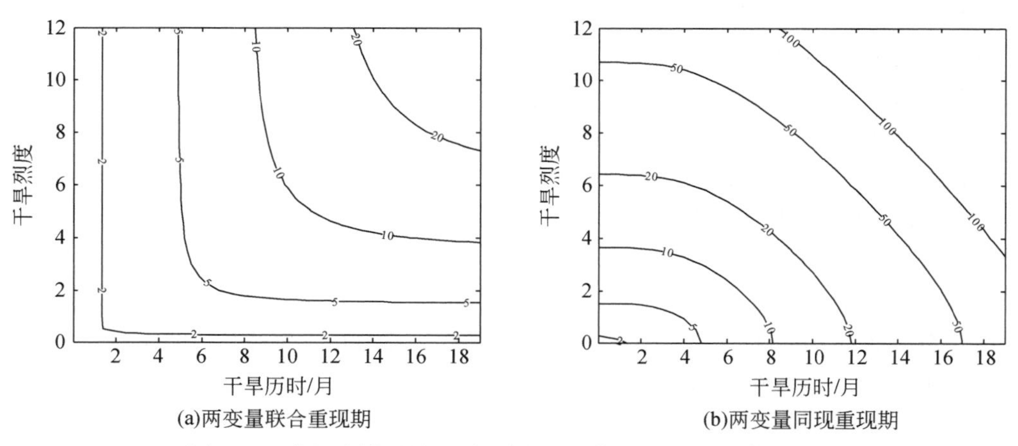

(a)两变量联合重现期　(b)两变量同现重现期

图 2-14　黄河流域干旱历时–烈度的联合重现期与同现重现期

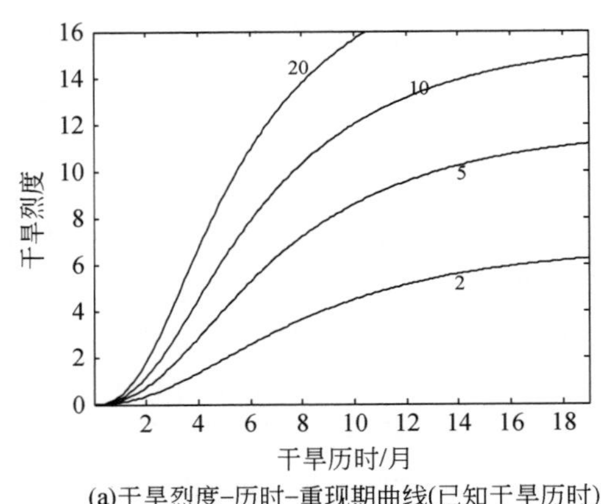

(a)干旱烈度-历时-重现期曲线(已知干旱历时)

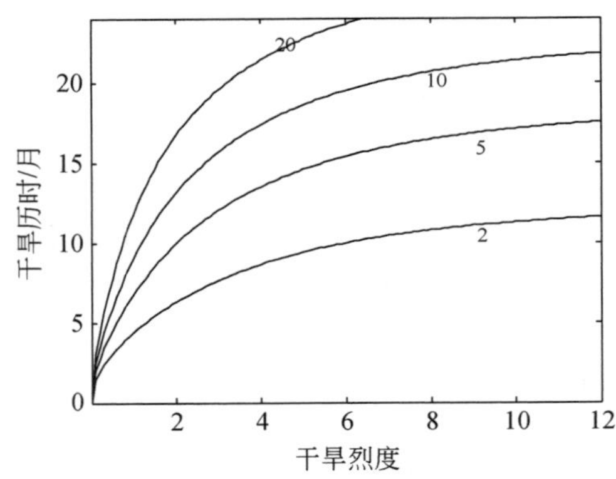

(b)干旱烈度-历时-重现期曲线(已知干旱烈度)

图 2-15　黄河流域干旱烈度-历时-频率（重现期）曲线

表 2-7　黄河流域干旱历时和烈度重现期结果

单变量重现期/年	干旱历时/月	干旱烈度	联合重现期/年	同现重现期/年
2	1.3	0.1	1.9	2.2
5	4.8	1.5	4.0	6.7
10	8.2	3.6	6.9	17.9
20	11.8	6.4	12.3	54.1
50	17.0	10.7	27.5	271.0
100	21.1	14.2	52.7	992.8

表 2-8 和表 2-9 分别统计了黄河流域干旱历时最长和干旱烈度最大的 10 场干旱事件，发现干旱历时和干旱烈度反映出的该区域历史最严重干旱出现时段具有高度一致性，在统计的干旱历时最长和干旱烈度最大的 10 场干旱中，仅有 1 场不同，其余均相同。1957 年 1 月～1958 年 7 月干旱事件的干旱历时和干旱烈度在所有干旱事件中均居第 1 位，但其他干旱事件的历时及烈度排位与整体排位存在一定差异。较长干旱历时和较大干旱烈度的单变量期相对较大，但最大的联合重现期低于 40 年；所统计干旱历时最长和干旱烈度最大的历史最严重 10 场干旱中，有超过一半干旱事件的两变量联合重现期为 5～10 年，即平均而言最多每 10 年就会出现一次干旱历时或干旱烈度达到同等级别的干旱事件。此外，所统计的 10 场干旱事件，大部分干旱历时和干旱烈度的同现重现期也都在 40 年以内。表 2-10 统计了黄河流域全区最严重的 10 场干旱在各年代的分布情况，发现黄河全流域严重干旱事件明显增加的转折点出现在 20 世纪 90 年代，相应干旱历时最长和干旱烈度最大的干旱事件分别为 4 场和 3 场，干旱极为严重；其次为 2000 年以后，期间干旱历时最长和干旱烈度最大的干旱事件分别为 2 场和 3 场。

表 2-8　黄河流域干旱历时最长的 10 场干旱统计特征

排序	干旱历时/月	发生时段	干旱烈度	单变量重现期/年		联合重现期/年	同现重现期/年
				干旱历时	干旱烈度		
1	19	1957 年 1 月 ~ 1958 年 7 月	12.1	70.3	65.8	36.6	478.9
2	12	1972 年 6 月 ~ 1973 年 5 月	3.5	20.6	9.6	8.2	32.0
3	11	1965 年 8 月 ~ 1966 年 6 月	5.4	17.1	16.0	10.4	39.6
4	10	2000 年 3 月 ~ 2000 年 12 月	4.6	14.2	12.8	8.8	28.5
5	9	1997 年 6 月 ~ 1998 年 2 月	3.3	11.7	9.2	7.1	19.2
6	8	2002 年 7 月 ~ 2003 年 2 月	2.1	9.7	6.3	5.4	12.8
7	7	1991 年 8 月 ~ 1992 年 2 月	3.1	7.9	8.5	5.9	13.4
8	7	1987 年 7 月 ~ 1988 年 1 月	2.1	7.9	6.3	5.2	10.9
9	6	1998 年 11 月 ~ 1999 年 4 月	5.0	6.4	14.3	5.9	18.3
10	5	1995 年 3 月 ~ 1995 年 7 月	1.6	5.2	5.2	4.1	7.1

表 2-9　黄河流域干旱烈度最大的 10 场干旱统计特征

排序	干旱烈度	发生时段	干旱历时/月	单变量重现期/年		联合重现期/年	同现重现期/年
				干旱烈度	干旱历时		
1	12.0605	1957 年 1 月 ~ 1958 年 7 月	19	65.8	70.3	36.6	478.9
2	5.4424	1965 年 8 月 ~ 1966 年 6 月	11	16.0	17.1	10.4	39.6
3	4.9871	1998 年 11 月 ~ 1999 年 4 月	6	14.3	6.4	5.9	18.3
4	4.5538	2000 年 3 月 ~ 2000 年 12 月	10	12.8	14.2	8.8	28.5
5	3.4777	1972 年 6 月 ~ 1973 年 5 月	12	9.6	20.6	8.2	32.0
6	3.3458	1997 年 6 月 ~ 1998 年 2 月	9	9.2	11.7	7.1	19.2
7	3.0725	1991 年 8 月 ~ 1992 年 2 月	7	8.5	7.9	5.9	13.4
8	2.5936	2001 年 5 月 ~ 2001 年 8 月	4	7.4	4.1	3.9	8.3
9	2.1375	1987 年 7 月 ~ 1988 年 1 月	7	6.3	7.9	5.2	10.9
10	2.1118	2002 年 7 月 ~ 2003 年 2 月	8	6.3	9.7	5.4	12.8

表 2-10　黄河流域最严重的 10 场干旱在各年代的分布情况

年代	20 世纪 50 年代	20 世纪 60 年代	20 世纪 70 年代	20 世纪 80 年代	20 世纪 90 年代	2000 年以后
干旱历时最长	1	1	1	1	4	2
干旱烈度最大	1	1	1	1	3	3

表 2-11 统计了各分区及黄河流域的历史典型连续干旱年组，发现黄河流域各分区在不同年代（20 世纪 50 年代、60 年代、70 年代、80 年代、90 年代和 2000 年以后）均有较

长连续干旱年组出现，其中最长连续干旱年组的历时长达 8 年。除唐乃亥以外，其余 11 个分区历时最长、最严重的连续干旱年组均出现在 20 世纪 90 年代末至 21 世纪初的前几年（1995 ~ 2003 年），部分区域的干旱在 1999 年和 2000 年甚至达到特旱；作为黄河流域历史上最严重的干旱时段之一，黄河干流最严重的断流均出现在该时期。从黄河流域的整体干旱程度来看，全流域干旱在 1957 年、1966 年、1999 年、2000 年和 2001 年均达到中旱，旱情最为严重。

表 2-11　各分区及黄河流域全区历史典型连续干旱年组

区域	干旱年组 1			干旱年组 2			干旱年组 3		
	时间跨度	干旱历时/年	重旱年份	时间跨度	干旱历时/年	重旱年份	时间跨度	干旱历时/年	重旱年份
河津	1997 ~ 2002 年	6	1998 年、1999 年（特旱）、2000 年、2001 年						
华县	1995 ~ 2001 年	7	1995 年	1957 ~ 1958 年	2	1957 年			
花园口	1997 ~ 2002 年	6	—	1957 ~ 1961 年	5	1957 年、1960 年			
兰州	1997 ~ 2002 年	6	—	1957 ~ 1958 年	2	1957 年			
龙门	1997 ~ 2001 年	5	1999 年（特旱）、2000 年（特旱）						
内流区	1999 ~ 2001 年	3	2000 年	1965 ~ 1966 年	2	1965 年、1966 年	1957 ~ 1958 年	2	1957 年
入海口	1999 ~ 2003 年	5	2002 年	1965 ~ 1968 年	4	1966 年、1968 年	1986 ~ 1989 年	4	1989 年
三门峡	1995 ~ 2002 年	8	1997 年、1999 年						
唐乃亥	1957 ~ 1960 年	4	1957 年	2000 ~ 2003 年	4	2002 年	1969 ~ 1972 年	4	—
头道拐	1999 ~ 2001 年	3	—	1957 ~ 1958 年	2	1957 年			
吴堡	1999 ~ 2002 年	4	1999 年、2001 年	1965 ~ 1966 年	2	1965 年、1966 年			
咸阳	1995 ~ 2002 年	8	1995 年、1997 年、1998 年	1971 ~ 1973 年	3	—	2008 ~ 2010 年	3	—
全流域	1997 ~ 2002 年	6	1999 年、2000 年和 2001 年均达到中旱	1957 ~ 1958 年	2	1957 年达到中旱	1965 ~ 1966 年	2	1966 年达到中旱

以上分析表明：黄河流域干旱演变具有区域分异性特征，并呈现干旱化趋势。干旱特性方面，黄河流域总体干旱累积历时呈现增加的趋势，特别是 1990 ~ 1999 年的 10 年间，大部分区域累积干旱历时超过 60 个月（5 年），局部区域达 100 个月（>8 年）；除 20 世纪 70 年代，黄河流域大部分地区的平均干旱烈度都较高，其中 2000 ~ 2009 年流域平均干旱烈度最大，1956 ~ 2012 年流域平均干旱烈度总体呈现由南向北递减的趋势；黄河流域各年代干旱发生频次均较高，1956 ~ 2012 年流域平均干旱频次约为 15. 3 次/10 年，局部地区干旱频次超过 20 次/10 年。总体上，黄河源区呈现由旱转湿的倾向；黄河中游区大部、渭河流域、汾河中下游等区域均呈现显著的干旱化趋势；黄河下游呈现不显著的干旱化趋势。自 20 世纪 80 年代以来，黄河流域严重干旱事件发生频率呈显著增加的趋势；20 世纪 90 年代特旱事件最多，其次为 2000 ~ 2010 年；黄河流域各分区在不同年代均有较长连续干旱年组出现，其中最长连续干旱年组历时长达 8 年；除黄河源区，其余各分区历时最长、最严重的连续干旱年组均出现在 1995 ~ 2003 年。

2. 3　黄河流域灌溉需水对干旱的响应研究

2. 3. 1　灌区干旱评估

2. 3. 1. 1　黄河流域灌区分布

黄河流域耕地资源丰富、土壤肥沃、光热资源充足，有利于小麦、玉米、棉花、花生和苹果等多种粮油和经济作物生长。上游的宁蒙平原、中游的汾渭盆地及下游的沿黄平原，是我国粮食、棉花、油料的重要产区。黄河流域的气候条件与水资源状况，决定了农业发展在很大程度上依赖于灌溉，大中型灌区在农业生产中具有支柱作用。现有设计规模 10 万亩以上的灌区 87 处，有效灌溉面积 4223 万亩，占流域有效灌溉面积的 49. 4%；16 处设计规模 100 万亩以上的特大型灌区，设计灌溉面积 3629 万亩，有效灌溉面积 2808 万亩，占流域有效灌溉面积的 32. 8%。黄河流域及下游引黄灌区粮食总产量约 6685 万 t，占全国粮食总产量的 13. 4%。

黄河流域现状农田有效灌溉面积为 7765 万亩，其中渠灌 4591 万亩、井灌 2035 万亩、井渠结合灌区 1140 万亩，分别占总面积的 59. 1%、26. 2% 和 14. 7%。现状农田实灌面积 6572 万亩，粮食总产量 3958 万 t，人均粮食产量 350kg，农村人口人均农田有效灌溉面积 1. 03 亩，均低于全国平均水平。黄河流域灌溉面积分布情况见表 2-12，大于 10 万亩的灌区分布情况见表 2-13。黄河流域灌区分布见图 2-16。

表 2-12　黄河流域现状年灌溉面积分布情况表

二级区、省（自治区）	流域内灌溉面积/万亩							农田实灌面积/万亩	人均农田有效灌溉面积/（亩/人）
	农田有效灌溉面积				灌溉林果地	灌溉草场	合计		
	渠灌区	井灌区	井渠结合灌区	小计					
龙羊峡以上	24.0		0.1	24.1	3.0	17.2	44.3	17.6	0.4
龙羊峡至兰州	491.2	8.3	8.1	507.6	26.8	21.9	556.2	412.1	0.6
兰州至河口镇	1962.4	262.6	84.3	2309.3	238.9	129.2	2677.4	2055.8	1.4
河口镇至龙门	177.6	97.5	18.3	293.4	13.6	15.9	322.8	243.3	0.3
龙门至三门峡	1140.1	761.8	973.2	2875.1	194.4	2.8	3072.3	2379.5	0.6
三门峡至花园口	316.8	240.8	16.6	574.2	21.2	0.3	595.7	476.7	0.4
花园口以下	442.0	613.6	38.4	1094.1	46.9	0.1	1141.1	915.3	0.8
内流区	36.6	50.0	0.5	87.1	11.0	47.6	145.7	71.7	1.6
青海	270.7		2.7	273.4	16.9	22.9	313.2	207.5	0.6
四川	0.55			0.55		1.1	1.65	0.41	0.05
甘肃	656.5	73.6	33.2	763.3	37.6	15.2	816.1	657.7	0.4
宁夏	635.1	33.8		668.9	107.4	5.9	782.2	624.6	1.1
内蒙古	1169.1	302.3	87.4	1558.8	131.0	185.7	1875.5	1370.9	1.8
陕西	912.2	451.3	289.6	1653.0	156.1	1.3	1810.4	1348.5	0.6
山西	212.4	330.1	688.0	1230.5	24.9	2.8	1258.1	1012.9	0.6
河南	573.7	541.2		1114.9	41.0		1155.9	927.2	0.7
山东	160.6	302.3	38.7	501.6	40.9	0.1	542.6	422.5	0.6
黄河流域	4590.8	2034.6	1139.5	7765.0	555.8	235.0	8555.8	6572.1	0.7

表 2-13　黄河流域大于 10 万亩灌区分布情况表

项目	大于 100 万亩/处	30 万～100 万亩/处	10 万～30 万亩/处	大于 10 万亩/处	设计灌溉面积/万亩	有效灌溉面积/万亩
甘肃		4	4	8	292.5	237.2
宁夏	1	3	2	6	567.0	577.1
内蒙古	3	5	1	9	1395.8	1149.2
陕西	6	5	6	17	1236.0	1029.8
山西	2	6	8	16	709.7	530.9
河南	4	8	11	23	1297.8	611.8
山东		3	5	8	158.8	86.7
上游地区	4	12	7	23	2255.3	1963.5
中游地区	8	14	17	39	2105.3	1653.4
下游地区	4	8	13	25	1297.0	605.8
合计	16	34	37	87	5657.6	4222.7

注：不包括流域外引黄灌区。

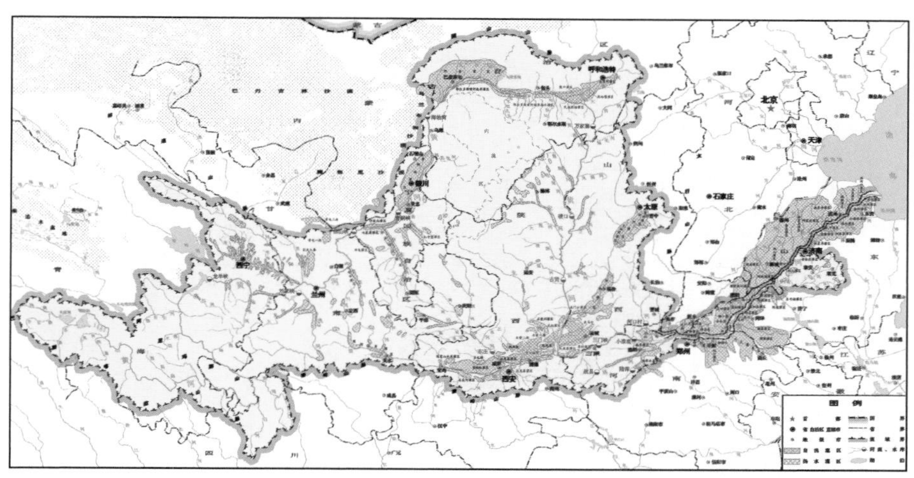

图 2-16　黄河流域灌区分布图

现状林草灌溉面积 790.8 万亩，其中灌溉林果地面积 555.8 万亩，灌溉草场面积 235 万亩。兰州至河口镇河段、龙门至三门峡河段林草灌溉面积较大，分别占总灌溉面积的 46.5% 和 24.9%。

2.3.1.2　基于 SPDI-JDI 的灌区干旱评估

采用 SPDI-JDI 指标对黄河上游青铜峡灌区、河套灌区，中游汾河灌区、渭河灌区，下游引黄灌区等主要灌区 1956～2010 年的干旱情况进行评估，结果如图 2-17 所示。

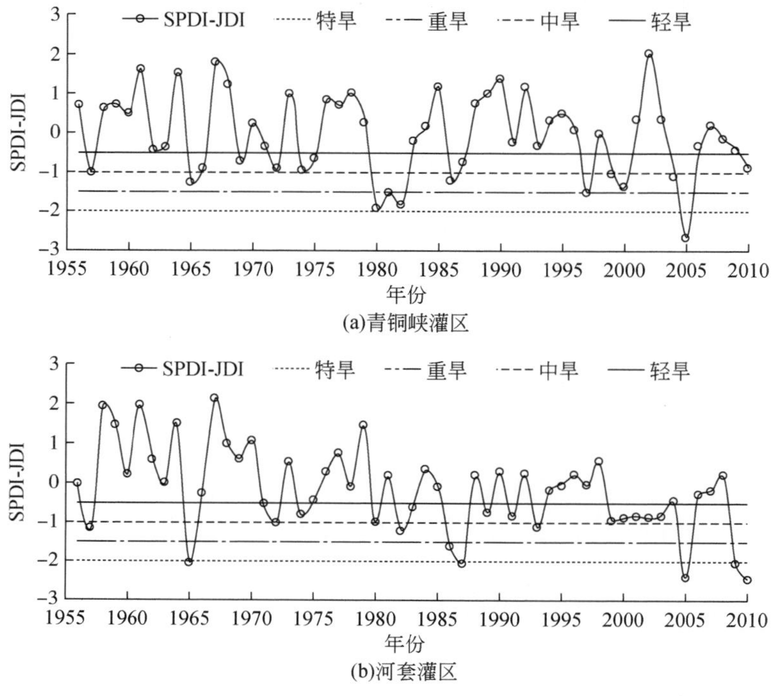

(a)青铜峡灌区

(b)河套灌区

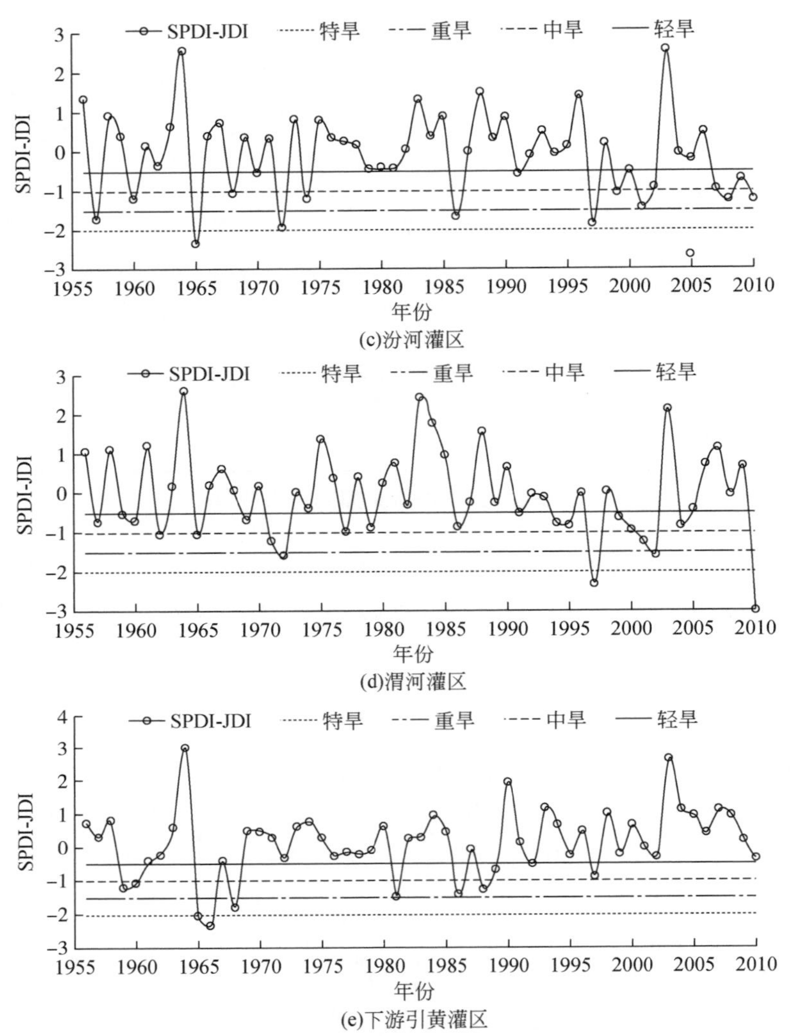

图 2-17 黄河流域主要灌区干旱评估结果

注：特旱、重旱、中旱、轻旱指的是干旱评估标准（见表 2-1）中该类干旱的上限标准值。

从五大灌区干旱评估结果来看，五大灌区共发生干旱 86 次，其中特旱发生 11 次，与黄河流域历史记载典型干旱情况基本吻合，如 1965 年、1966 年、2005 年、2009 年和 2010 年发生的特大干旱。从各灌区干旱发生情况来看，青铜峡灌区发生干旱 18 次，20 世纪 80 年代旱情最为严重；河套灌区发生干旱 21 次，20 世纪 80 年代旱情最为严重；汾河灌区发生干旱 17 次，20 世纪 90 年代旱情最为严重；渭河灌区发生干旱 20 次，2000 年以来旱情最为严重；下游引黄灌区干旱发生 10 次，20 世纪 50 ~ 60 年代、80 年代旱情相对较重。从干旱变化趋势来看，上中游灌区的 SPDI-JDI 值呈减小趋势，表明干旱呈加重趋势；下游灌区 SPDI-JDI 值呈增加趋势，干旱有所减轻。

综合黄河上、中、下游主要灌区干旱发生的情况来看，无旱年份大致相当，青铜峡灌区、河套灌区、渭河灌区轻旱发生年份较多，青铜峡灌区和下游引黄灌区中旱年份相对偏高，汾河灌区重旱年份较多，特旱年份相对较多的是河套灌区和下游引黄灌区。黄河流域上、中、下游灌区 1956 ~2010 年干旱评估结果统计见图 2-18。

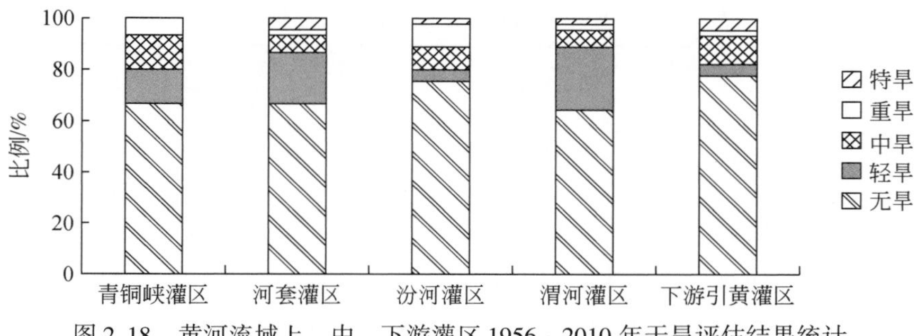

图 2-18　黄河流域上、中、下游灌区 1956 ~2010 年干旱评估结果统计

2.3.2　灌区灌溉需水

2.3.2.1　作物灌溉需水分析

作物灌溉需水量指作物在适宜的土壤水分和肥力水平下，正常生长并获得高产时，全生育期所需的灌水量，可通过田间水层（或土壤水分）动态平衡模拟推求。作物可利用的水源部分包括有效降水、土壤水和地下水补给水量，作物灌溉的目的是补充植株蒸腾、棵间蒸发水量。

黄河流域主要种植旱作物，作物生育期灌溉净需水量分析采用水量平衡原理，水量平衡方程式：

$$Q_i = \mathrm{ET_{ci}} - \mathrm{Pe} - \mathrm{Ge}_i + \Delta W \qquad (2\text{-}11)$$

式中，Q_i为第 i 种作物净灌溉需水量（mm）；ET_{ci}为 i 作物的蒸腾蒸发量（mm），$\mathrm{ET}_{ci} = K_{ci} \times \mathrm{ET}_0$，$\mathrm{ET}_0$ 为参考作物蒸腾蒸发量，由 FAO 推荐的 Penman-Monteith 公式计算，K_{ci}为作物系数，根据不同生育阶段采用不同的值；Pe 为作物生育期内逐月的有效降水量（mm），根据灌区作物生育期逐月降水量及有效利用系数计算；Ge_i为 i 作物生育期内的地下水利用量（mm），在一定的土壤质地和作物条件下，地下水利用量是埋深和蒸腾蒸发量的函数：$\mathrm{Ge} = f(H) \times \mathrm{ET}_{ci}$，其中$f(H)$为地下水利用系数，与地下水埋深有关，一般地下水埋深在 1 ~3m 时，Ge 取 ET_{ci}的 30% ~10%，地下水埋深超过 3m 时作物地下水利用量忽略不计；ΔW 为生育期始末计划湿润层土壤储水量的变化值（mm），研究长时段作物需水时土壤储水量的变化可忽略不计。

2.3.2.2　灌区灌溉需水量

灌区需水量与种植的农作物种类及其播种面积有关，需水量计算需要考虑灌区种植结构、主要作物的播种面积、作物灌溉净定额以及灌溉水利用系数等因素。为分析灌区灌溉需水年际变化及其对干旱指数波动的响应，在 2010 年水平同一作物种植结构、土壤条件及灌溉用水管理模式下分析计算灌区灌溉需水量。黄河流域上、中、下游不同灌区作物种植结构见表 2-14。

表 2-14　2010 年黄河流域主要灌区农业种植结构　　（单位:%）

灌区名称	粮食作物				经济作物					林牧	
	水稻	小麦	玉米	杂粮	棉花	油料	瓜果	蔬菜	其他	林果	牧草
青铜峡灌区	22.14	13.35	41.54	0.00	0.00	1.65	0.00	11.22	0.00	10.09	0.00
河套灌区	0.00	17.85	23.98	3.59	0.00	27.86	2.46	5.34	8.45	4.77	5.71
汾河灌区	0.00	33.72	40.54	6.07	0.00	3.44	0.51	1.84	13.89	0.00	0.00
渭河灌区	0.00	23.68	16.48	1.73	0.00	39.13	6.70	6.14	0.00	0.00	6.14
下游引黄灌区	6.78	29.46	28.31	5.21	0.33	4.79	5.39	7.92	2.22	9.59	0.00

根据灌溉需水量分析方法，1956～2010 年黄河流域上、中、下游灌区灌溉需水量变化见图 2-19。可以看出，灌溉需水量最大的灌区是下游引黄灌区，年均灌溉需水量为 90.5 亿 m^3；其次是上游的青铜峡灌区、河套灌区和中游渭河灌区，年均灌溉需水量分别为 53.7 亿 m^3、52.1 亿 m^3 和 38.0 亿 m^3；中游的汾河灌区需水量最小，年均灌溉需水量为 24.8 亿 m^3。从各灌区需水量年际变化来看，均呈波动变化趋势，且波动过程有所差异，与各灌区降水条件有密切关系；上游的青铜峡灌区与河套灌区灌溉需水量波动过程较为相似，中游的汾河灌区与渭河灌区灌溉需水量波动较为相似。

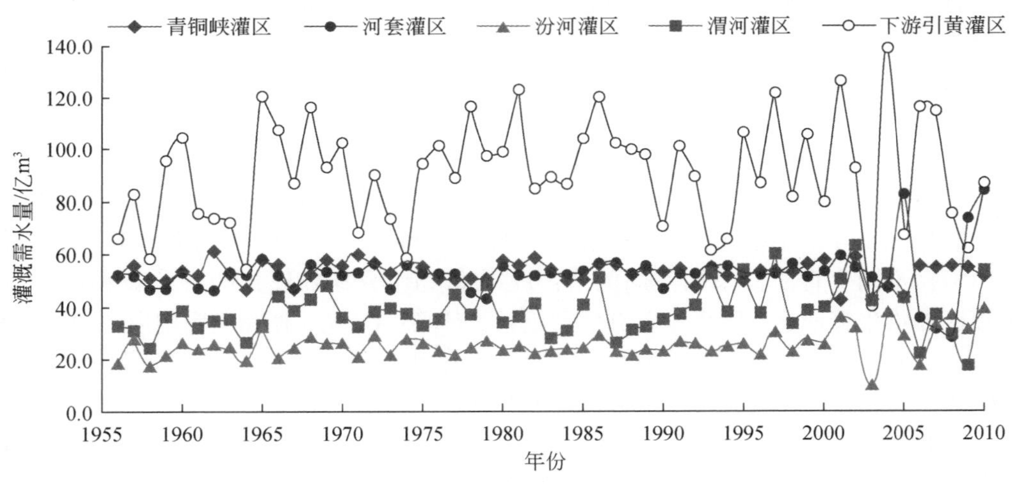

图 2-19　黄河流域上、中、下游灌区 1956～2010 年灌溉需水量

从灌区灌溉需水的年代际变化来看，1956～2010 年黄河流域灌区灌溉需水量变化与干旱指数波动方向相反，即干旱指数小的时段灌溉需水量大，干旱指数大的时段需水量小；青铜峡灌区最大需水量在 1980～1989 年、最小需水量在 1956～1969 年，河套灌区和汾河灌区最大需水量在 2000 年以后，渭河灌区最大需水量为 1990～1999 年，下游引黄灌区最

大需水量则在 1956 ~ 1969 年。黄河流域主要灌区不同时段灌溉需水量见表 2-15。

表 2-15　黄河流域主要灌区不同时段灌溉需水量　　（单位：亿 m^3）

时段	青铜峡灌区	河套灌区	汾河灌区	渭河灌区	下游引黄灌区
1956 ~ 1969 年	49.59	47.75	22.56	33.37	102.52
1970 ~ 1979 年	53.03	51.00	25.18	38.36	89.03
1980 ~ 1989 年	54.57	53.94	24.45	35.45	100.47
1990 ~ 1999 年	52.77	52.81	25.68	43.05	88.85
2000 ~ 2010 年	54.39	54.77	30.27	41.46	91.04

黄河流域上、中、下游灌区灌溉需水月过程不同，上游青铜峡灌区需水主要集中在 5 ~ 8 月，约占全年灌溉需水量的 70%，在 11 月有一次冬灌，约占全年灌溉需水量的 12%，1 ~ 3 月、12 月基本不需要灌溉；上游河套灌区灌溉主要集中在 5 ~ 10 月，灌溉需水量占全年灌溉量的 88%，1 ~ 4 月、12 月基本不需要灌溉；中游汾河灌区灌溉需水量集中在 4 ~ 5 月、8 月、10 ~ 11 月，这几个月灌溉需水量约占全年灌溉需水量的 72%，其他月份灌溉需水量所占比重较少，1 ~ 2 月、12 月无需灌溉；中游渭河灌区灌溉需水量最大的是 8 月，占全年灌溉需水量的 20%，其次是 10 月、4 月，分别占全年灌溉需水量的 16%、15%，3 月、5 ~ 7 月、11 月均占全年灌溉需水量的 10% 左右，1 ~ 2 月、12 月无需灌溉；下游引黄灌区灌溉需水集中在 3 ~ 6 月，占全年灌溉需水量的 70% 左右，其他月份灌溉需水量相对较少。

2.3.3　灌溉需水与灌区干旱关系

2.3.3.1　灌溉需水与干旱的联系机制

作物不同发育阶段对水分亏缺的敏感性不同，作物从播种到收获都需要一定的水分条件，不同生育阶段作物的需水量不同，缺水对产量的影响亦不相同，并不是每个生育时期任何程度的缺水都会使作物减产，水分亏缺会造成对作物生长发育的延缓，但对胁迫解除后的生长发育进程乃至最终籽粒产量的形成影响不大，甚至反而有利，产生弥补或者偿还作用，即补偿效应（蒋高明，2007）。作物不同生育阶段对水的敏感性不同，一般来说，作物需水是中间多，两头少，开花结实期需水量最大。作物生育期中对缺水最敏感、产量影响最大的时期称为水分临界期。如谷类作物在孕穗和抽穗为第一水分临界期；灌浆到乳熟期，大量营养物质向子粒运输，为第二水分临界期。

从作物生长全过程需水来看，其水分来源包括有效降水和人工灌溉。干旱发生初期，有效降水减少导致土壤水分减少，作物自身开始调节气孔导度，适当减少蒸腾蒸发量，维持体内水分平衡；当干旱进一步发展，土壤含水量持续降低，已超过作物自身条件能力，开始发生水分亏缺，同时干旱发展，使气温、湿度、光照、风速等气候因素朝有利于蒸发方向变化，作物蒸腾蒸发量增大，灌溉需水量增大。总体上看，干旱驱动下作物灌溉需水量增加，且干旱越严重，灌溉需水量越大。

2.3.3.2 灌溉需水与干旱的关联分析

黄河上、中、下游灌区 1956 ~ 2010 年灌溉需水量及 SPDI-JDI 评估结果如图 2-20 所示。

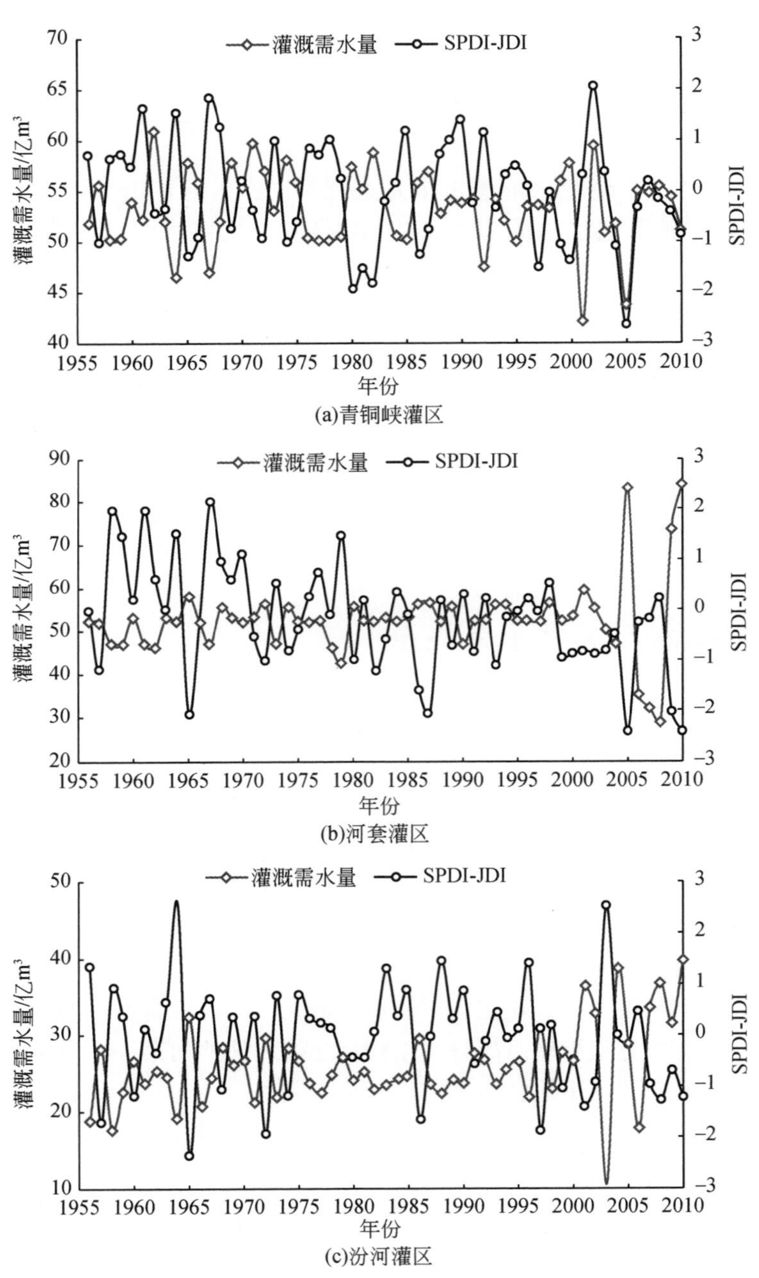

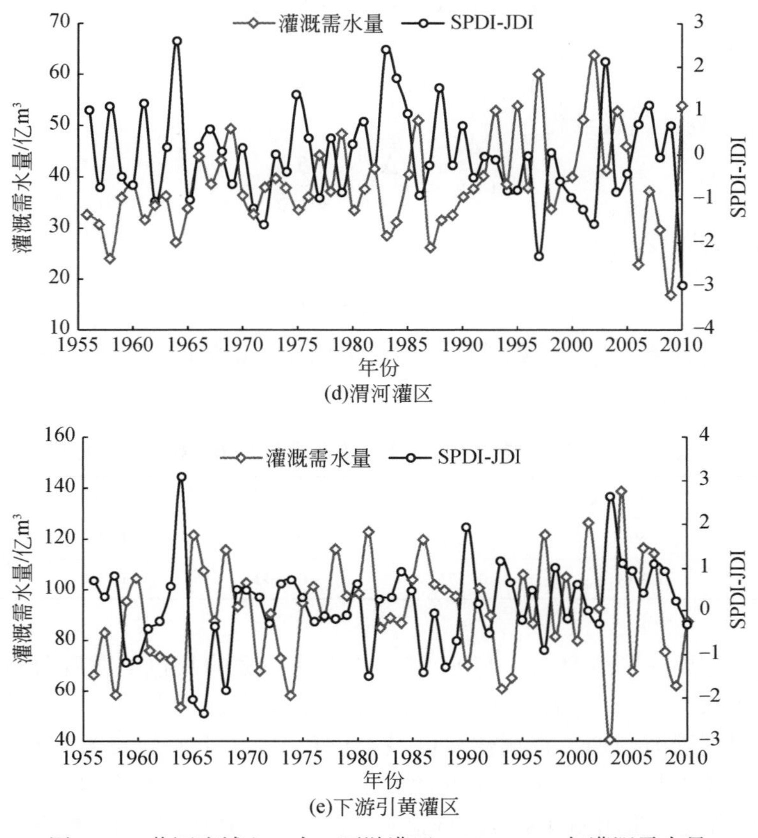

图 2-20 黄河流域上、中、下游灌区 1956 ~ 2010 年灌溉需水量

可以看出，黄河上、中、下游灌区灌溉需水量与 SPDI-JDI 呈显著负相关关系，灌溉需水量随着干旱的严重程度的增加而增大，即 SPDI-JDI 值越小，灌溉需水量越大。原因是干旱年份降水偏少，导致有效降水量减少，同时干旱情况下蒸散发量往往偏大，作物蒸腾量增大，灌溉需水的缺口增大。

为了明确灌区灌溉需水与干旱的关系，采用灰色关联分析方法，根据灰色系统中离散数据之间的相似程度来判断关联性大小，关联度是反映这种密切程度大小的度量。采用灰色关联分析方法，计算二者的灰色关联度，将灌区干旱指数 SPDI-JDI 作为参考序列 $X_0(t)$，灌区灌溉需水作为比较序列 $X_1(t)$。

在关联分析之前，分别对参考序列和比较序列进行无量纲处理，采用标准化处理：

$$S_i(t)=\frac{x_i(t)-\overline{x_i}}{\sigma} \tag{2-12}$$

式中，$i=0$，1 分别表示参考序列和比较序列，$t=1$，2，…，N。

t 时刻比较序列与参考序列的绝对误差为

$$\Delta(t)=S_1(t)-S_0(t) \tag{2-13}$$

最大差为

$$\Delta_{\max} = \max | S_1(t) - S_0(t) | \tag{2-14}$$

最小差为

$$\Delta_{\min} = \min | S_1(t) - S_0(t) | \tag{2-15}$$

t 时刻两个序列的关联系数为

$$\xi(t) = \frac{\Delta_{\min} + 0.5\Delta_{\max}}{\Delta(t) + 0.5\Delta_{\max}} \tag{2-16}$$

两个序列的关联度 r 为

$$r = \frac{1}{N}\sum_{t=1}^{N}\xi(t) \tag{2-17}$$

为检验灌区灌溉需水与干旱的关系，同时采用相关系数进行验证，1956～2010 年黄河流域主要灌区灌溉需水量与干旱指数的关联分析、相关系数分析结果见表 2-16。

表 2-16　黄河流域主要灌区灌溉需水量与 SPDI-JDI 关联关系

灌区名称	青铜峡灌区	河套灌区	渭河灌区	汾河灌区	下游引黄灌区
灰色关联度 r	0.596	0.614	0.694	0.671	0.719
相关系数 $\|R\|$	0.368	0.571	0.600	0.596	0.753

从黄河流域主要灌区灌溉需水与 SPDI-JDI 干旱指数的灰色关联度分析结果来看，灰色关联度都大于 0.5，表明二者存在较强的关联性；从灌区的灰色关联度值变化来看，从上游至下游关联度逐渐增加，青铜峡灌区最小仅 0.596，下游引黄灌区最大为 0.719，表明上游灌区灌溉需水与 SPDI-JDI 的关联性弱于下游。为进一步判定灌区灌溉需水量与干旱之间的相关密切程度，采用相关系数进行验证，相关系数 R 取值范围为 $[-1, 1]$，$|R|$ 越接近 1，表明灌区灌溉需水量与 SPDI-JDI 线性相关的程度越高，$|R|$ 越接近 0，则表明二者线性相关的程度越低，当 $|R|$ 值大于 0.5 时，可认为存在显著线性相关关系。从主要灌区灌溉需水量与 SPDI-JDI 的相关系数来看，青铜峡灌区的相关系数为 0.368，小于 0.5 为弱相关，其他灌区相关系数均大于 0.5，为显著相关，表明主要灌区灌溉需水与 SPDI-JDI 存在线性相关关系，且空间变化规律基本与灰色关联度一致，相关系数从上游向下游呈现递增趋势。

从影响灌溉需水与干旱的主要因子分析，上游青铜峡灌区年均降水量仅 196mm、年均蒸发量为 900.7mm，地下水位常年维持在 0.5～3m，作物蒸发蒸腾量大、降水有效利用量小，生育期水分补充以灌溉和地下水利用为主，灌溉需水受气象要素波动影响较小，灌区灌溉需水与 SPDI-JDI 关联度和相关系数均为最小；河套灌区年均降水量为 200.2mm，年均蒸发量为 1257.5mm、常年地下水位为 0.63～2.68m，作物可利用的有效降水量较少而地下水利用量较大，灌溉需水受气象因子波动影响也较小，与 SPDI-JDI 关联度相对较小；中游汾河灌区和渭河灌区多年平均降水量在 500mm 以上，多数灌域的地下水位已经超过 5m、地下水利用量有限，随着作物有效利用降水量及其所占比重的增加，灌溉需水受气象因素变动的影响在不断加大，灌区灌溉需水与 SPDI-JDI 关联度和相关系数均较大；下游引黄灌区降水量为 600～800mm，有效降水的利用是作物满足生育期需水的主要水源，因此灌溉需水量易受气象因素变化影响，灌区灌溉需水与 SPDI-JDI 关联度和相关系数最大。综合分析主要灌区灌溉需水与 SPDI-JDI 的关系可见：随年均降水量的增加（作物可利用有效降水量增加），灌区灌溉需水与 SPDI-JDI 的关联关系不断增强。

2.3.3.3 灌溉需水与干旱指数的定量关系

回归分析是处理变量之间相关关系的一种数理统计方法。以 SPDI-JDI 为自变量、灌区灌溉需水为因变量，采用最小二乘法建立黄河流域主要灌区灌溉需水与 SPDI-JDI 回归方程，研究灌溉需水量与 SPDI-JDI 的相关关系并找出其内在规律。点绘主要灌区灌溉需水量与 SPDI-JDI 关系，可以看出相关点呈线性带状分布，如图 2-21 所示。采用 t 检验方法检验灌溉需水量与 SPDI-JDI 的线性回归方程是否存在显著性。自由度为 53（$n-2$，n 研究序年数 55）和置信度水平 $\alpha=0.05$ 的 t 分布下，t 分布的临界值 $t_{55,0.025}=2.0091$，检验结果：回归方程的 t 检验值，均远大于检验临界值 2.0091，表明主要灌区灌溉需水量与 SPDI-JDI 之间存在显著的线性关系。主要灌区灌溉需水与 SPDI-JDI 回归方程见表 2-17。

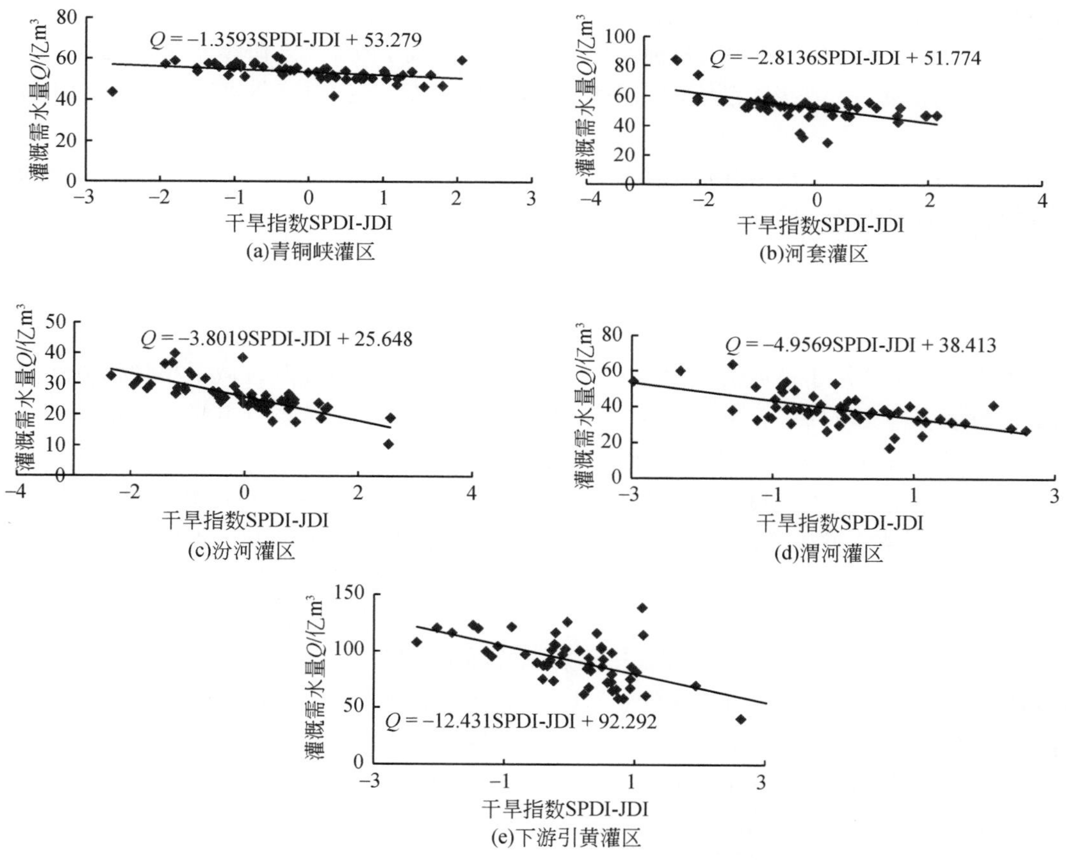

图 2-21 黄河流域主要灌区灌溉需水与干旱指数回归关系

表 2-17　黄河流域主要灌区灌溉需水量与 SPDI-JDI 干旱指标回归

灌区	灌溉需水–干旱指标回归方程	t 检验值
青铜峡灌区	Q=−1.3593SPDI-JDI+53.279	26.576
河套灌区	Q=−2.8136SPDI-JDI+51.774	48.488
汾河灌区	Q=−3.8019SPDI-JDI+25.648	56.664
渭河灌区	Q=−4.9569SPDI-JDI+38.413	61.463
下游引黄灌区	Q=−12.431SPDI-JDI+92.292	98.731

从黄河流域主要灌区灌溉需水量与干旱指数的回归关系来看，随着 SPDI-JDI 指数减小（干旱等级升高）灌溉需水量增加。各灌区灌溉需水量对 SPDI-JDI 变化的响应程度不一，上游灌区灌溉需水对 SPDI-JDI 的变化响应相对较弱，中、下游灌区灌溉需水对 SPDI-JDI 的变化响应强烈。上游青铜峡灌区 SPDI-JDI 每减小 0.1，灌溉需水量增加 0.136 亿 m^3，干旱每增加一个等级（SPDI-JDI 减小 0.5），灌溉需水平均增加约 0.68 亿 m^3；河套灌区 SPDI-JDI 每减小 0.1，灌溉需水量增加 0.281 亿 m^3，干旱每增加一个等级，灌溉需水平均增加约 1.41 亿 m^3；中游汾河灌区 SPDI-JDI 每减小 0.1，灌溉需水量增加 0.380 亿 m^3，干旱每增加一个等级，灌溉需水平均增加约 1.90 亿 m^3；中游渭河灌区 SPDI-JDI 每减小 0.1，灌溉需水量增加 0.496 亿 m^3，干旱每增加一个等级，灌溉需水平均增加约 2.48 亿 m^3；下游引黄灌区 SPDI-JDI 每减小 0.1，灌溉需水量增加 1.243 亿 m^3，干旱每增加一个等级，灌溉需水平均增加约 6.22 亿 m^3。

2.4　本章小结

本章建立了适用于黄河流域的多时间尺度综合干旱评估指标及区域干旱评估方法，识别黄河流域多种干旱特征，分析了灌区灌溉需水与干旱的定量关系。主要结论如下：

（1）综合干旱指数与区域综合评价方法

构建了适用于黄河流域干旱评估的多时间尺度综合干旱指数 SPDI-JDI（标准化帕尔默–联合干旱指数）和区域干旱评估方法。融合降水、气温、蒸散发、土壤含水量、径流等多种水文气象要素，构建适用于多时间尺度干旱监测评估的机理性综合干旱指标 SPDI-JDI。该指数能克服观测数据中水循环相关要素量化值空间数据缺乏且满足干旱时空可比性、多时间尺度分析的需求等。综合干旱影响范围和干旱等级等因素，提出区域综合干旱的 CRDI 评价方法。选取黄河流域延安站以及宁夏青铜峡、内蒙古河套、山西汾河、陕西渭河四大灌区内代表气象站点，通过综合干旱指数 SPDI-JDI 与常用干旱指数（SPI-3、SRI-3、SPEI-3、SPI-12、SPI-12、SPEI-12 和 SMAPI）、《中国近五百年旱涝分布图集》和《中国历史干旱（1949—2000）》的比较，综合干旱指标 SPDI-JDI 适用于黄河流域灌区干旱评估。

（2）黄河流域干旱特征识别

采用多种干旱特征变量，识别了黄河全流域及典型灌区的历史干旱事件，开展了基于

Copula 函数的多变量干旱频率分析。结果表明：自 20 世纪 80 年代以来，严重干旱事件呈明显增加趋势；20 世纪 90 年代极端干旱事件明显增多，其次为 2000 年以来的 10 年；黄河流域各分区在不同年代均有较长连续干旱年组出现，其中最长连续干旱年组的历时长达 8 年；除黄河源区外，其余各分区历时最长、最严重的连续干旱年组均出现在 1995 ~ 2003 年。

（3）灌区灌溉需水与干旱的定量关系研究

在农业需水对干旱的响应机理分析的基础上，采用综合干旱指标 SPDI-JDI 评估了黄河流域主要灌区 1956 ~2010 年的干旱情况，并定量研究黄河流域灌区灌溉需水量与干旱的关联性及其相关关系，结果表明：各灌区灌溉需水量与干旱指标呈显著负相关关系，干旱增加一个等级，青铜峡灌区、河套灌区、汾河灌区渭河灌区和下游引黄灌区灌溉需水分别增加 0. 68 亿 m^3、1. 41 亿 m^3、1. 90 亿 m^3、2. 48 亿 m^3 和 6. 22 亿 m^3。

第3章　基于陆气耦合的大型灌区干旱实时监测系统开发

黄河流域横跨半湿润、半干旱和干旱区，地形地貌复杂，气候差异大，水资源变化对气候变化极其敏感，特别是干旱的影响。然而，由于形成干旱的因素较复杂，在流域或区域尺度上对干旱的表征和监测研究及应用仍然是一个薄弱环节。因此，区域尺度干旱指标的研究与干旱监测系统开发具有重要的应用价值。本章在分析常用干旱指数优劣的基础上，构建了适合黄河流域的区域干旱评估指标，并结合黄河流域和灌区代表站实测资料评估指标的适用性。依据气候系统科学理论，考虑气候-水文过程的相互作用，并从热力学理论和土壤水分运动原理，发展流域尺度的陆面过程模式，用以描述地表的水文和生态过程的变化；并进一步与区域气候模式耦合形成区域尺度的陆气耦合模式，采用三重嵌套技术，建成流域尺度陆气耦合干旱监测系统。该系统既可以作为黄河流域、主要灌区的干旱监测系统，也能用于季节内干旱的预测。

3.1　基于观测数据建立陆面模式气象驱动场

通用陆面模式 CLM（community land model）是描述多种地表变量的数学模型，既包括地表物理过程，也包括化学过程和生物学过程，结合了过去陆面模式 BATS（Dickinson，1986）、LSM（Bonan，1996，1998）和 VIC 等模式的优点，与大气模式耦合，形成大气-陆地耦合模式是用于研究地气相互作用机理的研究工具，而单纯的陆面模式 CLM 可用于计算农业干旱监测的土壤墒情。CLM 模式可以提供大气模式所需要的表面反照率（可见和近红外的直射和散射光）、向上长波辐射、感热通量、潜热通量、水汽通量以及东西向和南北向的地表应力，这些量分别由许多生态和水文过程控制。CLM 模式不仅作为陆面参数化模块耦合到 NCAR 的地球系统模式 CESM 中，而且也已经作为新一代陆面模式在其他领域广泛应用。本节将重点介绍如何由陆面模式 CLM 产生各种地表特征数据，包括用于干旱监测的土壤墒情数据。

3.1.1　陆面过程模式 CLM

3.1.1.1　模型结构与功能

CLM 模式主要包括生物地球物理、生物地球化学、水循环和动态植被四个部分，具体过程如下：

生物地球物理过程：描述大气能量、水、动量的即时交换，其考虑了微气象、冠层生理、土壤物理、辐射传输和水文过程的各个方面。

水文循环：陆地水文循环包括植物叶子截留的水，透冠雨，茎流、渗透、径流、土壤水和雪。这些与生物地球物理过程直接相连，同时影响温度、降水和径流，总径流（表层和次表层排水）用河道模式汇流到海洋。

生物地球化学：描述大气化学成分的即时交换，目前的工程包括碳、生物挥发性有机化合物、沙尘、干沉降。

动态植被：包括碳循环，对扰动（如火点、土地利用等）响应的群落成分和植被结构的变化。

CLM 基本框架如图 3-1 所示。

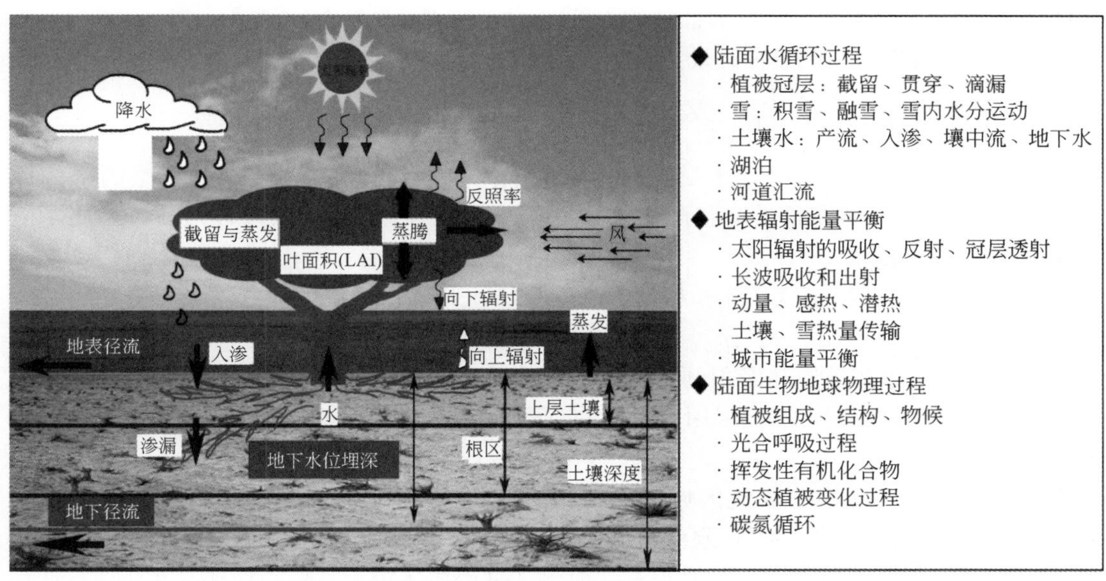

图 3-1 CLM 模型基本框架示意图

3.1.1.2 模型原理

CLM3.5 的水文过程包括植被冠层截留、雪的积累和消融、下渗、表面径流、基流、土壤水的再分配等复杂的过程，总的水量平衡方程如下：

$$\Delta W_{can}+\Delta W_{sno}+\sum_{i=1}^{n}(\Delta w_{liq,i}+\Delta w_{ice,i}) = (q_{rain}+q_{sno}-E_{v}-E_{g}-q_{over}-q_{drai}-q_{rgwl})\Delta t \quad (3\text{-}1)$$

式中，ΔW_{can}为植被冠层截留水量；ΔW_{sno}为雪水含量；$\Delta w_{liq,i}$为土壤第 i 层的液态水量；$\Delta w_{ice,i}$为土壤第 i 层的冰水量；q_{rain}为液态降水量；q_{sno}为固态降水量；E_v为植被蒸腾量；E_g为土壤蒸发量；q_{over}为地表径流；q_{drai}为基流；q_{rgwl}为冰川、湿地、湖泊等消耗或排放的水量；Δt 为积分步长；n 为土壤层数。

CLM3.5 中把 0～3.433m 的土壤总共划分为不同厚度的 10 层，其中每层土壤的节点和界面深度及土层的厚度分别用了下列公式描述：

$$Z_i = 0.025 \times \{\exp[0.5(i-0.5)]-1\}, \quad (i=1, 2, \cdots, 10) \tag{3-2}$$

式中，Z_i为第 i 层土壤的节点深度。

$$\Delta Z_i = \begin{cases} 0.5(Z_1+Z_2), & i=1 \\ 0.5(Z_{i+1}-Z_{i-1}), & i=2, 3, \cdots, 9 \\ (Z_i-Z_{i-1}), & i=10 \end{cases} \tag{3-3}$$

式中，ΔZ_i为第 i 层土壤的厚度。

$$Z_{h,i} = \begin{cases} 0, & i=0 \\ 0.5(Z_i+Z_{i+1}), & i=1, 2, \cdots, 9 \\ Z_i+0.5\Delta Z_i, & i=10 \end{cases} \tag{3-4}$$

式中，$Z_{h,i}$为第 i 层土壤上、下界面处的深度。

非饱和土壤中水流的垂向运动用达西定理来描述：

$$\frac{\partial w_i}{\partial t} = -\frac{\partial}{\partial Z_{h,i}}\left[K_i\left(\frac{\partial w_i}{\partial Z_{h,i}}\frac{\partial \psi_i}{\partial w_i}\right)-1\right]+s, \qquad (i=1, 2, \cdots, 10) \tag{3-5}$$

式中，w_i为第 i 层土壤中的含水量；K_i为导水率；ψ_i 为土壤基模势；s 为土壤内部的源（汇）项，主要由植被根部的吸收产生的。方程（3-5）转化为离散方程组后，采用了三对角系统方程组求解。

地表径流 q_{over}根据蓄满产流和超渗产流的原理，采用下面方程描述：

$$q_{\text{over}} = f_{\text{sat}} q_{\text{liq},0} + (1-f_{\text{sat}}) \max(0, q_{\text{liq},0}-q_{\text{infl,max}}) \tag{3-6}$$

式中，f_{sat}为网格单元内饱和面积的比例；$q_{\text{liq},0}$为到达地面的有效降水，包括融雪；$q_{\text{infl,max}}$为土壤的最大渗透能力。基流采用了下面的方程来描述：

$$q_{\text{drai}} = (1-f_{\text{imp}}) q_{\text{drai,max}} \exp(-fz\nabla) \tag{3-7}$$

式中，f_{imp}为网格单元中非渗流区域的面积比例，与土壤中的冰水量和水位的高低有关；$q_{\text{drai,max}}$为最大基流量（网格平均水位深度为 0 时）；f 为衰减系数；$z\nabla$为水位深。

因此，陆面模式 CLM 3.5 是一个对陆面水文过程描述较为完善、物理方案合理且计算高效的研究工具。结合干旱评估需求，这里重点研究土壤墒情的模拟计算。

CLM 3.5 对土壤墒情的模拟采用的是一个固定土壤厚度且不均匀分层的模型。水分方程在每一个土壤厚度上进行积分，土壤中水分的时间变化量必须是穿过边界界面的净通量再加上源汇项。穿过每层界面的土壤水分通量采用一个简单的一阶 Taylor 展式的线性扩展。这样该方程变为一个三对角系统。在 CLM 3.5 中，每个网格由不同的陆面单元（landunit）、土壤/雪（soil/snow column）、植被功能类型（PFT）数据组成。其中陆面单元可分为冰川、湖泊、湿地、城市和植被 5 类，每个网格可包含不同数量的陆面单元，每个陆面单元包含不同的土壤类型和不同深度的雪被，同样每个土壤类型包含了不同的植被功能类型。每个土柱包含了土壤质地、颜色、深度和热传导率等属性，土壤定义为 0 ~ 3.433m，共分为 10 层，土柱可包含 4 ~ 16 种植被功能类型（包括裸地）。植被功能类型主要包括了裸地、乔木、草本/灌木（包括农田）3 类。

土壤液态水和冰的控制方程为

$$\frac{\partial W_{\mathrm{liq}}}{\partial t}=-\frac{\partial q}{\partial z}-f_{\mathrm{root}}E_{\mathrm{tr}}+M_{\mathrm{il}} \tag{3-8}$$

$$\frac{\partial W_{\mathrm{ice}}}{\partial t}=-M_{\mathrm{il}}-M_{\mathrm{iv}} \tag{3-9}$$

式中，W_{liq}为土壤水的质量；f_{root}为根部比例；M_{il}为土壤冰融化的质量速率或者冻结速率；M_{iv}为土壤冰的升华速率；q 为土壤水流。土壤内垂向水流用达西定律来描述（Oleson et al. 2010）：

$$q=K\left(\frac{\partial\varphi}{\partial z}-t\right) \tag{3-10}$$

式中，水力传导度 K 和水势随着土壤墒情和土壤质地变化；q 为土壤水势；z 为土壤深度。

3.1.2 大气驱动场插值及格式转换系统的建立

在离线情况下，需要建立大气驱动场来驱动陆面模式 CLM 的运行。大气数据包含了 5 个必需的变量：气温、风速、比湿、辐射和降水，另外还可选择性地输入相对湿度或露点温度，直接辐射或散射辐射，对流性降水或大尺度降水，以及气压、参考高度、长波辐射等要素。其中气温、风速、降水、气压为气象台站观测资料，比湿是根据观测的干湿球温度计算得到。辐射的观测比较稀少，而且我国气象台站开始观测的时间比较晚，研究采用了 Princeton 的辐射数据（Sheffield et al.，2006），同时尽可能多地利用实测气象资料。大气驱动场中各个变量经过时空插值与格式转换，时间分辨率为每日 8 次，空间分辨率为 0.5°×0.5°（经纬度）。主要流程如图 3-2 所示。

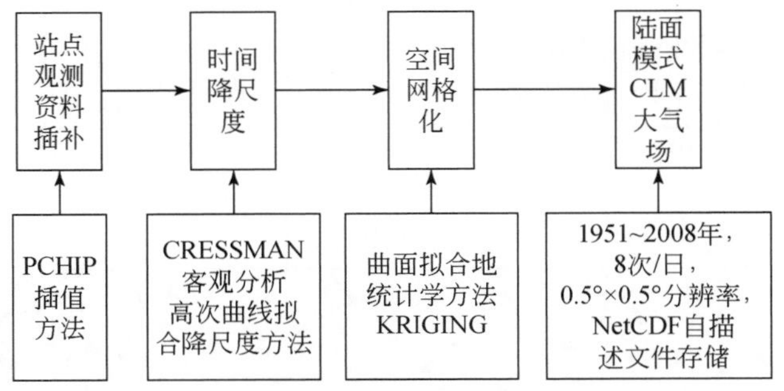

图 3-2　大气驱动场构建流程

资料来源：李明星，2010

（1）观测变量的插补

20 世纪 50 年代初，中国区域常规气象观测网站点稀少，并且主要分布在人口稠密、经济发达的东部地区，整个 50 年代是中国气象观测站点急剧增加的 10 年。到了 60 年代，站点基本稳定在 650 个站点以上，基本覆盖了中国主要的气候带。这些站点观测的变量包括每日四次（02：00、08：00、14：00、20：00，北京时间）的气温、风速、气压和相对湿度，以及每日两次（08：00、20：00，北京时间）的最高、最低气温和降水量。驱动场中的比湿可以根据气温、气压和相对湿度按照方程（3-11）计算得到。

$$q=\frac{0.622e}{p-0.378E} \tag{3-11}$$

$$e=\mathrm{rh}E/100 \tag{3-12}$$

$$E=6.11\times10^{\frac{7.5t}{237.3+t}} \tag{3-13}$$

式中，q 为比湿（kg/kg）；e、E 分别为水汽压和饱和水汽压（hPa）；t 为气温（℃）；p 为大气压强（hPa）；rh 为空气相对湿度（百分比）。

由于中国区域辐射站比较稀少，并且开始观测的时间也相对较晚，资料连续性差，所以太阳辐射资料主要采用了 Princeton（Sheffield et al.，2006）（50 年，3h/d，1°）的辐射数据（基于观测校正的 NCEP/NCAR 数据）。观测资料中缺测记录的插补采用了有观测资料年份的同日同时次的数据平均值（1950 年前中国区域总共 101 个不同类型的气象台站，目前，共有 143 个基准气候站、685 个国家基本站，除资料缺测严重的部分站点外，研究所采用的台站在 20 世纪 50 年代后期开始保持在 650 个以上，具体站点数量变化如图 3-3 所示）。其中黄河流域站点的空间分布（图 3-4）总体上较为均匀，空间覆盖度和代表性好。

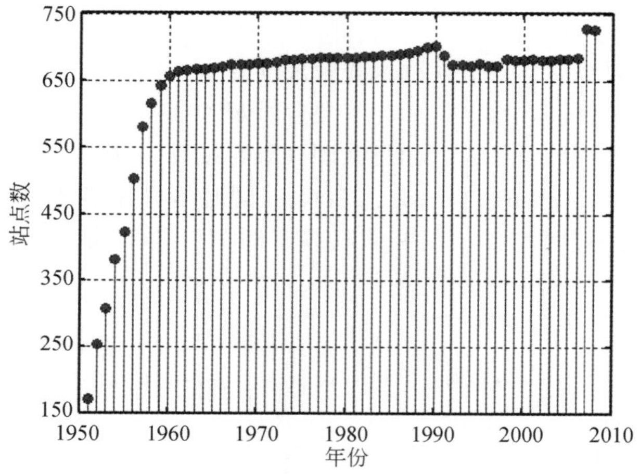

图 3-3　观测台站数量的变化

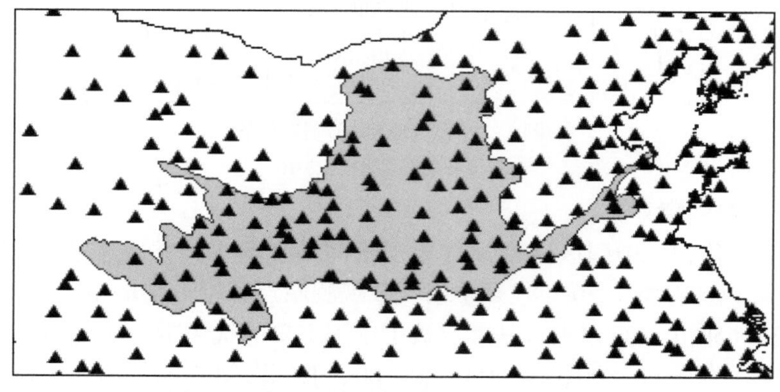

图 3-4　黄河流域气象观测站点的空间分布

（2）观测资料的时间降尺度

观测资料的时间降尺度采用了曲线拟合的方法，利用一日 4 次的观测数据拟合每个变量的日变化回归曲线，再根据拟合的日变化曲线计算插值时次的变量值，并通过观测的日平均值控制插值计算的质量，保证降尺度处理后的要素日平均值与观测保持一致。尽管降水量的变化对陆面水循环和能量循环过程的模拟有很显著的影响，但由于资料的限制，降水量的插值按照每日两个观测量分别进行了 4 个时次的平均，得到每日 8 次的降水量。通过数据质量的控制，日总降水量、月和年的总降水量与观测值保持一致。

（3）站点资料的空间网格化

对于区域尺度的模拟，陆面模式需要格点化的大气驱动场提供上边界的强迫，而站点资料格点化方法的差异对格点化变量有显著的影响，尤其是在站点稀少的区域。选择常用的克里格方法对插补和时间降尺度处理后的站点观测资料进行了格点化。太阳辐射场直接由 Princeton 的辐射场（1°×1°）双线性插值，降尺度至 0. 5°×0. 5°。最后生成了 1951 ~ 2008 年、每日 8 次和 0. 5°×0. 5°空间分辨率的陆面模式的大气驱动场。

（4）基于卫星观测的陆面数据改进

目前 CLM 的土地利用分类数据主要依据 2001 年的 MODIS 数据，与近年来关于我国土地利用的遥感监测资料相比，在中国区域差异明显，而土地利用类型的差异除了与遥感资料的反演方法有关外，我国土地利用类型的显著变化、遥感数据时间较短也是重要的原因。因此，本书采用了中国科学院大气物理研究所基于 AVHRR、MODIS、MERIS 的 20 世纪 80 年代、90 年代、21 世纪数据进行了土地利用类型的订正。

3.1.3 黄河流域陆面水循环模拟

3.1.3.1 模拟流程

CLM3. 5 陆面模式计算首先需创建一定分辨率的大气驱动场，采用离线方式对黄河流域陆面水循环进行长时间模拟验证，分析流域内土壤湿度、径流等时空变化，为干旱评估提供相关数据。为了消除土壤墒情变化受初始状态的影响，并检验模式的长期积分能力和稳定性，重复利用 1951 ~ 2000 年的大气驱动场，进行 400 余年的连续积分运算，使得土壤水分过程达到充分平衡。最后输出了 1951 ~ 2008 年空间分辨率约 0. 5°、时间分辨率为月平均的积分结果。陆面水循环过程模拟流程如图 3-5 所示。

3.1.3.2 不同大气驱动场模拟比较

采用 OBS_ P、NCEP、ERA40 与 Princeton 4 套大气驱动场运行 CLM 模式，对输出的土壤墒情分上、中、下游与站点观测值进行比较。一方面，评估基于观测资料建立的大气场 OBS_ P 与常用的再分析场（NCEP、ERA40 与 Princeton）之间的差异在土壤墒情模拟方面的表现。另一方面，评估模拟土壤墒情对实际观测土壤墒情变化过程的刻画能力，为利用模拟的土壤墒情来监测和分析流域墒情变化奠定基础。

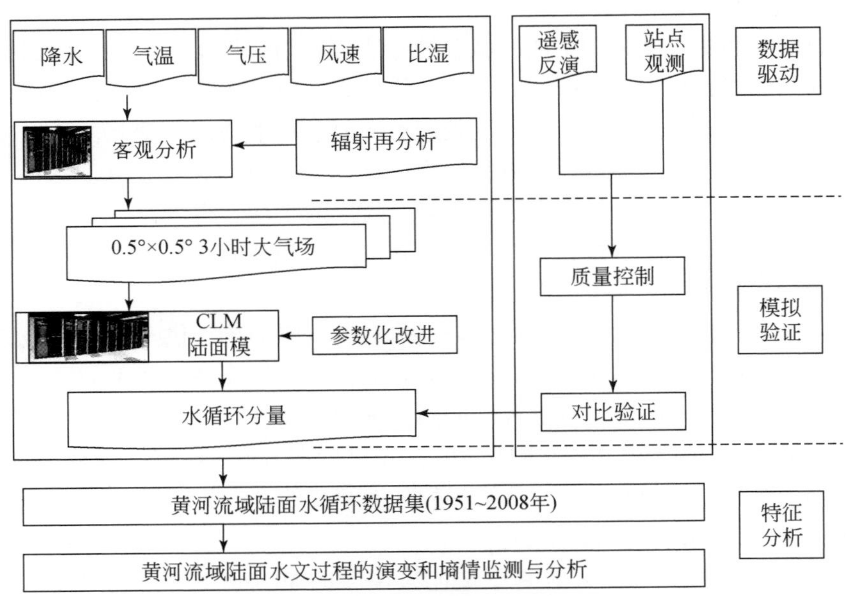

图 3-5 陆面水循环过程模拟流程框架示意图

资料来源：李明星，2010

黄河上游位于中国西部，流域内土壤墒情的观测站点比较少，且观测时间相对较短。在该区域内选择了 11 个站，其中 1994～1998 年观测数据比较完整，因此，在黄河上游地区对比了 11 个站点和对应的格点的 4 个不同深度的平均土壤墒情（图 3-6）。4 个驱动场模拟的土壤墒情与观测值比较，其中 OBS_ P、NCEP、ERA40 总体上明显偏大，平均分别偏大 30. 3%、34. 7%、26. 9%，而 Princeton 偏小 1. 5%，在数量上比较接近观测值。4 个驱动场的模拟土壤墒情变化基本都能够再现土壤墒情的季节变化和年际振荡，但在局部仍然存在比较明显的偏差。相关分析表明，不同深度土壤墒情的模拟值和观测值的相关系数 OBS_P 的模拟值与观测值的相关性最高。

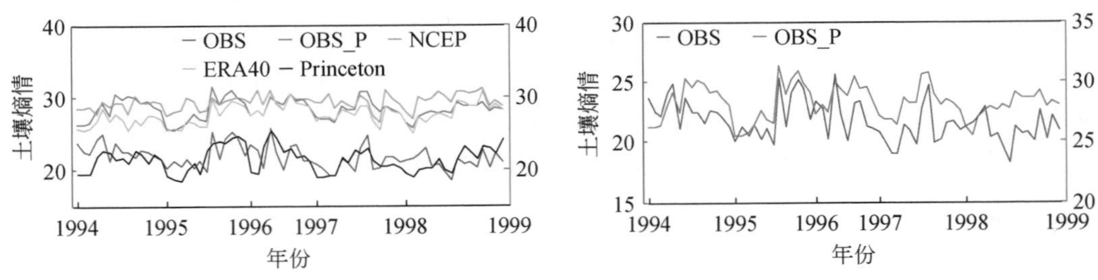

图 3-6 黄河上游不同驱动场模拟土壤墒情与观测值比较

黄河中游主要为黄土高原区，植被稀少，水土流失严重，地形复杂。在该区域选择了 9 个站点，土壤墒情资料的观测时段为 1991～1998 年。对应各站点和格点平均后的不同深度的观测和模拟土壤墒情变化时间序列比较表明（图 3-7）：4 个驱动场的模拟土壤墒情整体上都能够描述土壤墒情的季节变化和年际振荡，模拟和观测土壤墒情的变化整体上一致，干湿变化基本吻合，但均值的偏差依然较大。其中，OBS_ P、ERA40、NCEP 的模拟结果比较接近，但平均值分别偏大 84. 27%、84. 5%、87. 1%，偏大的程度基本相当，而 Princeton 的模拟结果在数量上偏大 48. 3%，相对更接近观测值，变化幅度小于观测值，但比其他驱动场的模拟结果更接近观测值的变化幅度。

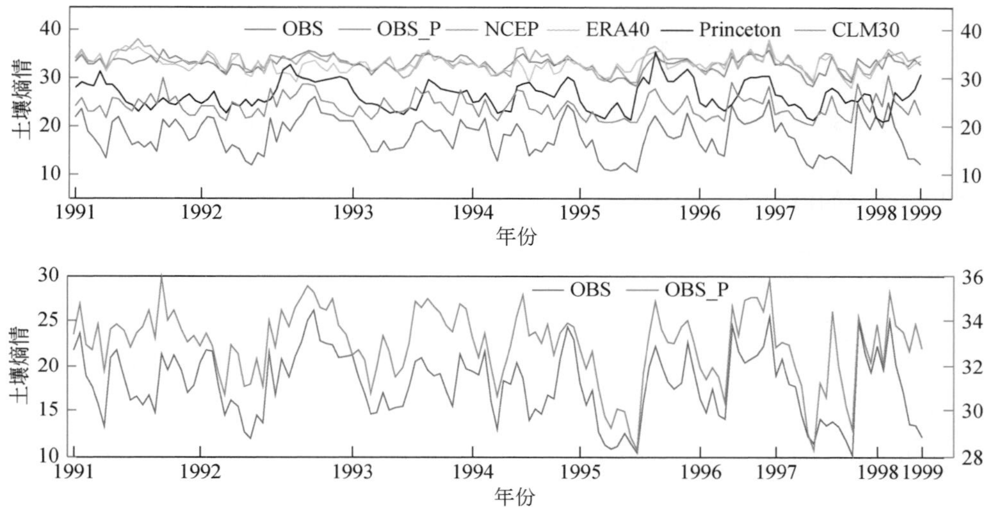

图 3-7　黄河中游不同驱动场模拟土壤墒情与观测值比较

从相关系数来看，4 个气象驱动场在黄河中游地区的不同深度的土壤中都能够很好地再现土壤墒情变化的特点。不同驱动场的模拟值与观测值的变化趋势吻合较好，再分析资料（ERA40、NCEP）和观测资料（OBS_ P）驱动场的模拟值年际变化偏小，而 Princeton 相对接近观测值的变化幅度。在整个变化序列上，OBS_ P 的模拟值在局部和细节上与观测值变化更加一致，从 0 ~ 10cm、10 ~ 20cm、20 ~ 30cm 和 30cm ~ 50cm 土壤，两者的相关系数分别为 0. 8037、0. 7946、0. 7653 和 0. 7376，均通过了 95% 的显著性检验。另外，相关系数的大小显示不同驱动场的模拟值与观测值在变化一致性上存在明显差异，基于台站观测资料的气象驱动场（OBS_ P）的模拟结果明显优于其他驱动场的模拟结果，相关系数平均比再分析资料驱动场模拟偏大 71% ~ 86%，表明基于台站观测资料的气象驱动场包含了更多的气象要素局地变化信息，驱动场的质量高于再分析资料，能够较明显地提高土壤墒情模拟的能力。

黄河下游主要位于东部平原地区，海拔较低，地势相对平坦。在下游，选择了 5 个土壤墒情观测站点，观测时段 1994 ~ 2000 年进行土壤墒情多驱动场的模拟和检验分析（图 3-8）。总体上各驱动场的模拟时间序列变化与观测值比较一致，特别是年际变化一致性更高。不同驱动场模拟序列与观测值的比较结果表明，4 个驱动场（OBS_ P、ERA40、NCEP、Princeton）的模拟序列总体上均大于观测序列（平均值偏大 34. 2%、20. 1%、139. 4%、11. 1%），尤其 NCEP 驱动场的模拟结果偏大十分明显，这与 NCEP

降水场在中国区域偏大、温度场偏低有直接关系。不同驱动场的土壤模拟值在变化趋势上与观测值基本吻合，一致性较中、上游地区要高。尤其是基于 OBS_ P 和 Princeton 驱动场的模拟序列对土壤墒情的年际干湿交替变化的模拟与观测序列吻合很好，而再分析驱动场的模拟土壤墒情年际振荡幅度偏小，但年内的土壤墒情波动幅度再分析驱动场的模拟序列比 OBS_ P 和 Princeton 驱动场大，更接近观测序列的振幅。OBS_ P 的模拟土壤墒情在不同时间尺度上与观测值变化更加一致，在不同深度与观测值的相关系数分别为 0.6800、0.6724、0.6443、0.6028，均通过了 95% 的显著性检验。可以看出，各驱动场的模拟时间序列变化与观测值比较一致，特别是年际变化一致性更高。尤其是观测驱动场的模拟对土壤墒情的年际干湿交替变化的描述与观测序列吻合很好。而基于台站观测资料的驱动场的模拟结果与观测值的相关系数最大，相关性最高，表明基于观测气象资料建立的驱动场在提高对土壤墒情的模拟能力有显著的意义。

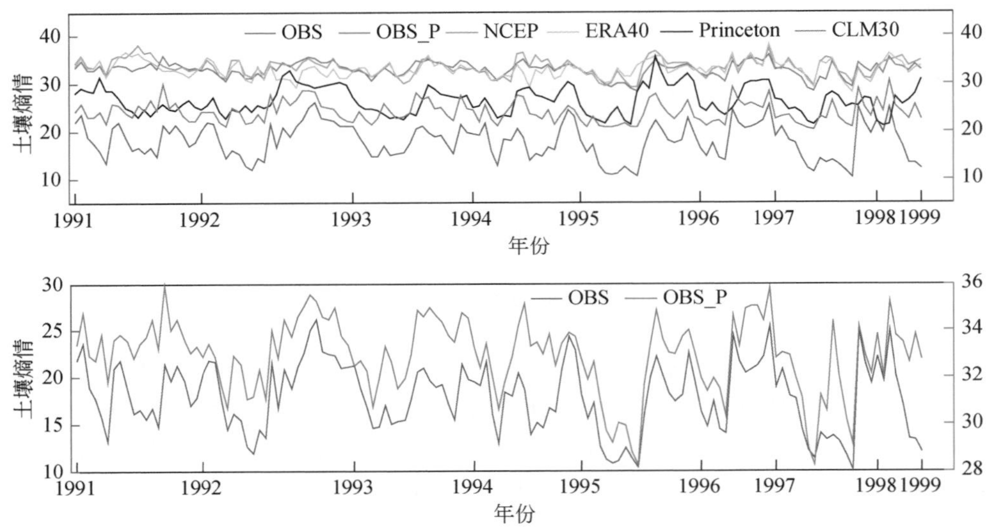

图 3-8 黄河下游不同驱动场模拟土壤墒情与观测值比较

图 3-6 ~ 图 3-8 中 OBS 和 OBS_ P 分别为观测土壤墒情和基于观测气象数据与 Princeton 辐射订正数据的大气场模拟的土壤墒情，其他为再分析资料驱动场的模拟土壤墒情。

从上述土壤墒情的模拟值与观测值对比可以看出（图 3-6 ~ 图 3-8），两者相关系数均能达到 0.7 以上，在观测数据较完整的区域，相关系数可以达到 0.8 以上，说明土壤墒情模拟显示出了较好的精度。由此可见，基于黄河流域气象台站观测数据建立的大气驱动场可应用于 CLM 模式，且可以合理模拟黄河流域的地表水文过程。

3.1.3.3 陆面水循环模拟的验证

为了验证陆面模式 CLM3.5 物理参数化方案的可靠性和在黄河流域的适用性，利用现有的观测资料（土壤墒情和径流）进行对比验证，站点分布如图 3-9 所示。

图 3-10 给出了土壤墒情和径流的模拟值与观测值，对比可以看出，两者相关系数均

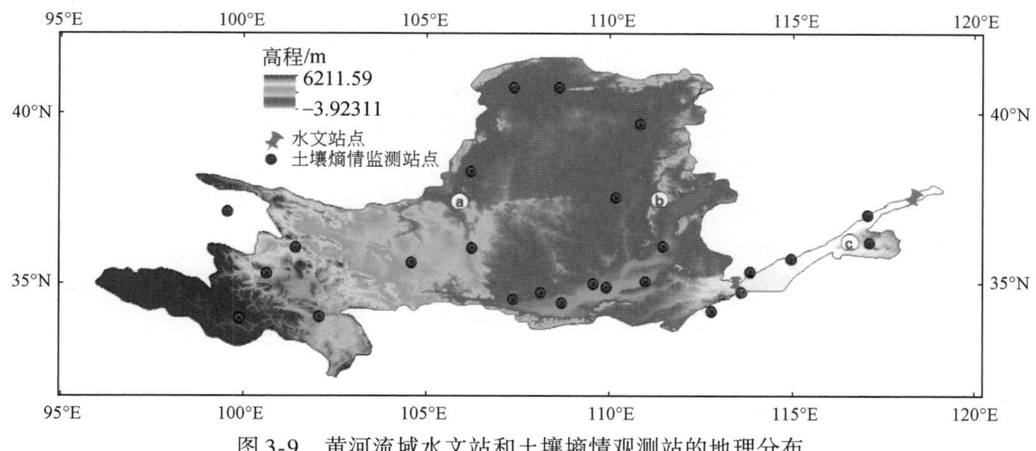

图 3-9　黄河流域水文站和土壤墒情观测站的地理分布

能达到 0.8 以上，显示出了较高的精度。此外，与未融合台站观测资料的模拟结果对比表明：CLM3.5 在基于台站观测资料的大气驱动场的驱动下能够合理模拟黄河流域内土壤墒情和径流等地表水循环过程分量的时空变化。

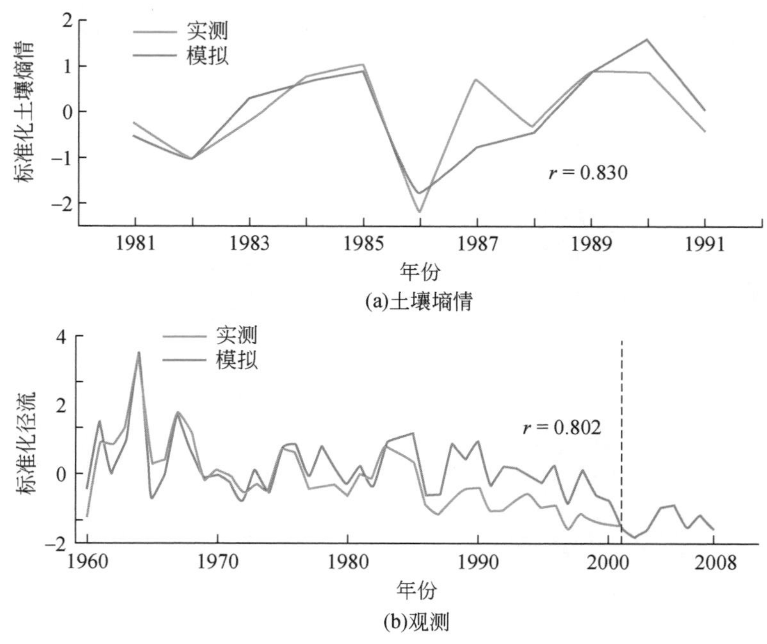

图 3-10　CLM3.5 模拟流域土壤墒情和径流与观测的比较

黄河流域水循环分量的空间分布在 1951 ~ 2008 年的平均状况主要呈现如下特征（图 3-11）：降水由西北向东南递增，上游的东南部、中下游地区是降水量的大值区，其中流域南部多雨区的最大平均年降水量（约 779mm）是西北部少雨区平均降水量（128mm）的 6 倍多，存在明显的西北—东南向梯度。蒸散呈现显著的西少东多的特征，西部实际蒸散量最小的区域仅为113mm/a，而东部蒸散量最大的地区年平均量为467mm。这种空间分布特征与黄河流域内的降水分布和辐射的空间特征有密切的联系。陆面净水资源为降水与蒸散的差额，其空间格局表征黄河流域水资源南多北少，其中北部最少的区域该值为-8mm，即年降水量小于蒸散量。而黄河流域南部的水资源相对丰沛，平均降水量为587mm，是黄河流域重要的产流区，也是流域径流量的主要贡献区。土壤墒情的空间分布格局表明，由降水、地表能量和植被状况所约束的土壤墒情总体上在黄河源区和平原地区高，最大体积百分比为40%，而中游的干旱区为土壤墒情的最小值区，最小接近10%。产流包括了地表产流和基流产流量，其中山区是主要贡献区，最大产流可达583mm/a。而西北部的黄河中游地区为径流的干旱区，年产流量平均接近0mm；入渗量即降水到达地面后深入土壤形成土壤水，可供植被利用的降水，该部分降水的存在应与降水量和地表状况密切相关，从量值来看，降水量入渗进入土壤最大的地区仍然是降水量较大的流域南部地区，最大值可达527mm，而入渗量最小的中游干旱区最小值近于0。

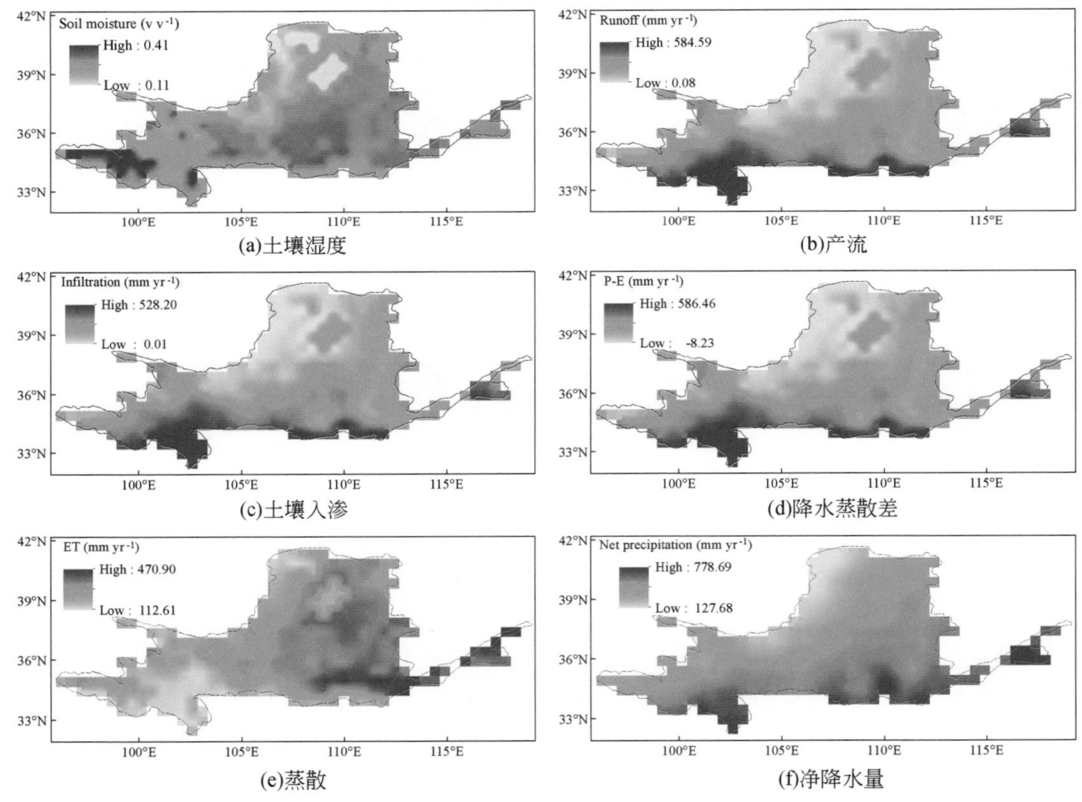

(a)土壤湿度 (b)产流

(c)土壤入渗 (d)降水蒸散差

(e)蒸散 (f)净降水量

图3-11 黄河流域陆地水循环过程变量的空间分布

黄河流域陆地水循环分量在1951～2008年的长期变化的空间特征呈现如下特征（图3-12）：降水在黄河流域的源区和中游北部及下游地区呈增加趋势，而上游南部和中游中南部地区减少的趋势十分显著。平均来看，黄河流域降水的减少趋势为3.4mm/10a，而减少最大的区域为 5.1mm/10a。从降水量减少的区域来看，其对黄河流域中游灌区的影响最明显。这对我们通过全流域的水资源定量监控和调度从农业灌溉的角度提出了现实的要求。蒸散量从 1951 ~2008 年的长期变化来看主要表现为上中游和下游减少，上游和下中游增加。下降的最大速率为 0.5mm/10a；增加的最大趋势为 2.9mm/10a。影响蒸散量变化的主要因素在空间上存在明显的差异。例如，在源区的北部降水增加，从而导致了蒸散量的增加；而在源区的南部降水量在减少但蒸散量仍然呈增加的趋势，这与气温升高导致冰川积雪的消融为蒸散提供的水量增加有直接的关系。陆面净水资源变化的空间分布与降水变化基本一致，贯穿黄河流域中部北东—南西走向的减少带，其两边地区的变化总体上呈增加趋势。最大的减少趋势为 5.2mm/10a，而最大的增加趋势为 2.4mm/10a。土壤墒情在 1951 ~2008 年长期变化的空间分布特征表现出下游地区均呈不同程度的干旱化趋势。干旱化最显著的中游地区，土壤墒情体积百分比下降了 2 个百分数每 10 年。这对黄河流域的农业和生态系统的可利用水将造成直接的威胁。而水文干湿的变化方面，从黄河流域产流变化的空间分布来看，与降水-蒸散的关系密切，黄河流域中部整个东北—西南向的带状减少带明显，而减少带的北部和南部产流总体上呈现增加的趋势。产流减少带的最大趋势为 6.8mm/10a，而产流增加区域的最大趋势为 1.5mm/10a。

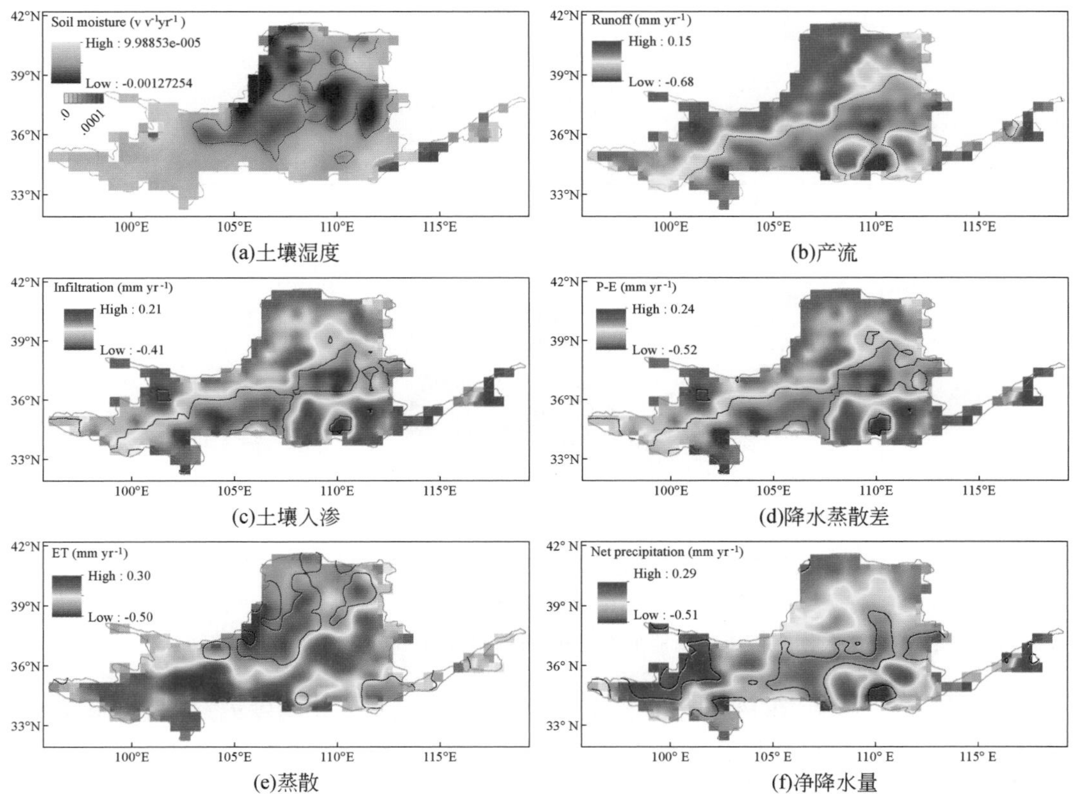

图 3-12 黄河流域陆地水循环变量长期变化趋势的空间分布

从黄河流域1951～2008年的水循环过程不同分量的变化来看，黄河流域中部地区总体上降水呈现减少的趋势，而蒸散量呈增加的趋势，并且土壤墒情呈减少的趋势。这一变化导致该区域农业和生态系统可利用水资源下降，如果这种历史趋势继续持续下去将对未来全流域的水资源监控和调度提出一定的需求。而除下游地区外，降水量的变化（尤其是增加）没有对区域的土壤墒情干旱化趋势形成可见的缓解。总体上来看，黄河流域1951～2008年的水资源呈现减少的趋势。

3.1.4 灌区土壤墒情和陆面水文要素的评估

黄河流域土壤墒情的多年平均的空间特征，总体上东南湿西北干，源区和中下游湿中上游干，尤其陕西北部和宁夏中南部一带总体土壤墒情最干。从变化趋势来看，除下游外，黄河流域总体呈显著的土壤墒情干旱化趋势，最明显的区域是中上游（图3-13）。

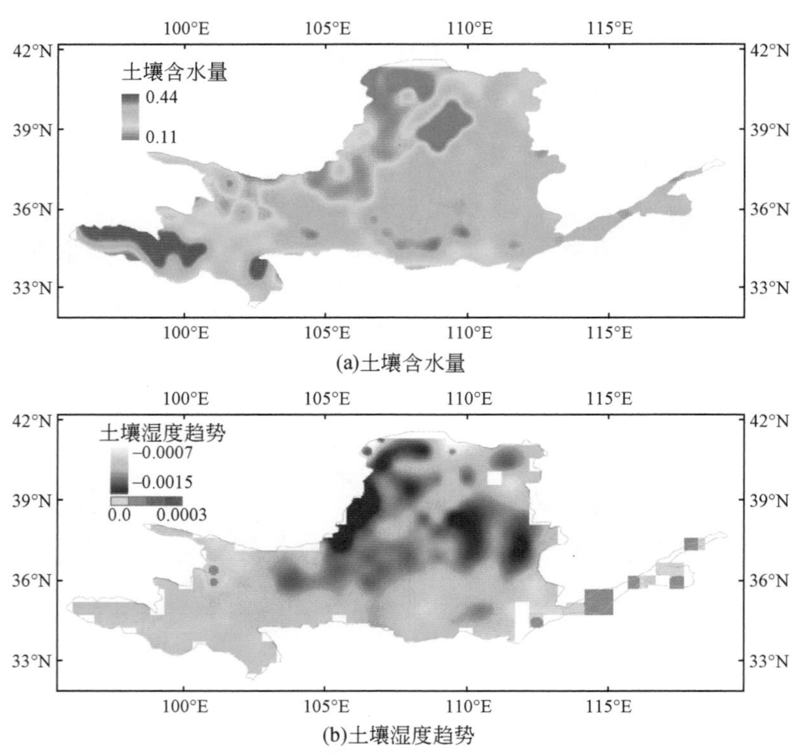

图3-13　黄河流域土壤墒情平均值和线性趋势（1960～2008年）的空间分布

从不同季节土壤墒情的变化来看（图3-14），春季墒情变化幅度最大，呈现显著的干旱化趋势，尤其是1990年以来。夏季土壤墒情变化幅度稍弱，冬秋季土壤墒情的年际变化最小。从58年的线性趋势来看，各个季节土壤墒情均呈干旱化的趋势，尤其春季趋势更加明显。从径流的季节变化来看，与土壤墒情相比较，除了更加显著的下降趋势外，夏季和秋季的显著减少是一个值得关注的变化特征，这表明雨季的产流的减少，对流域水资源的存储和季节、区域分配方案的制定提出了挑战。

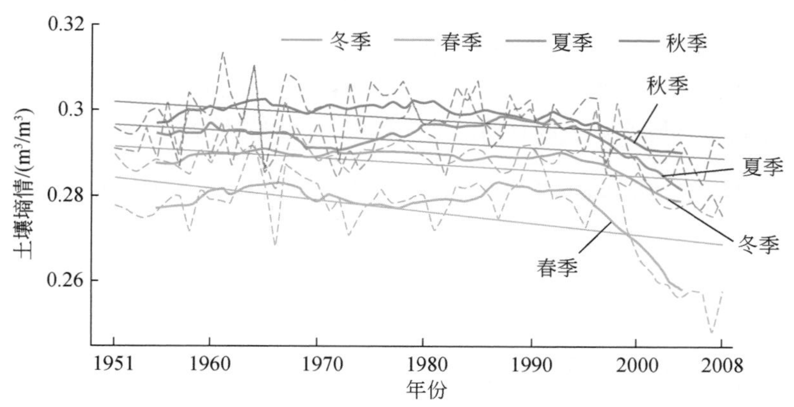

图 3-14 不同季节流域土壤墒情的变化

由于黄河流域的复杂地形地貌，不同区域的气候特征各不相同，土壤墒情变化也呈现出明显的区域差异（图 3-15）。其中河套地区墒情平均最小，下游最大；变化最显著的区域为中上游，线性系数达到了 0.05，即 58 年土壤墒情下降了 2.9m^3/m^3，下游线性趋势系数大于 0，表明总体上土壤墒情向湿的方向变化，尽管趋势不显著，尤其 1970 年至 2008 年长期趋势愈加不明显。其他区域总体呈弱的干旱化趋势，尤其是 20 世纪 90 年代后期开始，干旱化趋势加强。

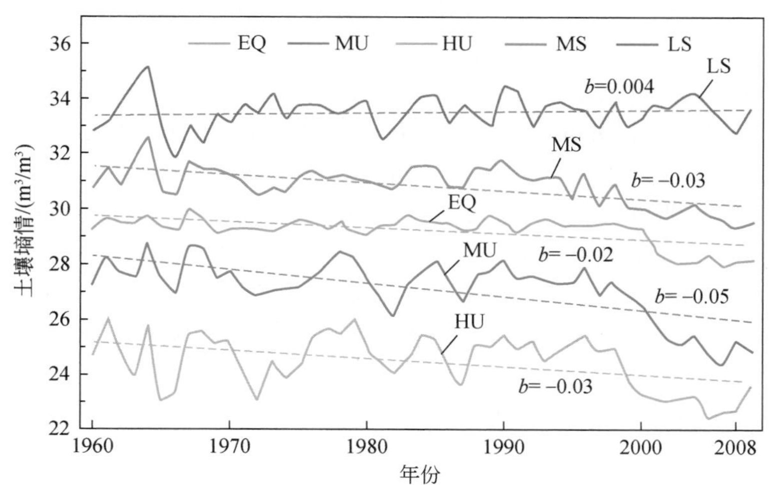

图 3-15 黄河流域不同区域土壤墒情的变化

EQ. 青藏高原东部；MU. 中上游；HU. 河套地区；MS. 中游；LS. 下游

黄河流域主要灌区水资源分量的变化状况见表 3-1。从 1951 ~ 2008 年的观测和模拟水文变量来看，降水量的变化在灌区 1、灌区 3、灌区 4、灌区 6 分别呈减少趋势，线性趋势系数分别为−0.41mm/a、−1.6mm/a、−1.72mm/a 和−0.34mm/a。其中减少最明显的是中游的灌区 4，而降水呈增加趋势的灌区主要有灌区 2 和灌区 5，线性趋势为 0. 21mm/a 和 0. 39mm/a。总体来看，灌区降水减少最明显的区域是黄河中游地区的灌区 3 和灌区 4，从年代际变化来看，20 世纪 70 年代末至 20 世纪 80 年代初，降水在各灌区发生了较明显的变化，其中灌区上游不但降水量减少，而且年际变率减小。进入 2000 年降水的年际变率有呈现加强的趋势。而下游灌区降水量在该时期由减少转变为增加的趋势。

表 3-1　黄河流域主要灌区不同水文变量的长期变化线性趋势系数（1951 ~ 2008 年）

线性趋势系数	降水/mm	蒸散/mm	入渗/mm	产流/mm	土壤墒情/（v/v）
灌区 1（青铜峡）	-0. 41	0. 21	-0. 23	-0. 32	-0. 0006
灌区 2（内蒙古河套）	0. 21	-0. 52	0. 20	-0. 94	-0. 0001
灌区 3（山西汾河）	-1. 60	0. 17	-1. 58	-3. 25	-0. 0003
灌区 4（陕西渭河）	-1. 72	-0. 06	-1. 25	-3. 21	-0. 0002
灌区 5（下游河南）	0. 39	-0. 86	1. 03	-0. 34	0. 00005
灌区 6（下游山东）	-0. 34	-0. 27	-0. 33	-1. 80	-0. 000007

从蒸散量的变化来看，呈增加趋势的主要为灌区 1 和灌区 3，趋势系数为 0. 21mm/a 和 0. 17mm/a；减小的灌区主要为灌区 2、灌区 4、灌区 5、灌区 6，其线性趋势系数为 -0. 52mm/a、-0. 06mm/a、-0. 86mm/a 和-0. 27mm/a。蒸散量减小最快的是灌区 5，而相对增加最快的是灌区 1。这表明蒸散量的变化除了与降水有直接关系外，气温的变化是一个重要的指标，因为黄河流域大部分区域蒸散量的变化受可蒸散水量的控制，持续的增温可导致土壤和地下水蒸散损失的不断加剧。蒸散量不同时期的变化除了受降水量的影响外，气温的持续升高也产生了明显的作用。

从降水到达地面后渗入土壤的水量变化来看，灌区 1、灌区 3、灌区 4 和灌区 6 呈减少趋势，系数分别为-0. 23mm/a、-1. 58mm/a、-1. 25mm/a 和-0. 33mm/a。其中减少最明显的是中游的灌区 4，这与降水量的下降呈明显的对应关系。而入渗量增加的主要是灌区 2 和灌区 5，其线性趋势系数为 0. 2mm/a 和 1. 03mm/a。这也对应着降水量的增加。入渗量的减少表明土壤水的补充减少，是农业和生态系统可利用水减少的重要原因。

产流是形成河道径流的水源，是水文干湿变化的重要指标。在 6 个不同的灌区变化趋势均呈现出减少的趋势，其中减少最快的是中游的灌区 3 和灌区 4，线性趋势系数为 -3. 2mm/a。相对减少较慢的是灌区 1 和灌区 5，线性趋势系数为-0. 32mm/a 和-0. 34mm/a，其减少程度快过 1 个数量级。进一步表明黄河中部地区是干旱化程度最严重的区域。产流是降水量和地貌及地表状况共同控制的水文变量，但从各灌区来看，降水量变化是主要的控制因素，灌区 1 ~ 6 的降水与产流的相关系数分别为 0. 52、0. 80、0. 79、0. 88、0. 87、0. 9，表明降水量较大的下游灌区产流与产流的相关性最高。这主要是由于降水量大的地区产流主要由地表产流实现，在时间上与降水联系更加密切（图 3-16）。

土壤墒情变化直接与农业和生态系统的可利用水量密切相关，从长期变化的趋势统计来看，除下游的灌区 5 变化不明显外，其他各灌区均呈不同程度的变干趋势，干旱化程度由强到弱依次是灌区 1、灌区 3、灌区 4、灌区 2，最大变干的速率为 0. 6%/10a。土壤墒

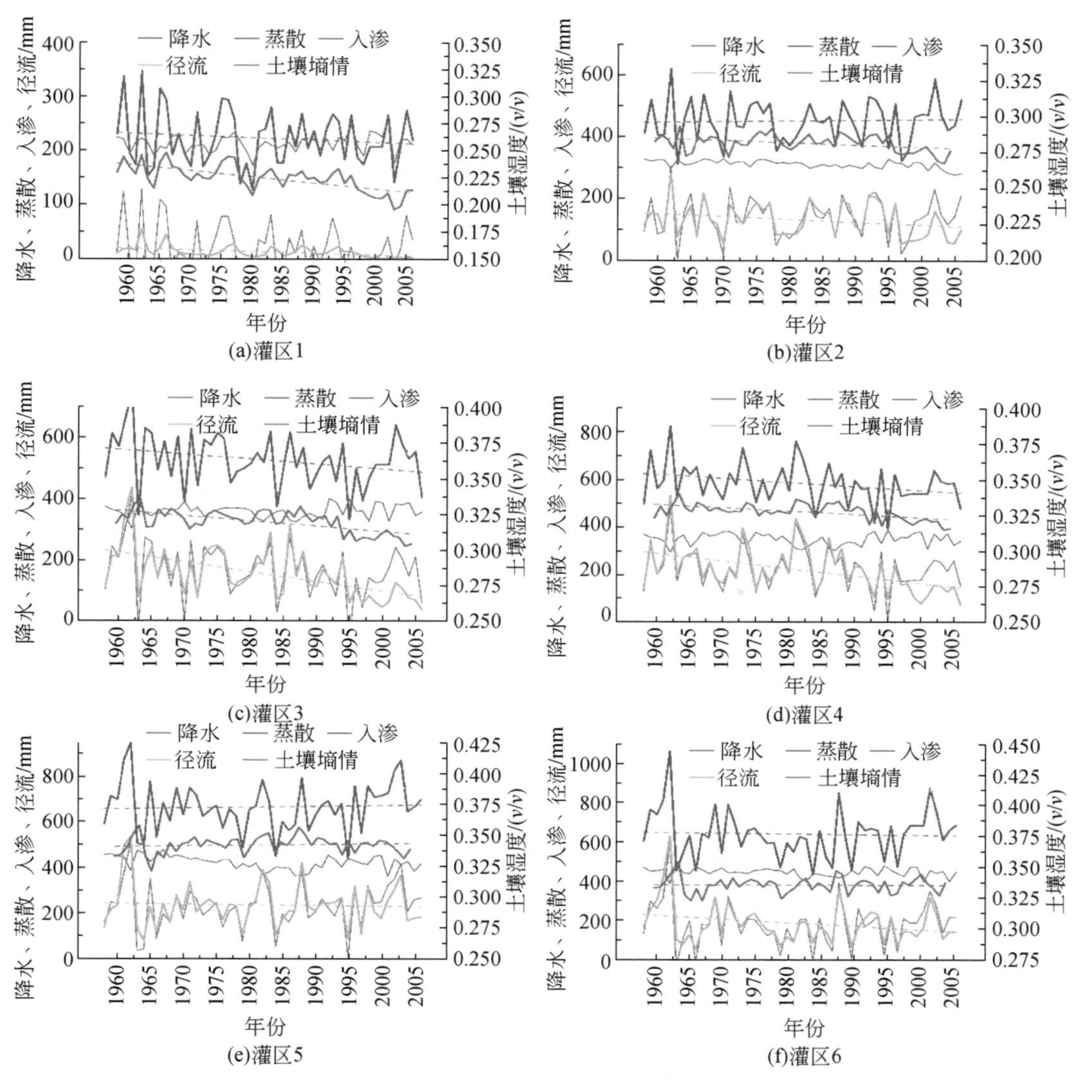

图 3-16　黄河流域主要灌区的不同水文要素的历史演变

情的变化在时间上来看比较稳定，大的波动与降水量的变化具有很好的对应关系，例如，灌区 1 的 1981 年，灌区 2、灌区 3 和灌区 4 的 20 世纪 90 年代末，灌区 5 和灌区 6 的 20 世纪 70 年代末至 80 年代初。

综上所述，黄河流域不同区域（灌区）的气候特征各不相同，水文要素（如土壤墒情）变化呈现出明显的区域差异。其中上游灌区降水变化的趋势不显著，表明在这些灌区水资源供给长期变化不大，不同年际之间的差异明显。径流和土壤墒情的变化长期趋势也不显著，但总体上呈下降的趋势。表明这些灌区可利用水资源的下降趋势较降水量的变化明显。因此水资源日趋紧张是一个潜在的问题。中游灌区是黄河流域水量需求最大的农业灌溉区。从降水量来看，下降明显，是黄河流域水资源减少最显著的灌区，从而导致了径流、土壤墒情的下降。但统计表明，灌区径流的下降最强烈，而土壤墒情下降与降水持平。这一变化趋势对中游灌区的灌溉用水造成严重的挑战。径流的减少必然导致以河道径流作为主要灌溉用水的农业区水资源紧张状况加剧。而下游灌区的降水变化不明显，甚至降水有增加的趋势，尤其是从 20 世纪 80 年代开始，土壤墒情的变化基本与降水保持一致，径流的变化长期趋势较小，但呈下降趋势，尤其是接近入海口的灌溉区。这与降水过程的变化有密切的关系，产流的减少导致灌溉农业区的水资源可利用量减少。总体上，黄河流域降水变化趋势不显著，但是径流的下降相对明显得多，土壤墒情也呈变干的趋势，灌区可利用水资源量的下降是近几十年来主导性的变化特征，进一步制约灌溉农业的发展，这对水资源管理部门进行全流域的水资源调度和协同管理提出了更高要求。

3.2 基于陆气耦合原理的干旱监测系统建立

目前，旱情的监测和评估主要依靠统计和遥感方法，而基于地球系统科学的多圈层相互作用的物理模型方法的研究和业务应用仍很薄弱，尤其在流域尺度上。研究基于气候系统理论和多圈层相互作用的机制，从大气动力学与地表过程相互作用的角度出发，建立流域尺度上陆气耦合干旱监测系统（LADS）是当前水资源管理和调配的迫切需求。

3.2.1 陆气耦合系统构建思路

黄河流域幅员广阔，地形地貌复杂，气候区域性差异大，陆表-大气相互作用的机制极为复杂多样，这使得黄河流域水文过程受到了众多要素的影响。研究黄河流域干旱的时空变化，需要从多源信息的耦合角度来进行评估和检测。因此，建立一个基于多源信息融合和耦合的干旱监测与分析系统是研究的一个有效途径，系统构架如图 3-17 所示。

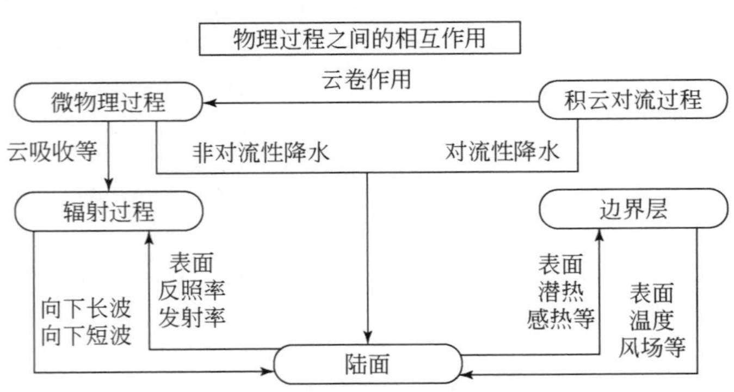

图 3-17　陆气耦合干旱监测系统（LADS）示意图

基本思路是：基于气候系统科学的理论和多圈层相互作用的原理，利用 WRF（Weather Research and Forecast）区域气候模式平台，采用多重嵌套技术，并耦合陆面模式，融合台站观测资料、全球格点再分析数据、遥感影像数据和 DEM 地形数据等多源信息，建立实时更新侧边界场和初始场，针对黄河流域的地形地貌及气候水文特点，发展适合应用的陆气耦合干旱监测系统。该系统作为干旱评估工具实现了干旱评估从统计方法向有物理机制的数学模型的转变。

3.2.2 多源信息数据比较与融合

干旱在不同的行业有不同的定义，如气象学、农业生态学和水文学的干旱存在很大的差异。因此，在干旱的检测和监测应用中，融合多源数据对干旱进行检测和监测是十分必要的。近年来，尤其是2000 年以后，随着探测技术的发展和各种卫星数据产品的应用，为干旱评估提供了越来越丰富的数据源，这为了解流域水文气候状况和旱情提供了新的有效途径。因此，在现有技术和条件的基础上。如何综合考虑大气降水、植被生态系统耐旱性、水文水循环过程，充分利用多种观测（地面、卫星等）资料进行干旱定义是一项关键技术，也是更加全面和深入了解黄河流域水资源状况的重要手段，对旱情监测和预测有着重要的意义。

建立陆气耦合的干旱监测系统涉及多种长时间序列的数据源，包括观测数据、卫星遥感数据、再分析数据及模式模拟数据，旨在通过多种数据源的对比和融合，为任务的下一步计划提供完备的数据支持，以给出更加准确的流域干旱图像。表 3-2 为本书涉及的多源数据简介。

表 3-2　本书涉及的多源数据简介

数据名称	简写	来源	时间	分辨率	分类
全球降水气候中心月平均降水 V5.0	GPCC	世界气象组织（WMO）	1901 ~ 2012 年	逐月，0.5°	监测数据
气候研究联盟高分辨率降水气温数据	CRU	英国大气数据中心（BADC）	1901 ~ 2012 年	逐月，0.5°	融合数据
全球陆地数据同化系统数据	GLDAS	美国国家航空航天局（NASA）	1948 ~ 2012 年	逐月，1°/0.25°	陆面同化数据
重力卫星全球水储量数据	GRACE (TWS)	美国国家航空航天局（NASA）和德国航空航天中心（DLR）	2003 ~ 2010 年	逐月，2°	卫星数据

其中，GPCC 为全球降水气候学中心（Global Precipitation Climatology Centre）提供的最高 0.5°水平分辨率的 1901 ~ 2012 年逐月全球降水数据；CRU 为英国东英吉利大学气候研究部（Climatic Research Unit）建立的 0.5°全球高分辨率无缺测降水气温要素数据集；GLDAS 为美国国家大气研究中心（NCAR）提供的全球 1°/0.25°陆面同化再分析数据集，中国区域有 1948 ~ 2010 年的逐月数据集。

GRACE（Gravity Recovery and Climate Experiment）数据是近年来得到广泛应用的、较为新颖的一套陆地水储量数据集。其来源于美国国家航空航天局（NASA）和德国航空航天中心（DLR）于 2002 年 3 月联合发射的 GRACE 卫星，该卫星提供了时间分辨率为约 1 个月的地球重力场时变序列，恢复地球重力场和开展气候的实验，开创了以高时空分辨率观测全球重力场的新纪元（Adam，2002；Awange et al.，2014）。根据 GRACE 时变重力场反演的地球系统质量重新分布对固体地球物理、海洋物理、气候学及大地测量等应用有重要的意义。在季节尺度上，利用 GRACE 重力场的精度足以揭示平均小于 1cm 的地表水变化。除了巨大的社会和经济效益外，这些变化对了解地球系统的物质循环（主要是水循环）和能量循环有非常重要的意义。许多研究已经表明，利用 GRACE 模型计算的全球陆地水储量变化结果与陆面水文模型的计算结果具有较好的区域一致性和季节对应性。

另外，GRACE 提供的水储量变化也可与水量平衡相结合进而诊断其他水文变量，如 Rodell 等（2004）利用重力卫星和其他观测资料来估计流域尺度蒸散发；Ellett 等（2005）利用 GRACE 重力场变化来评估大尺度陆面水文模型进而促进模型的改进和量化模型的不确定性；Syed 等（2005）利用 GRACE 和陆气水量平衡模拟评估了亚马逊和密西西比河的流域总流量。降水和蒸散发作为大气和陆地相互交换的通量，对于陆气耦合研究有着重要的作用。由于蒸散发数据难以获得，就无法准确估计大尺度 P-E 的变化。鉴于此，Swenson 和 Wahr（2006）利用 GRACE 卫星和河流流量对大尺度的 P-E 进行了估计；Niu 和 Yang（2006）利用重力卫星评估了一个改进的陆面模式；2007 年 Ramillien 等通过重力卫星 2003 年 2 月至 2006 年 2 月共 3 年的逐月数据得到全球 27 条大河流域的水储量变化信息，发现这 27 个流域的水储量变化导致了海平面以 0.19±0.06mm/a 的速度上升。如果以这个速度持续升高下去，那么水储量变化导致的海平面升高效应完全可以和海冰融化相媲美；另外，2008 年 Zaitchik 等将 GRACE 卫星的水储量数据同化到陆面过程模式中，通过与观测对比表明 Mississippi 4 个子流域的土壤水变率明显增强，模拟的水储量和流域观测流量的相关性显著提高。另外还选取了该流域 8 个更小的子流域（其控制面积远远小于 GRACE 观测的尺度）进行模拟，其中 7 个子流域模拟的水储量和实测流量的相关系数均有所提高，这也表明 GRACE 数据结合陆面过程模式在流域水文水资源研究方面有着巨大的潜力。

为了对比重力卫星 GRACE 的陆地水储量数据，以考察流域水资源的年际变化，利用上述降水和 CLM3.5 模式计算的实际蒸散发，计算出经过蒸散发的损耗之后留存在流域内的水分，得到 2003～2010 年流域水资源的逐年空间分布，并与 TWS-GRACE 数据进行对比，如图 3-18 所示。

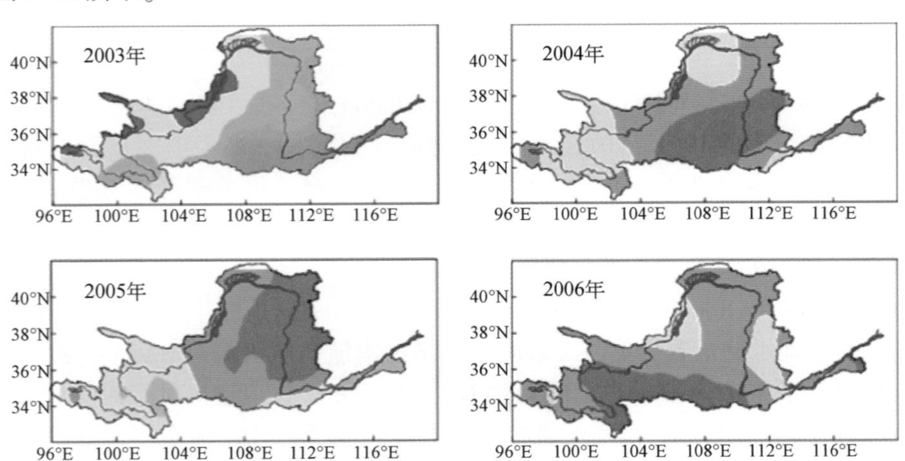

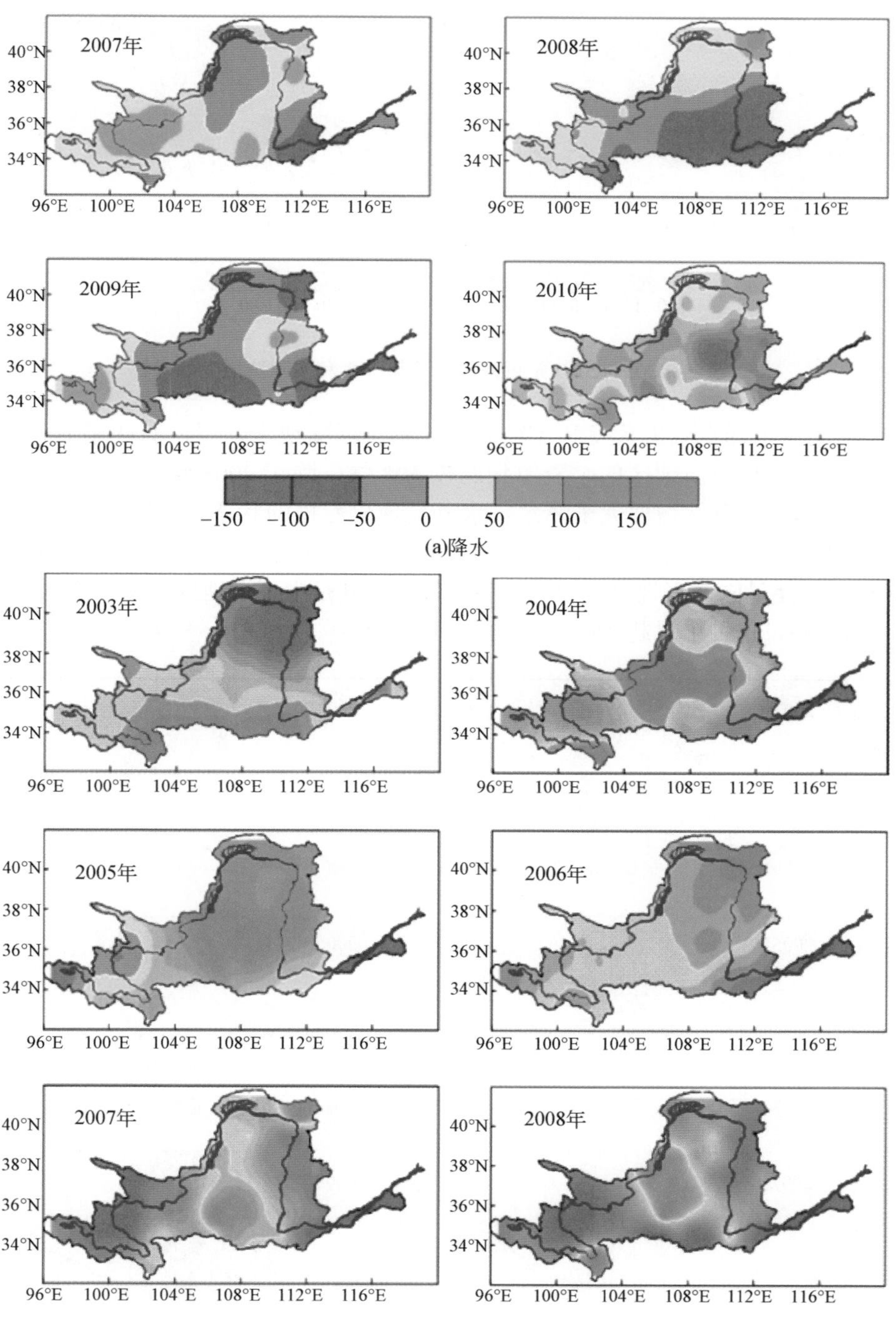
2007年
2008年
2009年
2010年
40°N
38°N
36°N
34°N
96°E
100°E
104°E
108°E
112°E
116°E
−150
−100
−50
0
50
100
150
2003年
2004年
2005年
2006年
2007年
2008年

(a)降水

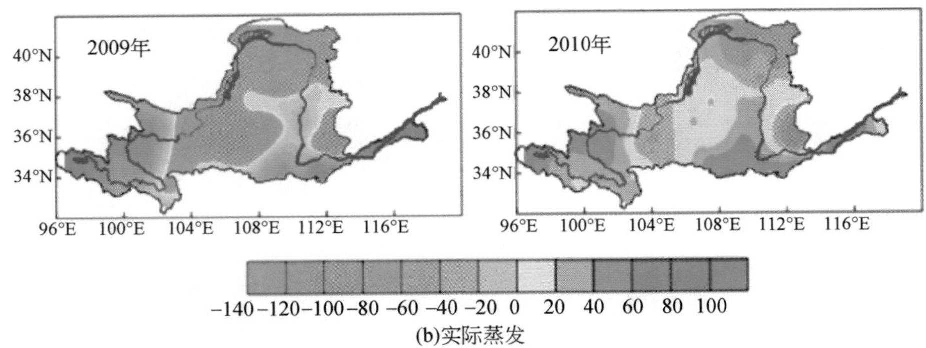

(b)实际蒸发

图 3-18　2003～2010 年黄河流域逐年降水和实际蒸散发的对比

图 3-19 给出了降水减去蒸发和 TWS-GRACE 流域陆地水储量。对比来看，近年来黄河全流域，尤其是中下游地区的水资源状况较为严峻。除了 2003 年外，其余年份流域中下游的大部分地区实际蒸散要大于降水，水分呈现出亏损的状态；与同期的 GRACE 水储量数据比较来看，尽管降水–蒸发的亏损对于水储量的影响存在一定的滞后，但 2006 年以来 GRACE 的水储量同样表现出流域的干旱趋势，尤其是中下游地区，这与降水–蒸发的结果是一致的，并且这种干旱趋势已经延续到了 2012 年。

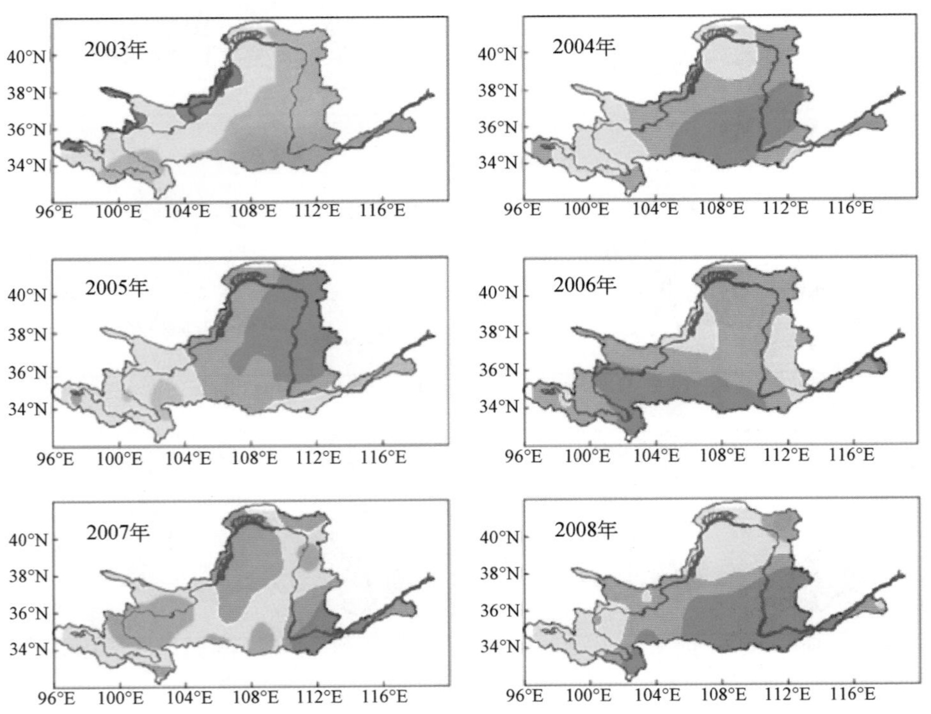

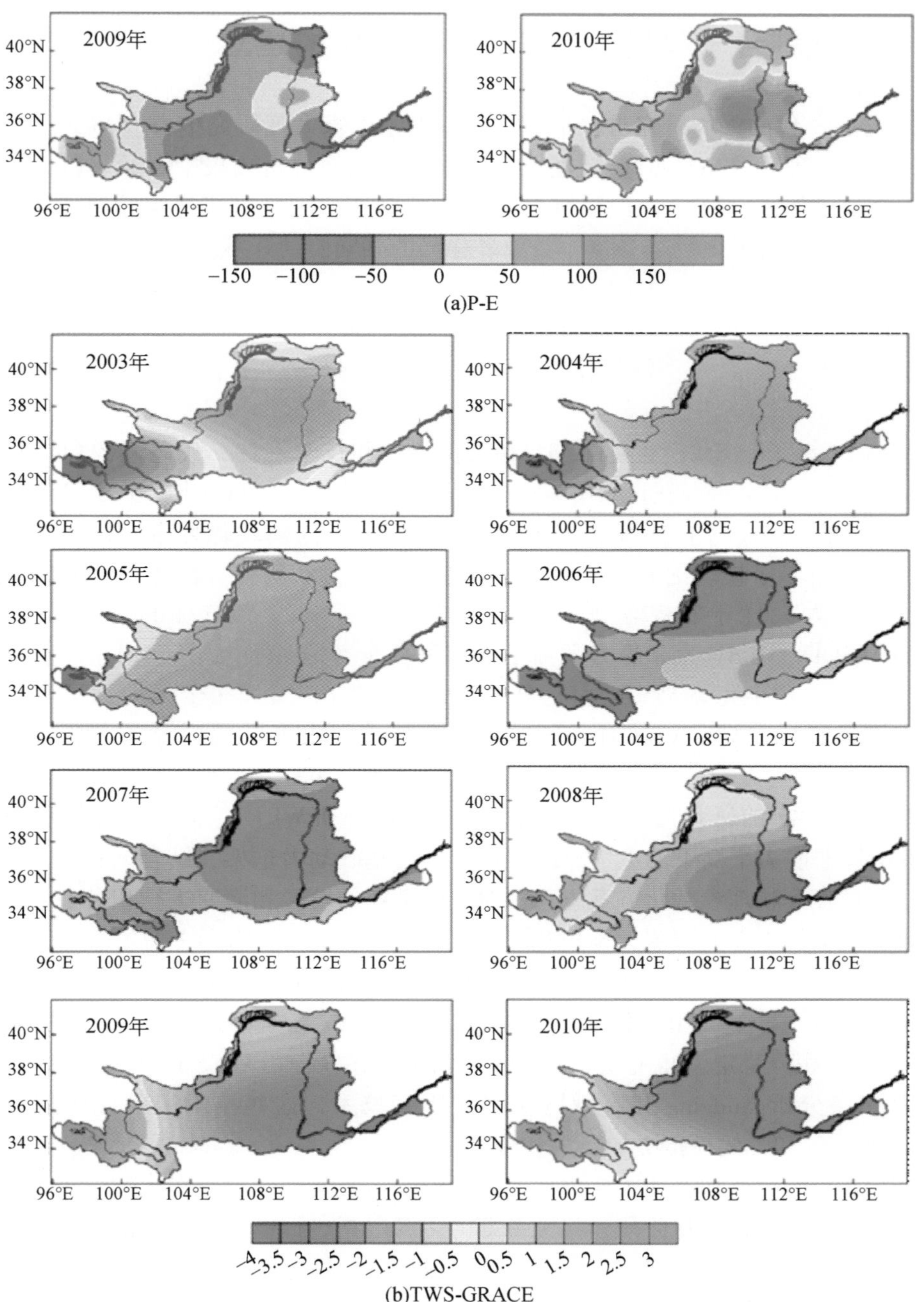

图 3-19　2003 ~ 2010 年黄河流域逐年降水去掉和实际蒸散发与 GRACE 的对比

3.2.3 陆气耦合干旱监测系统（LADS）的建立

WRF 是新一代的天气研究与预报模式，由美国国家大气研究中心（NCAR）、美国国家海洋和大气管理局（NOAA）、俄克拉荷马州大学风暴分析预报中心及预报系统实验室（FSL）4 个单位作为主导，于 1977 年联合发起的新一代天气模式开发计划。计划得到美国国家航空航天局（NASA）、美国军方及环保局的共同协助开发，推动将新的研究成果广泛运用于科研和业务，并促进不同行业研发部门的合作。最终目的是为理想化的动力学研究、全物理过程的天气、空气质量预报及区域气候模拟提供一个公用的模式框架，以便广泛应用于实时天气预报、资料同化研究、物理参数化方案研究、区域气候模拟及海气相互作用研究。

WRF 模式是一个公共模式，由 NCAR 负责维护和技术支持，代码开源免费对外公布（http：//www2. mmm. ucar. edu/wrf/users/），第一版公布于 2000 年 10 月，目前的最新版本为 V3. 7. 1。模式基于 Fortran 语言开发，采用先进的模块化程序设计，在并行计算方面表现突出。各个模块之间相互独立，便于二次开发和研究，在计算效率和耦合新模块的灵活性上大大优于宾夕法尼亚大学和 NCAR 研发的 MM5（the fifth- generation of Mesoscale Model）。WRF 为非静力平衡模式，网格分辨率设计为 1 ~ 10km，重点关注从云尺度到天气尺度等重要天气过程。自发布以来，WRF 模式在全球得到了广泛的应用和验证，许多研究表明，WRF 对于区域对流性降水和大范围的稳定降水有着较好的模拟能力。

本书选用 WRF 的研究版本 ARW（Advanced Research WRF），区别于其业务应用版本。WRF- ARW 以非静力平衡下的大气三维运动方程为基础动力框架，结合云物理、辐射、边界层和陆面过程等物理参数化方案组合，对气候系统的发展和演变进行积分运算，进而实现对气象和水文等方面的预测、预报和研究。模式方程组采用有限差分方案，分为欧拉高度坐标和欧拉质量坐标，对声波项采用时间分裂小步长时间积分方案，对非声波项则采用三阶 Runge- Kutta 技术。WRF 模式水平格点采用 Arakawa C 类格点的半隐式半拉格朗日模式，较 MM5 的积分稳定性也有提高。相对于中国气象局 GRAPES 模式目前的发展而言，WRF 支持格点分析 Nudging 和区域网格多重嵌套技术，这些技术上的优势能使得基于 WRF 的区域天气和气候模拟更加客观和合理。

WRF- ARW 的运行和处理主要包括四个阶段：①前处理阶段。将多源数据做好模式运行前的准备。②数据初始化阶段。将准备好的多源数据进行模式运行前的初始化，以达到运行的要求，具体为格点气象数据、地形数据及同化数据的提取、整合和插值等。③主模式运行阶段。WRF 模式针对大气、地表及海洋等控制方程进行同步耦合积分运算，多源数据在这一步随着模式的在线耦合运行实现数据的融合。④后处理阶段。主要为模式输出的模拟和预测结果的处理。主要流程如图 3-20 所示。

从图 3-20 的框架及上述思路可知，基于 WRF 模式的干旱监测系统的建立过程，同时是多源数据耦合的实现过程。本书涉及的多源数据，在 WRF 的数据预处理和初始化阶段

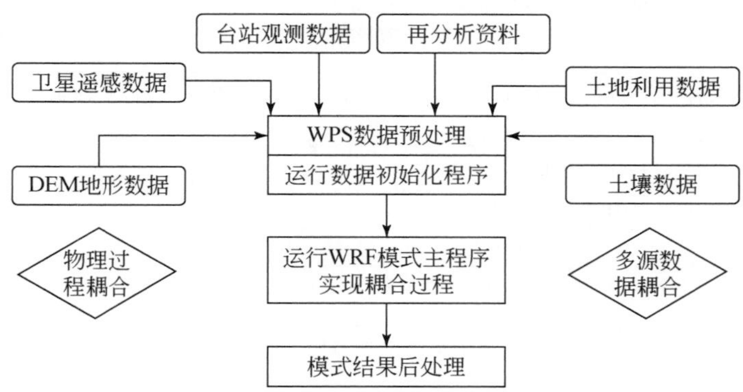

图 3-20　WRF-ARW 模式基本流程及多源数据耦合的实现流程

被整合到模式中，并在主模式的在线耦合运行中，多源数据的耦合也随着模式的积分过程得以实现。WRF 模式的主要输入输出变量如图 3-21 所示。

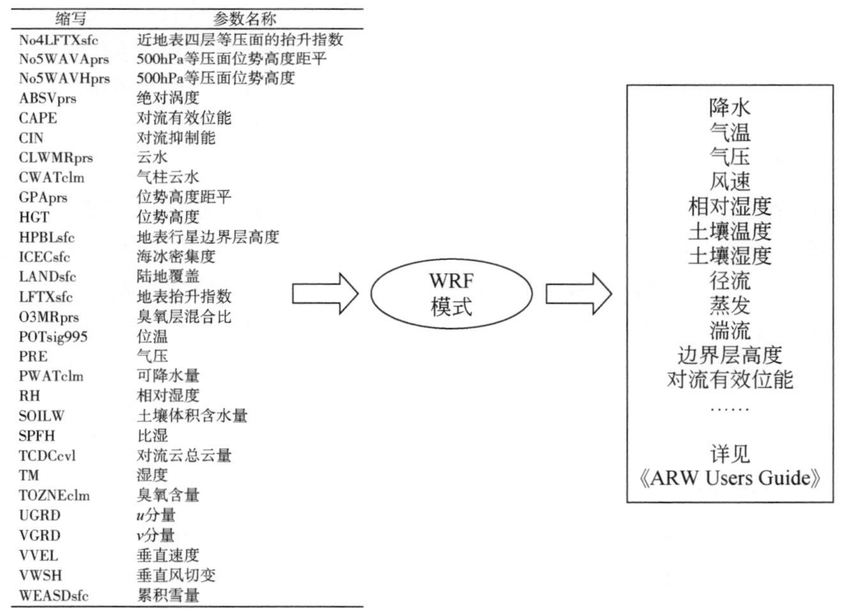

缩写	参数名称
No4LFTXsfc	近地表四层等压面的抬升指数
No5WAVAprs	500hPa等压面位势高度距平
No5WAVHprs	500hPa等压面位势高度
ABSVprs	绝对涡度
CAPE	对流有效位能
CIN	对流抑制能
CLWMRprs	云水
CWATclm	气柱云水
GPAprs	位势高度距平
HGT	位势高度
HPBLsfc	地表行星边界层高度
ICECsfc	海冰密集度
LANDsfc	陆地覆盖
LFTXsfc	地表抬升指数
O3MRprs	臭氧层混合比
POTsig995	位温
PRE	气压
PWATclm	可降水量
RH	相对湿度
SOILW	土壤体积含水量
SPFH	比湿
TCDCcvl	对流云总云量
TM	湿度
TOZNEclm	臭氧含量
UGRD	*u*分量
VGRD	*v*分量
VVEL	垂直速度
VWSH	垂直风切变
WEASDsfc	累积雪量

图 3-21　WRF 的主要输入输出列表

除了最基本的动力框架之外，WRF 包括一系列的如云中微物理、长短波辐射、边界层、陆面过程、湍流及积云对流参数化等物理过程方案，这些方案都是模拟过程中所必须考虑并进行合理选择和组合的。不同区域、不同物理方案及各类土地利用、土壤等涉及的参数各不相同，所有的参数都存放在模式专门的 *. TBL 文件中，模式初始化会根据不同选项及物理方案组合和开启状况生成相应的区域特征参数。表 3-3 列出了 WRF-ARW 中的主要物理方案（Skamarock et al.，2008）。

表 3-3 WRF-ARW 的主要物理过程方案名称列表

过程	主要物理方案列表
微物理过程	Kessler, Lin, WSM3, WSM5, WSM6, Eta (Ferrier), Goddard, Thompson, Morrison, WDM5, WDM6
长波辐射方案	RRTM, CAM, RRTMG, GFDL
短波辐射方案	Dudhia, Goddard, RRTMG, CAM, GFDL
边界层方案	YSU, MYJ, QNSE, MRF, MYNN2, ACM2, BouLac, UW, TEMF
陆面过程	Slab, Noah LSM, RUC, Pleim-Xiu, Noah-MP, CLM, SSiB
积云对流方案	Kain-Fritsch, Betts-Miller-Janjic, Grell-Devenyi, Grell-3, New-SAS, Zhang-McFarlane, Tiedtke

在 WRF 的物理方案中，与流域水循环和土壤墒情联系最紧密的为陆面过程方案，也是实现多源数据耦合的重要环节之一。在大气与陆地下垫面的界面上，由于大气环流的驱动及太阳辐射强迫，界面的上下两侧不断地发生着动量、能量和物质的交换过程。20 多年来，陆面过程模式与大气环流模式相耦合进行了大量的敏感性试验，其中研究最多的是地表反照率、土壤墒情、地表粗糙度和植被的气孔阻抗等，结果表明气候系统对陆地下垫面是十分敏感的。陆地表面是由结构多样、性质复杂、分布极不均匀的下垫面所组成，是大气下边界中一个重要的部分。陆面与大气及其他圈层之间进行的各种时空尺度的相互作用，以及动量、能量、水汽等物理量的交换和辐射传输对于大气环流及气候状况产生极大的影响（牛国跃等，1997）。陆面作为气候系统的一个非常重要的分支，近几十年受到高度关注，并陆续发展了许多描述陆面与大气之间动量、热量、水汽及其他一些微量气体交换的陆面物理、地球生物化学的参数化方案（简称陆面方案）。后面研究中用到的 Noah 陆面方案是基于俄勒冈州立大学的 OSU 陆面模式发展而来，考虑了植被影响、土壤温度和湿度、积雪等下垫面情况，并描述了与此相关的能量及水分收支过程。2012 年以后，包含多物理参数化过程的 Noah-MP 陆面模式被整合到 WRF 模式中，该方案包含诸多物理参数化过程，如动态植被方案、地表径流和地下水方案等。该模式在辐射传输、地表及雪盖反射率、地表能量交换方面都做了不少修改和改进，同时涉及更多的变量和数据，能更好、更有效地耦合多源数据信息，提高模拟与预测效果。

作为当今的主流区域气候模式之一，WRF 的运行平台为 Linux/Unix，近年来由于软件技术的发展，其数据预处理和初始化得以在 Windows 单机上通过 WRF Domian Wizard 远程操作实现，其操作界面如图 3-22 和图 3-23 所示。

3.2.4 黄河流域历史气候多时空尺度的模拟评估

基于大气降水-土壤墒情多源信息耦合的 WRF 区域模式平台，在全国范围内进行在线耦合模拟研究，考察模式对黄河流域风场、径流深、土壤墒情等重要因子的模拟结果，并针对黄河流域设计区域嵌套试验，初步评估耦合模式在黄河流域的适用性。以期为在更高时空分辨率上针对灌区的耦合模拟研究和干旱监测系统验证提供参考和依据。本部分数值试验的模拟方案见表 3-4。

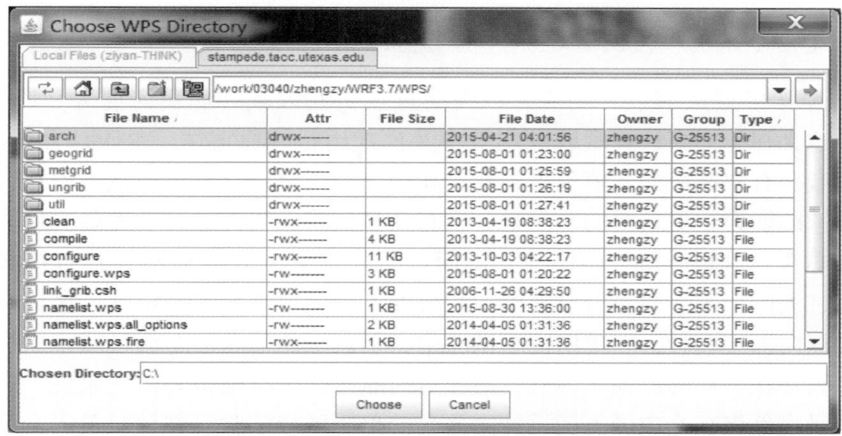

图 3-22　WRF 数据预处理操作界面

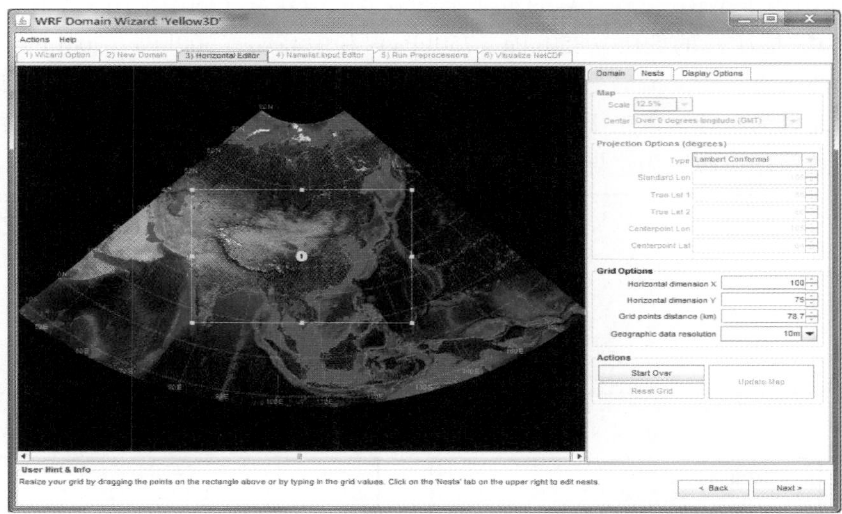

图 3-23　WRF 数据初始化操作界面

表 3-4　模式试验和物理方案

模式方案选择	
垂直层数（层顶）	31（50 hPa）
水平分辨率	30km
积分时间	1979～2010 年
积分步长	180s
对流参数化方案	Kain-Fritsch（new Eta）
微物理过程	Lin scheme
大气边界层	ACM2 scheme
短/长波辐射方案	CAM scheme
陆面过程方案	NOAH LSM

3.2.4.1 单层区域模拟实验

WRF 提供了多层区域嵌套功能，以提高重点研究区域（如黄河灌区）时空分辨率。多重嵌套的意义在于提高计算资源利用效率及模式运行的稳定性。由于计算资源的限制，目前仍需要嵌套有限区域的数值预报模式以在局部实现更高分辨率的数值模拟，并提高模式预报和模拟的能力；更重要的一点是，已有众多试验表明在进行动力降尺度时，从模式驱动场（全球模式和再分析资料结果，不同产品分辨率在 1°～5°不等）直接降尺度至高分辨率时，过大的分辨率差异会导致模拟积分的不稳定，增加不确定性。区域嵌套又分为单向嵌套和双向嵌套两种，在单向嵌套试验中，子区域的信息不对大区域产生反馈，而在双向嵌套中则存在这样的反馈。因此，对于黄河灌区的干旱模拟和监测来说，嵌套的应用非常重要。研究首先在全中国范围设计无嵌套的单层区域试验，并针对黄河全流域进行分析，初步检验干旱监测系统在流域尺度上的表现。

图 3-24 给出了 WRF 模式计算的黄河流域多年平均夏季（图中采用 JJA 标注）和冬季（图中采用 DJF 标注）的低层（850hPa、750hPa）和中高层（500hPa、200hPa）风场。从大气环流形势来看，黄河流域低空夏季以东南风为主导，可为流域从海上带来暖湿空气；冬季则以西北风为主导，带来干冷的空气。其中高层受中纬西风带的控制，夏季和冬季的风场表现一致，均以西风为主导。

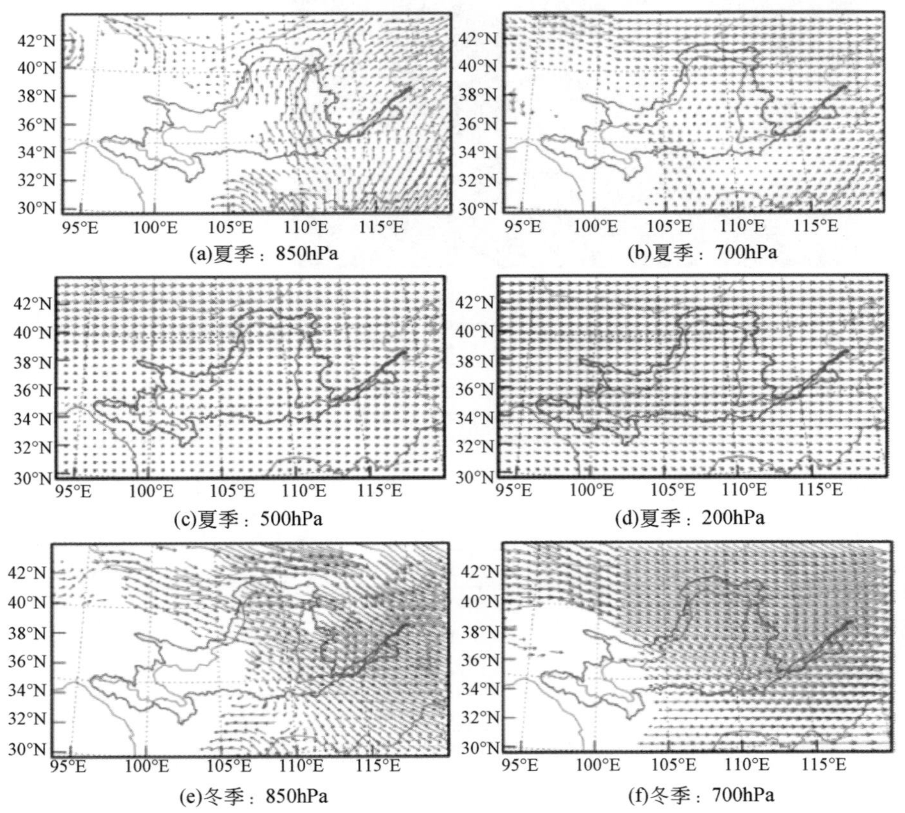

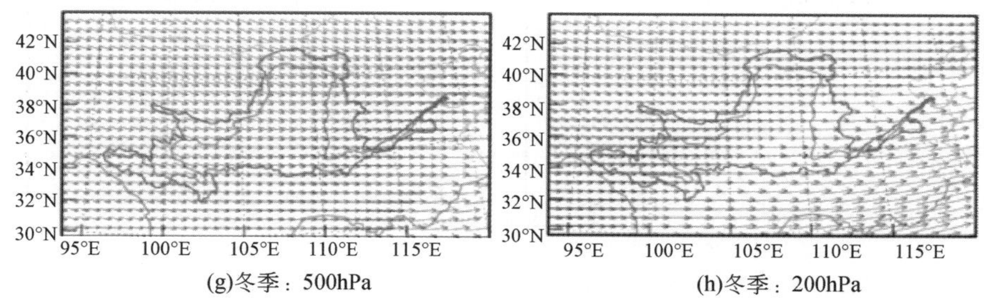

图 3-24　黄河流域夏季和冬季的低空风场（单位：m/s）

图 3-25 为 WRF 模拟的 1979～2010 年黄河流域夏季多年平均径流深及其变化趋势。从图中可以看出，黄河的主要产流区位于兰州上游的黄河源区，并且在近 30 年中，黄河源区的产流量有增加的趋势；而上游的宁蒙灌区在自然状态下本身是属于产流相对较小的地区，结合该地区的灌溉和生活需水量，是黄河上游水资源调配重点关注的地区。而在黄河中游耗水区，尽管产流也呈增加趋势，但其增加速度显得比较缓慢。

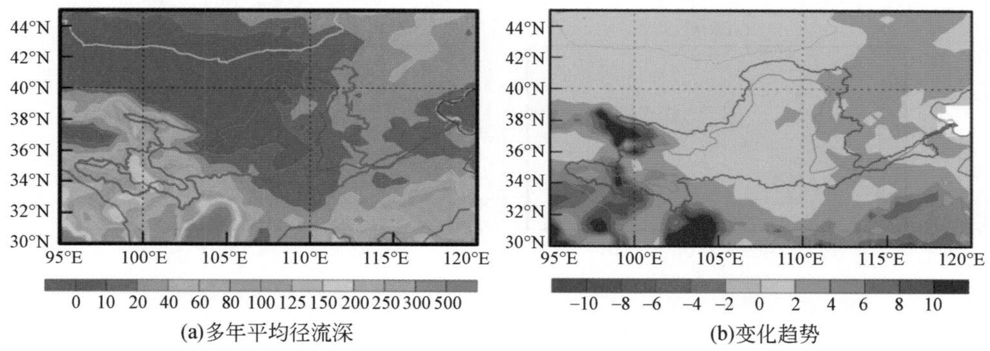

图 3-25　黄河流域夏季多年平均径流深及其变化趋势（单位：mm/d）

土壤墒情是流域水文过程的另一个重要因子，对土壤的干湿、植被的生长、产流过程和机制的控制以及农业生产和区域气候有着重要的影响和反馈作用，也是从农业的角度考察干旱的最重要指标，尤其是灌溉区。图 3-26～图 3-29 给出了 WRF 模式中 NOAH LSM 陆面过程模式计算的 0.1m、0.4m、1m 和 2m 深度土壤层的多年平均土壤含水量。从图中可以看出，黄河流域土壤较湿的区域主要集中在上游和黄河源区部分，在 0.1m 的浅层，以夏秋季节土壤墒情较大；随着土壤变深，土壤墒情量值变大，并且季节性的差异也随之减小，年内变化不明显。

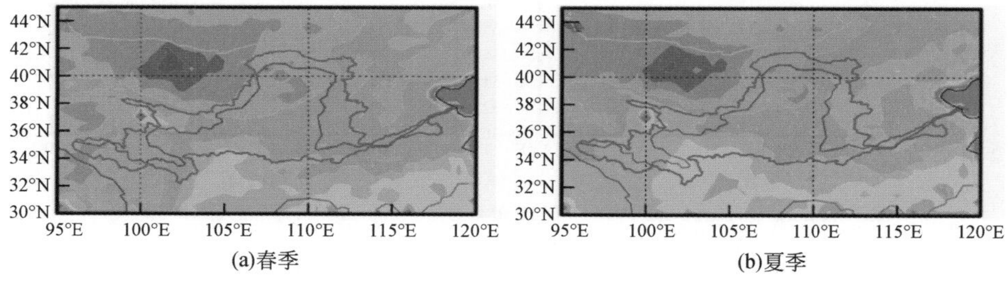

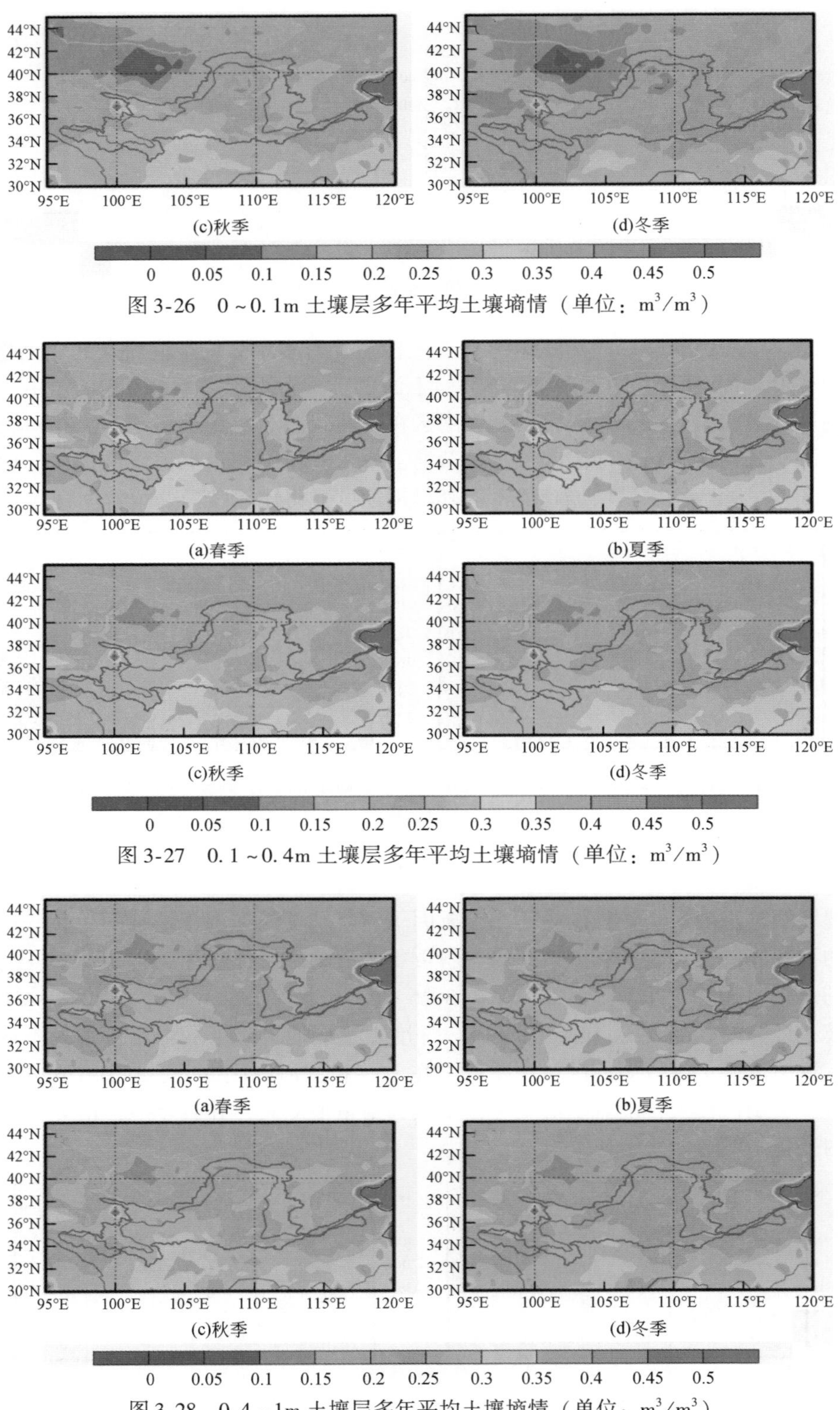

图 3-26　0～0.1m 土壤层多年平均土壤墒情（单位：m^3/m^3）

图 3-27　0.1～0.4m 土壤层多年平均土壤墒情（单位：m^3/m^3）

图 3-28　0.4～1m 土壤层多年平均土壤墒情（单位：m^3/m^3）

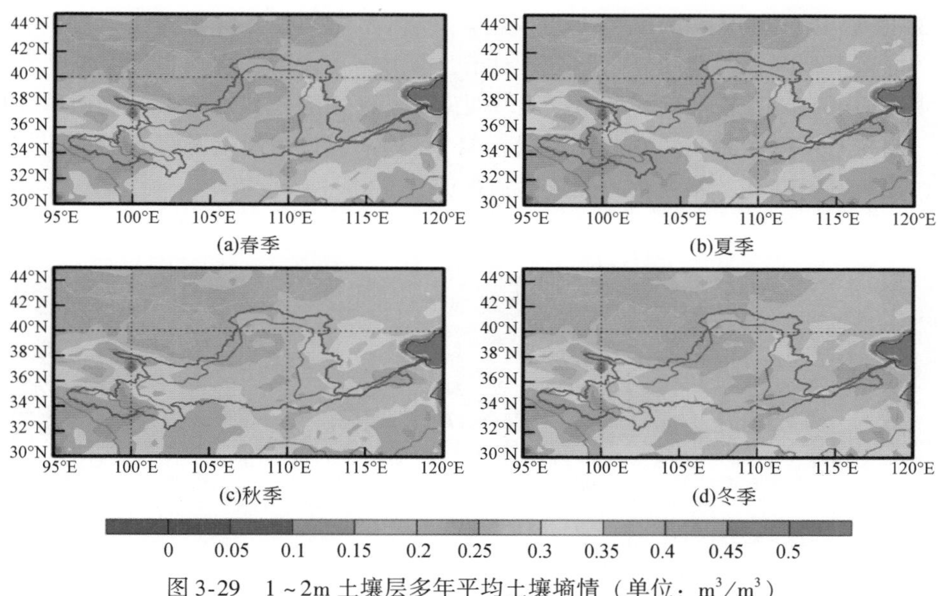

图 3-29 1～2m 土壤层多年平均土壤墒情（单位：m^3/m^3）

由于在 Noah LSM 中土壤 1m 以上（3 层）设定为根区，在植被根系的吸收作用下，0～1m 土壤层范围内，各层次的土壤含水量的大小及其空间分布差异不大。而到了 1～2m 的土壤下层，流域土壤墒情显著变大，尤其是黄河源的大部分地区均超过了 0.4m^3/m^3。而上游的宁蒙灌区和中游灌区的渭河平原，则是属于气候平均态上土壤墒情较小的区域。

3.2.4.2 双层区域嵌套模拟实验

本节采用更加先进的双层区域嵌套方法，在上面部分 30km 模拟气候形态基本准确的基础上，在里面嵌套一层 10km 专门针对黄河流域的区域，以得到流域尺度上更高时空分辨率的结果。模拟时间选为 2005 年 12 月 1 日 00：00～2010 年 12 月 31 日 18：00（世界时间），其中 2005 年 12 月 1 日 00：00～31 日 18：00 为模式预热的 spin-up 时间，2006 年 1 月 1 日 00：00～2010 年 12 月 31 日 18：00 为分析时间段，模式结果截取每年 4～10 月的汛期，物理方案选择见表 3-5。由于在季节内，降水的变化基本决定了土壤墒情的大小，降水基本能代表流域和灌区的干旱情况，因此，本节对模式模拟的干旱以降水变化为指标来评判。

表 3-5 WRF 嵌套实验物理方案选择

微物理方案	WDM 6-classgraupel
长波方案	RRTM
短波方案	Dudhia scheme
积云参数化	New Grell
边界层	YSU
陆面过程	Noah LSM

图 3-30 给出了 2005 ~2010 年汛期的模拟平均降水量与观测降水对比。可以看出，模式能够较好地模拟降水的空间分布形态，对于黄河源区东南部、河西走廊、渭河及汾河平原的降水高值区有着比较准确的刻画。流域西南部地区由于模式对地形较为敏感，模拟降水偏高。而从月尺度的时间演变来看（图 3-31），模式对流域尺度月降水的模拟有着较好的表现，模拟峰值略高，两者相关系数达到 0.95。

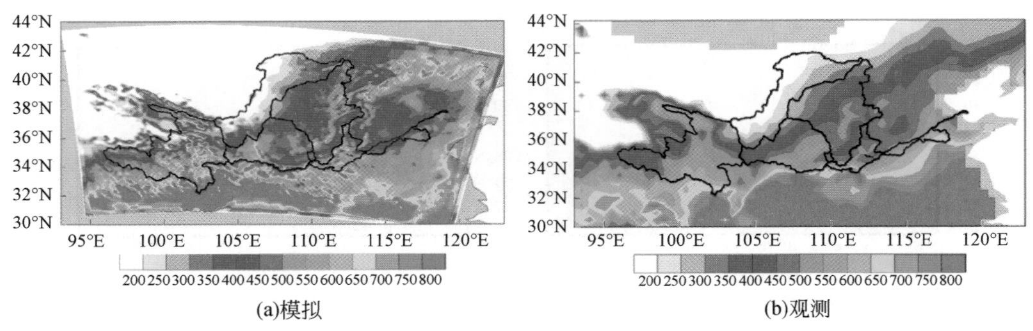

图 3-30 WRF 模拟与观测的汛期降水空间分布（单位：mm）

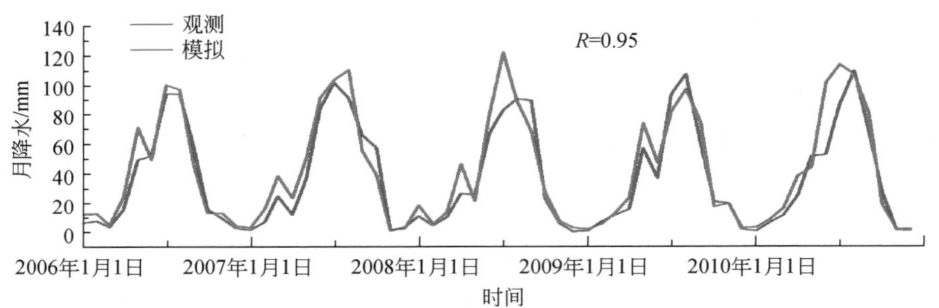

图 3-31 WRF 模拟与观测的黄河流域平均月降水

进一步研究两个典型区域——兰州以上的黄河源区及泾洛渭河的降水模拟效果，结果如图 3-32 所示。从结果来看，WRF 模式对于黄河子流域尺度上的降水时间变化刻画依然能够达到较好的水平，模拟与观测的相关系数分别高达 0.96 和 0.84。

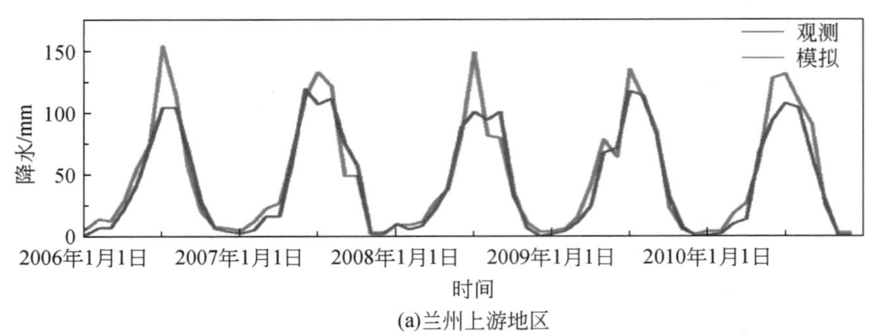

(a)兰州上游地区

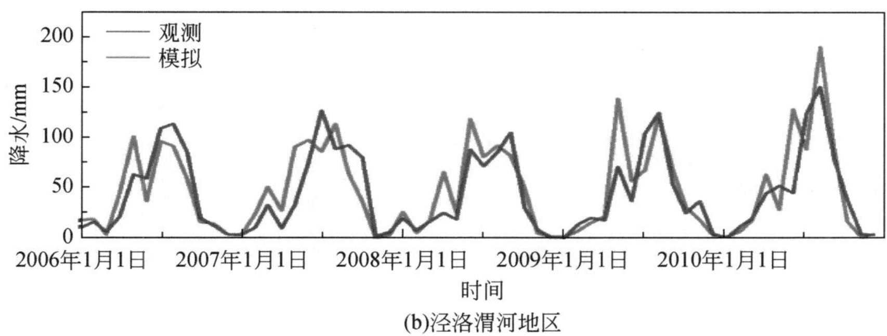

(b)泾洛渭河地区

图 3-32 黄河子流域降水模拟观测对比

图 3-33 给出了 WRF 模拟的流域径流深与 GRDC（Global Runoff Data Center）径流深资料的对比。从结果可见，WRF 基本能够刻画出流域径流深的空间分布形态特征，黄河源区是流域最主要的产流区，受降水模拟的影响，源区径流深对于地形还是表现得比较敏感。

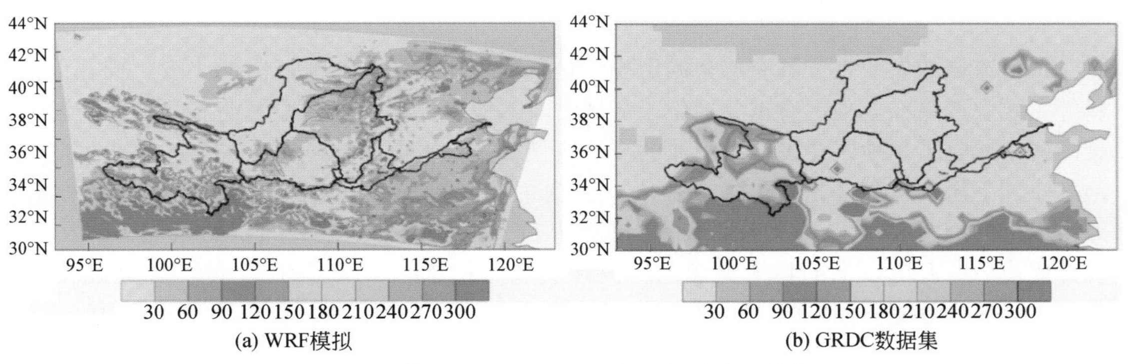

(a) WRF模拟 (b) GRDC数据集

图 3-33 WRF 模拟及 GRDC 的径流深空间分布（单位：mm）

最后给出的是各层土壤墒情的模拟结果（图 3-34）。与土壤墒情数据集和同化再分析资料（CPC、GLDAS 等）对比表明，WRF 模式在黄河流域及子流域尺度上的土壤墒情空间分布基本合理。在上中下游灌区所在区域，根层（100cm 以上）土壤墒情在自然状态下都显得相对较小，与实际情况一致，印证了模式对于土壤墒情监测的合理性。

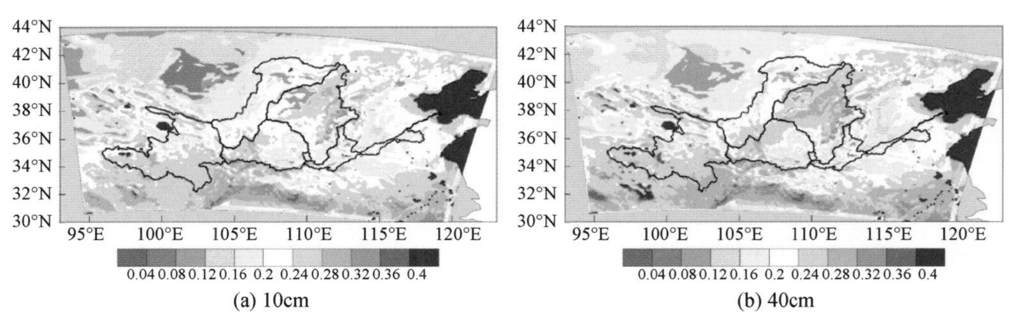

(a) 10cm (b) 40cm

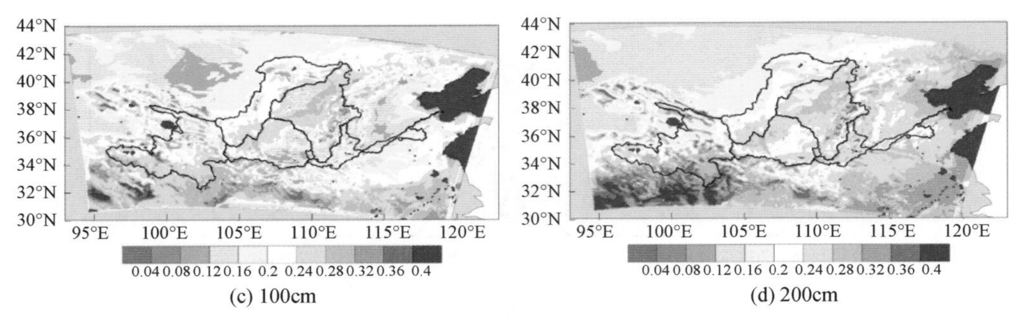

图 3-34　WRF 模拟的黄河流域各层土壤墒情（单位：m^3/m^3）

3.3　灌区旱情监测示范

3.3.1　研究区概况

黄河流域的农业生产具有悠久的历史，是我国农业发源地，流域内的小麦、棉花、油料等主要农产品在全国占有重要地位。流域农业基地主要集中在平原及河谷盆地，上游宁蒙河套平原是干旱地区建设绿洲农业的成功典型，中游汾渭盆地是我国主要的农业生产基地之一，下游引黄灌区是黄淮海平原国家粮食主产区的重要组成部分。现有设计规模 10 万亩以上的灌区 87 处，有效灌溉面积 4223 万亩，占流域有效灌溉面积的 49.4%；16 处设计规模 100 万亩以上的特大型灌区，设计灌溉面积 3629 万亩，有效灌溉面积 2808 万亩，占流域有效灌溉面积的 32.8%。黄河流域及下游引黄灌区粮食总产量约 6685 万 t，占全国粮食总产量的 13.4%。

黄河流域的气候条件与水资源状况决定了农业发展在很大程度上依赖于灌溉，而大中型灌区是农业生产的支柱。选取黄河上游的青铜峡灌区、河套灌区，中游的汾河灌区、渭河灌区，下游的引黄灌区为研究区域。主要灌区及其特征指标见表 3-6。

表 3-6　黄河流域主要灌区及其特征指标

灌区名称	灌区位置	有效灌溉面积/hm^2	降水站数/个	蒸发站数/个	年均降水量/mm	年均蒸发量/mm	地下水埋深/m
青铜峡灌区	黄河下河沿至石嘴山河段	44.1	12	8	196.0	900.7	0.5～3.0
河套灌区	黄河石嘴山至河口镇河段	55.9	15	10	200.2	1257.5	0.63～2.68
汾河灌区	汾河流域山西中部太原盆地	44.2	18	9	491.5	899.4	1.0～30.0
渭河灌区	渭河流域陕西关中平原	83.5	19	12	543.8	1144.5	5.0～20.0
下游引黄灌区	黄河花园口以下河南、山东	220.0	24	15	672.7	886.9	0.5～5.0

黄河流域降水量区域差异大、蒸发量大，历史上就是旱灾最严重的地区之一。近年来，黄河流域局部性、区域性的干旱灾害连年发生，农业生产受到严重影响，造成巨大的损失。黄河流域属资源型缺水地区，干旱年水资源供需矛盾尤为突出，灌区用水受到限制。因此，开展主要灌区的监测和早期预报研究，对于合理组织抗旱水源具有重要意义。

据统计，1956～2010年的55年间黄河流域五大灌区共发生干旱86次，其中特旱发生11次，如1965年、1966年、2005年、2009年和2010年发生的特大干旱。从各灌区干旱发生情况来看，青铜峡灌区发生干旱18次，20世纪80年代旱情最为严重；河套灌区发生干旱21次，20世纪80年代旱情最为严重；渭河灌区发生干旱20次，2000年以来旱情最为严重；汾河灌区发生干旱17次，20世纪90年代旱情最为严重；下游引黄灌区干旱发生10次，20世纪50～60年代、80年代旱情相对较重。

3.3.2 旱情监测示范方案

当前，全球气候变暖及人类活动加剧导致诸如热浪、洪水及干旱的极端气候事件发生频率不断增大，灾害造成的损失也越来越严重。2014年黄河中下游地区遭受了63年以来最严重的干旱，多地发生断流、作物绝收及水井见底的现象，7月河南全省降水仅有90.2mm，为1951年以来的最小值，主汛期降水较历史同期减少60%，较2013年减少了44%。而在山东地区，由于入夏以来降水持续偏少，降水量较历史同期减少将近一半，加上持续高温的强蒸散作用，使得农田土壤失墒非常严重，50万人饮水发生困难，近300万人受到了旱灾的影响。在防旱抗旱的过程中，合理的水资源调配和灌溉至关重要，而准确的旱情监测预报则是这些措施开展的前提和依据。从以上研究可以看出，WRF模式对流域区域气候模拟有着较好的效果。本节将利用基于大气-陆面水文耦合模式的干旱监测系统，在更高的时空分辨率基础上，针对黄河灌区2014年旱情进行监测与预报，并结合实际资料评估预测结果。

本节利用已建立的干旱监测系统LACDS，针对2014年夏季黄河流域及华北地区的干旱事件进行模拟预测，检验系统的效果。在实验验证的基础上，示范方案的整个试验设计为3层区域嵌套，以提高重点关注的灌区模拟分辨率。从外层（d01）至内层（d03）分辨率依次为27km、9km和3km，其中内层区域d03包含了黄河主要灌溉区。试验模拟方案选择见表3-7。

表3-7 WRF模式方案选取

垂直层数（层顶）	31（50hPa）
水平分辨率	27km-9km-3km
积分时间	2014年5月21日0：00～8月31日18：00
积分步长	60s
对流参数化方案	Kain-Fritsch（new Eta）
微物理过程	Lin scheme
大气边界层	ACM2 scheme
短/长波辐射方案	CAM scheme
陆面过程方案	NOAH LSM

系统模式的积分时间自2014年5月21日至8月31日。其中6月、7月、8月夏季3个月为旱情发生的时间段，也是示范案例的分析时段。5月21日至5月31日为系统模式的预热时间，使得模式中的水分在各个环节中达到充分平衡。模式所使用的气温和降水数据来自于中国气象数据网（http://data.cma.cn/）的753个基准站的逐日气温和降水。土壤墒情观测数据来自于全国1900多个土壤墒情监测站的逐小时土壤湿度检测结果，分别处理成逐日和逐月资料以便对比。其中黄河流域有近400个土壤墒情监测站，多分布于中下游地区，这为我们在高时空分辨率上考察灌区土壤墒情提供了翔实的验证资料。

3.3.3 监测示范效果

图3-35为2014年黄河流域及灌区的夏季降水分布的模拟值和观测结果。在整个2014年夏季，黄河流域上中下游灌区大部及下游山东地区总降水不足150mm，其中上游河套灌区和下游河南省部分地区降水不足50mm，呈现出极严重的气象干旱。观测降水格局与模拟基本一致，华北地区也呈现出一个降水偏少区。尽管较模拟结果，观测降水显得偏多，但与历史气候态（1991～2010年）夏季降水相比，2014年夏季观测降水同样呈现出显著的偏少，在黄河流域的中下游灌区及山东、河南地区这种干旱尤为显著。从径流分布图中可见，在如此严重的干旱形势下，除陕西北部之外，流域大部分地区产流仅能达到30mm，上中下游的灌区内产流在10mm以下，几乎没有可以产生径流的水分。

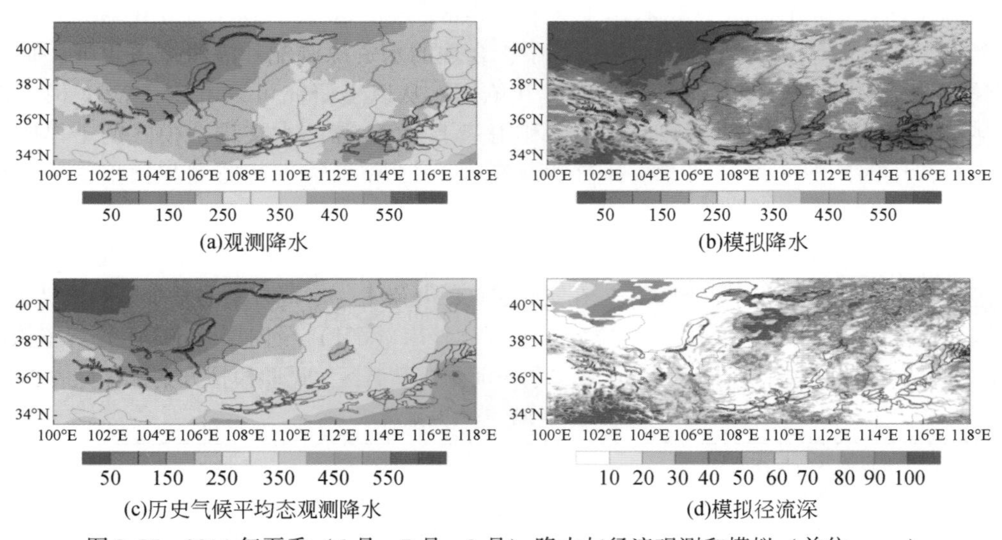

图3-35 2014年夏季（6月、7月、8月）降水与径流观测和模拟（单位：mm）

除了降水之外，高温带来的强蒸散往往是加剧干旱的另一重要因素。那么，在此次历史罕见的干旱中，气温是否也起到了很大的作用呢？从图3-36可见，模式模拟的2014年夏季气温分布与观测结果相当一致，尤其是对区域东南部高温区的刻画非常准确，尽管中下游灌区在模拟与观测结果中都处于高温区，但较历史同期相比，2014年华北夏季的气温并没有显著偏高的态势。在陕西省中南部地区，其气温甚至较历史同期存在略微的偏低。从实际地表蒸散发模拟结果来看，上游灌区由于气温相对较低，蒸散发较弱；而中下游灌区在实际地处高温区的同时，蒸散发却地处明显的低值中心，这表明由于水分的缺乏，高温并不能使得中下游灌区的实际蒸发增大。因此，从温度和蒸散发的模拟可以看出，本次干旱的主要成因是降水较历史同期严重偏少，气温较历史同期并无显著的偏高，而蒸散发对灌区干旱的加剧也非常有限。

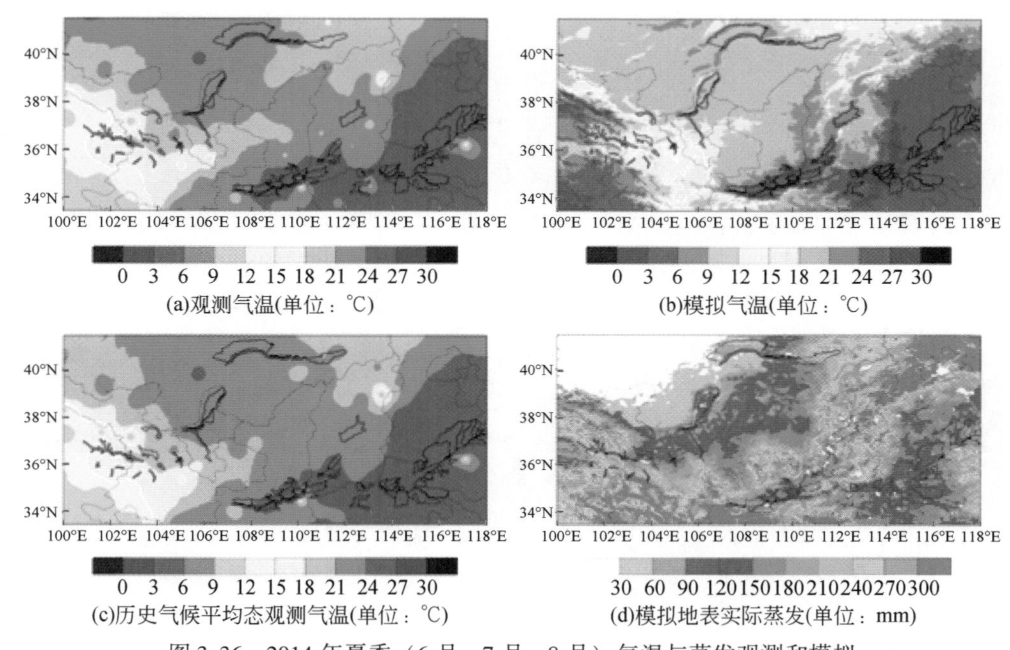

(a)观测气温(单位：℃)

(b)模拟气温(单位：℃)

(c)历史气候平均态观测气温(单位：℃)

(d)模拟地表实际蒸发(单位：mm)

图 3-36　2014 年夏季（6 月、7 月、8 月）气温与蒸发观测和模拟

图 3-37 给出了 2014 年夏季站点插值和模式模拟的不同深度土壤墒情。由于干旱期间大面积灌溉的客观存在，导致土壤墒情的模拟与观测存在一定的差异。在 10cm 的深度上，由于前期干旱导致的土壤湿度偏小，土壤下渗速度加快，因此在实际存在灌溉的情况下，10cm 土壤层由于下渗速度较快，除下游灌区外，依然呈现出比较干的土层，这与模式模拟的结果较为一致。而在 WRF 模式中由于没有考虑灌溉，缺乏水分的补充，因此 10cm 土层整个夏季主要灌区均表现出极其干旱的状态。而到 40cm 土壤层，上游灌区的观测土壤湿度已经较模拟变得湿润。而在 100cm 的深度上，由于灌溉的作用，灌区的绝大部分土层的湿度均已超过 $0.2m^3/m^3$。从模拟预报结果来看，在旱情发生的夏季，灌区土壤的湿度大部分低于 $0.12m^3/m^3$，也就是说，如果没有灌溉，整个夏季灌区土壤将维持在一个相当低的水平。从预报预警的角度来说，以 WRF 模式为平台旱情监测系统针对 2014 年旱情，及时给出了气象干旱和农业干旱的预警信息。

为了进一步考察该监测系统在灌区对干旱及土壤墒情的预测表现，我们把位于黄河灌区的模式格点取出，对应位于灌区内的土壤墒情监测站，考察 2014 年夏季各层土壤湿度的逐日时间变化。上游灌区共有 41 个站点，中游灌区共 60 个站点，而下游灌区有 88 个站点，灌区分布和站点的位置分布如图 3-38 所示。

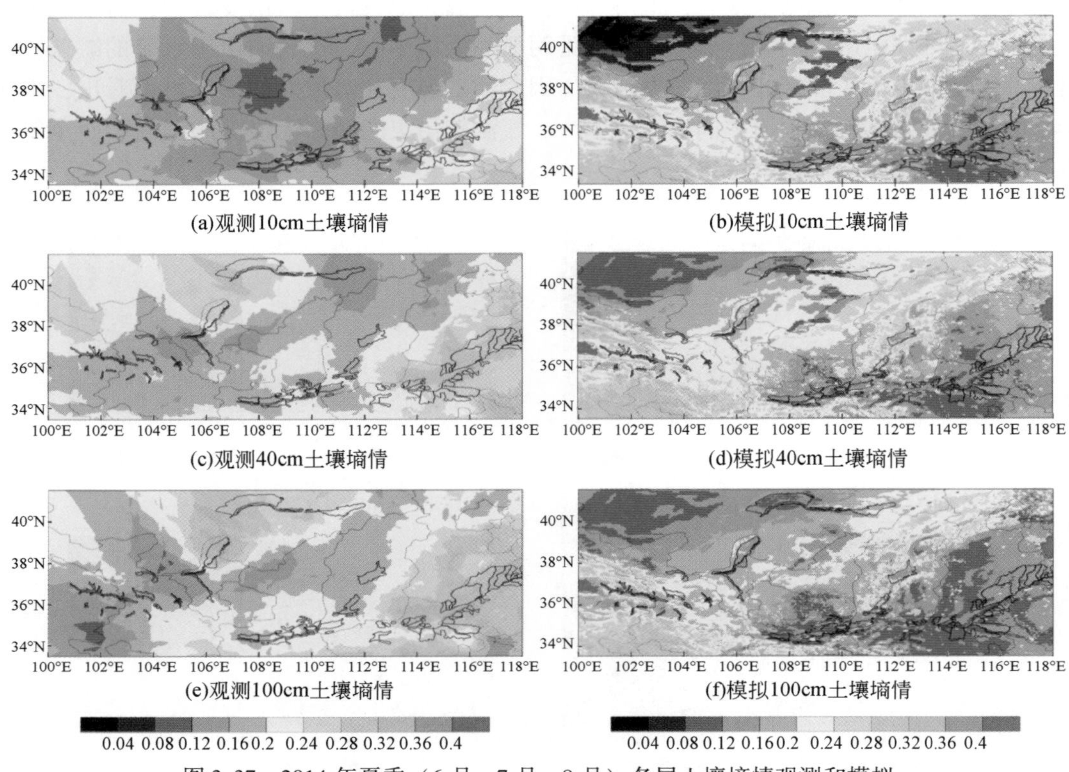

图 3-37　2014 年夏季（6 月、7 月、8 月）各层土壤墒情观测和模拟

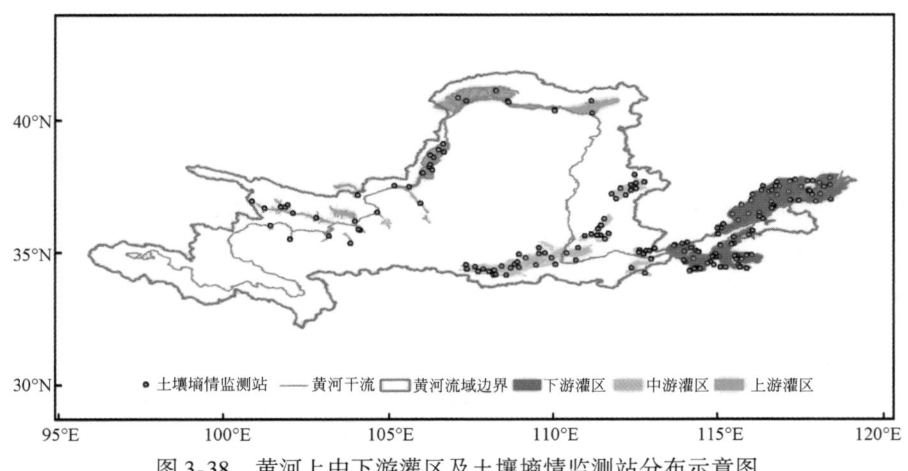

图 3-38　黄河上中下游灌区及土壤墒情监测站分布示意图

图 3-39 给出了 2014 年夏季根层（10cm、40cm 和 100cm）的逐日土壤湿度模拟和观测序列。从图中可见，在上中游灌区的表层，WRF 模拟的土壤湿度量值和变化与观测基

本一致，两者存在明显的正相关，各个峰值对应得较好，而在 100cm 的深层，模拟土壤湿度和观测有较大的差异，这种差异主要体现在观测土壤湿度的季节内变化小而模拟值的波动较大，模拟土壤湿度的峰值出现较观测来得早，这主要是因为观测土壤湿度中有着灌溉信息，灌溉会减缓降水水分下渗的速度，推迟了深层土壤湿度峰值的出现。随着时间的推移，由于模拟过程中偏少的降水以及现实观测中灌溉的补给，两者在量值上的差异有变大的趋势。

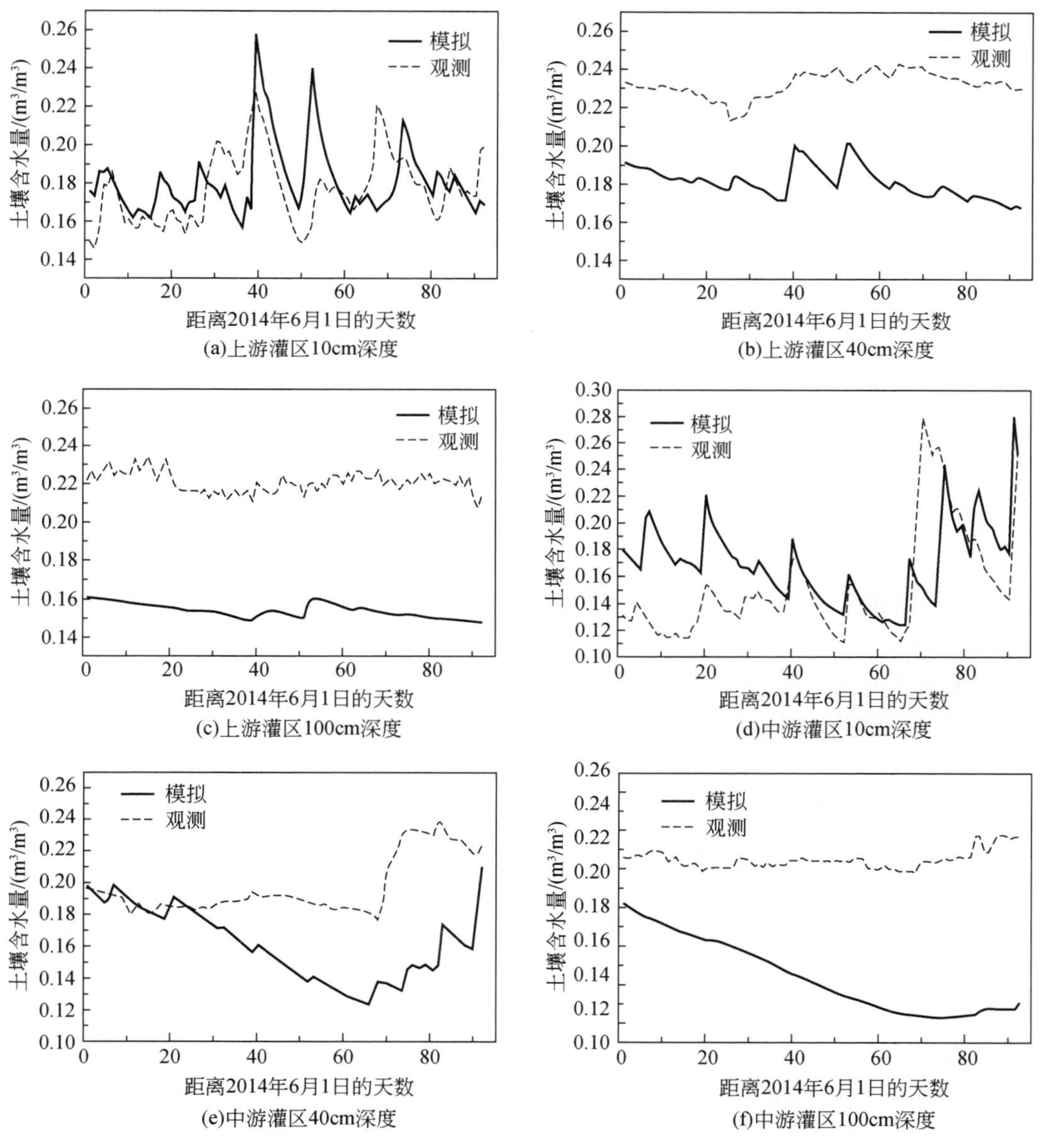

(a)上游灌区10cm深度

(b)上游灌区40cm深度

(c)上游灌区100cm深度

(d)中游灌区10cm深度

(e)中游灌区40cm深度

(f)中游灌区100cm深度

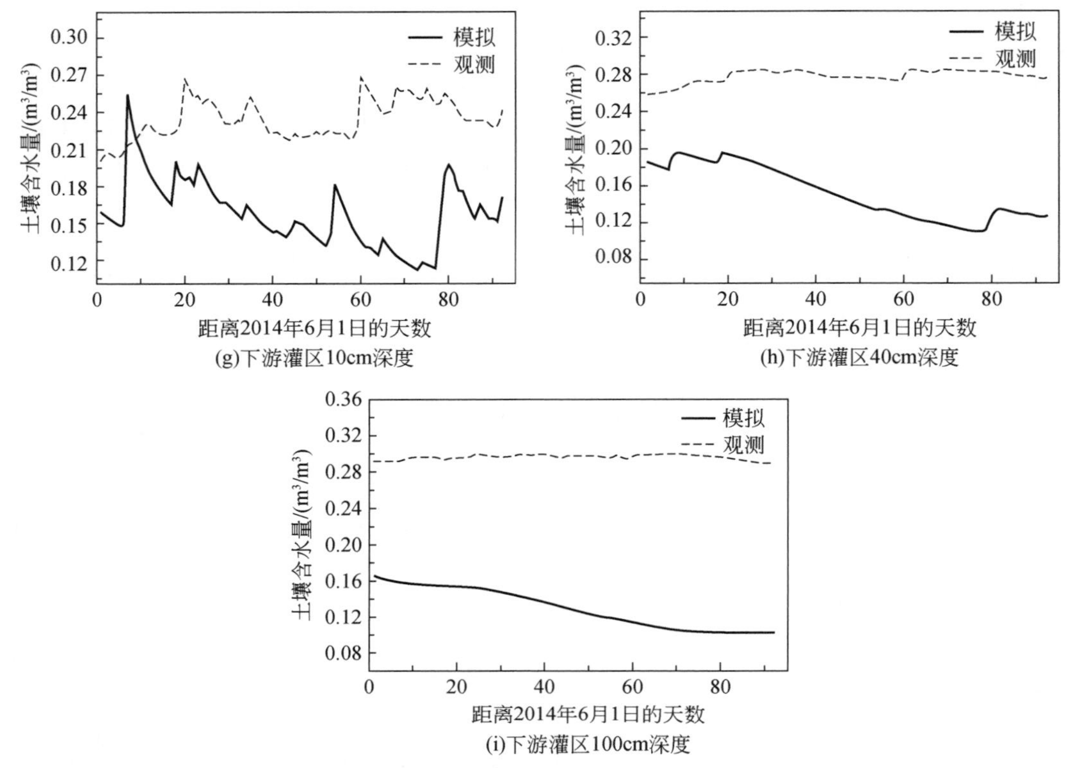

图 3-39　WRF 模拟 2014 年夏季灌区逐日土壤墒情（体积含水量）

中游灌区由于受干旱的影响，表层土壤在模拟的初期较观测存在系统性的偏低，而在 40cm 深度，模拟过程中持续的干旱使得土壤湿度不断下降，直至 8 月降水来临，而观测中前期无此下降趋势。这种观测和模拟的系统差异在下游灌区愈加明显，各层基本上都呈现出反相关关系，与土壤湿度达到一定低值时就开始灌溉的实际情况相吻合。

图 3-40 为 WRF 模式在 2014 年干旱事件中对上中下游灌区逐日降水量的模拟。其中观测降水来自于灌区内的雨量站平均值，模拟降水为灌区内的格点平均。从整体上来看，模式模拟的降水较观测降水偏小，这和前面的降水空间分布一致，即模式模拟的旱情较观测偏重。从时间变化来看，上游灌区降水的季节内变化与观测峰值的一致性相对较好，中游灌区降水模拟相对观测峰值偏小 50% 左右，下游灌区降水模拟的偏差较大。这与灌溉区内降水观测站的位置关系较大。雨量站多布设在山沟河谷等易于汇水处，使得观测值常有偏高趋势。此外，灌区的降水观测依然较为稀少，尤其是偏差较大的下游，这需要进一步加强观测或是搜集更翔实丰富的资料得以提高。

图 3-41 ~ 图 3-43 给出了 2014 年夏季黄河上中下游灌区降水和地表蒸发的对比图。从图中结果可见，上游灌区的降水主要发生在 7 月，与地表蒸发的高值和图 3-39 中相应的表层土壤湿度高峰值对应吻合。在中游灌区，受气温较高但降水严重偏少的影响，夏季开始直至 8 月上旬期间，蒸发呈现不断减少的态势，8 月中下旬的降水频次和强度都有所

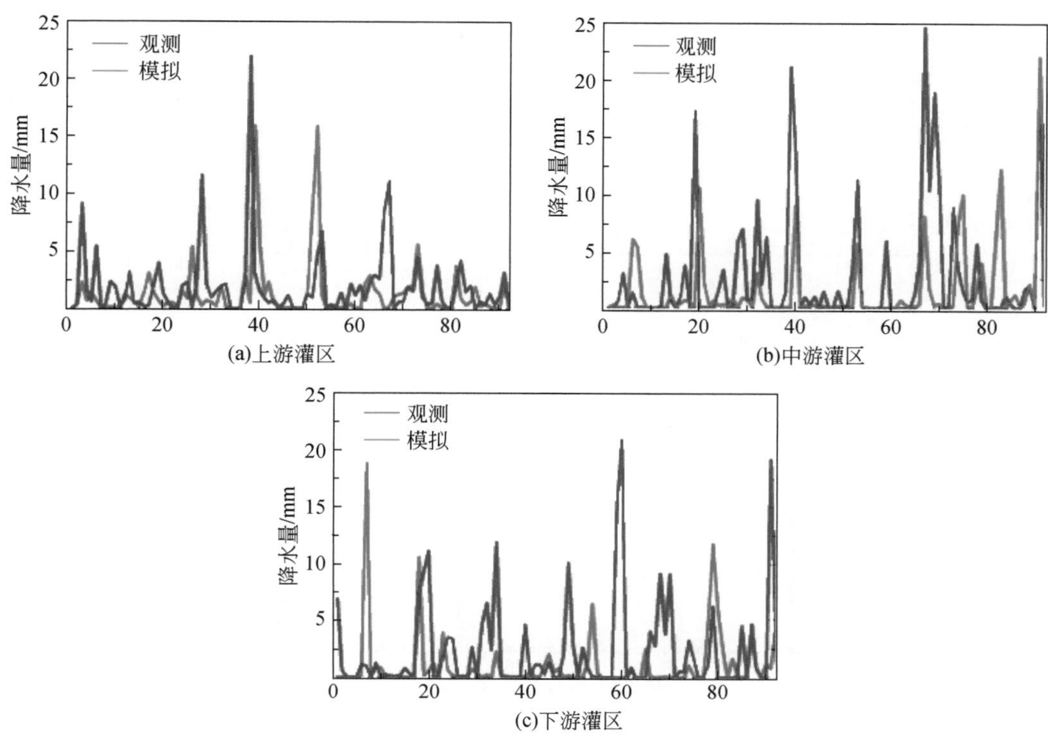

图 3-40 WRF 模式模拟和观测的上中下游灌区 6 月 1 日至 8 月 31 日的逐日降水量

增大，蒸发随之增大，这与中游灌区 40cm 深度土壤湿度对应较好。在下游灌区，由于 6 月、7 月干旱期的灌溉，蒸发始终稳定，无明显趋势变化，期间受到零星降水的影响，到 8 月时，干旱有所缓解，蒸发随着灌溉的结束不断减小，至中下旬时受降水影响有所回升。

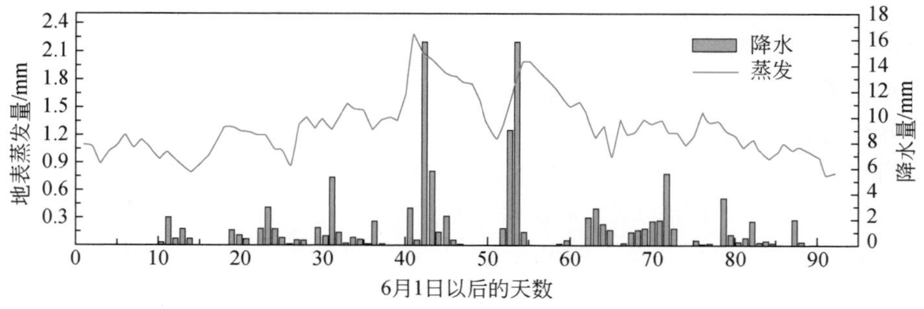

图 3-41 WRF 模拟 2014 年夏季上游灌区逐日地表蒸发和降水

综合降水和地表蒸发的关系可以看出，在本次干旱期间，尽管当降水发生时，蒸发受到影响随之升高；但在无降水时，蒸发也能稳定在 1 ~ 3mm/d，也就是说，蒸发在有无降水的时候并未表现出类似降水的差别，结合前面关于气温的对比可知，本次干旱受降水的

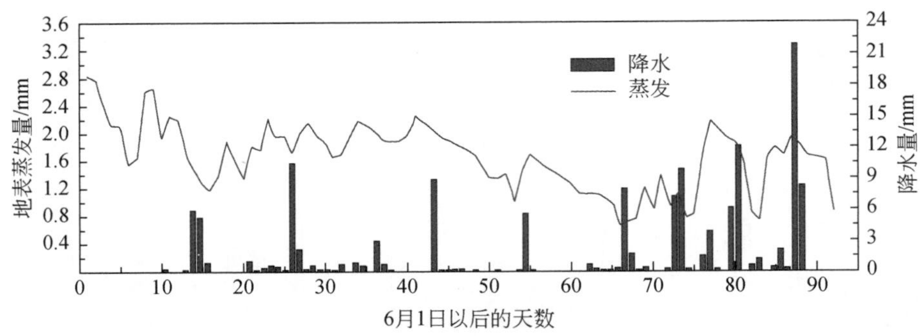

图 3-42　WRF 模拟 2014 年夏季中游灌区逐日地表蒸发和降水

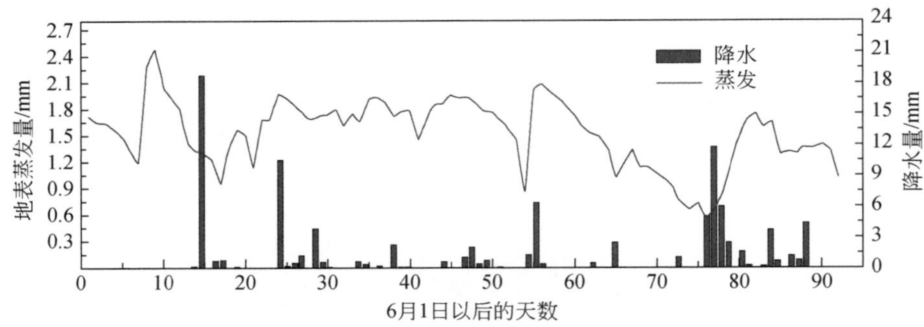

图 3-43　WRF 模拟 2014 年夏季下游灌区逐日地表蒸发和降水

影响远大于温度的影响。

利用上中下游根层的模拟土壤湿度和观测土壤湿度差异，以观测土壤湿度作为土壤墒情的正常水平，可以得出在 2014 年干旱期间灌区土壤的需水量（观测–模拟），结果如图 3-44 所示。

由图可见，在各个深度的根层，由于下游灌区受山东大旱影响最为剧烈，因此下游灌区的需水量最大；而中游灌区的旱情主要出现在 7 月、8 月，因此需水量从 6 月开始显示出逐渐增长的态势；上游灌区位于兰州—头道拐区间，为流域气候最为干旱的区域，常年缺水，因此除了表层波动较大之外，基本上处于一个平稳的状态。

上述分析已表明，在 2014 年夏季，黄河上中下游灌区的降水较历史同期水平有较大的减少。图 3-45 给出了各个灌区 2014 年观测和模拟降水相对于历史同期气候态的距平，可以看出在各个灌区 2014 年的观测和模拟降水大部分时间相对于历史同期均处于负距平。将一次负距平定义为一个干旱日，如果观测和模拟同时显示为干旱日，表明模式模拟预测正确。

$$\text{模式预测准确率} = \frac{\text{模式干旱预测命中天数}}{\text{观测的干旱天数}} \tag{3-14}$$

对整个 2014 年夏季干旱日作统计，上游灌区为 65 天，中游灌区为 70 天，下游灌区为 72 天，考察模拟预测的结果，WRF 模式在上游灌区预测准确率超过 86%，在中下游灌区预测准确率能够超过 90%，结果见表 3-8。

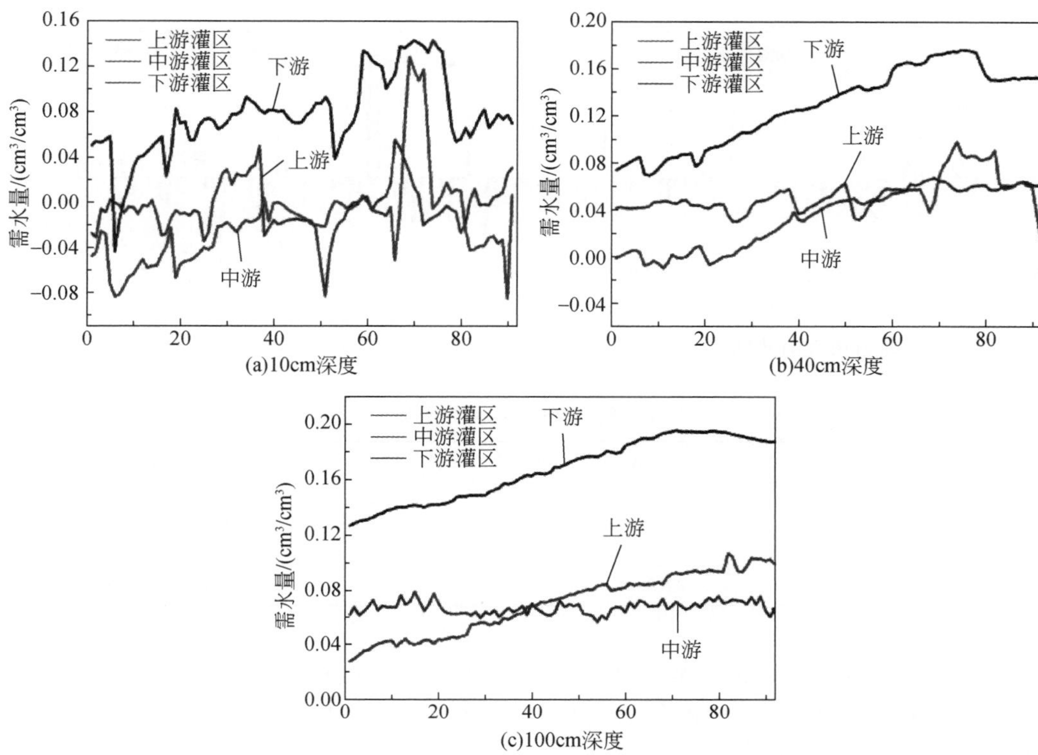

图 3-44　2014 年黄河上中下游灌区各层土壤需水量

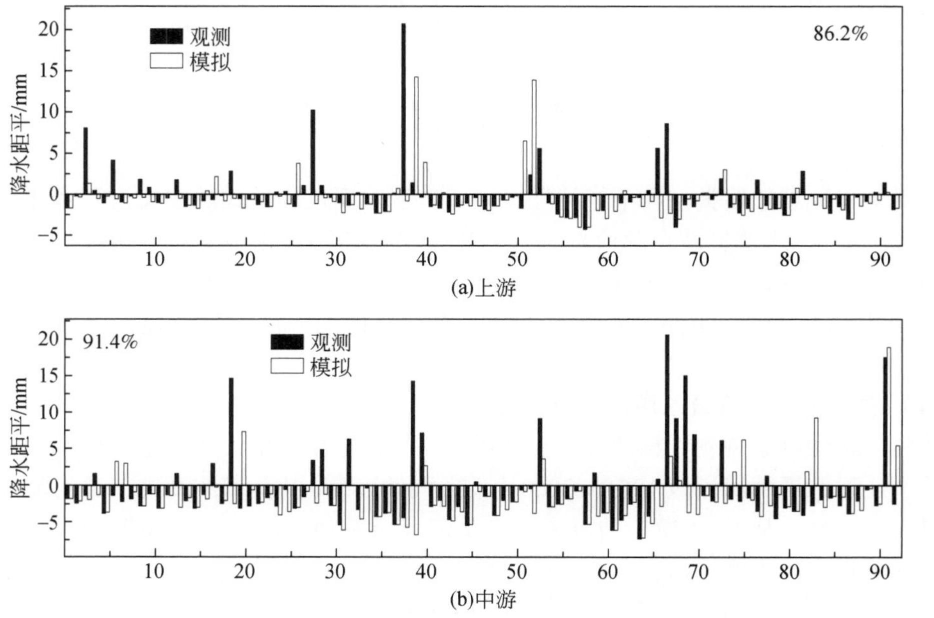

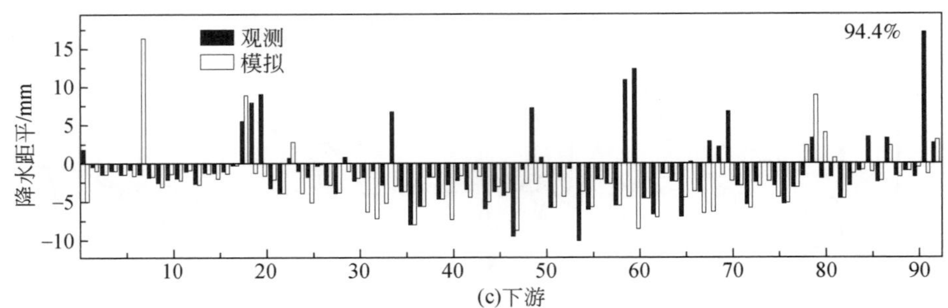

图 3-45　观测和 WRF 模拟灌区 2014 年夏季降水相对于历史气候态的距平及旱情预测准确率

表 3-8　WRF 模式针对 2014 年灌区干旱天数预测准确率

区域	观测旱情天数/天	模拟旱情命中天数/天	预测准确率/%
上游灌区	65	56	86. 2
中游灌区	70	64	91. 4
下游灌区	72	68	94. 4

这表明基于 WRF 模式的旱情监测系统在黄河上中下游灌区具有良好的稳定性，尽管针对实际降水量的预测尚有待提高，但其对于灌区季节旱情的预测能够为干旱预警及水资源调配提供一定的参考依据。

在 2014 年和 2015 年，我们组织了专家对北洛河灌区、豫东灌区和河套灌区进行了实地考察，并确定了 3 个灌区作为干旱监测系统示范基地，图 3-46 为示范基地的实地考察，对 3 个灌区示范区的干旱监测准确率进行了系统的评估。

3.4　本章小结

针对黄河流域气候类型和干旱特征，开展基于陆面过程模式的水文过程和土壤墒情的模拟、大气降水-土壤墒情多源信息融合、灌区旱情监测及预报等技术研究，利用台站历史观测、再分析资料、卫星遥感等多源数据集，以陆面过程模式和区域气候模式为基础平台，构建基于陆气模式耦合、可服务于流域水资源调配的灌区旱情监测系统。主要结论如下：

（1）发展了黄河流域通用陆面模式（CLM）

所建模式融合了观测资料的大气驱动场能够较好地刻画出流域及灌区的水分循环和土壤墒情。通过开展黄河流域 1951 ~ 2008 年陆面水循环模拟表明，模式在黄河流域各个尺度上具有适用性。从 CLM 模拟结果来看，黄河流域总体上降水变化不明显，径流的下降则相对显著得多，土壤墒情也有变干的趋势。

（2）建立了陆气耦合的干旱监测系统（LADS）

基于气候系统理论并考虑流域地表和大气的相互作用，结合 WRF 模式的动力框架和

(a)洛惠渠灌区

(b)河套灌区

(c)河套灌区示范基地

图 3-46　示范基地考察

物理参数化方案组合，发展适合于陆气耦合干旱监测技术，建立陆气耦合的干旱监测系统（LADS）。系统在给定的初始场下，耦合模式、遥感、观测等多源信息，通过滚动积分、采用 3 层嵌套从全球到区域再到流域尺度的空间降尺度技术，实现旬、月和季节不同时空尺度的干旱预测，因此具有干旱实时监测和预报的功能。选取 2005 ~ 2010 年为研究时段，与观测相比，系统对土壤墒情的时空分布描述基本合理，尤其浅层土壤墒情的模拟结果更接近观测。

（3）为灌区干旱监测和预测提供了有效工具

采用基于 WRF 模式建立的陆气耦合的干旱监测系统（LACDS），开展黄河流域 2014 年夏季上游青铜峡灌区、河套灌区，中游汾河、渭河灌区，下游引黄灌区 2014 年夏季的干旱监测预报的示范。结果表明，基于 WRF 模式的陆气耦合干旱监测系统（LACDS）对土壤墒情的时空分布描述基本合理，尤其上游浅层的模拟结果更接近观测，上游灌区预测准确率超过了 86%，中下游灌区预测准确率超过 90%。验证结果说明，LADS 是灌区干旱监测的有效工具。

第 4 章 应对干旱的径流/洪水预报关键技术研究

黄河径流具有时空分布不均、年际年内变化剧烈、预报预测不确定性大的特点，精准的预报是发挥水库防洪减灾和水资源开发利用功效的重要基础。研究多源降水信息同化技术，对实时降雨和预报降雨信息进行拼接，建立具有物理基础的分布式洪水径流预报模型，开发洪水预报模型及软件系统，实现径流/洪水的连续滚动预报，提高黄河径流/洪水预报能力；以贝叶斯理论为基础，实现径流/洪水预报的不确定性分析和量化，为龙羊峡、小浪底等水库调度运用、黄河洪水资源化管理提供技术支撑和科学依据。

4.1 龙羊峡水库中长期径流预报

黄河源区是黄河流域重要产流区，其控制站唐乃亥水文站是龙羊峡水库的入库站，而龙羊峡水库是黄河流域目前最大的多年调节水库。因此，研究唐乃亥水文断面的中长期径流预报，可为龙羊峡水库优化调度提供有力技术支撑。

4.1.1 年入库径流特征

采用唐乃亥水文站实测径流序列来分析龙羊峡水库入库径流变化规律。径流数据序列为 1956～2009 年。龙羊峡水库 1956～2009 年多年平均入库径流量为 199.4 亿 m^3，径流量基本特征值见表 4-1。

表 4-1 龙羊峡水库径流基本特征值表

水文站	多年平均		Cv	Cs/Cv	不同频率年径流量/亿 m^3			
	径流量/亿 m^3	径流深/mm			20%	50%	75%	95%
唐乃亥	199.4	163.6	0.27	3.0	242.3	186.9	156.9	136.9

根据龙羊峡水库入库径流经验频率，确定丰枯状态分级见表 4-2。从龙羊峡入库径流量年际变化来看，54 年系列径流量丰枯波动变化明显，其中 20 世纪 80 年代为相对丰水时期，而 50 年代、90 年代和 2000 年以后为偏枯时期。

表 4-2　龙羊峡水库年入库径流丰枯状态分级表

状态	级别	经验频率/%	数值区间/亿 m^3
1	枯水年	$P \geq 87.5$	$x<143.0$
2	偏枯年	$62.5 \leq P<87.5$	$143.0 \leq x<173.4$
3	平水年	$37.5 \leq P<62.5$	$173.4 \leq x<201.5$
4	偏丰年	$12.5 \leq P<37.5$	$201.5 \leq x<269.7$
5	丰水年	$P<12.5$	$x>269.7$

注：P 为年经验频率；x 为入库年径流量。

(1) 趋势性分析

采用线性倾向趋势分析法对龙羊峡水库年入库径流变化趋势进行分析，入库年径流量拟合直线斜率 $a=-0.425<0$，说明该序列呈减小趋势；拟合的相关系数 $|r|$ 值 $=0.126<r_{\alpha}(\alpha=0.01)=0.348$，说明龙羊峡水库年入库径流减小趋势不显著。采用 Mann-Kendall 趋势分析法（黄嘉佑，2000）对龙羊峡水库年入库径流变化趋势进行分析，得到统计量 $Z=-1.089<0$，说明其呈减小趋势，相应倾斜度为-0.445。设定显著性水平 $\alpha=0.05$，则龙羊峡水库年入库径流序列统计量 $|Z|<Z_{(1-\alpha/2)}=1.96$，说明龙羊峡水库年入库径流减小趋势不显著。

(2) 周期性分析

小波分析是一种具备多分辨时频功能的现代数学方法，能通过量化计算清晰地揭示隐藏于时间序列中的多种变化周期，充分反映系统在不同时间尺度中的变化趋势，并能对系统未来发展趋势进行定性估计，目前在水文系统多时间尺度特征分析方面应用较多。小波分析的关键在于引入了满足一定条件的基本小波函数 $\varphi(t)$，以代替 Fourier 变换中的基函数 $e^{-i\omega t}$。

将 Morlet 小波作为母函数对标准化处理后的年径流量进行小波变换：

$$W_f(a,\ b)=\int_R f(x)\overline{\varphi}_{(a,\ b)}(x)\mathrm{d}x \tag{4-1}$$

式中，$W_f(a,\ b)$ 为小波系数，随 a、b 而变，参数 b 表示分析的时间中心或时间点，而参数 a 体现的是以 $x=b$ 为中心的附近范围大小。

在时间域上关于 a 的所有小波系数的平方进行积分即为小波方差：

$$\mathrm{Var}(a)=\int_{-\infty}^{+\infty}|W_f(a,\ b)|^2\mathrm{d}b \tag{4-2}$$

小波方差随尺度 a 的变化过程称为小波方差图，它反映了波动的能量随尺度的分布，据此可确定一个时间序列中存在的主要时间尺度，即主周期。

龙羊峡水库入库年径流序列 Morlet 小波变换系数实部图如图 4-1 所示。信号的强弱通过小波系数的大小表示，等值线值为正表示径流偏丰，等值线值为负表示径流偏枯。在 5 年时间尺度以下，周期变化出现了局部化的特征，主要表现在 1956 ~ 1960 年、1960 ~ 1965 年、1965 ~ 1968 年、1970 ~ 1975 年、1988 ~ 1992 年、2000 ~ 2005 年径流量分别多次出现丰枯循环交替变化；在 5 ~ 10 年时间尺度上，周期振荡非常显著，径流量经历了 13 次丰枯循环交替；在 10 ~ 20 年时间尺度上，周期振荡显著，有清晰的丰枯交替变化，径流量经历了 5 次循环交替；在 20 ~ 54 年时间尺度上，周期振荡依然显著，径流量经历了 3 次循环交替变化，由于等值线图最后并未封闭，因此，在未来一段时间内年径流量会由偏枯期过渡到平水期。

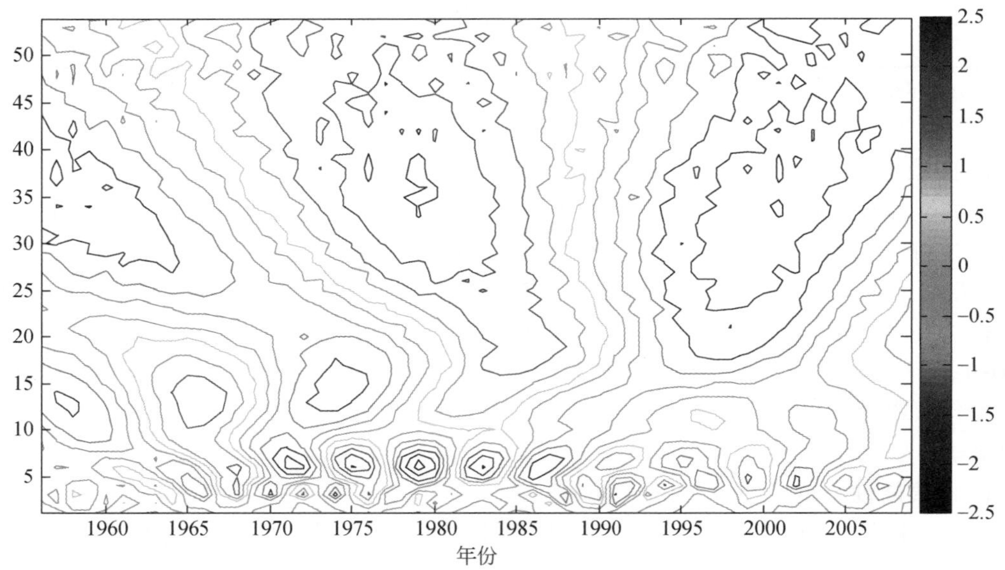

图 4-1　龙羊峡水库入库年径流序列 Morlet 小波变换系数实部图

径流量小波方差图反映波动的能量随时间尺度的分布。通过小波方差图可以确定一个水文序列中存在的主周期。龙羊峡水库年入库径流序列小波方差如图 4-2 所示。径流量小波方差图出现了 3 个峰值，分别对应的时间尺度为 3 年、6 年和 32 年。第一峰值为 32 年，说明年径流在 32 年的周期振荡最强，为年径流变化的第一个主周期；第二峰值为 6 年，说明年径流在 6 年的周期振荡次之；最小主周期为 3 年。

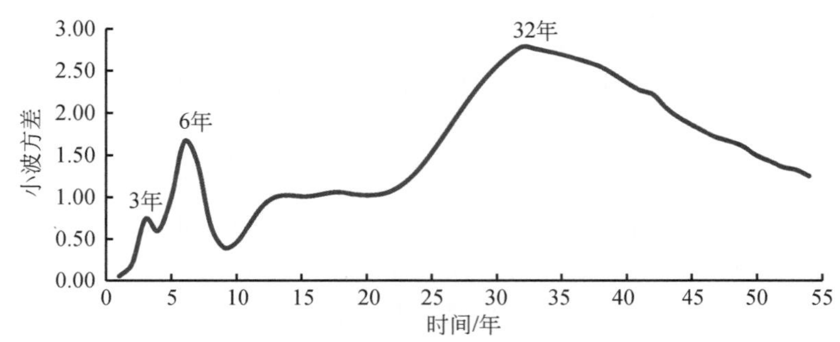

图 4-2　龙羊峡水库年入库径流小波方差图

不同时间尺度下小波变换系数反映年径流量序列随时间丰枯交替变化的特征以及突变

点存在的位置。小波变换系数为正表示径流量偏丰，小波变换系数为负表示径流量偏枯，与 0 的交点为突变点。根据径流量小波方差图检验出的主周期，各主周期小波变换系数变化曲线如图 4-3 所示。

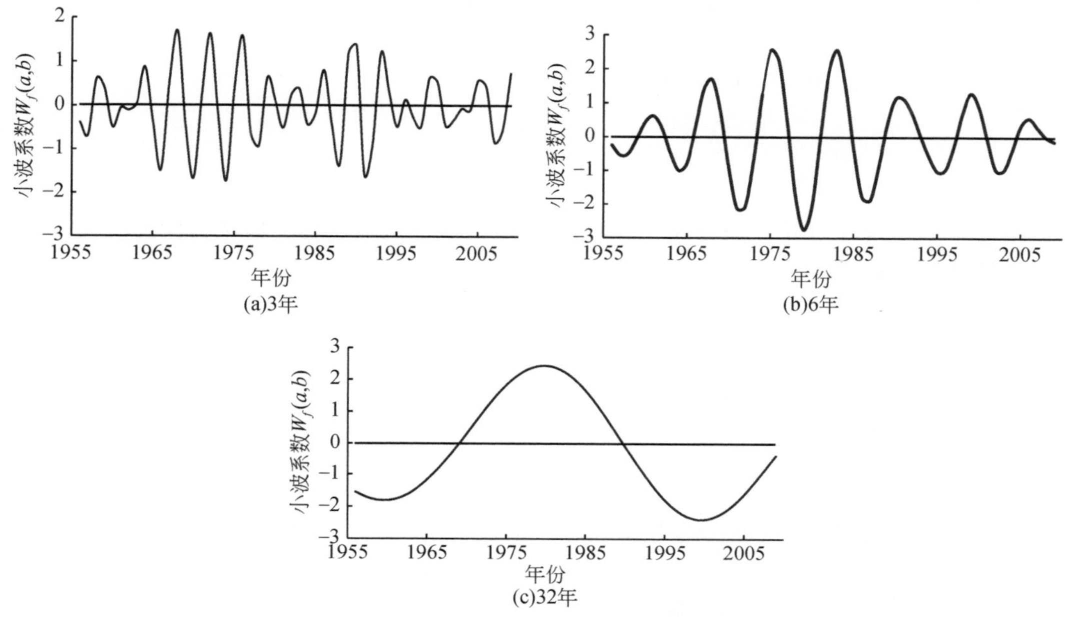

图 4-3　不同时间尺度下的小波变换系数

由图 4-3 可以看出，在 3 年时间尺度下，年径流丰枯变化局部差异比较明显，1965 ~ 1975 年在该时间尺度下振荡强烈，此后至 1985 年有所减弱，1985 ~ 1995 年又存在强振荡，之后又逐渐减弱；在 6 年时间尺度下，自 1956 年以来振荡逐渐增强，至 20 世纪 90 年代才逐渐减弱；在 32 年时间尺度下，出现两次丰枯交替变化，并且在未来几年内会由偏枯期逐渐向平水期过渡。

4.1.2　入库径流丰枯预测

在随机过程理论中，马尔可夫过程是一类具有普遍意义的随机过程，是由俄罗斯数学家马尔可夫（Markov）于 20 世纪初提出的，并提出了相应的预测模型——马尔可夫链。马尔可夫链预测是根据初始状态概率向量和状态概率转移矩阵来推测某一变量未来某一时期所处状态的一种方法，其理论基础是马尔可夫过程，它描述的是一个随机时间序列的动态变化过程，可用于预测水库入库径流丰枯状态变化。河川径流量是一相依随机变量，其相依关系的强弱可采用自相关系数作为定量测度。因此，可考虑以径流量序列规范化的各阶自相关系数为权，用加权马尔可夫链（孙才志等，2003）来预测径流量丰枯变化情况。

(1) 加权马尔可夫链预测方法

为了用马尔可夫链预测指标状态转移，需根据实测数据序列估计出马尔可夫链转移概率。设指标序列为 x_1，x_2，…，x_n，其包含 m 个状态，即状态空间 $E=\{1, 2, \cdots, m\}$，用 f_{ij} 表示指标序列中从状态 i 经过一步转移到达状态 j 的频数，i，$j \in E$，由 f_{ij} 组成的矩阵 $(f_{ij})_{i,j \in E}$ 称为“转移频数矩阵”。将转移频数矩阵的第 i 行第 j 列元素除以各行总和所得的值即为转移频率，记为 P_{ij}，i，$j \in E$，即

$$P_{ij} = \frac{f_{ij}}{\sum_{j=1}^{m} f_{ij}} \tag{4-3}$$

由频率的稳定性可知，当 m 充分大时，转移频率近似等于转移概率，因此，可用转移频率来估计转移概率。

则一步状态转移概率矩阵如下：

$$P^{(1)} = \begin{bmatrix} p_{11}^{(1)} & p_{12}^{(1)} & \cdots & p_{1m}^{(1)} \\ p_{21}^{(1)} & p_{22}^{(1)} & \cdots & p_{2m}^{(1)} \\ \vdots & \vdots & & \vdots \\ p_{m1}^{(1)} & p_{m2}^{(1)} & \cdots & p_{mm}^{(1)} \end{bmatrix}$$

反复运用切普曼–柯尔莫哥洛夫（Chapman-Kolmogolov）方程，k 步转移概率矩阵为

$$P^{(k)} = [P^{(1)}]^k \tag{4-4}$$

(2) 加权马尔可夫链预测步骤

加权马尔可夫链预测的具体步骤如下：

1）对于一列相依随机变量 X，计算指标值序列均值 $\bar{x}$，均方差 s，建立指标值的分级标准，即确定马尔可夫链的状态空间，也可根据行业规范标准确定相应的分级标准。

2）根据确定的分级标准，确定资料序列中各时段指标值所对应的状态。

3）进行“马氏性”检验。

4）计算各阶自相关系数 r_k，$k \in \mathrm{E}$，

$$r_k = \frac{\sum_{i=1}^{n-k} (x_i - \bar{x})(x_{i+k} - \bar{x})}{\sum_{i=1}^{n} (x_i - \bar{x})^2} \tag{4-5}$$

式中，r_k 为第 k 阶（滞时为 k 个时段的）自相关系数；x_i 为第 i 时段的指标值；$\bar{x}$ 为指标序列均值；n 为指标序列的长度。

对各阶自相关系数规范化处理，即

$$w_k = \frac{|r_k|}{\sum_{k=1}^{m} |r_k|} \tag{4-6}$$

式中，w_k 为各种滞时（步长）的马尔可夫链权重；m 为根据预测需要计算得到的最大阶数。

5）对 2）所得的结果进行统计，得到不同滞时马尔可夫链的转移概率矩阵，它决定了指标状态转移过程的概率法则。

6）分别以前面若干时段的指标值所对应的状态为初始状态，结合其相应的转移概率矩阵，预测该时段指标值的状态概率 $P_i^{(k)}$，$i \in E$，k 为滞时，$k=1$，2，…，m。

7）将同一状态的各预测概率加权和作为该时段指标值处于该状态的预测概率：

$$P_i = \sum_{k=1}^{m} w_k P_i^{(k)}, \ i \in E \tag{4-7}$$

$\max \{P_i, \ i \in E\}$ 所对应的 i 即为该时段指标值的预测状态。待该时段状态值确定之后，将其加入到原序列之中，重复步骤 4）~7），进行下时段指标状态预测。

（3）入库径流丰枯预测结果

按照经验频率将径流丰枯状态划分为枯水年、偏枯年、平水年、偏丰年和丰水年 5 个等级，分别用 1、2、3、4、5 表示。

根据龙羊峡水库 1956 ~ 2009 年入库年径流量序列状态评估结果，统计得到各状态之间转移的频数 f_{ij}，按照边际概率计算式求得边际概率 $P_{\cdot j}$，见表 4-3。

表 4-3　边际概率表

状态	枯水年	偏枯年	平水年	偏丰年	丰水年
$P_{\cdot j}$	5/53	14/53	14/53	14/53	6/53

计算统计量 $\chi^2 = 2\sum_{i=1}^{m}\sum_{j=1}^{m} f_{i,j}\left|\log \frac{P_{ij}}{P_{\cdot j}}\right|$，结果见表 4-4。

表 4-4　统计量 χ^2 计算表

状态	$f_{i1}\left\|\log \frac{P_{i1}}{P_{\cdot 1}}\right\|$	$f_{i2}\left\|\log \frac{P_{i2}}{P_{\cdot 2}}\right\|$	$f_{i3}\left\|\log \frac{P_{i3}}{P_{\cdot 3}}\right\|$	$f_{i4}\left\|\log \frac{P_{i4}}{P_{\cdot 4}}\right\|$	$f_{i5}\left\|\log \frac{P_{i5}}{P_{\cdot 5}}\right\|$	合计
枯水年	2. 52	0. 47	0. 47	0. 00	0. 00	3. 45
偏枯年	0. 83	1. 51	0. 31	1. 23	0. 46	4. 34
平水年	0. 00	1. 23	0. 63	4. 47	0. 47	6. 79
偏丰年	0. 20	0. 61	1. 88	1. 08	0. 39	4. 16
丰水年	0. 00	0. 46	0. 00	1. 91	2. 16	4. 53
合计	3. 56	4. 27	3. 29	8. 69	3. 47	23. 28

由表 4-4 各项计算结果及统计量 χ^2 计算式可得，统计量 χ^2 值为 46. 56，给定显著性水平 $\alpha=0.05$，查表可得分位点 $\chi^2_\alpha[(5-1)^2]=26.30$，满足 $\chi^2>\chi^2_\alpha[(m-1)^2]$，故龙羊峡水库年径流序列具有马氏性。

计算各阶自相关系数和各种步长的马尔可夫链权重，见表 4-5。

表 4-5 龙羊峡水库入库径流序列各阶自相关系数和各步长马尔可夫链权重

k	1	2	3	4	5
r_k	0.39	0.04	0.01	0.04	-0.01
w_k	0.80	0.08	0.02	0.08	0.02

以 2005～2009 年径流状态及相应的状态转移矩阵对 2010 年径流状态进行预测，再依据 2006～2010 年径流状态，重复步骤 4）～7），预测 2010 年为平水年，2011～2012 年为偏丰年。将预测结果与实际情况对比，2010～2011 年预测状态与实际丰枯状态一致，2012 年预测状态与实际丰枯状态（丰水年）接近，因此，用加权马尔可夫链预测龙羊峡水库入库径流状态是可行的。采用此方法对 2013～2015 年龙羊峡水库入库径流丰枯状态进行预测，结果表明 2013～2015 年径流丰枯状态分别为偏丰年、偏枯年和偏丰年，见表 4-6。

表 4-6 2013～2015 年径流状态预测结果

年份	1	2	3	4	5	预测丰枯状态
2013	0.03	0.19	0.09	0.41	0.28	偏丰年
2014	0.08	0.29	0.28	0.18	0.17	偏枯年
2015	0.03	0.16	0.22	0.45	0.14	偏丰年

（4）连枯、连丰发生概率

在某些时段可能还会出现连枯、连丰的情况，采用条件概率来分析连枯、连丰状态出现的概率。条件概率计算式如下：

$$P=\rho^{(k-1)}(1-\rho),\ 0<\rho<1 \tag{4-8}$$

式中，P 为连续 k 年枯水（丰水）的概率；ρ 为前一年枯水（丰水）条件下连续出现同类事件的条件概率，称为模型参数。ρ 按照下式计算：

$$\rho=\frac{(s_1-s_2)}{2} \tag{4-9}$$

式中，s_1 为统计时期连枯年（连丰年）总年数；s_2 为统计时期各种统计长度的连枯年（连丰年）发生的累计频次；s 为统计时期枯水年（丰水年）的累计频次。

根据条件概率计算龙羊峡水库入库径流连枯年（连丰年）出现的概率见表 4-7。可以看出，前一年枯水条件下连续出现同类事件的条件概率为 0.55，大于前一年丰水条件下连续出现同类事件的条件概率（0.40）；连枯 2 年、3 年、4 年和 5 年出现的概率分别为 24.8%、13.6%、7.5% 和 4.1%，连丰 2 年、3 年、4 年和 5 年出现的概率分别为 24.0%、9.6%、3.8% 和 1.5%；连续 2 年连枯、连丰的概率相差不大，而连续 3 年、4 年、5 年连枯的概率明显大于连丰的概率。

表 4-7 龙羊峡水库入库径流连枯年（连丰年）出现概率

类别	模型参数	概率/%			
		2 年	3 年	4 年	5 年
连枯年	0.55	24.8	13.6	7.5	4.1
连丰年	0.40	24.0	9.6	3.8	1.5

4.1.3 中长期径流预报

中长期水文预报在水文学科的发展过程中是一个比较新的研究领域，多年来有过许多卓有成效的研究，使水文预报有了前所未有的发展。目前中长期水文预报主要采用统计方法，主要包括回归分析模型和时间序列模型。回归分析模型是中长期预报中应用最广泛的方法，其预报因子包括前期径流量、集水区降水量、大气物理因子、海温等，其中前后期径流相关分析在实际业务工作中有良好的效果。

唐乃亥水文站是龙羊峡水库的入库站，龙羊峡水库中长期径流预报即唐乃亥断面中长期径流预报。根据汛期和非汛期影响黄河源区径流变化的主要因子，采用多元回归等方法，建立黄河源区非汛期旬月径流预报模型，包括年度径流总量预报、非汛期旬月径流预报和汛期径流预报模型。

4.1.3.1 数据资料与研究方法

(1) 数据资料

气象水文数据是中长期径流预报建模的基础。为了获得准确及时的基础数据，研究收集整理了包括降水、流量、凌情、气候等多种资料，并根据径流预报建模的需要对各类资料进行分区域，分站点的旬、月、年及分时段的统计计算，对实时气象资料开发了实时自动追加程序，为径流预报的制作提供及时的资料输入。根据需要并考虑资料系列的完整性和实用性，收集了近 20 年主要来水区间引退水资料和水库调度资料作为预报建模时的参考。黄河河源区水文气象信息见表 4-8。

表 4-8 黄河河源区水文气象信息表

数据类型	区域/站点	站数	起止年	备注
气象站降水	龙羊峡以上	10	1971 ~ 2010 年	日、旬、月、年值统计计算，实时数据自动追加
流量	唐乃亥站	1	1951 ~ 2010 年	旬、月平均和汛期、非汛期总量统计计算
气候资料	北太平洋海温		1951 ~ 2010 年	格点资料
	北半球 500hPa 高度场		1951 ~ 2010 年	
	北半球 100hPa 高度场		1951 ~ 2010 年	
	大气海洋特征物理量		1951 ~ 2010 年	环流指数、太阳黑子相对数、关键地区海温指标和南方涛动指数等

(2) 多元线性回归方法

回归分析就是在已知因子 X 与预报量 Y 之间存在着某种非确定性关系，即预报量 Y 的数值在某种程度上随着因子 X 数值的变化而变化时，就可根据 Y 与 X 过去的观测数据找出能描述预报对象与预报因子之间关系的定量表示式的一种方法。对有多个预报因子（X_1，X_2，…，X_m）的预报问题，建立的回归方程为多元线性回归方程，其表示式为

$$Y = a_0 + a_1 X_1 + a_2 X_2 + \cdots + a_m X_m \tag{4-10}$$

式中，回归系数 a_0，a_1，…，a_m 利用实测资料采用最小二乘法确定。

预报模型建立时，根据资料情况，尽可能多地利用已有的历史资料，11 月 ~ 翌年 3 月预报模型因为只有前期流量作为预报因子，资料序列均较长，采用了有资料记录以来的所有历史资料率定模型参数；4 ~ 6 月预报模型，根据降水量资料从 1971 年开始的情况，所以参数率定采用了 1971 年以来的历史资料。

4.1.3.2 径流变化主要影响因子

枯水期（月）径流主要由汛末滞留在流域中的蓄水量消退而形成，其次来源于枯季降雨。流域蓄水量包括地面、地下蓄水量两大部分。地面蓄水量存在于地表洼地、河网、水库、湖泊和沼泽之中；地下蓄水量存在于土壤空隙、岩石裂隙和层间含水带之中。由于地下蓄水量的的消退比地面慢得多，故长期无雨后河流中的水量几乎全部由地下水补给。黄河源区非汛期（11 月 ~ 翌年 6 月）径流主要受前期径流量、气温和降水等因素的影响。其中，10 月 ~ 翌年 3 月上旬，径流变化表现为明显退水过程；3 月中旬以后，随着气温的回升，河道流量有所增加；5 月以后，流域降水对径流变化的影响逐渐增强，河道流量迅速增大。进入汛期以后，降水成为影响黄河源区径流变化的主要因素。

根据唐乃亥站 11 月 ~ 翌年 6 月各月平均流量与前月下旬流量的相关系数可以看出，唐乃亥站 11 月 ~ 翌年 3 月平均流量与前月下旬流量的相关系数平均达 0.92，而 4 ~ 6 月前后期径流的相关系数较 11 月 ~ 翌年 3 月明显降低，见表 4-9，说明前期径流是 11 月 ~ 翌年 3 月径流的主要影响因素。前后期径流相关分析反映了非汛期径流消退规律，具有明显物理意义，在实际业务工作中有良好效果。

表 4-9 唐乃亥站月平均流量与前月下旬平均流量相关系数统计

时间	11 月	12 月	1 月	2 月	3 月	11 ~ 3 月平均	4 月	5 月	6 月	4 ~ 6 月平均
相关系数	0.96	0.94	0.9	0.95	0.84	0.92	0.58	0.57	0.43	0.52

降水是影响汛期径流变化的最主要、最直接因子。对于雨季长期径流预报而言，汛期降水是径流预报的关键，需要考虑影响研究区降水的大气海洋物理因子，包括前期环流指数、关键区的海表温度和太阳黑子等。

4.1.3.3 非汛期径流总量预报模型

非汛期径流总量预报指的是 11 月 ~ 翌年 6 月径流总量预报。通过分析，黄河唐乃亥断面非汛期径流量主要受前期径流和 4 ~ 6 月降水量影响，特别是 11 月 ~ 翌年 3 月径流总量与前期径流有很好的相关关系，因此预报因子选用 10 月下旬径流量和 4 ~ 6 月降水量，建立非汛期径流总量预报模型：

$$y = 18.27 + 0.032x_1 + 0.753x_2 - 0.070x_3 + 0.226x_4 \tag{4-11}$$

式中，x_1 为 10 月平均流量（m^3/s）；x_2、x_3、x_4 分别为 4 月、5 月、6 月区间平均降水量

(mm)；y 为 11 月～翌年 6 月径流总量（亿 m^3）。前期径流量因子主要是本站 10 月下旬平均流量或 10 月月平均流量，降水量因子为河源区 4～6 月分月降水量。

4.1.3.4 非汛期旬月径流预报模型

由于 11 月～翌年 3 月，本月径流均与上月径流有显著相关，因此，在建立非汛期月径流总量模型时，可以利用退水规律和前一月（旬）流量作为预报因子建立相关模型，计算 11 月～翌年 3 月河道流量。4～6 月流量开始受降雨影响，与上月径流相关不再显著，利用降水预报和前月（旬）流量作为预报因子建立 4～6 月径流预报模型：

$$y=a+a_1x_1+a_2x_2+a_3x_3 \tag{4-12}$$

式中，用于旬径流预报模型时，x_1 为前旬平均流量（m^3/s），x_2、x_3 分别为前旬降水量（mm）和本旬降水量（mm）；用于月径流预报时，x_1 为前月平均流量（m^3/s），x_2、x_3 分别为前月降水量（mm）和本月降水量（mm）。模型参数见表 4-10。其中，非汛期 4～6 月降水量一般参考国家气候中心长期降水预测结果。

表 4-10 唐乃亥站非汛期旬月径流预报模型参数

时间	时段	a	a_1	时间	时段	a	a_1	a_2	a_3
11 月	上旬	111.98	0.6128	3 月	上旬	24.86	0.9238		
	中旬	50.228	0.6884		中旬	45.68	0.8728		3.5984
	下旬	24.548	0.7071		下旬	−18.44	1.1625		2.9854
	月	121.85	0.4393		月	72.069	0.8578		
12 月	上旬	38.586	0.6435	4 月	上旬	45.9	0.9946		−0.3018
	中旬	32.075	0.7111		中旬	30.21	0.9965		4.1765
	下旬	21.174	0.7757		下旬	−20.85	1.156		4.0984
	月	43.868	0.5141		月	83.24	0.9074	3.719	0.4
1 月	上旬	13.891	0.8342	5 月	上旬	58.6	0.9656		1.7404
	中旬	18.26	0.8418		中旬	50.39	0.8761		2.9382
	下旬	0.7678	0.9799		下旬	−6.77	1.0476		3.0729
	月	22.791	0.7528		月	−140.55	1.1111	9.0261	1.9614
2 月	上旬	3.5361	0.9704	6 月	上旬	74.87	0.7884		6.758
	中旬	7.5374	0.9649		中旬	39.48	0.8134		7.1826
	下旬	6.6137	0.9987		下旬	−403.5	0.7609	19.991	6.1844
	月	11.535	0.941		月	−538	0.9655		10.3036

4.1.3.5 汛期径流预报模型

唐乃亥以上流域汛期径流变化受降雨影响强烈，受技术条件限制，流域降水主要受大气环流等因子影响，因此，从前期环流因子中挑选预报因子，可以建立唐乃亥以上来水区间汛期径流总量预估方案。

(1) 预报因子的选择

汛期来水总量主要受汛期降水量影响，而汛期降水量则与大气海洋等物理因子关系密切。因此，根据中国气象局提供的 74 项环流指数，采用相关普查、物理意义分析等方法，遴选预报意义显著的环流因子作为径流预估的预报因子，利用多元回归方法建立唐乃亥以上来水区间汛期径流总量预报。

表 4-11 为入选的前期环流因子与汛期径流量相关关系表。可以看出，在唐乃亥以上流域，与汛期来水相关性较好的环流指数包括：前一年 7 月东太平洋副高北界（175W-115W)-39 号指数；前一年 11 月东亚槽位置（CW)-65 号指数；2 月太平洋副高脊线(110E-115W)-33 号指数，6 月北非副高脊线（20W-60E)-24 号指数。

表 4-11　入选环流因子与汛期径流总量相关系数矩阵

因子	因子序列 1	因子序列 2	因子序列 3	因子序列 4	径流序列 5
因子序列 1	1				
因子序列 2	0.0090	1			
因子序列 3	0.2808	-0.1361	1		
因子序列 4	0.1580	0.0445	0.2585	1	
径流序列 5	-0.3133	0.3449	-0.3065	-0.3531	1

注：因子序列 1 为前一年 7 月东太平洋副高北界（175W-115W）-39 号指数；因子序列 2 为前一年 11 月东亚槽位置（CW）-65 号指数；因子序列 3 为 2 月太平洋副高脊线（110E-115W）-33 号指数；因子序列 4 为 6 月北非副高脊线（20W-60E）-24 号指数；径流序列 5 为唐乃亥以上来水区间汛期径流总量。

(2) 径流预估模型的建立

采用多元回归方法建立唐乃亥以上来水区间汛期径流总量预估模型：

$$y=-1.529X_1+2.6906X_2-2.4426X_3-7.7296X_4+1.083 \tag{4-13}$$

式中，X_1为前一年 7 月东太平洋副高北界（175W-115W）-39 号指数；X_2为前一年 11 月东亚槽位置（CW）-65 号指数；X_3为 2 月太平洋副高脊线（110E-115W）-33 号指数；X_4为 6 月北非副高脊线（20W-60E）-24 号指数；y 为汛期径流总量（亿 m^3）。

4.1.3.6　合理性分析与检验

(1) 非汛期径流预报检验

参考《水文情报预报规范》(GB/T 22482—2008) 中有关枯季径流预报方案的精度评定方法，即取相对误差 30% 为许可误差。考虑水库调度对径流预报精度要求和唐乃亥区间实际来水情况，这里 11 月～翌年 4 月径流预报许可误差取 20%，5～6 月许可误差取 30%，整个非汛期 11 月～翌年 6 月许可误差取 20%。

唐乃亥站非汛期不同时间尺度径流总量预报模型评定结果见表 4-12，11 月～翌年 6 月径流总量计算值与实测值拟合曲线如图 4-4 所示。

表 4-12　唐乃亥站非汛期径流总量预报评定结果

时间尺度	模型合格率/%
11 月 ~ 翌年 4 月	95
5 ~ 6 月	78
11 月 ~ 翌年 6 月	90

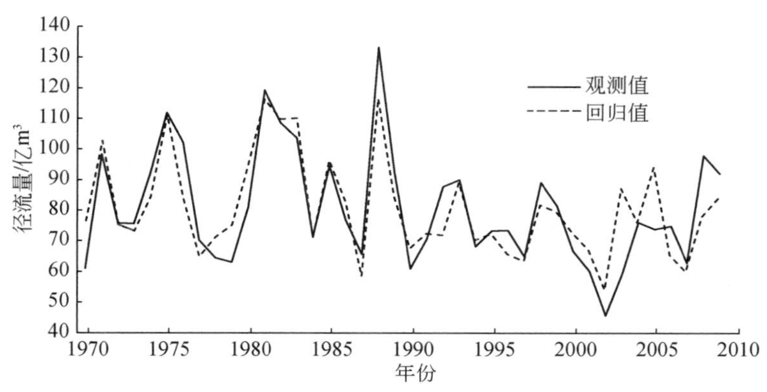

图 4-4　唐乃亥站 11 月 ~ 翌年 6 月径流总量拟合曲线

由表 4-12 可知，11 月 ~ 翌年 6 月径流预报模型精度为 90%，结果表明模型达到甲等预报标准，11 月 ~ 翌年 4 月径流预报模型精度高达 95%，可作为龙羊峡水库旱限水位优化调度的依据，亦可作为黄河水资源统一管理、水量调度的决策依据。5 ~ 6 月径流预报精度合格率为 78%、相对较低，可作为参考预报。

以 2011 ~ 2013 年为验证期，检验模型可靠性，见表 4-13，3 年中，2 年的径流总量计算误差均小于许可误差，预报精度达到合格标准。2011 ~ 2012 年径流计算误差稍大，主要原因是本年度 4 ~ 6 月降水明显偏多，4 ~ 6 月降水形成的径流占非汛期径流总量较大（占非汛期径流总量近 60%，多年均值在 45% 左右），非汛期预报模型对降水影响考虑不足，故预报误差稍大，但也在许可误差范围内。

表 4-13　唐乃亥站非汛期径流总量预报检验结果　　（单位：亿 m^3）

年份	时间尺度	实测径流	计算径流	许可误差	计算误差	合格否
2010 ~ 2011	11 月 ~ 翌年 4 月	40.86	34.51	8.17	6.35	Y
	5 ~ 6 月	42.53	35.38	12.76	7.15	Y
	11 月 ~ 翌年 6 月	83.38	69.92	16.68	13.46	Y
2011 ~ 2012	11 月 ~ 翌年 4 月	57.34	54.33	11.47	-3.01	Y
	5 ~ 6 月	48.88	52.69	14.66	3.81	Y
	11 月 ~ 翌年 6 月	106.22	87.01	21.24	-19.21	Y
2012 ~ 2013	11 月 ~ 翌年 4 月	39.88	43.79	7.98	3.91	Y
	5 ~ 6 月	39.76	34.71	11.93	-5.05	Y
	11 月 ~ 翌年 6 月	79.64	74.54	15.93	-5.10	Y

(2) 非汛期旬月径流预报检验

唐乃亥站11月~翌年3月的旬、月径流预报模型的合格率高于85%,属于甲等方案,4月的旬月预报模型的合格率接近75%,基本属于乙等方案,均可用于作业预报;5~6月旬月预报模型由于受降水影响较大,合格率大多在75%以下,可作为参考预报。唐乃亥站旬、月径流预报模型的合格率见表4-14。

表4-14 唐乃亥站非汛期径流预报模型精度评定

时段	模型合格率/%							
	11月	12月	1月	2月	3月	4月	5月	6月
上旬	98	98	91	100	100	93	63	53
中旬	98	96	98	100	98	80	70	53
下旬	100	100	100	100	93	73	63	60
月	96	100	96	100	95	73	68	55

(3) 汛期径流总量预报检验

根据《水文情报预报规范》(GB/T 22482—2008)中的有关规定,汛期长期径流预报的许可误差取实测值序列最大变幅(最大值和最小值之间的差)的20%作为许可误差,唐乃亥以上来水区间汛期来水总量预报允许误差为31.22亿m^3,唐乃亥以上来水区间汛期来水总量预报模型方案合格率为71%;参考枯季径流预报方案的精度评定方法,即取相对误差30%为许可误差,则合格率为76%,平均相对误差为25%,方案合格。

分别采用两种精度评定方式,唐乃亥以上来水区间汛期径流总量均达到合格标准,可以用于汛期来水径流预估。汛期唐乃亥以上来水区间汛期总量预报方案的试预报结果见表4-15。

表4-15 汛期径流量预报方案试预报相对误差统计

年份	观测值/亿m^3	预报值/亿m^3	误差/亿m^3	合格情况	相对误差/%	合格情况
2013	111.66	90.20	-21.46	合格	-19	合格
2014	118.42	142.13	23.71	合格	20	合格

4.2 三门峡水库入库洪水预报

黄河下游洪水主要来自中游地区,即河口镇至龙门区间、龙门至三门峡区间、三门峡至花园口区间。潼关站控制了黄河中游河口镇至龙门区间(简称“河龙区间”)和龙门至三门峡区间(简称“龙三区间”)两大洪水来源区,是三门峡水库的入库站。根据三门峡水库运用方式:“当没有发生洪水时,原则上按进出库平衡方式运用;当发生洪水时,按敞泄方式运用;在小浪底水库不能满足防洪要求时,三门峡水库相机运用。”因而,当潼关以上出现洪水时,潼关站可视为小浪底水库的入库站,其洪水预报精度和预见期对小浪底水库汛期运行调度决策具有举足轻重的作用。

开展泾渭河短期定量降水预报、建立基于 HIMS 的泾渭河分布式/径流预报模型、开发潼关站洪水预报及软件系统，形成黄河中游洪水预报的关键技术体系提高潼关站洪水预报技术水平和能力。

河龙区间洪水主要来自龙门以上，其控制站为龙门水文站，建立水力学模型和河道洪水演进预报模型综合计算，实现龙门至潼关洪水预见期 20h。龙三区间的洪水主要来自渭河，其控制站为华县水文站，此前华县至潼关洪水平均传播时间约为 12h，若以华县站实测洪水进行预报，扣除洪水作业预报时间，洪水预报预见期不足 12h。通过研究多源信息同化、拼接技术，生成 72h、时空连续的降雨场，建立泾渭河流域中尺度数值预报模式，实现空间格点降雨拼接，开展基于 HIMS 的泾渭河分布式洪水/径流预报，华县站洪水预见期可提高 24h 以上。综合龙门至潼关洪水演进预报以及华县降雨洪水预报，可将三峡入库洪水预报预见期提高到 24h 以上。

4.2.1 降水预报及多源信息同化

4.2.1.1 泾渭河短期定量降水预报

(1) 研究方案

利用中尺度区域模式，模拟泾渭河流域历史上发生的主要降水过程，确立适合于泾渭河流域的中尺度数值模式物理参数，提高降水预报模式的后处理能力，为洪水/径流预报提供预见期为 72h 的降水预报信息。

应用普通克里金（Ordinary Kriging）方法进行多源降水的插值，对实时降水和预报降水进行拼接，生成泾渭河区域分布式水文模型所需的时间步长和空间分辨率网格点上的雨量值，从而实现降水预报与洪水/径流预报的有机结合。技术路线如图 4-5 所示。

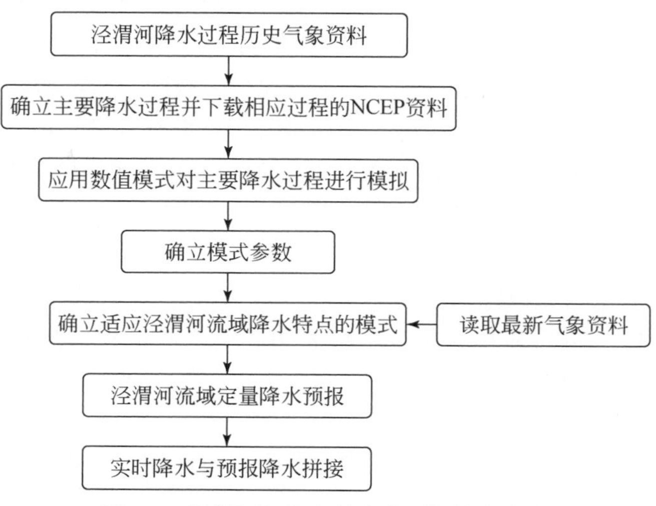

图 4-5　泾渭河短期定量降水预报技术路线

(2) 数据资料

所使用资料包括：①泾渭河地区47个气象站（图4-6）的日降水资料。经统计，大部分气象站自1971年以来有比较完整的观测记录，所以取1971～2010年（共40年）作为研究时间段。②美国NCEP/NCAR提供的每天四次1°×1°全球再分析资料，全球360×180个格点，垂直方向分为26层，变量包括风场、位势高度场、海平面气压、地面气压、温度场、湿度场及垂直速度等。

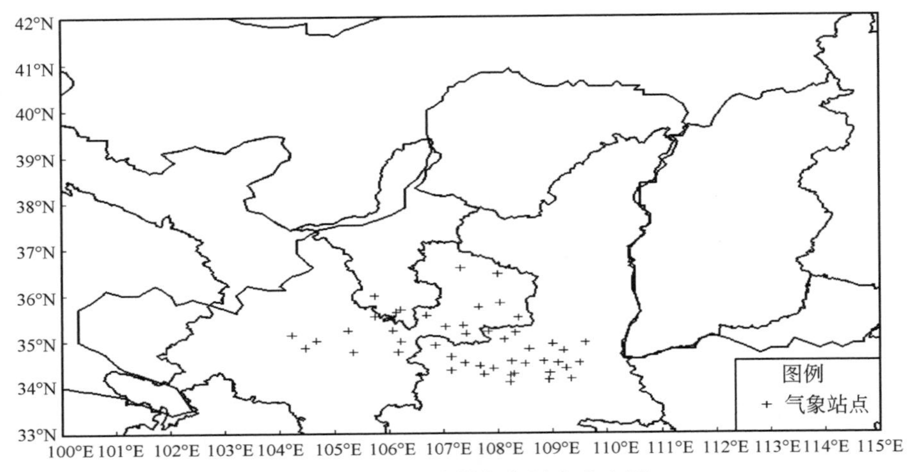

图4-6 泾渭河流域气象站点分布图

(3) 数值模式产品输出

模式产品包含了常规气象要素以及反映天气系统特点和动态的物理量产品，绝大部分产品输出步长是3h一输出，其中的降水产品，针对黄河流域的实际情况，降水在3h一输出的基础上还设置了6h、12h和24h的累积降水产品输出。模式预见期为72h。

系统产品主要包括：24h地面累积降水量实况；高、中、低各层的位势高度、温度、相对湿度、流场、垂直速度、总水汽含量、水汽通量、涡度、散度等要素的客观分析。各层的位势高度、温度、相对湿度、流场、垂直速度、总水汽含量、水汽通量、涡度、散度等要素的24h和48h预报；预报产品为0～24h、24～48h、48～72h降水量预报，其空间分辨率为1km×1km，时间间隔为1h。

(4) 合理性分析与检验

为了检验模式对黄河流域汛期降水的实际预报能力，对2011年以来的主要降水过程进行模拟并与实况降水进行对比分析。结果表明，模式对过程雨量均具有较好的再现能力，但在降水大值区上较观测略有偏南，降水极大值位置与观测有一定的差异。这种差异主要是由于模式空间分辨率较高，以及模式中尺度物理过程的参与，在大降水落区上更具有局地特征。但在这些较大降水落区的模拟检验上，目前还没有更为精细的观测网格能对其进行验证。

2015年汛期对数值模式进行了试预报，2015年汛期泾渭河流域降水偏少，典型降水过程较少。8 月 11 日泾渭洛河部分地区出现一次降水过程，其中泾河局部日雨量达到暴雨量级，如红河站 73.0mm、张河站 72.5mm、樊家川站 67.6mm。受降水影响，华县站 14 日 14：24 出现 568m³/s 的洪峰流量。图 4-7 ~ 图 4-9 分别是 8 月 11 ~ 13 日逐日降水量实况和预报对比图。可以看出，8 月 11 日数值预报对雨区范围预报较准确，对泾渭河降水量级预报偏小；8 月 12 日对泾渭河降水范围和量级预报均偏小；8 月 13 日预报泾渭河为分散性小雨，实际为大部地区降小雨，雨区范围偏小。

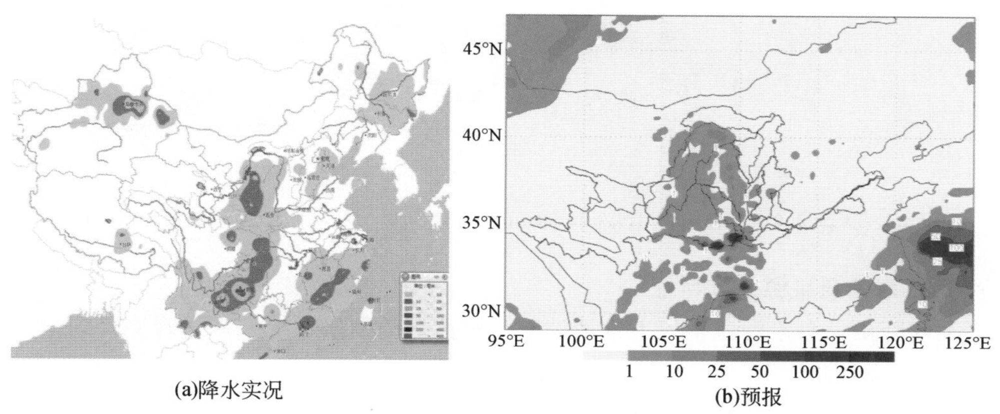

(a)降水实况 (b)预报

图 4-7　2015 年 8 月 11 日 08：00 ~ 12 日 08：00 降水实况与预报

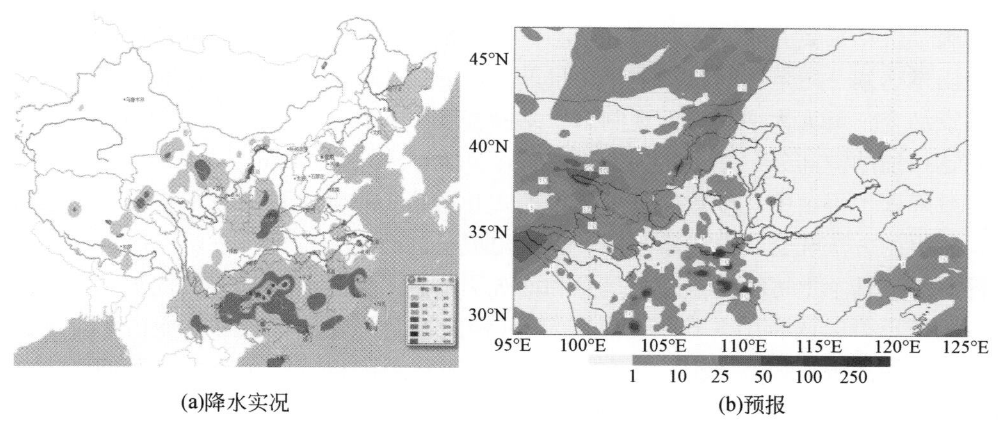

(a)降水实况 (b)预报

图 4-8　2015 年 8 月 12 日 08：00 ~ 13 日 08：00 降水实况与预报

4.2.1.2　多源降水信息同化

多源降雨信息同化指在对各种来源降雨信息的时间、空间特征分析的基础上，生成时间、空间连续的降雨场，进而完成降雨时空特征的统计计算。降雨场的时间分辨率为 1h，空间分辨率为 1km×1km。

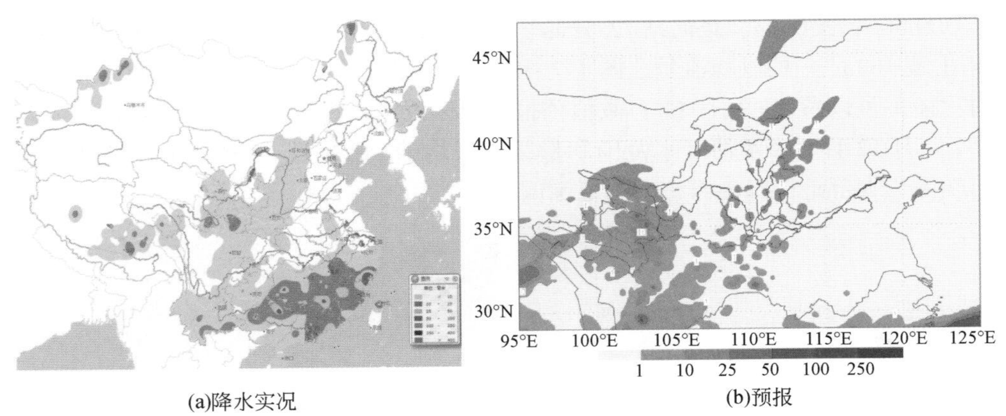

(a)降水实况　　(b)预报

图 4-9　2015 年 8 月 13 日 08：00 ~ 14 日 08：00 降水实况与预报

(1) 降水信息来源及其特征

泾渭河降雨信息来源包括人工水情站网、水情自动测报系统、雷达观测降雨信息及数值预报产品降雨信息。

人工水情站网降雨信息是主要降雨信息来源，测站分布大致均匀，除每日 08：00 定时报汛外，汛期每 2h 拍报一次时段降雨，当降雨强度达到一定标准时，还进行暴雨加报。

水情自动测报系统也称为遥测雨量观测系统，是在固态存储雨量计基础上改造而建的，其雨量自动采集并传输至水情分中心再传输至水文局水情中心，可设定为固定时间间隔或降雨量达到一定量级时自动报汛，目前采用的是 30min 报汛时段。其站点与人工观测雨量站点结合，可大大增加地面观测雨量站网密度。

雷达扫描的空间分辨率可达到 1km×1km，时间分辨率为 5min。

定量降雨预报由中尺度数值降雨预报模式和雷达短时降雨预报技术实现。虽然各种定量降雨预报的方法和时空分辨率不同，但输出成果的时空分辨率可按要求提供。

降雨信息基本上可分为点观测信息和面观测信息。各种观测均有其优缺点。自动雨量站的观测信息可以认为是点上“真值”，且其稳定性及可控制性较好，但由于自动雨量站的站网不可能无限“密”，因此空间控制不足。雷达观测得到的是空间分布的降雨，但雷达观测也有其不足。首先，雷达观测的是回波率，而不是直接的降雨，要靠雷达方程反演，雷达方程中还存在许多问题；其次，雷达观测的是空中的降雨，与地面降雨有一定区别；再次，为避免地形/地物阻挡，雷达均有仰角，在离雷达较远的区域，雷达波束会高于降雨云系，探测不到降雨或探测偏小，对层状云降雨尤为严重；最后，近期内雷达尚不能覆盖整个地区，雷达的有效覆盖范围也会随季节的变化而变化，冬季的有效范围会缩小很多。

在实效性方面，地面观测可以做到基本实时，即整点后 3 ~ 5min 内可收齐地面站的降雨信息，雷达可做到准实时，其观测、传输、处理后 15min 内可得到降雨信息，但考虑到未来雷达信息由气象部门提供，流转环节较多，其滞后约为 30min。

（2）多源降雨信息质量评估

多源降雨信息质量评估遇到的基本问题是：①各类降雨信息的空间特征不同；②信息采集的时间频次不同；③降雨真值不明。信息采集时间频次的差异可以认为是通信手段问题，理论上可做到一致。而空间特征的不同则涉及更本质的问题，即点和面的问题。因此，可据此将降雨信息分为两类：点雨量和连续网格雨量。人工水情站网降雨、自动站网降雨可归为点雨量，雷达观测降雨及数值预报产品降雨可归为连续网格雨量。两类信息还有本质上的其他差异：前者为地面直接观读雨量信息；后者则为经分析计算后的雨量信息，可称之为产品。

（3）边界确定

为避免各类信息来源的观测预报方法、体系、规则等变动带来的影响，边界确定如下。

1）人工水情站网：时段长为 2h 的时段降雨、暴雨加报，以及日、旬、月降雨。

2）自动测报系统：时段长为 30min 的时段降雨。

3）雷达观测：各部雷达探测范围（区分有效范围和覆盖范围）内基本网格上时间间隔为 1h 的降雨过程。

4）定量降水预报：基本网格上时间间隔为 1h 的预报降雨过程。

5）自数据库系统中提取所需信息，并将结果存入数据库。

（4）多源降雨信息同化的原则

基于上述分析，多源降雨信息同化的原则如下：

1）以自动测报站的观测为点上真值，该值还将用于调整雷达观测值；同时考虑到雷达观测的不确定性及可能的观测、通信故障，应考虑单纯利用地面观测获得网格点降雨。

2）雷达可探测到的区域，雷达观测和地面观测相结合获取网格点雨量。

（5）多源降雨信息同化

多源降水信息同化实现的功能包括地面雨量站雨量场分析、雷达分析降水、多部雷达降水区域拼图和信息同化。当多源降水信息同化流程启动时，会读入 1h 的雷达观测数据和时间匹配的地面雨量站观测数据。首先对地面雨量站观测进行雨量场分析，然后利用改进的概率方法确定 Z-R 关系，接着用拟合的 Z-R 关系反演降水量得到雷达分析降水，而后在指定的区域内进行多部雷达降水的区域拼图，最后利用自适应卡尔曼滤波和变分方法进行多源降水信息同化。

（6）降水信息同化结果

利用 2007 年 7 月 18 日 14：00～16：00 自动雨量站的观测降水和雷达估测的降水进行同化分析（卡尔曼滤波+变分同化），结果如图 4-10 所示。

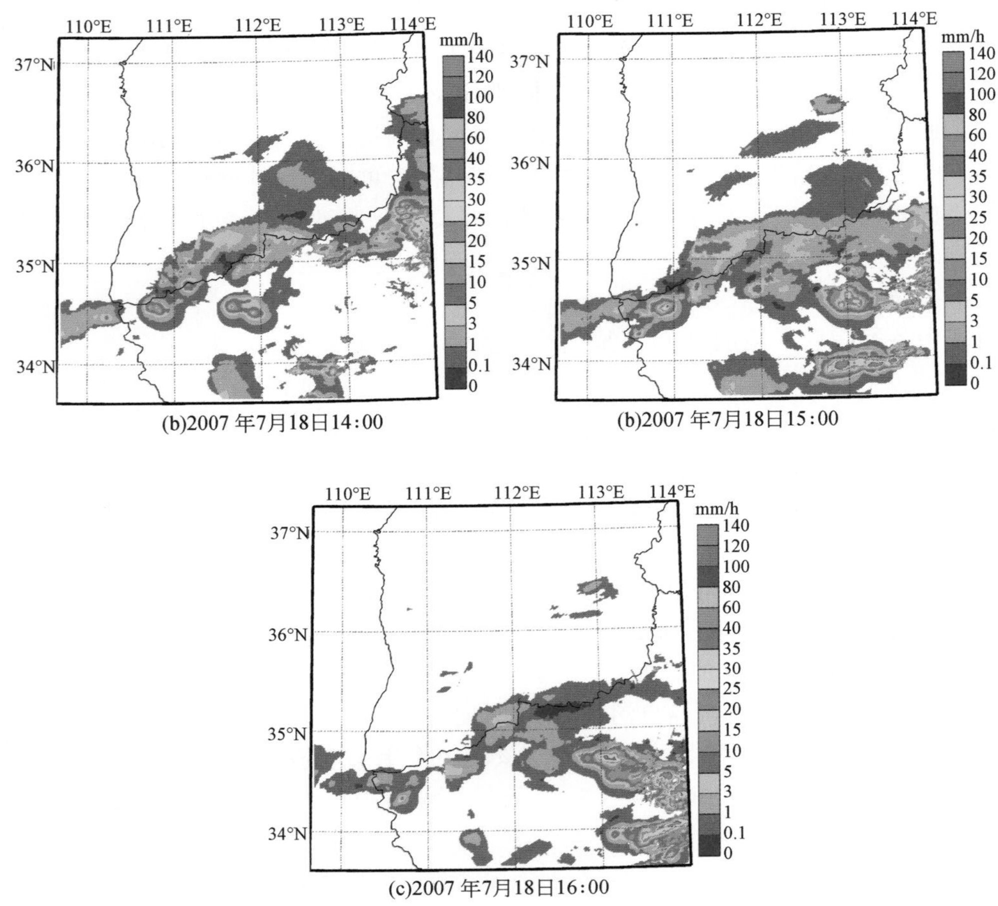

(b)2007 年7月18日14:00

(b)2007 年7月18日15:00

(c)2007 年7月18日16:00

图 4-10　2007 年 7 月 18 日 14：00、15：00 和 16：00 雷达和雨量站降水信息同化结果

4.2.1.3　实测降水与预报降水拼接

实测降水为实时人工观测降水和遥测降水信息，其通过信息采集、传输与接收处理系统进入黄委水文局实时水情数据库。预报降水主要为中尺度数值模式预报产品。为满足洪水预报的要求，需要将实测降水插值到与预报降水一致的网格点上，实现实测降水与预报降水自动拼接，形成时空连续的降水系列产品，为 HIMS 分布式洪水/径流预报模型提供降水输入信息。

(1) 降水插值方法简介

本书采用 Ordinary Kriging（邵晓梅等，2006；彭思岭，2010；王舒等，2011）对泾渭河地区的站点观测降水进行插值。它既可以对点进行估计，也可以对块进行估计，对任一变量在点 X 处的估计值 $\hat{Z}(X_0)$，可以通过该点影响范围内 n 个有效观测值 $Z(X_i)$ 的线

性组合得到，即

$$\hat{Z}(X_0)=\sum_{i=1}^{n}\lambda_i Z(X_i)\quad i=1,\ 2,\ \cdots,\ n \tag{4-14}$$

式中，X_0 为一个未采样点；λ_i 为赋予观测值 Z（X_i）的权重，表示各个观测值 Z（X_0）对估计值 $\hat{Z}$（X_0）的贡献，并且其和等于 1。选取 λ_i 使 $\hat{Z}$（X_0）的估计无偏，并且使方差 σ_0^2 解为

$$\sum_{i=1}^{n}\lambda_i\gamma(X_i,\ X_j)+\phi=\gamma(X_i,\ X_0)$$

$$\sigma_0^2=\sum_{i=1}^{n}\lambda_i\gamma(X_i,\ X_0)+\phi \tag{4-15}$$

式中，ϕ 为极小化处理时的拉格朗日常数；$\gamma(X_i,\ X_j)$ 为随机变量 $\hat{Z}(X_0)$ 在采样点 X_i 和 X_j 之间的半方差；$\gamma(X_i,\ X_0)$ 为 $\hat{Z}(X_0)$ 在采样点 X_i 和未知点 X_0 之间的半方差。这些量都从变异函数得到，它是对实验变异函数的最优拟合。半变异函数 $r(h)$ 来自于英文单词 Semivariogram，实验变异函数的计算公式为

$$r(h)=\frac{1}{2\lambda}\sum\left[Z(X_i)-Z(X_i+h)\right]^2 \tag{4-16}$$

实验变异函数提供了插值和优化采样的有用信息。Ordinary Kriging 的第一步是根据样本计算实验变异函数并使用理论变异函数的有限性组合对它进行拟合。

计算方法如下，X_0 处的估计值 $\hat{Z}(X_0)=\gamma' W^{-1}B$，而误差估计值的平方 $\sigma^2(X_0)=B'W'B$，其中 cov（X_1，X_k）为 X 和 X 之间的变异量，因为变异量只与两点之间的相对距离有关，可以得出 cov（X_1，X_k）= cov（X_k，X_1），也即矩阵 W 为对称矩阵。

$$W=\begin{bmatrix}\mathrm{cov}(X_1,\ X_1) & \mathrm{cov}(X_1,\ X_2) & \cdots & \mathrm{cov}(X_1,\ X_k) & 1\\ \mathrm{cov}(X_2,\ X_1) & \mathrm{cov}(X_2,\ X_2) & \cdots & \mathrm{cov}(X_2,\ X_k) & 1\\ \cdots & \cdots & \cdots & \cdots & 1\\ \mathrm{cov}(X_k,\ X_1) & \mathrm{cov}(X_k,\ X_2) & \cdots & \mathrm{cov}(X_k,\ X_k) & 1\\ 1 & 1 & \cdots & 1 & 0\end{bmatrix}$$

$$B=\begin{bmatrix}\mathrm{cov}(X_o,\ X_k)\\ \mathrm{cov}(X_o,\ X_k)\\ \cdots\\ \mathrm{cov}(X_o,\ X_k)\\ 1\end{bmatrix}\qquad \gamma=\begin{bmatrix}Z(X_1)\\ Z(X_2)\\ \cdots\\ Z(X_k)\\ 0\end{bmatrix} \tag{4-17}$$

（2）实测降水与预报降水拼接

降雨信息拼接指将实测降雨场与预报降雨场拼接，从而生成洪水预报系统所需的相同空间网格、降水系列完整或给定时间长度的降雨过程。

降雨信息拼接的基本思路是及时加入新的观测、预报成果，滚动更新洪水预报所需要的网格降雨过程，拼接方案如下：

1）当前时刻及前期降水采用实测网格降水过程（经插值处理后）。

2）未来2h以后采用中尺度数值降水预报模式预报的网格降雨过程。

3）合并1）~2）形成洪水预报所需的时间序列完整的网格降雨过程输入。

4）下一时刻以新得到的实测网格降雨取代原采用的数值降水预报成果，若有新的模式预报成果，则用以取代其后2h的过程；若无新的预报成果，保留原采用的模式预报成果。

实测降水与预报降水拼接方案如图4-11所示。对某时刻（时段）T而言，当前和前面时间的降水采用实测资料，其后$T+1$时段的降水采用数值预报产品。到$T+1$时段时，该时段降水即更新为实测值。系统可自动滚动更新。

降水	实测	实测	实测	模式预报	模式预报	模式预报	模式预报
时段	…	时段$T-1$	时段T	时段$T+1$	时段$T+2$	时段$T+3$	…

(a) T时段拼接方案

降水	实测	实测	实测	实测	模式预报	模式预报	模式预报
时段	…	时段$T-1$	时段T	时段$T+1$	时段$T+2$	时段$T+3$	…

(b) $T+1$时段拼接方案

图4-11　实测降水与预报降水拼接方案示意

拼接实例：

2014年9月13~16日，泾渭河流域出现一次明显降雨过程。13日泾渭河流域降小到中雨；14~16日泾渭河普降中到大雨，其中，14~15日大雨区位于泾渭河中下游地区，16日大雨区位于泾渭河上游，17日转为分散性小雨，降雨趋于结束。对该次降雨的模拟拼接结果如图4-12~图4-14所示。图4-12是2014年9月15日04：00~06：00两小时累积雨量，最大降雨中心两小时累积雨量达4mm以上。15日降雨量采用雨量站实测雨量结果，内插至5km×5km网格点上。图4-13、图4-14分别是2014年9月16日08：00~10：00和2014年9月17日10：00~12：00两小时累积雨量，16日08：00~10：00两小时中心累积雨量3mm以上，雨强有减小趋势，17日10：00~12：00两小时累积雨量中心降雨不足1mm，降雨明显减弱。2014年9月16~17日降水采用数值模式24h、48h预报降水资料，经过内插形成了预报降水与实测降水相同时间步长（2h）、相同空间网格点（5km×5km）的降水系列，实现了实测降水与预报降水的拼接，为水文模型提供输入降水资料。

```
-9999,-9999,-9999,-9999,-9999,-9999,-9999,-9999,-9999,-9999,-9999,-9999,-9999,-9999,-9999,-9999,-9999,-9999,-9999,-9999,-99
-9999,-9999,-9999,-9999,-9999,-9999,-9999,-9999,-9999,-9999,-9999,-9999,-9999,-9999,-9999,-9999,-9999,-9999,-9999,-9999,-99
-9999,-9999,-9999,-9999,-9999,-9999,-9999,-9999,-9999,-9999,-9999,-9999,-9999,-9999,-9999,-9999,-9999,-9999,-9999,-9999,-99
-9999,-9999,-9999,-9999,-9999,-9999,-9999,-9999,-9999,-9999,-9999,-9999,-9999,-9999,-9999,-9999,-9999,-9999,-9999,-9999,-99
-9999,-9999,-9999,-9999,-9999,-9999,-9999,-9999,-9999,-9999,-9999,-9999,-9999,-9999,-9999,-9999,-9999,-9999,-9999,-9999,-99
-9999,-9999,-9999,-9999,-9999,-9999,-9999,-9999,-9999,-9999,-9999,-9999,-9999,-9999,-9999,-9999,-9999,-9999,-9999,-9999,-99
-9999,-9999,-9999,-9999,-9999,-9999,-9999,-9999,-9999,-9999,-9999,-9999,-9999,-9999,-9999,-9999,-9999,-9999,-9999,-9999,-99
-9999,-9999,1.504715,-9999,-9999,-9999,-9999,-9999,-9999,-9999,-9999,-9999,-9999,-9999,-9999,-9999,-9999,-9999,-9999,-9999,
-9999,1.531713,1.527172,1.586384,-9999,-9999,-9999,-9999,-9999,-9999,-9999,-9999,-9999,-9999,-9999,-9999,-9999,-9999,-9999,
-9999,-9999,1.594801,1.593814,1.574945,1.541224,-9999,-9999,-9999,-9999,-9999,-9999,-9999,-9999,-9999,-9999,-9999,-9999,-99
-9999,-9999,1.621657,1.606841,1.589854,1.570281,1.548185,-9999,-9999,-9999,-9999,-9999,-9999,-9999,-9999,-9999,-9999,-9999,
-9999,-9999,1.652547,1.62598,1.623933,1.604462,1.580772,1.544081,1.529118,-9999,-9999,-9999,-9999,-9999,-9999,-9999,-9999,-
-9999,-9999,1.659891,1.665341,1.664897,1.635136,1.620033,1.579017,1.555567,1.518375,-9999,-9999,-9999,-9999,-9999,-9999,-99
-9999,-9999,-9999,1.712359,1.715177,1.687481,1.651629,1.633486,1.585892,1.545078,-9999,-9999,-9999,-9999,-9999,-9999,-9999,
-9999,-9999,-9999,1.768921,1.777992,1.75477,1.717812,1.688362,1.632538,1.552616,-9999,-9999,-9999,-9999,-9999,-9999,-9999,-
-9999,-9999,-9999,-9999,1.857285,1.835084,1.808892,1.77468,1.677199,1.559113,1.450098,-9999,-9999,-9999,-9999,-9999,1.96564
-9999,-9999,-9999,-9999,-9999,1.954888,1.954354,1.887755,1.757311,1.565986,1.381043,1.252054,1.209665,1.244599,1.348525,1.5
-9999,-9999,-9999,-9999,2.079661,2.107492,2.138163,2.085483,1.901137,1.587837,1.233602,1.010361,.9983457,1.063587,1.154801,
-9999,-9999,-9999,2.105386,2.212531,2.311567,2.418867,2.42683,2.211363,1.690742,.9617734,.5197119,.6921457,.8414199,.867117
-9999,-9999,-9999,-9999,2.353828,2.546814,2.800497,2.994985,2.875637,2.132817,.8560688,0,.5136334,.6165373,.4133323,.636705
-9999,-9999,-9999,-9999,-9999,2.757981,3.200974,3.784086,4.065222,3.161036,1.837024,.9359752,.8881229,.4886842,0,.4010624,.
-9999,-9999,-9999,-9999,-9999,2.837785,3.396018,4.258935,5,3.902744,3.183483,2.327279,1.468848,.8286785,.4579665,.5769193,.
-9999,-9999,-9999,-9999,-9999,2.749671,3.211865,3.808648,4.119548,3.691924,4,3.008662,1.80754,1.193823,.9117903,.7696186,.4
-9999,-9999,-9999,-9999,-9999,-9999,-9999,3.097885,3.189947,3.164395,3.181072,2.400442,1.53453,1.184091,1.060398,.9440424,.
-9999,-9999,-9999,-9999,-9999,-9999,-9999,-9999,2.542135,2.416464,2.059974,1.275162,.6716564,.8252947,1.045371,1.12807,1.12
-9999,-9999,-9999,-9999,-9999,-9999,-9999,-9999,2.067944,1.852163,1.408315,.618793,0,.5180129,1.011806,1.295679,1.522767,1.
-9999,-9999,-9999,-9999,-9999,-9999,-9999,-9999,1.759138,1.553485,1.221503,.7686026,.4819838,.7025128,1.007062,1.436081,2.0
-9999,-9999,-9999,-9999,-9999,-9999,-9999,-9999,-9999,1.413156,1.211836,.9914566,.8328915,.7058786,.633059,1.350625,2.86004
-9999,-9999,-9999,-9999,-9999,-9999,-9999,-9999,-9999,-9999,1.220285,1.076551,.8934616,.5114144,0,1.053052,3.42417,6,4.0751
-9999,-9999,-9999,-9999,-9999,-9999,-9999,-9999,-9999,-9999,-9999,-9999,.9837853,.7538071,.6203225,1.049284,1.659211,3.2282
-9999,-9999,-9999,-9999,-9999,-9999,-9999,-9999,-9999,-9999,-9999,-9999,-9999,1.035512,.9934742,.742806,0,1.158958,1.799148
-9999,-9999,-9999,-9999,-9999,-9999,-9999,-9999,-9999,-9999,-9999,-9999,-9999,1.193852,1.179994,-9999,.8166774,1.165384,1.4
-9999,-9999,-9999,-9999,-9999,-9999,-9999,-9999,-9999,-9999,-9999,-9999,-9999,-9999,-9999,-9999,-9999,1.50168,1.318929,1.15
-9999,-9999,-9999,-9999,-9999,-9999,-9999,-9999,-9999,-9999,-9999,-9999,-9999,-9999,-9999,-9999,-9999,1.928392,1.211553,.95
-9999,-9999,-9999,-9999,-9999,-9999,-9999,-9999,-9999,-9999,-9999,-9999,-9999,-9999,-9999,-9999,-9999,1.711587,.7098551,.68
-9999,-9999,-9999,-9999,-9999,-9999,-9999,-9999,-9999,-9999,-9999,-9999,-9999,-9999,-9999,-9999,-9999,0,0,.4520448,.5659466
-9999,-9999,-9999,-9999,-9999,-9999,-9999,-9999,-9999,-9999,-9999,-9999,-9999,-9999,-9999,-9999,-9999,.4247273,.4242948,.55
-9999,-9999,-9999,-9999,-9999,-9999,-9999,-9999,-9999,-9999,-9999,-9999,-9999,-9999,-9999,-9999,-9999,.5611461,.6439019,.70
-9999,-9999,-9999,-9999,-9999,-9999,-9999,-9999,-9999,-9999,-9999,-9999,-9999,-9999,-9999,-9999,-9999,.7222716,.7771118,.82
-9999,-9999,-9999,-9999,-9999,-9999,-9999,-9999,-9999,-9999,-9999,-9999,-9999,-9999,-9999,-9999,-9999,-9999,.8876118,.93606
-9999,-9999,-9999,-9999,-9999,-9999,-9999,-9999,-9999,-9999,-9999,-9999,-9999,-9999,-9999,-9999,-9999,-9999,-9999,-9999,-99
-9999,-9999,-9999,-9999,-9999,-9999,-9999,-9999,-9999,-9999,-9999,-9999,-9999,-9999,-9999,-9999,-9999,-9999,-9999,-9999,-99
-9999,-9999,-9999,-9999,-9999,-9999,-9999,-9999,-9999,-9999,-9999,-9999,-9999,-9999,-9999,-9999,-9999,-9999,-9999,-9999,-99
-9999,-9999,-9999,-9999,-9999,-9999,-9999,-9999,-9999,-9999,-9999,-9999,-9999,-9999,-9999,-9999,-9999,-9999,-9999,-9999,-99
-9999,-9999,-9999,-9999,-9999,-9999,-9999,-9999,-9999,-9999,-9999,-9999,-9999,-9999,-9999,-9999,-9999,-9999,-9999,-9999,-99
```

图 4-12　2014 年 9 月 15 日 04：00 ~ 06：00 累积雨量格点资料

```
-9999,-9999,-9999,-9999,-9999,-9999,-9999,-9999,-9999,-9999,-9999,-9999,-9999,-9999,-9999,-9999,-9999,-9999,-9999,-9999,-99
-9999,-9999,-9999,-9999,-9999,-9999,-9999,-9999,-9999,-9999,-9999,-9999,-9999,-9999,-9999,-9999,-9999,-9999,-9999,-9999,-99
-9999,-9999,-9999,-9999,-9999,-9999,-9999,-9999,-9999,-9999,-9999,-9999,-9999,-9999,-9999,-9999,-9999,-9999,-9999,-9999,-99
-9999,-9999,-9999,-9999,-9999,-9999,-9999,-9999,-9999,-9999,-9999,-9999,-9999,-9999,-9999,-9999,-9999,-9999,-9999,-9999,-99
-9999,-9999,-9999,-9999,-9999,-9999,-9999,-9999,-9999,-9999,-9999,-9999,-9999,-9999,-9999,-9999,-9999,-9999,-9999,-9999,-99
-9999,-9999,-9999,-9999,-9999,-9999,-9999,-9999,-9999,-9999,-9999,-9999,-9999,-9999,-9999,-9999,-9999,-9999,-9999,-9999,-99
-9999,-9999,-9999,-9999,-9999,-9999,-9999,-9999,-9999,-9999,-9999,-9999,-9999,-9999,-9999,-9999,-9999,-9999,-9999,-9999,-99
-9999,-9999,2.186691,-9999,-9999,-9999,-9999,-9999,-9999,-9999,-9999,-9999,-9999,-9999,-9999,-9999,-9999,-9999,-9999,-9999,
-9999,2.14036,2.170968,2.177795,-9999,-9999,-9999,-9999,-9999,-9999,-9999,-9999,-9999,-9999,-9999,-9999,-9999,-9999,-9999,-
-9999,-9999,2.131359,2.138817,2.126308,2.098166,-9999,-9999,-9999,-9999,-9999,-9999,-9999,-9999,-9999,-9999,-9999,-9999,-99
-9999,-9999,2.118496,2.104582,2.091981,2.080937,2.072274,-9999,-9999,-9999,-9999,-9999,-9999,-9999,-9999,-9999,-9999,-9999,
-9999,-9999,2.107698,2.075322,2.078596,2.065008,2.052386,2.029989,2.019384,-9999,-9999,-9999,-9999,-9999,-9999,-9999,-9999,
-9999,-9999,2.064571,2.068161,2.068843,2.038861,2.034306,2.005492,1.986629,1.981364,-9999,-9999,-9999,-9999,-9999,-9999,-99
-9999,-9999,-9999,2.066207,2.065061,2.033272,1.999525,1.9781,1.950777,1.926093,-9999,-9999,-9999,-9999,-9999,-9999,-9999,-9
-9999,-9999,-9999,2.071501,2.070382,2.037881,1.99823,1.962631,1.910979,1.858197,-9999,-9999,-9999,-9999,-9999,-9999,-9999,-
-9999,-9999,-9999,-9999,2.088678,2.049203,2.014925,1.959121,1.87521,1.781974,1.712533,-9999,-9999,-9999,-9999,-9999,3.15301
-9999,-9999,-9999,-9999,-9999,2.095209,2.055101,1.985635,1.86714,1.700155,1.551763,1.470399,1.501157,1.638312,1.89794,2.347
-9999,-9999,-9999,-9999,2.179257,2.166389,2.146559,2.08183,1.910511,1.630299,1.313624,1.128021,1.178938,1.341778,1.565613,1
-9999,-9999,-9999,2.192811,2.24392,2.272677,2.31642,2.291916,2.093586,1.638339,.9707456,.551704,.7786435,1.012468,1.120885,
-9999,-9999,-9999,-9999,2.312037,2.418324,2.564763,2.67266,2.556525,1.954464,.8257211,0,.5529237,.7077237,.508767,.8406073,
-9999,-9999,-9999,-9999,-9999,2.548021,2.831239,3.208429,3.387769,2.76553,1.732291,.9277993,.9250995,.539878,0,.5035395,.98
-9999,-9999,-9999,-9999,-9999,2.59786,2.965025,3.528714,4,3.392323,3.078768,2.301811,1.501419,.8917642,.5218303,.6946727,.7
-9999,-9999,-9999,-9999,-9999,2.536952,2.847921,3.251348,3.486509,3.447877,4,2.99254,1.837431,1.267405,1.015603,.8967037,.4
-9999,-9999,-9999,-9999,-9999,-9999,-9999,2.789309,2.901151,3.020128,3.139302,2.39232,1.565494,1.252282,1.163757,1.070836,.
-9999,-9999,-9999,-9999,-9999,-9999,-9999,-9999,2.407641,2.336986,2.03413,1.281413,.691339,.8733058,1.134049,1.248528,1.259
-9999,-9999,-9999,-9999,-9999,-9999,-9999,-9999,2.016901,1.827388,1.409324,.6302178,0,.5480711,1.084439,1.398826,1.646593,1
-9999,-9999,-9999,-9999,-9999,-9999,-9999,-9999,1.757111,1.563817,1.24209,.7923107,.5036478,.7410225,1.06517,1.5133,2.12529
-9999,-9999,-9999,-9999,-9999,-9999,-9999,-9999,-9999,1.44534,1.247346,1.029893,.8718586,.7408075,.6616428,1.396452,2.91197
-9999,-9999,-9999,-9999,-9999,-9999,-9999,-9999,-9999,-9999,1.265052,1.121883,.9341585,.5339268,0,1.077984,3.451933,6,4.116
-9999,-9999,-9999,-9999,-9999,-9999,-9999,-9999,-9999,-9999,-9999,-9999,1.025527,.7833112,.6405075,1.073099,1.679472,3.2516
-9999,-9999,-9999,-9999,-9999,-9999,-9999,-9999,-9999,-9999,-9999,-9999,-9999,1.070586,1.02203,.7599309,0,1.178683,1.837939
-9999,-9999,-9999,-9999,-9999,-9999,-9999,-9999,-9999,-9999,-9999,-9999,-9999,1.226167,1.206319,-9999,.8301976,1.184614,1.4
-9999,-9999,-9999,-9999,-9999,-9999,-9999,-9999,-9999,-9999,-9999,-9999,-9999,-9999,-9999,-9999,-9999,1.512713,1.328837,1.1
-9999,-9999,-9999,-9999,-9999,-9999,-9999,-9999,-9999,-9999,-9999,-9999,-9999,-9999,-9999,-9999,-9999,1.928641,1.207639,.94
-9999,-9999,-9999,-9999,-9999,-9999,-9999,-9999,-9999,-9999,-9999,-9999,-9999,-9999,-9999,-9999,-9999,1.708084,.7017538,.66
-9999,-9999,-9999,-9999,-9999,-9999,-9999,-9999,-9999,-9999,-9999,-9999,-9999,-9999,-9999,-9999,-9999,0,0,.4280686,.5136404
-9999,-9999,-9999,-9999,-9999,-9999,-9999,-9999,-9999,-9999,-9999,-9999,-9999,-9999,-9999,-9999,-9999,.4137206,.4037187,.50
-9999,-9999,-9999,-9999,-9999,-9999,-9999,-9999,-9999,-9999,-9999,-9999,-9999,-9999,-9999,-9999,-9999,.5301429,.5883347,.61
-9999,-9999,-9999,-9999,-9999,-9999,-9999,-9999,-9999,-9999,-9999,-9999,-9999,-9999,-9999,-9999,-9999,.6561567,.6763464,.67
-9999,-9999,-9999,-9999,-9999,-9999,-9999,-9999,-9999,-9999,-9999,-9999,-9999,-9999,-9999,-9999,-9999,-9999,.7334886,.71856
-9999,-9999,-9999,-9999,-9999,-9999,-9999,-9999,-9999,-9999,-9999,-9999,-9999,-9999,-9999,-9999,-9999,-9999,-9999,-9999,-99
-9999,-9999,-9999,-9999,-9999,-9999,-9999,-9999,-9999,-9999,-9999,-9999,-9999,-9999,-9999,-9999,-9999,-9999,-9999,-9999,-99
-9999,-9999,-9999,-9999,-9999,-9999,-9999,-9999,-9999,-9999,-9999,-9999,-9999,-9999,-9999,-9999,-9999,-9999,-9999,-9999,-99
-9999,-9999,-9999,-9999,-9999,-9999,-9999,-9999,-9999,-9999,-9999,-9999,-9999,-9999,-9999,-9999,-9999,-9999,-9999,-9999,-99
-9999,-9999,-9999,-9999,-9999,-9999,-9999,-9999,-9999,-9999,-9999,-9999,-9999,-9999,-9999,-9999,-9999,-9999,-9999,-9999,-99
```

图 4-13　2014 年 9 月 16 日 08：00 ~ 10：00 累积雨量格点资料

-9999,-99
-9999,-99
-9999,-99
-9999,-99
-9999,-99
-9999,-99
-9999,-99
-9999,-9999,.875888,-9999,-9999,-9999,-9999,-9999,-9999,-9999,-9999,-9999,-9999,-9999,-9999,-9999,-9999,-9999,-9999,-9999,-
-9999,.886448,.8834957,.8810049,-9999,-9999,-9999,-9999,-9999,-9999,-9999,-9999,-9999,-9999,-9999,-9999,-9999,-9999,-9999,-
-9999,-9999,.8732789,.8811841,.8798245,.8707746,-9999,-9999,-9999,-9999,-9999,-9999,-9999,-9999,-9999,-9999,-9999,-99
-9999,-9999,.8841056,.8843411,.88389,.8826781,.8809617,-9999,-9999,-9999,-9999,-9999,-9999,-9999,-9999,-9999,-9999,-9999,-9
-9999,-9999,.8970605,.8908319,.8984771,.8971663,.8943661,.8853797,.877369,-9999,-9999,-9999,-9999,-9999,-9999,-9999,-9999,-
-9999,-9999,.8973312,.9084657,.9168581,.9095917,.9112124,.8994073,.8874143,.8822355,-9999,-9999,-9999,-9999,-9999,-9999,-99
-9999,-9999,-9999,.9304858,.9405916,.9342422,.9237485,.9131812,.8988788,.8814013,-9999,-9999,-9999,-9999,-9999,-9999,-9999,
-9999,-9999,-9999,.9581224,.9717468,.9677246,.956102,.939418,.9104528,.8791029,-9999,-9999,-9999,-9999,-9999,-9999,-9999,-9
-9999,-9999,-9999,-9999,1.012865,1.009568,1.003496,.9760804,.9312304,.8758878,.825538,-9999,-9999,-9999,-9999,-9999,1.68112
-9999,-9999,-9999,-9999,-9999,1.075107,1.067738,1.039303,.9737355,.8738836,.777092,.7190672,.7200713,.7824207,.9220356,1.18
-9999,-9999,-9999,-9999,1.134408,1.161567,1.175089,1.154358,1.055969,.883068,.6867835,.5690351,.5762662,.6450567,.7569074,.
-9999,-9999,-9999,1.135497,1.209442,1.272963,1.342628,1.358561,1.239601,.9423131,.5313314,.2871172,.3873891,.4882262,.53456
-9999,-9999,-9999,-9999,1.281811,1.412249,1.57487,1.706828,1.641673,1.199453,.4703457,0,.2789149,.3415059,.2385145,.3899648
-9999,-9999,-9999,-9999,-9999,1.531543,1.821975,2.202919,2.386825,1.802194,.9967659,.4962536,.4689644,.2598071,0,.2247119,.
-9999,-9999,-9999,-9999,-9999,1.573338,1.938056,2.505125,3,2.216671,1.657315,1.200138,.7565181,.4254431,.2353004,.2987673,.
-9999,-9999,-9999,-9999,-9999,1.505573,1.806326,2.194312,2.383527,1.974395,2,1.523294,.913224,.5936746,.4453616,.37096,.197
-9999,-9999,-9999,-9999,-9999,-9999,-9999,1.712039,1.744658,1.658564,1.614483,1.208702,.7587584,.5672641,.4904572,.4235444,
-9999,-9999,-9999,-9999,-9999,-9999,-9999,-9999,1.33321,1.242558,1.036655,.6275306,.3196601,.3754602,.4531988,.4688134,.451
-9999,-9999,-9999,-9999,-9999,-9999,-9999,-9999,1.036921,.9155635,.6810832,.2898617,0,.2203126,.4072466,.4973387,.5645047,.
-9999,-9999,-9999,-9999,-9999,-9999,-9999,-9999,.8355291,.7257993,.5556141,.3362797,.2008904,.2769518,.3760101,.5130663,.70
-9999,-9999,-9999,-9999,-9999,-9999,-9999,-9999,-9999,.6169618,.5121164,.4010395,.3205377,.257976,.221245 3,.4582601,.95699
-9999,-9999,-9999,-9999,-9999,-9999,-9999,-9999,-9999,-9999,.4758352,.400337,.3164006,.1732759,0,.3447426,1.132525,2,1.3473
-9999,-9999,-9999,-9999,-9999,-9999,-9999,-9999,-9999,-9999,-9999,-9999,.317797,.2338883,.1893525,.3251242,.5316196,1.05342
-9999,-9999,-9999,-9999,-9999,-9999,-9999,-9999,-9999,-9999,-9999,-9999,.2843471,.2659458,.2015043,0,.3376465,.521877
-9999,-9999,-9999,-9999,-9999,-9999,-9999,-9999,-9999,-9999,-9999,-9999,.2746091,.2504982,-9999,.1687649,.2558494,.32
-9999,-9999,-9999,-9999,-9999,-9999,-9999,-9999,-9999,-9999,-9999,-9999,-9999,-9999,-9999,-9999,.1904691,.2122044,.21
-9999,-9999,-9999,-9999,-9999,-9999,-9999,-9999,-9999,-9999,-9999,-9999,-9999,-9999,-9999,-9999,-9999,9.857962E-02,.1223647
-9999,-9999,-9999,-9999,-9999,-9999,-9999,-9999,-9999,-9999,-9999,-9999,-9999,-9999,-9999,-9999,-9999,3.817916E-02,5.102189
-9999,-9999,-9999,-9999,-9999,-9999,-9999,-9999,-9999,-9999,-9999,-9999,-9999,-9999,-9999,-9999,-9999,0,0,4.903038E-02,7.44
-9999,-9999,-9999,-9999,-9999,-9999,-9999,-9999,-9999,-9999,-9999,-9999,-9999,-9999,-9999,-9999,-9999,2.694013E-02,3.657645
-9999,-9999,-9999,-9999,-9999,-9999,-9999,-9999,-9999,-9999,-9999,-9999,-9999,-9999,-9999,-9999,-9999,.050583,.0650386,.078
-9999,-9999,-9999,-9999,-9999,-9999,-9999,-9999,-9999,-9999,-9999,-9999,-9999,-9999,-9999,-9999,-9999,7.854607E-02,8.614463
-9999,-9999,-9999,-9999,-9999,-9999,-9999,-9999,-9999,-9999,-9999,-9999,-9999,-9999,-9999,-9999,-9999,-9999,.1025114,.10195
-9999,-99
-9999,-99
-9999,-99
-9999,-99
-9999,-99

图 4-14　2014 年 9 月 17 日 10：00 ~ 12：00 累积雨量格点资料

4.2.2　泾渭河分布式洪水/径流预报

4.2.2.1　研究方案

基于长系列水文气象资料，采用历史资料统计分析与物理成因分析相结合的方法，研究泾渭河流域降雨的时空分布规律，及降水-径流非线性关系；与 GIS/RS 技术相结合，在多源数据同化与融合的基础上，基于 HIMS 流域水循环模拟系统平台，定制开发流域分布式洪水/径流预报模型，为日径流和场次洪水预报提供技术支撑。研究技术路线如图 4-15所示。

4.2.2.2　数据资料

根据渭河流域咸阳站、华县站，以及泾河流域杨家坪站和张家山站实测降水和径流数据开展研究。

收集整理资料包括：流域的地形、植被、土壤等下垫面信息；降水、气温、流量等地面观测站的水文气象资料（图 4-16）。

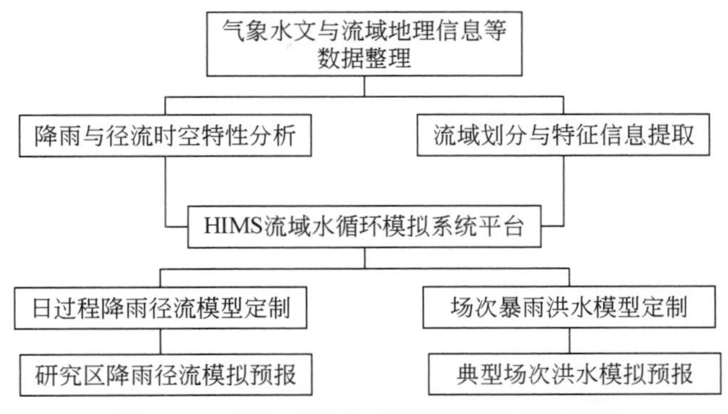

图 4-15　分布式洪水/径流预报技术路线图

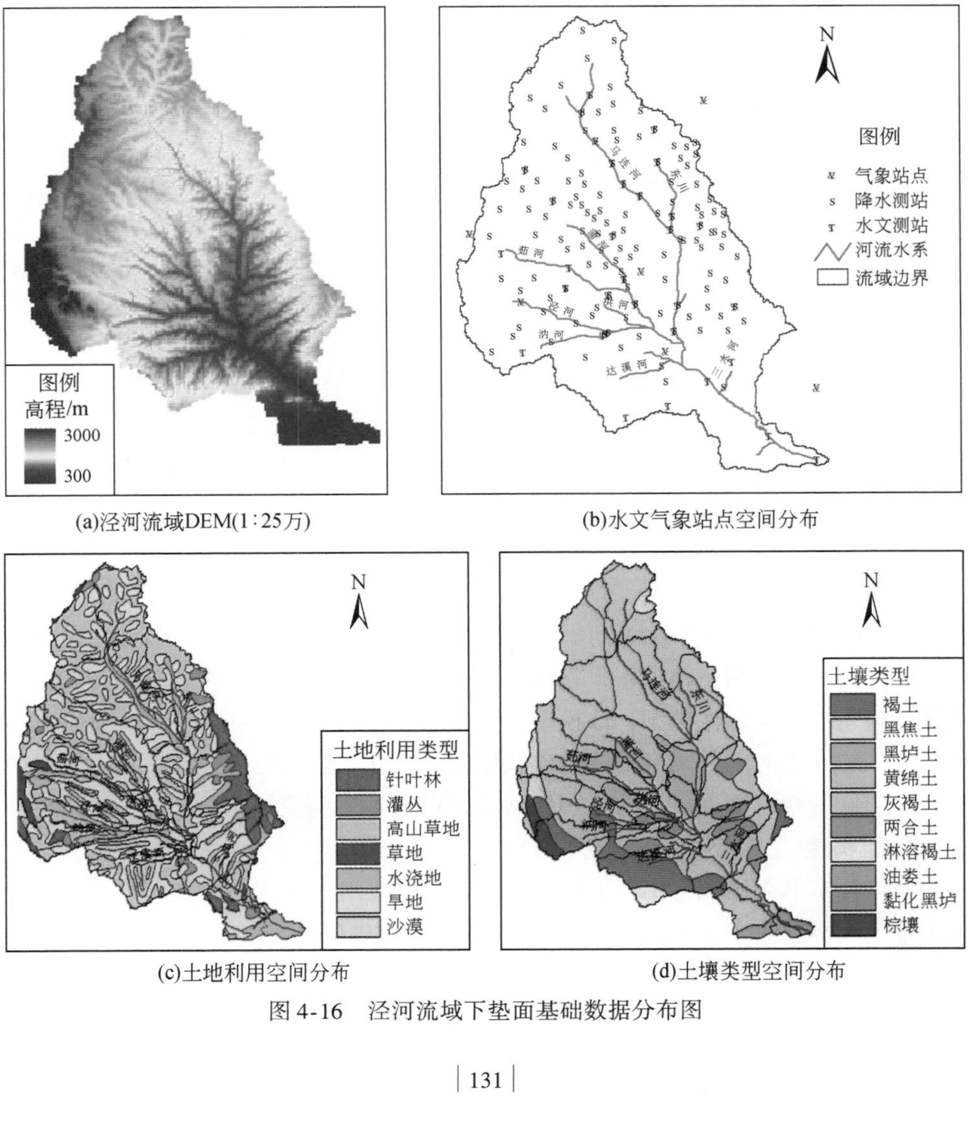

(a)泾河流域DEM(1∶25万)

(b)水文气象站点空间分布

(c)土地利用空间分布

(d)土壤类型空间分布

图 4-16　泾河流域下垫面基础数据分布图

4.2.2.3 基于 HIMS 的流域分布式径流预报

(1) HIMS 简介

流域水循环综合模拟系统 HIMS (hydro-informatic modeling system) 基于模块化结构设计 (图 4-17), 集成多种水循环过程模块, 包含了流域水循环 9 大过程, 集成了 110 多个模型, 可建立适合于不同自然环境条件, 能够为用户提供二次开发的水循环模拟系统平台, 适应不同时空尺度分布式水文模拟。利用 HIMS 水文模型定制功能, 研发泾渭河流域分布式径流预报模型。

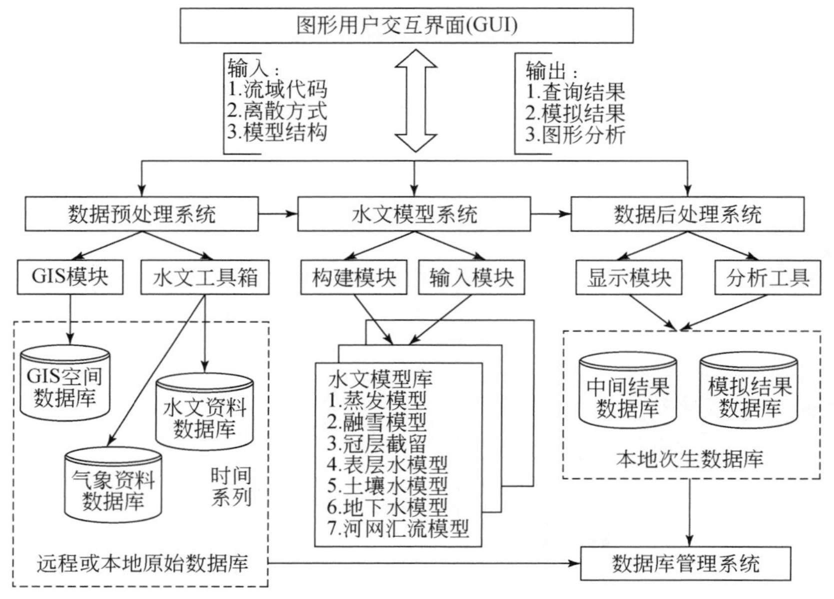

图 4-17 HIMS 的主结构图

(2) 模型原理与结构

HIMS 单元模型结构如图 4-18 所示。基于 HIMS 定制开发的径流预报模型, 构建分布式水文模型。即基于河网拓扑关系, 将研究区域离散为若干子流域 (或网格单元), 在每个子流域上构建水文概念性模型, 该模型考虑降水强度对下渗影响。在模型中每一个子流域中包含唯一的一段河道, 所有的河道连接成河网。在每段河道上利用马斯京根方法进行汇流演算, 从低一级河流逐步汇入高一级河流, 最后汇集到流域出口断面。

(3) 模型构建

河网提取: 本书采用较常用的 D8 方法确定水系流向, 依据有关假设, 集水面积的大小取决于单元大小和集水单元数目, 取最小集水面积阈值为 100km^2, 生成泾河流域水系 (图 4-19)。

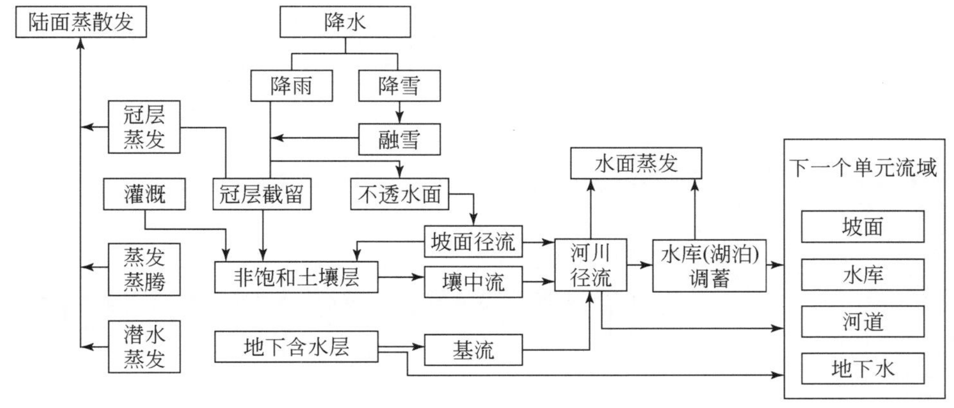

图 4-18　HIMS 单元模型结构

图 4-19　泾河流域河网提取及子流域划分

子流域划分：采用子流域离散方法划分子流域，其最大优点是子流域之间的水文过程十分清晰。划分过程：①定义限制子集水流域最小面积的阈值；②将所有格网赋值为 -1；③计算每一格网的 Δ 值（Δ 值为格网的方向累计值中减去它流向的下一个格网的方向累计值）；④方向累计值和 Δ 值都大于阈值的格网，根据起始数据中相应值对此格网指定唯一正值；⑤记录子集水流域数目。如本书将泾河流域的子流域划分为 25 个（图 4-19）。

(4) 合理性分析与检验

基于 HIMS 平台，构建了泾渭河流域分布式水文模型。分别在泾河流域选择了张家山、杨家坪和雨落坪3个水文站，在渭河流域选择了咸阳和华县两个水文站，进行模拟验证。初步结果显示咸阳和华县在1980～2007年长系列模拟中，模型效率系数分别为0.64和0.71，误差分别为-0.09和0.03（图4-20和图4-21）。张家山、杨家坪和雨落坪3个水文站，模型效率系数分别为0.58、0.67和0.67，误差分别为0.26、0.05和0.18。

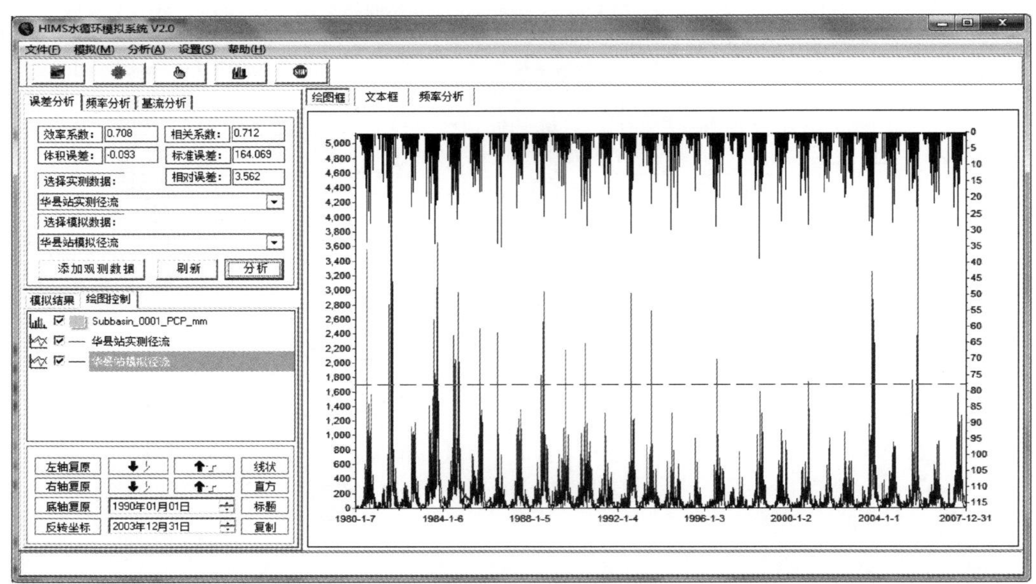

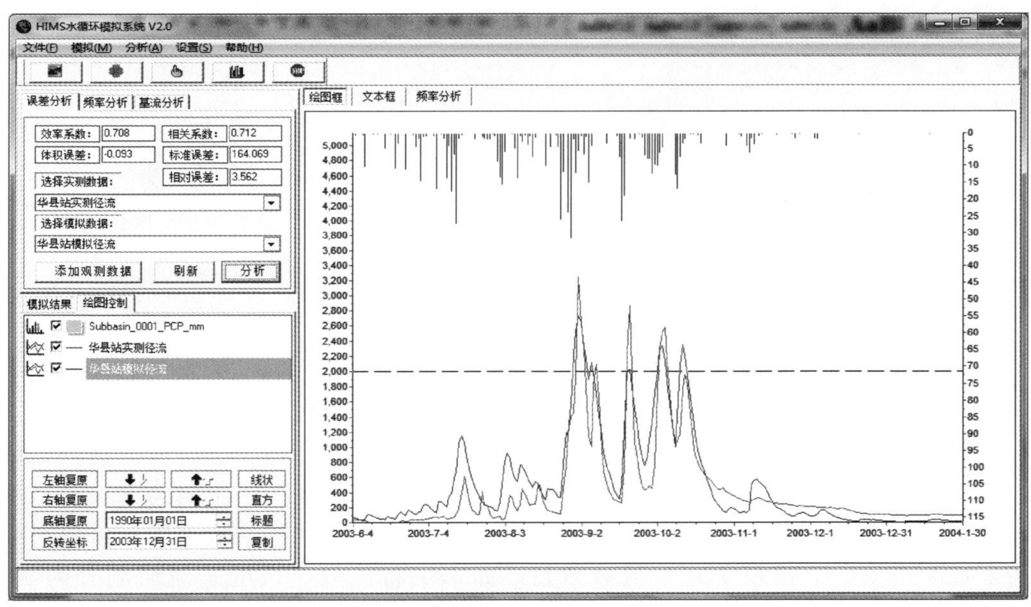

图4-20 华县站径流模拟与实测对比（2003～2004年）

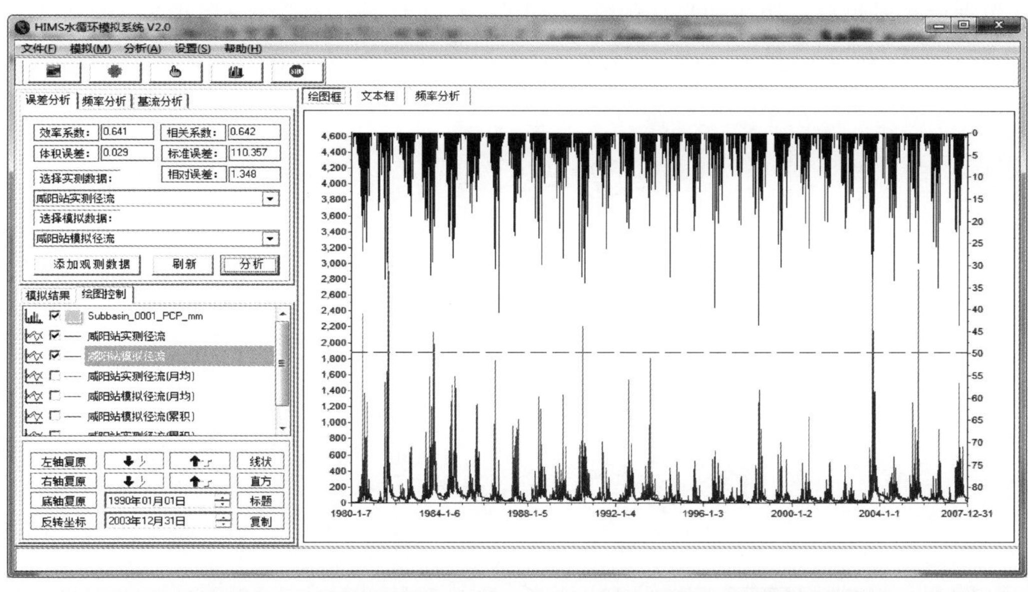

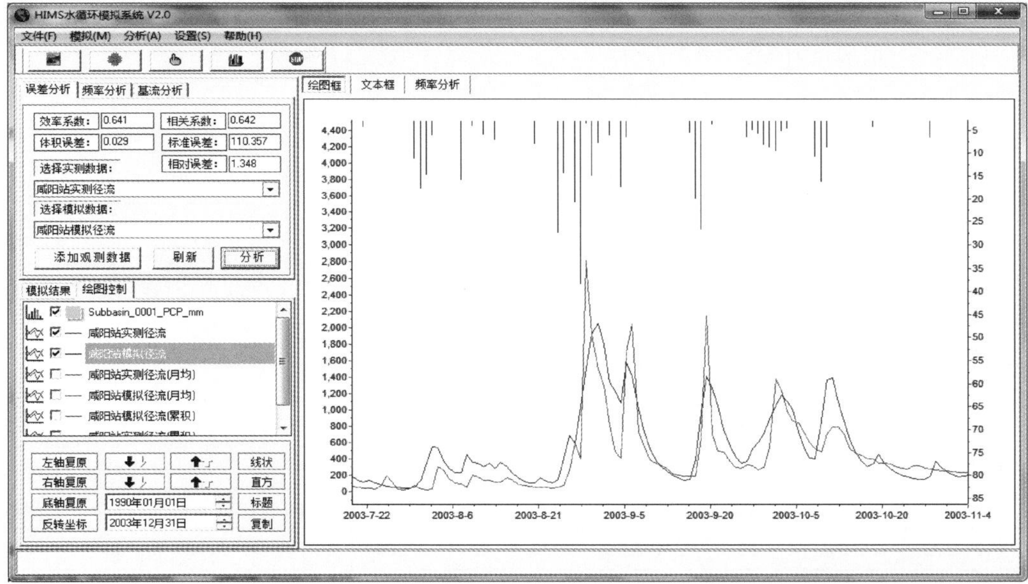

图 4-21　咸阳站径流模拟与实测对比（2003 年）

4.2.2.4　基于 HIMS 的流域场次洪水模拟预报

（1）站网及场次雨洪的选择

根据代表性原则和实测资料的实际情况，选取泾河流域 12 个水文站点，131 个雨量站，2009 ~ 2011 年场次降水和径流资料。根据在保证资料质量前提下尽可能选用较多场次雨洪的原则，12 个水文站共选取 144 场独立性场次降水洪水过程，为建立场次洪水模拟预报模型提供基础资料。水文站点、雨量站点信息见图4-22，次洪水基本信息见表4-16。

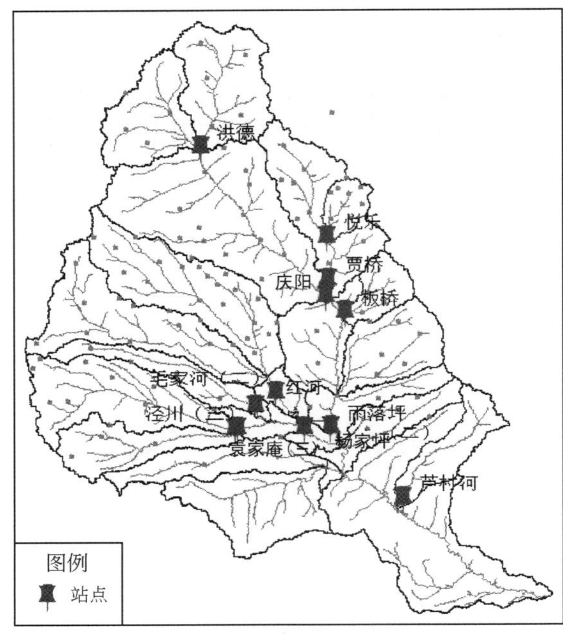

图4-22　场次洪水模拟降雨及径流站点分布图

表4-16　场次降水洪水各要素

序号	降水量/mm	径流深/mm	历时/天	洪峰流量/（m^3/s）	站点	序号	降水量/mm	径流深/mm	历时/天	洪峰流量/（m^3/s）	站点
1	27.88	1.01	1.29	49.9	悦乐	16	47.47	27.54	11.00	186	袁家庵
2	22.71	1.84	2.25	74.4	悦乐	17	26.27	5.69	3.5	57.3	袁家庵
3	47.47	28.36	5.00	1770	悦乐	18	56.84	1.83	7.83	372	雨落坪
4	20.76	2.00	2.33	20.1	悦乐	19	36.97	0.70	2.08	282	雨落坪
5	15.01	2.33	2.33	47.8	悦乐	20	32.99	1.37	4.25	485	雨落坪
6	6.13	1.00	2.96	25.8	悦乐	21	31.63	0.90	4.00	323	雨落坪
7	203.33	28.09	9.33	361.5	袁家庵	22	23.66	0.46	2.42	145	雨落坪
8	66.93	11.11	6.17	154.67	袁家庵	23	16.45	0.48	2.92	124	雨落坪
9	43.73	9.08	4.08	61.8	袁家庵	24	15.76	0.44	4.25	80.5	雨落坪
10	40.53	14.65	7.54	67	袁家庵	25	9.24	0.33	3.00	52.6	雨落坪
11	25.07	3.43	2.00	184	袁家庵	26	8.24	0.35	2.58	150.5	雨落坪
12	13.67	0.72	1.00	51	袁家庵	27	51.51	7.01	9.38	2220	雨落坪
13	112.4	6.17	3.5	176	袁家庵	28	45.3	1.36	9.38	230	雨落坪
14	96.2	12.18	4.83	140	袁家庵	29	41.19	0.55	5.21	82.8	雨落坪
15	55.73	1.33	2.00	67.1	袁家庵	30	27.59	1.32	9.00	174	雨落坪

续表

序号	降水量/mm	径流深/mm	历时/天	洪峰流量/(m^3/s)	站点	序号	降水量/mm	径流深/mm	历时/天	洪峰流量/(m^3/s)	站点
31	5. 17	0. 23	3. 75	102	雨落坪	64	16. 51	0. 18	1. 96	56. 275	庆阳
32	68. 21	1. 02	6. 00	140. 45	雨落坪	65	12. 22	2. 23	6. 71	405	庆阳
33	57. 88	0. 67	4. 75	53. 4	雨落坪	66	9. 62	0. 41	1. 21	185	庆阳
34	46. 67	0. 57	3. 96	138	雨落坪	67	6. 59	0. 34	2. 63	82. 1	庆阳
35	29. 15	0. 19	2. 50	60. 9	雨落坪	68	3. 76	0. 61	1. 96	166	庆阳
36	16. 83	0. 25	1. 50	109	雨落坪	69	3. 75	0. 15	1. 42	39. 3	庆阳
37	13. 09	0. 29	4. 04	48. 9	雨落坪	70	61. 01	1. 31	8. 17	124. 89	庆阳
38	49. 13	0. 76	6. 75	94. 2	杨家坪	71	17. 49	0. 56	4. 83	150	庆阳
39	37. 16	0. 61	4. 83	48. 5	杨家坪	72	15. 64	0. 70	2. 54	133	庆阳
40	24. 48	0. 41	3. 17	67	杨家坪	73	5. 67	0. 24	4. 83	53. 8	庆阳
41	20. 95	0. 56	1. 88	150	杨家坪	74	4. 38	0. 38	3. 79	34. 8	庆阳
42	18. 25	0. 47	2. 00	85. 4	杨家坪	75	24. 35	1. 20	2. 58	170	毛家河
43	8. 57	0. 17	2. 54	124	杨家坪	76	22. 46	0. 68	1. 96	74. 5	毛家河
44	115. 56	6. 74	9. 17	568	杨家坪	77	21. 98	0. 53	2. 58	64	毛家河
45	60. 49	3. 54	11. 50	64. 3	杨家坪	78	6. 79	0. 29	0. 79	152	毛家河
46	55. 56	4. 18	11. 46	239	杨家坪	79	56. 15	0. 83	4. 50	40. 8	毛家河
47	40. 89	0. 42	2. 54	70	杨家坪	80	35. 97	0. 34	1. 75	71	毛家河
48	37. 85	2. 34	5. 00	238	杨家坪	81	29. 07	0. 42	2. 58	76. 5	毛家河
49	15. 58	0. 21	1. 33	171	杨家坪	82	27. 17	0. 80	4. 42	98	毛家河
50	12. 48	0. 96	3. 00	143	杨家坪	83	13. 09	0. 44	0. 96	179	毛家河
51	4. 50	0. 21	0. 96	82	杨家坪	84	3. 32	0. 32	1. 29	92	毛家河
52	93. 10	2. 82	8. 25	183	杨家坪	85	37. 53	0. 62	1. 00	289	毛家河
53	67. 85	2. 22	4. 50	177	杨家坪	86	140. 80	12. 36	8. 00	138. 8	芦村河
54	65. 90	4. 67	9. 00	244	杨家坪	87	69. 40	12. 80	8. 00	40. 1	芦村河
55	43. 57	0. 55	3. 88	67	杨家坪	88	113. 00	31. 28	10. 25	155	芦村河
56	19. 00	1. 77	6. 50	90. 7	杨家坪	89	60. 20	11. 08	6. 00	39. 7	芦村河
57	0. 64	0. 33	0. 67	260	杨家坪	90	37. 42	1. 09	2. 83	89. 4	泾川
58	37. 25	0. 87	3. 50	271	庆阳	91	227. 44	12. 33	7. 54	510	泾川
59	36. 18	1. 27	2. 92	244	庆阳	92	60. 44	19. 20	4. 25	151	泾川
60	18. 21	0. 28	3. 38	65. 7	庆阳	93	47. 98	0. 58	2. 38	38. 9	泾川
61	15. 20	0. 09	0. 67	57. 4	庆阳	94	44. 18	3. 92	6. 75	64. 3	泾川
62	6. 70	0. 18	1. 79	41. 5	庆阳	95	39. 98	4. 93	8. 33	47. 7	泾川
63	30. 70	4. 40	2. 42	1650	庆阳	96	35. 24	0. 75	1. 50	45. 7	泾川

续表

序号	降水量/mm	径流深/mm	历时/天	洪峰流量/(m³/s)	站点	序号	降水量/mm	径流深/mm	历时/天	洪峰流量/(m³/s)	站点
97	23.44	1.40	3.00	56.4	泾川	121	8.71	0.15	0.79	59	洪德
98	20.62	1.38	3.00	41.3	泾川	122	4.33	0.50	1.42	80.7	洪德
99	18.14	1.43	1.79	132	泾川	123	4.01	0.18	0.67	50.5	洪德
100	110.10	1.86	3.50	138	泾川	124	21.23	0.81	2.46	126	洪德
101	68.50	2.26	3.50	65.7	泾川	125	9.74	0.65	5.33	108	洪德
102	64.32	8.72	9.00	69.6	泾川	126	6.39	1.93	1.25	424	洪德
103	43.92	0.93	2.33	95.1	贾桥	127	6.25	0.35	3.54	62.5	洪德
104	30.44	2.55	1.92	298	贾桥	128	5.34	0.79	2.29	143	洪德
105	28.11	1.39	2.79	233	贾桥	129	15.66	0.44	1.08	67.2	洪德
106	23.69	0.80	1.21	58.8	贾桥	130	8.83	0.71	1.08	164.5	洪德
107	22.45	0.92	3.50	142	贾桥	131	7.57	0.58	1.00	98	洪德
108	18.28	0.61	4.83	68.6	贾桥	132	4.20	0.41	2.04	56.4	洪德
109	8.71	0.57	2.04	68.6	贾桥	133	3.86	0.37	0.96	142	洪德
110	6.44	0.24	1.08	69.6	贾桥	134	36.60	1.10	5.00	24.3	红河
111	5.22	0.31	1.42	59.9	贾桥	135	32.60	0.36	3.08	11.9	红河
112	39.21	16.93	3.67	2320	贾桥	136	139.18	3.39	5.33	45.2	红河
113	22.18	1.67	2.50	73.1	贾桥	137	64.99	3.19	7.54	79.3	红河
114	14.94	1.47	1.79	170.63	贾桥	138	53.48	1.74	3.00	62.5	红河
115	7.01	2.54	1.21	465	贾桥	139	87.69	1.10	2.46	21.4	红河
116	36.98	0.44	2.46	24.1	贾桥	140	72.70	9.46	3.46	481	板桥
117	2.52	0.17	0.75	30.7	贾桥	141	30.75	1.20	1.96	52.7	板桥
118	33.49	0.68	1.25	186	洪德	142	20.40	1.97	1.58	25.9	板桥
119	26.24	2.38	1.21	639	洪德	143	16.95	2.89	2.04	210	板桥
120	9.05	0.28	1.33	52.1	洪德	144	17.78	2.47	2.21	258	板桥

泾河流域各站较大洪水均发生在夏汛，主要由暴雨形成，洪水出现时间大多在7~9月，一次洪水涨落历时多为5~7天，最大为11天，最小为1天。144场次降水洪水过程中，洪峰流量最大值发生在2010年8月贾桥站，洪峰流量达2320m³/s，对应的场次洪水径流量为16.93mm，历时3.67天，对应马莲河出口站雨落坪洪峰流量达2220m³/s。泾河的洪量主要来自泾河杨家坪、马莲河雨落坪以上，洪量大约占75%。泾河的洪水过程有单峰型和复式峰，单峰型洪水由干流或支流单峰洪水形成，复式峰由干支流洪水叠加形成。

泾河流域暴雨主要是受青藏高原东麓的西北低涡、西南低涡和西伸的西太平洋副热带高压的影响。7月、8月，副高脊线越过北纬30°，泾河流域开始出现暴雨，从嘉陵江河谷输送的水汽在翻越秦岭后，继续向东北移动，常在六盘山两侧和子午岭两侧，形成西南—

东北向的大面积带状暴雨区。泾河各主要支流处于六盘山以东的暴雨区内，暴雨移动路径往往与支流汇入走向一致，加上泾河流域为盆状地形、支流众多、整个流域呈典型扇形分布的特征，导致泾河支流洪水频繁、干支流洪水遭遇机会多、洪水量级高，该地区成为洪水多发区和洪峰流量高值区。

(2) 模型的构建和合理性分析

基于 HIMS 平台，利用构建的流域分布式水文模型对泾河流域场次洪水过程进行了模拟，利用站点实测洪水资料进行了验证。结果显示，在泾河流域场次洪水模拟中，效果良好。各站点场次洪水模拟平均效率系数见表 4-17。

表 4-17　各水文站点洪水模拟平均效率

水文站	洪德	悦乐	贾桥	庆阳	板桥	雨落坪
效率系数	0.76	0.68	0.60	0.65	0.90	0.71
水文站	毛家河	泾川	杨家坪	袁家庵	芦村河	
效率系数	0.44	0.61	0.53	0.65	0.82	

以庆阳站、雨落坪站、泾川站、杨家坪站为例，分析其模拟结果与实测径流，如图 4-23 所示。流域洪水模拟效率系数多在 0.6 以上，其中面积较小的流域模拟效果较好，板桥站效率系数最高，平均值达 0.9。其次是芦村河站，模拟系数达 0.82。毛家河站效率系数低于 0.5，主要是由于毛家河站上游建有巴家嘴水库，水库蓄泄过程影响下游站点观测流量过程，对模型模拟效果造成了一定的影响。相较而言，马莲河支流模拟效果较泾河上游（杨家坪站以上）模拟效果较好，雨落坪站效率系数达 0.71，而杨家坪效率系数仅 0.53。

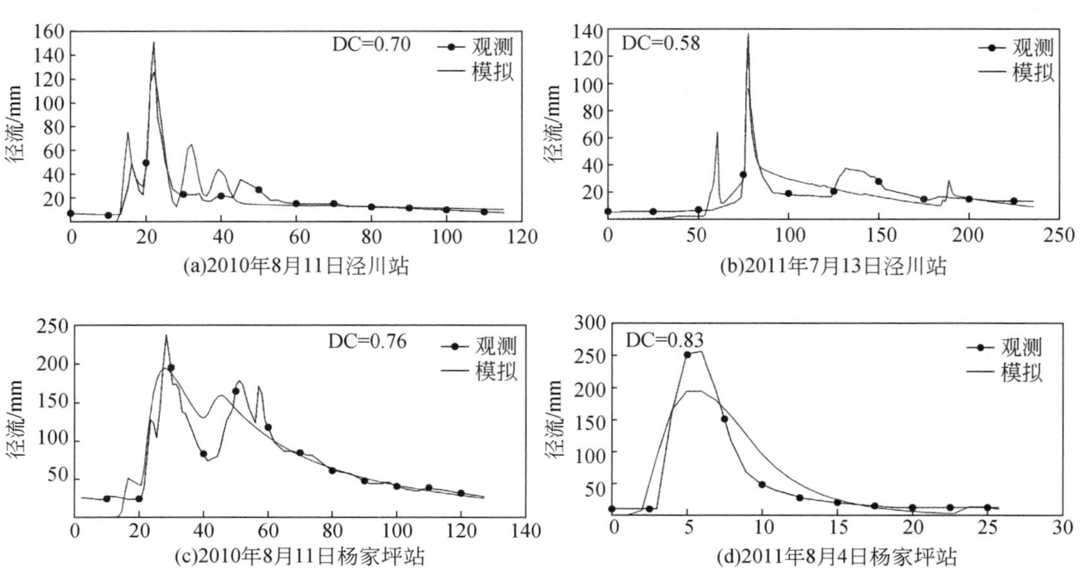

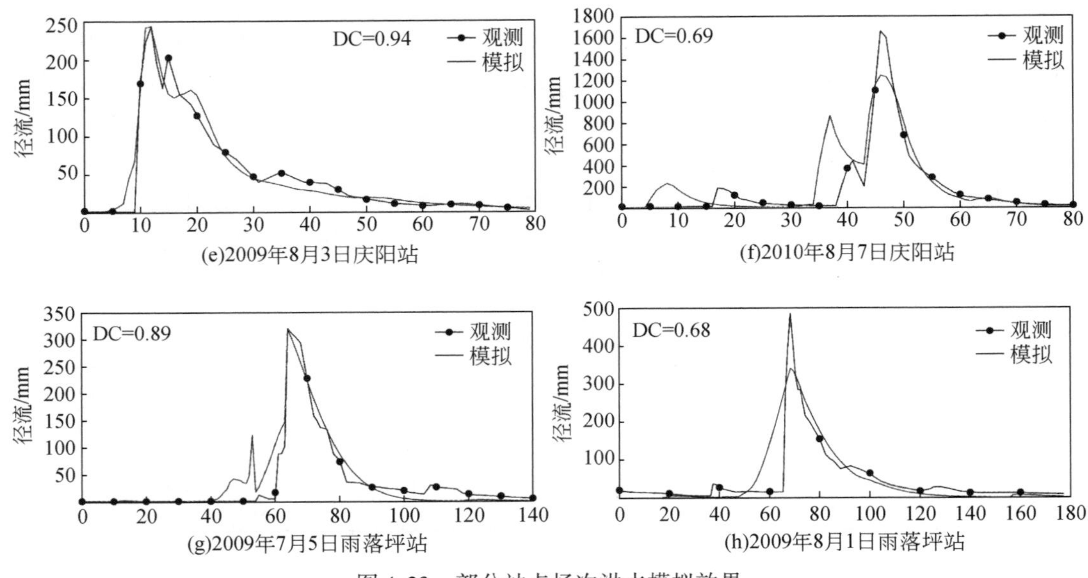

图 4-23　部分站点场次洪水模拟效果

4.2.3　三门峡水库入库洪水预报方案

潼关站是黄河中游黄河、渭河、汾河、洛河汇合后的控制站，是三门峡水库的入库站。根据三门峡水库运用方式："当没有发生洪水时，原则上按进出库平衡方式运用；当发生洪水时，按敞泄方式运行；在小浪底水库不能满足防洪要求时，三门峡水库相机运用。"因而，当潼关以上出现洪水时，潼关站也可视为小浪底水库入库站。潼关站控制了黄河中游两大洪水来源区，其洪水主要来源于黄河干流龙门以上和泾河、洛河、渭河洪水，洪水陡涨陡落。龙门至潼关河段河道示意图如图 4-24 所示。

潼关站洪水预报主要是河道汇流问题，也就是以龙门站、华县站洪水过程为主要入流，进行龙门至潼关、华县至潼关的洪水演进计算。现有的洪水预报模型主要是基于马斯京根流量演算方法，其中，龙门至潼关河段采用马斯京根分段连续演算和考虑漫滩洪水的蓄率中线法，华县至潼关河段采用马斯京根分段连续演算和分层流量演算法。

利用龙门站、华县站实测洪水预报潼关站洪水过程为正式预报，其预见期为洪峰传播时间减去作业预报时间，而依据龙门、华县洪水预报结果进行潼关站洪水预报，则可延长洪水预报预见期。泾渭河分布式洪水/径流预报研究出口控制站为华县，因此可以利用华县预报结果进行华县至潼关河段的洪水预报，延长潼关站洪水预见期。

4.2.3.1　龙门至潼关河段洪水预报

(1) 正常洪水预报

龙门至潼关正常洪水主要指不漫滩或轻度漫滩洪水，洪水演进基本符合天然河道洪水

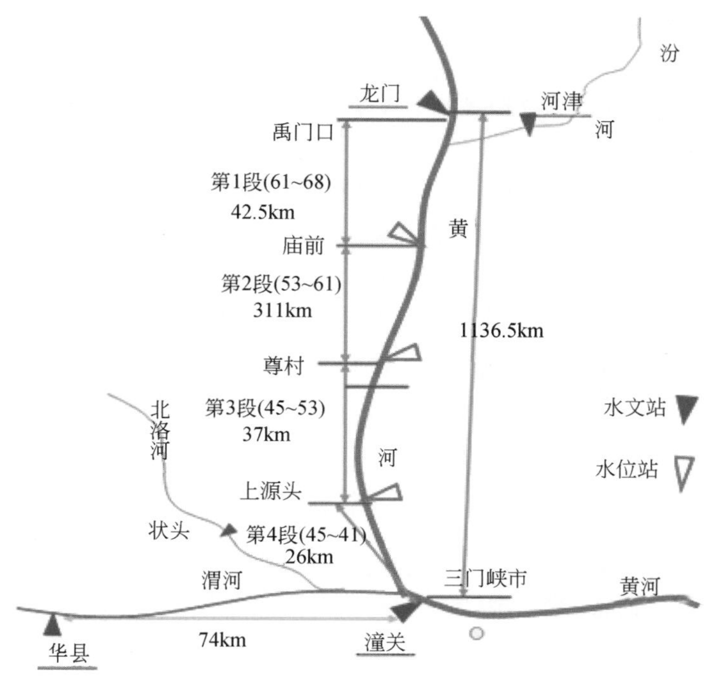

图 4-24　三门峡水库入库洪水主要来源示意图

演进规律，采用马斯京根流量演算法：

$$Q_2 = C_0 I_2 + C_1 I_1 + C_2 Q_1 \tag{4-18}$$

其中，$C_0 = \dfrac{0.5\Delta t - Kx}{K - Kx + 0.5\Delta t}$，$C_1 = \dfrac{0.5\Delta t + Kx}{K - Kx + 0.5\Delta t}$，$C_2 = \dfrac{K - Kx - 0.5\Delta t}{K - Kx + 0.5\Delta t}$，且 $C_0 + C_1 + C_2 = 1$。

式中，I_1、I_2 分别为时段始、末入流量（m^3/s）；Q_1、Q_2 分别为时段始、末出流量（m^3/s）；K、x 分别为马斯京根法演算参数。

选用 1970～1996 年以黄河龙门站来水为主的 30 场洪水资料进行参数率定，1997～2007 年洪水进行检验。根据《水文情报预报规范》（GB/T 22482—2008），评定洪水过程、峰现时间预报合格率均为 87.5%，洪峰流量预报合格率为 86.7%，模型预报精度达到“乙等”标准。

用 1997 年、1998 年、2002 年 3 场洪水进行检验，其结果全部合格（表 4-18），可用于实际作业预报。

表 4-18　模型检验成果

年份	实测值（潼关）		预报值（潼关）		洪峰流量/（m^3/s）		传播时间		洪水过程	
	时间（月，日，时）	洪峰流量/（m^3/s）	时间（月，日，时）	洪峰流量/（m^3/s）	预报误差	合格否	预报误差/h	合格否	确定性系数	合格否
1997	8，2，5	4700	8，2，6	4460	−240	√	1	√	0.87	√
1998	7，14，17	6420	7，14，14	6110	−310	√	−3	√	0.91	√
2002	7，6，14	2550	7，6，18	2760	210	√	4	√	0.72	√

(2) 漫滩洪水预报

当洪水流量大于河道主槽的泄洪能力，洪水出槽进滩，水流在主槽和滩地行进，改变了天然河道的洪水演进规律，这种漫滩洪水就不能直接采用马斯京根流量演算，而要采用经验方法进行处理。

1）漫滩洪水特征：小北干流河道淤积萎缩使河槽过洪能力大幅度减小，洪水漫滩概率增加，洪水漫滩后，其演进规律也相应发生了改变，洪峰削减率增大，传播时间加长。从表 4-19 可以看出，进入 21 世纪，2003 年 7 月洪水（简称“2003 · 7”洪水）龙门至潼关洪峰传播时间长达 30h，削峰率高达 70.5%，均为历史最长纪录。

表 4-19　龙门至潼关河段漫滩洪水削峰率与传播时间统计表

年份	站名	洪峰流量 / (m^3/s)	合成洪峰流量 / (m^3/s)	峰现时间 (月，日，时)	削峰率/%	传播时间 /h
1992	龙门	7 740	7 890	8，9，9.8	54.1	21.2
	潼关	3 620		8，10，7.0		
1993	龙门	4 600	5 280	8，4，12.5	24.1	25.8
	潼关	4 010		8，5，14.3		
1994	龙门	4 780	6 900	7，8，12.5	29.1	19.2
	潼关	4 890		7，9，7.7		
	龙门	10 600	10 600	8，5，11.6	30.6	24.8
	潼关	7 360		8，6，17.3		
1995	龙门	7 860	7 930	7，30，9.9	47.5	18.1
	潼关	4 160		7，31，4.0		
1996	龙门	4 580	5 310	8，1，16.8	33.0	20.7
	潼关	3 560		8，2，13.5		
	龙门	11 100	11 700	8，10，13.0	36.8	17
	潼头	7 400		8，11，6.0		
1998	龙门	7 160	7 800	7，13，23.2	16.7	18.4
	潼头	6 500		7，14，17.6		
2003	龙门	7 230	7 300	7，31，13.3	70.5	30.1
	潼头	2 150		8，1，19.4		
1950～1989		最大（最长）	1967，8，11，6.0（1970，8，2，21.1）		55.5	20.5
		最小（最短）	1978，8，8，17.0（1972，7，20，19.5）		2.67	10
		平均			22.5	13.9
20 世纪 90 年代			平均		34.0	20.7

2）漫滩洪水处理方法：龙门至潼关干流河段的漫滩洪水，在演进过程中，具有水库调蓄特征，因此，采用水库调洪演算中的“蓄率中线法”进行漫滩洪水处理。根据以上河

表 4-20　龙门至潼关漫滩洪水预报误差评定表

序号	年份	实测值				传播时间/h	平滩流量/(m^3/s)	潼关站预报值		确定性系数/天	合格否	传播时间/h		合格否	洪峰流量预报/(m^3/s)			合格否
		龙门		潼关														
		时间(月,日,时)	洪峰流量/(m^3/s)	时间(月,日,时)	洪峰流量/(m^3/s)			时间(月,日,时)	洪峰流量/(m^3/s)			许可误差	预报误差		变幅 ΔQ	许可误差	预报误差	
1	1964	7,7,4.5	10 200	7,7,17.8	9 240	13.3	11 000	7,7,7.3	8 370	0.89	√	3.9	2.2	√	4 890	978	-870	√
2	1964	8,13,20.5	17 300	8,14,9.5	12 400	13.0	11 000	8,14,12	13 100	0.88	√	3.9	1.5	√	7 970	1 590	700	√
3	1966	7,26,19.5	9 150	7,27,13	5 020	17.5	4 000	7,27,14	5 460	0.79	√	5.2	1	√	2 970	594	440	√
4	1966	7,29,14.9	10 100	7,30,9	7 830	18.1	4 000	7,30,9	7 130	0.81	√	5.4	0	√	2 880	576	-700	×
5	1967	8,2,2	9 500	8,2,18	5 550	16	5 100	8,2,16	5 240	0.75	√	4.8	-2	√	1 650	330	-310	√
6	1967	8,7,2	15 300	8,7,15	8 020	13	5 100	8,7,15	7 690	0.8	√	3.9	0	√	3 820	764	-330	√
7	1967	8,11,6	21 000	8,11,16.5	9 530	10.5	5 100	8,11,23	12 900	0.38	×	3.1	6.5	×	6 880	1 370	3 370	×
8	1968	7,27,16.4	8 860	7,28,6	5 680	13.6	6 000	7,28,9	5 320	0.84	√	4	3	√	3 630	726	-360	√
9	1970	8,2,21.1	13 800	8,3,17.5	8 420	20.4	9 000	8,3,15	9 200	0.72	√	6.1	-2.5	√	7 750	1 550	780	√
10	1971	7,26,3	14 300	7,26,14.3	10 200	11.3	11 000	7,26,17	9 970	0.7	√	3.3	2.7	√	8 060	1 610	-230	√
11	1972	7,20,19	10 900	7,21,5.5	8 600	10	9 000	7,21,8	8 470	0.86	√	3	2.5	√	6 660	1 330	-130	√
12	1976	8,3,11	10 600	8,3,23	7 030	12	9 000	8,4,1	5 100	0.77	√	3.6	2	√	5 470	1 090	-1 930	×
13	1977	7,6,17	14 500	7,7,6	13 600	13	12 300	7,7,6	13 700	0.8	√	3.9	5	×	9 440	1 890	100	√
14	1988	8,6,12	10 200	8,7,4	8 260	16	10 000	8,7,8	9 370	0.84	√	4.8	4	√	5 710	1 140	1 110	√
15	1992	8,9,9.8	7 740	8,10,7	3 620	21.2	3 800	8,10,5	3 260	0.87	√	6.3	-2	√	2 500	500	-360	√
16	1994	8,5,11.6	10 600	8,6,17.3	7 360	24.9	4 700	8,6,17	7 350	0.88	√	7.4	-0.3	√	4 940	988	-10	√

道特性，将龙门至潼关分为以上 4 个河段，分别建立各河段的蓄率中线法调洪演算模型，第一段入流为龙门和汾河河津洪水的流量过程，第一段的出流过程作为第二段的入流过程，以此类推。逐段演算，直至潼关站。

蓄率中线法基本公式为

$$\frac{I_1+I_2}{2}-\left(\frac{Q_1}{2}-\frac{W_1}{\Delta t}\right)=\frac{Q_2}{2}+\frac{W_2}{\Delta t} \tag{4-19}$$

$$W=f(Q) \tag{4-20}$$

式中，W_1、W_2 分别为时段始、末槽蓄量（m^3/s）；I_1、I_2、Q_1、Q_2 同式（4-18）。

利用 1964～1994 年 16 场洪水参与模型率定，方案评定结果为：洪水过程、洪峰流量、峰现时间预报合格率分别为 93%、87.5%、81.3%，模型预报精度达到“乙等”标准，见表 4-20。

虽然模型各项预报指标的合格率均大于 80%，但因参加模型研制场次洪水次数不足《水文情报预报规范》（GB/T 22482—2008）规定的 25 次，因此，此模型还需在今后的洪水预报中做进一步的检验和资料补充。

用 1995 年、1996 年、2003 年 3 场洪水进行检验，其中，1995 年、1996 年洪水 3 项指标均合格，而 2003 年洪水不论洪水过程、洪峰流量还是峰现时间均不合格（表 4-21）。

表 4-21　龙门至潼关漫滩洪水预报模型检验成果表

年份	潼关实测值		潼关预报值		洪峰流量/（m^3/s）		传播时间/h		洪水过程	
	时间（月，日，时）	洪峰流量/（m^3/s）	时间（月，日，时）	洪峰流量/（m^3/s）	预报误差	合格否	预报误差	合格否	确定性系数	合格否
1995	7，31，4	4160	7，31，4	3940	−220	√	0	√	0.89	√
1996	8，11，6	7400	8，11，7	6930	−470	√	1	√	0.82	√
2003	8，1，20	2110	8，1，10	3600	1490	×	10	×	−1.33	×

2003 年汛前，由于自 1998 年以后小北干流洪水稀少，河道持续淤积，漫滩流量仅 2600m^3/s，为历史最低点。“2003·7”洪水龙门站 7 月 31 日 13：22 洪峰流量 7340m^3/s，经小北干流河道的漫溢坦化，潼关站 8 月 1 日 19：36 洪峰流量 2110m^3/s，洪水削峰率高达 71%，洪水传播时间为 30.1h，均为历史之最。

比较本次洪水过程中龙门站和潼关站的流量过程线（图 4-25），二者差异很大。龙门站洪水过程为陡涨陡落型，从 7 月 31 日 10：48 的 176m^3/s，10min 内涨至 1560m^3/s（31 日 10：58），峰形尖瘦，从洪水起涨到洪峰，历时仅 2.5h，次洪水量仅 3.4 亿 m^3（7 月 31 日 10：00 至 8 月 2 日 11：00）；而潼关站洪水过程明显坦化，潼关站涨洪历时 13h，流量在 2000 m^3/s 左右维持 8h，次洪水量仅 2.3 亿 m^3（8 月 1 日 4：00 至 8 月 3 日 5：00），水量损失约 1.0 亿 m^3，绝大部分滞蓄于滩地不再回归主槽。

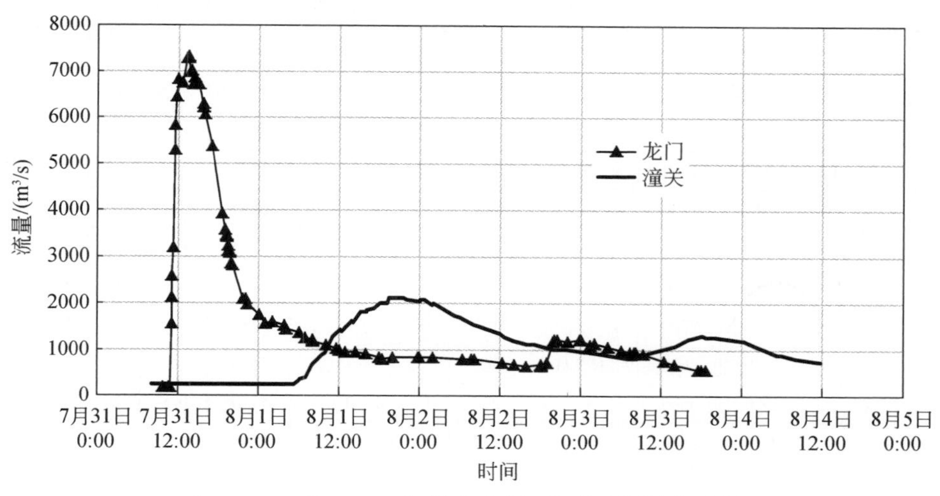

图 4-25 "2003·7"洪水龙门、潼关实测洪水过程

4.2.3.2 华县至潼关河段洪水预报

华县至潼关站河道距离 74km，该河段属于弯曲性河道，横断面为复式断面。自 1985 年以来，渭河下游河道淤积萎缩不断增加，河槽的过洪能力大幅度减小，平滩流量由 1985 年的 3500m³/s 到 2007 年减小到约 2500m³/s，最小仅 800m³/s（1995 年、2003 年）。使洪水漫滩概率增加，洪水漫滩后其演进规律也相应发生了改变，洪峰削减率增大，传播时间加长。

根据以上渭河下游复式断面河道，滩槽洪水的不同水力特性和演进规律，并结合马斯京根法的基本原理，采用马斯京根分层流量演算法。

首先对华县站入流洪水过程按漫滩流量进行分层，各层入流过程与总入流过程的关系为

$$I_t = \sum_{i=1}^{P} I_{i,\ t} \tag{4-21}$$

式中，I_t 为 t 时刻华县站的总入流量（已知）；$I_{i,\ t}$ 为第 i 层、t 时刻的总入流量（分层计算求得）；P 为分层数。

由各层的入流过程 $I_{i,\ t}$ 用非线性方程求出各层相应的 K_i、x_i 值，并用马法系数 $C_{0,\ i}$、$C_{1,\ i}$、$C_{2,\ i}$ 进行演算，求出各层入流在潼关断面的出流量 $Q_{i,\ t}$，即

$$Q_{i,\ t} = C_{0,\ i} \times I_{i,\ t} + C_{1,\ i} \times I_{i,\ t-1} + C_{2,\ i} \times Q_{i,\ t-1} \tag{4-22}$$

式中各参数的含义及 $C_{0,\ i}$、$C_{1,\ i}$、$C_{2,\ i}$ 计算公式同式（4-18）。

选取 1970～2000 年潼关站以华县来水为主（华县站洪峰流量大于或接近于 2000m³/s）的 25 场洪水，参加预报方案的研制，2000～2007 年 4 场洪水作为方案检验。评定方法采用《水文情报预报规范》（GB/T 22482—2008），评定结果：洪水过程预报、洪峰流量合格率分别为 72%、76%（表 4-22），方案预报精度达到"乙等"标准，见表 4-23。

表 4-22　渭河华县（加区间）至潼关洪水预报模型误差评定表

序号	年份	华县站实测值			潼关站实测值		传播时间/h	潼关站预报值		确定性系数/天	合格否	洪峰流量		合格否
		时间（月，日，时）	洪峰流量/(m^3/s)	平滩流量/(m^3/s)	时间（月，日，时）	流量/(m^3/s)		时间（月，日，时）	洪峰流量/(m^3/s)			许可误差	预报误差	
1	1970	8，6，17	2540	1500	8，7，12	2700	19	8，7，4	2920	0.79	√	270	220	√
2	1970	8，31，18	4320	1500	9，1，20	4910	26	8，31，23	6480	0.2	×	491	1570	×
3	1970	9，27，8	3250	1500	9，27，12	3480	4	9，27，22	3760	0.88	√	348	280	√
4	1973	9，1，2	5010	2300	9，1，10.5	5080	8.5	9，1，6	5460	0.72	√	508	380	√
5	1974	9，14，17	3150	2700	9，15，6	3000	13	9，15，2	3130	0.95	√	300	130	√
6	1975	7，10，20	2440	3000	7，11，11.5	2760	15.5	7，11，7	3030	0.83	√	276	270	√
7	1976	8，29，23	4900	3500	8，30，10	9220	11	8，30，18	8770	0.8	√	922	-450	√
8	1978	7，5，15	2520	4500	7，6，4.5	2570	13.5	7，6，4	2620	0.83	√	257	50	√
9	1980	7，4，6	3770	4000	7，4，20	2790	14	7，5，0	3610	0.27	×	279	820	×
10	1981	7，15，15	3210	3800	7，16，0	4600	9	7，15，23	4770	0.94	√	460	170	√
11	1981	8，23，10	5380	3800	8，24，8	4780	22	8，23，16	5450	-0.53	×	478	670	×
12	1981	9，8，14	5360	3800	9，9，2	6540	12	9，9，2	6780	0.96	√	654	240	√
13	1983	9，28，19.7	4160	4000	9，29，10	4810	14.3	9，29，10	4830	0.83	√	481	20	√
14	1983	10，6，11	3800	4000	10，8，8	4560	10	10，7，4	4460	0.56	×	456	-100	√
15	1984	7，7，12	2500	4000	7，8，0	3890	12	7，8，3	3920	0.71	√	389	30	√
16	1984	9，10，18	3890	4000	9，11，2	4870	8	9，11，5	4470	0.85	√	487	-400	√
17	1985	9，16，18.5	2660	4000	9，17，2	5310	7.5	9，17，5	4610	0.54	×	531	-700	×
18	1986	6，28，9	2980	3600	6，28，22	4620	13	6，28，22	4660	0.94	√	462	40	√
19	1988	8，19，14	3980	2800	8，20，0	5660	10	8，19，21	5870	0.9	√	566	210	√
20	1989	8，20，5	2630	2800	8，20，14	4940	9	8，20，15	4860	0.76	√	494	-80	√
21	1990	7，8，0	3250	2500	7，8，12	4430	12	7，8，9	4590	0.74	√	443	160	√
22	1992	8，14，0	3950	2200	8，14，18	4000	18	8，14，9	4530	0.15	×	400	530	×
23	1993	7，23，23	3050	2000	7，24，14	2900	15	7，24，12	3200	0.7	√	290	300	√
24	1994	7，8，23	2000	1800	7，9，13	4890	14	7，9，11	5540	0.7	√	489	650	√
25	1996	7，29，21	3500	1100	7，31，10.2	2270	37.2	7，30，3	3350	0.38	×	227	1080	×

表 4-23　华县至潼关洪水预报模型检验成果表

年份	实测值		预报值		洪峰流量		洪水过程	
	时间（月，日，时）	洪峰流量/（m^3/s）	时间（月，日，时）	洪峰流量/（m^3/s）	预报误差	合格否	确定性系数	合格否
2000	10，13，8	2290	10，13，17	2460	170	√	0.30	×
2003	9，22，17	3540	9，22，14	3640	100	√	0.91	√
2005	7，5，6	1860	7，5，0	1830	-30	√	0.88	√
2007	8，12，5	2200	8，11，23	2210	10	√	0.73	√

4.2.3.3 三门峡入库洪水预见期

潼关水文站是三门峡水库的入库控制站，因此，三门峡水库入库洪水预报的预见期可采用潼关站。潼关站洪水主要来自龙门至潼关河段的洪水以及华县站泾渭河流域的洪水。

当前龙门至潼关站洪水预见期为24h，华县站洪水预见期为12h，潼关站洪水预见主要受华县站洪水预见期制约，预见期为12h。本书通过开发泾渭河短期定量降水预报模型和泾渭河流域分布式水文模型，将华县站洪水预见期提高到72h，潼关站洪水预见期主要受龙门至潼关洪水预见期的制约，洪水预见期从12h提高到24h。三门峡水库洪水预见期见表4-24。

表4-24 三门峡水库入库洪水预见期分析

洪水来源	预报现状		本书研究	
	预报方法	预见期/h	预报方法	预见期/h
泾渭河	水文观测	12	短期定量降水预报和泾渭河流域分布式水文模型	72
龙门—潼关	水文观测+洪水演进	24	河道演进模拟	24
潼关站	综合	12	综合	24

4.2.4 三门峡水库入库洪水预报实例

2014年9月中下旬，黄河中游发生一次秋汛洪水过程，黄河潼关站9月18日15：30洪峰流量3600m³/s，洪水经三门峡水库后进入小浪底水库。本次洪水主要来自渭河华县以上和黄河龙门以上，其中华县站9月17日20：00洪峰流量为1590m³/s，期间龙门站来水维持在1700m³/s左右，上下略有起伏。受9月14～16日降雨影响，渭河干支流均发生洪水过程，干流魏家堡站16日02：00洪峰流量为776m³/s，受黑河金盆水库调度影响，黑河黑峪口站流量在200m³/s以上持续70h。涝河涝峪口站15日21：00洪峰流量为112m³/s，干支流洪水汇合后，渭河咸阳站16日13：24洪峰流量为988m³/s。

沣河秦渡镇站15日19：00洪峰流量为206m³/s，高桥站15日4：30洪峰流量为127m³/s，灞河马渡王站15日0：47洪峰流量为462m³/s，干支流洪水演进至临潼，临潼站16日23：00洪峰流量为1400m³/s。

（1）第一阶段预报（利用华县站预报结果预报潼关站洪水过程）

17日0：00，根据水情应用预报系统开始预报华县站洪峰及洪水过程（图4-26）。

预报结果显示，华县站将于9月17日16：00出现1630m³/s的洪峰流量，预见期为16h。实际华县站9月17日20：00洪峰流量为1590m³/s，预报值与之相比仅偏大2.5%，预见期相差4h。

17日01：00，利用华县站的预报结果和龙门站的实时流量过程，进行潼关站洪水预报（图4-27）。

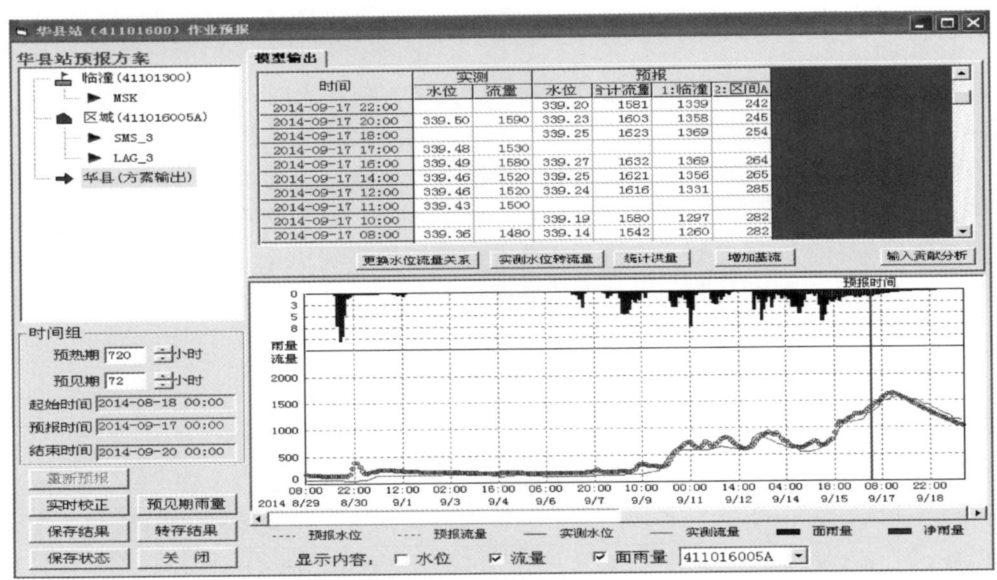

时间	实测 水位	实测 流量	预报 水位	预报 合计流量	预报 1:临潼	预报 2:区间A
2014-09-17 22:00			339.20	1581	1339	242
2014-09-17 20:00	339.50	1590	339.23	1603	1358	245
2014-09-17 18:00			339.25	1623	1369	254
2014-09-17 17:00	339.48	1530				
2014-09-17 16:00	339.49	1580	339.27	1632	1369	264
2014-09-17 14:00	339.46	1520	339.25	1621	1356	265
2014-09-17 12:00	339.46	1520	339.24	1616	1331	285
2014-09-17 11:00	339.43	1500				
2014-09-17 10:00			339.19	1580	1297	282
2014-09-17 08:00	339.36	1480	339.14	1542	1260	282

图 4-26　渭河华县站预报结果图

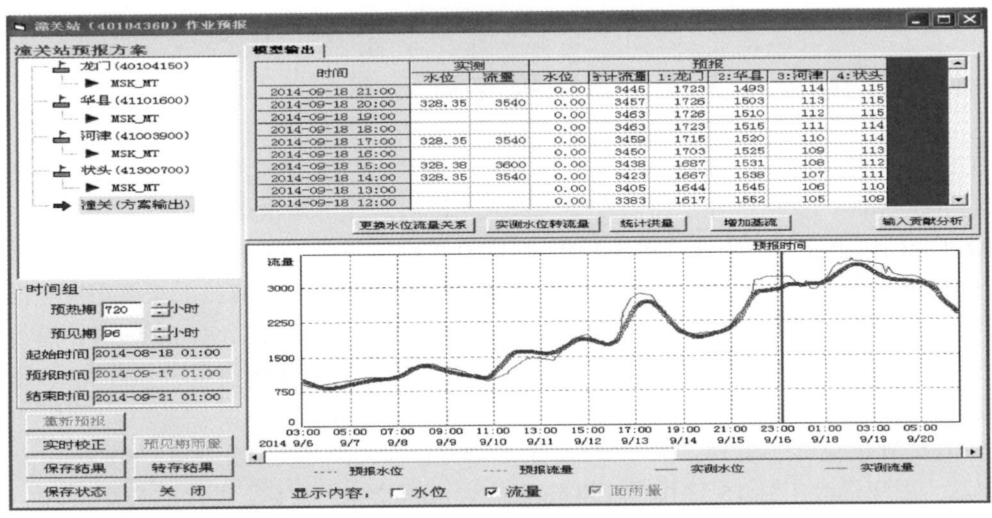

时间	实测 水位	实测 流量	预报 水位	预报 合计流量	预报 1:龙门	预报 2:华县	预报 3:河津	预报 4:状头
2014-09-18 21:00			0.00	3445	1723	1493	114	115
2014-09-18 20:00	328.35	3540	0.00	3457	1726	1503	113	115
2014-09-18 19:00			0.00	3463	1726	1510	112	115
2014-09-18 18:00			0.00	3463	1723	1515	111	114
2014-09-18 17:00	328.35	3540	0.00	3459	1715	1520	110	114
2014-09-18 16:00			0.00	3450	1703	1525	109	113
2014-09-18 15:00	328.38	3600	0.00	3438	1687	1531	108	112
2014-09-18 14:00	328.35	3540	0.00	3423	1667	1538	107	111
2014-09-18 13:00			0.00	3405	1644	1545	106	110
2014-09-18 12:00			0.00	3383	1617	1552	105	109

图 4-27　潼关站预报结果图

预报结果显示，潼关站将于 9 月 18 日 18：00 出现 3460m^3/s 的洪峰流量，预见期为 41h，预估最大 5 日水量约 13 亿 m^3。实际潼关站 9 月 18 日 15：30 洪峰流量为 3600m^3/s，预报值与之相比偏小 3.9%，预见期相差 2.5h，最大 5 日水量为 13.5 亿 m^3。

（2）第二阶段预报（利用华县站、龙门站实时流量过程预报潼关站洪水过程）

当华县站 9 月 17 日 20：00 出现洪峰流量 1590m^3/s 后，随即利用华县站、龙门站实时流量过程就进行潼关站洪水过程预报（图 4-28）。

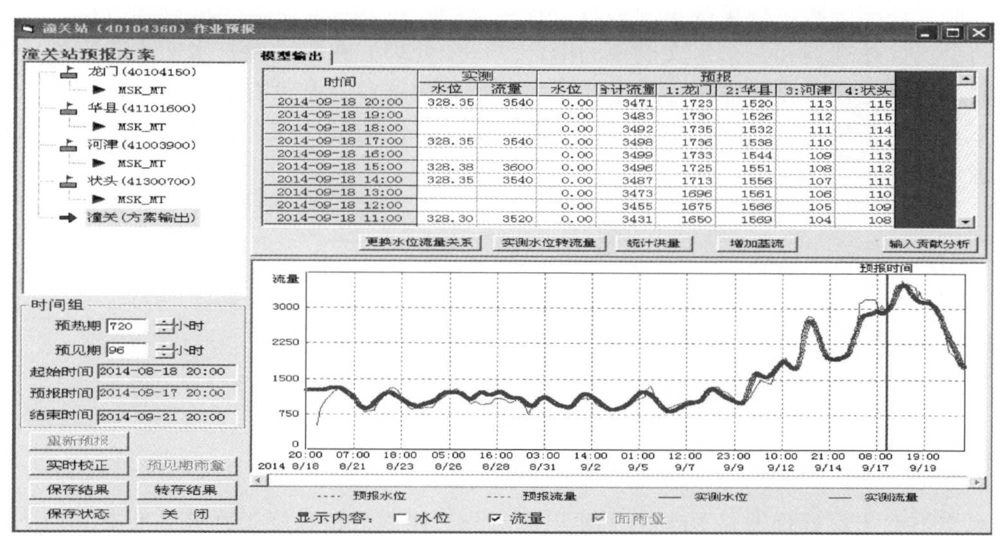

图 4-28　潼关站预报结果图

预报结果显示，潼关站将于 9 月 18 日 16：00 出现 3500m^3/s 的洪峰流量，预见期为 20h，预估最大 5 日水量约 12.5 亿 m^3。实际潼关站 9 月 18 日 15：30 洪峰流量为 3600m^3/s，预报值与之相比仅偏小 2.8%，预见期相差 0.5h，最大 5 日水量为 13.5 亿 m^3。

本次预报实例是对小浪底水库入库洪水预报系统一次成功的实践检验，预报结果完全符合《水文情报预报规范》（GB/T 22482—2008）要求，有效延长了潼关站（三门峡水库和小浪底水库入库）洪水预报预见期，为三门峡水库、小浪底水库调度运用提供技术支持。

4.3　基于贝叶斯理论的水文预报不确定性分析

4.3.1　不确定性分析方法

4.3.1.1　BFS 系统中的 HUP 不确定性分析

BFS 最早由美国学者 Krzysztofowicz 提出，是一种通用的理论框架，能与任意确定性水文预报模型协同工作。预报方法综合了各种随机因素对水文预报结果的影响，统一处理包括在一种物理过程内的确定性规律部分和随机性规律部分。

BFS 的基本思想是将洪水预报的不确定性分解并概化为两类：输入不确定性；其他所有的不确定性，称为水文不确定性。先对两种不确定性进行分解，并分别通过输入不确定性处理器（PUP）和水文不确定性处理器（HUP）定量描述各自产生的不确定性，最后通过一个集成器将两类不确定性进行综合。

不确定性的分解导致预报系统形成如图 4-29 所示的结构体系。从概念上说，这一系统是两个统计处理器和一个水文模型的耦合。一个处理器在假设没有水文不确定性的条件下将输入不确定性转化成输出不确定性，另一个处理器在假设没有输入不确定性的条件下将水文不确定性量化。然后概率预报即为两种不确定性的最佳综合，从而实现对洪水预报的不确定性分析。

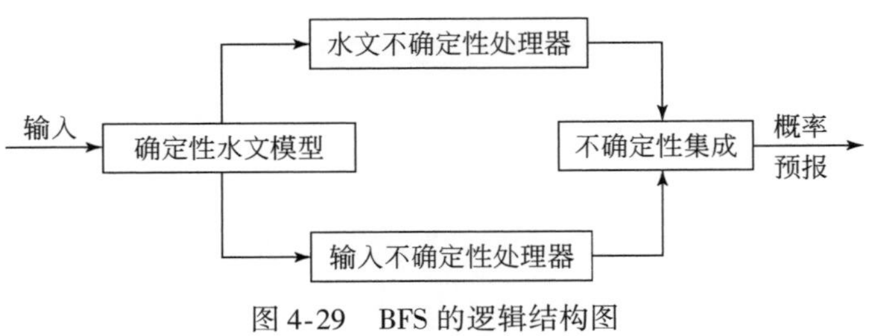

图 4-29　BFS 的逻辑结构图

水文不确定性处理器是 BFS 的主要组成部分，用来分析除降雨之外的所有其他不确定性。其特点是，不需要直接处理预报模型的结构与参数，而是从模型预报结果入手，分析其与实测水文过程的误差，再利用贝叶斯公式估计预报变量的后验分布，从而实现预报不确定性分析及概率预报。其基本流程如图 4-30 所示。

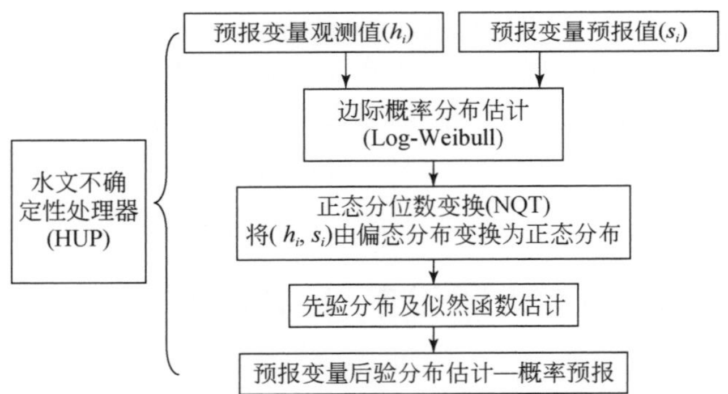

图 4-30　HUP 水文不确定性及概率预报流程示意图

(1) 正态分位数转换（NQT）

对于 $n=1, 2, \cdots, N$，定义实测流量 H_0 的边缘分布函数为 Γ，确定性模型预报流量 S_n 的分布函数为 $\overline{\Lambda}_n$，密度函数分别用 γ 和 $\overline{\lambda}_n$ 表示。$\overline{\Lambda}_n$ 只是对 S_n 分布的一个初始估计，在以后的模型结果中将对其进行修正。

亚高斯模型（Meta-Gaussian Model）的核心内容是正态分位数转换（Normal Quantile Transform，NQT）。令 Q 表示标准正态分布，q 表示相应的标准正态密度函数，则 H_n 与 S_n 转换后的正态分位数分别为

$$W_n = Q^{-1}\left[\Gamma\left(H_n\right)\right],\ n=0,\ 1,\ \cdots N \tag{4-23}$$

$$X_n = Q^{-1}\left[\overline{\Lambda}_n\left(S_n\right)\right]\ n=1,\ 2,\ \cdots N \tag{4-24}$$

式中，W_n 和 X_n 分别为 H_n 和 S_n 的正态分位数；Γ 和 $\overline{\Lambda}_n$ 分别为 H_n 和 S_n 的边缘分布函数。为保证所有分布的一致性，S_n 的边缘分布 Λ_n 应根据先验分布和似然函数联合求得。但由于似然函数还没有确定，因此先定义 S_n 的初始分布 $\overline{\Lambda}_n$。$\overline{\Lambda}_n$ 只是对 S_n 的初始估计，并不一定等于 Λ_n。只有等似然函数的结构确定下来之后，Λ_n 才能确定。

（2）边际分布

选用相应的洪水资料 $\{h_0\}$ 求解 H_0 的边缘分布函数 Γ。对于边缘分布函数 Γ，可以采用任意的分布，可以是参数的也可以是非参数的。常用的参数分布有 Gamma 分布、Log-Pearson 分布、Log-Normal 分布、Log-Weibull 分布、Weibull 分布、Kappa 分布等。在实际工作中，针对不同流域、不同季节，可以选用不同的分布，选用的标准是使得假定分布与经验分布的标准差最小。Krzysztofowicz 通过研究比较，建议采用 Log-Weibull（对数威布尔）分布，其密度函数与分布函数分别为

$$f(x)=\frac{\beta}{\alpha(x-\gamma+1)}\left[\frac{\ln(x-\gamma+1)}{\alpha}\right]^{\beta-1}\exp\left\{-\left[\frac{\ln(x-\gamma+1)}{\alpha}\right]^{\beta}\right\} \tag{4-25}$$

$$F(x)=1-\exp\left\{-\left[\frac{\ln(x-\gamma+1)}{\alpha}\right]^{\beta}\right\} \tag{4-26}$$

式中，α、β 和 γ 为待定的 3 个参数。

利用 H_0 的经验点据进行参数估计时，为减小计算量、简化计算程序，在实际操作过程中先对流量资料进行了求对数处理，然后用矩法对三参数 Weibull 分布进行参数估计。三参数 Weibull 分布的密度函数与分布函数分别为

$$f(x)=\begin{cases}\dfrac{c}{b}\left[\dfrac{x-a}{b}\right]^{c-1}\cdot \mathrm{e}^{-\left(\frac{x-a}{b}\right)^c}, & x\geqslant a\\ 0, & x<a\end{cases} \tag{4-27}$$

$$F(x)=1-\mathrm{e}^{-\left(\frac{x-a}{b}\right)^c} \tag{4-28}$$

式中，a、b、c 为三参数 Weibull 分布的 3 个待定参数，其意义分别为：a 为位置参数，b 为尺度参数，c 为形状参数。采用矩法估计 3 个参数。

（3）转化空间里的模型

求得 H_n 和 S_n 的正态分位数 W_n 和 X_n 后，就可以在转化空间里对 W_n 和 X_n 进行分析，构造先验分布与似然函数，并求解出后验密度函数。

1）先验分布。对 W_n 的估计方法有马尔科夫过程、最近邻抽样回归模型等。考虑到计算的简便性，假定转化空间中的实际流量过程服从一阶马尔科夫过程的正态-线性关系，具体为

$$W_n=cW_{n-1}+\Xi \tag{4-29}$$

式中，c 为参数；Ξ 为不依赖于 W_{n-1} 的残差系列，且服从 $N(0,\ 1-c^2)$ 的正态分布。

2）似然函数。假定转化空间中的各变量 X_n 、W_n 、W_0 服从正态–线性关系如下：

$$X_n = a_n W_n + d_n W_0 + b_n + \Theta_n \tag{4-30}$$

式中，a_n 、b_n 和 d_n 为参数；Θ_n 为不依赖于（W_n，W_0）的残差系列，且服从 $N(0,\ \sigma_n^2)$ 的正态分布。

3）后验分布的推导。由先验分布和似然函数可以推导得到 W_n 的后验密度函数：

$$\phi_{Q_n}(w_n \mid x_n,\ w_0) = \frac{1}{T_n} q\left(\frac{w_n - A_n x_n - D_n w_0 - B_n}{T_n}\right) \tag{4-31}$$

式中，$A_n = \dfrac{a_n t_n^2}{a_n^2 t_n^2 + \sigma_n^2}$，$B_n = \dfrac{-a_n b_n t_n^2}{a_n^2 t_n^2 + \sigma_n^2}$，

$D_n = \dfrac{c^n \sigma_n^2 - a_n d_n t_n^2}{a_n^2 t_n^2 + \sigma_n^2}$，$T_n^2 = \dfrac{t_n^2 \sigma_n^2}{a_n^2 t_n^2 + \sigma_n^2}$，

$t_n^2 = 1 - c^{2n}$ 。

4.3.1.2 贝叶斯模型平均方法（BMA）

（1）贝叶斯模型平均方法基本原理

贝叶斯模型平均法是一种基于贝叶斯理论进行不同模型综合的分析方法。由于不同的预报模型都是从某一方面对客观的水文过程进行概化描述，因此对于同样的输入，不同的模型会给出不同的预报结果，也说明了洪水预报模型的选择存在不确定性。采取 BMA 算法，对不同模型在相同的输入条件下进行“并行”运算，可以发挥不同模型的优势，降低单个模型预报的不确定性，提供更可靠及精度更高的预报结果。由于模型运用过程中也包含了信息输入、参数确定等环节，所以可以根据 BMA 算法将洪水预报的各种不确定性在贝叶斯框架下进行耦合，从而实现实时洪水预报不确定性的分析。

BMA 应用于洪水预报不确定性分析的基本方法描述如下。用 y 表示预报变量，$D_{\text{obs}} = \{y_1,\ y_2,\ \cdots,\ y_T\}$ 代表实测流量样本序列，$M = \{M_1,\ M_2,\ \cdots,\ M_k\}$ 代表所有选用的流量预报模型组成的模型空间。但是哪一个模型是最佳模型事先并不知道，即模型的选择存在着不确定性。根据贝叶斯模型平均法，在给定样本 D_{obs} 的情况下，综合预报变量 y 的后验概率密度函数为

$$p(y \mid D_{\text{obs}}) = \sum_{i=1}^{k} P(M_i \mid D_{\text{obs}}) p(y \mid M_i,\ D_{\text{obs}}) \tag{4-32}$$

式中，$p(y \mid M_i,\ D_{\text{obs}})$ 为在给定样本 D_{obs} 和模型 M_i 的条件下预报变量 y 的后验概率密度函数；$P(M_i \mid D_{\text{obs}})$ 为在给定数据 D_{obs} 的情况下模型 M_i 为最优模型的概率。

综上可知，基于 BMA 框架的预报变量 y 的合成预报实际上是以概率 $P(M_i \mid D_{\text{obs}})$ 为权重，对所有模型的分布 $p(y \mid M_i,\ D_{\text{obs}})$ 进行加权平均。其效果属于变权估计，即权重将随着模型预报精度的改变而发生变化，近期预报精度越高的模型将被赋予越大的权重；反之亦然，从而提高综合模型的实时预报精度，并可给出大量的不确定性信息，如均值、方差、不同置信水平对应的预报区间等。贝叶斯模型平均法的基本流程示意图如图 4-31 所示。

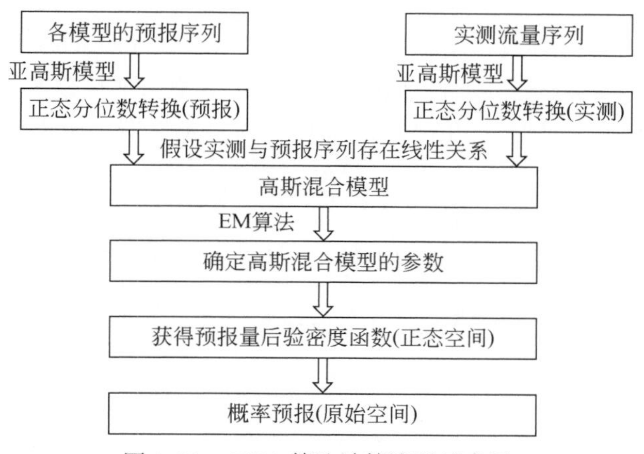

图 4-31　BMA 算法计算流程示意图

（2）BMA 的关键技术

根据贝叶斯模型平均法，推求得到综合预报变量 y 的后验分布，其形式往往很复杂，难以求解。近些年来，统计方法 Markov Chain Monte Carlo（MCMC）不断发展起来，但该方法需要较长的抽样时间，且无法求得后验分布的解析形式，为此，本书借用亚高斯模型（Meta-Gaussian），在正态空间中对转换后的时间序列进行线性假设，构造高斯混合模型，并采用期望最大化（EM）算法估计模型参数，推得预报量后验分布的解析形式，最终实现概率预报。

1）亚高斯模型。亚高斯模型的核心内容就是正态分位数转换（NQT）。NQT 是已知变量的边缘分布函数，并假定其服从正态分布且严格递增，从而推求该变量相应的正态分位数。令 Q 表示标准正态分布，则实测序列 y_t 、模型 M_i 预报序列 f_{it} 转换后的正态分位数分别为

$$y'_t = Q^{-1}[\Gamma(y_t)],\ t = 1,\ \cdots,\ T \tag{4-33}$$

$$f'_{it} = Q^{-1}[\phi(f_{it})],\ t = 1,\ 2,\ \cdots,\ T \tag{4-34}$$

式中，T 为时间序列长度；y'_t、f'_{it} 分别为 y_t 、f_{it} 的正态分位数；Γ 、ϕ 分别为 y_t 、f_{it} 的边缘分布函数。在实际操作中，设实测或预报流量序列服从三参数 Weibull 分布，因此其概率密度函数为

$$\mathrm{wb}(s;\ \zeta,\ \beta,\ \delta) = -\frac{\delta}{\beta}\left(\frac{s-\zeta}{\beta}\right)^{\delta-1} \cdot \exp\left[-\left(\frac{s-\zeta}{\beta}\right)^{\delta}\right],\ \zeta < s < +\infty \tag{4-35}$$

相应的分布函数为

$$F(s) = P(S < s) = \exp[-\{(x-\zeta)/\beta\}^{\delta}] \tag{4-36}$$

式中，β 、δ 和 ζ 分别为尺度参数、形状参数和位置参数，三参数 Weibull 分布的参数估计方法采用线性矩法。

2）高斯混合模型。实测或预报流量序列分别正态转换后，假设转化空间里的各变量 y'_t 、f'_{it} 服从线性关系：

$$y'_t = a_i f'_{it} + b_i + \Theta_i,\ (i = 1,\ 2,\ \cdots,\ k;\ t = 1,\ 2,\ \cdots,\ T) \tag{4-37}$$

式中，a_i、b_i 为参数；Θ_i 为不依赖于 f'_{it} 的残差系列，且服从正态分布：$\Theta_i \sim N(0, \sigma_i^2)$。

3）高斯混合模型参数估计。最大似然估计（maximum likelihood estimation，MLE）是最常用和最有效的估计方法之一。它是利用若干个观测值来估计该参数的方法。

假设有 N 个相互独立且服从 $g(y|\theta)$ 分布的样本，那么联合密度函数可以表示为

$$g(Y|\theta) = \prod_{i=1}^{N} g(y_i|\theta) = L(\theta|Y) \tag{4-38}$$

函数 $L(\theta|Y)$ 被称之为似然函数。似然函数被认为是由观察向量 D_{obs} 确定的参数 θ 函数。在最大化问题中，目标是找到使 L 最大化的参数 $\hat{\theta}$。然而在一般情况下，最大化时用 $\ln[L(\theta|Y)]$ 来代替，即

$$\hat{\theta} = \arg\max_{\theta} \ln[L(\theta|Y)] \tag{4-39}$$

式（4-39）实际上表达的是一个求极值的问题。很多情况下，直接求解式（4-39）非常困难，所以需要找到相应的解决方法。期望最大化（EM）算法就是一种通过迭代方法渐近求解参数最大似然估计的方法。

4）期望最大化（EM）算法。EM 算法是统计学上一种重要的参数估计方法，是 1977 年由 A. P. Dempster 等首次提出，是一种利用不完备的观测数据求解极大似然估计的迭代算法。它在很大程度上降低了极大似然估计的算法复杂度，但其性能与极大似然估计相近，具有很好的实用价值。

混合密度函数的参数估计问题是 EM 算法在计算机模拟识别领域里最为广泛的应用之一。所以这里用 EM 算法来求取高斯混合模型公式的参数值。

对于给定 T 个独立的流量观测值 D'_{obs} 的高斯混合模型的对数似然函数可以表述为

$$\ln[L(\theta|D'_{\text{obs}})] = \ln p(D'_{\text{obs}}|\theta) = \sum_{t=1}^{T} \ln\left[\sum_{i=1}^{k} w_i B_i(y'_t)\right] \tag{4-40}$$

可以发现，式（4-40）里的参数很难优化。如果考虑到观测数据 D'_{obs} 是不完全的，那么可以假设存在未观测数据 $M = \{M_t\}_{t=1}^{T}$，它的值表示各个成分的密度函数中某高斯成分，这样似然函数的表达式可以被显著地简化。假设 $M_t \in 1, 2, \cdots, k$，对于 $M_t = x$ 表示第 t 个流量值是由第 x 个高斯成分产生的。如果知道 M 的值，那么对数似然函数可以表达为

$$\ln[L(\theta|D'_{\text{obs}}, M)] = \sum_{t=1}^{T} \ln[w_{M_t} B_{M_t}(y'_t)] \tag{4-41}$$

这里，给出了各个流量的详细形式，它能通过多种方法进行优化。然而，这里也存在一定问题，M 的值并不知道。如果假设 M 是随机变量，且服从一定的分布，那么就可以利用前述的 EM 算法。

首先给出高斯混合密度函数中的参数初始值 $\theta^g = [\{w_i^g, a_i^g, b_i^g, \sigma_i^g, i = 1, 2, \cdots, k\}]$。根据贝叶斯法则，有

$$p(M_t|y'_t, \theta^g) = \frac{w_{M_t}^g B_{M_t}(y'_t)}{\sum_{i=1}^{k} w_i^g B_i(y'_t)}$$

$$p(M|D'_{\text{obs}},\ \theta^g) = \prod_{t=1}^{T} p(M_t|y'_t,\ \theta^g) \tag{4-42}$$

这里的 $M = \{M_t\}_{t=1}^{T}$ 是未观测数据被单独取出的一种情况。由式（4-42）可知通过假设隐藏变量的存在和分布函数的初始参数值，可以获得未观测数据的边缘密度函数，则有

$$Q(\theta,\ \theta^g) = \sum_{t=1}^{T}\sum_{l=1}^{k}\ln(w_l)p(l|y'_t,\ \theta^g) + \sum_{t=1}^{T}\sum_{l=1}^{k}\ln[B_l(y'_t)]p(l|y'_t,\ \theta^g) \tag{4-43}$$

将式（4-43）最大化，可以得到 a_i、b_i、σ_i^2 的估计，进而得到权重 w_i 的估计。

4.3.2 龙羊峡水库中长期径流概率预报

4.3.2.1 研究方法

随着预见期的加长，中长期水文预报的影响因素增多，预报难度及不确定性随之增大，为了定量研究黄河源区中长期径流预报的不确定性，采用贝叶斯预报系统（Bayesian Forecasting System，BFS）中的水文不确定性处理器，实现唐乃亥站的中长期径流概率预报，研究思路如图 4-32 所示。

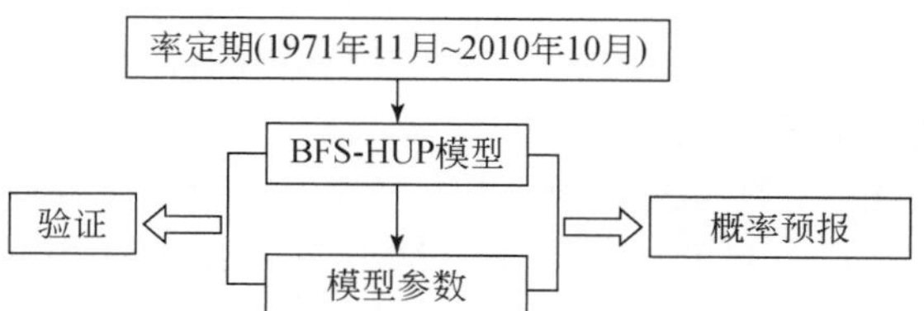

图 4-32　唐乃亥中长期径流概率预报逻辑框图

4.3.2.2 中长期径流概率预报评价指标

径流概率预报可以给出任一预报时刻流量的概率分布，从概念上讲，概率预报的结果有无穷多个，为了定量评估概率预报的优劣，以某一置信度（如 90%）的区间预报结果为例，采用下述指标对概率预报结果进行评价。

（1）覆盖率（CR）

预报区间覆盖实测流量数据的比率。

$$\text{CR} = \frac{\sum_{i=1}^{N} k_i}{N} \qquad k_i = \begin{cases} 1,\ (q_i^d \leqslant Q_i^0 \leqslant q_i^u) \\ 0,\ (Q_i^0 < q_i^d \text{ 或 } Q_i^0 > q_i^u) \end{cases} \tag{4-44}$$

式中，q_i^u、q_i^d 分别为第 i 时刻概率预报区间的上、下限（m^3/s）；Q_i^0 为第 i 时刻实测流量（m^3/s）；N 为预报总时段数。覆盖率是最常用的预报区间评价指标，指定置信度下，CR 值越大，概率预报效果越好，反之亦然。

（2）离散度（DI）

预报区间宽度与实测值之比。定量了预报区间的离散程度。由于预报过程中实测值未知，因而采用后验分布的期望值代替，即将预报区间宽度与后验分布期望值之比作为离散度。

$$DI=\frac{q_i^u-q_i^d}{E(q_i)} \tag{4-45}$$

式中，$E(q_i)$ 为第 i 时刻后验分布的期望值（m^3/s）。DI 越小，说明概率预报效果越好。

（3）分位数评价

以预报变量概率分布的某一分位数，如期望值、众数等作为定值预报结果，并采用现行对定值预报的评价指标，如相对误差、确定性系数等进行评价。

4.3.2.3 中长期径流概率预报结果

中长期径流概率预报以 1971 年 11 月 ~2010 年 10 月共计 39 年（其中非汛期为 11 月 ~ 翌年 6 月，汛期为 7 ~ 10 月）相应时段径流量的确定性预报结果作为 BFS-HUP 概率预报模型的输入资料，进行模型参数率定；选用验证期资料（验证期见下文叙述），进行中长期概率预报检验，对置信度为 90%（亦可知其他置信度）的区间预报结果进行统计，并给出流量概率分布的期望值预报结果（非汛期以实测流量的 20% 作为定值预报的许可误差；汛期以实测值序列最大变幅的 20% 作为定值预报的许可误差）。

（1）非汛期径流总量预报模型

在率定期内（1971 年 11 月 ~2010 年 10 月）分别以 11 月 ~ 翌年 4 月、5 ~ 6 月、11 月 ~ 翌年 6 月 3 个时段径流总量的确定性预报结果作为 BFS-HUP 模型的输入资料，进行模型参数率定。唐乃亥站率定期非汛期径流总量概率预报置信度为 90% 的预报区间覆盖率在 87% 以上，结果统计表见表 4-25。11 月 ~ 翌年 4 月、11 月 ~ 翌年 6 月的预报区间的平均离散度均在 0.4 以内，期望值预报的合格率在 90% 以上，概率预报精度较高。但 5 ~ 6 月预报区间的平均离散度为 0.88，且期望值预报的合格率为 74.36%，概率预报精度还有待提高。11 月 ~ 翌年 6 月径流总量概率预报过程线如图 4-33 所示。

表 4-25　率定期非汛期径流总量概率预报结果统计表

时间尺度	90% 预报区间覆盖率 CR	90% 预报区间平均离散度	期望值预报合格率/%
11 月 ~ 翌年 4 月	92.3	0.27	100
5 ~ 6 月	92.31	0.88	74.36
11 月 ~ 翌年 6 月	87.2	0.37	92.31

以 2010 年 11 月 ~2013 年 6 月作为验证期，结果表明：11 月 ~ 翌年 4 月、11 月 ~ 翌年 6 月的唐乃亥站验证期非汛期径流总量概率预报区间的离散度在 0.4 以内，预报效果较好，但 5 ~ 6 月的预报区间离散度较大；非汛期径流总量概率分布的期望值预报精度较高。预报结果见表 4-26。

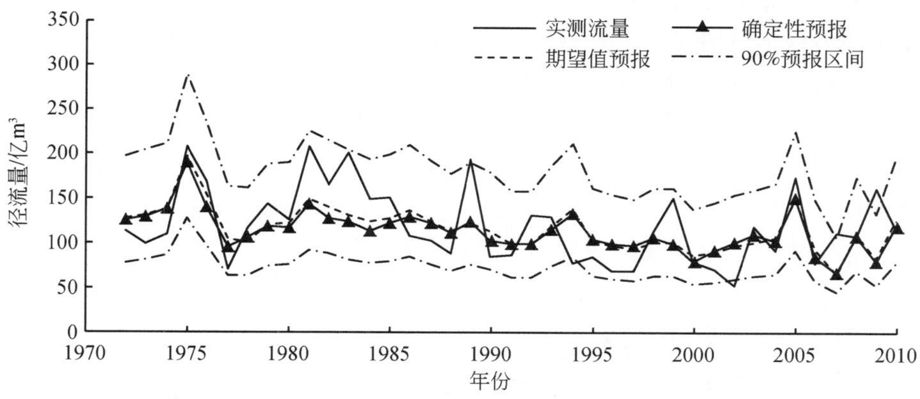

图 4-33　唐乃亥站 11 月～翌年 6 月径流总量概率预报过程线

表 4-26　验证期非汛期径流总量概率预报

年份	时间尺度	实测径流/亿 m³	90% 预报区间/亿 m³	90% 预报区间离散度	期望值预报/亿 m³	许可误差/亿 m³	期望值预报误差/亿 m³	期望值预报是否合格
2010～2011	11 月～翌年 4 月	40.86	[38.22, 50.54]	0.28	44.06	8.17	3.20	Y
	5～6 月	42.53	[27.35, 65.12]	0.90	41.82	12.76	-0.71	Y
	11 月～翌年 6 月	83.38	[66.94, 98.38]	0.39	81.02	16.68	-2.36	Y
2011～2012	11 月～翌年 4 月	57.34	[46.70, 60.71]	0.27	53.43	11.47	-3.91	Y
	5～6 月	48.88	[32.76, 78.82]	0.91	50.89	14.66	2.01	Y
	11 月～翌年 6 月	106.22	[72.82, 107.16]	0.39	88.38	21.24	-17.84	Y
2012～2013	11 月～翌年 4 月	39.88	[41.81, 54.91]	0.27	48.06	7.98	8.18	Y
	5～6 月	39.76	[23.50, 54.11]	0.88	34.77	11.93	-5.00	Y
	11 月～翌年 6 月	79.64	[66.28, 97.38]	0.39	80.20	15.93	0.56	Y

（2）非汛期逐月径流预报模型

唐乃亥站非汛期逐月滚动概率预报拟合结果表明：90% 预报区间覆盖率在 80% 以上，区间预报精度较高。除 4 月、5 月、6 月外，期望值预报的合格率均高于 85%。结果统计表见表 4-27。

表 4-27　非汛期逐月滚动概率预报精度统计

统计＼月份	11 月	12 月	1 月	2 月	3 月	4 月	5 月	6 月
90% 预报区间覆盖率/%	100	100	97.6	100	100	95.2	83.3	83.3
期望值预报合格率/%	90.2	95.2	88.1	97.6	92.9	69.0	61.9	52.4

(3) 汛期径流总量预报模型

将率定期内每年汛期（7 ~10 月）径流总量的确定性预报结果作为 BFS-HUP 概率预报模型的输入资料，进行 BFS-HUP 模型参数率定，唐乃亥站率定期汛期径流总量概率预报置信度为 90% 的预报区间的覆盖率为 87.80%，区间预报精度较高；径流总量后验分布的期望值预报的合格率为 70.73%，预报精度较高。7 ~10 月径流总量概率预报过程线如图 4-34 所示。

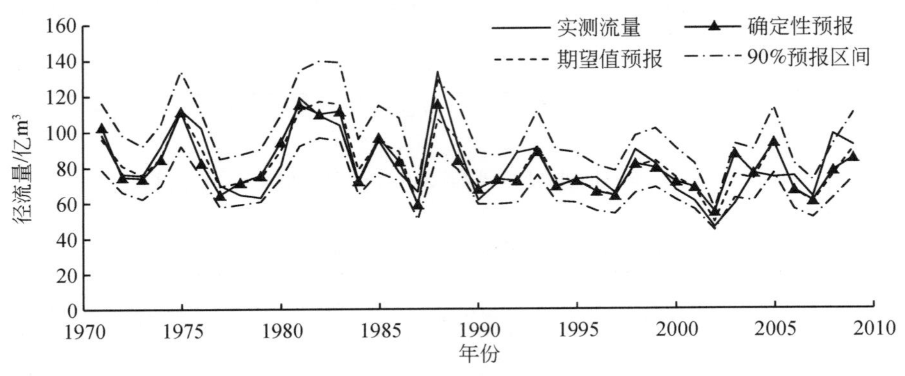

图 4-34 唐乃亥站 7 ~10 月径流总量概率预报过程线

以 2013 年和 2014 年汛期作为验证期，检验结果表明：2013 年和 2014 年置信度为 90% 的预报区间可以包含实测径流总量，区间预报精度较高。汛期径流总量后验分布期望值的相对误差较小，定值预报精度也比较高。汛期径流总量概率预报结果见表 4-28。

表 4-28 验证期非汛期径流总量概率预报

年份	时间尺度	实测径流/亿 m^3	90% 预报区间/亿 m^3	期望值预报/亿 m^3	期望值预报误差/%	合格情况
2013	7 ~10 月	111.66	[75.03, 189.23]	121.55	8.9	合格
2014	7 ~10 月	118.42	[80.51, 200.93]	130.11	9.9	合格

4.3.3 三门峡入库洪水预报的不确定性分析

4.3.3.1 研究方案

本书基于贝叶斯理论，采用 BFS 中的水文不确定性处理器分析单个水文模型的不确定性，采用贝叶斯模型平均方法（BMA）分析多水文模型综合的不确定性，并在此基础上实现黄河骨干水库三门峡入库控制站的洪水概率预报。研究技术路线框架如图 4-35 所示。

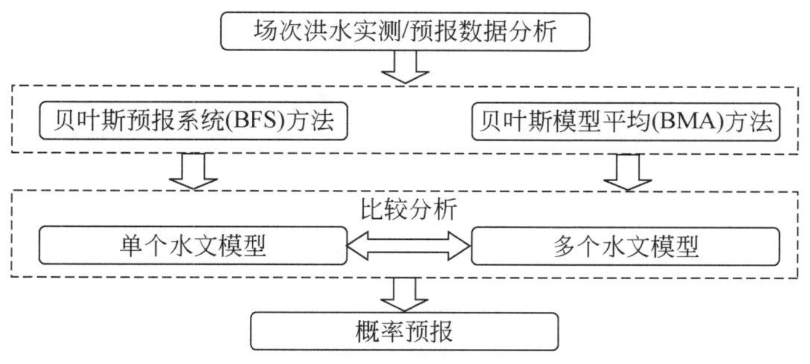

图 4-35　洪水概率预报技术框架图

4.3.3.2　基于单个水文模型的概率预报研究

水文不确定性处理器是 BFS 的主要组成部分，用来分析除降雨之外的所有其他不确定性，具体方法可参见龙羊峡水库中长期径流概率预报方法说明。

（1）数据资料

本书筛选了 1981 年以来黄河干流潼关站 2000m³/s 以上 43 场实测洪水资料，其中，以华县来水为主的洪水 24 场（不漫滩洪水 15 场、漫滩洪水 9 场），以龙门来水为主的洪水 19 场（不漫滩洪水 14 场、漫滩洪水 5 场），利用龙门、华县、河津、状头—潼关河段洪水演进模型模拟潼关站洪水过程，其计算时段长为 1h。选取确定性系数（DC）在 0.7 以上的 16 场洪水作为输入，率定 BFS-HUP 的模型参数，实现潼关站洪水概率预报，并将上述 43 场洪水分场景进行试验，以探求确定性模型预报精度对概率预报区间的影响。计算时长为 1h。

（2）概率预报结果分析

概率预报给出的是预报流量的概率分布，不仅可以获得诸如均值、中位数等定值预报结果，同时还可以得到具有一定置信度的区间预报结果，本书以中位数（Q_{50}）、置信度为 90%（亦可采用其他置信度值）的区间预报为例，各场次洪水的概率预报结果见表 4-29。

表 4-29　16 场洪水洪峰概率预报成果

洪号	实测洪峰/(m³/s)	确定性预报洪峰/(m³/s)	确定性预报洪峰误差/%	确定性预报确定性系数	Q_{50}洪峰/(m³/s)	Q_{50}洪峰误差/%	Q_{50}确定性系数	置信度 90% 的预报区间/(m³/s)	90% 预报区间覆盖率/%
1981071420	4600	4700	2.17	0.89	4290	-6.64	0.88	[3470，5270]	91
1981072820	4050	3510	-13.33	0.84	3480	-13.95	0.86	[2800，4250]	100
1983080516	5190	4770	-8.09	0.91	4520	-12.85	0.71	[3750，5390]	100
1985080618	4990	3750	-24.85	0.83	3740	-25.12	0.84	[3050，4510]	87
1987082620	5450	4810	-11.74	0.88	4610	-15.43	0.88	[3800，5520]	89
1988071510	3970	3420	-13.85	0.80	3170	-20.07	0.81	[2540，3930]	73
1989081814	4940	4870	-1.42	0.76	4520	-8.52	0.59	[3610，5620]	94
1990070612	4430	4430	0.00	0.91	4100	-7.36	0.89	[3270，5110]	100

续表

洪号	实测洪峰/(m^3/s)	确定性预报洪峰/(m^3/s)	确定性预报洪峰误差/%	确定性预报确定性系数	Q_{50}洪峰/(m^3/s)	Q_{50}洪峰误差/%	Q_{50}确定性系数	置信度90%的预报区间/(m^3/s)	90%预报区间覆盖率/%
1991072810	3310	3100	-6.34	0.83	3090	-6.50	0.88	[2490, 3790]	88
1994080518	7280	7320	0.55	0.79	6810	-6.45	0.93	[5700, 8060]	85
1995073006	4160	4150	-0.24	0.86	3920	-5.72	0.92	[3180, 4790]	90
1996073104	4220	4260	0.95	0.77	3710	-12.03	0.76	[2970, 4600]	85
1997080102	4700	4400	-6.38	0.93	4110	-12.57	0.92	[3330, 5020]	76
1998071310	6420	6250	-2.65	0.83	5640	-12.11	0.81	[4600, 6860]	86
2001081812	3000	3250	8.33	0.85	2860	-4.71	0.96	[2260, 3590]	92
2002070316	2530	2710	7.11	0.79	2550	0.81	0.87	[2080, 3120]	92

综合16场洪水的预报结果可知，相较于传统预报模型，概率预报模型不仅可以提供定值预报结果，同时还可以给出一定置信度水平的区间预报结果，为防洪决策提供更为丰富的信息。洪水概率预报过程线如图4-36～图4-51所示。

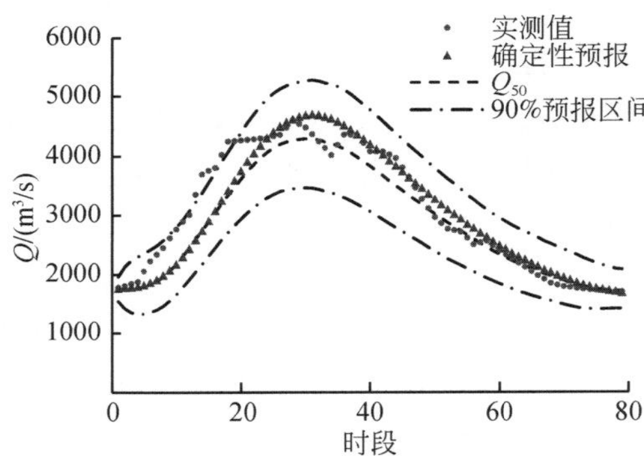

图4-36 1981071420号洪水概率预报过程线

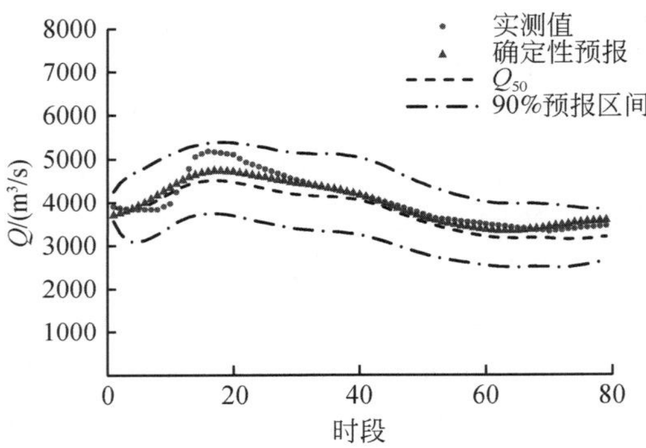

图4-37 1983080516号洪水概率预报过程线

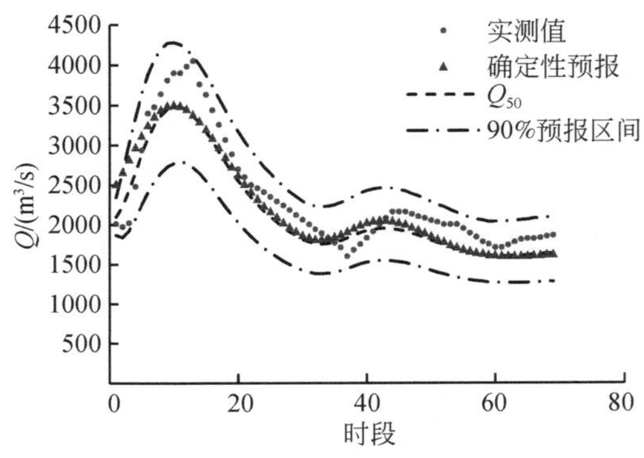

图4-38 1981072820号洪水概率预报过程线

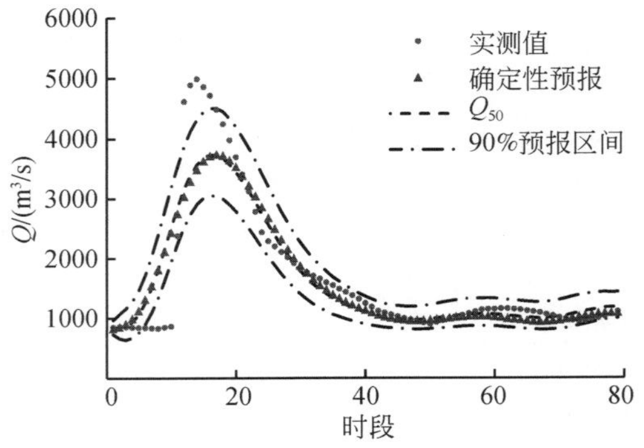

图4-39 1985080618号洪水概率预报过程线

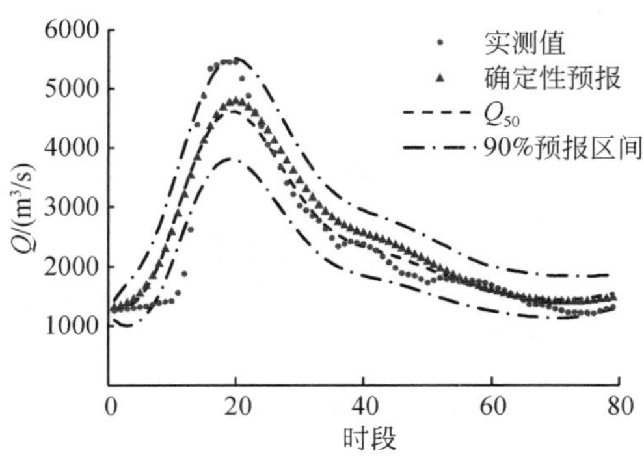

图 4-40　1987082620 号洪水概率预报过程线

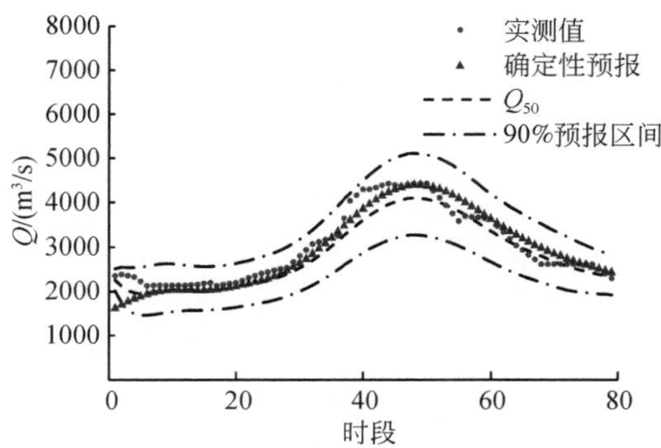

图 4-41　1990070612 号洪水概率预报过程线

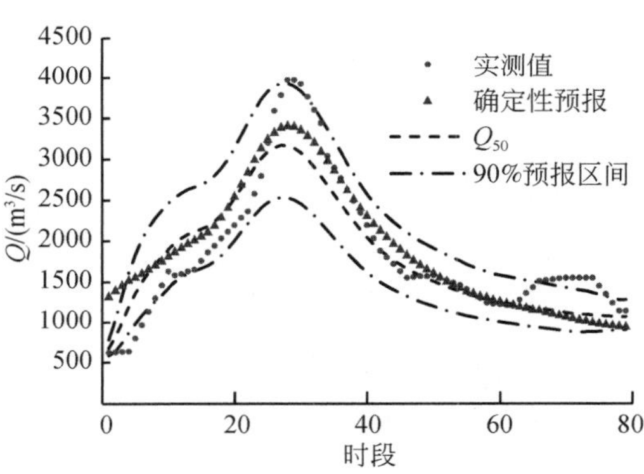

图 4-42　1988071510 号洪水概率预报过程线

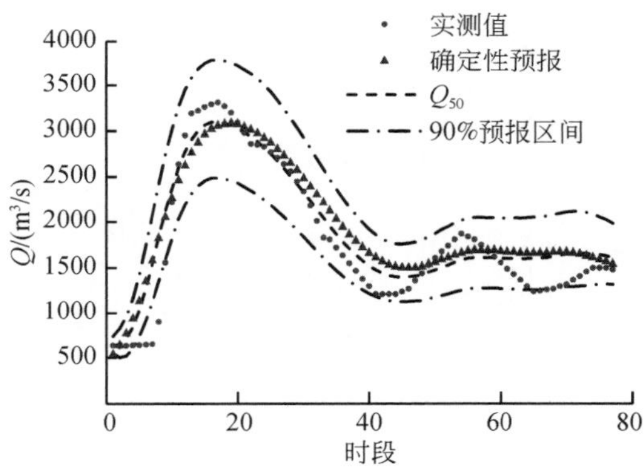

图 4-43　1991072810 号洪水概率预报过程线

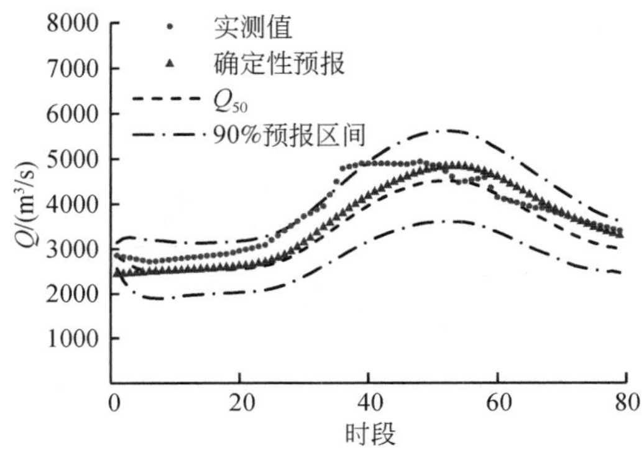

图 4-44　1989081814 号洪水概率预报过程线

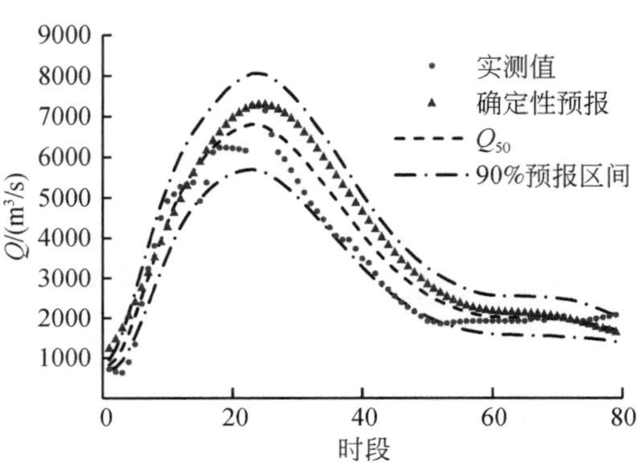

图 4-45　1994080518 号洪水概率预报过程线

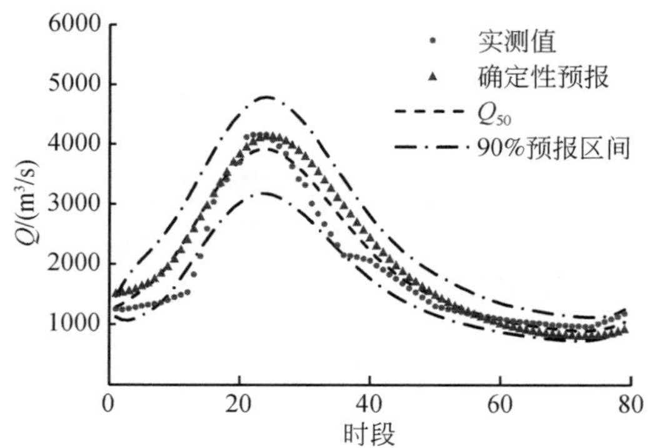

图 4-46　1995073006 号洪水概率预报过程线

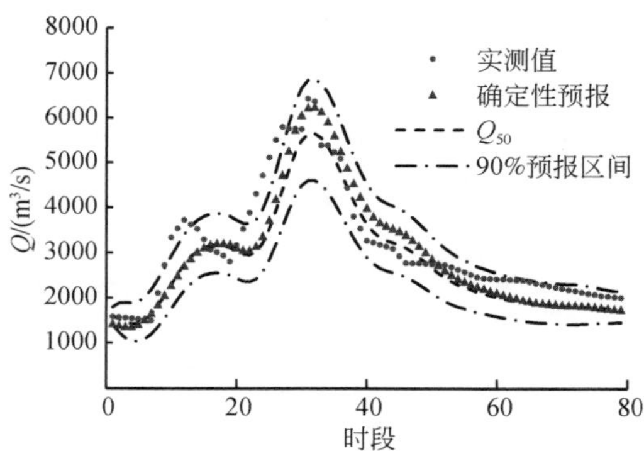

图 4-47　1998071310 号洪水概率预报过程线

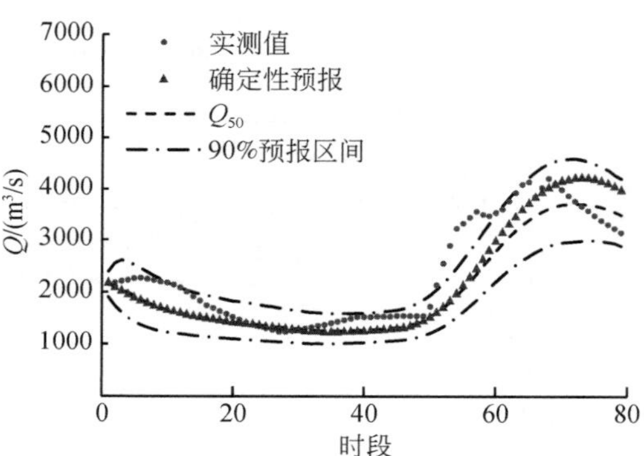

图 4-48　1996073104 号洪水概率预报过程线

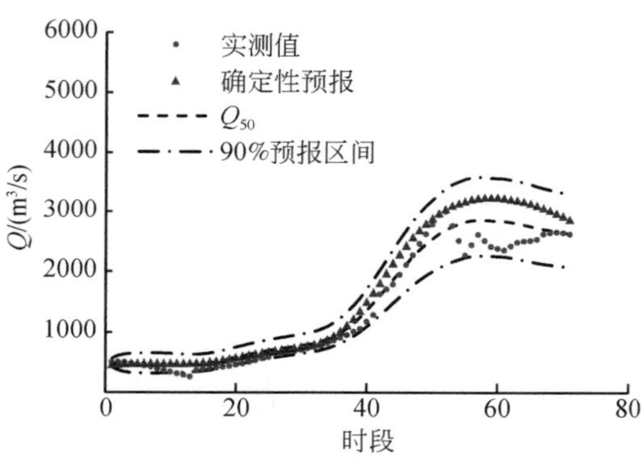

图 4-49　2001081812 号洪水概率预报过程线

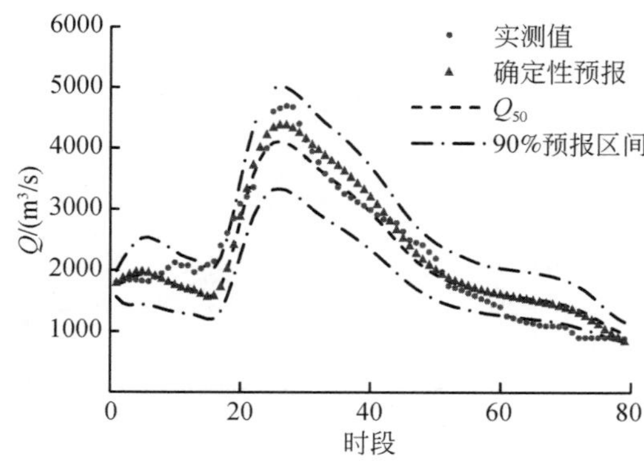

图 4-50　1997080102 号洪水概率预报过程线

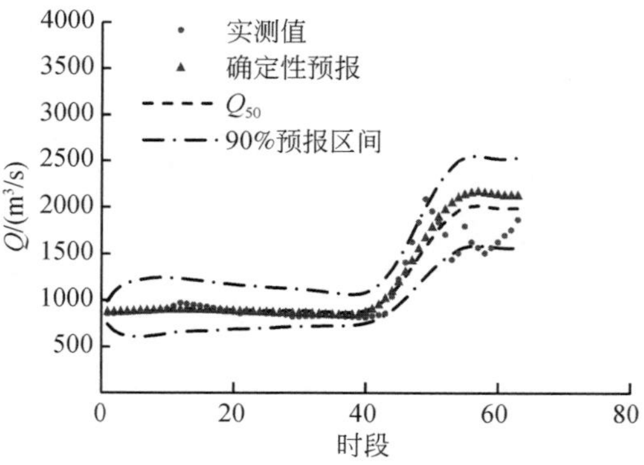

图 4-51　2002070316 号洪水概率预报过程线

由图 4-36 ~ 图 4-51 可知，概率预报 Q_{50}较确定性预报更贴近实测流量的变化趋势，体现了贝叶斯修正原理；同时，概率预报的预报精度受到确定性预报的影响。

(3) 概率预报区间变化分析

为了探求确定性模型预报精度对概率预报区间的影响，将 43 场洪水按照确定性模型预报精度分为 3 类：预报效果较好的 25 场洪水、具有系统偏差的 7 场洪水和存在较大偶然误差的 11 场洪水，并在此基础上进行 3 种情景试验。

情景 1：选取全部 43 场洪水及其相应的确定性模型预报结果作为 BFS-HUP 的输入资料，确定 BFS-HUP 参数，进行概率预报；

情景 2：选取 25 场+11 场洪水及其相应的确定性模型预报结果作为 BFS-HUP 的输入资料，确定 BFS-HUP 参数，进行概率预报；

情景 3：只选取 25 场洪水及其相应的确定性模型预报结果作为 BFS-HUP 的输入资料，确定 BFS-HUP 参数，进行概率预报。

对 3 种情景中共有的 25 场洪水概率预报区间的离散度（这里采用预报区间宽度与预报中位数 Q_{50}之比）进行对比，3 种情景 25 场洪水的平均离散度统计结果见表 4-30。

表 4-30　3 种情景概率预报区间离散度对比表

情景试验	平均离散度
情景 1	0.65
情景 2	0.56
情景 3	0.36

由情景 1 到情景 3，是确定性预报精度不断提高的过程，随着确定性预报精度的提高，概率预报区间的平均离散度逐渐减小，表明概率预报的可靠度逐渐提高。由于 BFS-HUP 是在确定性预报结果的基础上实现概率预报，所以其预报可靠度在很大程度上取决于确定性预报精度。

进一步分析表明，从情景 1 到情景 2，概率预报区间平均离散度减小了 0.09，从情景 2 到情景 3，概率预报区间平均离散度减小了 0.2；由两种变化幅度可知，概率预报区间宽度对确定性预报的偶然性误差较敏感，对系统偏差的敏感性相对较低。

4.3.3.3　基于多模型综合的概率预报研究

基于 BMA 方法开展龙门、华县、河津、状头至潼关河段两套洪水演进模型洪水预报结果不确定性分析，分别对上阶段筛选的潼关站 43 场实测洪水资料进行预报，计算时段长为 1h。

(1) 洪水分类

以确定性系数为分类指标，将 43 场洪水分为预报精度较高的场次洪水与预报精度较差的场次洪水。采用两套洪水演进模型（模型 A 和模型 B）对潼关站 43 场实测洪水进行预报，以确定性系数为分类指标，将模型 A 与模型 B 预报确定性系数均在 0.80 以上的 12

场洪水作为预报精度较高的场次洪水；其余31场洪水作为预报精度较差的场次洪水。

（2）概率预报结果

选取预报精度较高的场次洪水，采用BMA算法将两套洪水演进模型的预报结果进行综合，实现洪水概率预报。选取上述预报精度较高的12场洪水，采用贝叶斯模型平均法（BMA）算法将两套洪水演进模型的预报结果进行综合，求得预报流量的后验分布，实现洪水概率预报。BMA算法参数率定结果见表4-31。

表4-31　BMA算法参数表

流量	原始空间	正态空间		
	权重 w	a	b	var
模型A	0.51	0.93	0.01	0.11
模型B	0.49	0.91	0.00	0.13

基于BMA算法的洪水概率预报，在实现不同模型预报结果综合的同时，还可以提供预报变量的概率分布函数，因此，BMA不仅可以提供类似传统预报方案的定值预报结果（如采用预报量概率分布的期望值作为模型综合的预报结果），还可以给出指定置信度（如90%置信度）的区间预报结果，潼关站洪峰的概率预报与确定性预报对比见表4-32。

由表4-32可知，在洪峰预报相对误差和洪峰滞时方面，BMA算法（流量后验分布的期望值预报）的预报精度介于模型A和模型B之间，这是因为BMA本质上是一种加权方案（概率加权），对某一个固定时刻流量（如洪峰）的预报是介于各确定性模型预报范围之内的某个量。对比预报的确定性系数可以发现，BMA预报精度较高，总体上优于模型A和模型B，这进一步说明了通过概率加权的多模型结果综合，虽然不能保证每个时刻的综合预报值都优于任一单个模型的预报结果，但对整场洪水的预报，BMA具有一定优势。此外，洪水概率预报还提供了一定置信度（本节以90%为例）条件下的区间预报结果，为防洪决策提供更为丰富的信息。不同模型12场洪水的预报过程线如图4-52～图4-63所示。

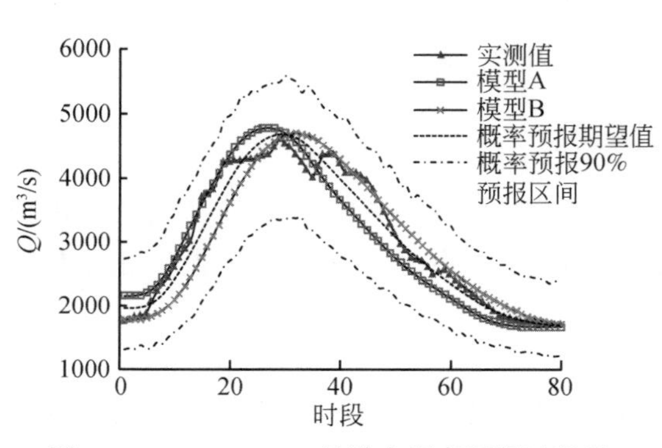

图4-52　1981071420号洪水概率预报过程线

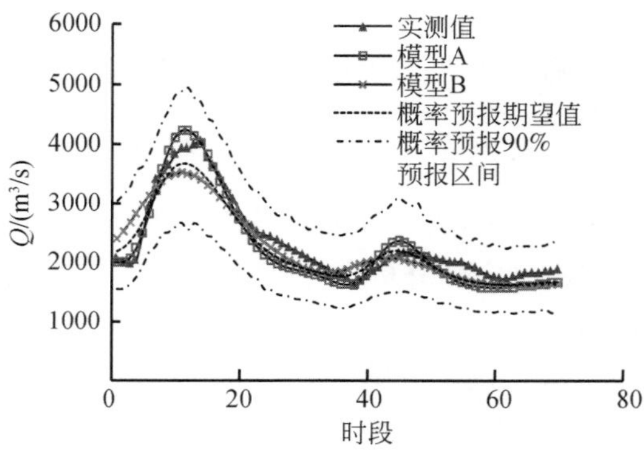

图4-53　1981072820号洪水概率预报过程线

表 4-32　潼关站洪水概率预报期望值及预报区间结果

洪号	实测洪峰 /(m^3/s)	概率预报洪峰期望值 /(m^3/s)	概率预报洪峰期望值误差/%	模型 A 洪峰误差/%	模型 B 洪峰误差/%	概率预报期望值确定性系数	模型 A 确定性系数	模型 B 确定性系数	概率预报洪峰期望值滞时/h	模型 A 洪峰滞时 /h	模型 B 洪峰滞时 /h	概率预报洪峰置信度为 90% 的预报区间	概率预报 90% 预报区间覆盖率/%
1981071420	4600	4680	1. 72	3. 85	2. 07	0. 96	0. 90	0. 89	0	-2	3	[3330,5480]	100
1981072820	4050	3850	-4. 94	4. 12	-13. 27	0. 91	0. 91	0. 84	-3	-2	-3	[2660,4870]	100
1983080516	5190	4920	-5. 28	-2. 20	-8. 13	0. 94	0. 95	0. 90	2	1	2	[3530,5820]	100
1985080618	4990	4300	-13. 75	-0. 14	-24. 81	0. 90	0. 90	0. 83	1	1	3	[2740,5420]	95
1987082620	5450	5310	-2. 57	8. 11	-11. 82	0. 91	0. 89	0. 88	0	0	2	[3670,6310]	92
1988071510	3970	3560	-10. 23	-4. 71	-13. 90	0. 83	0. 82	0. 80	2	3	0	[2460,4590]	85
1990070612	4430	4480	1. 17	4. 70	0. 04	0. 94	0. 85	0. 90	4	0	4	[3200,5300]	100
1991072810	3310	3260	-1. 42	10. 06	-6. 44	0. 87	0. 83	0. 84	9	-4	2	[2200,4360]	88
1994080518	7280	7710	5. 95	12. 06	0. 56	0. 87	0. 88	0. 80	1	0	1	[5620,8270]	94
1995073006	4160	3990	-4. 06	-6. 59	-0. 29	0. 94	0. 83	0. 86	1	0	3	[2900,4940]	98
1997080102	4700	4330	-7. 87	-4. 00	-6. 30	0. 94	0. 84	0. 93	1	-5	-1	[3150,5090]	100
1998071310	6420	6110	-4. 86	-0. 79	-2. 66	0. 92	0. 89	0. 83	-1	-3	1	[4490,6880]	100

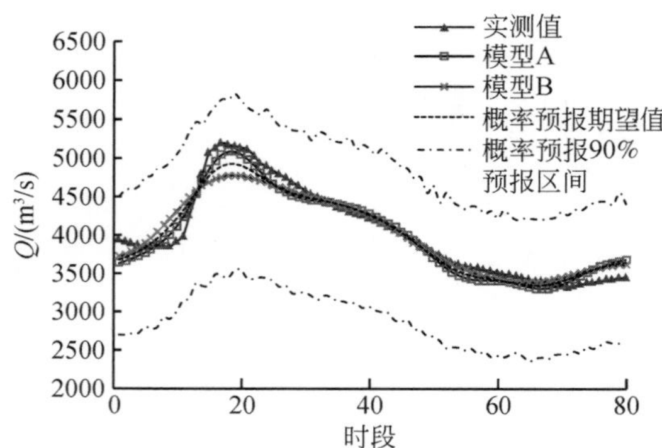

图 4-54　1983080516 号洪水概率预报过程线

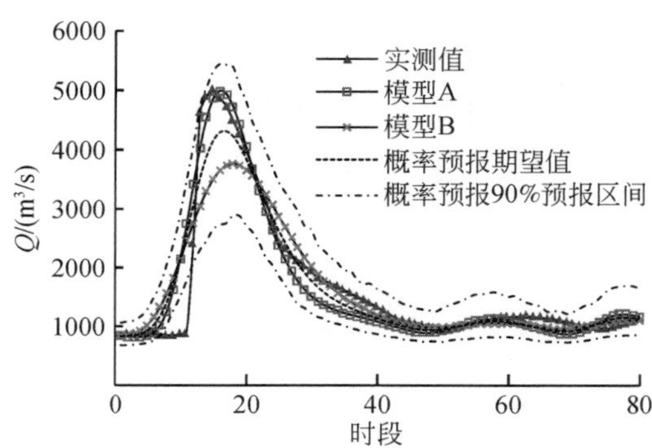

图 4-55　1985080618 号洪水概率预报过程线

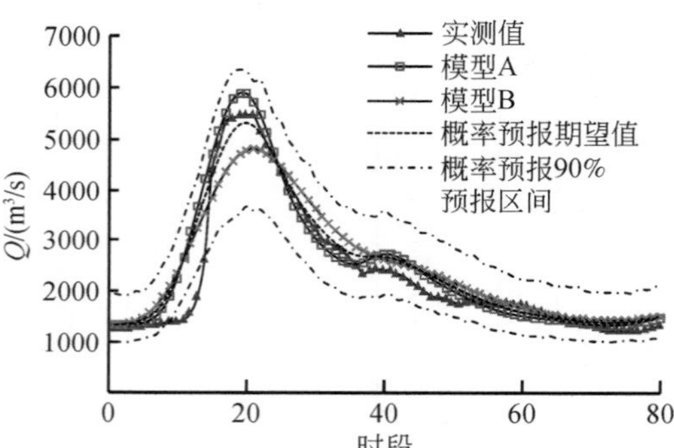

图 4-56　1987082620 号洪水概率预报过程线

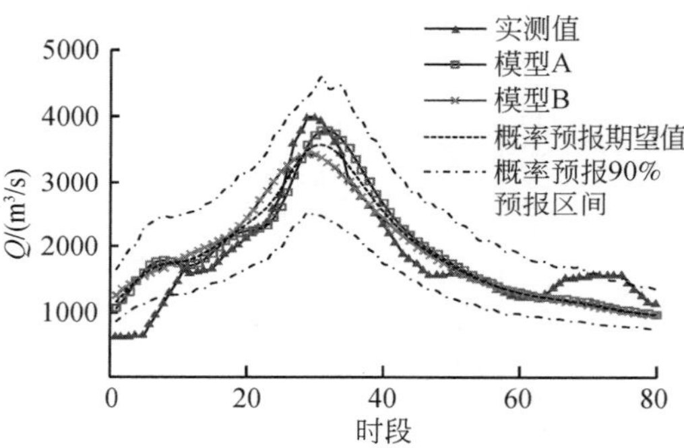

图 4-57　1988071510 号洪水概率预报过程线

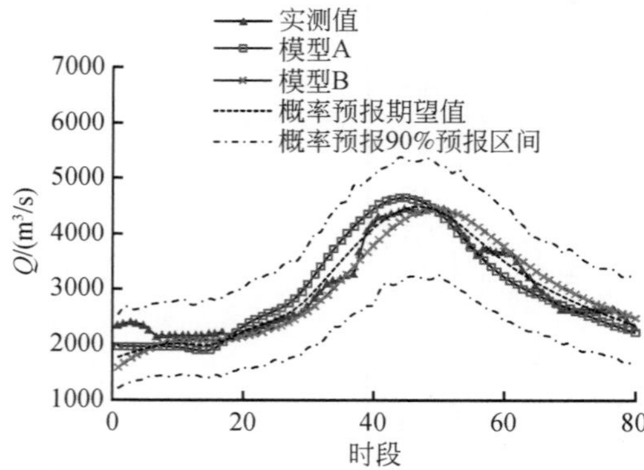

图 4-58　1990070612 号洪水概率预报过程线

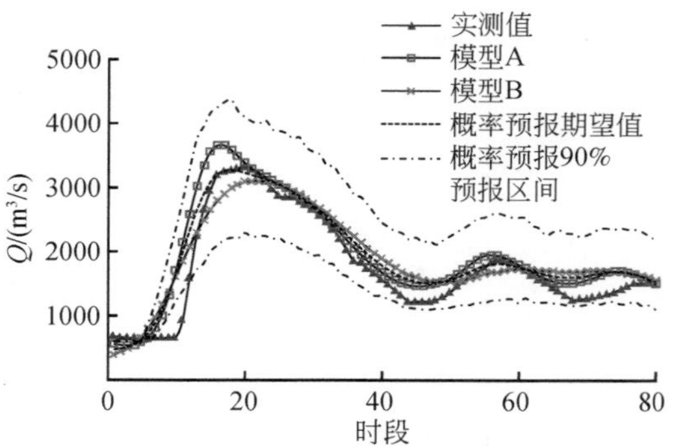

图 4-59　1991072810 号洪水概率预报过程线

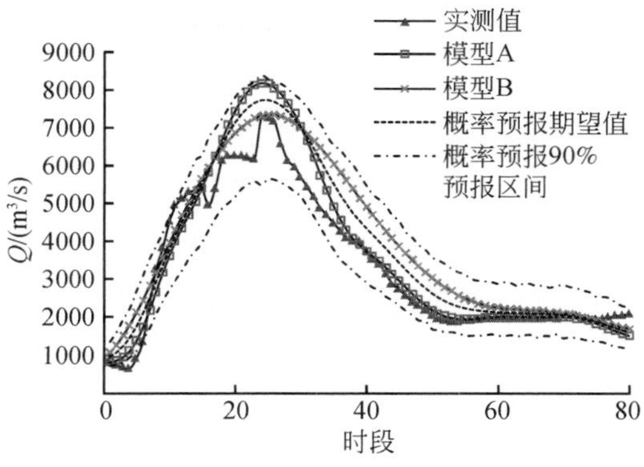

图 4-60　1994080518 号洪水概率预报过程线

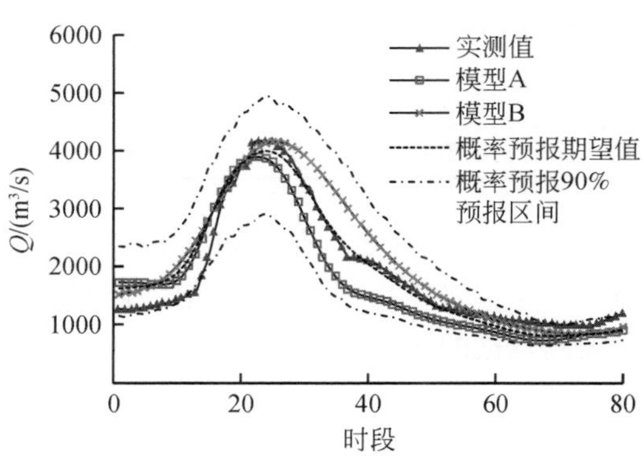

图 4-61　1995073006 号洪水概率预报过程线

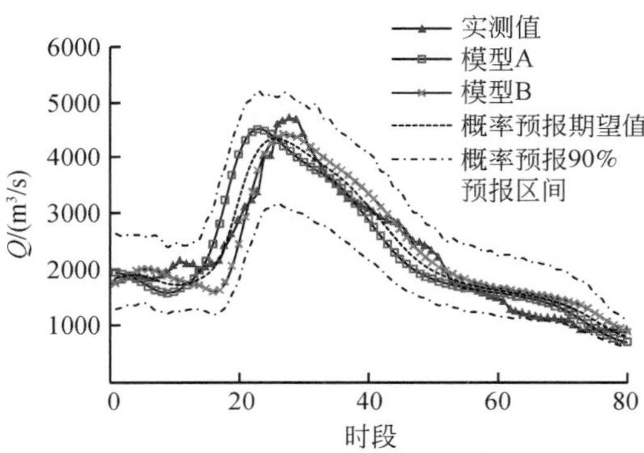

图 4-62　1997080102 号洪水概率预报过程线

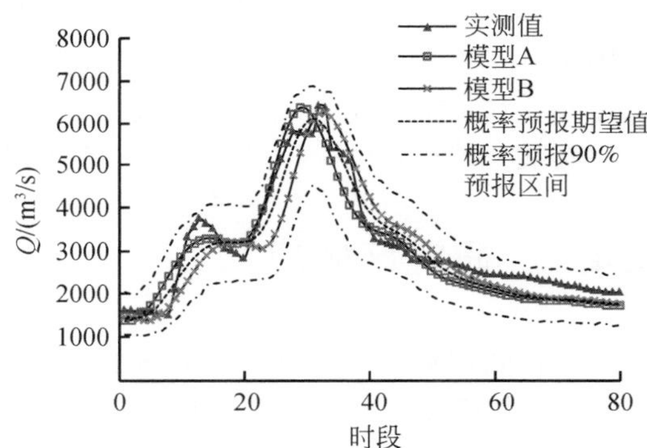

图 4-63　1998071310 号洪水概率预报过程线

(3）预报不确定性分析

对上述两类洪水资料进行情景试验，分析洪水预报结果的不确定性。进一步分析不同模型预报的不确定性，对前述两类不同精度的场次洪水进行了 3 种情景试验。

情景一：选取预报精度较高的 12 场洪水资料，采用 BMA 算法将两套模型的预报结果进行综合；

情景二：选取所有 43 场洪水资料，采用 BMA 算法将两套模型的预报结果进行综合；

情景三：选取预报精度较差的 31 场洪水资料，采用 BMA 算法将两套模型的预报结果进行综合。

从情景一至情景三，代表预报精度逐渐降低，预报精度降低意味着预报的不确定性增大，这种不确定性可以采用概率预报区间（如置信度为 90%）的离散度（采用预报区间宽度与后验分布的期望值之比）及覆盖率来衡量。根据定义，离散度越大或覆盖率越小，表明预报的不确定性越大，反之亦然。3 种情景下的概率预报区间（本节以 90% 为例）平均离散度和平均覆盖率统计结果见表 4-33。

表 4-33　3 种情景概率预报结果对比

相关指标	情景一	情景二	情景三
平均离散度	0.63	0.71	0.76
平均覆盖率/%	96	92	92

由表 4-33 可知，在相同置信度条件下，当确定性预报模型的预报精度逐渐降低（由情景一至情景三），基于多模型综合的概率预报（BMA）的离散度逐渐增大，预报区间包含实测点据的比例也在降低。由此说明，概率预报结果的可靠度取决于初始确定性模型的预报精度。

4.4　水文预报示范

黄河三门峡至花园口区间（简称三花间，图 4-64），位于黄河中游末端，流域面积 4.16 万 km^2，是黄河中游三大洪水来源区之一，对黄河下游防洪威胁最大。研究建立黄河三花间洪水预报模型系统，完善包括软硬件系统的平台，开展 2014 ~2015 年的洪水预报应用实践，建成黄河三门峡—花园口河段水文预报示范基地。

4.4.1　研究区概况

三花间地势西高东低，南北两面高，中间低。北面海拔达 2000m 左右，南面为1600 ~ 1800m。中间由南北两峰逐渐下降至 100 ~300m。流域出口断面花园口站是黄河下游防洪的

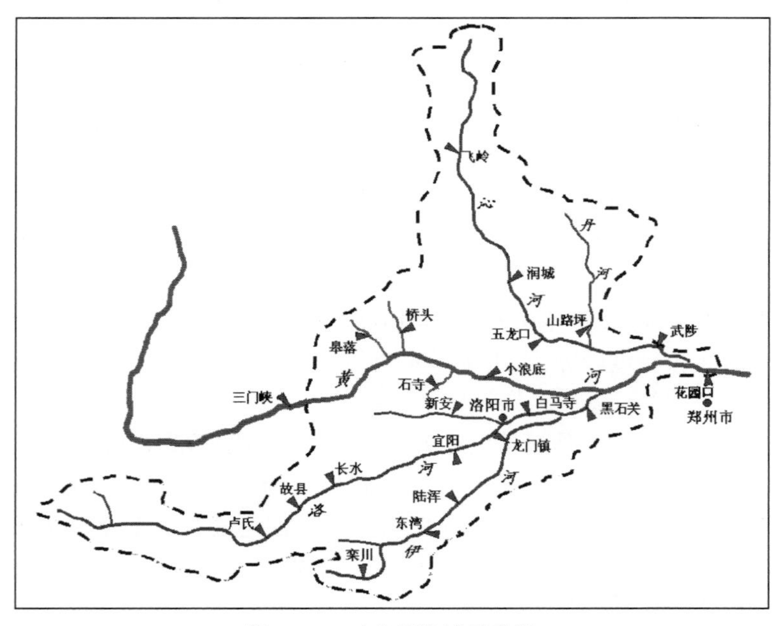

图 4-64　三花间流域示意图

重要控制站。主要支流有伊洛河和沁河，控制断面分别为黑石关站和武陟站，如图 4-64 所示。本区洪水特点是涨势猛、洪峰高、预见期短，一次洪峰的持续时间一般在 5 天左右。

4.4.2 洪水预报方案

在黄河三花间，有小浪底、花园口、黑石关和武陟 4 个重要预报断面（预报方案见表 4-34），以及卢氏、东湾、白马寺、龙门镇、五龙口、山路平、陆浑水库和故县水库 8 个一般预报断面（预报方案见表 4-35），洪水预报系统中，重要断面的洪水预报方案有两套以上，一般断面至少 1 套。

表 4-34　三花间 4 个重要预报站预报方案

序号	站点	方案一	方案二
1	花园口	经验预报模型	马法+三水源新安江模型
2	黑石关	经验预报模型	马法+三水源新安江模型
3	武陟	经验预报模型	马法+三水源新安江模型
4	小浪底水库	经验预报模型+水库调洪演算	三水源新安江模型+调洪演算

表 4-35　三花间 8 个一般预报站预报方案

序号	站点名称	方案名称	序号	站点名称	方案名称
1	卢氏	经验预报模型	5	五龙口	经验预报模型
2	东湾	经验预报模型	6	山路平	经验预报模型
3	白马寺	经验预报模型	7	陆浑水库	经验预报模型+水库调洪演算
4	龙门镇	经验预报模型	8	故县水库	经验预报模型+水库调洪演算

4.4.3 三花间洪水预报系统

黄河三花间洪水预报系统是以现有计算机网络为支撑，以实时水情数据库为水情信息源，在中国洪水预报系统软件平台上开发完成的，同时结合黄河洪水作业预报的实际情况开发相关辅助软件。开发三花间洪水预报系统主要包括流域边界、河流水系、报汛站网等地理信息图层的生成，以水文站为控制点的预报区域划分等。辅助软件包括前期影响雨量计算软件，预报与调度数据交换软件，洪水仿真计算数据处理软件、中尺度模式预报接口软件等。

（1）系统功能与结构

三花间洪水预报系统功能主要包括预报方案定制、模型参数率定、实时预报和模拟预测计算、人机交互、实时预报结果的管理、实时预报结果的图形化显示输出和地理信息系统应用 7 个方面。

1）预报方案定制。以水文站为控制点划分预报区域，每个预报断面还可划分为若干个单元面积分别计算。为每个单元面积的产汇流或河道演进选择计算模型，不同的单元面积可选择不同模型。

2）模型参数率定。提供人工率定和自动优选两种模型参数率定方式。通过初设一组模型初始参数，对历史洪水进行模拟计算，对模拟的径流过程与实测的径流过程做目估对比分析，而后调整参数重新计算，直至模拟结果满意为止。

3）实时预报和模拟预测计算。实时预报系统的实时预报部分具有以下主要功能：①预报断面选择，运行预报需由预报人员选择预报流域、预报断面。②模拟计算，依据流域实测降雨、上游断面洪水、工程等数据做出预报断面的洪水预报，依据预报入库流量和水库调度预案进行水库调节计算，依据蓄滞洪区分洪流量计算出下游预报断面的水位流量、蓄滞洪区水位过程。

4）人机交互。人机交互功能主要用于以下方面：①预报方案建立和模型率定；②预报边界条件修改，包括预报时间、预报站点的设定和选择；③实时水情信息的提取及实时数据的等时段化等预处理；④实时作业预报。

5）实时预报结果的管理。多个预报人员可根据经验修改得出自己的模型预报计算结果，经会商、审核后，形成最终发布结果，并将最终预报结果存入数据库，或向上级水情部门发送预报结果。

6）实时预报结果的图形化显示输出。预报计算完成后，将预报、实测水位流量绘图并列表显示，并可点击鼠标选择时段计算洪量。水库调度计算中，将入库流量、计算的库水位、库容和出库流量绘图并列表显示。

7）地理信息系统应用。显示黄河流域水系图。水系图内容包括预报所需要的雨量站，报汛的水文、水位和水库站，预报的潮位站等，河流水位站、水文站、水库站和河流分三级显示。

（2）软硬件体系结构

系统软硬件环境包括客户端和服务器端软硬件环境。客户端软硬件环境包括微机硬件平台、Windows XP 以上操作系统。服务器端软硬件环境包括数据库服务器、数据库管理系统、实时水情数据库和预报专用数据库。预报系统以 Visual Basic 和 MapInfo 为系统开发工具，实现实时信息和预报信息的客户/服务器环境，可在任何一台联网的微机上完成洪水预报作业。

（3）主要功能模块

预报模型模块：黄河洪水预报系统采用完全模块化结构，实现了预报模型和方法与系统软件、预报方案和预报根据站点完全独立，规范化和标准化了预报模型和方法的输入输出文件格式。

预报方案建立模块：按采用的预报模型种类不同可分为 4 类，即经验相关图预报方案、水文模型预报方案、水力学模型预报方案和径流预测预报方案。

模型率定模块：系统可对标准化的预报模型中的单点参数进行自动优选，并可依据对模型、洪水和流域自然地理特性的熟练程度采用内置的人工试错方法进行参数优化调整，完成预报方案的最终建立。

实时作业预报模块：系统具有定时自动预报和人机交互式预报。定时自动预报是系统可每间隔一定的时间根据预先所设定的预报方案和预报顺序自动完成预报，人机交互式预报可通过表格和图形交互处理技术对洪水预报过程中的所有信息（实时数据、模型参数状态、模型中间计算结果、预报结果等）进行人工干预，为提高洪水预报精度创造了作业软件环境。

实用模块：预报系统对于那些可独立于预报模型、预报方案和预报系统的数据处理模块，根据其数据处理功能开发成标准的实用辅助模块，预报模型、预报方案和预报系统与实用辅助模块之间的通信采用参变量和数据文件，各类数据文件格式均有标准化的规定。系统开发完成的标准实用辅助模块主要有 13 个，包括：模型参数文件生成模块；模型状态文件生成模块；泰森多边形控制权重及边界计算模块；雨量站控制文件和流量站控制文件生成模块；等时段实时雨量系列计算模块；等时段历史雨量系列计算模块；网格法面雨量系列计算模块；假定雨量定量计算及时程分配模块；等时段实时水位流量系列计算模块；等时段历史水位流量系列计算模块；水位流量相互转换模块；误差系列校正模块；预报方案导入和导出模块。

系统管理模块：三花间洪水预报系统具有完善的用户管理、预报模型管理、预报方案管理、水文站点管理的功能。

4.4.4 三花间水文预报示范基地

三花间洪水预报系统的改进与完善（图 4-65 和图 4-66），标志着黄河三门峡至花园口河段水文预报示范基地建设完成，作为黄河洪水预报业务运行系统，应用于小浪底水库调水调沙期小花间径流预报及汛期三花间洪水预报中。示范基地应用成果将由“黄河洪水预报系统”来展示和发布，同时预报成果入实时库水情预报成果表，供其他系统使用；入水利部洪水预报库预报成果表，可在水利部网站“全国水情业务系统”中查询、使用。

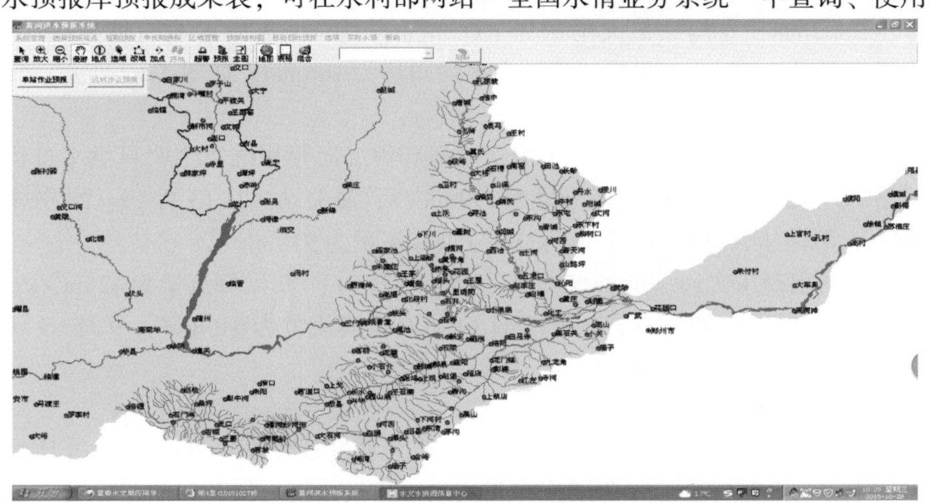

图 4-65　洪水预报系统界面

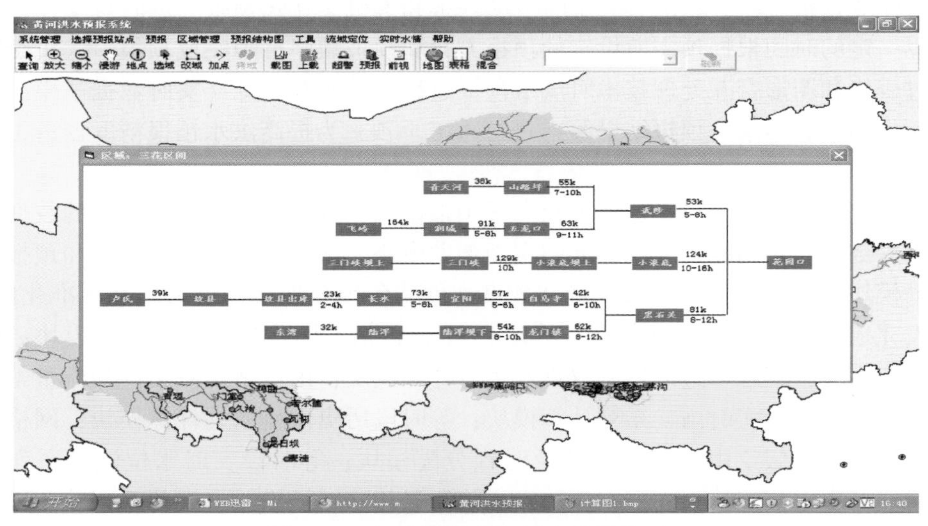

图 4-66　实时预报区域/站点选择界面

自 2014 年以来，三花间没有发生较大洪水，仅 2014 年 9 月中旬在洛河、伊河上游出现几次小洪水过程，9 月 15～19 日利用该系统进行洛河卢氏、伊河东湾、伊洛河黑石关等主要控制站洪水预报，向黄河防汛办公室提供洪水过程及未来 7 天径流预报，期间向黄河防汛办公室发布水情通报 1 期（故县水库入库流量过程预估）、径流预报 6 期。

现以 2014 年 9 月洛河上游首尾相连的几场洪水预报为例，展示示范基地的运用情况。

（1）降雨概况

2014 年 9 月，欧亚中高纬度大气环流为两脊一槽形势，巴尔喀什湖到贝加尔湖之间为低槽区，低槽底部不断有冷空气南下影响黄河上中游地区，黄河流域发生了较为明显的秋雨过程。9 月 7 日以来，黄河中游大部持续降雨，截至 9 月 14 日 8：00，山陕南部累计平均降雨量达 38. 2mm，龙门站最大雨量为 100. 8mm；龙三干流面平均雨量为 92. 2mm；渭河流域面平均雨量为 80mm；伊洛河流域面平均雨量为 105mm，如图 4-67 所示。

（2）洪水情况

受黄河中游持续降雨影响，黄河干流、渭河和伊洛河等相继发生明显洪水过程，其中黄河龙门站 9 月 12 日 18 ：00 洪峰流量为 1990m^3/s；潼关站 9 月 13 日 19：24 分洪峰流量为 2840m^3/s；渭河华县站 9 月 13 日 8：30 分洪峰流量为 910m^3/s。

洛河卢氏站出现 4 次连续的洪水过程，9 月 10 日 01：00 洪峰流量为 425m^3/s、9 月 11 日 8：36 分洪峰流量为 737m^3/s、9 月 12 日 14：00 洪峰流量为 646m^3/s、9 月 15 日 10：00 洪峰流量为 835m^3/s，如图 4-66 所示。

（3）实时作业预报情况

卢氏水文站是故县水库的入流控制站，卢氏洪水过程加上区间来水为故县水库总入流。由于洪水未达预报标准，不需要发布正式洪水预报，仅根据黄河防汛办公室的要求提供预报结果用于水库调度。9 月 12 日 08：00，按黄河防汛办公室的要求，根据当时水情

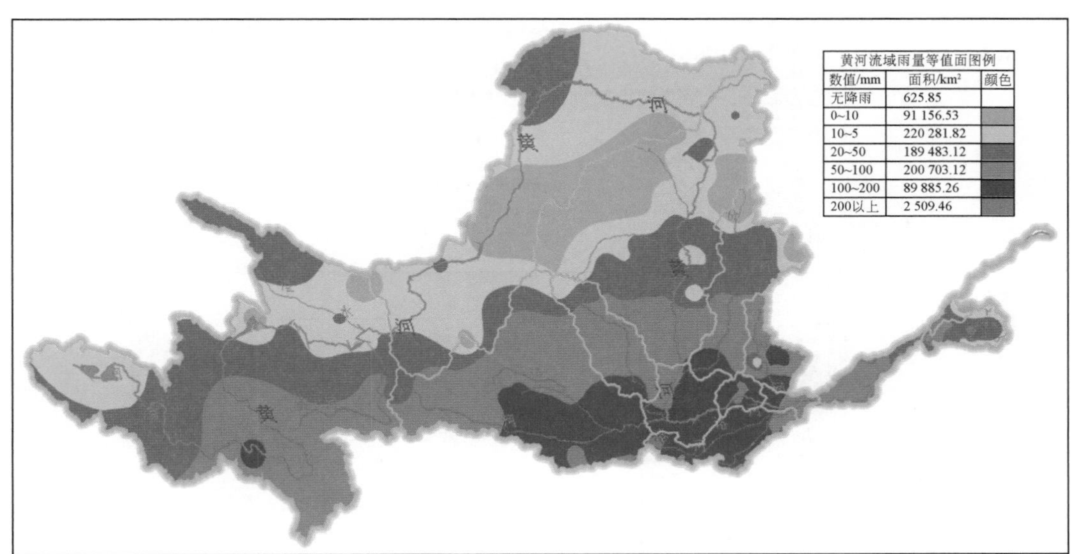

图 4-67　2014 年 9 月 7 ~ 14 日黄河流域降雨等值线图

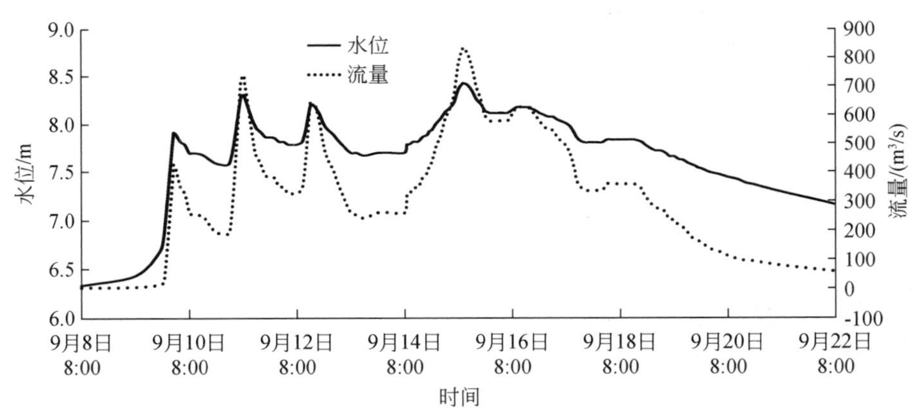

图 4-68　2014 年 9 月卢氏水文站洪水过程线

及降水预报，利用三花间洪水预报系统提前 10h 进行了洪水预报，预估故县水库 9 月 12 日 18：00 入库最大流量为 700m^3/s 左右，及时预报了洪水并向黄河防汛办公室发布了黄河水情通报（2014 年第 1 期）。9 月 15 ~ 19 日，每天滚动制作伊洛河卢氏、东湾逐日径流预报，及时预估了径流并向黄河防汛办公室发布黄河径流预报 6 期（2014 年第 12 ~ 17 期）。

图 4-69 为洛河上游卢氏站洪水模拟预报成果，预报方案采用经验预报模型，由图可看出模拟计算过程与实测过程比较吻合，其中最大场次洪水的洪峰流量相对误差为 7. 3%。图 4-70 为该预报成果发布界面。在此次洪水期间，及时准确的预报为故县水库的调度提供了决策依据。

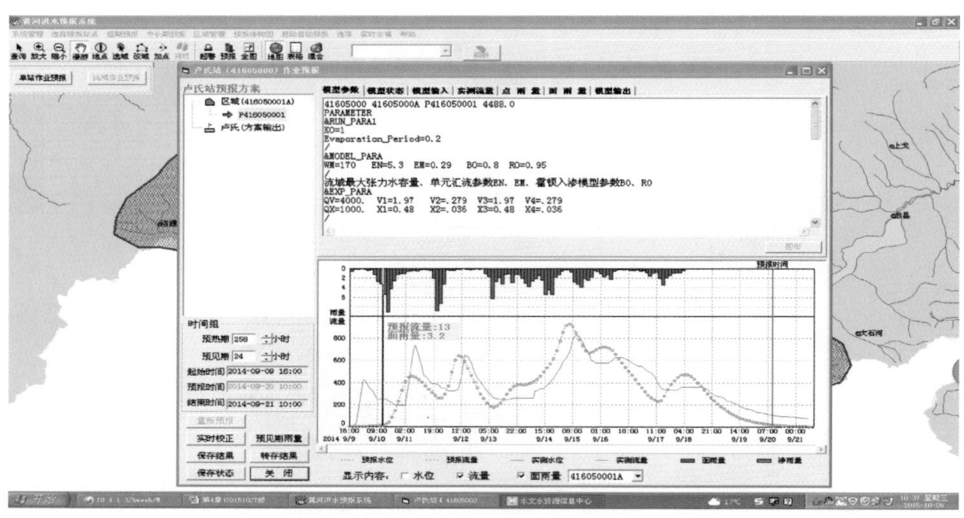

图 4-69　2014 年 9 月卢氏站实时洪水预报界面

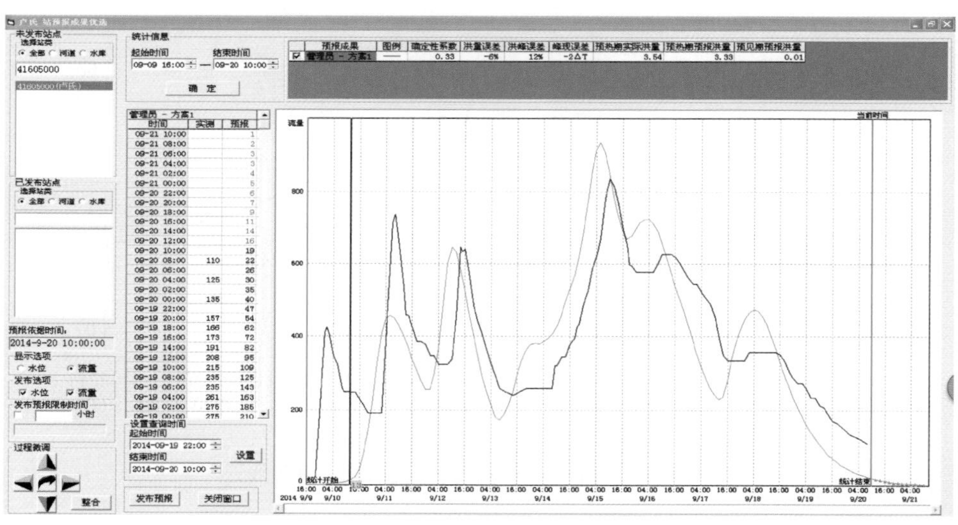

图 4-70　2014 年 9 月卢氏站预报成果发布界面

另外，本系统在 2014 年、2015 年黄河调水调沙中进行应用，每日滚动制作小花间未来 7 天径流预报，预报成果为当日、次日、第 3 ~ 7 日平均流量。两年共制作并向黄河防汛办公室发布小花间径流预报 26 期，其中，2014 年 15 期、2015 年 1 期，如图 4-71 所示。

总体而言，三花间水文预报示范基地自 2014 年建设运用以来，在黄河下游防汛和调水调沙等工作中发挥了极其重要的作用。当然，由于受建设时间短以及示范以来黄河下游洪水偏小等影响，其建成后的洪水预报精度尚有待进一步应用检验，尤其是需要中常洪水及以上量级洪水实际预报来验证。

黄河径流预报

第 15 期

黄河水利委员会水文局　　　　2014年9月17日12时

唐乃亥、龙刘区间、潼关、黑石关、武陟站径流预报（估）

单位：立方米每秒

时间	唐乃亥	龙刘区间	潼关	黑石关	武陟
2014-09-17	1700	350	3200	630	200
2014-09-18	1800	360	3300	600	260
2014-09-19 至 2014-09-30	1400	240	2000	100	30

预报：许珂艳　郭卫宁　审核：霍世青　　签发：张红月

发送：黄委防办

黄河径流预报

第 1 期

黄河水利委员会水文局　　　　2015年6月29日10时50分

头道拐、潼关站、小花区间径流预报（估）

单位：立方米每秒

时间	头道拐	潼关	小花区间
2015-06-29	130	650	400
2015-06-30	130	600	300
2015-07-01 至 2015-07-05	120	500	120

预报：许珂艳　狄艳艳　　审核：霍世青　　签发：张红月

发送：黄委防办

图 4-71　黄河径流预报成果上报文件

4.5 本章小结

(1) 龙羊峡入库中长期径流预报

本节研究了龙羊峡水库中长期趋势性和周期性变化特征。分析影响黄河源区中长期径流变化的主要因子为降水、前期径流和气温等，影响汛期降水的主要是大气环流等因子。采用回归分析方法，建立了龙羊峡水库入库非汛期旬、月等时间尺度的径流预报模型和汛期总量预报模型，在此基础上，构建了基于 BFS- HUP 框架的黄河源区中长期径流概率预报模型，开展了龙羊峡水库入库径流预报。

龙羊峡水库入库径流中长期预报与以往成果相比，有了明显改进：一是利用最新资料率定模型参数，体现了 2000 年以来径流变化新特点；二是新建龙羊峡入库汛期径流预报模型，填补了黄河汛期中长期预报的空白。

(2) 小浪底水库入库洪水预报

建立泾渭河流域中尺度数值预报模式，生成不同时空尺度的降水预报产品，采用 Kriging 插值方法，实现空间格点降雨拼接；基于 HIMS 平台，构建了泾渭河流域分布式水文模型，对泾渭河主要水文控制站逐日径流和场次洪水分别进行模拟验证，通过开展泾渭河短期定量降水预报、泾渭河分布式洪水/径流预报、潼关站洪水预报及软件系统开发等研究，提高了三门峡、小浪底水库入库洪水预报的技术水平和能力，将三花间洪水预报预见期从目前的12h提高到18h。

(3) 洪水预报不确定性分析

基于贝叶斯理论，建立了实时洪水概率预报模型。采用贝叶斯概率预报系统（BFS-HUP）实现了单个水文模型预报不确定性的定量描述，并在此基础上实现洪水概率预报；采用贝叶斯模型平均法（BMA）对多个确定性预报结果进行综合，实现多模型综合的概率预报。通过在黄河干流潼关站43场洪水的应用，结果表明：概率预报给出了预报量的概率分布，不仅可提供诸如中位数、期望值等定值预报成果，同时还可获得具有一定置信度的区间预报结果。分别在BFS-HUP和BMA模型的基础上，对潼关站43场洪水进行不同情景条件下的不确定性分析，结果表明确定性预报精度越高，相应的概率预报区间离散度越小，概率预报成果越宜于使用。

第5章 基于水资源年际调控的多年调节水库旱限水位优化控制

多年调节水库是流域梯级的龙头，充分发挥跨年调节“蓄丰补枯”作用，对于流域应对干旱组织水源具有重要意义。当前国内外对于多年调节水库的调度研究，主要集中在针对发电、航运等需求的水库调度，采用回归方法分析年末水位影响因素，提出多年调节水库年末消落水位，不能解决应对流域干旱情况下的水库合理预留水量问题。本书针对多年调节水库应对干旱跨年度调度的难题，建立多年调节水库旱限水位最优控制模型、探讨人工智能求解方法，通过长系列调算，研究不同保证率的龙羊峡水库抗旱补水量，分析龙羊峡水库年末水位变化规律，通过风险效益比较，优选并提出龙羊峡水库的合理旱限水位控制策略，为跨年度调配组织水源、提高流域抗旱能力提供重要技术支撑。

5.1 黄河流域最小保有灌溉需水量分析

受黄河流域自身水资源条件限制，正常年份需水往往都难以全部满足，而在干旱年份缺水问题更加突出。通常情况下，生活、工业、建筑业及第三产业等的供水保证率较高，在干旱年份也可得到满足；而缺水部门主要为农业和生态部门。生态需水中一部分基本生态用水必须得到保证，而农业需水中必须满足保障粮食安全所需要的最小灌溉水量，剩余水量可在农业和生态部门之间进行优化调配。因此，为合理确定龙羊峡水库旱限水位，需要确定保障粮食安全的最小保有灌溉面积，对应于不同年份的干旱情况，可得到相应的灌溉需水量。

5.1.1 基本概念

最小保有灌溉面积是在一定区域范围内，一定粮食自给水平、灌溉发展水平和耕地生产能力条件下，为满足区域所有人正常生活的粮食消费所需保有的灌溉面积。最小保有灌溉面积区别于《农田水利技术术语》中的保证灌溉面积和有效灌溉面积。保证灌溉面积即在灌溉工程控制范围内，可按设计保证率和灌溉制度实施灌溉的耕地面积；有效灌溉面积即灌溉工程设施基本配套，有一定水源，土地较平整，一般年景可进行正常灌溉的耕地面积和园林草地等面积。保证灌溉面积和有效灌溉面积是从工程角度来定义的，重点突出工程可控制的耕地范围，保证灌溉面积实际上是有效灌溉面积中能保证充分灌溉的部分；而最小保有灌溉面积是从粮食安全角度来定义的，是为保障一定区域粮食安全所需保护的灌

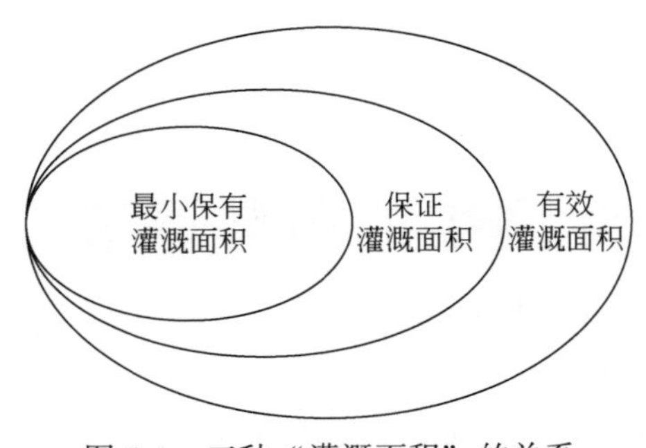

图 5-1　三种“灌溉面积”的关系

溉耕地数量底线，同时考虑粮食需求和区域灌溉工程条件。最小保有灌溉面积通常小于或等于保证灌溉面积，保证灌溉面积不超过有效灌溉面积。三者之间的关系如图 5-1 所示。

最小保有灌溉水量即最小保有灌溉面积充分灌溉所需水量，不同年份有所差异，与区域当年干旱情况密切相关。根据灌溉需水对不同干旱等级的响应关系，可获得不同干旱等级下灌溉需水毛定额，乘以相应的最小保有灌溉面积即得到最小保有灌溉需水量。

5.1.2　分析方法

5.1.2.1　基本思路

对于一定区域，粮食需求总量取决于人口数量、人均粮食消费水平及粮食自给程度，而粮食生产总量取决于耕地面积、灌溉面积、复种指数、粮经比、单位面积产量等因素。从粮食供需平衡角度出发，在确保一定的区域粮食生产总量前提下，根据区域灌溉面积及其单位面积产量，确定最小保有灌溉面积，再结合灌溉需水对干旱等级的响应关系，分析不同干旱年份最小保有灌溉需水量。最小保有灌溉需水量的基本分析思路如图 5-2 所示。

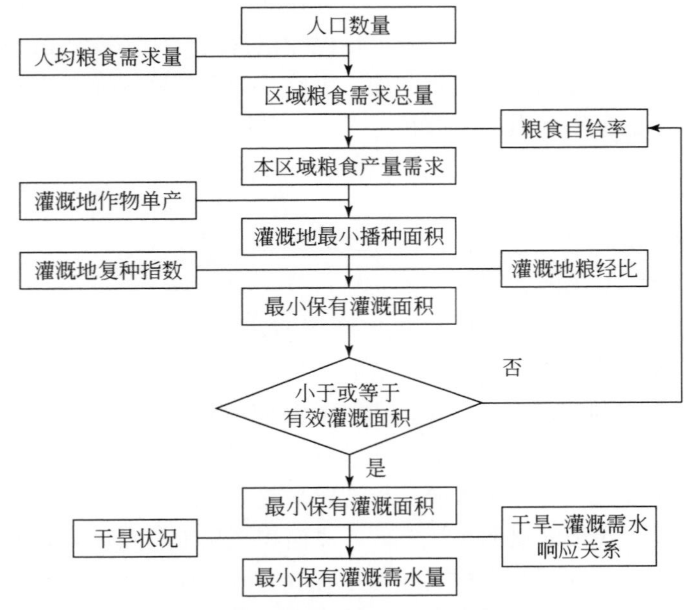

图 5-2　最小保有灌溉需水量分析思路

具体计算方法如下：

（1）自需粮食产量

按照人口数量、人均粮食需求量及粮食自给率确定本区域需自产粮食量，即

$$Q = P \times q \times \lambda \tag{5-1}$$

式中，Q 为区域自需粮食产量；P 为区域人口数量；q 为人均粮食需求量；λ 为区域粮食自给率。

（2）粮食作物最小播种面积

根据灌溉地单位面积粮食产量，结合区域自需粮食产量，计算粮食作物最小播种面积，即

$$S_0 = Q/C \tag{5-2}$$

式中，S_0为粮食作物最小播种面积；C 为灌溉地单位面积粮食产量。

（3）最小保有灌溉面积

结合区域粮经比、复种指数等指标求得最小保有灌溉面积，即

$$S = S_0/(\theta \cdot \varphi) \tag{5-3}$$

式中，S 为区域最小保有灌溉面积；θ 为粮食作物种植比例；φ 为灌溉地复种指数。

最小保有灌溉面积不应大于区域有效灌溉面积，否则在给定粮食自给率条件下区域粮食安全难以保证。

（4）最小保有灌溉需水量

根据灌溉需水对干旱等级的响应关系，求得不同干旱情况下的灌溉毛需水定额，进而可计算最小保有灌溉需水量，即

$$W_{\mathrm{b}} = S \times d \tag{5-4}$$

式中，W_{b}为区域最小保有灌溉需水量；d 为灌溉需水毛定额，不同干旱情况下灌溉毛定额不同。

其中粮食需求、粮食单产、不同干旱年份灌溉定额是计算最小保有灌溉需水量的几个关键参数，确定方法如下。

5.1.2.2 粮食需求分析

国家统计局定义粮食为谷物、豆类、薯类和其他杂粮，其中，谷物包括稻谷、小麦、玉米、高粱、小米、大麦和燕麦等，薯类（仅指马铃薯和甘薯）根据质量按 5∶1 的比例转化为粮食，其他粮食一律按脱粒后的原粮计算。人们对粮食的消费包括生活消费和生产消费。其中，生活消费如口粮消费，是人们恢复劳动力和劳动力再生产必不可少的条件；生产消费如饲料消费、工业加工消费和种子消费等，即物质资料生产过程中对粮食的使用和消耗。本书所指粮食需求为基本口粮消费需求，可结合近几年人均口粮消费量预估。人均口粮消费量计算方法如下：

人均口粮消费=（城镇居民人均粮食消费量×城镇人口所占比例+农村人口人均粮食消费量×农村人口所占比例）=城镇人口所占比例×城镇人均粮食购买量（家庭消费量）×（1+在外消费比例）+农村人口所占比例×农村人均粮食消费量×（1+在外消费比例）

其中，城镇人均粮食购买量中，原粮（稻谷）=贸易粮（大米）/0.75。

结合《中国统计年鉴》中黄河流域各省近几年人均粮食消费及人口数量数据，预测2020年水平黄河流域平均人均口粮需求量为180kg。

粮食自给率是指一个国家或地区的粮食供给满足需求程度，通常用一个国家或地区当年的粮食产量占当年粮食消费需求总量的比例表示。粮食自给率是衡量粮食安全水平的重要指标之一。一般粮食安全水平与粮食自给率成正比，当粮食自给率大于95%时，表明一国已经基本实现粮食自给；当粮食自给率大于90%且小于95%时，则表示该国处于可以接受的粮食安全水平；若粮食自给率小于90%，则为不安全。

王更新（2007）对我国1980～2005年的粮食自给率进行了计算，结果表明我国粮食自给率在过去26年里有24年都在95%以上，中国粮食供给对国际市场的依赖程度不大，现阶段我国坚持粮食自给率95%的水平比较合理。他还指出，未来我国人口年增长速度减缓，而在政府强有力的政策干预下，粮食生产能力将会进一步加强，从事农业的人力资源素质将得到进一步提高，农民的生产积极性也将得到充分的调动，中国未来10年内的粮食自给率可能会有所下降，但自给水平较高的格局不会有很大改变。考虑黄河流域是我国粮食主产区，在保障国家粮食安全中占有重要地位，认为粮食自给率为100%。

5.1.2.3 粮食单产分析

粮食单产预测方法分为两种：一种是基于作物水分生产函数的预测方法，如作物全生育期水分生产函数、Jensen模型等；二是基于历史统计资料采用统计学方法预测，如马尔可夫预测法、线性回归法等。两种方法各有优缺点：基于作物水分生产函数的预测方法，以作物生理学理论为基础，考虑到作物生育阶段对水分的不同需求，但其中涉及的一些经验参数难以获取，这些参数受气候条件、土壤类型、灌溉措施、作物种类和品种因素的影响，需通过试验确定。而统计学预测方法以区域历史粮食单产统计数据为基础，通过回归分析预测未来作物单产，理论基础相对较弱，没有考虑影响作物单产的各项因素，但这种方法计算相对简单，是目前常用的方法之一。

结合以上两种方法，先根据历史试验数据建立各个区域作物水分生产函数，再结合统计学方法推断未来水平年灌溉地粮食单产。参照《黄河流域农业生产函数研究》有关研究成果，不同种类作物（小麦、玉米、水稻）水分生产函数见表5-1～表5-3。

表5-1　黄河流域小麦水分生产函数

省（区）	水分生产函数	最高产量对应 X/（m^3/亩）	最高产量/(kg/亩)
青海	$Y=82.891+0.9838X-0.0014655X^2$	335.65	248
甘肃	$Y=82.891+0.9838X-0.0014655X^2$	336.65	248
宁夏	$Y=-162.84+1.661X-0.0016711X^2$	496.90	250
内蒙古	$Y=-162.84+1.661X-0.0016711X^2$	496.90	250
山西	$Y=-106.45+2.1163X-0.0029795X^2$	355.14	193
陕西	$Y=-318.06+2.98909X-0.0038812X^2$	384.00	257
河南	$Y=-563.48+4.8943X-0.0071618X^2$	341.69	273
山东	$Y=-298.83+4.3282X-0.0076866X^2$	281.54	310

注：Y为作物单产（kg/亩）；X为亩均用水量（m^3/亩）。

表 5-2　黄河流域玉米水分生产函数

省（区）	水分生产函数	最高产量对应 X/(m³/亩)	最高产量/(kg/亩)
青海	—	—	—
甘肃	—	—	—
宁夏	$Y=-69.584+1.8411X-0.0018918X^2$	487.00	378
内蒙古	$Y=-69.584+1.8411X-0.0018918X^2$	487.00	378
山西	$Y=-414.95+3.7509X-0.00419X^2$	447.50	425
陕西	$Y=-4.7554+1.6336X-0.0022371X^2$	365.11	293
河南	$Y=-838.78+6.6076X-0.010221X^2$	323.58	229
山东	$Y=-1040.4+8.6355X-0.013497X^2$	319.90	341

注：Y 为作物单产（kg/亩）；X 为亩均用水量（m³/亩）。

表 5-3　黄河流域水稻水分生产函数

省（区）	水分生产函数	最高产量对应 X/(m³/亩)	最高产量/(kg/亩)
青海	—	—	—
甘肃	$Y=317.91+0.49483X-0.00020751X^2$	1192.30	613
宁夏	$Y=317.91+0.49483X-0.00020751X^2$	1192.30	613
内蒙古	—	—	—
山西	—	—	—
陕西	$Y=-773.45+1.7598X-0.00069632X^2$	1263.64	338
河南	$Y=185.79+0.46527X-0.00027575X^2$	843.60	382
山东	$Y=-25.35+2.487X-0.0018155X^2$	1112.30	495

注：Y 为作物单产（kg/亩）；X 为亩均用水量（m³/亩）。

表5-1～表5-3 中作物水分生产函数是根据1985 年试验数据拟合得出的，结合1985 年各省（区）作物种植结构，加权可求得 1985 年各省（区）粮食最高产量；结合各省（区）统计年鉴中近几年粮食单产与1985 年水平的增长幅度，预测 2020 年各省（区）粮食最高单产见表 5-4。

表 5-4　黄河流域各省（区）粮食最高单产预测

省（区）	种植结构/%			粮食最高单产/(kg/亩)(1985 年水平)	粮食最高单产/(kg/亩)(2020 年水平)
	小麦	玉米	水稻		
青海	100.0	0.0	0.0	248	496
甘肃	69.3	17.0	13.6	255	511
宁夏	69.3	17.0	13.6	321	732
内蒙古	66.9	31.3	1.7	286	692
山西	60.5	33.9	5.6	307	661
陕西	60.5	33.9	5.6	274	558
河南	80.6	11.7	7.7	276	532
山东	80.6	11.7	7.7	328	655

5.1.2.4　不同干旱年份灌溉定额分析

根据主要灌区灌溉需水对干旱等级的响应关系，可得到不同干旱等级对应的灌溉需水量，再除以相应的灌区灌溉面积，得到不同灌区不同干旱等级下的平均灌溉定额。黄河流域主要灌区不同干旱等级对应的需水毛定额见表 5-5。

表 5-5　黄河流域主要灌区不同干旱等级对应的毛需水定额　（单位：m^3/亩）

灌区/干旱等级	无旱	轻旱	中旱	重旱	特旱
青铜峡灌区	970	994	1018	1042	1066
河套灌区	396	411	430	455	484
汾河灌区	314	334	356	385	419
渭河灌区	254	270	290	313	341
下游引黄灌区	237	257	279	307	338

5.1.3　分析结果

5.1.3.1　人口增长与粮食需求分析

考虑龙羊峡水库旱限水位确定针对 2020 年水平年需水要求，根据《黄河流域水资源综合规划》成果，预测 2020 水平年黄河流域（龙羊峡以下区间）总人口为 12 527 万，其中城镇人口 6273 万，城镇化率为 50%。采用人均粮食需求 180kg 的标准，各区域粮食均可自给，预测 2020 水平年黄河流域（龙羊峡以下区间）粮食需求量为 2255 万 t。流域外河南、山东两省总人口 5015 万人，本地自产粮食需求量为 903 万 t。黄河流域及流域外需自产粮食 3158 万 t 才能保证基本口粮需求，见表 5-6。

表 5-6　黄河流域各省（区）及下游流域外供水区自产粮食需求

省（区）		人口数量/万	人均粮食需求/(kg/人)	粮食需求总量/万 t	粮食自给率/%	本地自产粮食需求/万 t
流域内	青海	456	180	82	100	82
	甘肃	2 037	180	367	100	367
	宁夏	682	180	123	100	123
	内蒙古	915	180	165	100	165
	山西	2 532	180	456	100	456
	陕西	3 192	180	574	100	574
	河南	1 890	180	340	100	340
	山东	823	180	148	100	148
	小计	12 527	180	2 255	100	2 255
流域外		5 015	180	903	100	903
合计		17 542	180	3 158	100	3 158

5.1.3.2 最小保有灌溉面积

根据《黄河流域水资源综合规划》，预测 2020 水平年黄河流域（龙羊峡以下区间）灌溉面积为 8287 万亩，灌溉地平均复种指数为 1.40，粮食作物种植比例占 67%。结合 5.1.2.3 节预估的灌溉地粮食单产，计算得到 2020 水平年黄河流域（龙羊峡以下区间）最小保有灌溉面积为 4347 万亩，约占全部灌溉面积的 51%。流域外灌溉面积为 3922 万亩，最小保有灌溉面积为 1341 万亩，约占流域外灌溉面积的 34%。黄河流域及流域外最小保有灌溉面积合计 5688 万亩，见表 5-7。

表 5-7 黄河流域及流域外供水区最小保有灌溉面积

省（区）		灌溉面积/万亩	复种指数	粮食作物种植比例/%	灌溉地单产/(kg/亩)	最小保有灌溉面积/万亩
流域内	青海	307	1.1	48	524	291
	甘肃	780	1.2	75	536	780
	宁夏	718	1.1	63	520	341
	内蒙古	1 605	1.1	72	525	515
	山西	1 375	1.6	80	493	709
	陕西	1 757	1.6	73	493	991
	河南	1 233	1.8	65	581	492
	山东	510	1.8	61	592	228
	小计	8 287	1.4	67	533	4 347
流域外		3 922	1.8	63	587	1 341
合计		12 209	1.6	65	560	5 688

5.1.3.3 不同干旱年份最小保有灌溉需水量

结合不同干旱年份灌溉需水毛定额，求得黄河流域（龙羊峡以下区间）不同干旱年份最小保有灌溉需水量为 161 亿～202 亿 m^3。流域外河南、山东两省不同干旱年份最小保有灌溉需水量为 32 亿～45 亿 m^3。龙羊峡以下流域及流域外供水区不同干旱年份最小保有灌溉需水量为 193 亿～247 亿 m^3，见表 5-8。

表 5-8 不同干旱年份黄河流域及流域外供水区最小保有灌溉需水量 （单位：亿 m^3）

省（区）		无旱	轻旱	中旱	重旱	特旱
流域内	青海	14	14	14	15	16
	甘肃	29	29	30	31	32
	宁夏	33	34	36	38	40
	内蒙古	21	21	23	23	25
	山西	22	23	26	28	30

续表

省（区）		无旱	轻旱	中旱	重旱	特旱
流域内	陕西	25	26	29	31	34
	河南	12	13	13	15	17
	山东	5	6	6	7	8
	小计	161	166	177	188	202
流域外		32	34	37	41	45
合计		193	200	214	229	247

5.2 多年调节水库旱限水位的提出

5.2.1 年调节水库旱限水位

2011 年国家防汛抗旱总指挥部办公室和水利部水文局制定了《旱限水位（流量）确定办法》，提出了旱限水位的新概念，指出旱限水位是确定江河湖库干旱预警等级的重要指标，是启动抗旱应急响应的重要依据。《旱限水位（流量）确定办法》界定：旱限水位（流量）指江河湖库水位持续偏低，流量持续偏少，影响城乡生活、工农业生产、生态环境等用水安全，应采取抗旱措施的水位（流量）。

旱限水位是一警示水位，为应对流域潜在干旱威胁、制定的抗旱警戒水位限制线。旱限水位一般高于死水位，且旱限水位以下库容的使用是有条件的。而死水位以下的水量是不能直接用于调节径流，除遇到特殊情况（如特大干旱年）供水极端困难时，作为应急水源。旱限水位与消落水位也存在联系和区别。旱限水位的目标是为抗旱预留水量，而消落水位的目标则主要为抬高发电水头。年调节水库一般具有防洪、供水、发电等综合利用功能，枯水期最低消落水位取决于发电等因素。

《旱限水位（流量）确定办法》提出水库旱限水位的计算方法：水库应供水量根据水库供水设计标准、用水需求及抗旱工作要求，选择一月或数月作为干旱预警期，并考虑预警期内的设计来水和用水需求，逐月滑动计算确定。水库旱限水位应以逐月计算的应供水量与死水位之和最大值对应的水位作为依据，并考虑库内取水设施高程等因素，综合分析确定。

国家防汛抗旱总指挥部办公室提出的旱限水位主要是针对年调节水库，考虑未来一段时间（一月或数月）用水需求，结合入库径流预报，计算为满足用水需求水库应蓄的水量，因此是一个需要水库抗旱的应急预留、补水量的概念。

在国外，水库优化调度研究通常采用系统思想和网络优化的方法开展优化计算。将水库分为若干分层，同时将水库的供水对象划分为不同优先等级，为满足未来一定时期的高等级用水需求，通过系统优化提出预留一定的水量（water-reserved），因此这一预留水量具有旱限水位（预留水量）的概念。

国内旱限水位控制的研究处于起步阶段，当前研究主要针对年调节水库，应对未来一月或数月的干旱问题，考虑设计来水和用水需求，以逐月滑动计算的水库应供水量最大值作为旱限水位计算依据，在此基础上确定旱限水位的数值，从而明确抗旱的警戒水位限制线，及时启动抗旱应急响应。有学者在北方缺水地区的伊洛河故县水库、漳河岳城水库，南方丰水地区的江门水库对旱限水位进行研究，对东江流域旱限水位预警确定开展了研究。从年调节水库旱限水位分析方法中可以看出，水库全年使用的是单一旱限水位，因此不利于应对变化中的水资源的利用。

然而在实际工作中各水库大都确定了单一的旱限水位作为干旱预警指标，由于全年使用单一的旱限水位，所以旱限水位确定的标准较高，虽然能够保证干旱时期生产、生活等用水安全，但在水库调度运用、企业管理方面显得较为粗放，不能精确运用控制指标制定水库调度运用方案，在具体实施过程中，对水库的综合运用效率、水资源利用及企业经济效益造成一定的不利影响。刘攀、宋树东等借鉴水库汛限水位制定的思想，提出根据年调节水库入库径流划分枯水时段，分析了水库旱限水位分期控制方法，按照不同时期入库径流和需水变化分期设置限制水位。并在三峡水库、隔河岩水库中进行了应用。

5.2.2 多年调节水库旱限水位

多年调节水库通常位于梯级水库群的龙头位置，具有跨年度调节功能，在梯级系统发挥补偿作用，其运行调度的好坏直接影响整个梯级系统未来一年或几年的效益。因此多年调节水库旱限水位控制必须考虑跨年度调蓄补水需求。

多年调节水库旱限水位界定为当流域遭受干旱、河流来水偏枯时，以抗旱减灾为目标，统筹河道径流与流域旱情，平衡年际、年内用水关系，优化跨年度预留水量，控制应对不同干旱等级的旱限水位。

多年调节水库旱限水位确定需要考虑应对流域长期的、连续的干旱情景，同时还要考虑水库入库径流、下游径流和流域干旱程度的组合情况。在流域遭遇干旱或连旱时，为减少干旱年份的灾害损失，需设置多年调节水库年末旱限水位，控制水库蓄泄过程、跨年度“蓄丰补枯”；不同干旱等级需要多年调节水库的补水量也不同，因此多年调节水库旱限水位控制应考虑流域当前及未来旱情，需通过优化获得不同干旱等级的旱限水位。

多年调节水库旱限水位控制是为减少旱灾损失，在干旱枯水年份通过预留水量满足基本生活用水、最小生态需水、能源化工工业用水、最小保有灌溉需水、采掘和冶金工业用水、加工工业用水等黄河流域高保证率用水需求。根据黄河径流量波动与流域旱情变化，设置一个流域旱灾损失可容忍的上下波动幅度，在预估旱灾损失波动超过设定的容忍幅度的情况下，通过水库预留水量增加干旱年份供水量，保障高保证率用户的用水需求。

干旱年份优先保证的河道内、外的用水需求包括基本生活用水、最小生态需水、能源化工工业用水、最小保有灌溉需水、采掘和冶金工业用水、加工工业需水 6 项高等级用水。黄河流域不同等级干旱年份优先保证的需水量为509.31亿~563.31亿m^3，扣除多年平均地下水开采量123.70亿m^3，不同等级干旱年份需地表径流调节满足的需水量为385.61亿~439.61亿m^3，通过多年调节水库旱限水位控制实现。黄河流域高保证率用水需求分析见表5-9。

表5-9 黄河流域高保证率用水需求分析 （单位：亿m^3）

优先顺序号	用水行业	需水量				
		无旱	轻旱	中旱	重旱	特旱
1	基本生活用水	41.46				
2	最小生态需水	146.16				
3	能源化工工业用水	57.91				
4	最小保有灌溉需水	193	200	214	229	247
5	采掘和冶金工业用水	19.3				
6	一般工业用水	51.48				
合计		509.31	516.31	530.31	545.31	563.31

5.3 龙羊峡水库旱限水位控制

文献研究表明，现有成果主要集中在多年调节水库年末消落水位的研究，针对梯级水库发电、航运等需求，采用回归方法分析年末水位影响因素，通过推理演绎构建年末消落水位关系函数，运用数据挖掘技术和人工智能算法预测多年调节水库年末水位并研究其变化规律，但对于缺水流域应对干旱的调度问题较少涉及。年末消落水位是针对发电、航运等问题，目标是提高经济效能，但对多年调节水库应对不同干旱等级的跨年度补水问题考虑较少。研究针对缺水流域、干旱年份多年调节水库的旱限水位优化控制问题，以黄河上游龙羊峡水库为研究对象，以供水效益最大化为目标，采用自适应技术建立最优控制模型，探索应对干旱的多年调节水库旱限水位优化控制策略。

5.3.1 最优控制的理论基础

(1) 控制论

水库调度的控制对象是水资源这一开放的复杂巨系统，这个系统是非结构化的非平衡体，涉及问题复杂，因素众多。目前，在大系统理论中，当人们寻求用定量方法处理复杂行为系统时，通常是继承运筹学的模型化方法，采用数学模型，主要是时域状态方程。如水资源领域常用的线性规划模型、动态规划模型、大系统分解协调模型等，这些数学模型看起来理论性很强，但是由于水资源系统的主动性、不确定性等因素，以及水资源调控的多目标、多层次等特点，当应用这些模型时，具有明显的不足：

1）调控对象——水资源系统因素复杂，而数学模型是针对一个或几个具体问题进行的，要建立一个比较完善的、能实现对水资源各部门（如供水、生态、防洪、发电等）实时调控的数学模型或模型体系是比较困难的。

2）为了解决水资源问题，需要对大系统模型进行简化，包括线性化、定常化、模型降阶或降维，但是简化模型可能与真实系统有较大差异，用简化模型所获得的系统分析和综合结果，难以实际应用。因此，在模型的精确性和有效性之间存在矛盾。

3）最优控制是人类参与的复杂系统的动态过程。从调控方案的生成开始，控制过程就在不同的决策层中受到人为干预，这一干预又是反复进行的，往往人为因素会对调控决策起到决定性作用。而常规模型中，建模者和决策者联系薄弱，缺乏信息交流，调控难以实时完成。

从控制论观点出发，建立系统控制论如图 5-3 所示。

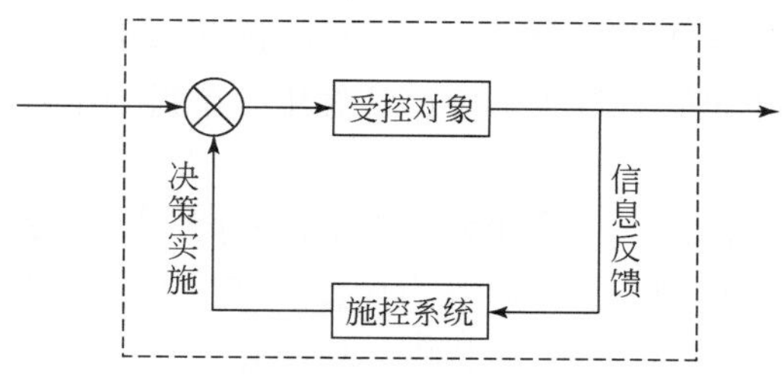

图 5-3　控制论模型

模型中：①施控系统。施控系统产生控制作用，接收反馈信息，它可以是人，如控制、管理、调度、指挥、决策人员等；也可以是机器，如控制器、调节器、计算机等。②受控对象。受控系统接受控制作用，提供反馈信息。

通常，控制系统的模型化传统方法是致力于受控系统的数学模型，以便根据该数学模型，应用控制理论方法，设计所需的控制器，实现要求的控制过程，完成预定的控制任务。但是，对于复杂的大系统，要建立既足够精确的，又便于系统分析设计的被控制对象数学模型，往往是相当困难的。这是控制理论在实际应用中的主要障碍之一，然而，有不少实际问题，即使缺乏适用的被控制对象的数学模型，而依靠专家的知识和经验，也可以对系统进行有效的控制，获得满意的结果，即依靠人的智能，控制者的知识、经验和技巧，完成预定的控制任务。

（2）最优控制

最优控制是现代控制论的核心，是使控制系统的各项指标实现最优化的方法。寻求容许的控制作用（规律），使动态系统（受控对象）从初始状态转移到某种要求的终端状态，且保证所规定的性能指标（目标函数）达到最优值。最优控制的特征是适用于多变量、非线性、时变性系统的设计。

最优控制问题的基本组成如下：

系统状态数学模型——系统概化、状态转移方程；

边界条件与目标集——初始条件、约束条件；

容许控制集——决策变量值域；

性能指标——目标函数（泛函）。

控制系统的数学模型可用非线性的方程，其最优问题应满足以下数学表达式：

$$J[U(t)] = \theta[t_f, X(t_f)] + \int_{t=t_0}^{t_f} L[t, X(t), U(t)]\,\mathrm{d}t \tag{5-5}$$

状态方程：
$$X = f[X(t), U(t), t] \tag{5-6}$$
约束条件：
$$\begin{gathered} N[t_f, X(t_f)] = 0 \\ X_{t_0} = X_0 \\ U_{\min} \leqslant U \leqslant U_{\max} \end{gathered} \tag{5-7}$$

最优控制问题就是求允许控制，使系统由初始状态 X_0 出发，经过 t 时间调节过程，到达目标集 $N[t_f, x(t_f)] = 0$，并且目标泛函 J 为极值。使 J 为极值的控制规律为最优控制。

求最优控制泛函极值的基本方法是变分法。20 世纪 50 年代中期以后，庞特里亚金等提出了极大值原理，贝尔曼提出动态规划，近年来随着人工智能和计算机技术的发展，方便了最优控制的求解，使最优控制得到了进一步的发展。

5.3.2 多年调节水库旱限水位最优控制模型

5.3.2.1 最优控制模型

(1) 模型建立

模型由两个模块构成，即最优控制模块和河段配水模块，最优控制模块在随机性的径流基础上，通过适应性调节器参数的调整优化控制水库出库序列，河段配水模块是基于一定的水量配置规则，实现河流水量的优化配置。

多年调节水库旱限水位控制的目标就是控制水库的最优下泄过程，即对年末蓄水量实施控制，使水库供水系统处于理想状态时，流域供水效益达到最大（其对偶问题为缺水损失最小）。则水库供水效益最大的泛函表达为

$$J[u(t)] = \max\int_{t=0}^{T} \mathrm{mp}[i, x(i, j, t)]x(i, j, t)\mathrm{d}t \tag{5-8}$$

式中，T 为水库调度的决策时段；$J[u(t)]$ 为水库供水效益泛函的一般表达；$\mathrm{mp}[i, x(i, j, t)]$ 为 i 地区 j 部门 t 时段供水量为 x 的情况下的边际效益；$x(i, j, t)$ 为 i 地区 j 部门 t 时段的供水量。

将水库在时间 t 的出库水量 $Q(t)$ 作为决策变量，水库蓄水量 $V(t)$ 作为控制状态，则水库的状态方程为

$$\dot{V} = \frac{\mathrm{d}V}{\mathrm{d}t} = \int_{t=0}^{T} [\mathrm{Qr}(t) - \mathrm{Qc}(t)]\mathrm{d}t \tag{5-9}$$

式中，$\dot{V}$ 为水库蓄变量；$\mathrm{Qr}(t)$ 和 $\mathrm{Qc}(t)$ 分别为 t 时刻的入库和出库径流量。

在 t 时刻，水库的出库水量与区间来水之和等于时段的供（耗）水量，存在的变量转换关系为

$$\mathrm{Qc}(t) + r(t) = \sum_{j=1}^{M}\sum_{i=1}^{N} x(i, j, t) \tag{5-10}$$

式中，$r(t)$ 为 t 时刻的区间径流量；M 和 N 分别为流域用水部门和地区的数量。

(2) 模型约束条件

1) 工程安全约束:

$$V_{min}(n, t) \leq V(n, t) \leq V_{max}(n, t) \tag{5-11}$$

式中, $V(n, t)$ 为 n 水库 t 时刻的蓄水量; $V_{min}(n, t)$ 为水库死库容或 t 时刻要求的最低蓄水量; $V_{max}(n, t)$ 在汛期为防洪限制水位对应的水库蓄水量, 在非汛期为正常蓄水位对应的水库蓄水量。

2) 出库水量约束:

$$Qc_{min}(n, t) \leq Qc(n, t) \leq Qc_{max}(n, t) \tag{5-12}$$

式中, $Qc_{min}(t)$ 、$Qc_{max}(t)$ 分别为 n 水库 t 时段最小、最大允许出库径流量。

3) 区间无入流水量连续性约束:

$$QR(i, t) = \alpha(i)QR(i-1, t-1) + [1-\alpha(i)]QR(i-1, t) \tag{5-13}$$

式中, $QR(i, t)$ 为 i 断面 t 时刻的径流量; $QR(i-1, t)$、$QR(i-1, t-1)$ 为上一断面 t 时刻、t-1 时刻的径流量; $\alpha(i)$ 为水量传播系数。

4) 断面生态约束:

$$Q_{min}(t) \leq Q(t) \leq Q_{max}(t) \tag{5-14}$$

式中, $Q_{min}(t)$ 、$Q(t)$ 、$Q_{max}(t)$ 分别为低限生态环境流量需求、断面流量和断面过流能力。

5) 水库出力约束:

$$N_{min}(n, t) \leq N(n, t) \leq N_{max}(n, t) \tag{5-15}$$

式中, $N_{min}(n, t)$ 、$N(n, t)$ 、$N_{max}(n, t)$ 分别为 n 水库 t 时段最小出力、调度出力和最大出力。

6) 非负约束: 任意变量均为非负变量。

(3) 模型构建基本假定

1) 上游来水是随时间变动的不确定量。

2) 考虑下游需水随时间变化, 以情景给出。

3) 工业、生活供水保证率为 95% ~97% 。

4) 不考虑水库蒸发渗漏损失及输水渠系河系水量损失情况。

5) 控制变量受限, 水库库容受限。

6) 模型中有不确定的不等式约束情况。

5.3.2.2 边际效益原理

西方经济学认为效益最大化是实现资源配置的基本原理, 其基础是边际效益递减理论。水资源属稀缺资源, 具有商品属性, 因此水资源利用也符合边际效用递减原理, 即水资源利用的边际效益是指在技术水平一定、其他生产要素投入保持不变的情况下, 每增加一单位用水量所带来的效益增量。经济学原理表明, 在技术水平不变的条件下, 如果其他投入不变而持续增加某一要素的投入, 那么该要素的边际效益将会递减 (王智勇等, 2000; 李世祥等, 2008; 邓红兵等, 2010; 孙小玲和钟勇, 2011; 吕素冰, 2012)。

对于水资源短缺的黄河流域而言, 每增加 1 单位供水量即可产生相应的供水效益。多年调节水库旱限水位最优控制即通过借助水库的跨年度蓄放过程，改变流域的年度供水量及效益，实现最大化的时段总效益。

按照决策时段供水效益最大化的控制目标，在边际效益递减规律的作用下，年内供水量开始是从边际效益最高的地区，依次向边际效益相对较低的地区进行，随供水量增加，流域系统效益增量 MP_w 将会减少，逐渐实现均衡，在水量不足的情况下，缺水首先表现为效益较低的地区（王劲峰等，2001；龙爱华等，2002）。年际间水量的调配也是从边际效益高的年度向边际效益低的年度依次进行，最终实现年际间的均衡。借助西方经济学一般均衡原理求解式（5-8）的极值问题，即水资源在不同年度间的配置产生的边际效益相等：

$$\frac{\partial J\left[X(t_i)\right]}{\partial q}=\frac{\partial_{t_j}\left[X(t_j)\right]}{\partial q}=\lambda \tag{5-16}$$

式中，$\frac{\partial J\left[X(t_i)\right]}{\partial q}$、$\frac{\partial_{t_j}\left[X(t_j)\right]}{\partial q}$ 分别为 t_i、t_j 年度的供水边际效益；λ 为常数。

5.3.2.3 自适应最优控制

自适应控制是根据历史和当前的信息，通过动态跟踪和实时调整控制参数，满足约束条件驱使系统走向最优状态（郭涛和王巍，2009）。根据自适应控制原理，在给定初始控制线的一般模拟模型中，嵌入一个在线辨识环节，自动生成寻优模拟控制线，引导模拟逐渐优化的迭代过程。要使模拟实现自适应目标控制，收敛于最优目标，关键在于设计系统的在线辨识和控制线的自动生成环节。基于自适应控制理论建立多年调节水库自适应控制的框架如图 5-4 所示。

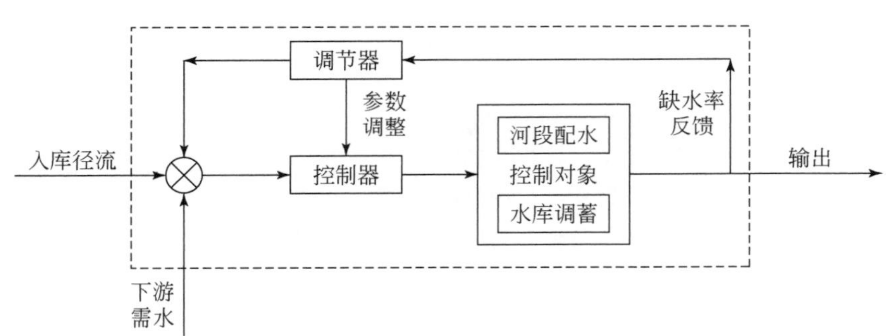

图 5-4 多年调节水库自适应控制系统结构

多年调节水库自适应最优控制系统是以多年调节水库作为可调系统，基于前期来水规律，通过对后期来水预报和下游需水的分析，以多年调节水库时段内泄水及其下游河段引水过程为被控对象，通过在线量测包括水库蓄水量、流域缺水率等指标判断系统状态，控制引导闭环迭代，具备三个主要功能：①在线动态测量水库的蓄水量和流域缺水程度；②判断控制路径及法则；③在线调整控制器参数。根据多年调节水库跨年度调度序列总效益最大化目标，通过控制序列中不同年份的缺水率来实现最优控制，避免枯水年度缺水量过大、缺水率过高，减少枯水年份的缺水损失。基于调度序列的径流预报，系统通过控制

时段缺水率为控制线实现缺水均衡，即

$$r=\left(\frac{W_{dt}-W_{st}}{W_{dt}}\right)\rightarrow\bar{r}=\frac{W_{d}-W_{s}}{W_{d}} \tag{5-17}$$

其中，

$$W_{d}=\frac{1}{T}\sum_{t=1}^{T}W_{dt}$$

$$W_{S}=\frac{1}{T}\int_{0}^{T}(Q_{it}-Q_{et})\,dt$$

式中，r 流域缺水率；$\bar{r}$ 为分析的序列平均缺水率；W_{dt}、W_{st} 分别为 t 时段的需水量和供水量；W_{d}、W_{s} 分别为时段平均的需水量和供水量；Q_{it}、Q_{et} 分别为 t 时段的径流量和生态环境需要的流量。

系统是一个多环反馈控制的模拟迭代过程，可实现在线进行系统结构和参数的辨识或系统性能指标的度量，以便在线测量系统当前状态的改变情况；在线修改控制器的参数或可调系统的输入信号（如水库泄流过程），通过当前运行状态与期望的指标（均衡缺水率）的比较判断系统当前状态，进而做出决策以改变控制器的参数或根据自适应律来改变控制作用，使系统的性能指标渐近地趋于最优理想值，以保证系统运行在某种意义下的最优。多年调节水库自适应最优控制流程如图 5-5 所示。

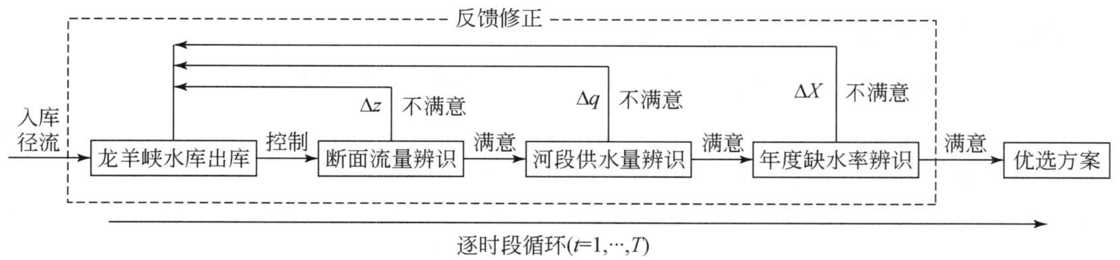

图 5-5　系统控制流程示意图

系统根据获取的入库径流和下游需水预报，核算时段均衡的缺水率；初设控制器的主要参数，并动态评估水库蓄水量、流域缺水率，通过当前运行指标与期望指标（均衡缺水率）的比较判断系统当前状态，并动态测量系统的状态、性能或参数，通过当前运行指标与期望指标的比较诊断系统当前的状态，进而做出决策以改变控制器的参数或根据自适应律来改变控制作用。水库作为可调系统，已知的扰动是前期来水，未知的干扰是后期来水预报。被控对象是水库泄水及其下游河段引水口，控制量包括入库径流、断面下泄水量，通过给定的控制指标（分水比例），对轨迹进行跟踪，不断进行比较和决策，调整分水指标和水库下泄水量，直到满足控制指标为止。

（1）确定模型的计算参数

模型的计算参数包括兰州断面防凌约束最大、最小值，主要断面的控制流量，水库、引水工程的主要参数，供水效益控制目标，上游梯级最小出力等，作为模型基本输入。

(2) 在线辨识反馈

以水库调度为核心，水库调度模型中加入了三层辨识反馈结构：断面流量辨识，断面的流量是否满足相关要求；断面供水辨识，断面供水是否满足相关指标；缺水率辨识，流域的缺水率是否满足控制迹线，如图 5-5 所示。每一层都包含一个辨识被测量和一个反馈量，通过对被测量仿真输出和期望输出的辨识，反馈相应的修正量，然后重新进行仿真，直到满足给定允许误差要求为止。

(3) 断面流量辨识

如果河口镇断面流量小于设定的河口镇补水约束，那么需要上游水库放水来满足断面流量约束。

(4) 河段供水量辨识

如果 t 时段河段的供水量不满足控制目标要求，那么模型自动反馈，由水库补水，在水库水位不能满足补水要求的时段，需要调整时段目标。

(5) 年度缺水率辨识

如果年度流域缺水率不满足控制目标要求，那么模型自动反馈，重新调整水库下泄流量过程。

5.3.2.4 控制参数设置

控制迹线：控制各年度之间的综合缺水率差别，避免一些年份的深度破坏，通过控制时段缺水率允许偏离度，达到控制调度序列年份的缺水率相当的控制目标：

$$e = |r_t - \bar{r}| \leqslant \xi \tag{5-18}$$

式中，e 为缺水率偏差；r_t、$\bar{r}$ 分别为 t 时段缺水率和流域平均缺水率；ξ 为允许偏离的程度。

水量调度自适应控制系统通过动态计算流域供水量、缺水量，分析各时段对平均缺水率的偏离，对轨迹进行动态跟踪，进行比较和决策，调整分水指标和水库下泄水量，直到满足控制指标为止。$\bar{r}$ 是个变量，通常初设一 $\bar{r}$，根据流域未来径流变化及流域干旱情况，年际之间的缺水比较进行调整，也体现了系统对河川径流的自适应决策。偏差修正是通过系统反馈的缺水率，经过导优功能实现。

5.3.3 基于自适应最优控制求解方法

5.3.3.1 求解流程

本书引入人工智能技术人工鱼群算法，并与传统的 POA 算法相结合进行求解。人工鱼群算法控制决策变量的生成、效益函数定量测算及算法收敛的辨识；POA 算法通过识别不同区域供水的效益，逐时段搜寻具有最大供水效益的区域，实现水库下泄水量的最优分配。模型通过内部控制和参数传递，控制序列中出库流量的变化以及时段内水量在河段空间的调整，实现时段供水效益的最大化目标，最终输出序列中连续的水库出库水量过程以及水量在河段不同区间的分配。龙羊峡水库最优控制模型的求解过程如图 5-6 所示。

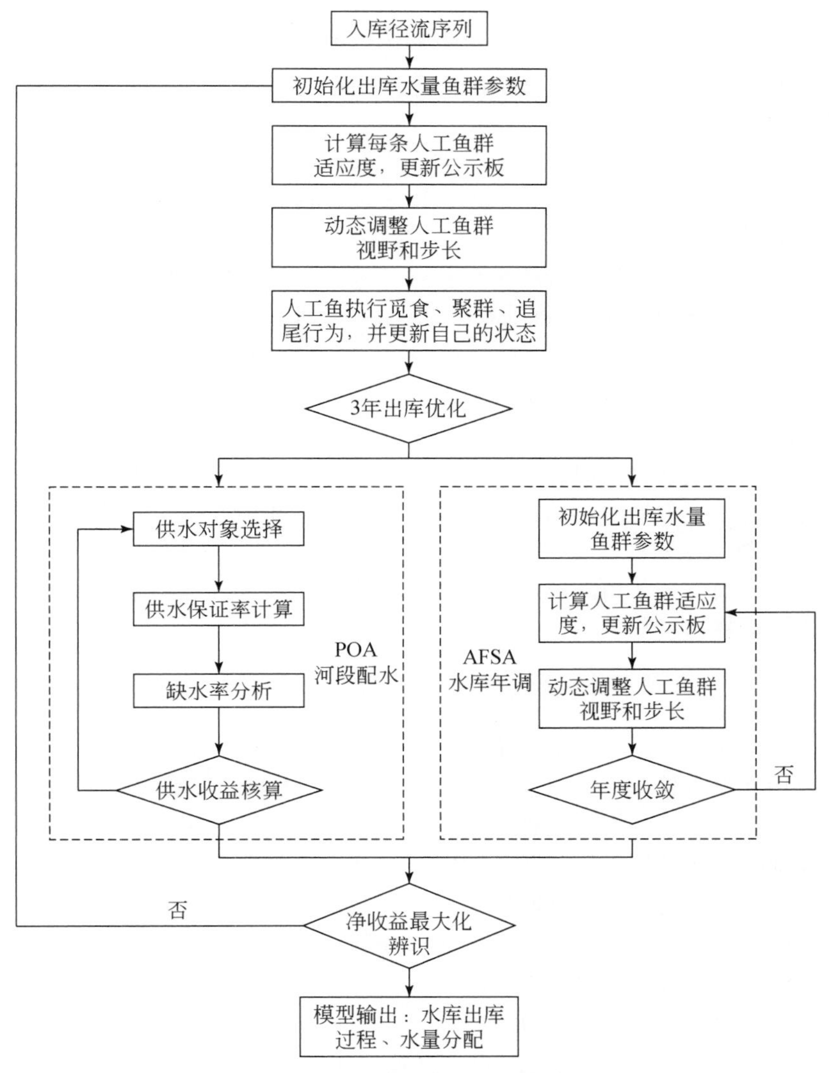

图 5-6　模型求解流程图

5.3.3.2　人工鱼群算法

人工鱼群算法（artificial fish swarm algorithm，AFSA）是由国内学者李晓磊等提出的一种基于模拟鱼群行为的随机搜索智能启发式新型寻优算法（班晓娟等，2008；师彪等，2009）。通过构造人工鱼，主要模仿鱼的觅食、聚群和追尾行为，达到全局最优值。该算法具有以下主要特点：①算法对目标函数的性质要求比较低；②算法对初始值的要求比较低；③算法参数可以容许在较大的范围内取值；④算法中多条人工鱼个体进行并行搜索；⑤算法跳出局部极值的能力较强，具有全局寻优的能力。

人工鱼群算法原理：在一片水域中，鱼往往能自行或尾随其他鱼找到营养物质丰富的觅食地，因而鱼生存数目最多的地方一般就是该水域中营养物质最为丰富之处。人工鱼群算法就是根据这一现象，通过构造人工鱼来模仿鱼群的觅食、聚群及追尾行为，从而达到寻优目标。以下是鱼的几种典型行为。

（1）觅食行为

一般情况下，鱼在水中随机地自由游动，当发现食物时，鱼会通过判断食物的位置和浓度，从而向食物移动。觅食行为是一种个体寻优过程。

（2）聚群行为

鱼在游动过程中为了保证自身的生存和躲避危害会自然地聚集成群，并一起寻找寻觅食物的行为。聚群时通常遵守三条规则：①分隔规则，尽量避免与临近伙伴过于拥挤；②对准规则，尽量与临近伙伴的平均方向一致；③内聚规则，尽量朝临近伙伴的中心移动。聚群行为能尽可能搜索到其他的极值。

（3）追尾行为

追尾行为是当鱼找到食物时，周围的鱼就会尾随而来，远处的鱼也向食物靠拢的行为。追尾行为防止人工鱼停滞不前，并且加快寻优的速度。

（4）随机行为

在找到食物之前，各条鱼随机游动的行为。随机行为可以看作是觅食行为的一种缺省，加大了找到食物的可能性。

5.3.3.3 基于自适应的最优控制模型求解

最优控制模型求解即对于一个特定连续的入库径流序列，优化水库不同时期的出库流量、最优控制年末库水位，实现龙羊峡水库调度最大化效益目标。本书引入人工智能技术——人工鱼群算法求解，算法包括人工鱼群算法模块和河段配水计算模块，其中人工鱼群算法模块控制决策变量生成、效益函数定量测算及算法收敛的辨识；河段配水计算模块通过识别不同区域供水的效益，逐时段搜寻具有最大供水效益的区域，实现水库下泄水量的最优分配。模型通过内部控制和参数传递，控制序列中出库流量的变化以及时段内水量在河段空间的调整，实现时段供水效益的最大化目标，最终输出序列中连续的水库出库水量过程以及水量在河段不同区间的分配。

人工鱼群算法是模仿鱼类行为提出的一种基于动物自治体的优化方法，通过构造人工鱼来模仿鱼群的觅食、聚群及追尾行为，在搜索域中寻优。人工鱼群算法的特点是不需要特殊信息，只需对问题优劣进行比较，在处理搜索域大且具有无穷多个局部极值点问题时，其算法存在一些缺陷：保持探索与开发平衡能力较差、算法运行后期搜索的盲目性加大、易陷入局部最优以及运算速率降低等。针对以上问题，对人工鱼群算法的步长和视野进行改进，在算法运行初期，采用较大的视野和步长，使人工鱼在更大范围内进行搜索，避免陷入局部的圈谷中，随着搜索的进行，视野和步长逐渐减小，算法逐步演化为局部搜索，在最优解附近区域进行精细搜索。人工鱼视野 Visual 和步长 Step 按式（5-19）动态调整：

$$\begin{cases} \text{Visual} = \text{Visual} \times \alpha + \text{Visual}_{\min} \\ \text{Step} = \text{Step} \times \alpha + \text{Step}_{\min} \\ \alpha = \exp\left[-30 \times (\text{gen}/\text{MaxGen})^{s}\right] \end{cases} \tag{5-19}$$

式中，gen 为当前迭代次数；MaxGen 为最大迭代次数，该视野 Visual 和步长 Step 函数由三段构成，算法运行初期保持最大值，然后逐渐由大变小，最后保持最小，这种改进策略较好地平衡了全局搜索能力和局部搜索能力，加快了收敛的速度，提高了算法的精度。通常，Visual 初值为最大搜索范围的 1/4，Step 为 Visual 的 1/8，$Visual_{min}$ 和 $Step_{min}$ 可以根据实际情况来给定。其中 s 为大于 1 的整数，s 取值范围一般为（1，30），本书取 $s=5$。

改进人工鱼群算法的计算步骤如下：

Step1：初始化参数。通过多次实验比选人工鱼的参数取值为人工鱼群规模 $m=30$、视野 Visual=1000、$Visual_{min}=50$ 和步长 Step=125、$Step_{min}=15$、拥挤度 $\delta=0.618$、最大重复尝试次数 try_ number=10、最大迭代次数 MaxGen=100。缺水率允许偏离程度 $\xi=0.03$。

Step2：在约束范围内初始化人工鱼个体，包括 36 个时段的供水过程和水库库容。

Step3：通过河段配水模块计算每条人工鱼的配水效益，选择所有个体中的最优个体，并与公告板中的最优个体比较，若较好，则将其赋予公告板。

Step4：按式（5-19）更新视野 Visual 和步长 Step。

Step5：每条人工鱼根据当期自身的饥饿程度选择执行追尾行为、聚群行为和觅食行为，计算各年缺水率，判断是否满足缺水率允许偏度程度 ξ，若满足，则执行 Step6，否则，重新执行追尾行为、聚群行为和觅食行为，直至满足缺水率允许偏度程度 ξ。

Step6：判断是否达到最大迭代次数，若达到最大迭代次数，则输出最优解；否则，返回 Step3 重新计算。

5.3.4 龙羊峡水库旱限水位最优控制

5.3.4.1 问题概化

黄河流经青海、四川、甘肃、宁夏、内蒙古、陕西、山西、河南、山东 9 省（区），黄河还承担向流域外供水的任务。流域已建水库的总库容超过 700 亿 m^3，其中干流主要调节性水库有龙羊峡、刘家峡、万家寨、三门峡和小浪底 5 座水库，龙羊峡水库为多年调节水库，承担跨年度调节径流、补水的任务，其余 4 座为年调节水库，干流水库补水范围为具备从干流取水条件的地区和用户。按照龙羊峡水库对黄河干流补水的原则，对龙羊峡水库及其补水对象进行概化。需水按照省（区）、地（市）概化为 37 个需水用户，每个用户既包括高保证率的用水需求也包括农业需水，农业灌溉的效益按 2020 年水平分析，按年度计算；河道内生态环境补水需求概化为上游河口镇节点控制满足宁蒙河段输沙水量需求以及下游利津节点控制满足入海水量要求。河段节点概化如图 5-7 所示。

5.3.4.2 序列选取

本书选择资料相对完整且经过认定的黄河径流作为序列，1956～2000 年系列黄河流域多年平均河川天然径流量为 534.8 亿 m^3，序列中具有 1969～1974 年、1990～1999 年两个连续枯水时段；序列中经历了黄河流域干旱时段，主要灌区需水量存在一定波动。

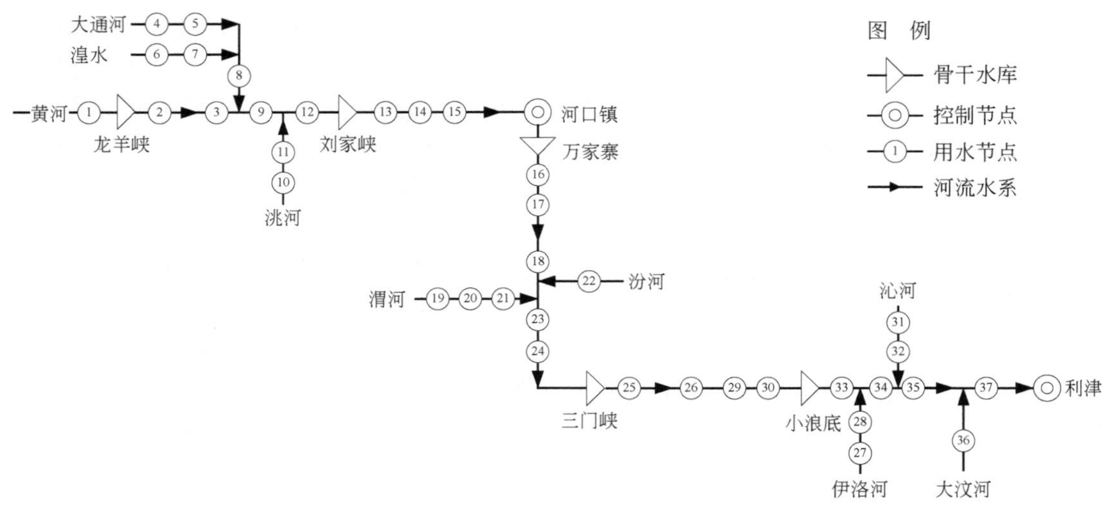

图 5-7 龙羊峡旱限水位优化黄河流域概化节点图

(1) 河川径流

1956～2000 年序列利津站最大径流量为 1011.1 亿 m^3，最小径流量仅 322.6 亿 m^3，极值比达到 3.13，唐乃亥站年均径流量为 205.3 亿 m^3，最大径流为 326.4 亿 m^3，最小径流为 124.0 亿 m^3，径流波动变幅大可为龙羊峡水库实现跨年调度补水提供水源。从径流的年代变化来看，20 世纪 60 年代较大，90 年代较小。1956～2000 年黄河主要水文站河川径流量见表 5-10 和图 5-8。

表 5-10 1956～2000 年黄河主要水文站河川径流量 （单位：亿 m^3）

年度	唐乃亥	河口镇	花园口	利津
序列平均	205.3	331.7	532.8	534.8
1956～1969	200.8	343.1	586.2	589.8
1970～1979	203.4	331.5	511.5	512.2
1980～1990	243.2	371.2	580.4	577.3
1990～2000	178.4	281.7	440.8	446.6

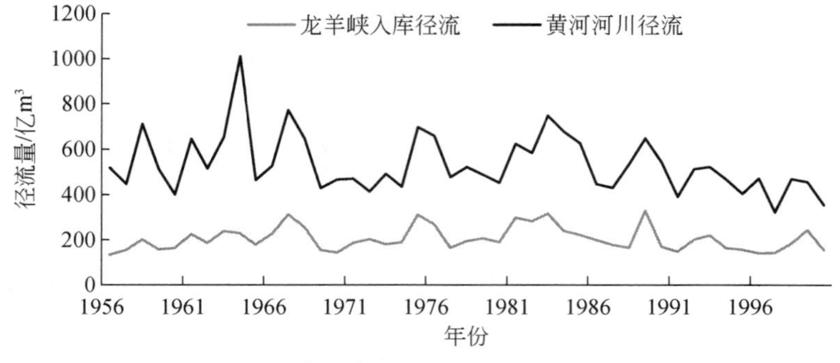

图 5-8 序列河川径流量变化

(2) 流域旱情及需水量

研究序列年的需水量采用黄河流域水资源综合规划成果，工业、生活需水为 2020 年水平，农业需水量为 2020 年灌溉面积和用水水平，采用 1956～2000 年序列年度的降水量和蒸发量，综合分析黄河流域年均需水量 614.48 亿 m^3，其中，农业需水量 438.37 亿 m^3、工业需水量 128.69 亿 m^3、生活需水量 41.46 亿 m^3。1956～2000 年黄河流域经济社会需水量见表 5-11。

表 5-11　1956～2000 年黄河流域经济社会需水量　（单位：亿 m^3）

省（区）	城镇生活	城镇生态	农村生活	农村生态	工业	农业	合计
青海	1.12	0.07	0.53	0.07	5.54	18.58	25.92
四川	0.28	0.01	0.01	0.02	0.00	0.00	0.31
甘肃	3.74	0.34	2.65	0.20	18.42	34.61	59.96
宁夏	1.38	0.36	0.75	0.27	8.19	75.45	86.40
内蒙古	2.68	0.36	0.78	2.16	15.00	86.16	107.13
陕西	7.64	0.89	3.29	0.15	25.54	52.79	90.30
山西	4.40	0.51	3.10	0.00	16.80	41.05	65.85
河南	3.74	0.38	2.59	0.00	14.99	38.94	60.65
山东	1.95	0.16	0.85	0.00	7.71	13.96	24.62
流域外	0	0	0	0	16.50	76.84	93.34
合计	26.92	3.08	14.54	2.88	128.69	438.37	614.48

1956～2000 年序列黄河流域河道外需水具有时空变化大的特征，多年平均需水量为 614.48 亿 m^3，最大年份需水量为 666.14 亿 m^3，最小年份需水量为 552.25 亿 m^3，需水量极差为 113.89 亿 m^3，而且通常在径流量大的年份需水量相对较小。1956～2000 年黄河流域水资源分区的经济社会需水特征见表 5-12。

表 5-12　1956～2000 年黄河流域水资源分区经济社会需水特征（单位：亿 m^3）

项目	河口镇以上	河口镇至三门峡	三门峡至花园口	花园口以下
序列平均	253.09	188.62	48.44	124.33
最大需水	264.84	209.74	55.8	135.76
最小需水	236.37	163.85	39.43	112.6

将龙羊峡水库补水需求分为三个等级，第一优先级包括工业、生活及城镇生态环境的用水需求，属高等级用水户、应优先满足；第二优先级是河道内生态环境亏缺的水量，可根据径流量变化控制；第三优先级是农业需水量，特点是需水量大，年际变化大，干旱年份需求增加。从农业干旱变化来看，1990～1999 年流域有 6 年发生不同程度的农业干旱，干旱年份农业需水量大，年需水量为 366.45 亿～429.92 亿 m^3，特旱年份流域需水较轻旱年份增长 20 亿 m^3。

5.3.4.3 旱限水位控制

(1) 年末旱限水位

利用建立的龙羊峡水库最优控制模型，对1956～2000年序列进行3年期连续滑动优化决策。1956～2000年序列中包含黄河流域两个连续干旱、枯水时段，优化调度对于合理确定年末预留抗旱水量、减少旱灾损失具有重要作用。

人工鱼群经过连续迭代，不断开展觅食、聚群、追尾等过程，搜寻鱼食浓度最大（适应值最大）的鱼群个体，决策变量为水库下泄流量，状态变量即龙羊峡水库对应的月末库容。连续3年旱限水位控制适应度值变化如图5-9所示。

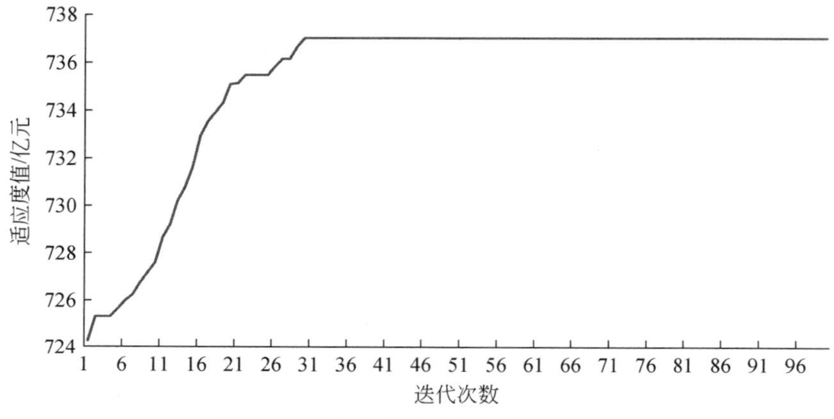

图5-9 适应度值随迭代次数变化关系

从龙羊峡水库的年度出库水量与径流变化的关系可以看出，序列中龙羊峡水库通过跨年度的调节，拉平入库径流的波动变化幅度，在此过程水库实施丰水年蓄水、枯水年放水，最终控制3年调度时段内各年度流域缺水率大致相当（调度时段内流域缺水率相差控制在±2%以内），减少枯水年份的缺水损失。各决策序列龙羊峡水库最优年末蓄水量、年度缺水率见表5-13和图5-10。

表5-13 1956～2000年龙羊峡水库最优年末控制蓄水量（水位）

决策序列/年	年度入库径流量/亿 m^3			起调库容/亿 m^3	年末库容/亿 m^3			年度缺水率/%			旱限水位（蓄水量/亿 m^3）
	第一年	第二年	第三年		第一年	第二年	第三年	第一年	第二年	第三年	
1956～1959	124.0	166.4	209.2	53.4	53.4	53.6	87.5	35.7	17.5	9.9	53.4
1957～1960	166.4	209.2	130.3	53.4	53.4	96.1	53.8	15.1	12.1	10.7	53.4
1958～1961	209.2	130.3	190.1	53.4	97.2	54.5	81.4	12.6	10.6	14.3	97.2
1959～1962	130.3	190.1	229.2	97.2	53.4	79.6	125.2	10.1	13.8	9.6	53.4
1960～1963	190.1	229.2	164.3	53.4	79.5	124.8	142.6	13.7	10.7	8.5	79.5
1961～1964	229.2	164.3	247.2	79.5	111.0	121.1	219.8	1.5	2	0.8	111.0
1962～1965	164.3	247.2	232.0	111.0	122.0	221.6	214.8	1.8	1.5	2.2	122.0

续表

决策序列/年	年度入库径流量/亿 m^3			起调库容/亿 m^3	年末库容/亿 m^3			年度缺水率/%			旱限水位（蓄水量/亿 m^3）
	第一年	第二年	第三年		第一年	第二年	第三年	第一年	第二年	第三年	
1963～1966	247.2	232.0	160.4	122.0	221.6	214.8	179.2	1.5	2.2	3	221.6
1964～1967	232.0	160.4	268.5	221.6	214.1	178.7	224.9	1.5	2.8	1.7	214.1
1965～1968	160.4	268.5	317.8	214.1	179.2	224.9	224.9	3	2	3.1	179.2
1966～1969	268.5	317.8	218.2	179.2	224.9	224.9	208.9	1.2	2.1	1.6	224.9
1967～1970	317.8	218.2	153.0	224.9	224.9	209.3	186.9	3.1	2.4	1.9	224.9
1968～1971	218.2	153.0	139.0	224.9	209.3	186.6	96.4	2.5	1.9	2.1	209.3
1969～1972	153.0	139.0	211.9	209.3	185.9	97.0	88.9	1.6	2.3	1.1	185.9
1970～1973	139.0	211.9	189.6	185.9	110.5	117.6	74.6	10.9	9.6	10.2	110.5
1971～1974	211.9	189.6	174.1	110.5	130.5	99.8	70.4	14.6	15.3	15.6	130.5
1972～1975	189.6	174.1	201.7	130.5	95.8	69.5	68.6	13.9	14.5	15.7	95.8
1973～1976	174.1	201.7	319.4	95.8	70.1	68.9	137.6	14.8	15.5	13.5	70.1
1974～1977	201.7	319.4	269.9	70.1	64.3	127.0	192.5	13.3	11.6	12.2	64.3
1975～1978	319.4	269.9	140.0	64.3	120.7	182.6	150.9	9.6	10.8	10.1	120.7
1976～1979	269.9	140.0	181.5	120.7	185.6	156.3	128.1	12	11.2	12	185.6
1977～1980	140.0	181.5	206.6	185.6	157.2	126.6	117.0	11.6	11	9.9	157.2
1978～1981	181.5	206.6	206.4	157.2	128.4	119.8	105.3	11.7	10.3	9.7	128.4
1979～1982	206.6	206.4	326.4	128.4	116.4	98.9	175.6	8.9	8.6	10.9	116.4
1980～1983	206.4	326.4	272.6	116.4	99.7	176.8	224.9	8.9	11	8.1	99.7
1981～1984	326.4	272.6	303.0	99.7	166.0	220.5	224.9	6.1	5.3	2.8	166.0
1982～1985	272.6	303.0	219.2	166.0	222.5	224.9	209.7	6.6	2.1	4.4	222.5
1983～1986	303.0	219.2	245.4	222.5	224.9	207.0	224.9	1.7	3.3	3.8	224.9
1984～1987	219.2	245.4	185.1	224.9	207.1	224.9	191.7	3.3	3.9	4.8	207.1
1985～1988	245.4	185.1	167.1	207.1	224.9	188.6	133.8	3.4	3.6	4.8	224.9
1986～1989	185.1	167.1	222.2	224.9	193.2	142.8	154.6	5.4	5.5	6.4	193.2
1987～1990	167.1	222.2	284.9	193.2	139.1	143.4	202.7	5.3	5.2	5.6	139.1
1988～1991	222.2	284.9	146.1	139.1	143.7	205.1	183.4	5.4	6.4	5.4	143.7
1989～1992	284.9	146.1	157.0	143.7	210.0	189.2	124.8	6.3	5.9	4.6	210.0
1990～1993	146.1	157.0	218.0	210.0	194.5	137.2	161.3	10.8	9.1	10.1	213.6
1991～1994	157.0	218.0	219.3	194.5	138.4	166.3	157.6	9.8	11.7	9.9	155.6
1992～1995	218.0	219.3	144.9	138.4	163.1	152.9	115.5	10.4	9.2	8.5	156.0
1993～1996	219.3	144.9	157.7	163.1	153.1	116.1	121.5	9.3	8.8	8.8	152.5
1994～1997	144.9	157.7	142.7	153.1	115.4	121.5	108.3	8.3	9.1	9.5	140.4
1995～1998	157.7	142.7	134.2	115.4	123.6	112.1	66.4	10.2	10.9	11.5	128.6
1996～1999	142.7	134.2	202.6	123.6	111.5	65.9	101.1	10.2	10.2	11.0	128.2
1997～2000	134.2	202.6	231.6	111.5	63.1	96.6	96.4	9.0	9.8	9.5	82.3

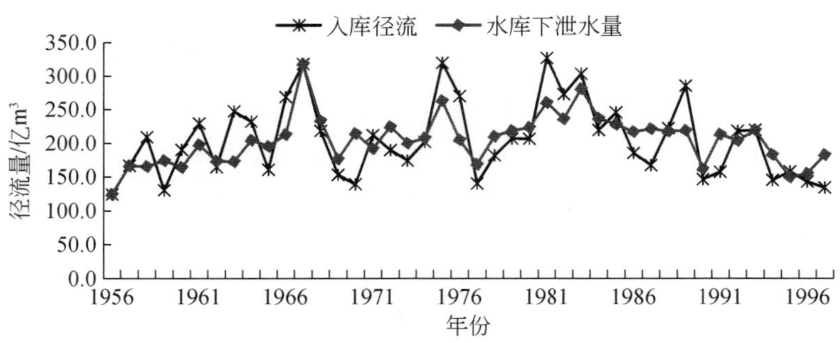

图 5-10　1956 ~ 2000 年龙羊峡水库出库水量与入库径流过程

从 1956 ~ 2000 年序列龙羊峡水库旱限水位优化控制结果来看，利用龙羊峡水库多年调节功能控制年末预留水量，实施蓄丰补枯、跨年调节，从图 5-11 可以看出龙羊峡水库在丰水年增加蓄水，枯水年下泄补水，实现调度时段内的调剂丰枯目标，调度时段内各年间的缺水量和缺水率相差不大，在一定程度上避免了干旱枯水年份缺水量过大、缺水深化的问题。

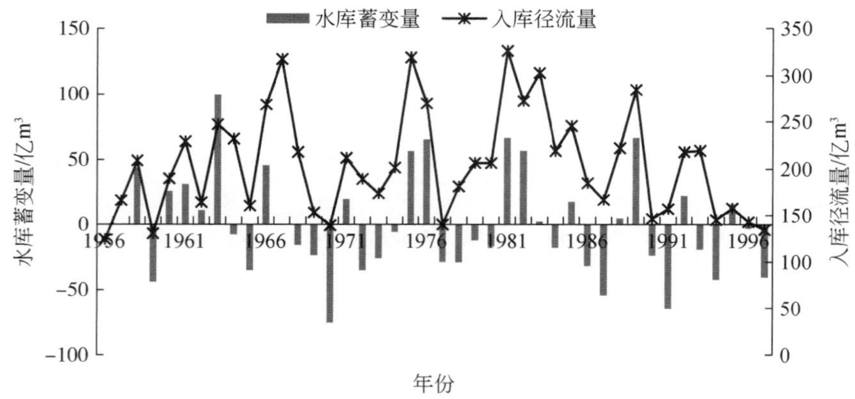

图 5-11　1956 ~ 2000 年龙羊峡水库年度蓄变量

(2) 春季旱限水位

黄河流域农业灌溉需水从大的时间上可以划分为两段，即 3 ~ 6 月的春灌和 7 ~ 10 月的秋浇。从系列年需水量来看，黄河流域春灌 3 ~ 6 月的连续 4 个月灌溉需水量占灌溉水量的近 50%，如图 5-12 所示。而 3 ~ 6 月黄河流域径流偏少，因此需要龙羊峡水库 2 月底预留春灌水量。

龙羊峡水库春灌预留水量（也即春季限制水位）统筹考虑了龙羊峡春季的补水需求以及前期入库径流量，春季灌溉需水量一部分可通过时段的径流量供给、短缺的部分可由龙羊峡水库下泄补水量满足。

按照农业灌溉的保证率要求，自适应的优化控制根据龙羊峡水库 7 月 ~ 翌年 2 月的水量，协调年内的供需，通过年内的缺水率和春季灌溉的缺水率，提出优化的水库出库过

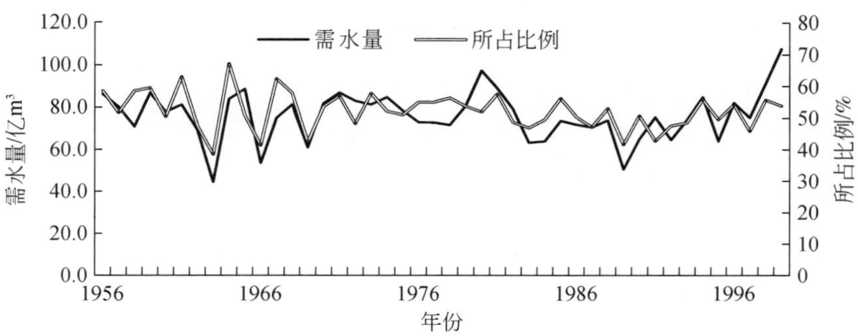

图 5-12 黄河流域春灌需水量及其所占流域需水的比例

程，实现 2 月末的优化蓄水量的控制。1956 ~ 2000 年序列龙羊峡水库春季灌溉预留水量控制见表 5-14。

表 5-14 龙羊峡水库春季灌溉预留水量控制

决策序列/年	3 ~ 6 月入库径流量/亿 m³			起调库容/亿 m³	2 月末库容/亿 m³			春灌缺水率/%		
	第一年	第二年	第三年		第一年	第二年	第三年	第一年	第二年	第三年
1956 ~ 1959	39.20	49.30	55.25	53.4	54.4	61.8	97.2	52.6	27.6	7.4
1957 ~ 1960	49.30	55.25	31.62	53.4	69.2	103.3	96.5	18.1	10.9	13.5
1958 ~ 1961	55.25	31.62	56.30	53.4	102.8	97.1	92.3	13.2	13.5	12.8
1959 ~ 1962	31.62	56.30	59.07	97.2	96.2	91.4	137.0	13.4	11.6	11.6
1960 ~ 1963	56.30	59.07	41.28	53.4	91.8	136.4	161.4	10.9	11.8	12.3
1961 ~ 1964	59.07	41.28	47.97	79.5	129.2	146.0	214.7	3.6	3.5	2.8
1962 ~ 1965	41.28	47.97	52.07	111.0	146.3	216.2	245.1	4.4	3.5	5
1963 ~ 1966	47.97	52.07	52.07	122.0	216.2	245.1	227.7	3.5	4.9	5.1
1964 ~ 1967	52.07	52.07	34.74	221.6	245.1	227.6	220.6	3.3	4.7	3.6
1965 ~ 1968	52.07	34.74	75.30	214.1	227.7	221.8	247.0	5.1	3.6	4.2
1966 ~ 1969	34.74	75.30	80.63	179.2	219.8	247.0	242.7	3.6	4.2	3.8
1967 ~ 1970	75.30	80.63	44.12	224.9	247.0	242.7	198.4	4.2	4.3	4.5
1968 ~ 1971	80.63	44.12	46.29	224.9	242.7	198.1	132.0	4.3	4.5	3.8
1969 ~ 1972	44.12	46.29	42.25	209.3	197.3	132.7	106.5	3.5	3.1	2.3
1970 ~ 1973	46.29	42.25	64.35	185.9	138.3	128.6	92.6	13.4	12.3	11.9
1971 ~ 1974	42.25	64.35	54.25	110.5	137.0	113.3	86.7	17.5	17.5	17.9
1972 ~ 1975	64.35	54.25	49.65	130.5	110.4	85.9	76.3	16	17.7	15.9
1973 ~ 1976	54.25	49.65	62.68	95.8	86.2	76.1	134.9	18.2	16.4	15.9
1974 ~ 1977	49.65	62.68	67.96	70.1	74.9	126.5	182.7	12.5	13.1	12.9
1975 ~ 1978	62.68	67.96	72.68	64.3	121.7	174.0	162.1	11.3	11.2	11.5
1976 ~ 1979	67.96	72.68	52.48	120.7	175.6	166.8	152.2	13.3	12.5	12.8

续表

决策序列/年	3~6月入库径流量/亿 m^3			起调库容/亿 m^3	2月末库容/亿 m^3			春灌缺水率/%		
	第一年	第二年	第三年		第一年	第二年	第三年	第一年	第二年	第三年
1977~1980	72.68	52.48	37.74	185.6	167.1	152.0	147.5	13.3	11	12.4
1978~1981	52.48	37.74	39.35	157.2	152.2	150.6	132.9	13.2	12.1	13.3
1979~1982	37.74	39.35	56.08	128.4	147.5	128.1	171.2	11.8	11.5	12.3
1980~1983	39.35	56.08	82.02	116.4	128.8	172.7	234.7	11.7	11.8	7.6
1981~1984	56.08	82.02	74.07	99.7	165.8	219.0	247.0	7.6	7.3	3.1
1982~1985	82.02	74.07	60.68	166.0	220.2	247.0	224.1	8.5	4	8.8
1983~1986	74.07	60.68	43.53	222.5	247.0	222.8	238.0	3	6.5	5.7
1984~1987	60.68	43.53	67.78	224.9	222.9	237.9	200.5	6.6	5.8	4.8
1985~1988	43.53	67.78	55.85	207.1	238.0	197.3	152.8	5.7	5.1	6.3
1986~1989	67.78	55.85	46.35	224.9	201.7	161.1	119.1	5.2	7.4	7.8
1987~1990	55.85	46.35	102.98	193.2	157.7	108.5	194.3	7	6.9	6.7
1988~1991	46.35	102.98	55.15	139.1	109.3	196.0	203.9	6.3	8.1	8.5
1989~1992	102.98	55.15	38.46	143.7	201.6	211.2	146.5	6.5	6.3	6.8
1990~1993	55.15	38.46	47.83	210.0	213.6	155.8	154.5	10.6	10.9	10.8
1991~1994	38.46	47.83	63.94	194.5	155.6	157.9	156.6	12.8	13.4	12.2
1992~1995	47.83	63.94	65.51	138.4	156.0	152.1	140.5	11.3	11.7	11.7
1993~1996	63.94	65.51	49.24	163.1	152.5	140.7	127.8	11.7	12.1	11.0
1994~1997	65.51	49.24	50.12	153.1	140.4	127.3	126.9	11.7	11.7	11.3
1995~1998	49.24	50.12	53.68	115.4	128.6	129.4	84.2	13.1	12.8	15.3
1996~1999	50.12	53.68	45.37	123.6	128.2	83.7	117.1	13.4	15.3	12.5
1997~2000	53.68	45.37	63.32	111.5	82.3	113.1	137.1	13.3	11.9	12.1

5.3.4.4 1990~1999年连续干旱时段分析

(1) 时段选择

对资料序列相对完整、连续枯水时间相对较长的1990~1999年典型时段，开展优化算例分析。1990~1999年黄河年均天然径流量为445.2亿 m^3，相当于黄河多年均值的83%。据统计10年平均消耗径流量超过300亿 m^3，黄河下游频繁出现断流、缺水问题，给流域经济社会和生态环境造成重大损失。从径流丰枯变化来看，1990~1999年黄河河川径流年际波动较大，最大径流量为560.0亿 m^3，最小径流量仅307.7亿 m^3，枯水年和偏枯年有6年。

根据黄河流域主要灌区的SPDI-JDI值，采用面积加权的方式，见式5-20，求得黄河流域综合干旱指标（CRDI），评价流域综合干旱情况。结合灌溉需水对干旱的响应关系，求得各年所需的灌溉需水量。

$$\mathrm{CRDI} = \frac{1}{A}\sum_{i=1}^{n}(\mathrm{SPDI\text{-}JDI}_i \times A_i) \tag{5-20}$$

式中，CRDI 为流域综合干旱指标；$\mathrm{SPDI\text{-}JDI}_i$为第 i 个灌区的干旱指标；A 为黄河流域主要灌区总面积；A_i为黄河流域第 i 个灌区面积；n 为灌区数。

1990～1999 年黄河径流丰枯状态、黄河流域干旱及灌溉需水量见表 5-15。

表 5-15　1990～1999 年黄河径流及农业灌溉需水量　（单位：亿 m^3）

年份	1990	1991	1992	1993	1994	1995	1996	1997	1998	1999
径流状态	偏枯年	偏枯年	平水年	偏丰年	偏枯年	偏枯年	枯水年	枯水年	平水年	偏丰年
河川径流量	515.2	352.9	560.0	509.5	410.7	437.2	471.5	307.7	464.8	422.5
干旱状态	无旱	轻旱	无旱	无旱	中旱	中旱	特旱	特旱	轻旱	特旱
灌溉需水量	383.48	393.71	366.45	360.07	400.97	394.24	429.92	400.19	395.1	399.45

根据黄河河川年径流具有 3 年的短周期特征，基于 3 年的可预报期限，模型按 3 年为一个决策时段依次开展旱限水位的优化控制。

（2）优化过程

根据人工鱼群算法计算步骤，以水库下泄流量为决策变量，水库时段末库容为状态变量。首先，生成满足要求的 3 年共 36 个时段的决策变量和状态变量，按照河段配水模块计算初始配水效益，并将最大配水效益保存在公告板中，从 Gen = 1 开始，人工鱼群根据饥饿程度进行行为选择，人工鱼个体执行追尾行为、聚群行为或觅食行为，通过执行行为更新水库下泄过程，同时，计算各年缺水率，判断是否满足式（5-18）缺水率允许偏离程度 ξ，若满足，则计算人工鱼个体配水效益，否则，重新执行鱼群行为，直至满足并计算人工鱼个体配水效益，从全部个体中选择配属效益最大的个体，与公告板中的最优个体比较，更新公告板最优个体，判断迭代次数是否达到最大迭代次数 MaxGen，若满足，则输出最优下泄过程。

从龙羊峡水库的年度出库水量与径流变化的关系可以看出，序列中通过缺水率导线控制优化龙羊峡水库出库过程，跨年度调节拉平入库径流的波动变化幅度，在此过程中水库实施丰水年蓄水、枯水年放水，最终控制 3 年调度时段内各年度流域缺水率大致相当，驱使系统状态达到最优。1990～1993 年 3 年期调度序列龙羊峡水库年末蓄水量、年度缺水率见表 5-16。

表 5-16　1990～1993 年龙羊峡水库水位优化控制补水结果

年份	入库径流量/亿 m^3	补水需求/亿 m^3	河道生态需水量/亿 m^3	出库水量/亿 m^3	年末控制蓄水量/亿 m^3	年度缺水量/亿 m^3	缺水率/%
1990～1991	146.1	206.3	77.9	106.1	194.5	22.3	10.8
1991～1992	157.0	268.4	92.2	151.9	137.2	24.3	9.1
1992～1993	218.0	241.5	105.4	111.6	161.3	24.5	10.1
年均	173.7	238.8	91.8	123.2		23.7	10.0

1990~1999年序列属黄河连续干旱、枯水时段，优化调度对于合理确定年末预留抗旱水量、减少旱灾损失具有重要作用。利用龙羊峡水库最优控制模型对1990~1999年进行3年期连续滑动优化决策，实现决策序列的年末水位的控制，龙羊峡水库年末蓄水量控制见表5-17。

表5-17　1990~1999年龙羊峡水库最优年末控制蓄水量

决策序列	年度入库径流量/亿 m³			起调库容/亿 m³	年末控制蓄水量/亿 m³			年度缺水率/%		
	第一年	第二年	第三年		第一年	第二年	第三年	第一年	第二年	第三年
1990~1992	146.1	157.0	218.0	210.0	194.5	137.2	161.3	10.8	9.1	10.1
1991~1993	157.0	218.0	219.3	194.5	138.4	166.3	157.6	9.8	11.7	9.9
1992~1994	218.0	219.3	144.9	138.4	163.1	152.9	115.5	10.4	9.2	8.5
1993~1995	219.3	144.9	157.7	163.1	153.1	116.1	121.5	9.3	8.8	8.8
1994~1996	144.9	157.7	142.7	153.1	115.4	121.5	108.3	8.3	9.1	9.5
1995~1997	157.7	142.7	134.2	115.4	123.6	112.1	66.4	10.2	10.9	11.5
1996~1998	142.7	134.2	202.6	123.6	111.5	65.9	101.1	10.2	10.2	11.0
1997~1999	134.2	202.6	231.6	111.5	63.1	96.6	96.4	9.0	9.8	9.5

（3）效果分析

与1990~1999年龙羊峡水库实际调度相比，实施旱限水位最优控制，通过控制旱限水位、合理预留水量充分发挥了龙羊峡水库的跨年度水量补偿作用，10年序列中的流域缺水率均控制在10%上下；而实际调度中由于缺少对径流、旱情的考虑和预判，年末水量预留不合理，年际间供水极不均衡，干旱年份流域缺水率高达34.5%，缺水损失巨大、河道断流，而无旱年份缺水率则低至2.2%。1990~1999年龙羊峡水库最优控制与实际调度结果对比见表5-18。

表5-18　1990~1999年龙羊峡水库最优控制与实际调度结果对比

年份		1990	1991	1992	1993	1994	1995	1996	1997	1998	1999
实际调度	年末蓄水量/亿 m³	83.0	61.8	114.4	122.7	72.1	71.7	71.1	69.7	99.4	135.0
	年度缺水率/%	2.2	24.3	21.3	15.6	4.8	6.8	19.0	34.5	10.0	24.0
最优控制	旱限水位（蓄水量）/亿 m³	194.5	138.4	163.1	153.1	115.4	123.6	111.5	63.1	96.6	96.4
	年度缺水率/%	10.8	9.8	10.4	9.3	8.3	10.2	10.2	9.0	9.8	9.5

1990年龙羊峡入库径流146.1亿 m³，流域无旱，龙羊峡水库年初蓄水量210.0亿 m³，控制年度出库水量161.6亿 m³、旱限水位蓄水量194.5亿 m³，流域缺水率为10.8%；1991年入库径流157.0亿 m³，流域轻旱，控制出库水量213.1亿 m³、旱限水位蓄水量138.4亿 m³，年度补水56.1亿 m³，流域缺水率为9.8%；1992年入库径流218.0亿 m³，流域无旱，控制旱限水位蓄水量163.1亿 m³，缺水率为10.4%；1993年入库径流

219.3 亿 m^3，下游无旱，控制旱限水位蓄水量 153.1 亿 m^3，缺水率为 9.3%。1994 ~ 1999 年黄河径流连续偏枯、流域遭遇旱情，通过龙羊峡水库年度蓄泄优化、控制旱限水位的蓄水量，跨年度调剂水量增加干旱年份的供水量，将流域缺水率控制在 8.3% ~ 10.2%。其中 1994 年龙羊峡水库入库径流 144.9 亿 m^3，流域重旱，控制年度出库水量 182.6 亿 m^3、旱限水位蓄水量 115.4 亿 m^3，年度补水 37.7 亿 m^3，流域缺水率为 8.3%；1995 年入库径流 157.7 亿 m^3，流域中旱，控制龙羊峡水库年度出库水量 149.5 亿 m^3、旱限水位蓄水量 123.6 亿 m^3，年度蓄水 8.2 亿 m^3，流域缺水率为 10.2%；1996 年入库径流 142.7 亿 m^3，流域特旱，控制龙羊峡水库年度出库水量 154.8 亿 m^3、旱限水位蓄水量 111.5 亿 m^3，年度补水 12.1 亿 m^3，流域缺水率为 10.2%；1997 年入库径流 142.7 亿 m^3，流域特旱，控制龙羊峡水库年度出库水量 182.6 亿 m^3、旱限水位蓄水量 63.1 亿 m^3，年度补水 48.4 亿 m^3，流域缺水率为 9.0%，缓解了流域旱情。与实际调度相比，最优控制考虑了序列年中径流、旱情的波动，控制 1990 年、1994 年、1995 年出库水量、旱限水位，通过跨年度预留水量，增加 1991 年、1992 年、1996 年、1997 年供水量、控制流域缺水率，减少了旱灾损失，如图 5-13 所示。

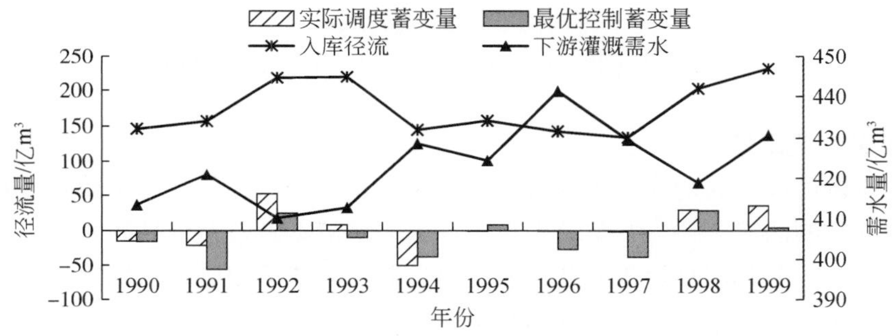

图 5-13　龙羊峡水库旱限水位最优控制补水量与实际调度对比

1990 ~ 1999 年黄河连续干旱、枯水序列旱限水位控制结果表明，最优控制模型基于自适应技术在历史和未来径流预报、需水预测的基础上，优化控制水库调度时段的出库水量过程，可实现系统状态最优化的“蓄丰补枯”目标，干旱枯水年份年均增加供水量 11.36 亿 m^3，在一定程度上减轻了流域旱灾损失。

5.3.5　多年调节水库旱限水位控制策略集成

5.3.5.1　影响因子分析

龙羊峡水库旱限水位控制是基于当年的入库径流预报和下游干旱预测实施的优化，因此直接影响多年调节水库旱限水位的因素包括当年水库入库径流水库初始蓄水状态和干旱等级。

(1) 入库径流+初始蓄水

水库旱限水位的控制与年入库径流密切相关，入库径流不确定性是水库旱限水位控制的难点之一。根据 1956 ~ 2000 年序列调度时段入库径流与旱限水位优化控制的结果，可以点绘出序列水库年末旱限水位与年入库径流+初始蓄水之间的关系，如图 5-14 所示。水库年末旱限水位与年入库径流+初始蓄水呈正相关关系，即在当年水库入库径流+初期蓄水偏丰的情况下，通过模型优化统筹本年以及未来两年的流域用水需求，按照缺水损失最小化控制旱限水位，预留一个高水位满足未来需求；而在年入库径流+初期蓄水偏枯的情况下，通过优化控制合理安排跨年水量调配，入库径流主要满足本年用水需求。

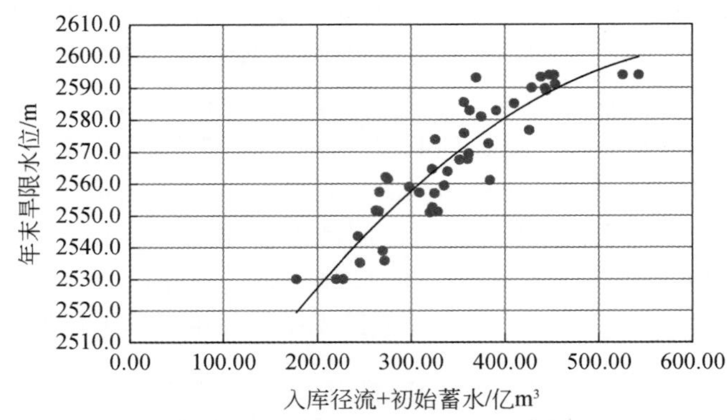

图 5-14　龙羊峡水库年末旱限水位与（年入库径流+初始蓄水）的关系

（2）下游灌区旱情

按照水库调度决策周期为 3 年分析，龙羊峡水库以下灌区旱情的不确定是影响水库年末旱限水位的控制因素之一。龙羊峡水库以下灌区旱情不确定性包括降水量、蒸发量等气象变化，导致农业灌溉需水量年波动较大。通过灌区旱情早期监测预测灌区全年需水量及其过程，作为水库旱限水位优化控制的基本变量。

根据 1956～2000 年序列调度时段龙羊峡水库以下需水量与龙羊峡旱限水位优化控制结果，水库年末旱限水位与龙羊峡水库以下灌区旱情呈不显著的反向关系（图 5-15），即在龙羊峡水库以下较为干旱（农业需水量较大）的情况下，通过模型优化统筹本年以及未来两年的灌溉用水需求，按照缺水损失最小化控制年末水位，入库径流主要满足本年的用水需求，预留一个低水位；而在龙羊峡水库以下灌区无旱（灌溉需水量较小）的情况下，通过优化控制合理安排跨年水量调配，入库径流通过跨年调节缓解未来两年的抗旱，因此预留一个高水位。

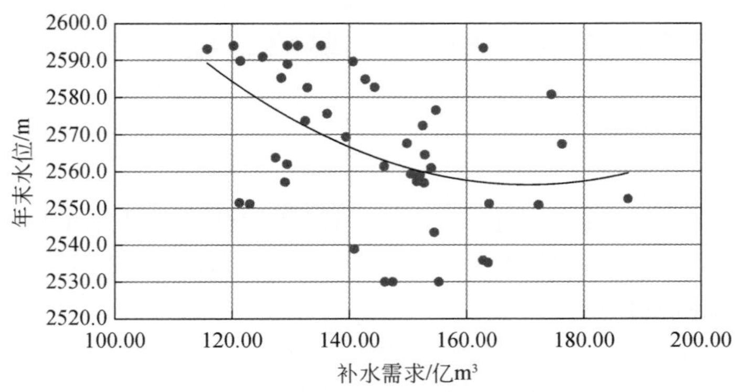

图 5-15　龙羊峡水库年末蓄水量控制与补水需求的关系

5.3.5.2 旱限水位控制集成

根据 1956 ~ 2000 年序列龙羊峡水库调度最优控制结果分析，影响旱限水位控制的因素主要包括入库径流量、水库年初蓄水量及流域旱情。由序列控制结果，通过数据插补，建立旱限水位与径流量+年初蓄水、流域旱情三者之间的关系，构建一个多年调节水库旱限水位控制三维复杂响应曲面，如图 5-16 所示。

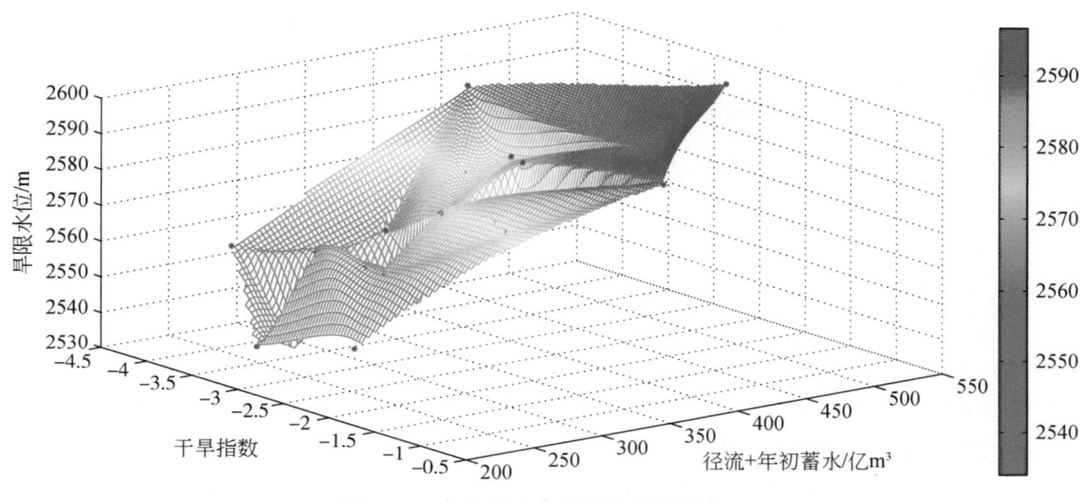

图 5-16 龙羊峡水库旱限水位控制曲面

可以根据龙羊峡水库旱限水位控制曲面，快速准确地定位出水库的最优年末控制水位（年末预留水位或年下泄水量）。水库旱限水位优化控制响应曲面充分利用水库不同入库径流以及下游不同等级干旱情形下水库调度最优控制方案的信息，建立水库年末水位控制与入库径流量、龙羊峡水库以下灌区不同等级农业干旱的响应关系。通过该响应关系，可利用当前水库运行状态，即库存水量或水库水位，以及入库径流量、农业干旱状态的预测值快速地定位出当前时段水库旱限水位的最优控制方案。在实际运行中，在水库旱限水位控制曲面上，可根据入库径流预报、下游旱情监测，以及水库的当前水位（蓄水量）快速地定位出水库的最优控制水位（年末预留水量），为水库调度管理提供参考。

5.3.6 旱限水位最优控制运用

以 2000 ~ 2009 年调度序列为例，对龙羊峡水库旱限水位优化控制进行验证，分析最优控制调度的效果。该调度序列是 1999 年正式实施了黄河水量统一调度以来相对比较完整的调度时段，通过对比旱限水位最优控制与统一调度以来龙羊峡水库的补水和抗旱减灾效果，验证模型与方法对多年调节水库抗旱能力提升的作用。

(1) 河道径流与流域干旱状态

2000～2009 年黄河年均径流量 434.0 亿 m^3，较 1956～2000 年系列偏少 100.8 亿 m^3；龙羊峡水库年均入库径流量 176.0 亿 m^3，较 1956～2000 年系列偏少 29.3 亿 m^3，总体来看黄河径流偏枯。据预测，黄河流域及下游引黄灌区年均需水量625.5 亿 m^3，其中农业扣除地下水灌溉后年均灌溉地表需水量为 401.7 亿 m^3，较长系列均值偏多 3%。2000～2009 年黄河径流及流域农业地表灌溉需水量见表 5-19。

表 5-19　2000～2009 年黄河径流及农业地表灌溉需水量

年份	2000	2001	2002	2003	2004	2005	2006	2007	2008	2009
径流状态/%	92.7	87.3	98.2	20	69.1	29.1	80	38.2	65.5	40
河川径流量/亿 m^3	349.7	371.8	257.3	591.3	417.1	557.1	391	492.1	421.9	491.1
入库径流量/亿 m^3	147.8	132.1	98.5	177.9	168.7	247.9	152.5	174.6	206.3	253.2
干旱状态	重旱	特旱	特旱	特旱	轻旱	轻旱	无旱	轻旱	重旱	无旱
灌溉需水量/亿 m^3	405.4	427.1	419.8	412.1	394.2	392.4	389.4	393.0	402.5	381.2

(2) 龙羊峡水库旱限水位最优控制运用

根据龙羊峡水库年度入库径流预测及龙羊峡水库下游需补水量计算，多年调节水库旱限水位最优控制模型对 3 年的入库径流实施控制，优化龙羊峡水库出库过程。2000～2003 年，龙羊峡水库 2000 年 7 月 1 日蓄水量为 134.0 亿 m^3，3 年预报入库径流分别为 147.2 亿 m^3、132.2 亿 m^3和 98.2 亿 m^3，黄河流域的 3 年旱情分别为重旱、特旱和特旱等级，农业灌溉需水量较多年平均偏多，在开展年内调度充分挖潜的基础上，龙羊峡水库下游年度需补水量分别为 178.1 亿 m^3、166.3 亿 m^3和 190.2 亿 m^3。

多年调节水库旱限水位最优控制模型基于 3 年入库径流和黄河流域旱情等级，通过缺水率导线控制优化龙羊峡水库出库过程，实施跨年度水量优化调度。2000 年和 2001 年适度控制水库下泄水量，为 2002 年特枯特旱年份预留抗旱水源，控制 3 年调度时段内各年度流域缺水率大致相当，维持缺水率在 32% 上下，引导系统状态达到最优。2000～2003 年 3 年期调度最优各决策序列龙羊峡水库年末蓄水量的状态变量，以及供水量、年度缺水率见表 5-20。

表 5-20　2000～2003 年龙羊峡水库水位优化控制补水结果

年份	入库径流量/亿 m^3	补水需求/亿 m^3	河道生态需水量/亿 m^3	出库水量/亿 m^3	年末控制蓄水量/亿 m^3	年度缺水量/亿 m^3	缺水率/%
2000～2001	147.2	178.1	56.9	158.2	123.0	74.4	31.6
2001～2002	132.2	166.3	42.2	143.5	111.7	62.9	30.2
2002～2003	98.5	190.2	44.2	152.6	57.6	80.4	34.3
年均	126.0	178.2	47.8	151.5		72.6	31.7

2000～2009 年序列前 3 年黄河径流为连续枯水、流域连续遭遇干旱时段，最优控制结合水情和旱情实施调度，对于合理确定年末预留抗旱水量、减少旱灾损失具有重要作用。2003 年和 2005 年黄河径流偏丰，在结合流域旱情预报的基础上开展龙羊峡水库的跨年度优化，2003 年流域特旱条件下适度蓄水，2005 年流域无旱合理蓄水，将 2003～2005 年缺水量控制在 26% 上下，并为序列后期筹集了抗旱水源。利用龙羊峡水库最优控制模型对 2000～2009 年进行 3 年期连续滑动优化决策，实现决策序列的年末水位的控制，序列龙羊峡水库年末蓄水量控制见表 5-21。

表 5-21　2000～2009 年龙羊峡水库最优年末控制蓄水量

决策序列	年度入库径流量/亿 m^3			起调库容/亿 m^3	年末控制蓄水量/亿 m^3			年度缺水率/%		
	第一年	第二年	第三年		第一年	第二年	第三年	第一年	第二年	第三年
2000～2003	147.2	132.2	98.5	134	123	111.7	57.6	31.6	30.2	34.3
2001～2004	132.2	98.5	178	123	112.3	56.4	70.9	30.5	33.3	30.0
2002～2005	98.5	178	168.8	112.3	56.7	69.9	76.5	33.3	29.4	30.1
2003～2006	178	168.8	248.1	56.7	64.1	64.6	132	26.4	26.7	26.6
2004～2007	168.8	248.1	152.6	64.1	64.6	130.6	126.5	26.7	26.0	26.0
2005～2008	248.1	152.6	174.7	64.6	110.7	87.3	77.7	14.0	13.1	13.9
2006～2009	152.6	174.7	206.4	110.7	86.5	78.5	106.1	12.5	15.0	14.7
2007～2010	174.7	206.4	253.4	86.5	75.2	102.8	160.5	12.9	14.7	14.7

（3）效果分析

10 年调度序列，通过龙羊峡水库旱限水位的最优控制，合理预留水量，在一定程度上实现了序列年缺水量的均衡，控制极端干旱、枯水年份灾情的发展，实现跨年度调节水量、有序应对流域干旱。2000～2002 年黄河径流属连续特殊枯水（来水频率在 85% 以上）、黄河流域遭受重旱和特旱，农业灌溉需水量增加，通过龙羊峡水库旱限水位控制，前 3 年流域缺水率均控制在 32% 上下。随 2003 年黄河径流转丰，流域遭受特旱侵袭，龙羊峡水库跨年度补水，综合考虑 2004 年、2005 年的径流条件（分别为偏枯和丰水）、旱情状况（均为无旱），优化控制 2003 年末龙羊峡水库相对较低的旱限水位（年末蓄水量 64.1 亿 m^3），年度蓄水 10.3 亿 m^3，有效应对了流域特旱情势的发展。基于 2005 年水情和旱情，2004 年龙羊峡水库基本控制与上一年相同的旱限水位（年末蓄水量 64.6 亿 m^3）。2005 年黄河径流偏丰、流域无旱，龙羊峡水库入库径流较多年均值偏多，在 2006 年旱情偏轻、径流偏枯的预测基础上，最优控制龙羊峡水库旱限水位（年末蓄水量 110.7 亿 m^3）。2006～2009 年黄河径流均低于均值，属偏枯水年份，除 2008 年外流域旱情偏轻，依靠龙羊峡水库前期蓄水并结合年内径流调度基本可应对流域旱情，通过优化龙羊峡水库 3 年调度，最优控制龙羊峡旱限水位（年末蓄水量分别为 86.5 亿 m^3、75.2 亿 m^3、102.8 亿 m^3 和 160.5 亿 m^3，各年度缺水率基本控制在 14% 左右。2000～2009 年龙羊峡水库旱限水位最优控制结果见表 5-22。

表 5-22 2000 ~ 2009 年龙羊峡水库旱限最优控制与实际调度对比

年份		2000	2001	2002	2003	2004	2005	2006	2007	2008	2009
实际调度	年末蓄水量/亿 m^3	110	92.1	58.8	105.4	125.8	179.9	156.6	144.2	135.6	176.3
	年末水位/亿 m^3	2557.2	2549.5	2533.1	2555.1	2563.1	2581.2	2573.8	2569.6	2566.6	2580.1
	年度蓄补水量/亿 m^3	-24.02	-17.9	-33.3	46.2	21	53.9	-23.3	-12.4	-8.6	40.7
	年度缺水率/%	25.3	22.9	43.2	34.7	30.8	17.5	27.8	22.3	19.5	14.9
最优控制	旱限水位（蓄水量）/亿 m^3	123.0	112.3	56.7	64.1	64.6	110.7	86.5	75.2	102.8	160.5
	年末水位/亿 m^3	2561.9	2557.8	2531.7	2535.7	2536.0	2557.1	2546.8	2541.4	2553.9	2575.0
	年度（蓄）补水量/亿 m^3	-11.0	-10.7	-55.6	7.4	0.5	46.1	-24.2	-11.3	27.6	57.7
	年度缺水率/%	31.6	30.5	33.3	26.4	26.7	14.0	12.5	12.9	14.7	14.7

与龙羊峡水库实际调度相比，实施龙羊峡水库旱限水位最优控制可适应水情旱情的变化，有效控制流域年际缺水率的均衡。序列优化，2000 ~ 2001 年最优控制年度补水量分别为 11.0 亿 m^3、10.7 亿 m^3，2002 年年初龙羊峡水库蓄水量为 112.3 亿 m^3，在黄河流域遭遇特旱时下泄水量 55.6 亿 m^3，较实际多下泄抗旱水量 22.3 亿 m^3，通过旱限水位最优控制实现蓄丰补枯，有效控制了 2002 年特旱、特枯年份的旱情，使 2000 ~ 2002 年黄河流域缺水率控制在 32% 左右，实现缓解流域旱情的目标。2003 年黄河流域径流偏丰，黄河流域特旱，最优控制在结合 2004 年、2005 年的河流水情和流域旱情预测的基础上，最优控制龙羊峡旱限水位（64.1 亿 m^3），在 2004 年、2005 年无旱情况下，控制年末蓄水量 7.4 亿 m^3，在一定条件下满足了当年的抗旱水量需求。2005 年黄河径流偏丰，结合 2006 年、2007 年黄河水情和流域旱情预测，2005 年最优控制旱限水位蓄水量 110.7 亿 m^3，年度蓄水量 46.1 亿 m^3，较实际调度少蓄水量 7.8 亿 m^3，满足当年用水需求，将 2006 ~ 2009 年有效缺水率控制在 14% 左右，实现"蓄丰补枯"的目标。2000 ~ 2009 年龙羊峡水库旱限水位最优控制与实际调度效果比较如图 5-17 所示。

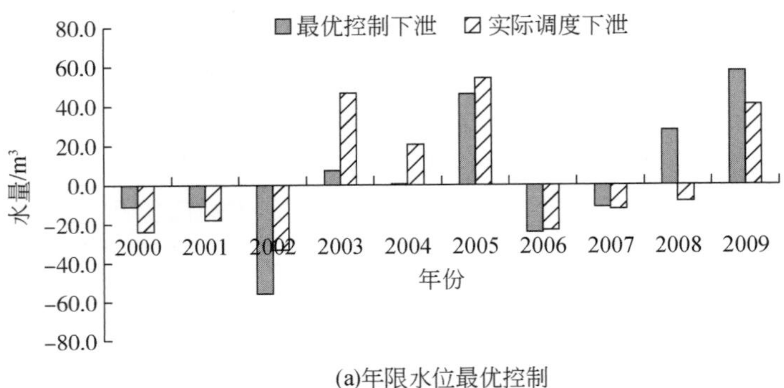

(a)年限水位最优控制

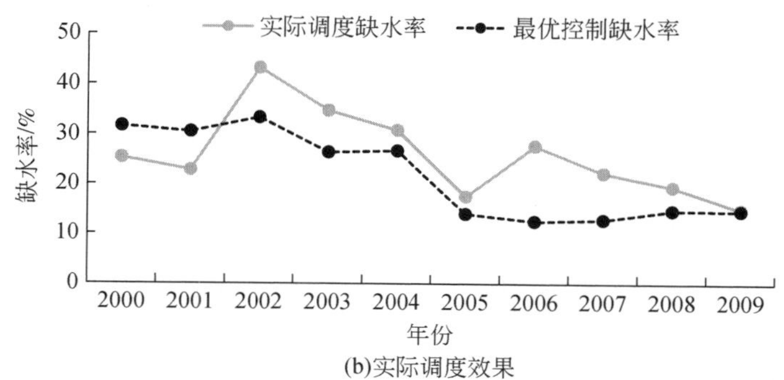

(b)实际调度效果

图 5-17　2000～2009 年龙羊峡水库旱限水位最优控制与实际调度效果比较

5.4　旱限水位控制风险分析

风险的概念最早出现在 19 世纪末的西方经济领域中，20 世纪 30～50 年代风险的研究慢慢开始，经过半个多世纪的发展，风险的研究已经在经济学、环境科学、工程科学、灾害学、社会学等众多领域得到了广泛应用。水库调度风险研究始于 20 世纪 70～80 年代，近年来发展较快，并取得了丰硕的研究成果，包括水文、水力、工程结构及人为管理等不确定因素带来的水库调度风险，其中水库入流不确定带来的风险研究最多。

风险分析方法包括定性分析方法、定量分析方法及定性和定量相结合的分析方法。定性分析方法主要是通过归纳、演绎、分析、综合等逻辑方法判断事物产生风险的性质和属性，以及依据决策者的经验和判断能力直观地评价风险存在的可能性和危险性，主要适用于风险可测度非常小的风险主体。常用的定性分析方法有故障树分析法、专家调查法、情景分析法等。定量风险分析方法主要是运用数量方法和数学计算工具研究风险主体的数量特征关系和变化规律，归纳起来主要可分为概率论与数理统计方法、随机模拟法、最大熵风险分析方法、马尔可夫过程方法、模糊数学分析方法等。鉴于风险分析涉及风险因子的识别、风险指标的选择、风险估计、风险评价与决策等多个方面，定性和定量相结合的方法是目前最为普遍应用的方法。

旱限水位是统筹枯水年来水量与干旱年份用水的需求，平衡年际、年内用水关系，在满足高等级用水、保障低限用水需求的情况下，以减少干旱年份因旱损失、提高流域供水效益为目标，通过优化提出多年调节水库的跨年控制水位（预留水量）。涉及的枯水年来水量及干旱年份用水需求，都是模糊区间，故采用定性和定量相结合的方法研究旱限水位优化风险。在界定旱限水位优化风险概念的基础上，识别旱限水位优化主要风险因素，采用模糊数学分析方法对旱限水位优化风险进行估计，为旱限水位优化决策提供支撑。

5.4.1　旱限水位优化风险的概念

目前，风险还没有统一的定义。在风险分析中，通常是对所研究的特定风险事件（或破坏事件）定义风险并提出相应的风险定量表示方法。一般来说，从结构工程的角度，可应用广义荷载 λ 与广义阻尼 P 的关系来定义系统风险。广义荷载反映系统在某一外部压力作用下的行为，广义阻尼是描述系统克服外部荷载能力的特征变量。当系统荷载超过阻尼（$\lambda>P$）时，系统发生失事事件，系统风险即为系统荷载大于阻尼的可能性，即

$$P=P(\lambda>P) \tag{5-21}$$

例如，在水库为满足各用户需要而供水的情况下，广义荷载就是用户总需水量，而广义阻尼就是给水库容，则供水事故风险率为供水库容不能满足总需水量的事件发生的可能性；在水库为防洪而下泄水量情况下，广义荷载就是入库水量，而广义阻尼就是防洪库容，则防洪风险为入库水量超过防洪库容事件发生的可能性。

从水资源系统角度，风险即在特定时空环境条件下，水体及其环境和人类水事活动过程中潜在的对人的财产、健康、生命安全及环境构成不利影响或危害的非期望事件发生的可能性。

旱限水位优化过程是一个相对复杂的系统工程，水库入库径流预测、下游需水过程预测、模型本身参数等均存在模糊和不确定性，这些因素均可影响旱限水位优化结果。结合风险的一般定义和旱限水位优化的特征，定义旱限水位优化风险：水库按照预报来水制定供水调度决策，按此决策实施后，系统实际供水效益低于期望供水效益（指以预报来水进行优化调度所得的理想供水效益）的概率。

设系统的负荷为 $\widetilde{L}$，阻抗为 $\widetilde{R}$，且 $\widetilde{L}$ 与 $\widetilde{R}$ 均为模糊数。则该系统的可靠度可由负荷与阻抗的差值来描述，即 $\widetilde{Z}=\widetilde{R}-\widetilde{L}$，取其水平区间为：$R(x)=[R_1(x), R_2(x)]$ 和 $L(x)=[L_1(x), L_2(x)]$，则对于给定的 $x\in[0, 1]$，可得到系统的安全余量 $Z(x)$，也称为系统的工作状态，就旱限水位优化而言，则为系统的实际供水效益 $R(x)$ 与期望供水效益 $L(x)$之差。即

$$Z(x)=R(x)-L(x) \tag{5-22}$$

当 $Z(x)<0$ 表示失效状态；$Z(x)=0$ 表示极限状态；$Z(x)>0$ 表示安全状态。系统的失效概率为 $P_r=P[Z(x)<0]$，即旱限水位优化风险。

5.4.2 旱限水位优化主要风险因素识别

旱限水位优化本质上是水库风险决策问题，影响水库调度的风险源总是存在，既有主观因素，又有客观因素，且难以避免。通常水库调度的风险因素可归纳为 3 类：①水文风险因素，是指可能造成水库设计水位等水文数据出现偏差的各种不确定性因素；②水力风险因素，是指可能造成河段水流及渗流形态演变的各种不确定性因素；③工程结构风险因素，是指工程建筑结构设计、施工和管理过程中存在的各种影响水库调度的不确定性因素。

以上这些不确定性因素的来源包括 3 个方面：①自然现象的不确定性（如降雨、径流的干枯变化等自然现象均具有较大的不确定性等）；②社会现象的不确定性（如人口变化、

经济发展、政策变动、爆发战争等)；③人类认识客观世界的局限性（如模型不确定性、参数不确定性等)。正是由于这些不确定性因素的存在，包括旱限水位优化控制在内的水资源系统决策不可避免地存在一定风险。

结合旱限水位优化的特点，采用专家咨询法识别旱限水位优化的主要风险因素。旱限水位优化过程中的不确定性因素众多，可分为入库径流预测不确定性、抗旱补水量预测不确定性、调度行为不确定性、优化模型本身不确定性等。这些风险因素的来源主要是自然现象的不确定性和人类认识客观世界的局限性。这些风险因素具有随机性，对于其中的入库径流预测不确定性、抗旱补水量预测不确定性因素，还具有一定的模糊性，如年径流的丰枯划分，汛期非汛期的划分，抗旱补水量对应的干旱等级划分。因此，在风险评估时应同时考虑旱限水位优化风险因素的随机性和模糊性。旱限水位主要风险因素识别见表 5-23。

表 5-23 旱限水位优化主要风险因素

风险因素	风险来源	风险特性
入库径流预测不确定性	自然现象的不确定性	随机性、模糊性
抗旱补水量预测不确定性	自然现象的不确定性	随机性、模糊性
调度行为不确定性	人类认识客观世界的局限性	随机性
优化模型本身不确定	人类认识客观世界的局限性	随机性

5.4.3 旱限水位优化风险评估方法

风险计算方法的选择主要取决于风险估计中各风险因素信息量获得的程度。定性法主要依据经验、判断能力直观地评价风险因素存在的可能性和危险性，简单易行，但不能给出定量的评价结果。常用的风险定量计算方法有重现期法、直接积分法、改进的一次二阶矩方法、JC 法、蒙特卡罗方法及基于马尔可夫过程等，这些方法均属于随机性分析方法。近年来随着模糊数学理论和方法的发展，针对风险因素的模糊性特点，模糊数学分析方法也逐渐引入风险评估中。

根据旱限水位优化风险因素识别结果，影响旱限水位优化决策的主要风险因素包括入库径流预测不确定性、抗旱补水量预测不确定性、调度行为不确定性、优化模型本身不确定性 4 个方面。其中，调度行为不确定性、优化模型本身不确定性来源于人类认识客观世界的局限性，本书暂不评估其给旱限水位优化带来的风险。抗旱补水量预测受水库下游干旱预测的影响，对于龙羊峡水库而言，涉及青铜峡灌区、河套灌区、汾河灌区、渭河灌区及花园口以下灌区 5 个灌区的干旱需水组合，情况较为复杂，本书也暂不评估其给龙羊峡水库旱限水位优化带来的风险。因此，仅定量评估入库径流预测不确定性给龙羊峡水库旱限水位优化造成的风险。其具有随机性特征，同时还具有模糊性特征，应采用随机性分析与模糊性分析相结合的风险评估方法。

入库径流预测不确定性对旱限水位优化的影响体现在：在调度期内，若入库径流预测值较实际值大，则会导致水库多供，未来可供水量减少；若入库径流预测值较实际值小，则会造成水库超蓄，而本年下游需水尚未得到满足，造成损失。因此，入库径流预测期望值应为模糊区间而非具体数值。对应于径流丰枯状态划分区间，认为入库径流预测值和实际值发生在同一状态区间，则认为其带来的风险可以忽略。否则，认为旱限水位优化系统处于失效状态。

旱限水位优化模糊风险分析的具体步骤如下：

（1）入库径流预测

采用加权马尔可夫预测方法对龙羊峡水库径流进行预测，并根据龙羊峡水库 1956 ~ 2012 年实测径流资料对预测误差进行分析。

（2）将入库径流变量视为模糊变量，基于模糊集理论定量评价其风险

设 $X=(B_1, B_2, \cdots, B_n)$ 为一个随机事件的组合，A 为一模糊随机事件，$\mu_A(B_i)$ 为 X 上的模糊子集事件 B_i（$i=1, 2, \cdots, n$）从属于事件 A 的程度，即隶属度（常用的隶属度函数有三角形分布、半降梯形分布、半升梯形分布等），则模糊随机事件发生的概率 $P_{\mathrm{r}}(A)$ 的表达式为

$$P_{\mathrm{r}}(A) = \sum_{i=1}^{n} \mu_A(B_i) P_{\mathrm{r}}(B_i) \tag{5-23}$$

采用半降梯形分布作为旱限水位优化模糊失效状态 Z 的隶属函数，分布密度函数：

$$\mu_{\tilde{A}}(z) = \begin{cases} 1, & z<a \\ (b-z)/(b-a), & a\leqslant z\leqslant b \\ 0, & z>b \end{cases} \tag{5-24}$$

设状态变量 Z 服从正态分布，则旱限水位优化模糊失效风险率为

$$\begin{aligned} P_r &= \int_{-\infty}^{\infty} \mu_{\tilde{A}} f(z)\,\mathrm{d}z \\ &= \int_{-\infty}^{a} \frac{1}{\sqrt{2\pi}\delta} \mathrm{e}^{-\frac{(z-\mu)^2}{2\delta^2}} \mathrm{d}z + \int_{a}^{b} \frac{b-z}{b-a} \frac{1}{\sqrt{2\pi}\delta} \mathrm{e}^{-\frac{(z-\mu)^2}{2\delta^2}} \mathrm{d}z \end{aligned} \tag{5-25}$$

由式（5-25）可知，计算旱限水位优化模糊风险率，需确定式中的参数 a 和 b 值。采用如下方法：按优化调度模型计算得到当年期望供水效益 B_{opt} 与年末决策水位 Z_{opt}，令 $\widetilde{L}=B_{\mathrm{opt}}$，依据 Z_{opt} 设定一允许年末水位变幅 $Z_{\mathrm{v}}=[Z_0, Z_1]$，以水位 Z_0，Z_1 作为年末决策水位并分别计算供水效益 B_0、B_1。再结合预测年入库径流，计算相应的供水效益，并计算其均值 B_N 和均方差 σ_N，按下式计算参数 a 和 b：

$$\begin{aligned} a &= (B_0-B_N)/\sigma_N \\ b &= (B_1-B_N)/\sigma_N \end{aligned} \tag{5-26}$$

获得参数 a 和 b 后，可按照式（5-25）计算龙羊峡水库各年旱限水位优化的风险率。

旱限水位优化以 3 年为调度周期，即各调度方案实际上对应了 3 年的风险率。假设各年风险因素影响是相互独立的，求得各年的风险率 $P_{\mathrm{r}}(i)$ 后，再根据式（5-27）求得 3 年的风险率 R_3：

$$R_3 = 1 - \prod_{i=1}^{3} [1 - P_{\mathrm{r}}(i)] \tag{5-27}$$

5.4.4 龙羊峡水库旱限水位优化风险分析

(1) 龙羊峡水库入库径流预测

根据加权 Markov 方法预测龙羊峡水库 1961 ~ 2012 年丰枯状态，结果如图 5-18 所示。统计各年预测值和实际值落在各状态区间的频数，并计算各等级预测状态和实际状态同时发生的概率，见表 5-24。可以看出，枯水年、偏枯年、平水年、偏丰年和丰水年预测状态与实际状态同时发生的概率分别为 0.64、0.57、0.60、0.60 和 0.57，相应的误差分别为 0.36、0.43、0.40、0.40 和 0.43。

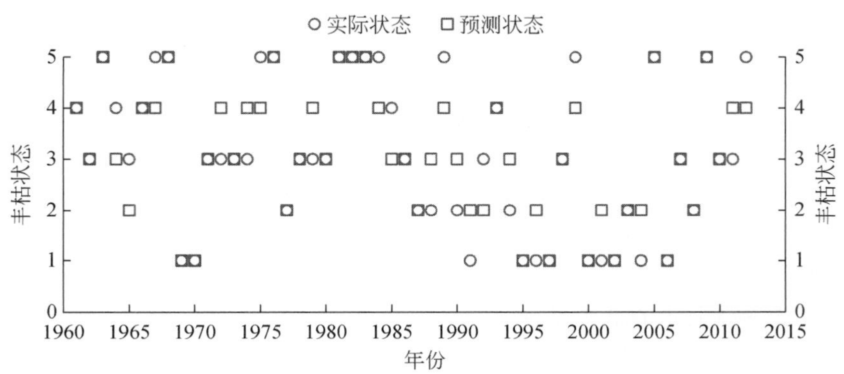

图 5-18 龙羊峡水库入库径流预测丰枯状态与实际状态

1. 枯水年；2. 偏枯年；3. 平水年；4. 偏丰年；5. 丰水年

表 5-24 龙羊峡水库丰枯状态实际值和预测值对应频率分析

预测状态 $Z_{预}$	实际状态 $Z_{实}$					合计
	枯水年	偏枯年	平水年	偏丰年	丰水年	
枯水年	0.64	0.36	0.00	0.00	0.00	1.00
偏枯年	0.00	0.57	0.43	0.00	0.00	1.00
平水年	0.00	0.13	0.60	0.27	0.00	1.00
偏丰年	0.00	0.00	0.40	0.60	0.00	1.00
丰水年	0.00	0.00	0.00	0.43	0.57	1.00

注：$Z_{实}$表示实际径流状态；$Z_{预}$表示预测径流状态。

(2) 旱限水位优化风险率评估

结合龙羊峡水库入库径流预测结果和旱限水位优化模型，采用模糊风险率计算方法，计算得到各年的风险率 $P_r(i)$。再根据 3 年调度期的风险率计算方法求得连续 3 年调度周期的风险率，即某一调度方案的风险率如图 5-19 所示。2007 ~ 2009 年旱限水位优化风险最大，风险率为 0.424；1965 ~ 1967 年旱限水位优化风险最小，风险率为 0.287。

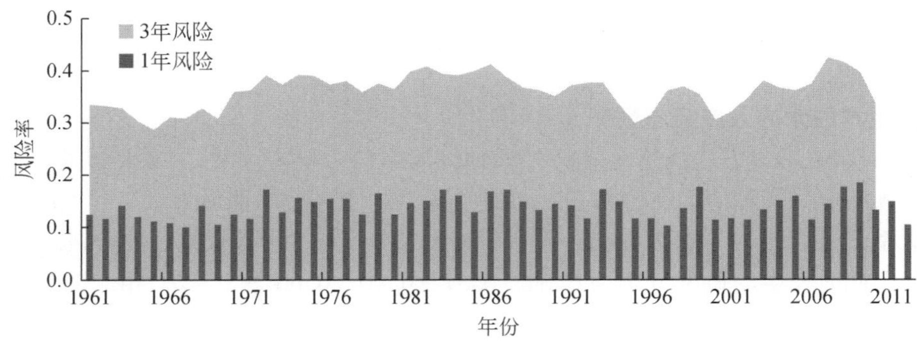

图 5-19　龙羊峡水库旱限水位优化调度风险估计

5.5　本章小结

通过对多年调节水库旱限水位概念与内涵的界定，基于最优控制理论建立了多年调节水库最优控制模型，探讨了模型求解方法，集成多年调节水库旱限水位优化控制策略，本章主要结论如下：

（1）高等级灌溉用水的低限用水需求

以基本粮食安全保障为基础，按照用户分级管理方式，提出了基于粮食基本需求的最小保有灌溉面积和最小保有灌溉需水量概念及计算方法，结合黄河流域基本粮食需求分析了不同干旱年份最小保有灌溉需水量为 155 亿～194 亿 m^3。

（2）多年调节水库旱限水位最优控制

明确多年调节水库旱限水位的概念和内涵，以最优控制理论为基础，以干旱年份缺水损失最小为目标建立多年调节旱限水位最优控制模型，探讨了旱限水位最优控制的人工鱼群智能求解方法，基于自适应控制技术通过闭环控制、反馈修正、在线控制、迹线引导实现系统最优化。以 3 年为决策时段，通过连续滑动优化提出龙羊峡水库年末旱限水位控制方案，通过数据插补，张成龙羊峡水库旱限水位与入库径流+年初蓄水、流域旱情三者关系的控制曲面，集成应对不同干旱等级的多年调节水库旱限水位控制策略，实现流域抗旱减灾目标。通过 20 世纪 90 年代黄河流域连续干旱时段的最优控制，实现年均增供水量 11.36 亿 m^3，在一定程度上缓解了流域旱情。

（3）旱限水位优化风险评估

采用随机性分析与模糊性分析相结合的风险评估方法评估了龙羊峡水库旱限水位优化的风险。提出了龙羊峡水库旱限水位优化风险因素各年风险率和 3 年调度期风险率的计算方法，并以 1961～2012 年龙羊峡水库入库径流数据为基础，计算了各年风险率和连续 3 年风险率。

第 6 章　面向洪水资源利用的小浪底水库多分期汛限水位优化研究

黄河水少沙多、水资源时空分布不均，历史上洪水泥沙灾害严重、近 30 年来水资源供需矛盾日益突出，如何优化小浪底水库的运行调度实施洪水资源化，同时减轻下游淤积是当前黄河面临的科学问题之一。

小浪底水库总库容 126.5 亿 m^3，设计拦沙库容 75.5 亿 m^3，长期有效库容 51 亿 m^3，设计防洪库容 40.5 亿 m^3，担负着防洪、减淤、供水、灌溉、发电等综合利用的任务。根据洪水分期特点，统筹防洪、减淤、供水等需求，合理确定汛限水位，是提高洪水资源利用水平的关键。小浪底水库汛限水位优化研究，包括拦沙期和正常运用期两个时期。从黄河中下游汛期洪水泥沙分期特点入手，研究中下游汛期洪水分期点、主要站和区间的汛期分期设计洪水；结合小浪底水库实际运用和汛限水位控制情况，根据黄河下游防洪减淤等对小浪底水库分期汛限水位的要求，研究并拟定汛限水位调整策略；开发小浪底水库分期汛限水位优化模型，通过水库群联合防洪调度模拟、水库和河道冲淤数学模型计算分析等，考虑防洪风险、减淤影响和兴利效益等，进行优化计算；提出小浪底水库分期汛限水位的优化方案。

6.1　黄河中下游汛期分期洪水研究

6.1.1　中下游暴雨洪水泥沙特性

6.1.1.1　暴雨特性

黄河流域的暴雨主要发生在 6 ~ 10 月。其中，中游河口镇至三门峡区间（简称“河三间”）大暴雨多发生在 8 月，三门峡至花园口区间（简称“三花间”）多发生在 7 月、8 月。

从暴雨成因来看，黄河流域的暴雨均是大气环流运动、冷暖气团相遇所致。黄河中游的大面积暴雨与西太平洋副热带系统的进退和强度变化最为密切，直接影响暴雨带的走向、位置、暴雨范围和强度。黄河中游大暴雨的成因，从环流形势来说可分为经向型和纬向型。在经向型环流形势下，西太平洋副热带高压中心位于日本海，青藏高压也较强，二者之间是一南北向低槽区，这是形成三花间大暴雨的环流形势。

当黄河中游发生较强的大面积暴雨时，在天气图上可以看到一支西南—东北向的强风急流区，经云贵高原东侧北上到黄河中游地区，这是主要的水汽输送通道，将南海和孟加拉湾的暖湿空气输向本地区，在经向型暴雨时，有一支东南风急流，此时东海一带水汽对黄河中游暴雨有重要贡献。

6.1.1.2 洪水特性

（1）发生时间及峰型

黄河洪水主要由暴雨形成，故洪水发生的时间与暴雨发生的时间相一致。其中大洪水的发生时间，三门峡多为 8 月，三花间多为 7 月中旬至 8 月中旬。

从黄河洪水的过程来看，中游洪水过程为高瘦型，洪水历时较短，洪峰较高，洪量相对较小。这是由中游地区的降雨特性及产汇流条件（沟壑纵横、支流众多，有利于产汇流）决定的。洪水过程有单峰型，也有连续多峰型。干流一次洪水的主峰历时一般为 8 ~ 15 天，连续洪水历时可达 30 ~ 40 天，最长达 45 天。

（2）洪水来源及组成

黄河下游的洪水主要来自中游的河口镇至花园口区间。黄河上游的洪水由于源远流长（主要来自兰州以上)，加之河道的调蓄作用和宁夏、内蒙古灌区耗水，洪水传播至下游，只能组成黄河下游洪水的基流，并随洪水统计时段的加长，上游来水所占比例相应增大。

根据实测及历史调查洪水资料分析，以三门峡以上来水为主的洪水（简称“上大洪水”)，三门峡 12 日洪量占花园口的 85% 以上。以三花间来水为主的洪水（简称“下大洪水”)，三门峡 12 日洪量占花园口的 40% ~60% 。三花间洪水主要由小花间来水组成，占 70% 以上。小花间洪水的洪峰流量和洪量，主要来源于伊洛河。

（3）地区遭遇

从黄河实测及历史调查考证的大洪水看，黄河上游大洪水和中游大洪水不相遭遇，黄河中游的“上大洪水”和“下大洪水”也不同时遭遇。

黄河中游的河口镇至龙门区间和龙门至三门峡区间洪水可以相遇，形成三门峡断面峰高量大的洪水过程。黄河中游的河三间和三花间的较大洪水也可以相遇，形成花园口断面的较大洪水。这类洪水一般由纬向型暴雨形成，雨区一般笼罩泾河、洛河、渭河下游至伊洛河的上游地区。

黄河上中游水系及水文站分布图如图 6-1 所示。

6.1.1.3 泥沙特性

黄河中下游主要测站的水沙量统计见表 6-1。其中，水量主要来自河口镇以上，河口镇断面年均水量为 209.24 亿 m^3，占花园口的 58.3%；沙量主要来自中游的河龙区间、渭河流域和北洛河流域，其中，河龙区间年均来沙量为 6.18 亿 t、渭河年均来沙量为 3.02 亿 t、北洛河年均来沙量为 0.68 亿 t，分别占潼关断面的 67.0%、32.7% 和 7.3%。伊洛河和沁河来沙很少，平均含沙量不足 5kg/m^3。河龙区间的皇甫川、无定河、窟野河，渭河流域的泾河，以及北洛河上游等地区是黄河中游主要的泥沙来源区。

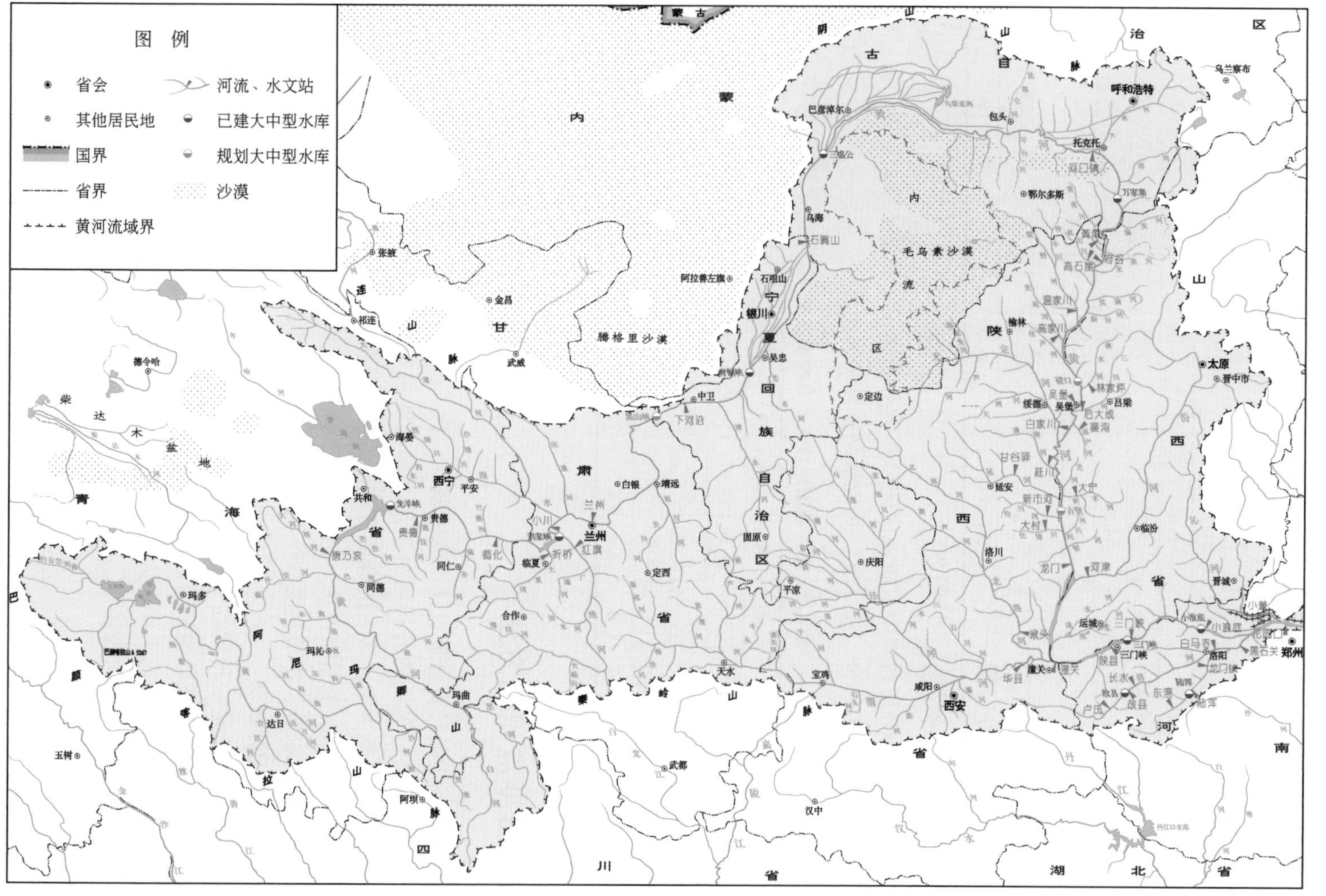

图 6-1 黄河上中游水系及水文站分布图

表 6-1　黄河中下游主要测站水沙量统计表

河流	站名	年水量/亿 m^3	年沙量/亿 t	平均含沙量/(kg/m^3)
黄河	河口镇	209.24	0.95	4.53
黄河	龙门	248.91	6.28	24.84
汾河	河津	8.68	0.12	14.17
北洛河	状头	6.64	0.68	101.72
渭河	华县	64.83	3.02	46.59
黄河	潼关	327.91	9.24	28.17
伊洛河	黑石关	23.69	0.07	3.00
沁河	武陟	6.93	0.03	4.47
黄河	花园口	359.21	8.43	23.48

注：各站采用水沙系列为 1960 年 7 月～2010 年 6 月。

以潼关断面为例分析黄河中下游地区泥沙年内分布情况，见表 6-2。年内 7 月、8 月来沙量最大，约占全年的 58.2%，含沙量也最高，其次为 9 月。

表 6-2　潼关断面泥沙年内分布情况表

月份	1	2	3	4	5	6	7	8	9	10	11	12
水量/亿 m^3	14.14	16.56	25.54	24.29	17.97	15.64	34.38	47.75	49.91	41.81	24.02	15.83
沙量/亿 t	0.14	0.16	0.28	0.22	0.21	0.27	2.25	3.11	1.46	0.68	0.26	0.18
含沙量/(kg/m^3)	9.83	9.61	10.92	8.93	11.8	17.29	65.57	65.22	29.31	16.11	11.00	11.16
沙量占年/%	1.5	1.7	3	2.4	2.3	2.9	24.4	33.8	15.9	7.3	2.9	1.9

6.1.2　分期点识别方法

分期点的确定是计算分期设计洪水的基础，为了合理划定分期点，对流域暴雨洪水季节性变化规律等进行深入的分析需要采用多种方法进行计算、比较，综合分析以得到合理、可行的汛期分期方案。现有的分期方法主要包括气象成因分析法、数理统计法、模糊分析法、分形分析法、矢量统计法、圆形分布法、变点分析法、系统聚类法及相对频率法等。这些方法各有利弊，本节主要介绍本次分期点识别研究选用的几种方法。

(1) 气象成因分析法

气象成因分析法是一种定性分析方法，主要利用水文气象和统计规律对流域进行分析，有较高的可靠性，被普遍采用。缺点是需要对天气系统进行大量的分析，而且大流域天气系统有很多模式，因而工作量大，同时由于成因分析的分期点确定有一定的主观性，也难于将汛期分到较细的时段。

(2) 数理统计法

数理统计法是利用实测降雨、流量等水文资料，根据一些统计指标（如洪峰流量发生时间）在汛期的变化规律，从数理统计理论角度得出汛期的分期点。该方法简单实用，但在分析过程中，选取洪水样本带有不确定性，对临界值的选取带有主观性。

（3）模糊分析法

模糊分析法是采用模糊集理论（陈守煜，1995），使用成因分析、数理统计、模糊统计为一体的模糊集合综合分析法，利用函数表达式描述汛期，识别分期点。该方法考虑了汛期在时间上的模糊性，在理论上有了较大的发展，具有先进性。缺点是分析结果对所选用的指标阈值比较敏感，而指标阈值在取值上任意性较大，需根据当地的实际情况确定，存在一定的主观性。

采用模糊数学语言对所研究的事物按一定标准进行分类的数学方法称为模糊聚类分析，它是多元统计“物以类聚”的一种分类方法。基本思路如下：

对于一个集合 A，空间某一元素 x，要么 $x \in A$；要么 $x \notin A$；二者必具其一，用函数表示为

$$\mu_a(x) = \begin{cases} 1, & x \in A \\ 0, & x \notin A \end{cases} \tag{6-1}$$

称 $\mu_a(x)$ 是集合 A 的特征函数。

如果 $\mu_a(x)$ 不是只取 0，1 两个值，而是取［0，1］闭区间的任何值，$0<\mu_a(x)<1$。则称 A 为模糊集，$\mu_a(x)$ 为隶属函数。$\mu_a(x)$ 越接近 1 表示 x 属于 A 的程度越大，相反，越接近 0，表示 x 不属于 A 的程度越大。

如果一个 $n \times n$ 的矩阵里的元素，$r_{ij} \in [0, 1]$，$R = (r_{ij})(i, j = 1, 2, \cdots, n)$。则称 R 为模糊矩阵。当模糊矩阵 R 满足自反性、对称性和传递性时，则 R 为一个分类关系矩阵。则 $\lim R^m = \lim R \circ R * \cdots * R = R^\infty$ 存在，且 R^∞ 是一个模糊等价关系。所以，可以通过 R 不断自乘，得到 R^∞，最后通过 R^∞ 来分类。

聚类分析法一般步骤包括数据标准化、标定（建立模数相似矩阵）、动态聚类。本次在建立模糊相似矩阵之后，采用传递闭包法建造模糊等价矩阵，推求动态聚类图。即根据标定所得的模糊矩阵 R，将其改造成模糊等价矩阵 R^*。用二次方法求 R 的传递闭包，即 $t(R) = R^*$。按实际需要，由具有丰富经验的专家结合专业知识确定阈值 λ，得到在 λ 水平上的等价分类。

（4）分形分析法

分形分析法根据样本时间序列的容量维数相等或相似来划分汛期分期，是一种定量分析方法，物理意义较强，受经验和人为影响较小，相对比较理想，但是它要求序列样本的容量大，分析计算的工作量较大（侯玉等，1999）。

美国数学家 Mandelbrot 于 20 世纪 70 年代创立了分形理论，认为客观事物的局部与整体在形态、时间和空间等方面往往具有自相似性和标度不变性。“分形”（fractal）一词原意为“不规则的、分数的、支离破碎的”。分形理论揭示了非线性系统中有序与无序的统一、确定性与随机性的统一。自相似性与标度不变性是分形的两个重要特性。分形的定量化方法即分维。分形的维数 D 由特征尺度（即边长为 r 的小块）覆盖（度量）整体后，量出小块的最小个数 $N(r)$ 求得。从数学角度来看，分形的维数 D 是分数维，一定大于拓扑维数 D_T，而小于整体所占领的空间维 D_K，即 $D_T<D<D_K$。

(5) 圆形分布法

圆形分布法是把每场洪水的发生日期看作一个矢量，根据各个矢量之间的方向相似性来判断分割点，即作为汛期分期点。该方法比较直观，结论合理，划分汛期可精确到日。其缺点是具有一定的局限性，对相似矢量聚集的情况比较适用，而对于相同矢量累计的情况则分期效果不明显。

圆形分布法考虑了洪水发生的时间，并利用洪水的量级信息，依据高峰期指标确定汛期分期，相对比较客观。基本思路如下：

设计算期内总天数为 T，第 i 个洪水样本的发生时间和量级分别为 D_i、q_i，在不考虑和考虑洪水量级的情况下，洪水事件发生的坐标值（x_i，y_i）的计算式为

$$(x_i,\ y_i) = \begin{cases} (\cos\alpha_i,\ \sin\alpha_i) & \text{不考虑洪水量级} \\ (q_i\cos\alpha_i,\ q_i\sin\alpha_i) & \text{考虑洪水量级} \end{cases} \tag{6-2}$$

$$(\bar{x},\ \bar{y}) = (\sum_{i=1}^{N} x_i/N,\ \sum_{i=1}^{N} y_i/N) \tag{6-3}$$

式中，N 为样本容量；$\alpha_i = D_i\dfrac{2\pi}{T}$ 为第 i 个洪水的发生时间（角度），$0 \leqslant \alpha_i \leqslant 2\pi$。

计算期发生洪水的集中期 $\bar{\alpha}$ 和集中度 r 分别为

$$\bar{\alpha} = \begin{cases} \arctan\bar{y}/\bar{x} & x > 0 \\ \pi + \arctan\bar{y}/\bar{x} & x < 0 \end{cases} \tag{6-4}$$

$$r = \begin{cases} \sqrt{\bar{x}^2 + \bar{y}^2} & \text{不考虑洪水量级} \\ \sqrt{\bar{x}^2 + \bar{y}^2}/\bar{Q} & \text{考虑洪水量级} \end{cases} \quad 0 \leqslant r \leqslant 1 \tag{6-5}$$

式中，$\bar{Q} = \sum_{i=1}^{N} q_i$，集中期 $\bar{\alpha}$ 对应的集中日为 $\bar{D} = \bar{\alpha}\dfrac{T}{2\pi}$。

集中度 r 在圆形分布中是描述 α_i 集中趋势的一种统计指标，它与 α_i 的标准差 s 的关系如下：

$$s = \sqrt{-2\ln r} \tag{6-6}$$

计算期内的高峰期的起止日 $D_{起}$、$D_{止}$ 分别为

$$D_{起} = \frac{\bar{\alpha} - s}{2\pi}T$$

$$D_{止} = \frac{\bar{\alpha} + s}{2\pi}T \tag{6-7}$$

6.1.3 黄河中下游汛期降雨分期分析

6.1.3.1 分析代表站及区间的选择

选取黄河中游河口镇至花园口区间 1952～2010 年 168～673 个雨量站作为代表站，统

计河三间、三花间历年 5 月 1 日 ~11 月 30 日逐日面雨量，分别采用数理统计法、模糊数学法、分形分析法和圆形分布法对该样本系列进行降雨分期分析。

6.1.3.2 降雨分期分析

(1) 数理统计法的分期点识别

统计河三间、三花间历年 5 月 1 日 ~11 月 30 日逐日最大面雨量和多年平均值，绘制过程线如图 6-2、图 6-3 所示。从图中可以看出，河三间较大量级降雨主要发生在 6 月 25 日 ~8 月 30 日，9 月 1 ~30 日次之；三花间较大量级降雨主要发生在 6 月 20 日 ~8 月 10 日，9 月 1 日 ~10 月 5 日次之。

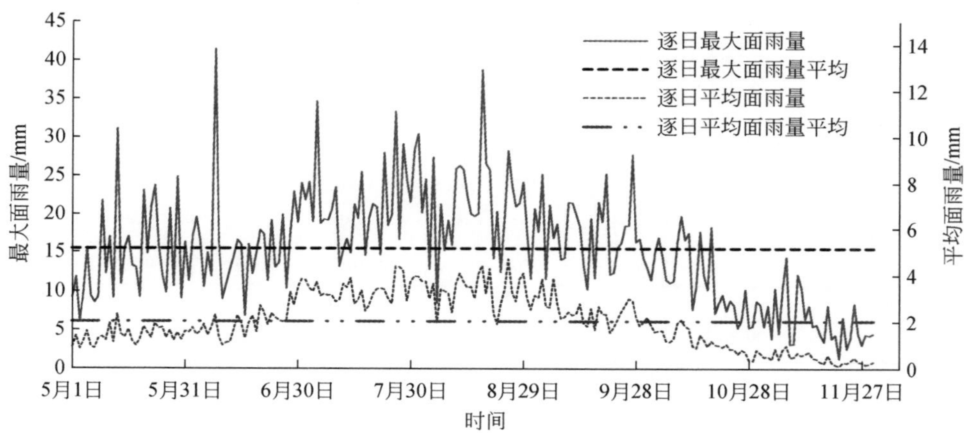

图 6-2 河三间逐日面雨量过程线

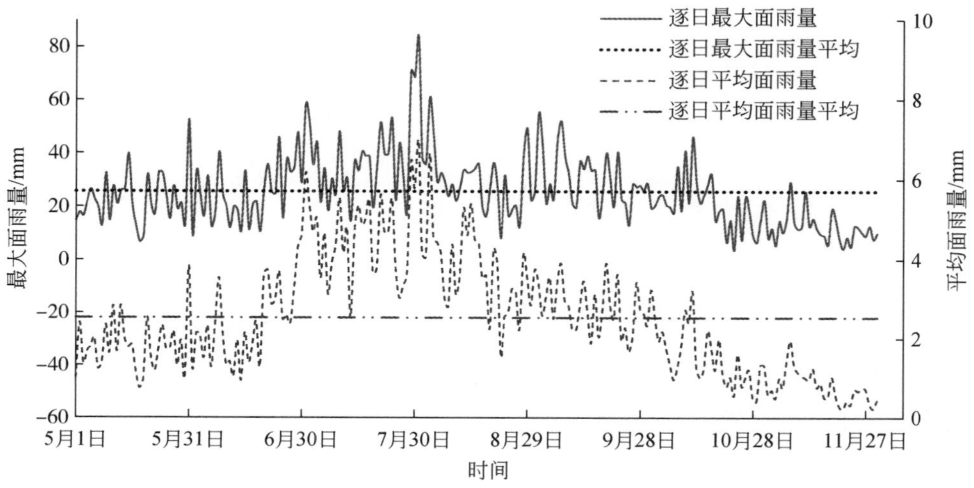

图 6-3 三花间逐日面雨量过程线

(2) 模糊数学法、分形分析法和圆形分布法的分期识别

参照7.1.2节中各种方法的基本思路和分析步骤，以河三间、三花间历年汛期逐日面平均雨量为样本进行模糊数学分析、分形分析和圆形分布分析，结果见表6-3～表6-5。

表6-3 黄河中游各区间模糊数学法汛期降雨分期计算结果

代表站	系列长度	第一分期点		第二分期点	
		λ值	分界点	λ值	分界点
河三间	1952～2010	0.524	9月10日	0.755	10月10日
三花间	1952～2010	0.520	8月16日	0.566	9月30日

表6-4 黄河中游各区间分形分析法汛期分期计算结果

代表站	时段长度/天	起始时间	结束时间	直线方程	相关系数 R	斜率 b	容量维数 Db	分期点采用
河三间	56	7月1日	8月25日	$y=1.107x-1.211$	1.000	1.107	0.893	8月25日
	37	8月25日	9月30日	$y=1.102x-1.423$	1.000	1.102	0.898	9月30日
三花间	56	7月1日	8月15日	$y=0.922x-1.754$	0.955	0.922	1.078	8月15日
	37	8月25日	9月30日	$y=1.202x-1.360$	0.998	1.202	0.798	9月30日

表6-5 黄河中游各区间圆形分布法汛期分期计算结果

分期点（分析时段）	代表站及区间	是否考虑洪水量级	集中度 r	标准差 s	集中期 $\overline{\alpha}$	集中日 $\overline{D}$	高峰期		分期点采用值
							起始时间	结束时间	
第一分期点（7月1日～10月31日）	河三间	否	0.364	1.423	2.062	8月9日	7月12日	9月6日	9月6日
		是	0.409	1.339	2.114	8月10日	7月15日	9月6日	
	三花间	否	0.252	1.665	1.838	8月1日	7月1日	8月16日	8月17日
		是	0.327	1.497	1.716	7月28日	7月2日	8月17日	
第二分期点（9月1日～11月30日）	河三间	否	0.341	1.469	1.550	9月22日	9月11日	10月4日	10月4日
		是	0.377	1.406	1.421	9月21日	9月10日	10月3日	
	三花间	否	0.303	1.546	1.935	9月19日	9月3日	10月3日	10月3日
		是	0.321	1.509	1.850	9月18日	9月3日	10月2日	

6.1.3.3 气象成因分析

黄河汛期降雨的分期特性是一定大气环流季节性变化的反映，本节从气象成因方面对分期点作进一步分析论证。

(1) 黄河流域暴雨洪水季节变化的大气环流背景

西风带环流的季节变化。6月初至6月中旬，受西风急流的影响，印度季风、青藏高原雨季和长江梅雨同时开始，此时，黄河三花间与龙三间降雨开始有明显增加，但仅位于我国这个时期的大雨带的北缘。7月中旬，西风急流再次加强北移，7月下旬到达华北、东北。8 月上旬、中旬副热带西风急流到达最北位置（45°N），直到 8 月下旬才稍有南退。因此，7 月中旬至 8 月下旬，前后 50 天是黄河流域主要的降雨时段，但其中 8 月上旬、中旬雨带位置最北，河龙间及宁蒙河段地区处于降雨最高峰时期，而沿 35°N 附近的黄河上游、泾渭河流域等，此时期降雨反而处于盛夏降雨较少时期。

西太平洋副热带高压的季节变化。黄河流域大雨区位置的南北摆动和东西延伸范围与西太平洋副热带高压的活动是相应的。三花间雨季来临较早，河龙间来临较晚，以及黄河上游、泾渭河流域多秋雨等气候特点，都是以西太平洋副热带高压的季节性位置为背景的。初夏至盛夏，西太平洋副热带高压在北抬过程中，同时向东摆动，8 月上旬、中旬达最北、最东位置，8 月下旬开始南退并西伸，10 月上旬退至云贵高原。

东亚沿岸低槽位置的季节调整。自 7 月中旬起槽线位置由原东亚沿岸西移，8 月上旬、中旬西进至 110°E 位置。这期间西太平洋副热带高压西伸、偏北时，有利于河龙间暴雨发生；而西太平洋副热带高压偏东、偏北时，易在海河上游、黄河三花间及淮河上游形成大暴雨区。8 月下旬起，平均低槽线位置再次回到东亚沿岸，这样有利于冷空气自华北南下，向西南流动，形成迴流，配合西太平洋副热带高压南退、西伸的条件，我国华西地区进入秋雨阶段。“华西秋雨”的出现时间为 9 月上旬至 10 月上中旬，出现“华西秋雨”时，有较明显冷空气自华北南下。从郑州站多年旬平均气温变化分析，9 月上旬降温幅度最大，应作为地面天气过程较明显的调整时间。

综合上述，从环流的季节性变换到地面大范围天气出现季节性调整看，作为我国东部大范围天气过程的夏秋转折时间应定在 9 月上旬。这个时间黄河流域天气完成由夏至秋的转折。

（2）黄河流域降雨季节变化的主要特征

黄河流域雨季开始时间是“西早东迟，南早北迟”，结束时间则为“西迟东早，南迟北早”。9 月上旬是三门峡以上各区间主雨期的结束期，或者是重要降雨天气过程出现频数的突变期。从陕县万锦滩水尺志桩推测的年最大洪峰流量系列和实测洪水系列、实测暴雨资料以及有关文献记载的雨情、水情资料综合分析，近 300 年来能形成三门峡峰高量大的特大洪水，均系斜向型大面积暴雨形成的，而这种类型大暴雨最晚出现时间亦发生在 9 月上旬。因此，将黄河中下游干流三门峡、花园口汛期洪水的分期点定为 9 月 10 日。

经向型暴雨是形成三花间大洪水和特大洪水的唯一雨型，由实测资料统计，它只出现在 7 月上旬至 8 月上旬，以 7 月下旬至 8 月上旬出现几率最多，最晚出现在 8 月中旬。因此，将三花间汛期洪水的分期点定为 8 月 20 日。

此外，黄河上游兰州以上及泾河、北洛河、渭河中下游和洛河上游在 9 月 10 日以后受“华西秋雨”的影响，“华西秋雨”可持续到 10 月上中旬，考虑其雨区位置主要在四川西北至汉江上中游，黄河上游兰州以上及泾河、北洛河、渭河中下游和洛河上游位于雨区北侧边缘，其“华西秋雨”结束时间相对较早，且从黄河中游河口镇—三门峡、三花间最大 1 天、最大 5 天各月面雨量来看，10 月 10 日之后无较大降雨，面雨量持续减小。以 10 月 10 日为分期点，将黄河中下游干流三门峡、花园口、三花间后汛期进一步划分为两期，采用双分期点在气象成因方面是有依据的。

6.1.3.4 汛期降雨分期点识别结果

综合考虑黄河中游降雨变化的成因、逐日最大面雨量的变化，以及模糊聚类法、分形分析法、圆形分布法等的识别结果，河三间可识别的汛期降雨分期点为9月10日、10月10日，三花间可识别的汛期降雨分期点为8月20日、10月10日。

6.1.4 黄河中下游汛期洪水分期分析

6.1.4.1 分析代表站及区间的选择

根据黄河中游有关站的实测资料长短及资料受大型水库调蓄影响等情况，确定汛期洪水分期点分析采用的代表站及区间如下：

三门峡汛期洪水分期点分析的代表站采用潼关站。采用的原因主要是考虑到潼关站为三门峡水库的入库站，测站洪水资料不受三门峡水库的调蓄影响。另外，对龙羊峡水库、刘家峡水库调蓄的影响进行了还原。最终采用的潼关站历年洪水资料系列为1919～1943年、1946年、1949～2010年。

花园口汛期洪水分期点分析代表站采用花园口站。本次对水库影响的洪量资料进行了还原，最终采用的资料系列为1946年、1949～2010年。

三花间洪水没有直接的实测资料，需要通过间接方法计算求得，本次分别采用相加法和相减法计算区间洪水过程。区间汛期洪水分期点分析系列为1950～2010年。

6.1.4.2 数理统计法的分期点识别

基于潼关站、花园口站、三花间站的瞬时流量、日平均流量资料，从数理统计理论角度识别汛期洪水分期点。

首先统计各站不同量级洪峰流量和不同量级时段洪量在汛期各月出现的频次，结果表明：黄河干流潼关站、花园口站峰高量大的大洪水主要发生在7月、8月，由于上游洪水的影响，峰低量大的洪水在9月、10月亦占一定的比例，且多集中在9月。对于三花间的伊洛河、沁河流域，大洪水主要发生在7月、8月，9月洪水相对较小，10月洪水最小。

进一步点绘各站历年各月最大洪峰流量及不同时段洪量分布图。从洪峰流量及时段洪量分布图看，黄河干流潼关站、花园口站大量级洪峰流量（大于10 000m^3/s）多出现在7月5日～9月10日，只有花园口站1949年9月14日出现一次较大洪水，洪峰流量为12 300m^3/s；较大洪量亦出现在7月5日～9月10日。另外，潼关站9月10日～10月10日洪水的洪峰流量、洪量比10月10日之后的略大。三花间大量级洪峰流量（大于6000m^3/s）多出现在7月18日～8月17日，较大洪量亦出现在该时段；10月1日之后洪水量级明显减小。

最后，统计各站及区间历年5月1日～11月30日日均流量逐日最大值和多年平均值并绘制过程线。图6-4～图6-6是各站及区间逐日最大流量过程线。从潼关、花园口、三花间逐日最大流量及平均流量过程线看，潼关较大量级洪水多出现在7月5日～10月5日，峰高量大的洪水又集中出现在7月5日～9月5日；花园口较大量级洪水多出现在7月5日～10月10日，峰高量大的洪水又集中出现在7月20日～8月25日；三花间较大量级洪水多出现在7月5日～10月10日，峰高量大的洪水集中出现在7月20日～8月10日。

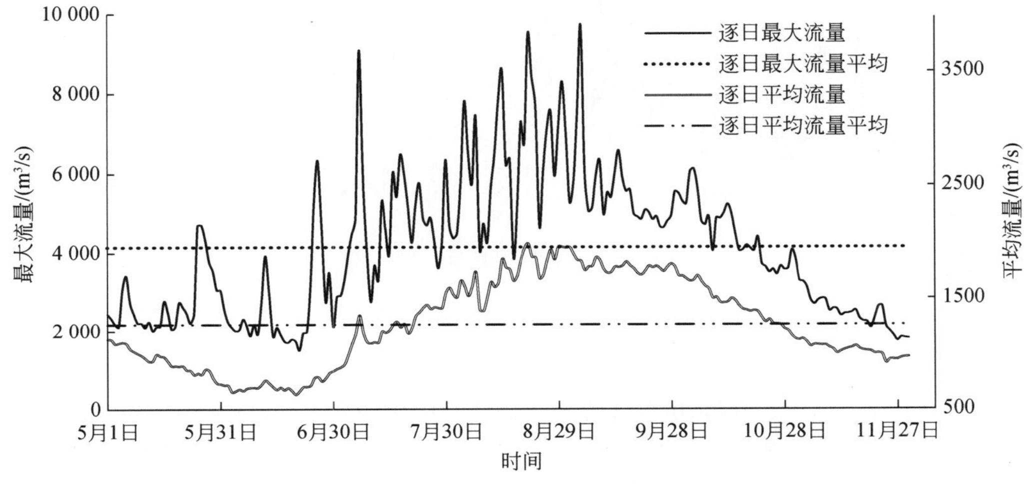

图6-4　潼关站逐日流量过程线

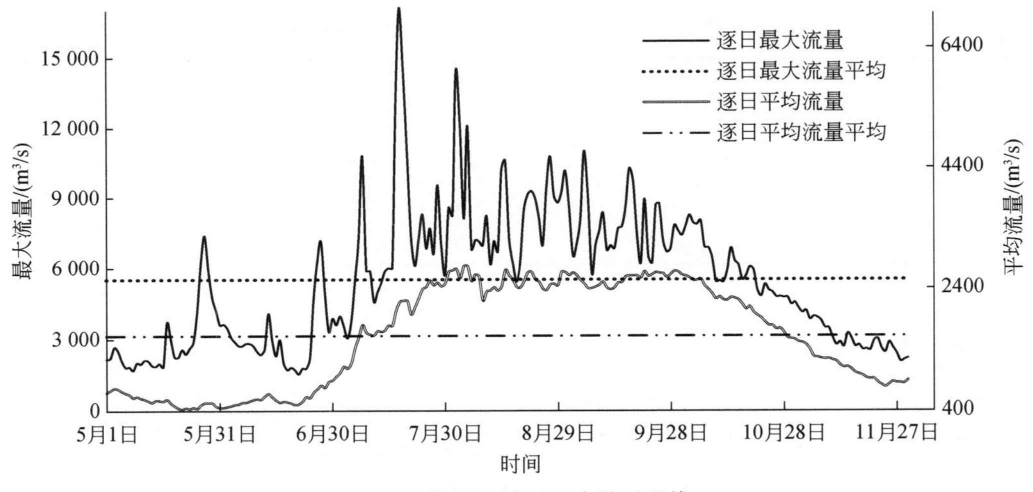

图6-5　花园口站逐日流量过程线

综合上述各项统计分析，黄河干流潼关站、花园口站可识别出的分期点为9月10日、10月10日；三花间可识别出的分期点为8月10日、10月10日。

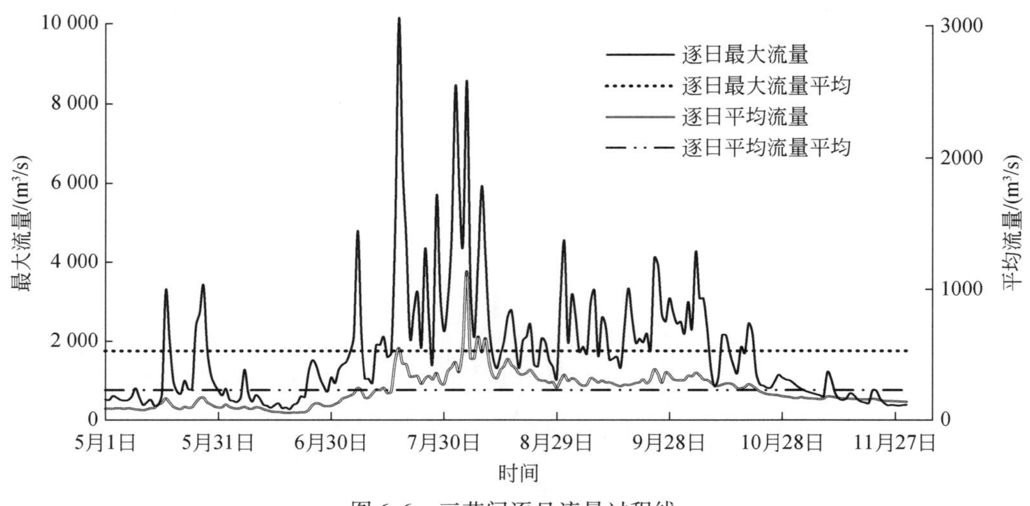

图 6-6　三花间逐日流量过程线

6.1.4.3　模糊聚类法的分期点识别

以潼关、花园口、三花间历年汛期 7 月 1 日 ~10 月 31 日（123 天）日平均流量资料为样本进行模糊聚类分析，通过数据标准化、标定、动态聚类，得到各站及区间的相似矩阵、模糊矩阵、模糊相似矩阵。根据黄河中游洪水特性及实际调度情况，确定上述各站及区间的截取水平 λ，识别汛期洪水分期点，结果见表 6-6。

表 6-6　黄河中游各站模糊聚类法汛期洪水分期计算结果

代表站及区间	系列长度	第一分期点		第二分期点	
		λ 值	分期点	λ 值	分期点
潼关	1919 ~ 1943、1946、1949 ~ 2010	0.900	9 月 3 日	0.955	10 月 7 日
花园口	1946、1949 ~ 2010	0.878	9 月 6 日	0.932	10 月 11 日
三花间	1954 ~ 2010	0.810	8 月 20 日	0.886	10 月 1 日

6.1.4.4　分形分析法的分期点识别

以潼关、花园口、三花间历年日平均流量资料为样本进行分形分析。首先统计各站及区间历年日平均流量逐日最大值，绘制逐日最大值分布图。取 7 月 1 日 ~10 月 31 日为研究时段，运用相对度量法，在一定切割水平下，取时段长 ∊，量度值为洪峰时段数与总时段数之比 NN(∊)（注：洪峰时段数为洪峰超过切割水平的时段数）。取不同的 ∊，统计相应的 NN(∊)，点绘 lnNN(∊)-ln(∊) 关系图，计算直线段的斜率 b，由 $Db = d - b$ 计算出洪峰点据系列分形的分维 Db。将容量维数比较接近的视为同一分期，识别洪水分期点。各站及区间的分析计算参数及分期点识别结果见表 6-7。

表 6-7　黄河中游各站及区间分形分析法汛期分期计算结果

代表站	时段长度/天	起始时间	结束时间	直线方程	相关系数 R	斜率 b	容量维数 Db	分期点采用
潼关	72	7 月 1 日	9 月 10 日	$y=1.105x-0.680$	0.999	1.105	0.895	9 月 10 日
	31	9 月 10 日	10 月 10 日	$y=1.478x-1.376$	1.000	1.478	0.522	10 月 10 日
花园口	72	7 月 1 日	9 月 10 日	$y=1.379x-1.735$	0.998	1.379	0.621	9 月 10 日
	31	9 月 10 日	10 月 10 日	$y=1.234x-1.938$	0.981	1.234	0.766	10 月 10 日
三花间	56	7 月 1 日	8 月 25 日	$y=1.193x-1.199$	0.999	1.193	0.807	8 月 25 日
	37	8 月 25 日	9 月 30 日	$y=1.474x-1.933$	0.998	1.474	0.526	9 月 30 日

6.1.4.5　圆形分布法的分期点识别

以潼关、花园口、三花间历年瞬时洪峰流量、日平均流量资料为样本进行圆形分布分析。研究时段为 7 月 1 日 ~ 10 月 31 日，按不同取样（考虑不同取样时段 t 和不考虑洪水量级、考虑洪水量级），从第 i 年汛期的流量资料选定洪峰流量 $q_{i\max}$ 或 t 日流量最大值 q_{it}，以 $q_{i\max}$ 或 q_{it} 为样本，$i=1$，2，…，N。根据式（6-2）~式（6-7）计算汛期洪水发生的各项指标（集中度、集中期等），以高峰期结束时间 $D_{止}$ 作为洪水分期点。各站及区间的圆形分布法计算参数及分期点识别结果见表 6-8。

表 6-8　黄河中游各站及区间圆形分布法汛期分期计算结果

分期点（分析时段）	代表站及区间	是否考虑洪水量级	集中度 r	标准差 s	集中期 $\overline{\alpha}$	集中日 $\overline{D}$	高峰期		分期点采用值
							起始时间	结束时间	
第一分期点（7 月 1 日 ~ 10 月 31 日）	潼关	否	0.297	1.559	3.644	8 月 10 日	7 月 11 日	9 月 10 日	9 月 10 日
		是	0.347	1.455	3.769	8 月 13 日	7 月 15 日	9 月 10 日	
	花园口	否	0.299	1.555	3.783	8 月 13 日	7 月 14 日	9 月 12 日	9 月 12 日
		是	0.338	1.474	3.871	8 月 15 日	7 月 17 日	9 月 12 日	
	三花间	否	0.420	1.316	4.186	8 月 1 日	7 月 13 日	8 月 20 日	8 月 20 日
		是	0.650	0.928	4.281	8 月 2 日	7 月 20 日	8 月 16 日	
第二分期点（9 月 1 日 ~ 11 月 30 日）	潼关	否	0.503	1.172	1.322	9 月 20 日	9 月 3 日	10 月 7 日	10 月 7 日
		是	0.570	1.061	1.252	9 月 19 日	9 月 3 日	10 月 4 日	
	花园口	否	0.519	1.146	1.363	9 月 20 日	9 月 4 日	10 月 7 日	10 月 7 日
		是	0.585	1.035	1.366	9 月 20 日	9 月 5 日	10 月 5 日	
	三花间	否	0.449	1.265	1.282	9 月 19 日	9 月 1 日	10 月 7 日	10 月 7 日
		是	0.585	1.036	1.466	9 月 22 日	9 月 7 日	10 月 7 日	

6.1.4.6　历史洪水论证汛期洪水分期点

根据历史资料记载及调查考证，历代较突出的大洪水，记明发生日期及可初步推算出日期如下。

（1）1843 年洪水

据陕州“万锦滩黄河于七月十三日巳时报长水七尺五寸，后续据陕州呈报，十四日辰时至十五日寅时复长水一丈三尺三寸，前水尚未见消，后水踵至，计一日十时之间，长水至二丈八寸之多，浪若排山，历考成案，未有长水如此猛骤”的水情，三门峡洪峰出现在 8 月 9 日。

（2）1761 年洪水

为三花间 1553 年以来的最大洪水，从文献记载及调查资料看，该年伊洛河洪峰及三花间洪峰可能出现在 8 月 16～17 日。

（3）公元 223 年（魏文帝黄初四年）洪水

“六月二十四日辛巳，伊河大水，龙门出水举高四丈五尺”。发生时间为 8 月 8 日。

（4）故县河段 1898 年洪水

该场洪水是该河段近百年来的特大历史洪水，没有调查出具体的日期。根据访问高门关村人 65 岁的王升平说：“刮里沟街那年涨大水，当时我在河边放牛，见水里漂有瓜，曾去捞瓜吃”，有瓜的季节也就是 7 月中旬至 8 月中旬。1898 年降水是由东西向切变线造成，该年渭河也发生了大洪水，渭河咸阳 1898 年洪水发生在 8 月 3 日。由此判断，洛河 1898 年洪水是在 8 月上旬。

（5）沁河 1895 年洪水

该年沁河及丹河流域降雨多从 6 月 17 日开始，19 日结束，历时 3 天左右，即该次洪水在 8 月 7～9 日。

（6）近代调查洪水

近代调查洪水年份有 1931 年，在伊河中下游的龙门镇及洛河中下游的宜阳、洛阳等河段，该年洪水发生时间为 8 月 12 日（龙门镇洪峰流量为 10 400m^3/s，洛阳洪峰流量为 11 100m^3/s）。伊河上游嵩县和沁河的五龙口还调查有 1943 年洪水，洪峰流量发生时间为 8 月 11 日。

从以上历史资料记载及调查的洪水发生日期看，三花间有关站洪峰发生时间最迟的为 1761 年 8 月 16～17 日，考虑到退水，选择 8 月 20 日作为前汛期和后汛期的分期点是合适的。

6.1.4.7 汛期洪水分期点识别结果

本节以潼关、花园口、三花间历年瞬时洪峰流量、日平均流量资料为样本，分别采用数理统计法、模糊聚类法、分形分析法、圆形分布法等方法分析了黄河汛期（7～10 月）洪水的分期点，并从历史资料记载和调查考证上对分期点进行了论证。

综合以上各种方法的识别结果，三门峡（潼关）、花园口可识别的汛期洪水分期点为 9 月 10 日、10 月 10 日；三花间可识别的汛期洪水分期点为 8 月 20 日、10 月 10 日。

6.1.5 黄河中下游汛期泥沙分期分析

6.1.5.1 数理统计法的分期点识别

以潼关站 1960 ~2011 年实测逐日含沙量资料为基础，点绘历年 5 ~ 11 月逐日含沙量分布图（图 6-7）。从汛期逐日平均含沙量分布情况看，7 月和 8 月最大日均含沙量均超过 500kg/m³，其中，8 月中旬最大日均含沙量达到 547.62kg/m³，而 9 月上旬最大日均含沙量减小至 300kg/m³以下，9 月中旬和 9 月下旬则进一步减小至 150kg/m³以下，10 月最大日均含沙量基本在 55kg/m³以下。8 月中旬、9 月上旬、9 月中下旬、10 月上旬几个时段形成明显的含沙量下降阶梯，趋势明显。

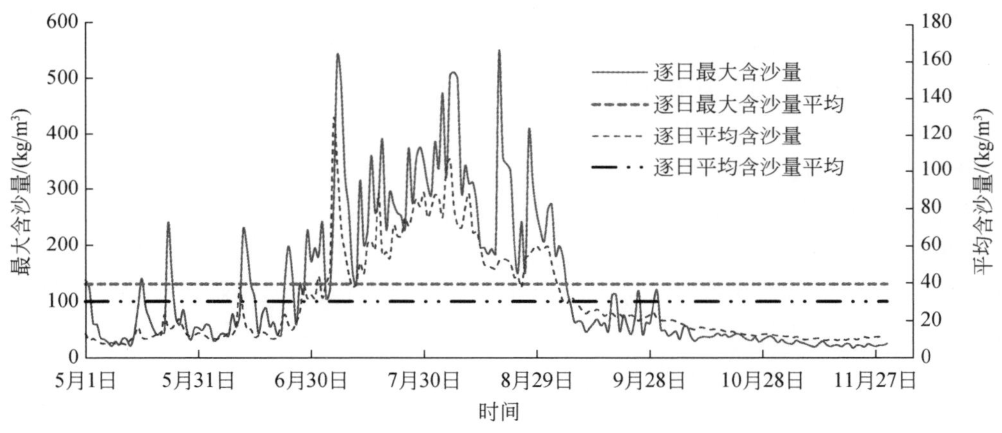

图 6-7 潼关站逐日含沙量分布图

以潼关站 1960 ~2011 年实测逐日水沙资料为基础，统计汛期各旬水沙量，见表 6-9。从各旬来沙量看，其中 7 月下旬和 8 月上旬来沙量较多，平均为 1.08 亿 ~1.22 亿 t；其次为 8 月中旬和 8 月下旬，平均为 0.89 亿 ~0.91 亿 t；7 月上旬、7 月中旬和 9 月上旬来沙量接近，平均为 0.53 亿 ~0.65 亿 t；9 月中旬以后，各旬来沙量逐渐由 0.40 亿 t 减少至 0.16 亿 t。

表 6-9 潼关站汛期各旬水沙量统计表

时段	水量/亿 m³	沙量/亿 t	含沙量/(kg/m³)	最大日均含沙量/(kg/m³)
7 月上旬	8.47	0.53	63.02	537.96
7 月中旬	10.29	0.56	54.40	390.63
7 月下旬	15.03	1.08	72.13	375.14
8 月上旬	14.59	1.22	83.36	511.28
8 月中旬	15.00	0.91	60.63	547.62

续表

时段	水量/亿 m^3	沙量/亿 t	含沙量/(kg/m^3)	最大日均含沙量/(kg/m^3)
8 月下旬	17.47	0.89	51.07	406.15
9 月上旬	16.15	0.65	39.94	272.26
9 月中旬	16.43	0.40	24.04	112.00
9 月下旬	17.38	0.39	22.23	118.92
10 月上旬	15.36	0.29	18.99	55.31
10 月中旬	13.35	0.20	15.25	44.12
10 月下旬	12.40	0.16	12.78	43.38
汛期合计	171.93	7.28	42.32	547.62

从各旬平均含沙量看，7 月和 8 月各旬平均含沙量较高，均超过 50kg/m^3，以 8 月上旬最大，平均含沙量为 83.36kg/m^3；9 月上旬平均含沙量约 40kg/m^3，9 月中旬则迅速降至约 24kg/m^3，落差明显。从各旬最大日均含沙量看，7 月和 8 月各旬都发生了日均含沙量 300kg/m^3以上的高含沙洪水，9 月上旬也发生了日均含沙量接近 300kg/m^3（瞬时含沙量超 300kg/m^3）的高含沙洪水，至 9 月中旬和下旬最大日均含沙量减小至 118kg/m^3以下，降幅较大，10 月最大日均含沙量均为 55kg/m^3以下。

可见，潼关站主要的来沙时段为 7 月和 8 月，9 月上旬相对于 8 月下旬来沙量明显减少，但仍会发生高含沙洪水，9 月中旬与 9 月上旬相比，来沙量又下降一级，日均含沙量大多数为 50kg/m^3以下，来水较清，适于水库蓄水兴利。因此，9 月 10 日可作为汛期泥沙分期点。

6.1.5.2 成因分析法论证汛期泥沙分期点

黄河泥沙主要来自中游，如河龙间右岸支流（窟野河、无定河等），泾河支流（蒲河、马连河），以及北洛河等，这些支流所在区域多为黄土高原沟壑区和黄土丘陵沟壑区，地形支离破碎，植被较差，泥沙侵蚀方式主要为重力侵蚀和水力侵蚀，所以流域产沙与降雨（特别是暴雨）基本同步。

从来沙较多的支流选择典型代表雨量站资料，分析 6 ~ 10 月的降雨量变化，见表 6-10，从流域降雨产沙的成因方面对汛期泥沙分期点进行佐证。

表 6-10 黄河中游多沙支流代表雨量站表

流域/区间	支流名称	代表雨量站
泾河	马连河	庆阳
	蒲河	耿湾
北洛河	北洛河（上游）	旦八
河龙区间	窟野河	王道恒塔
	无定河	丁家沟

以各站逐日降雨资料为基础，点绘 6 ~ 10 月日降雨量分布图，如图 6-8 ~ 图 6-12 所示。可见，除耿湾站外，其他站日降雨强度均在 9 月上旬有明显减小。最大日降雨量多发生在 7 月和 8 月，9 月 1 日以后，日降雨量超过 25mm 的天数明显减少，至 10 月下旬几乎没有。考虑到各个主要产沙区形成洪水后，入汇至黄河干流，并传播到小浪底入库（三门峡站），距离相对较远，需要 5 天以上的传播时间，所以选择 9 月 10 日为泥沙分期点相对较为合理，也符合实测资料的统计规律。

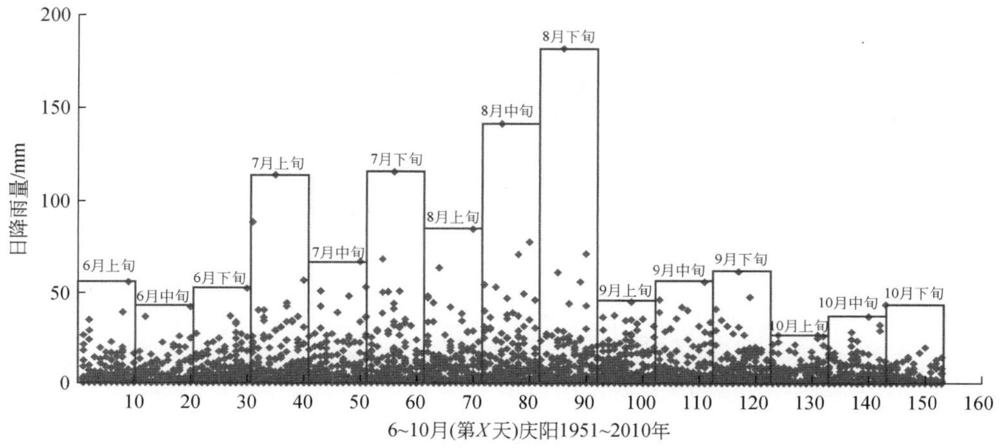

图 6-8　马连河（庆阳站）逐日降雨量分布

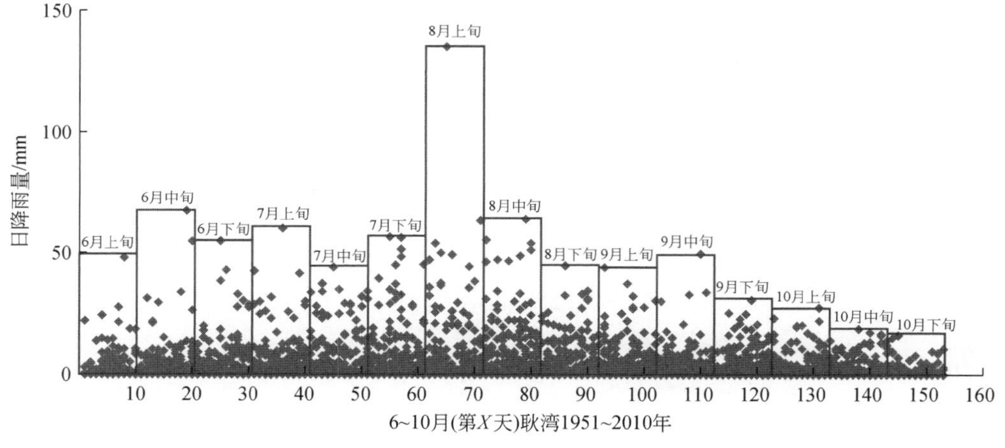

图 6-9　蒲河（耿湾站）逐日降雨量分布

6.1.5.3　汛期泥沙分期点识别结果

统计分析法的结果显示，9 月 10 日之后潼关断面含沙量明显减小，来沙减少，可作为小浪底水库汛期泥沙分期点；结合黄河中游降雨产沙同步的特性，通过分析黄河中游主要产沙支流代表站的汛期降雨量变化，并考虑洪水传播时间，其结论与统计分析法基本一致。

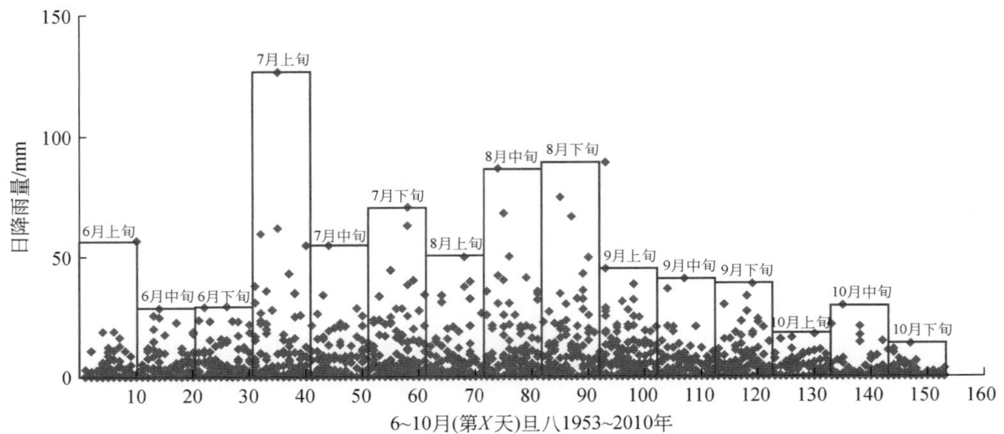

图 6-10　北洛河（旦八站）逐日降雨量分布

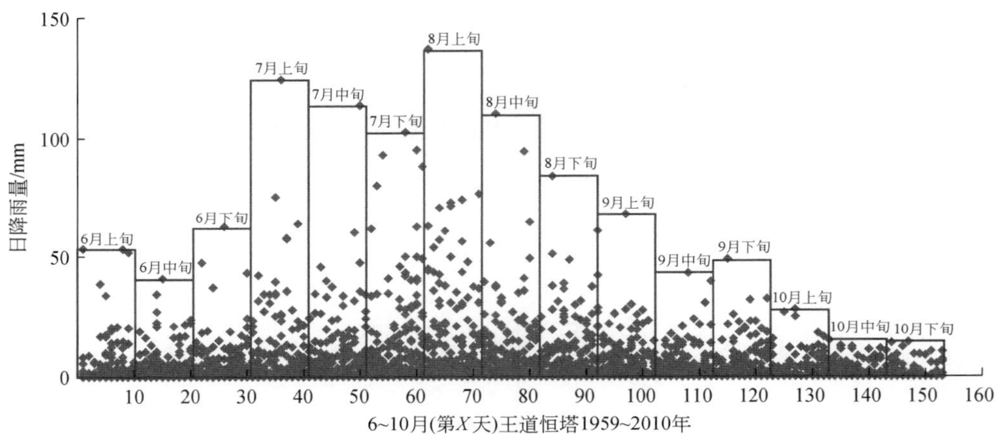

图 6-11　窟野河（王道恒塔站）逐日降雨量分布

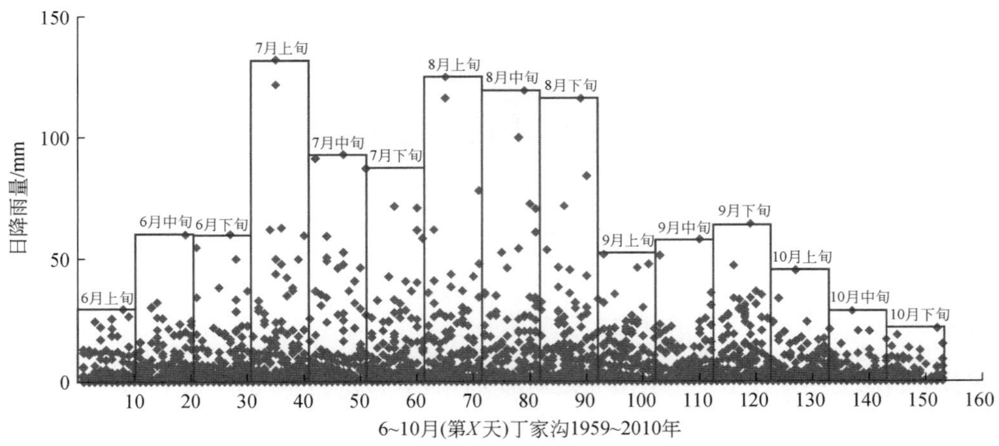

图 6-12　无定河（丁家沟站）逐日降雨量分布

6.1.6 汛期分期点选定

本书在遵循"多种方法，综合分析，合理选定"的原则上，分别采用数理统计法、模糊聚类法、分形分析法、圆形分布法等方法分析黄河中下游汛期降雨、洪水、泥沙的分期点，并从气象成因及历史资料记载和调查考证上分析论证汛期洪水分期点。不同的分期点识别结果见表 6-11。

表 6-11 黄河中游各站不同方法的汛期降雨洪水泥沙分期点识别结果

类型	代表站及区间	分期点识别方法						分期点采用
		数理统计法	模糊聚类法	分形分析法	圆形分布法	气象成因法	历史洪水论证	
降雨	河三间	8 月 30 日	9 月 10 日	8 月 25 日	9 月 6 日	9 月 10 日		9 月 10 日
		9 月 30 日	10 月 10 日	9 月 30 日	10 月 4 日	10 月 10 日		10 月 10 日
	三花间	8 月 10 日	8 月 16 日	8 月 15 日	8 月 17 日	8 月 20 日		8 月 20 日
		10 月 10 日	9 月 30 日	9 月 30 日	10 月 3 日	10 月 10 日		10 月 10 日
洪水	潼关	9 月 10 日	9 月 3 日	9 月 10 日	9 月 11 日		9 月 10 日	9 月 10 日
		10 月 10 日	10 月 7 日	10 月 10 日	10 月 7 日			10 月 10 日
	花园口	9 月 10 日	9 月 6 日	9 月 10 日	9 月 12 日		9 月 10 日	9 月 10 日
		10 月 10 日	10 月 11 日	10 月 10 日	10 月 7 日			10 月 10 日
	三花间	8 月 20 日	8 月 20 日	8 月 25 日	8 月 20 日		8 月 20 日	8 月 20 日
		10 月 10 日	10 月 1 日	9 月 30 日	10 月 7 日			10 月 10 日
泥沙	潼关	9 月 10 日				9 月 10 日		9 月 10 日

可见，由降雨资料识别的分期点普遍早于由洪水资料及泥沙资料识别的分期点，符合实际产汇流规律。从分期结果来看，各方法分期点识别结果互相印证，但并不完全相同：潼关站、花园口站存在两个分期点，分别为 9 月 3 ~ 12 日、10 月 7 ~ 11 日，多数为 9 月 10 日、10 月 10 日；三花间存在两个分期点，分别为 8 月 20 ~ 25 日、9 月 30 日 ~ 10 月 10 日，多数为 8 月 20 日、10 月 1 日。各方法识别结果上的差异主要是因为计算分析的理论和出发点不同。本书从防洪安全角度选用分期点偏安全的外包结果；同时，结合以往对黄河中下游汛期洪水特性的认识，考虑分期防洪调度及汛限水位控制的可操作性，综合选定 8 月 20 日、10 月 10 日为三花间汛期分期点；选定 9 月 10 日、10 月 10 日为潼关站、花园口站汛期的分期点。

6.1.7 汛期分期设计洪水分析

6.1.7.1 资料的一致性处理及系列采用

黄河干流上先后建成了三门峡（1960 年建成）、刘家峡（1968 年建成）及龙羊峡

(1986 年建成) 等大型水库，支流伊河上修建有大型水库陆浑水库 (1960 年建成)，洛河上建有故县水库 (1992 年建成)。这些水库的建设，改变了水库下游各站的天然洪水过程，使得三门峡、花园口等站洪水资料一致性受到影响，因此需进行资料的还原处理。本书考虑洪水演进时间，采用水量平衡原理、马斯京根洪水演进的方法进行还原。

本次分期洪水研究取样方法采用分期最大值法，按不跨期选样。三门峡、花园口、三花间等站及区间选用系列情况如下：

(1) 三门峡洪峰、洪量系列

三门峡直接采用潼关站洪水资料，其洪量考虑龙羊峡、刘家峡水库的还原。三门峡前汛期天然洪峰流量系列为 1843 年、1919 ~ 2010 年共 93 年，其中 1843 年洪水洪峰流量为 36 000m^3/s，作为特大值加入计算，重现期为 1000 年；洪量系列为 1919 ~ 1943 年、1946 年、1949 ~ 2010 年共 88 年。后汛期洪峰、洪量系列为 1919 ~ 1943 年、1946 年、1949 ~ 2010 年共 88 年。

(2) 花园口洪峰、洪量系列

花园口无库现状堤防年最大洪水洪峰流量系列为 1761 年、1843 年、1933 ~ 2010 年共 80 年。1761 年历史洪水还原后洪峰流量为 37 600m^3/s，经历史文献考证，重现期为 1000 年；1843 年洪水洪峰流量为 33 000m^3/s，其重现期为 215 年。洪量系列为 1933 ~ 1943 年、1946 年、1949 ~ 2010 年共 74 年。后汛期洪峰、洪量系列为 1946 年、1949 ~ 2010 年共 63 年。

(3) 三花间洪峰、洪量系列

三花间无库现状堤防年最大洪峰流量系列为 1761 年、1931 年、1934 ~ 1943 年、1946 年、1947 年、1949 ~ 2010 年共 76 年，其中 1761 年历史洪水洪峰流量还原后为 31 600m^3/s，作为特大值加入计算，重现期为 458 年；洪量系列为 1931 年、1934 ~ 1943 年、1946 年、1947 年、1949 ~ 2010 年共 75 年。后汛期洪峰系列为 1955 ~ 2010 年共 56 年；5 日、12 日洪量系列为 1951 ~ 2010 年共 60 年。

6.1.7.2 分期设计洪水计算

基于黄河中下游汛期分期点识别结果，并考虑目前水库实际调度情况及汛限水位优化方案研究需要，分别研究三门峡站、花园口站 9 月 1 日、9 月 10 日、10 月 10 日 3 个分期点相应的设计洪水，以及三花间 8 月 20 日、9 月 1 日、10 月 10 日 3 个分期相应点的设计洪水。

(1) 频率洪水计算及设计洪水成果

根据各站及区间洪峰、洪量系列进行频率分析，采用 P-Ⅲ曲线适线，计算出三门峡、花园口、三花间等站及区间的年最大和不同汛期分期的分期设计洪水。适线确定的参数及不同频率设计峰、量值见表 6-12 ~ 表 6-14。

表 6-12　三门峡分期设计洪水成果表

分期	项目	系列			均值	C_v	C_s/C_v	频率为 P（%）的设计值							
		N	n	a				0.01	0.1	1	2	3.33	5	10	20
年最大	Q_m		88		7 500	0.59	4	47 300	35 700	24 200	20 800	18 400	16 400	13 100	9 910
	W_5		88		19.43	0.51	3.5	96.05	75.14	54.03	47.61	42.86	39.05	32.50	25.83
	W_{12}		88		39.30	0.43	3	151.12	122.81	93.46	84.30	77.41	71.80	61.93	51.48
	W_{45}		88		114.10	0.41	2	373.76	314.08	250.04	229.34	213.49	200.38	176.69	150.52
7 月 1 日～8 月 31 日	Q_m		88		7 250	0.59	4	45 700	34 500	23 400	20 100	17 700	15 800	12 700	9 580
	W_5		88		17.24	0.53	3.5	89.33	69.47	49.49	43.43	38.96	35.38	29.24	23.03
	W_{12}		88		35.46	0.45	3	143.24	115.65	87.18	78.32	71.68	66.18	56.81	46.82
	W_{45}		88		100.24	0.44	2	350.91	292.52	230.09	210.03	194.70	182.05	159.27	134.26
7 月 1 日～9 月 10 日	Q_m		88		7 300	0.59	4	46 100	34 700	23 600	20 300	17 900	16 000	12 800	9 650
	W_5		88		17.73	0.53	3.5	91.87	71.44	50.89	44.67	40.07	36.39	30.08	23.69
	W_{12}		88		35.46	0.45	3	143.24	115.65	87.18	78.32	71.68	66.18	56.81	46.82
	W_{45}		88		100.24	0.44	2	350.91	292.52	230.09	210.03	194.70	182.05	159.27	134.26
9 月 1 日～10 月 31 日	Q_m		88		4 240	0.57	2.5	21 000	16 600	12 200	10 800	9 760	8 920	7 460	5 930
	W_5		88		15.09	0.54	2.5	70.11	56.04	41.50	36.98	33.59	30.83	25.99	20.89
	W_{12}		88		31.48	0.53	2.5	143.19	114.74	85.31	76.13	69.25	63.65	53.81	43.42
	W_{45}		88		92.11	0.48	2	351.47	289.92	224.60	203.73	187.85	174.77	151.35	125.81
9 月 11 日～10 月 31 日	Q_m		88		3 760	0.57	2.5	18 600	14 800	10 800	9 590	8 670	7 930	6 630	5 270
	W_5		88		13.98	0.58	2.5	70.59	55.86	40.75	36.07	32.58	29.75	24.81	19.64
	W_{12}		88		29.67	0.53	2.5	134.96	108.14	80.40	71.76	65.27	59.99	50.72	40.92
	W_{45}		88		86.56	0.48	2	330.29	272.45	211.07	191.45	176.53	164.24	142.23	118.23
9 月 1 日～10 月 10 日	Q_m		88		3 670	0.58	2.5	18 500	14 700	10 700	9 470	8 550	7 810	6 510	5 160
	W_5		88		13.65	0.57	2.5	67.49	53.54	39.20	34.76	31.43	28.75	24.04	19.10
	W_{12}		88		29.26	0.54	2.5	135.96	108.66	80.47	71.70	65.11	59.78	50.40	40.51
	W_{30}		88		61.16	0.56	2	274.53	222.18	167.30	149.97	136.83	126.13	107.08	86.60
9 月 11 日～10 月 10 日	Q_m		88		3 650	0.58	2.5	18 500	14 600	10 700	9 430	8 520	7 780	6 480	5 130
	W_5		88		13.51	0.57	2.5	66.83	53.01	38.82	34.42	31.13	28.46	23.80	18.91
	W_{12}		88		28.97	0.54	2.5	134.60	107.59	79.68	70.99	64.48	59.19	49.90	40.11
	W_{30}		88		60.55	0.56	2	271.81	219.98	165.64	148.48	135.50	124.88	106.02	85.74
10 月 11 日～10 月 31 日	Q_m		88		2 410	0.68	2.5	14 800	11 400	8 050	7 020	6 250	5 640	4 580	3 490
	W_5		88		9.71	0.57	2.5	44.46	35.89	26.93	24.11	21.97	20.23	17.13	13.81
	W_{12}		88		21.03	0.55	2	92.60	75.09	56.73	50.93	46.53	42.94	36.54	29.65

注：Q_m 为洪峰流量（m^3/s）；W 为洪量（亿 m^3）。

表 6-13　花园口分期设计洪水成果表

分期	项目	系列			均值	C_v	C_s/C_v	频率为 P（%）的设计值							
		N	n	a				0.01	0.1	1	2	3.33	5	10	20
年最大	Q_m		78		7 840	0.58	4	48 400	36 600	25 000	21 500	19 000	17 000	13 600	10 400
	W_5		74		24.00	0.48	4	117.03	91.22	65.32	57.50	51.72	47.13	39.24	31.31
	W_{12}		74		48.15	0.44	3	189.78	153.73	116.44	104.81	96.07	88.99	76.51	63.33
	W_{45}		74		133.70	0.39	2	418.18	353.51	283.75	261.13	243.74	229.39	203.35	174.47
7月1日～8月31日	Q_m		63		7 270	0.6	4	46 900	35 300	23 800	20 500	18 000	16 000	12 800	9 610
	W_5		63		19.82	0.54	3	98.64	77.59	56.20	49.65	44.77	40.84	34.03	27.01
	W_{12}		63		39.66	0.48	3	172.13	137.72	102.39	91.46	83.28	76.66	65.08	52.97
	W_{45}		63		107.95	0.45	2	386.34	321.13	251.61	229.30	212.28	198.23	172.99	145.31
7月1日～9月10日	Q_m		63		7 370	0.6	4	47 500	35 800	24 200	20 700	18 200	16 300	12 900	9 740
	W_5		63		20.19	0.54	3	100.48	79.04	57.25	50.57	45.61	41.61	34.67	27.52
	W_{12}		63		39.66	0.48	3	172.13	137.72	102.39	91.46	83.28	76.66	65.08	52.97
	W_{45}		63		107.95	0.45	2	386.34	321.13	251.61	229.30	212.28	198.23	172.99	145.31
9月1日～10月31日	Q_m		63		4 880	0.63	2.5	27 200	21 300	15 200	13 400	12 000	10 900	8 960	6 960
	W_5		63		17.35	0.58	2.5	87.61	69.32	50.57	44.77	40.43	36.92	30.79	24.37
	W_{12}		63		36.19	0.55	2.5	171.77	136.91	101.01	89.85	81.49	74.71	62.81	50.30
	W_{45}		63		103.44	0.47	2	386.42	319.56	248.49	225.75	208.43	194.16	168.57	140.61
9月11日～10月31日	Q_m		63		4 210	0.63	2.5	23 500	18 400	13 200	11 600	10 400	9 400	7 740	6 010
	W_5		63		16.08	0.58	2.5	81.19	64.25	46.87	41.49	37.47	34.22	28.53	22.59
	W_{12}		63		34.04	0.55	2.5	161.57	128.78	95.01	84.51	76.65	70.27	59.08	47.31
	W_{45}		63		100.06	0.47	2	373.80	309.12	240.37	218.37	201.62	187.81	163.06	136.01
9月1日～10月10日	Q_m		63		4 150	0.63	2.5	23 100	18 100	13 000	11 400	10 200	9 270	7 630	5 930
	W_5		63		15.82	0.59	2.5	81.50	64.35	46.77	41.34	37.27	34.00	28.27	22.30
	W_{12}		63		33.23	0.56	2.5	161.02	128.05	94.11	83.58	75.68	69.30	58.11	46.35
	W_{30}		63		69.33	0.55	2	305.16	247.53	187.03	167.89	153.38	141.55	120.46	97.75
9月11日～10月10日	Q_m		63		4 070	0.63	2.5	22 700	17 800	12 700	11 200	10 000	9 100	7 490	5 820
	W_5		63		15.51	0.59	2.5	79.89	63.09	45.85	40.53	36.55	33.33	27.72	21.86
	W_{12}		63		32.58	0.56	2.5	157.89	125.54	92.27	81.94	74.21	67.95	56.97	45.44
	W_{30}		63		67.97	0.55	2	299.27	242.69	183.36	164.60	150.40	138.77	118.10	95.83
10月11日～10月31日	Q_m		63		3 000	0.62	2.5	16 400	12 900	9 240	8 130	7 300	6 630	5 470	4 270
	W_5		63		11.45	0.56	2	51.40	41.60	31.32	28.08	25.62	23.62	20.05	16.21
	W_{12}		63		24.77	0.6	2	120.10	96.33	71.58	63.80	57.94	53.16	44.69	35.66

注：Q_m 为洪峰流量（m^3/s）；W 为洪量（亿/m^3）。

表 6-14 三花间分期设计洪水成果表

分期	项目	系列			均值	C_v	C_s/C_v	频率为 P（%）的设计值							
		N	n	a				0.01	0.1	1	2	3.33	5	10	20
年最大	Q_m		75		3 650	1.06	2.5	40 900	29 700	18 800	15 600	13 300	11 400	8 420	5 550
	W_5		75		7.38	1.01	2.5	77.09	56.42	36.13	30.14	25.79	22.38	16.68	11.20
	W_{12}		75		11.39	0.93	2.5	105.90	78.42	51.27	43.21	37.32	32.68	24.85	17.23
7月1日～8月20日	Q_m		60		3 110	1.1	2.5	36 800	26 600	16 600	13 700	11 600	9 990	7 270	4 720
	W_5		60		5.70	1.15	2.5	71.88	51.62	31.94	26.21	22.08	18.86	13.56	8.62
	W_{12}		60		8.78	1.07	2.5	99.65	72.32	45.62	37.79	32.12	27.68	20.31	13.33
7月1日～8月31日	Q_m		60		3 150	1.1	2.5	37 300	26 900	16 900	13 900	11 800	10 100	7 380	4 780
	W_5		60		5.97	1.15	2.5	75.28	54.06	33.45	27.45	23.13	19.76	14.20	9.03
	W_{12}		60		9.18	1.07	2.5	104.19	75.62	47.70	39.51	33.59	28.94	21.24	13.94
8月21日～10月31日	Q_m		57		1 830	0.9	2	14 600	11 100	7 570	6 500	5 710	5 080	3 990	2 880
	W_5		60		3.76	1.00	2.5	38.73	28.38	18.22	15.22	13.04	11.33	8.46	5.71
	W_{12}		60		6.22	1.00	2.5	64.07	46.95	30.14	25.18	21.57	18.74	14.00	9.44
9月1日～10月31日	Q_m		57		1 480	0.90	2	11 800	8 990	6 140	5 270	4 630	4 120	3 230	2 340
	W_5		60		3.36	1.00	2.5	34.61	25.36	16.28	13.60	11.65	10.12	7.56	5.10
	W_{12}		60		5.54	1.00	2.0	51.03	38.27	25.51	21.67	18.85	16.60	12.76	8.92
8月21日～10月10日	Q_m		57		1 520	1.00	2	14 000	10 500	7 020	5 960	5 180	4 560	3 510	2 450
	W_5		60		2.83	1.12	2.5	34.33	24.75	15.42	12.70	10.74	9.20	6.67	4.29
	W_{12}		60		4.90	1.14	2.5	61.00	43.86	27.21	22.35	18.85	16.12	11.62	7.41
9月1日～10月10日	Q_m		57		1 490	1.00	2	13 700	10 300	6 860	5 830	5 070	4 460	3 430	2 400
	W_5		60		2.78	1.12	2.5	33.69	24.29	15.14	12.47	10.53	9.03	6.54	4.21
	W_{12}		60		4.81	1.14	2.5	59.83	43.03	26.69	21.92	18.49	15.81	11.40	7.27
10月11日～10月31日	Q_m		57		910	1.3	2	12 200	8 820	5 520	4 550	3 850	3 300	2 380	1 500
	W_5		57		2.24	1.27	2.5	32.70	23.16	13.95	11.29	9.39	7.91	5.52	3.34
	W_{12}		57		3.76	1.2	2.5	50.49	36.03	22.04	17.98	15.07	12.80	9.08	5.66

注：Q_m 为洪峰流量（m^3/s）；W 为洪量（亿 m^3）。

（2）设计洪水成果合理性分析

从统计参数的空间变化看，洪峰流量与各时段洪量均值花园口大于三花间、三门峡，各时段洪量三门峡占花园口比例的 80% 左右，随着洪量时段的加长，三花间所占比例减小，三门峡所占比例增加。正反映了三门峡以上来水主要形成中游洪水的基流，三花间洪水历时相对较短的洪水特性。C_v 的变化，花园口小于三花间，符合统计面积增大 C_v 值减小的一般规律。因此，统计参数的空间变化是合理的。

从各站后汛期相应时段洪量值分析，各站 5 天洪量、相应的 7 天、33 天洪量随着频率的增大而减小，同频率洪水相应 $W_{3\text{-}1}$、$W_{5\text{-}3}$、$W_{12\text{-}5}$、$W_{45\text{-}12}$时段的平均 1 天洪量值依次减小，符合洪水过程的一般变化规律，说明各时段设计值是合理的。

不同分期之间设计洪峰、洪量变化规律，与黄河中下游洪水一般特性相吻合，即大洪水主要集中在 7 ~ 8 月，越往后洪水量级越小。9 ~ 10 月洪水基本以三门峡以上来水为主，三花间来水较小。

（3）分期设计洪水采用

比较各分期设计洪水成果可见，洪水分期后分期设计洪水均小于年最大设计洪水，其中主汛期 7 月、8 月的设计洪水略小于年最大洪水、与年最大洪水成果相差不大；而 9 月的设计洪水明显小于年最大成果，洪峰流量减小约 54%，12 天洪量减小约 29%；10 月的设计洪水又减小更多，与年最大相比，洪峰流量减小约 67%，12 天洪量减小约 46%。由于 9 月、10 月分期设计洪水小于年最大设计洪水，所需的防洪库容减小，9 月、10 月可以适当提高水库汛限水位。

为确保主汛期水库防洪安全，设计洪水过程线推求及防洪库容分析中，三门峡、花园口和三花间 7 月、8 月设计洪水采用年最大设计值；9 月、10 月设计洪水采用各分期相应的设计值。

6.1.7.3 设计洪水组成及过程线

（1）典型洪水选择

根据黄河下游洪水的来源及特点，7 ~ 8 月（前汛期）以三门峡以上来水为主的“上大洪水”，选花园口 1933 年 7 月 20 日 ~ 9 月 3 日洪水为典型；以三花间来水为主的“下大洪水”，选择花园口 1954 年 8 月 2 ~ 18 日、1958 年 7 月 15 ~ 31 日、1982 年 7 月 30 日 ~ 8 月 15 日洪水为典型。9 ~ 10 月（后汛期）黄河干流洪水选择花园口 1964 年 9 月 13 日 ~ 10 月 28 日、1975 年 9 月 16 日 ~ 10 月 31 日为典型。

（2）设计洪水的地区组成

对三门峡以上来水为主的“上大洪水”，地区组成为三门峡、花园口同频率，三花间相应；三门峡—花园口区间来水为主的“下大洪水”，地区组成为花园口、三花间同频率，三门峡以上来水为相应洪水。9 ~ 10 月洪水地区组成为花园口同倍比。

（3）设计洪水过程线

根据设计洪水洪峰、洪量，按照上述设计洪水的地区组成和过程组成，放大典型洪水过程，得到设计洪水过程线。

6.2 小浪底水库汛限水位优化策略研究

根据水库拦沙量不同，小浪底水库的运行期分为拦沙期和正常运用期，两个时期的库容特点有差异、防洪减淤运用方式不同，因此汛限水位优化调整的思路也不同。

6.2.1 正常运用期汛限水位优化策略及限制指标

根据小浪底水库的开发定位，在充分发挥水库防洪、减淤作用的前提下，考虑黄河流域的水资源短缺状况，以有利于黄河水资源调配及洪水资源利用为出发点，基于汛限水位优化限制条件，拟定小浪底水库汛限水位优化策略。正常运用期，小浪底水库汛限水位优化采用的是基于汛期分期运用和干支流水库群联合防洪调度的汛限水位优化策略。

6.2.1.1 基于汛期分期运用及干支流水库群联合防洪调度的汛限水位优化策略

由于后汛期的洪水量级小于前汛期和年最大洪水，防御后汛期洪水的防洪库容小，因此后汛期水库的汛限水位一般高于前汛期。设置汛期分期点的意义在于利用后汛期可以抬高汛限水位的特点，多蓄水兴利。因此，就单一水库而言，汛期分期点越前移，可能蓄水兴利的几率越大，洪水资源化程度越高。同时，也可通过增加分期点来逐级抬高汛限水位的方式实现洪水资源利用。

小浪底水库防洪调度目前采用的分期点为 9 月 1 日，若仅从洪水资源利用的角度考虑，小浪底水库的汛期分期优化，应将分期点时间前移较为合理。但根据黄河洪水泥沙的特点和黄河中下游汛期分期洪水研究的结论，考虑防洪风险、水库和河道减淤等问题，本书不研究分期点简单前移的方案，而是在充分考虑三门峡、花园口及三花间的分期洪水研究成果基础上，通过拟定三门峡和三花间不同的汛期分期方案，通过多方案对比分析经多目标综合比选，完成汛限水位优化，以此来达到洪水资源利用的目的。

基于分期运用及干支流水库群联合防洪调度的汛限水位优化策略涉及的方法主要为串并联水库群联合防洪调度、小浪底水库及下游河道冲淤计算、风险效益对比分析、多目标决策评价等。

6.2.1.2 正常运用期汛限水位优化限制指标

(1) 防洪调控指标分析

小浪底正常运用期防洪库容有限，黄河下游防洪需求侧重于防洪保护区和下游滩区防洪要求，综合考虑上述各方面的防洪需求及防洪工程的实际调度情况，采用花园口站经中游水库调度后的洪峰流量为黄河下游防洪调控指标，具体包括：

1）滩区防洪控制指标。根据黄河下游滩区淹没范围分析，花园口站发生洪峰流量在 8000m^3/s 左右洪水时，绝大部分滩区（约 89%）已受淹，将花园口洪峰流量控制到 8000m^3/s 以下，可有效减小滩区的淹没损失。因此，从控制中小洪水减小滩区淹没损失角度出发，选择花园口 8000m^3/s 作为下游滩区防洪管理的调控指标。

2）下游防洪调控指标。目前，黄河下游按花园口站 22 000m^3/s、艾山站 11 000m^3/s 设防，其中艾山以下山东河段干流的控制流量为 10 000m^3/s，孙口洪水流量超过 10 000m^3/s，需要启用东平湖滞洪区分洪。可见，花园口站 10 000m^3/s 是黄河下游大洪水的控制流量，22 000m^3/s 为标准以内洪水和超标准洪水的分界点，作为下游防洪调控的约束条件。

小浪底正常运用期黄河下游防洪调控指标见表6-15。

表6-15　小浪底正常运用期黄河下游防洪调控指标

花园口控制流量/(m^3/s)	约束条件
8 000	现状情况下，尽量减少下游滩区淹没损失
10 000	艾山以下河段允许黄河干流下泄的最大流量
22 000	黄河中下游标准以内洪水和超标准洪水的分界点

3）不同量级洪水所需的分期防洪库容。正常运用期小浪底水库用于兼顾下游滩区减灾的库容有限，因此，重点研究大洪水和特大洪水所需的分期防洪库容。

大洪水和特大洪水指花园口洪峰流量大于10 000m^3/s的洪水。水库群按小浪底水库设计的正常运用期防洪方式运用，即支流水库按原设计方式运用；三门峡水库采用先敞后控方式；小浪底水库在预报花园口洪水流量大于8000m^3/s（保滩流量），小花间来洪流量小于7000m^3/s，含沙量小于50kg/m^3时，小浪底水库泄量与小花间来洪流量凑花园口8000m^3/s。此后，根据小花间来洪流量的大小与水库蓄洪量的多少，确定不同的泄洪方式，即：①当蓄水量达到7.9亿m^3时，按不超过花园口10 000m^3/s泄洪；当水库蓄洪量达20亿m^3，且有增大趋势时，水库按敞泄或维持库水位运用，允许花园口洪水流量超过10 000m^3/s；当预报花园口10 000m^3/s以上洪量达20亿m^3后，水库按控制花园口10 000m^3/s泄洪。②水库蓄洪量虽未达到7.9亿m^3，而小花间的洪水流量已达7000m^3/s，且有上涨趋势时，若预报小花间流量大于9000m^3/s，水库下泄最小流量1000m^3/s。否则，控制花园口10 000m^3/s泄洪。

结合汛期洪水分期点识别结果及汛限水位优化方案研究需要，对不同地区组成的分期设计洪水过程进行调蓄计算，分析不同控制运用方式下万年一遇洪水所需防洪库容，结果见表6-16。

表6-16　黄河下游万年一遇洪水所需小浪底水库防洪库容成果表（正常适用期）

分期时段	7月1日～8月20日	8月21日～9月10日	9月11日～10月31日	9月11日～10月10日	10月11日～10月31日
所需库容/亿m^3	37.74	32.29	22.20	20.86	9.62

注：分期设计洪水采用本次计算成果。

（2）综合利用的最小流量指标

综合分析小浪底水库调度运用以来调节期各个月下泄流量情况，以及黄河下游供水、灌溉、防凌、河道生态及发电等多目标的水量需求，提出小浪底水库调节期各个月下泄的最小流量为350～850m^3/s。为满足7月上旬“卡脖子旱”的供水需求，历年6月底应预8亿m^3左右可调水量，至7月上旬按出库800m^3/s流量补水下泄，以满足相应的灌溉用水需求。各月小浪底水库出库最小流量见表6-17。

表 6-17　供水、灌溉等要求小浪底水库 11 月～翌年 7 月 10 日下泄流量表

月份	11 月	12 月	1 月	2 月	3 月	4 月	5 月	6 月	7 月上旬
流量/(m^3/s)	400	410	350	390	650	850	700	650	800

6.2.2　拦沙期汛限水位调整策略及限制指标

6.2.2.1　拦沙期汛限水位调整策略

按照水利部 2004 年批复的《小浪底水利枢纽拦沙初期运用调度规程》，小浪底水库运用分为 3 个时期，即拦沙初期、拦沙后期和正常运用期。其中，拦沙初期指水库淤积量达到 21 亿～22 亿 m^3 以前；拦沙后期指拦沙初期之后至库区形成高滩深槽，坝前滩面高程达 254m；正常运用期指坝前滩面高程达 254m 之后，利用 254m 高程以下的槽库容长期进行调水调沙的时期。目前水库运用处于拦沙后期第一阶段。

在拦沙期内，小浪底水库调整策略为基于逐步淤积调控的汛限水位调整策略。小浪底水库是典型的多泥沙河流的综合利用水库，设计永久拦沙库容约 75.5 亿 m^3（包括支流河口拦门沙坎淤堵的无效库容 3 亿 m^3），其库区干支流淤积形式、过程与汛限水位、减淤运用方式关系密切。为充分利用水库拦沙库容、发挥水库拦沙减淤作用，小浪底水库在拦沙期采用逐步抬高汛限水位的方式运用。在拦沙期，特别是水库淤积量小于 60 亿 m^3 的阶段，由于小浪底水库汛限水位以上的防洪库容大，可在控制下游河道防洪安全流量的同时兼顾减小滩区淹没损失，其汛限水位调整带来的防洪风险一般可以忽略。因此调整的主要策略为基于逐步淤积调控的汛限水位调整策略，即考虑延长拦沙淤积年限、充分发挥水库拦沙减淤作用、水库兴利效益等方面，通过对现状水库淤积状况及淤积演变过程的分析计算，对减淤及各种兴利效益进行分析，综合权衡，优选对水库拦沙减淤、延长水库拦沙年限较为有利的汛限水位方案。

6.2.2.2　拦沙期汛限水位调整限制指标

(1) 防洪限制指标

1）下游滩区防洪控制流量。黄河下游滩区居住有近 190 万人，滩区既是行洪的河道又是约 190 万人赖以生存的家园，社会经济的发展、民生水利的要求，使得滩区成为近期防洪运用矛盾的焦点，中小洪水管理成为下游防洪管理的瓶颈问题。从黄河下游滩区淹没范围分析可知，花园口 6000m^3/s 以下洪水滩区淹没损失较小；花园口洪峰流量从 6000m^3/s 到 8000m^3/s 下游滩区的淹没损失增加很快，花园口站发生洪峰流量 8000m^3/s 左右的洪水时，绝大部分滩区（约 89%）已受淹。拦沙期小浪底库容较大，应尽量兼顾滩区防洪、减少滩区淹没。

因此，综合下游防洪保护区、滩区防洪需求、下游河道过流能力、中游水库群设计防

洪能力等多方面约束，采用上游水库运用后花园口流量 4000m³/s、6000m³/s、8000m³/s、10 000m³/s、22 000m³/s 为黄河下游防洪限制指标。与正常运用期相比，拦沙后期水库防洪库容较大，增加 4000m³/s、6000m³/s 两个控制指标，其他指标意义与正常运用期相同。

2）不同量级洪水所需的分期防洪库容。拦沙期小浪底水库防洪库容较大，满足水库自身及下游防洪需求。考虑目前黄河下游滩区减灾的迫切需要，重点研究中小洪水防洪所需的分期防洪库容。

根据花园口洪峰流量划分中小洪水量级，但相同洪峰流量对应的洪水过程千差万别，控制相同流量所需的防洪库容也差距较大，从绝大部分场次洪水满足防洪要求的角度出发，综合考虑洪水过程中洪峰、洪量、洪水历时等特征的不确定性，以设计洪水和实际洪水调洪计算的防洪库容取外包，确定中小洪水控制运用所需防洪库容，见表 6-18。从表中看出，花园口洪峰流量 10 000m³/s（约 5 年一遇）洪水，按控制花园口 4000m³/s、5000m³/s 和 6000m³/s 运用所需的防洪库容分别为 18 亿 m³、8.7 亿 m³和 6.0 亿 m³；花园口洪峰流量 8000m³/s（约 3 年一遇）洪水，控制花园口 4000m³/s、5000m³/s 和 6000m³/s 运用所需的防洪库容分别为 10 亿 m³、5.5 亿 m³和 3.2 亿 m³。其中，对于花园口洪峰流量 10 000m³/s 洪水，5～8 月分别按控制花园口 4000m³/s、5000m³/s 和 6000m³/s 运用所需的防洪库容分别为 18 亿 m³、8.7 亿 m³和 6.0 亿 m³；9～10 月则分别需要 15 亿 m³、7.0 亿 m³和 1.5 亿 m³防洪库容；10 月则分别需要 5.0 亿 m³、2.0 亿 m³和 0.3 亿 m³防洪库容。后汛期花园口洪峰流量 7000m³/s（约 5 年一遇）洪水，9～10 月分别按控制花园口 4000m³/s、5000m³/s 和 6000m³/s 运用所需的防洪库容分别为 10.0 亿 m³、4.0 亿 m³和 1.0 亿 m³。

表 6-18　花园口不同量级洪水不同控制流量所需小浪底水库防洪库容表

时期	洪水量级	中小洪水不同控制运用方式所需防洪库容/亿 m³		
		控 4 000m³/s	控 5 000m³/s	控 6 000m³/s
5～8 月	10 000m³/s（5 年一遇）	18	8.7	6.0
9～10 月	10 000m³/s（10 年一遇）	15	7.0	1.5
	7 000m³/s（5 年一遇）	10	4.0	1.0
9 月	10 000m³/s（10 年一遇）	15	7.0	1.5
10 月	10 000m³/s（10 年一遇）	5.0	2.0	0.3
年最大	10 000m³/s（5 年一遇）	18	8.7	6.0
	8 000m³/s（3 年一遇）	10	5.5	3.2

3）大洪水和特大洪水。拦沙期小浪底水库汛限水位以上的防洪库容大，可在控制下游河道防洪安全流量的同时兼顾减小滩区淹没损失。结合黄河中下游中小洪水特性和水库实际调度情况，在小浪底水库原设计运用方式的基础上，对保滩流量量级做出调整，即从控制花园口 8000m³/s 调整为 4000m³/s，中小洪水所需防洪库容 18 亿 m³。水库群防洪方式运用如下：支流水库按原设计方式运用；三门峡水库采用先敞后控方式；小浪底水库在预报花园口洪水流量大于 4000m³/s（保滩流量），小花间来洪流量小于 3000m³/s 时，小浪底水库泄量与小花间来洪流量凑花园口 4000m³/s。此后，当蓄水量达到 18 亿 m³时，按

不超过花园口 10 000m³/s 泄洪；当水库蓄洪量达 20 亿 m³，且有增大趋势时，水库按敞泄或维持库水位运用，允许花园口洪水流量超过 10 000m³/s；当预报花园口 10 000m³/s 以上洪量达 20 亿 m³后，水库按控制花园口 10 000m³/s 泄洪。水库蓄洪量虽未达到 18 亿 m³，而小花间的洪水流量已达 3000m³/s，且有上涨趋势时，若预报小花间流量大于 9000m³/s，水库下泄最小流量 1000m³/s。否则，控制花园口 10 000m³/s 泄洪。

结合汛期洪水分期点识别结果及汛限水位优化方案研究需要，对不同地区组成的分期设计洪水过程进行调蓄计算，分析不同控制运用方式下万年一遇洪水所需防洪库容，结果见表 6-19。

表 6-19　黄河下游万年一遇洪水所需小浪底水库防洪库容成果表（拦沙后期）

分期时段	7 月 1 日～8 月 20 日	8 月 21 日～9 月 10 日	9 月 11 日～10 月 31 日	9 月 11 日～10 月 10 日	10 月 11 日～10 月 31 日
所需库容/亿 m³	41. 58	39. 19	22. 25	22. 25	9. 97

注：分期设计洪水采用本次计算成果。

（2）减淤调控指标

现状小浪底水库运用处于拦沙后期第一阶段，目前下游河道最小平滩流量已经恢复至 4000m³/s 左右。以往的研究成果表明，在目前水沙条件和小浪底水库剩余有效库容仍较大的情况下，黄河下游河道维持 4000m³/s 中水河槽是比较适宜的。因此，现状背景条件下调控指标的选择既要充分考虑维持下游河道中水河槽过流能力的需要，也要符合近期黄河来水来沙总体偏枯的实际。

综合分析确定拦沙后期选择调控上限流量为 2600～4000m³/s，调控历时不少于 5～6 天，相应调控库容为 8 亿～13 亿 m³。

（3）综合利用的最小流量指标

拦沙后期综合利用的最小流量与正常运用期相同，11 月至翌年 7 月 10 日下泄流量见表 6-17。

6. 2. 3　小浪底水库汛限水位优化模型

汛限水位不仅是协调水库防洪和兴利库容的关键特征水位，并且对水库工程防洪、减淤、供水、灌溉、发电等综合利用目标的实现均有直接影响。根据《水利工程水利计算规范》（SL 104—2015），综合利用水库的汛限水位应根据各方案调节计算成果，结合工程开发条件全面进行分析比较后选定。小浪底水库的开发任务以防洪、防凌、减淤为主，兼顾供水、灌溉和发电。因此，小浪底水库的汛限水位优化问题是一个典型的多目标优化模型求解问题。

6. 2. 3. 1　模型目标函数及约束条件

根据黄河中下游的汛期分期洪水特性及防洪要求，基于系统分析理论，以防洪风险最小、减淤影响最小、供水效益最大、灌溉效益最大、发电量最多等综合利用效益最优为目标函数，以防洪控制条件、防洪特征水位等为约束，构建小浪底水库汛限水位多目标优化模型。

(1) 目标函数

$$\mathrm{Opti}\{f_1(S),\ f_2(S),\ \cdots,\ f_m(S)\} \tag{6-8}$$

式中，S 为汛限水位优化方案；$f_i(S)(i=1,\ 2,\ \cdots,\ m)$ 为第 i 个综合利用目标值；m 为综合利用目标个数。本书以防洪风险最小、水库淤积量最小、河道减淤量最大、多年平均汛末蓄水量最多、多年平均发电量最多 5 个目标作为目标函数。

1）防洪风险最小：

$$\min f_1 = R_{\mathrm{pd}}(S) \tag{6-9}$$

式中，$R_{\mathrm{pd}}(S)$ 为防洪风险率差，为设计要求洪水的频率与实际计算洪水的频率之差。

2）水库淤积量最小：

$$\min f_2 = \mathrm{Se}(S)\mathrm{end} - \mathrm{Se}(S)\mathrm{start} \tag{6-10}$$

式中，$\mathrm{Se}(S)\mathrm{start}$、$\mathrm{Se}(S)\mathrm{end}$ 分别为计算时间段内开始和结束时，水库的淤积量。

3）河道减淤量最大：

$$\max f_3 = \mathrm{SeC}(S)\mathrm{end} - \mathrm{SeC}(S)\mathrm{start} \tag{6-11}$$

式中，$\mathrm{SeC}(S)\mathrm{start}$、$\mathrm{SeC}(S)\mathrm{end}$ 分别为计算时间段内开始和结束时，河道的淤积量。

4）多年平均汛末蓄水最多：

$$\max f_4 = \mathrm{mean}\left[\sum V(S)\mathrm{end} - V(S)\mathrm{start}\right] \tag{6-12}$$

式中，$V(S)\mathrm{start}$、$V(S)\mathrm{end}$ 分别为计算时间段内开始和结束时，水库汛末蓄水量。

5）多年平均发电量最多：

$$\max f_5 = \mathrm{mean}\left[\sum E(S)\right] \tag{6-13}$$

式中，$E(S)$ 为计算时间段内一个计算年度的发电量。

(2) 约束条件

汛限水位多目标优化模型的主要约束条件体现在以下方面。

1）水量平衡约束：

$$V_t = V_{t-1} + (\bar{I}_t - \bar{O}_t) \times \Delta t,\ i = 1,\ 2,\ \cdots,\ n \tag{6-14}$$

式中，V_{t-1}、V_t 分别为第 t 个计算时段初和时段末库容；$\bar{I}_t$、$\bar{O}_t$ 分别为第 t 个计算时段的平均入库流量和平均出库流量；Δt 为计算步长。

2）水位约束：

$$Z_{\max} \leqslant Z_{防洪} \tag{6-15}$$

$$Z_{\mathrm{end}} \leqslant Z_{蓄水} \tag{6-16}$$

式中，$Z_{\max}$、Z_{end} 分别为防洪控制计算最高水位及汛末水库蓄水位；$Z_{防洪}$、$Z_{蓄水}$ 分别为防洪允许的最高水位及汛末蓄水的最高水位。

3）流量约束：

$$\max(Q_{\mathrm{out}}) \leqslant Q_{防洪} \tag{6-17}$$

$$Q_{\mathrm{out}}(z_i) \leqslant Q_{泄流}(z_i) \tag{6-18}$$

$$Q_{out}|_{(调沙)} \in [Q_{调沙min}, Q_{调沙max}] \tag{6-19}$$

$$\min(Q_{out}) \geq Q_{生态} \tag{6-20}$$

式中，$\max(Q_{out})$ 为最大下泄流量；$Q_{防洪}$ 为防洪控泄要求；$Q_{out}(z_i)$ 为 z_i 水位下的下泄流量；$Q_{泄流}(z_i)$ 为相应水位下的最大泄流能力；$Q_{out}|_{(调沙)}$ 为调水调沙时的流量；$[Q_{调沙min}, Q_{调沙max}]$ 为调水调沙时的流量要求范围；$\min(Q_{out})$ 为最小下泄流量；$Q_{生态}$ 为最小生态流量控泄要求。

在模型求解计算过程中还涉及水力计算约束、出力计算约束等，在此不再赘述。

6.2.3.2 模型求解方法支持

模型求解过程中涉及水库群防洪调度、水库及下游河道冲淤计算，以及风险分析计算、效益分析计算、多目标评价等方法支持，分模块说明如下：

（1）黄河中下游混联水库群联合防洪调度模块

针对分期设计洪水成果、不同的设计洪水地区组成及不同的防洪运用方式，基于不同分期方案，对相应汛限水位方案进行三门峡水库、小浪底水库、陆浑水库、故县水库、河口村水库等黄河中下游干支流混联的五库联合调洪计算。

黄河中下游混联水库群联合防洪调度模块以数据库、模型库、方法库和方案库为基本信息支撑，通过给定不同的目标函数和约束条件构造适合不同情景的洪水调度模型，实现调度方案计算和分析功能。该模块既可进行水库群联合调控，也可进行单个水库或河段的调度和洪水传播模拟计算，能够灵活地对系统各控制工程的计算结果进行人机交互干预，并快速给出干预后的控制工程及相关计算单元的计算结果。

各管理模块之间的逻辑关系可简要表述为：模型库和方法库对数据库提出数据需求及存储格式要求，数据库作为数据源，通过接口程序为模型库和方法库提供模型运行所需的数据，模型的运行结果以约定的存储格式存入数据库；模型库和方法库相互配合，前者实现水库子系统的调度，后者强调下游河道和分滞洪区的演进，两者结合共同完成防洪调度方案的计算；方案库是对上述三库综合运用后的调度结果数据进行统一的管理。

（2）小浪底水库及下游河道冲淤计算模块

1）水库冲淤计算。

基于不同汛限水位方案及减淤运用的调控指标，拟定水库运用方式，采用水库水动力学泥沙数学模型，满足减淤、供水、灌溉、发电、生态等条件约束，根据选定的水沙系列及初始地形边界进行小浪底库区泥沙冲淤计算，并将输出作为下游河道冲淤计算的输入条件。

水库冲淤计算主要目的为通过设定的初始地形边界、设计水沙条件、确定的调控指标和运行方式，模拟水库的调度运用过程，并模拟计算出库的水沙过程、库区冲淤变化、地形调整，以及有效库容变化等，为进一步分析不同汛限水位方案水库冲淤变化提供基础数据。

水流连续方程：

$$\frac{\mathrm{d}Q}{\mathrm{d}x} + q_l = 0 \tag{6-21}$$

水流运动方程：

$$\frac{\mathrm{d}}{\mathrm{d}x}\left(\frac{Q^2}{A}\right) + gA\left(\frac{\mathrm{d}z}{\mathrm{d}x} + J\right) + U_l \cdot q_l = 0 \tag{6-22}$$

沙量连续方程（分粒径组）：

$$\frac{\partial}{\partial X}(QS_k) + \gamma \frac{\partial A_{dk}}{\partial t} + q_{sk} = 0 \tag{6-23}$$

河床变形方程：

$$\gamma \frac{\partial Z_b}{\partial t} = \alpha\omega(S - S^*) \tag{6-24}$$

式（6-21）～式（6-24）中，x，t 为流程和时间；z 为水位；Q 为流量；A 为过水面积；A_b 为冲淤面积；g 为重力加速度；J 为能坡；S 为含沙量；S_k 分组含沙量；S^* 为水流挟沙力；ω 为泥沙沉速；α 为恢复饱和系数；γ 为水的容重；q_l、q_s 为单位流程上的侧向出（入）流量、输沙率（出为正，入为负）；U_l 为侧向出（入）流流速在主流方向上的分量；Z_b 河床高程；k 为粒径组；ΔA_{dk}为第 k 粒径组冲淤面积。

水流挟沙力公式采用张红武水流挟沙力公式：

$$S^* = 2.5\left[\frac{0.0022 + S_v}{\kappa}\ln\left(\frac{h}{6D_{50}}\right)\right]^{0.62}\left(\frac{\gamma_m}{\gamma_s - \gamma_m}\frac{V^3}{gh\omega}\right)^{0.62} \tag{6-25}$$

式中，D_{50}为床沙中值粒径；γ_s 为沙粒容重，取 2650kg/m^3；κ 为卡门常数，$\kappa = 0.4 - 1.68\sqrt{S_v}(0.365 - S_v)$；$S_v$ 为体积比计算的进口断面平均含沙量。

主要计算子模块功能：①基本资料的输入子模块，主要为入库流量、输沙率及级配，河床断面资料等数据的输入；②水力要素计算子模块，根据水库调度运用方式模拟出库流量及坝上水位变化过程，由连续方程联解，计算各断面及子断面的面积、河宽、水深、水力半径、断面流速，推求水面线等；③泥沙计算子模块，计算各子断面分组沙挟沙力 $S_{*k,i,j}$，求各粒径组断面平均含沙量 $S_{k,i}$，计算子断面分组含沙量 $S_{k,i,j}$；④河床变形计算子模块，根据河床变形方程，模拟计算各断面及子断面的冲淤面积，根据断面分配模式，修正断面节点高程，计算水库有效库容及水库蓄水量等重要数据；⑤床沙级配调整计算子模块，根据水库冲淤及分组沙淤积量，对河床淤积物级配进行调整；⑥计算结果输出子模块，根据分析需要和要求，输出入出库水沙、坝前水位、库区冲淤量、河道地形变化等过程数据，以及水库库容变化和时段末蓄水量变化等。

水库冲淤模块的计算过程：数据输入—水库调节、水力要素计算—库区各断面输沙计算—河床变形调整计算—库区淤积物级配调整—计算结果输出。

2）下游河道冲淤计算。

采用水库数学模型计算的各方案出库水沙过程，运用下游河道数学模型进行黄河下游河道的冲淤计算，针对小浪底水库不同的分期汛限水位方案，综合评价黄河下游中水河槽的维持情况。

下游冲淤计算主要目的为通过设定的初始地形边界、进入下游的水沙条件、沿程引水引沙和洪水演进规律，模拟下游河道的水沙及冲淤变化过程，并模拟计算下游河道不同河段的水沙变化、河道冲淤变化（分主槽和滩地）、分组沙冲淤调整及平滩流量变化等，为进一步分析不同分期汛限水位方案下游河道冲淤变化提供基础数据。

基本方程：与水库冲淤计算采用的基本方程相同。

水流挟沙力公式采用武汉大学公式的修正形式：

$$S_* = C\left(\frac{\gamma_m}{\gamma_s - \gamma_m}\frac{U^3}{gh\omega_m}\right)^{m'} \tag{6-26}$$

式中，ω_m 为浑水中泥沙代表沉速，$\omega_m = (\sum P_k \omega_{mk})^{1/m'}$；$P_k$ 为第 k 组泥沙的粒配；C，m'分别为系数和指数，用黄河实测资料回归得到 $C=0.4515$，$m'=0.7414$。

主要计算子模块功能：①基本资料的输入模块，主要包括河道断面资料、边界条件、进入下游的流量、输沙率及级配、支流引水资料等；②水力要素计算模块，根据进口的水沙条件及河床边界，可计算各断面的流量、水位、断面流量模数、断面过水面积、断面流速、水深等水力因子；③泥沙计算模块，计算各子断面分组沙挟沙力 $S_{*k,i,j}$，求各粒径组断面平均含沙量 $S_{k,i}$，计算子断面分组沙含沙量 $S_{k,i,j}$；④河床变形计算模块，根据河床变形方程，模拟计算下游河道各断面及子断面的冲淤厚度，根据断面分配模式，按相邻两子断面的冲淤厚度及过水宽度所占的权重，修正节点上的河床高程，以此计算相邻两子断面的冲淤量及分组沙冲淤量；⑤计算结果输出模块，根据分析需要，输出下游各水文站日均流量和输沙率，不同河段全沙及分组沙冲淤量，主槽、滩地、全断面冲淤量，以及不同河段平滩流量变化等。

下游河道冲淤模块的计算过程：数据输入—下游河道水力要素计算—下游河道各断面输沙计算—河床变形调整计算—平滩流量计算—结果输出。

（3）防洪风险计算及减淤影响分析模块

采用模糊优选理论及误差反馈的权重自适应神经网络模型进行防洪风险评估。考虑到水库汛限水位优化过程中以防洪库容为主要限制指标，因此主要分析汛期洪水分期带来的防洪风险。引入防洪频率差的概念，通过频率相应法来计算相对频率差，进而计算防洪风险。

通过水力学模型的系列演算，研究待优化汛限水位方案条件下的小浪底水库及下游河道的冲淤变化规律，分析汛限水位变化对小浪底水库和下游河道冲淤的影响。

（4）效益分析计算模块

通过小浪底水库的系列演算，研究汛末蓄水位及发电量等对汛限水位方案的响应规律，分析计算不同汛限水位方案下的效益值。

（5）多目标评价模块

选用防洪风险最小、减淤影响最小、汛末蓄水位最高、发电量最大为评价指标，针对各分期汛限水位多目标方案集，通过模糊优选处理及神经网络训练来获取各方案对最优的相对隶属度值之间的复杂非线性关系，并利用该关系来计算不同方案的优劣排序，综合评价各分期汛限水位方案的风险效益，支撑汛限水位优化决策。

6.3 基于分期优化的小浪底水库正常运用期汛限水位优化研究

6.3.1 汛限水位模型求解运行流程

基于系统分析理论，以汛期分期点识别成果为输入，以防洪风险最小、减淤影响最小，以及发电、供水、灌溉等多种兴利效益最大为目标函数，以水库特征水位、防洪减淤及生态流量控泄要求等为约束，设定不同的汛期分期运用方案，计算相应的汛限水位方案，通过黄河中下游混联水库群联合防洪调度计算、小浪底水库及下游河道水力学冲淤计算等计算不同目标值，求解小浪底水库汛限水位优化模型，综合评价防洪风险、减淤影响及兴利效益指标，通过多目标评价来优选汛期分期汛限水位方案。模型求解计算的主要运行流程如图 6-13 所示。

模型嵌套的模块主要包含黄河中下游混联水库群联合防洪调度计算模块、小浪底水库及下游河道水力学冲淤计算模块、防洪风险计算模块、减淤影响分析模块、效益计算模块及多目标评价模块等，采用松散耦合的方式将各模块的数据流进行连接，最终得到基于分期优化的小浪底水库汛限水位优化方案。

6.3.2 汛期分期汛限水位方案拟定

6.3.2.1 方案及边界条件拟定

(1) 方案拟定

黄河防汛抗旱总指挥部办公室发布的近几年黄河中下游洪水调度预案中，将 9 月 1 日作为黄河中下游前、后汛期分期点，习惯上也称为伏汛、秋汛的分期点。本书结合了以往对黄河中下游汛期洪水特性的认识，以实测降雨、洪水、泥沙资料为基础，采用多种识别方法，从统计学的角度识别汛期洪水分期点，选定 8 月 20 日、10 月 10 日为三花间汛期分期点；9 月 10 日、10 月 10 日为潼关站、花园口站汛期分期点。其中，9 月 10 日、8 月 20 日分别为黄河中下游干、支流伏汛的结束时间；10 月 10 日为秋汛的结束时间。

综合考虑本次黄河中下游汛期分期点识别结果及现状小浪底水库实际调度运用情况，拟定四组汛期分期比选方案，见表 6-20、表 6-21。其中，方案一为现状方案，采用近几年实际洪水调度预案中对汛期的划分方式，以 9 月 1 日作为伏汛的结束时间，将汛期分为 7 月 1 日 ~8 月 31 日、9 月 1 日 ~10 月 31 日两个分期。方案二为干支流单分期方案，考虑到干支流伏汛的结束时间不同，将伏汛划分为两个时期，从而将汛期分为 7 月 1 日 ~8 月 20 日、8 月 21 日 ~9 月 10 日、9 月 11 日 ~10 月 31 日 3 个分期。方案三为现状双分期方案，在方案一的基础上，考虑黄河中下游秋汛洪水结束时间，将汛期分为 7 月 1 日 ~8 月

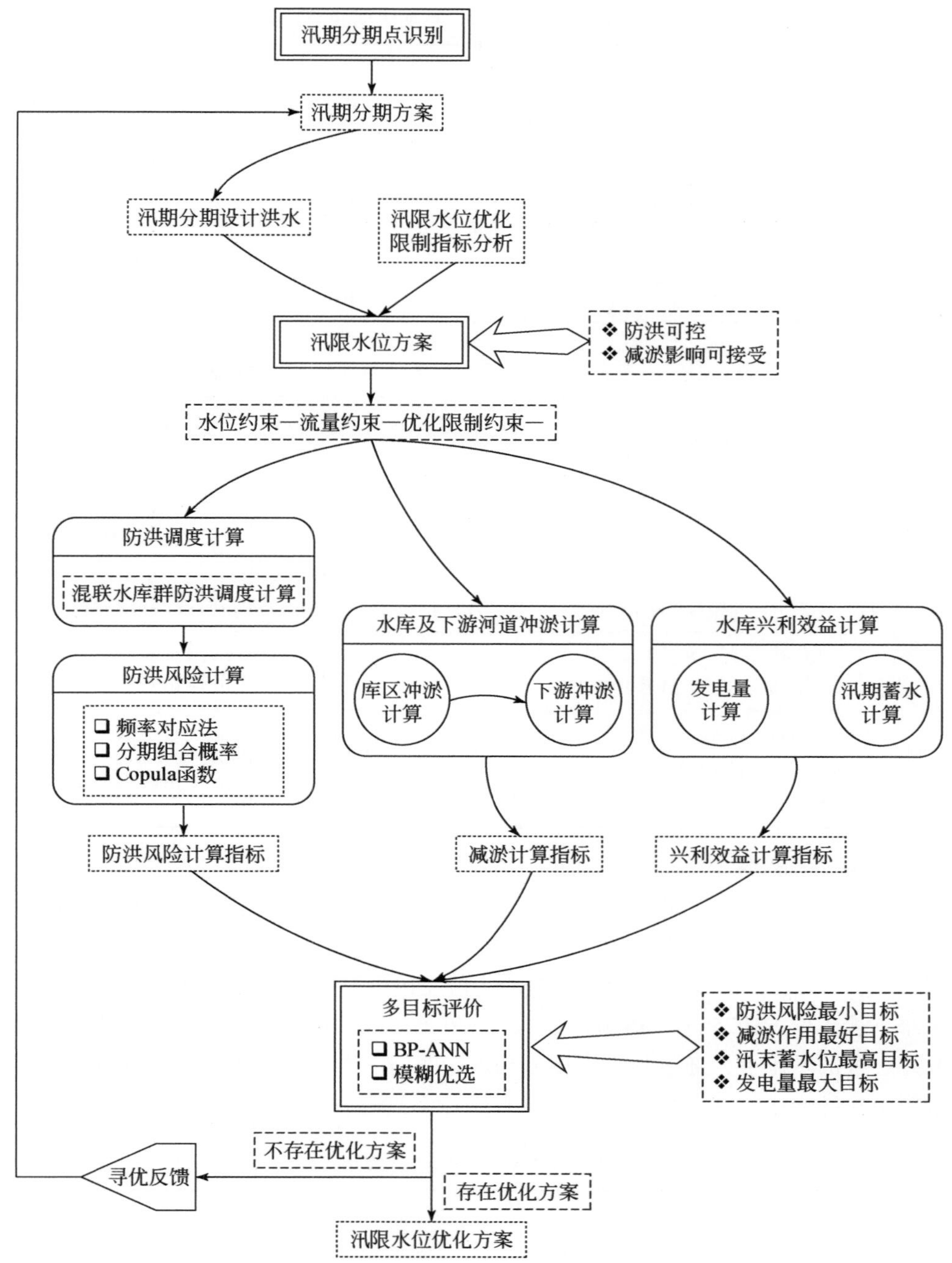

图 6-13　基于分期优化的小浪底水库汛限水位优化计算流程图

31 日、9 月 1 日 ~10 月 10 日、10 月 11 日 ~10 月 31 日 3 个分期。方案四为干支流双分期方案，在方案二的基础上，考虑黄河中下游秋汛洪水结束时间，将汛期分为 7 月 1 日 ~8 月 20 日、8 月 21 日 ~9 月 10 日、9 月 11 日 ~10 月 10 日、10 月 11 日 ~10 月 31 日四个分期。

表 6-20 小浪底水库正常运用期汛期分期方案表

<table>
<tr><td rowspan="2">分期点个数</td><td rowspan="2">分期方案</td><td colspan="2">伏汛结束时间</td><td>秋汛结束时间</td></tr>
<tr><td>三花间</td><td>黄河中下游干流
(潼关、花园口)</td><td>黄河中下游干流
(潼关、花园口)、三花间</td></tr>
<tr><td rowspan="2">单分期点</td><td>方案一(现状方案)</td><td colspan="2">9月1日</td><td></td></tr>
<tr><td>方案二(干支流单分期)</td><td>8月20日</td><td>9月10日</td><td></td></tr>
<tr><td rowspan="2">双分期点</td><td>方案三(现状双分期)</td><td colspan="2">9月1日</td><td>10月10日</td></tr>
<tr><td>方案四(干支流双分期)</td><td>8月20日</td><td>9月10日</td><td>10月10日</td></tr>
</table>

表 6-21 小浪底水库正常运用期各分期方案分期时段表

<table>
<tr><td rowspan="2">汛期分期方案</td><td rowspan="2">空间及时间组合</td><td colspan="4">汛期分期时段</td></tr>
<tr><td colspan="2">伏汛</td><td colspan="2">秋汛</td></tr>
<tr><td>方案一
(现状方案)</td><td>三花间/三门峡/花园口
9月1日</td><td colspan="2">7月1日~8月31日</td><td colspan="2">9月1日~10月31日</td></tr>
<tr><td>方案二
(干支流单分期)</td><td>三花间8月20日
+三门峡/花园口9月10日</td><td>7月1日~
8月20日</td><td>8月21日~
9月10日</td><td colspan="2">9月11日~
10月31日</td></tr>
<tr><td>方案三
(现状双分期)</td><td>三门峡/花园口9月1日
+三门峡/花园口10月10日</td><td colspan="2">7月1日~8月31日</td><td>9月1日~
10月10日</td><td>10月11日~
10月31日</td></tr>
<tr><td>方案四
(干支流双分期)</td><td>三花间8月20日
+三门峡/花园口9月10日
+三花间/三门峡/花园口10月10日</td><td>7月1日~
8月20日</td><td>8月21日~
9月10日</td><td>9月11日~
10月10日</td><td>10月11日~
10月31日</td></tr>
</table>

(2)计算边界条件

1)设计水沙条件。以2030年水平的1956~2000年四站(龙门、河津、华县、状头)水沙系列为基础,选择了1972~1981年系列(水文年),系列长度10年,特征值统计见表6-22。其中1972年、1974年为枯水枯沙年份,1981年为丰水丰沙年份,1973年、1977年为平水丰沙年份,1975年、1976年为丰水平沙年份,1978年为平水平沙年份。在四站水沙系列过程的基础上,通过数学模型分别进行龙门—潼关和潼关—三门峡河段的冲淤计算,求得小浪底入库站(三门峡站)的设计水沙系列过程。

表 6-22 设计水沙系列特征值统计表

系列	龙门站		河津站		状头站		华县站		四站合计	
	水量/亿 m^3	沙量/亿 t	水量/亿 m^3	沙量/亿 t	水量/亿 m^3	沙量/亿 t	水量/亿 m^3	沙量/亿 t	水量/亿 m^3	沙量/亿 t
1956年7月~2000年6月(2030年水平)	221.07	5.89	7.29	0.11	4.51	0.52	54.88	3.13	287.74	9.65
1972年7月~1982年6月(2030年水平)	227.77	5.62	5.60	0.07	4.01	0.46	53.84	3.22	291.22	9.37

2）起始地形边界。正常运用期水库形成了高滩深槽淤积形态，所以库区的起始边界采用小浪底水库正常运用期设计淤积形态；考虑到小浪底水库拦沙期黄河下游河道基本维持4000m^3/s 的过流能力，与目前下游河道主槽过流能力相近，所以正常运用期下游河道起始边界条件采用2013 年汛前实测地形。

6.3.2.2 汛限水位上限值分析

小浪底水库正常运用期水库万年一遇校核水位为275m，有效库容51 亿 m^3。根据黄河小浪底水利枢纽规划设计丛书《工程规划》，黄河中下游主汛期洪水为7 ~9 月，后期洪水为10 月上半月。基于 1976 年水利部水利水电规划设计总院审定的设计洪水成果，主汛期、后期万年一遇洪水所需最大调洪库容分别为40.5 亿 m^3、25 亿 m^3。主汛期汛限水位的确定，一方面，需考虑水库拦沙和调水调沙运用，使其不受泥沙淤积影响，以供防洪运用和在非汛期调节径流兴利运用；另一方面，还要保证水库百年、千年、万年一遇洪水防洪运用时，库区洪水泥沙淤积和回水曲线均不影响三门峡坝下河床断面和自然洪水位。

基于本次汛期分期洪水研究和防洪限制指标分析成果，前汛期万年一遇洪水经三门峡、小浪底、陆浑、故县、河口村水库联合调度后，所需最大调洪库容为 37.74 亿 m^3；8 月 20 日 ~9 月 10 日、9 月 11 日 ~10 月 31 日、9 月 11 日 ~10 月 10 日和 10 月 11 日 ~10 月 31 日相应的万年一遇洪水所需最大调洪库容分别为 32.29 亿 m^3、22.20 亿 m^3、20.86 亿 m^{3}和 9.62 亿 m^3。

按水库正常运用期有效库容 51 亿 m^{3}的条件，275 ~256.5m 防洪库容为 37.83 亿 m^3，满足防御前汛期大洪水和特大洪水的要求，考虑到库区洪水泥沙淤积和回水曲线对三门峡坝下河床断面和自然洪水位的影响，拟定前汛期汛限水位仍维持在 254m。

275 ~260m、275 ~266m、275 ~271m 防洪库容分别为 33.40 亿 m^3、22.32 亿 m^3、10.88 亿 m^3，依次满足防御 8 月 20 日 ~9 月 10 日、9 月 11 日 ~10 月 31 日、10 月 11 日 ~10 月 31 日期间大洪水和特大洪水的要求，拟定 8 月 20 日 ~9 月 10 日、9 月 11 日 ~10 月 31 日、9 月 11 日 ~10 月 10 日、10 月 11 日 ~10 月 31 日汛限水位依次不超过 260m、266m、266m、271m。由此得到汛期不同分期方案汛限水位上限值，见表 6-23。

表 6-23 正常运用期小浪底水库分期汛限水位方案表

方案一	分期时段	7 月 1 日 ~ 8 月 31 日	9 月 1 日 ~ 10 月 31 日		
	汛限水位/m	254	265		
方案二	分期时段	7 月 1 日 ~ 8 月 20 日	8 月 21 日 ~ 9 月 10 日	9 月 11 日 ~ 10 月 31 日	
	汛限水位/m	254	260	266	
方案三	分期时段	7 月 1 日 ~ 8 月 31 日	9 月 1 日 ~ 10 月 10 日	10 月 11 日 ~ 10 月 31 日	
	汛限水位/m	254	265	271	

续表

方案四	分期时段	7月1日~8月20日	8月21日~9月10日	9月11日~10月10日	10月11日~10月31日
	汛限水位/m	254	260	266	271

6.3.3 防洪调度及影响

6.3.3.1 典型洪水防洪调度计算

结合黄河中下游洪水时空特性，选取不同来源区、不同发生时间典型设计洪水进行防洪调度计算。水库防洪运用方式采用小浪底水库初步设计报告中的成果。

(1) 前汛期"上大洪水"防洪调度计算

选取花园口1933年7月20日~9月3日洪水过程为典型，按各个分期方案拟定的汛限水位对不同量级洪水进行防洪调度计算，比较各情景方案下水库及下游洪水情况，结果见表6-24。其中，方案一和方案三情景下，9月1日之前小浪底水库汛限水位为254m，9月1日之后汛限水位抬高到265m；方案二、方案四情景下，8月20日之前小浪底水库汛限水位为254m，8月20日之后汛限水位抬高到260m。

表6-24 不同分期方案下各级"上大洪水"工程蓄洪及下游洪水情况表

名称	洪水重现期			5年	20年	30年	100年	1 000年	10 000年
三门峡	滞蓄洪量/亿 m^3			1.46	4.82	6.46	12.35	25.96	42.50
	最高水位/m		库容	1.69	5.04	6.69	12.58	26.19	42.72
			水位	312.28	318.21	319.77	323.35	328.46	332.66
小浪底	方案一 方案三	滞蓄洪量/亿 m^3		4.99	8.72	9.72	14.98	20.19	32.29
		最高水位/m	库容	14.99	18.72	19.72	24.98	30.19	42.29
			水位	257.94	260.63	261.19	264.15	266.69	271.80
		洪水结束时蓄水位		257.94	259.86	260.26	261.28	266.69	271.80
	方案二 方案四	滞蓄洪量/亿 m^3		7.62	8.72	9.72	14.98	20.19	32.29
		最高水位/m	库容	17.62	18.72	19.72	24.98	30.19	42.29
			水位	260.00	260.63	261.19	264.15	266.69	271.80
		洪水结束时蓄水位		260.00	260.00	260.00	260.00	266.69	271.80
花园口	洪峰流量（m^3/s）			8 000	11 900	12 000	11 800	18 000	21 400
	超万洪量/亿 m^3			0.00	0.71	0.91	1.85	14.09	22.00
孙口	洪峰流量/(m^3/s)			7 900	10 000	10 000	10 500	14 600	17 500
	超万洪量/亿 m^3						1.07	13.28	17.50
艾山	洪峰流量/(m^3/s)			7 890	9 920	10 000	10 000	10 000	10 000

由表可见，不同分期方案“上大洪水”防洪调度计算结果大体相同，区别在于小浪底水库蓄洪结束时的水位不同。由于 1933 年典型为跨期洪水，三门峡水库、小浪底水库首先按前汛期防洪运用方式对该场洪水进行调度，至洪水退水段时，方案一和方案三于 9 月 1 日转入下一分期，方案二、方案四于 8 月 20 日转入下一分期，水库调整运用方式，按后汛期防洪方式运用。从计算结果来看，分期方案二、方案四较方案一、方案三提前 11 天蓄水，洪水结束时，前者的小浪底水库蓄水位整体比后者高。

（2）前汛期“下大洪水”防洪调度计算

选择花园口 1954 年 8 月 2 日 ~8 月 18 日、1958 年 7 月 15 日 ~7 月 31 日、1982 年 7 月 30 日 ~8 月 15 日洪水过程为典型，按各个分期方案拟定的汛限水位对不同量级洪水进行防洪调度计算，比较各情景方案下水库及下游洪水情况，结果见表 6-25。

表 6-25　不同分期方案下各级“下大洪水”工程蓄洪及下游洪水情况表

名称	洪水重现期		5 年	20 年	30 年	100 年	1 000 年	10 000 年
三门峡	滞蓄洪量/亿 m^3		0.39	0.91	1.07	1.58	18.01	36.05
	最高水位/m	库容	0.81	1.33	1.49	2.00	18.43	36.47
		水位	308.77	311.82	312.49	314.15	326.18	331.61
小浪底	滞蓄洪量/亿 m^3		2.11	10.41	12.79	24.37	32.38	37.84
	最高水位/m	库容	12.11	20.41	22.79	34.37	42.38	47.84
		水位	255.66	261.58	262.91	268.61	271.83	273.84
陆浑	滞蓄洪量/亿 m^3		0.17	1.00	1.45	2.35	3.15	4.82
	最高水位/m	库容	5.85	6.68	7.13	8.03	8.83	10.50
		水位	317.45	319.63	320.69	322.70	324.46	327.97
故县	滞蓄洪量/亿 m^3		0.21	1.29	1.69	3.25	4.83	4.83
	最高水位/m	库容	3.00	4.08	4.48	6.05	7.63	7.63
		水位	528.75	534.29	536.16	542.40	548.00	548.00
河口村	滞蓄洪量/亿 m^3		0.00	0.25	0.30	0.49	2.15	2.34
	最高水位/m	库容	0.33	0.58	0.63	0.82	2.38	2.67
		水位	238.00	245.39	246.88	251.85	285.00	285.80
花园口	洪峰流量/(m^3/s)		8 000	10 900	11 800	14 300	20 200	27 500
	超万洪量/亿 m^3			0.54	1.07	2.35	6.64	18.05
孙口	洪峰流量/(m^3/s)		8 000	9 980	10 100	10 500	14 100	17 500
	超万洪量/亿 m^3				0.03	0.34	6.35	16.58
艾山	洪峰流量/(m^3/s)		8 000	9 910	9 980	9 940	10 000	10 000

由于洪水均在 8 月 20 日前结束，小浪底水库汛限水位均为 254m。由表可见，不同分期方案“下大洪水”防洪调度计算结果相同。30 年一遇以上洪水孙口洪峰流量超 10 000m^3/s，需相机使用东平湖滞洪区分洪。

（3）后汛期 9～10 月洪水防洪调度计算

选择花园口 1964 年 9 月 13 日～10 月 28 日、1975 年 9 月 16 日～10 月 31 日洪水过程为典型，按各个分期方案拟定的汛限水位对不同量级洪水进行防洪调度计算，比较各情景方案下水库及下游洪水情况，结果见表 6-26、表 6-27。

表 6-26　方案一、方案三情景下各级洪水工程蓄洪及下游洪水情况表

名称	洪水重现期			5 年	20 年	30 年	100 年	1 000 年	10 000 年
三门峡	滞蓄洪量/亿 m^3			0	0.19	0.35	1.35	6.62	15.95
	最高水位/m		库容	0.22	0.41	0.58	1.58	6.84	16.18
			水位	305	306.82	308.03	311.99	319.91	324.96
小浪底	方案一	滞蓄洪量/亿 m^3		0	0.29	1.14	8.44	20.11	24.5
		最高水位/m	库容	26.5	26.79	27.64	34.94	46.61	51
			水位	265	265.13	265.52	268.87	273.39	275
		洪水结束时蓄水位/m		265	265	265	265	265	265
	方案三	滞蓄洪量/亿 m^3		11.45	11.45	11.45	11.45	20.11	24.5
		最高水位/m	库容	40.13	40.13	40.13	40.13	46.61	51
			水位	271	271	271	271	273.39	275
		洪水结束时蓄水位/m		271	271	271	271	271	271
花园口	洪峰流量（m^3/s）			5 550	8 210	8 500	9 810	12 400	19 600
	超万洪量/亿 m^3			0	0	0	0	4.11	21.91
孙口	分洪流量/(m^3/s)			5 070	7 510	7 980	9 380	11 500	17 400
	分洪量/亿 m^3							3.54	16.98
艾山	洪峰流量/(m^3/s)			5 000	7 370	7 960	9 220	10 000	10 000

表 6-27　方案二、方案四情景下各级洪水工程蓄洪及下游洪水情况表

名称	洪水重现期			5 年	20 年	30 年	100 年	1 000 年	10 000 年
三门峡	滞蓄洪量/亿 m^3			0	0.12	0.24	1.01	5.44	14.21
	最高水位/m		库容	0.22	0.34	0.47	1.24	5.67	14.44
			水位	305	306.23	307.28	310.9	318.87	324.21
小浪底	方案二	滞蓄洪量/亿 m^3		0	0.03	0.58	7.94	20.11	22.2
		最高水位/m	库容	28.68	28.71	29.26	36.62	48.29	51
			水位	266	266.02	266.27	269.64	274	275
		洪水结束时蓄水位/m		266	266	266	266	266	266
	方案四	滞蓄洪量/亿 m^3		11.45	11.45	11.45	11.45	20.11	22.2
		最高水位/m	库容	40.13	40.13	40.13	40.13	48.79	51
			水位	271	271	271	271	274	275
		洪水结束时蓄水位/m		271	271	271	271	271	271

续表

名称	洪水重现期	5 年	20 年	30 年	100 年	1 000 年	10 000 年
花园口	洪峰流量/(m^3/s)	5 200	7 980	8 340	8 920	11 600	19 200
	超万洪量/亿 m^3	0	0	0	0	2. 35	20. 87
孙口	分洪流量/(m^3/s)	4 730	7 160	7 800	8 520	10 800	17 100
	分洪量/亿 m^3					1. 53	20. 63
艾山	洪峰流量/(m^3/s)	4 640	7 020	7 780	8 460	10 000	10 000

其中，方案一、方案二情景下，小浪底水库汛限水位为 265m、266m；方案三、方案四情景下，10 月 10 日之前小浪底水库汛限水位分别为 265m、266m，10 月 10 日之后汛限水位均可抬高到 271m。

由于 1964 年典型、1975 年典型均为跨期洪水，各个分期方案下三门峡、小浪底水库防洪运用方式不尽相同。从计算结果来看，不同分期方案下对黄河下游洪水情况变化不大，小浪底水库蓄洪结束时的水位随汛限水位的抬高而抬高。

6. 3. 3. 2 不同汛限水位方案对防洪影响分析

通过分析不同汛限水位方案各量级洪水的水库蓄洪和下游洪水情况，比较各汛限水位方案对黄河下游洪水的影响，可以得到如下结论：

（1）不同汛限水位方案对三门峡水库防洪影响较小，对陆浑水库、故县水库、河口村水库防洪基本没有影响。5 年、100 年、1000 年、10 000 年一遇洪水最高蓄水位均不超过该水库的防洪设计指标。

（2）不同汛限水位方案下黄河下游洪水情况变化不大，下游各控制站洪峰流量、超万洪量基本相同。进入下游的洪水（经东平湖、北金堤分洪后），洪峰流量均不超过下游设防流量。各汛限水位方案均不改变东平湖、北金堤滞洪区分洪几率。

（3）不同汛限水位方案对小浪底水库防洪影响较小，1000 年、10 000 年一遇洪水最高蓄水位均不超过该水库的防洪设计指标。

（4）不同汛限水位方案小浪底水库蓄洪结束时的水位随汛限水位的抬高而抬高，符合一般规律。洪峰出现在 7 ~ 8 月的跨期洪水，100 年一遇以下洪水小浪底水库蓄洪结束时的水位随第二个分期汛限水位的抬高而抬高。洪峰出现在 9 ~ 10 月的跨期洪水，不同量级洪水小浪底水库蓄洪结束时的水位均随第二个分期汛限水位的抬高而抬高。从洪水资源化利用来看，分期方案四最优；但从防洪安全角度来看，现状的方案一更安全。

6. 3. 4 减淤调度及效果

6. 3. 4. 1 水库冲淤变化

不同汛限水位方案小浪底水库冲淤变化见表 6-28 和图 6-14。由于水库进入正常运用期后冲淤保持平衡，各方案年冲淤量变化不大，相应纵向淤积形态变化不大。

表 6-28　不同方案小浪底水库冲淤计算成果表

分期方案	方案一 （9 月 1 日）	方案三 （8 月 20 日、9 月 10 日）	方案三 （9 月 1 日、10 月 10 日）	方案四 （8 月 20 日、 9 月 10 日、10 月 10 日）
入库水量/亿 m^3	276. 77	276. 77	276. 77	276. 77
入库沙量/亿 t	9. 14	9. 14	9. 14	9. 14
年冲淤量/亿 m^3	0. 54	0. 51	0. 53	0. 51

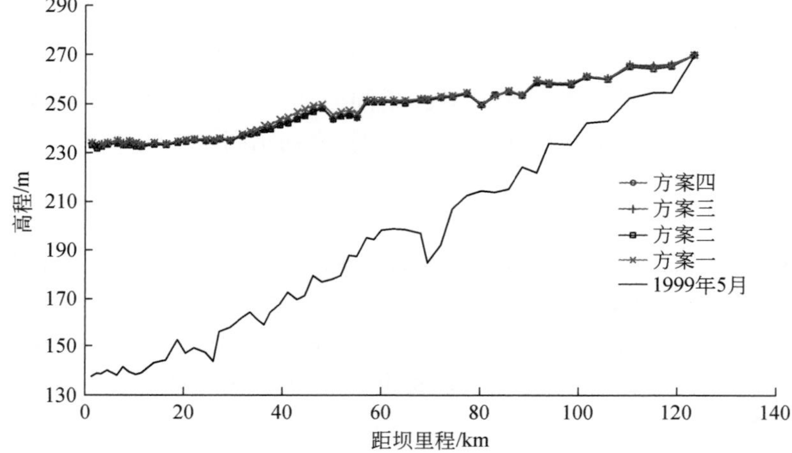

图 6-14　不同汛限水位方案干流淤积纵剖面图

6. 3. 4. 2　下游冲淤变化

水动力模型计算河道冲淤量及减淤量统计见表 6-29。

表 6-29　不同汛限水位方案下游冲淤变化及减淤效果表

方案	主槽累计冲淤量/亿 t					主槽累计减淤量/亿 t				
	花园口以上	花园口–高村	高村–艾山	艾山–利津	利津以上	花园口以上	花园口–高村	高村–艾山	艾山–利津	利津以上
无小浪底	0. 05	2. 81	1. 29	0. 18	4. 33					
方案一	–0. 06	0. 31	–0. 38	–0. 99	–1. 12	0. 11	2. 50	1. 67	1. 17	5. 45
方案二	–0. 04	0. 60	–0. 42	–0. 96	–0. 82	0. 09	2. 22	1. 70	1. 14	5. 15
方案三	–0. 04	0. 52	–0. 45	–1. 01	–0. 98	0. 09	2. 29	1. 74	1. 19	5. 31
方案四	0. 00	0. 51	–0. 46	–1. 04	–0. 99	0. 05	2. 30	1. 75	1. 22	5. 32

续表

方案	全断面累计冲淤量/亿 t					全断面累计减淤量/亿 t				
	花园口以上	花园口–高村	高村–艾山	艾山–利津	利津以上	花园口以上	花园口–高村	高村–艾山	艾山–利津	利津以上
无小浪底	0.51	9.02	4.85	2.07	16.45					
方案一	0.04	2.56	1.08	−0.15	3.54	0.47	6.45	3.77	2.22	12.92
方案二	0.15	3.34	0.57	−0.28	3.78	0.36	5.67	4.29	2.36	12.67
方案三	0.16	3.32	0.57	−0.31	3.74	0.35	5.70	4.28	2.38	12.71
方案四	0.23	3.45	0.54	−0.38	3.84	0.28	5.56	4.31	2.45	12.61

从全断面冲淤情况看，无小浪底方案下游河道累计淤积 16.45 亿 t，四个方案全下游冲淤量分别为 3.54 亿 t、3.78 亿 t、3.74 亿 t 和 3.84 亿 t，相应减淤量分别为 12.92 亿 t、12.67 亿 t、12.71 亿 t 和 12.61 亿 t。

从主槽的冲淤情况看，无小浪底方案下游河道主槽累计淤积 4.33 亿 t，四个方案全下游主槽冲淤量分别为−1.12 亿 t、−0.82 亿 t、−0.98 亿 t 和−0.99 亿 t，相应减淤量分别为 5.45 亿 t、5.15 亿 t、5.31 亿 t 和 5.32 亿 t。

从全下游（全断面和主槽）的减淤情况看来，各方案差别不大。

从水库及下游河道冲淤计算结果来看，在小浪底水库进入正常运用期后，采用不同汛限水位方案时，库区及下游河道的冲淤量变化不大；对下游河道减淤影响不明显。

6.3.5 风险效益分析

6.3.5.1 防洪风险分析

防洪风险分析过程一般包含防洪风险识别、防洪风险估计、防洪风险评价、防洪风险处理和防洪风险决策 5 个环节。由于本次风险分析的主要目的是针对不同分期运用方案，对比其相应的防洪风险差别，因此仅针对分期运用的风险因素，提出表征指标，概化对比不同分期方案的防洪风险相对差异。

(1) 水库分期防洪运用的风险识别

1）水库分期防洪运用风险源。

防洪风险识别涉及的风险源包含水文风险因素、水力风险因素及工程结构风险因素等多方面因素。在进行汛限水位优化风险识别时，忽略水力风险因素及工程结构风险因素等相同的风险因素，以突出优化方案的增量风险。考虑到由于分期防洪运用后，采用的汛限水位是考虑了满足分期设计洪水防洪要求以后的设计水位，则基于分期设计洪水成果进行防洪运用的主要风险为由于洪水分期带来的重现期降低问题。因此，只考虑由于洪水分期导致设计的防洪标准低于实际防洪需求所带来的防洪风险。而风险处理和风险决策环节在汛限水位方案优化决策中完成。此处仅对防洪风险进行评估。

2）洪水分期风险因素。

对于不分期洪水某特征量的年最大值 x ，其经验频率为

$$P(x)=\frac{1}{T} \tag{6-27}$$

式中，$P(x)$ 为洪水特征量 x（如洪峰流量、24h 洪量等）的经验频率；T 为洪水特征量 x 相应于全年最大值的重现期。

根据《水利水电工程设计洪水计算规范》（SL 44—2006），目前我国汛期分期设计洪水计算的思路为：①分期点识别及分期方案确定；②在每个分期内，采用每年分期内的最大值组成分期洪水系列，并以年为重现期单位确定相应经验频率；③确定设计频率曲线；④推求相应设计值。在此过程中，隐含的理论条件之一为分期内某洪水特征量的最大值 x_i 的重现期与年最大值 x 的重现期是一致的，即

$$p_i(x)=\frac{1}{T_i}\ ,\ i=1,\ 2,\ \cdots,\ n \tag{6-28}$$

$$T_i=T\ ,\ i=1,\ 2,\ \cdots,\ n \tag{6-29}$$

式中，$p_i(x)$ 为洪水特征量 x（如洪峰流量、24h 洪量等）在第 i 个分期内最大值的经验频率；T_i 为洪水特征量 x 相应于第 i 个分期最大值的重现期；n 为总分期数。

在进行分期洪水频率分析计算的过程中，式（6-29）是核心和前提。从重现期的物理意义来看，设计洪水频率计算的目的是获得长期内平均多少年一遇的洪水量化值。然而，分期后，洪水特征量 x 的重复出现时间间隔显然不是以年为单位来设定的，即式（6-29）是不成立的。

对于第 i 个分期而言，以 X_i 代表洪水特征量 x 在第 i 个分期的最大值，则 $T=T_i$ 成立的必要条件为

$$P(X_j \geqslant X_i)=0,\ j=1,\ 2,\ \cdots,\ i-1,\ i+1,\ \cdots,\ n \tag{6-30}$$

即其余的 $n-i$ 个分期在重现期 T 内没有发生超过 x_i 的值。然而，根据概率论，其余的 $n-i$ 个分期在重现期 T 内发生超过 x_i 值的次数 K 是随机的，则洪水特征量 x_i 在频率分析中的实际排位应为 $K+1$，则其重现期实际为

$$T_i=\frac{T}{K+1} \tag{6-31}$$

根据《防洪标准》（GB 50201—2015），防护对象的防洪标准以防御的洪水或潮水的重现期表示，而现行洪水重现期的时间单位一般为年。由此，导致最终相应于不同重现期的设计洪水会与防洪标准要求存在差异。从式（6-31）可以看出，由于随机变量 $K\geqslant 0$，采用洪水分期进行规划设计实际上降低了水库的防洪标准，其兴利效益的发挥是以承担一定的防洪风险为前提的。

（2）洪水分期的防洪风险指标

为对防洪风险进行评估，需要构建防洪风险指标来定量化防洪风险。最常用的防洪指标为防洪风险率，本书在评估洪水分期防洪风险时，构建了一种新的防洪风险指标进行评估，即防洪标准洪水频率差。小浪底水库的防洪任务主要在下游，防洪断面在花园口断面，因此在进行风险指标计算时，首先根据单站/区间（潼关站/三花间）的分期设计洪

水，采用频率对应及全概率组合方法推求单站/区间的全年实际重现期；其次采用 Copula 函数将单站/区间的洪水重现期进行耦合，推求全流域全年洪水标准；最后在保证水库防洪调度满足洪水标准要求的前提下，构建防洪风险频率差指标，计算全流域全年洪水标准与防洪任务要求的差异，来对比不同洪水分期方案的防洪风险情况。

1）基于频率对应及全概率组合的单站/区间实际洪水标准。

确定分期洪水的实际重现期可由式（6-31）的分期洪水与年最大洪水的重现期相应关系来获得。其中，非负随机变量 K 的期望值是以洪水特征量及洪水重现期为边界条件的。由式（6-31），将重现期以频率形式表示，可有

$$K = \frac{p_i(x)}{P(x)} - 1 \tag{6-32}$$

则可在某一设计频率条件下，计算分期洪水在年最大洪水频率曲线中的相应频率位置，来确定非负随机变量 K 的多年平均期望值，称为“频率对应法”。K 值获得以后，则分期洪水的实际重现期可以相应地由式（6-32）获得。

为明确经分期以后全年的洪水标准，需要将 n 个分期洪水标准进行综合，得到年总防洪标准，以便进行对比。为此，根据集合概率的加法原理，引入年组合频率的概念，即

$$P_{\sum}(x) = \sum_{i=1}^{n} p_i(x) - \sum_{1 \leqslant i \leqslant j \leqslant n} p_i(x) p_j(x) + \sum_{1 \leqslant i \leqslant j \leqslant k \leqslant n} p_i(x) p_j(x) p_k(x) + \cdots + (-1)^{n-1} \prod_{i=1}^{n} p_i(x) \tag{6-33}$$

式中，$P_{\sum}(x)$ 为经过 n 个分期后洪水特征量 x 的年防洪标准概率。

2）基于 Copula 函数的全流域实际洪水标准。

对于黄河下游的防洪而言，涉及潼关和三花间两个分区，组合成花园口断面的防洪标准，为此需要将两个分区的水文变量进行耦合。Copula 函数是一种用以将多个任意形式的边缘分布连接形成多变量联合分布的连接函数。Copula 函数理论是构建多元联合分布的一种有效工具，适合于构建边缘分布为任意分布的联合分布，既可以描述相互独立的变量，也可以描述存在相关性的变量。

Gumbel-Hougaard Copula 函数：假设随机变量 X_1，X_2，…，X_N 的边缘分布函数分别为 $F_{X_i}(x) = P_{X_i}(X_i \leqslant x_i)$，其中 N 为随机变量的个数，x_i 为随机变量 X_i（X_1，X_2，…，X_N）的值，那么，随机变量 X_1，X_2，…，X_N 的联合分布函数为 $H_{X_1,\cdots,X_N}(x_1, x_2, \cdots, x_N) = P[X_1 \leqslant x_1, X_2 \leqslant x_2, \cdots, X_N \leqslant x_N]$，简记为 H。

Copula 函数是连接多变量联合分布及其一维边缘分布的函数，多变量分布函数 H 可以写成 $C(F_{X_1}(x_1), F_{X_2}(x_2), \cdots, F_{X_N}(x_N)) = H_{X_1,X_2,\cdots,X_N}(x_1, x_2, \cdots, x_N)$，其中 C 称为 Copula 函数；C 本质上是边缘分布为 $F_{X_1}(x_1)$，$F_{X_2}(x_2)$，…，$F_{X_N}(x_N)$ 的随机变量 X_1，X_2，…，X_N 的多元联合分布函数。获取联合分布函数 H 的问题即成为确定 Copula 函数 C。

在水文及相关领域文献里经常采用的为 Archimedean 族 Copula 函数，如 Gumbel-Hougaard Copula、Clayton Copula、Ali-Mikhail-Haq Copula 和 Frank Copula 等。本书采用 Gumbel-Hougaard Copula 函数，其形式为

$$C(u, v) = \exp\{-[(-\ln u)^{\theta} + (-\ln v)^{\theta}]^{1/\theta}\}, \theta \in [1, \infty) \tag{6-34}$$

式中, θ 为 Copula 函数的参数。

在应用 Copula 函数过程前，需要确定边缘分布及相应参数，以及 Gumbel-Hougaard Copula 函数本身的参数 θ。其中，潼关和三花间的边缘分布采用 P-Ⅲ概率分布，其参数已经由设计洪水分析计算部分给出；而 θ 的估算一般多用相关性指标法、极大似然法、矩估计法等。本书采用相关性指标法，由 Kendall 秩相关系数 τ 估算 Copula 函数的参数 θ，τ 与 θ 的关系：

$$\theta = \frac{1}{1-\tau}, \theta \in [1, \infty) \tag{6-35}$$

其中，对于构造的 Copula 函数，Kendall 秩相关系数 τ 可以表示为

$$\tau = \frac{2}{n(n-1)} \sum_{i=1}^{n-1} \sum_{j=i+1}^{n} \mathrm{sign}[(x_i - x_j)(y_i - y_j)] \tag{6-36}$$

式中, (x_i, y_i) 为实测点据；sign（·）为符号函数，当 $(x_i - x_j)(y_i - y_j) > 0$ 时，sign=1，当 $(x_i - x_j)(y_i - y_j) < 0$ 时，sign=-1，当 $(x_i - x_j)(y_i - y_j) = 0$ 时；sign=0；n 为系列长度。

全流域实际洪水标准：由单站/区间的概率及 Gumbel-Hougaard Copula 函数 $C(\cdot)$ 可以推求全流域实际防洪标准：

$$P'(x) = C(P_{\sum}(x), P_{\sum}(y)) \tag{6-37}$$

式中, $P'(x)$ 为推求的全流域防洪标准概率；$P_{\sum}(x)$ 、$P_{\sum}(y)$ 分别为单站、区间的防洪标准概率。

防洪风险指标的确定：对于防洪标准相应频率的分期洪水，可用其设计要求洪水的频率与实际计算洪水的频率之差 R_{pd} 来表示防洪风险，即防洪风险频率差，则

$$R_{\mathrm{pd}}(x) = P(x) - P'(x) \tag{6-38}$$

式中, $P(x)$ 为要求的全流域防洪标准概率；$P'(x)$ 为推求的全流域防洪标准概率。根据式（6-38）即可得到针对洪水特征量 x 的防洪风险频率差指标值。由于与防洪相关的洪水特征量一般有洪峰流量及各种时段洪量等多个，为此需要将多个洪水特征量的防洪风险频率差综合量化成一个，可采用权重法或者极大值法来获得，即

$$R_{\mathrm{pd}} = \sum_{i=1}^{l} R_{pd}(x_i) \times w_i \tag{6-39}$$

$$R_{\mathrm{pd}} = \max_{i=1,\cdots,l} \{R_{pd}(x_i)\} \tag{6-40}$$

式中, w_i 为不同洪水特征量的权重系数，可根据防洪重要性或者偏好程度进行赋值。为偏安全，考虑防洪最大风险，因此本书采用极大值法，由式（6-40）来计算年防洪风险频率差。

（3）分期运用防洪风险计算

小浪底水库防洪调度运用的防洪控制断面为花园口断面，而花园口断面的设计洪水由潼关站及三花间两部分按照不同的地区组成方式进行组合。因此，采用由潼关站和三花间分期设计洪水成果按照全概率组合及 Copula 函数来推求全流域实际设计洪水标准，并与要求的设计洪水标准进行对比，对分期运用进行防洪风险分析。分期防洪运用的实际防洪风险率问题复杂，难以准确描述，且并非本书研究重点。因此，本书主要从相对概率关系提出表征全流域防洪标准的特征指标，旨在分析对比不同分期方案的可能风险条件。

1）单站分期设计洪水实际频率计算。由分期设计洪水成果，根据“频率对应法”，可以推求潼关站和三花间不同洪水特征量的实际频率。考虑到黄河中下游混联水库群防洪调度的错峰蓄洪作用，决定下游防洪安全与否的主要特征量为洪量，因此采用 12 天洪量来进行分析，同时出于安全考虑，加入了洪峰流量辅助分析。潼关站和三花间分期设计洪水的实际频率计算成果见表 6-30 和表 6-31。

表 6-30 潼关站分期设计洪水实际频率计算表

分期方案		分段	项目	不同频率 *P*（%）设计值对应频率			
				0.01	0.1	1	2
方案一	三花间/潼关站 9 月 1 日	7 月 1 日~9 月 1 日	Qm	0.01	0.10	1.00	2.00
			W_{12}	0.01	0.10	1.00	2.00
		9 月 1 日~10 月 31 日	Qm	1.23	3.44	10.01	14.12
			W_{12}	0.02	0.19	2.04	3.93
方案二	三花间 8 月 20 日+潼关站 9 月 10 日	7 月 1 日~9 月 10 日	Qm	0.01	0.10	1.00	2.00
			W_{12}	0.01	0.10	1.00	2.00
		9 月 10 日~10 月 31 日	Qm	3.17	6.99	16.44	21.46
			W_{12}	0.04	0.32	2.67	5.02
方案三	三花间/潼关站 9 月 1 日+三花间/潼关站 10 月 10 日	7 月 1 日~9 月 1 日	Qm	0.01	0.10	1.00	2.00
			W_{12}	0.01	0.10	1.00	2.00
		9 月 1 日~10 月 10 日	Qm	3.23	7.13	16.81	22.05
			W_{12}	0.03	0.31	2.66	5.04
		10 月 10 日~10 月 31 日	Qm	6.99	14.43	30.40	38.67
			W_{12}	1.07	3.94	14.21	20.71
方案四	三花间 8 月 20 日+潼关站 9 月 10 日+三花间/潼关站 10 月 10 日	7 月 1 日~9 月 1 日	Qm	0.01	0.10	1.00	2.00
			W_{12}	0.01	0.10	1.00	2.00
		9 月 10 日~10 月 10 日	Qm	3.23	7.29	16.81	22.24
			W_{12}	0.04	0.33	2.82	5.30
		10 月 10 日~10 月 31 日	Qm	6.99	14.43	30.40	38.67
			W_{12}	1.07	3.94	14.21	20.71

表 6-31 三花间分期设计洪水实际频率计算表

分期方案		分段	项目	不同频率 *P*（%）设计值对应频率			
				0.01	0.1	1	2
方案一	三花间/潼关站 9 月 1 日	7 月 1 日~9 月 1 日	Qm	0.01	0.10	1.00	2.00
			W_{12}	0.01	0.10	1.00	2.00
		9 月 1 日~10 月 31 日	Qm	2.48	5.39	12.20	15.78
			W_{12}	0.34	3.07	6.25	9.71

续表

分期方案		分段	项目	不同频率 P（%）设计值对应频率			
				0.01	0.1	1	2
方案二	三花间8月20日+潼关站9月10日	7月1日~8月20日	Qm	0.01	0.10	1.00	2.00
			W_{12}	0.01	0.17	1.00	2.00
		8月20日~10月31日	Qm	2.48	5.39	12.20	15.78
			W_{12}	0.34	1.45	6.25	9.71
方案三	三花间/潼关站9月1日+三花间/潼关站10月10日	7月1日~9月1日	Qm	0.01	0.10	1.00	2.00
			W_{12}	0.01	0.13	1.00	2.00
		9月1日~10月10日	Qm	2.80	6.09	13.87	17.95
			W_{12}	0.48	2.03	8.49	13.02
		10月10日~10月31日	Qm	4.21	9.09	20.11	25.77
			W_{12}	1.07	3.73	12.88	18.65
方案四	三花间8月20日+潼关站9月10日+三花间/潼关站10月10日	7月1日~8月20日	Qm	0.01	0.10	1.00	2.00
			W_{12}	0.01	0.17	1.00	2.00
		8月20日~10月10日	Qm	2.83	6.18	13.92	18.02
			W_{12}	0.44	1.89	8.10	12.52
		10月10日~10月31日	Qm	4.21	9.09	20.11	25.77
			W_{12}	1.07	3.73	12.88	18.65

由表6-30和表6-31可以看出，相同的设计频率情况下，随着分期向10月末不断靠近，分期设计洪水的实际频率不断变大，即其相对于年最大洪水的设计标准不断降低。其中，洪峰流量的变化幅度大于12天洪量。

2）防洪风险指标计算。根据不同分期设计洪水实际频率，可以推求年组合频率，进而计算防洪风险频率差来作为防洪风险指标。根据黄河下游防洪要求，采用0.1%设计频率（花园口相应洪峰流量为36 600m^3/s）的设计洪水频率值进行分析计算，见表6-32。

表6-32　全流域分期防洪风险指标计算表（取 P=0.1%的分析结果）

分期方案		洪水特征量	防洪标准风险			全流域综合防洪风险频率差
			潼关站	三花间	全流域综合	
方案一	三花间/潼关站9月1日	Qm	3.54	5.48	7.95	3.14
		W_{12}	0.29	3.17	3.24	
方案二	三花间8月20日+潼关站9月10日	Qm	7.08	5.48	10.96	1.67
		W_{12}	0.42	1.62	1.77	
方案三	三花间/潼关站9月1日+三花间/潼关站10月10日	Qm	20.61	14.71	29.46	8.03
		W_{12}	4.33	5.81	8.13	

续表

分期方案		洪水特征量	防洪标准风险			全流域综合防洪风险频率差
			潼关站	三花间	全流域综合	
方案四	三花间 8 月 20 日+潼关站 9 月 10 日+三花间/潼关站 10 月 10 日	Qm	20.75	14.79	29.63	7.97
		W_{12}	4.35	5.71	8.07	

由表 6-32 可以看出：①经过洪水分期运用以后，实际年组合频率值均大于设计年频率，表明分期以后的实际防洪标准是有所降低的；②分期数越多，分期点越靠前，实际年组合频率值越大，防洪标准降低越多，要求在洪水资源利用的同时充分考虑防洪风险。同时，也可以看出，必须适当降低主汛期汛限水位，提高主汛期防洪标准，才能保证整个汛期实际年组合频率值与设计值相等。

6.3.5.2 效益分析

小浪底水库综合效益主要体现在防洪、减淤、供水、灌溉、发电及生态等几个方面，不同汛限水位方案综合效益统计见表 6-33。

表 6-33 不同汛限水位方案综合效益统计表

分期点方案	方案一（9 月 1 日）	方案二（8 月 20 日、9 月 10 日）	方案三（9 月 1 日、10 月 10 日）	方案四（8 月 20 日、9 月 10 日、10 月 10 日）
减淤量/亿 t	12.92	12.67	12.71	12.61
8 月 21 日 ~9 月 10 日平均蓄水量/亿 m^3	3.08	5.01	3.99	5.02
9 月 11 日 ~10 月 10 日平均蓄水量/亿 m^3	10.38	11.47	11.32	11.80
10 月 31 日蓄水量/亿 m^3	18.39	19.45	25.55	25.97
发电量/亿 kW · h	60.5	60.7	61.1	61.3

（1）防洪效益

不同汛限水位方案均满足水库及下游的防洪要求，所以，其防洪效益是一样的，不存在差别。

（2）减淤效益

从黄河下游全断面累计减淤量来看，方案一、方案二、方案三和方案四的累计减淤量分别为 12.92 亿 t、12.67 亿 t、12.71 亿 t 和 12.61 亿 t，各方案最大差值仅 0.31 亿 t。不同汛限水位方案下游 10 年累计减淤量差别很小，减淤效益基本相当。

（3）供水、灌溉及生态效益

汛期出库流量均满足下游河道供水、灌溉、生态最小流量 $400m^3/s$ 要求。8 月下旬至

9 月上旬，方案一、方案二、方案三和方案四平均蓄水量分别为 3.08 亿 m^3、5.01 亿 m^3、3.99 亿 m^3，5.02 亿 m^3，即方案二、方案三和方案四分别较方案一（现状）可多供水 1.93 亿 m^3、0.91 亿 m^3、1.94 亿 m^3。历年汛末，方案一、方案二、方案三和方案四平均蓄水量分别为 18.39 亿 m^3、19.45 亿 m^3、25.55 亿 m^3和 25.97 亿 m^3，即非汛期方案二、方案三和方案四分别较方案一（现状）可多供水 1.06 亿 m^3、7.16 亿 m^3和 7.58 亿 m^3。

方案四可供水量较其他方案多，供水潜力大，供水效益最大，其次为方案三，方案一最小。

(4) 发电效益

方案一、方案二、方案三和方案四年均发电量分别为 60.5 亿 kW · h、60.7 亿 kW · h、61.1 亿 kW · h 和 61.3 亿 kW · h。方案四发电效益最优，其次为方案三。

6.3.6 多目标综合评价

6.3.6.1 基于模糊优选理论及误差反馈人工神经网络的多目标评价方法

(1) 模糊优选理论

综合利用水库的汛限水位优选是典型的多目标、多方案复杂系统的求解过程。根据多目标优选理论，设有考虑 m 个目标值的 n 个方案组成的待优选样本集，其特征值矩阵 X 为

$$X = (x_{ij})_{m\times n} = \begin{bmatrix} x_{11} & x_{12} & \cdots & x_{1n} \\ x_{21} & x_{22} & \cdots & x_{2n} \\ \cdots & \cdots & \cdots & \cdots \\ x_{m1} & x_{m2} & \cdots & x_{mn} \end{bmatrix} \tag{6-41}$$

因 m 个目标值的量纲及数值范围并不一致，因此将待优选方案特征值矩阵 X 进行规格化处理，确定其相对隶属度矩阵 R 。对于期望值越大对较优方案贡献度越高的目标，称之为效益型目标，采用如下方法进行规格化处理：

$$r_{ij} = \frac{x_{ij}}{\max\limits_{j}(x_{ij})} \tag{6-42}$$

式中，$\max\limits_{j}(x_{ij})$ 为样本范围内第 i 个目标的最大值，要求 $\max\limits_{j}(x_{ij}) \neq 0$。

对于期望值越小对较优方案贡献度越高的目标，称之为成本型目标，采用如下方法进行规格化处理：

$$r_{ij} = \begin{cases} \dfrac{\min\limits_{j}(x_{ij})}{x_{ij}} & \min\limits_{j}(x_{ij}) \neq 0 \\ 1 - \dfrac{x_{ij}}{\max\limits_{j}(x_{ij})} & \min\limits_{j}(x_{ij}) = 0 \end{cases} \tag{6-43}$$

式中，$\min_j(x_{ij})$ 为样本范围内第 i 个目标的最小值。

由此，经规格化处理可以得到待优选方案特征值矩阵 X 的相对隶属度矩阵 R 为

$$R = (r_{ij})_{m\times n} = \begin{bmatrix} r_{11} & r_{12} & \cdots & r_{1n} \\ r_{21} & r_{22} & \cdots & r_{2n} \\ \cdots & \cdots & \cdots & \cdots \\ r_{m1} & r_{m2} & \cdots & r_{mn} \end{bmatrix} \tag{6-44}$$

根据相对隶属度矩阵 R 可得，最优方案的相对隶属度向量为 g = (g_1，g_2，…，g_m)，其中第 i 个目标相对隶属度为 $g_i = \max_j(r_{ij})$；最劣方案的相对隶属度向量为 b = (b_1，b_2，…，b_m)，其中第 i 个目标相对隶属度为 $b_i = \min_j(r_{ij})$。将靠近最优方案 g 作为较优的衡量标准，则根据模糊优选理论，第 j 个方案相对于最优方案的相对隶属度 u_j 为

$$u_j = \left(1 + \frac{\sum_{i=1}^{m}[w_i \times (g_i - r_{ij})]^2}{\sum_{i=1}^{m}[w_i \times (r_{ij} - b_i)]^2}\right)^{-1} \tag{6-45}$$

式中，w_i 为权重向量，满足 $\sum_{i=1}^{m} w_i = 1$。根据 n 个方案相对于最优方案的相对隶属度 u_j 进行排序，即可进行优劣决策。因此，权重向量的确定至关重要。本书选用人工神经网络模型进行权重训练模拟。

（2）基于误差反馈的人工神经网络（BP-ANN）

人工神经网络（Artificial Neural Networks，ANN）以生物大脑的结构和功能为基础、以网络结点模仿大脑的神经细胞、以网络连接权模仿大脑的激励电平、以简单的数学方法完成复杂的智能分析，能有效地处理问题的非线性、模糊性和不确定性关系。ANN 以其大规模并行处理、分布式存储、自适应性、容错性等优点吸引了众多领域科学家的广泛关注，被广泛地应用于生物、电子、计算机、数学和物理等领域。

常用的 ANN 模型一般由输入层、输出层和隐含层组成，通过对一定容量样本的学习与训练，确定网络有关参数，其工作过程包括信息正向传播和误差反向传播两个反复交替的过程。

信息正向传播的过程可以由第 k 层第 j 个神经元的输入输出关系简单表示为

$$y_j^k = f_j^k\left(\sum_{i=1}^{n_{k-l}} w_{ij}^{(k-l)} \times y_i^{(k-l)} - \theta_j^k\right),\ j = 1,\ 2,\ \cdots,\ n_k;\ k = 1,\ 2,\ \cdots,\ M \tag{6-46}$$

式中，y_j^k 为第 k 层第 j 个神经元的输出；M 为神经网络的层数；$W_{ij}^{(k-1)}$ 为第（$k-l$）层第 i 个神经元到第 k 层第 j 个神经元的连接权重；θ_j^k 为该神经元上的阈值；n_{k-1} 为第（$k-l$）层神经元的数目；$f(\cdot)$ 称为激活函数，一般可以采用 Sigmoid 函数。

误差反向传播学习过程（back propagation，BP）是通过计算误差，沿输出层向输入层方向修改网络参数的过程。学习的目标是使网络的误差 E 最小或小于一个允许值。权重 w 通常采取下式进行修正：

$$w(t+1)=w(t)-\eta\left(\frac{\partial E}{\partial w}\right)_{w=w(t)} \tag{6-47}$$

式中，η 为学习率。

(3) 基于模糊优选及 BP-ANN 的多目标评价

基于模糊优选及 BP-ANN 的多目标评价基本思路为，利用 BP-ANN 强大的非线性模拟能力，通过网络训练获得相对隶属度权重，进行多目标评价。根据模糊优选理论，设待选方案中各目标的最优值组成的方案为最优，其对最优的相对隶属度为 1；设待选方案中各目标的最劣值组成的方案为最劣，其对最优的相对隶属度为 0；线性插值最优和最劣目标值得到介于最优方案和最劣方案的中间方案，其对最优的相对隶属度为 0.5。由此，可在不同的目标体系与对最优的相对隶属度之间建立一种非线性映射关系。这种复杂的非线性关系可用 BP-ANN 进行模拟训练，则最优方案、最劣方案和中间方案与其对最优的相对隶属度为可组成训练样本进行模拟训练，如图 6-15 所示。

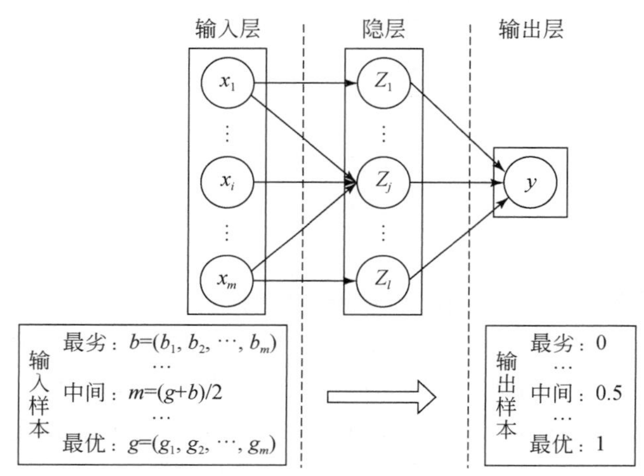

图 6-15　模糊优化样本及网络训练示意图

如图 6-15，本书用到的 BP-ANN 采用三层结构，其中输入层节点数取为目标个数，输出节点数为 1，隐层节点数根据试算比较确定。在训练过程中，以模拟精度和迭代次数进行控制，达到相应误差和迭代次数要求后，即可确定相应网络结构。

BP-ANN 网络结构确定以后，将各方案的相对隶属度向量带入，通过 BP-ANN 网络计算后的输出，即为各方案最优的相对隶属度。利用此相对隶属度进行排序，即可进行各方案的优劣排序，进而确定相对较优的方案。

6.3.6.2　小浪底水库汛限水位方案多目标优选研究

(1) 多目标特征值

根据小浪底水库汛限水位优化的需求，以汛末蓄水位最高、多年平均发电量最大、水库淤积量最小、河道年均减淤量最大及防洪风险值最小等为目标，对拟定的待优化汛限水位方案，经防洪调算、冲淤计算及风险分析计算，得到待优化方案目标特征值见表 6-34。

表 6-34 待优化汛限水位方案目标特征值表

目标	汛限水位分期方案			
	方案一 三花间/潼关站 9 月 1 日	方案二 三花间 8 月 20 日 +潼关站 9 月 10 日	方案三 三花间/潼关站 9 月 1 日 +三花间/潼关站 10 月 10 日	方案四 三花间 8 月 20 日 +潼关站 9 月 10 日 +三花间/潼关站 10 月 10 日
汛末蓄水量/亿 m^3	18.39	19.45	25.55	25.97
多年平均发电量/亿 kW · h	60.50	60.70	61.10	61.30
水库淤积量/亿 t	5.44	5.06	5.32	5.10
河道年均减淤量/亿 t	12.92	12.67	12.71	12.61
防洪风险值/%	3.14	1.67	8.03	7.97

由表 6-34 可知，待优化方案相应的目标特征值矩阵为

$$X=\begin{bmatrix}18.39 & 19.45 & 25.55 & 25.97\\ 60.50 & 60.70 & 61.10 & 61.30\\ 5.44 & 5.06 & 5.32 & 5.10\\ 12.92 & 12.67 & 12.71 & 12.61\\ 3.14 & 1.67 & 8.03 & 7.97\end{bmatrix} \tag{6-48}$$

从表 6-34 及式（6-48）可知，汛末蓄水位、多年平均发电量和河道年均减淤量属于效益型目标，而防洪风险值和水库淤积量属于成本型目标，分别采用相应的规格化公式（6-42）及式（6-43）对目标特征值矩阵进行规格化处理，得到 X 的相对隶属度矩阵为

$$R=\begin{bmatrix}0.7081 & 0.7489 & 0.9838 & 1.0000\\ 0.9869 & 0.9902 & 0.9967 & 1.0000\\ 0.9301 & 1.0000 & 0.9511 & 0.9922\\ 1.0000 & 0.9807 & 0.9837 & 0.9760\\ 0.5318 & 1.0000 & 0.2080 & 0.2095\end{bmatrix} \tag{6-49}$$

(2) 模糊化处理及 BP-ANN 训练

根据模糊优选理论，从待优化方案的相对隶属度矩阵中，可抽取最优方案的相对隶属度向量为 $g=$（0.7081，0.9869，0.9301，0.9760，0.2008），其对最优的相对隶属度值设定为 1；最劣方案的相对隶属度向量为 $b=$（1.0000，1.0000，1.0000，1.0000，1.0000），其对最优的相对隶属度值设定为 0；中间方案的相对隶属度向量为 $m=$（0.8541，0.9935，0.9651，0.9880，0.6004），其对最优的相对隶属度值设定为 0.5。由此得到 BP-ANN 训练样本，可采用权重自适应的方法进行网络训练，训练结果见表 6-35。

表 6-35 BP-ANN 训练样本列表

方案	样本输入	样本输出	计算输出	模拟误差
最劣	$g=$（0.7081，0.9869，0.9301，0.9760，0.2080）	0.00	0.00	0.00
中间	$m=$（0.8541，0.9935，0.9651，0.9880，0.6040）	0.50	0.50	0.00
最优	$b=$（1.0000，1.0000，1.0000，1.0000，1.0000）	1.00	1.00	0.00

由表6-35可以看出，BP-ANN训练的最大误差不到0.01，可认为训练后的该BP-ANN网络对不同方案与其对最优的相对隶属度值具有较好的模拟能力。

(3) 汛限水位方案评价

将小浪底水库待优化汛限水位方案的多目标相对隶属度 R 带入训练后的BP-ANN，即可得到待优化方案对最优的相应隶属度值，并可据此对方案进行相对最优的排序，具体结果见表6-36。

表6-36 待优化汛限水位方案多目标评价成果表

分期方案		对最优的相对隶属度值（BP-ANN计算）	排序
方案一	三花间/潼关站9月1日	0.1183	4
方案二	三花间8月20日+潼关站9月10日	0.1652	3
方案三	三花间/潼关站9月1日+三花间/潼关站10月10日	0.6454	2
方案四	三花间8月20日+潼关站9月10日+三花间/潼关站10月10日	0.6523	1

由表6-36可以看出，4个汛限水位方案中：①方案二略优于方案一，但总体差别不大。说明，从分期运用的易操作性等角度考虑，目前黄河防洪调度采用的9月1日的分期运用方案并没有明显劣势；但从洪水资源化的角度看，采用方案二三花间8月20日、潼关站9月10日的分期运用方案更加合理。②增加10月分期运用的方案要优于仅考虑8～9月分期运用的方案，说明后汛期拦蓄洪水余量在洪水资源化上的可行性较大。综合而言，推荐采用方案四，即三门峡、花园口采用9月10日和10月10日的分期点，而三花间采用8月20日和10月10日的分期点。

6.3.6.3 汛限水位优化方案推荐

根据多目标评价结果，分期点设置为三门峡、花园口采用9月10日和10月10日的分期点，而三花间采用8月20日和10月10日的分期点。据此，将小浪底水库汛期7月1日～10月31日划分为7月1日～8月20日、8月21日～9月10日、9月11日～10月10日和10月11日～10月31日4个分期进行运用，其相应的汛限水位分别为254.0m、260.0m、266m和271.0m。

6.3.6.4 汛限水位优化方案的洪水资源增蓄量分析

通过对4个方案进行定性分析，方案一（现状方案）由于汛期各时期限制水位相对较低，可用于洪水资源增蓄的库容有限，而方案四9月、10月的汛限水位相对于其他方案高，因此，可用于洪水资源增蓄的库容最大，其他两个方案则介于两者之间。

(1) 连续枯水段优化方案的洪水资源增蓄量

采用1990年7月～2000年6月长度10年的偏枯水沙系列进行方案计算，水库初始地形为淤积平衡地形，设计河槽淤积量按3.5亿 m^3 考虑。连续枯水时段，小浪底水库运行需要协调长时段冲淤平衡及枯水年份增蓄水量，利用入库水量较多的年份排沙保持有效库容，入库水量较少年份则可实施洪水资源化利用增加年度供水量。通过数学模型计算，方案四较方案一年均增加蓄水量 1.59 亿 m^3。方案一和方案四对比见表 6-37。

表 6-37　不同汛限水位方案汛期洪水增蓄量统计表（连续枯水段 1990 年 7 月～2000 年 6 月）

典型年份	年入库水量/亿 m^3	9～10 月入库水量/亿 m^3	方案一 10 月底蓄水量/亿 m^3	方案四 10 月底蓄水量/亿 m^3	洪水增蓄量差/亿 m^3
1990	282.29	61.53	10.03	10.03	0.00
1991	192.36	37.40	9.38	13.50	4.12
1992	275.87	73.66	13.11	13.12	0.01
1993	236.09	41.76	0.1	3.15	3.05
1994	202.61	43.44	2.37	2.39	0.02
1995	216.80	60.52	9.11	14.70	5.59
1996	218.77	49.97	0.3	1.31	1.01
1997	198.05	35.70	7.25	9.35	2.10
1998	210.94	35.24	0.05	0.05	0.00
1999	168.13	43.30	4.24	4.25	0.01
平均	220.19	48.25	5.59	7.19	1.59

(2) 典型年优化方案的洪水资源增蓄量

选择丰、平、枯各两个典型年研究洪水资源利用效果，1958 年、1983 年丰水年，入库水量分别为 342.41 亿 m^3 和 387.27 亿 m^3，汛限水位优化可增蓄水量 14.97 亿 m^3 和 14.43 亿 m^3。1962 年、1979 年平水年，入库水量分别为 272.37 亿 m^3 和 271.46 亿 m^3，汛限水位优化可增蓄水量 1.85 亿 m^3 和 4.29 亿 m^3。1969 年、1977 年枯水年，入库水量分别为 209.46 亿 m^3 和 232.40 亿 m^3，汛限水位优化可增蓄水量 2.49 亿 m^3 和 1.59 亿 m^3。见表 6-38。

表 6-38　不同汛限水位方案汛期洪水增蓄量统计表（典型年）

典型年份	年入库水量/亿 m^3	9～10 月入库水量/亿 m^3	方案一 10 月底蓄水量/亿 m^3	方案四 10 月底蓄水量/亿 m^3	洪水增蓄量差/亿 m^3
丰水年					
1958	342.41	73.66	21.71	36.68	14.97
1983	387.27	111.07	22.64	37.07	14.43
平水年					
1962	272.37	53.48	13.26	15.11	1.85
1979	271.46	77.20	17.38	21.67	4.29
枯水年					
1969	209.46	38.26	15.37	17.86	2.49
1977	232.40	45.98	9.37	10.96	1.59

6.4 基于水库逐步淤积调控的小浪底水库拦沙期汛限水位优化研究

小浪底水库拦沙期有效库容大，可满足水库防洪、调水调沙、供水、发电等综合要求，为汛限水位的优化与调整提供有利条件。拦沙期汛限水位的优化直接关系到水库综合效益的发挥，在研究过程中，首先，根据水库防洪、下游河道减淤、供水、灌溉、发电等要求拟定汛限水位方案，并确定方案计算相关边界条件；然后，通过防洪调度模型、减淤调度模型对各方案进行计算，分析各方案对防洪的影响、下游河道减淤效果、供水及发电等综合效益；最后，通过防洪、减淤、供水、灌溉、发电等方面影响及效益进行多目标综合评价，提出推荐的汛限水位方案。

6.4.1 汛限水位方案拟定

(1) 汛限水位方案

2013 年 4 月，小浪底水库累计淤积泥沙 27.22 亿 m^3，处于拦沙后期第一阶段，前汛期汛限水位 230m，后汛期汛限水位 248m、230m，水位可调库容为 12.31 亿 m^3，248 ~ 254m 库容为 11.19 亿 m^3。

下游河道最小平滩流量恢复至 4000m^3/s 左右，合适的调控上限流量为 2600 ~ 4000m^3/s，调控历时不少于 5 ~ 6 天，相应调控库容为 8 亿 ~ 13 亿 m^3。7 月上旬满足黄河下游“卡脖子旱”灌溉供水需求约 8 亿 m^3，而汛期满足供水、发电及下游河道生态最小要求的下泄流量为 400m^3/s，水库以上河道来水基本可以满足。

从减淤、调水调沙、供水、发电、下游河道生态等需求考虑，水库汛限水位以下调控库容不宜低于 8 亿 m^3，而从减少水库淤积、尽可能延长水库拦沙年限的角度考虑，则汛限水位不宜过高，因此，拟定前汛期汛限水位方案为 230m、232m、235m；考虑到防御黄河下游中小洪水及保护滩区需求，后汛期汛限水位暂定为 248m。各方案基本情况见表 6-39。

表 6-39 小浪底水库拦沙期汛限水位方案表

方案序号	前汛期汛限水位/m	后汛期汛限水位/m	起调水位至前汛期汛限水位库容/亿 m^3
1	230	248	12.31
2	232	248	14.47
3	235	248	18.10

(2) 方案计算边界条件

1）设计水沙条件。从实测 1987 ~ 2010 年系列里选择了 1988 ~ 1990 年、1993 ~ 1995 年和 2004 ~ 2006 年 3 个水文年系列，分别简称 1988 系列、1993 系列和 2004 系列，水沙量情况统计见表6-40。3 个系列水沙量具有丰、平、枯代表性，本书采用1993 系列进行方案比较，采用1988 系列和2004 系列进行推荐方案敏感性分析。

表 6-40　设计水沙系列特征值统计表

系列	水量/亿 m^3			沙量/亿 t		
	7～10 月	11～6 月	7～6 月	7～10 月	11～6 月	7～6 月
1988 系列（丰）	174.99	190.05	365.04	9.94	1.16	11.10
1993 系列（平）	129.47	137.09	266.56	8.78	0.11	8.88
2004 系列（枯）	86.30	114.10	200.40	2.80	0.44	3.24

2）起始地形边界。水库及下游河道冲淤计算起始边界均采用2013 年汛前实测地形，黄河下游河道最小平滩流量在4000m^3/s 左右。

6.4.2　防洪调度及影响

水库防洪运用方式采用《黄河小浪底水库拦沙期防洪减淤运用方式研究》中的成果。

6.4.2.1　对三门峡水库防洪影响

不同汛限水位方案，三门峡水库最高蓄水位相同。5 年、30 年、100 年、1000 年、10 000年一遇洪水最高蓄水位分别为 312.22m、319.87m、323.76m、328.88m、332.2m。1000 年、10 000 年一遇洪水最高蓄水位均不超过防洪设计指标。

6.4.2.2　对小浪底水库防洪影响

(1) 不同汛限水位方案小浪底水库最高蓄水位

不同汛限水位方案，5 年一遇洪水小浪底水库蓄水位均达到254m。1000 年、10 000 年一遇洪水最高蓄水位分别为262.04m、270.38m，均不超过防洪设计水位，见表6-41。

表 6-41　不同汛限水位方案小浪底水库最高蓄水位

洪水来源	重现期 汛限水位/m	5 年	30 年	100 年	1 000 年	10 000 年
上大洪水	230	254.00	255.44	257.37	261.96	262.86
	232	254.00	255.74	257.75	262.02	262.88
	235	254.00	256.08	258.28	262.04	262.90
下大洪水	230	245.64	243.09	247.86	259.69	268.58
	232	246.60	244.10	248.78	260.45	269.25
	235	248.19	245.78	250.32	261.72	270.38

"上大洪水"，根据来水量级，三门峡水库分别按敞泄或先敞后控方式运用，小浪底水库按控制中小洪水方式运用。5 年一遇洪水，小浪底水库基本上按照控制花园口 $4000m^3/s$ 运用，最高蓄水位均达到 254m；30 年一遇及以上洪水最高蓄水位随汛限水位的抬高而增大；其中，1000 年、10 000 年一遇洪水，由于小浪底水库蓄水位超过 263m 以后开始敞泄运用，东平湖配合分洪，故不同汛限水位方案小浪底水库蓄水位相差不大。

"下大洪水"，三门峡水库按敞泄方式运用，小浪底水库按控制中小洪水方式运用。不同量级洪水小浪底水库最高蓄水位均随汛限水位的抬高而增大，且洪水量级越小，增幅越大。

（2）不同汛限水位方案小浪底水库各级水位历时

随着汛限水位抬高，高水位历时均有所增加，见表 6-42 和表 6-43。

表 6-42 "上大洪水"三门峡、小浪底水库各级水位历时统计表

汛限水位/m	重现期/年	水库各级水位以上历时/h							
		三门峡				小浪底			
		≥315m	≥320m	≥325m	≥330m	≥250m	≥254m	≥260m	≥265m
230	10 000	711	672	625	570	704	604	540	0
	1 000	644	554	428	168	737	627	573	0
	100	365	285	113	0	451	374	0	0
232	10 000	711	672	625	570	710	610	540	0
	1 000	644	554	428	168	745	632	575	0
	100	365	285	113	0	464	383	0	0
235	10 000	711	672	625	570	721	624	540	0
	1 000	644	554	428	168	758	636	575	0
	100	365	285	113	0	483	397	0	0

表 6-43 "下大洪水"小浪底水库各级水位历时统计表

汛限水位/m	重现期/年	高于某一水位的水位历时/h			
		≥250m	≥254m	≥260m	≥265m
230	10 000	244	225	196	165
	1 000	222	202	38	0
	100	0	0	0	0
232	10 000	247	229	200	171
	1 000	228	205	107	0
	100	0	0	0	0
235	10 000	250	237	206	180
	1 000	238	212	180	0
	100	110	0	0	0

“上大洪水”，汛限水位从 230m 抬高到 235m，100 年一遇洪水小浪底水库 254m 以上水位历时从 374h 增加到 397h；1000 年一遇洪水小浪底水库 254m 以上水位历时从 627h 增加到 636h；10 000 年一遇洪水小浪底水库 254m 以上水位历时从 604h 增加到 624h。

“下大洪水”，汛限水位从 230m 抬高到 235m，1000 年一遇洪水小浪底水库 254m 以上水位历时从 202h 增加到 212h；10 000 年一遇洪水小浪底水库 254m 以上水位历时从 225h 增加到 237h。

（3）不同汛限水位方案控制中小洪水防洪库容

小浪底水库控制中小洪水的运用方式为：小浪底水库按花园口 4000m^3/s 运用，最高控制水位不超过 254m。根据小浪底水库 2013 年 4 月实测库容曲线计算，汛限水位 230m、232m、235m 方案，254m 以下防洪库容分别为 37.16 亿 m^3、34.99 亿 m^3、31.36 亿 m^3，均满足控制中小洪水按控制花园口 4000m^3/s 运用所需防洪库容（18 亿 m^3）要求，见表 6-44。

表 6-44　不同汛限水位方案防洪库容统计表

前汛期汛限水位/m	230	232	235
相应库容/亿 m^3	14.42	16.59	20.22
254m 至汛限水位之间调洪库容/亿 m^3	37.16	34.99	31.36
263m 至汛限水位之间调洪库容/亿 m^3	56.16	53.99	50.36
275m 至汛限水位之间调洪库容/亿 m^3	85.90	83.73	80.10

6.4.2.3　对支流水库防洪影响

小浪底水库不同汛限水位方案对支流陆浑水库、故县水库防洪基本没有影响。同一量级洪水，经各汛限水位方案调算后的支流水库最高蓄水位没有变化。

6.4.2.4　对下游防洪影响

不同汛限水位方案，下游高村、孙口站经东平湖、北金堤分洪后，洪峰流量基本不超过河道最大过流能力。

“上大洪水”，前汛期汛限水位从 230m 提高到 235m，100 年一遇及以下洪水下游洪峰洪量均没有增加；1000 年一遇洪水花园口洪峰流量没有增加，超万洪量增加了 0.56 亿 m^3；10 000年一遇洪水花园口洪峰流量没有增加，超万洪量增加了 0.60 亿 m^3。

“下大洪水”，小浪底水库不同汛限水位方案对下游防洪影响基本相同。

6.4.3　减淤调度及效果

6.4.3.1　水库冲淤变化

水库冲淤计算成果见表 6-45 和图 6-16。采用 1993 系列计算，232m 方案、235m 方案分别较现状 230m 方案累计多淤积泥沙 0.42 亿 m^{3}和 1.07 亿 m^3，年均多淤积泥沙 0.13 亿 m^{3}和 0.36 亿 m^3；各方案年淤积量差别不大，235m 方案在尾部段淤积面相对偏高。

表 6-45　拦沙期不同汛限水位方案小浪底水库调节计算成果表

水沙系列	1993 系列（平）	1993 系列（平）	1993 系列（平）	1988 系列（丰）	2004 系列（枯）
汛限水位方案	230m	232m	235m	232m	232m
年均入库水量/亿 m^3	261.48	261.48	261.48	359.42	200.96
年均入库沙量/亿 t	8.76	8.76	8.76	10.97	3.24
累计冲淤量/亿 m^3	11.90	12.32	12.97	16.12	6.16

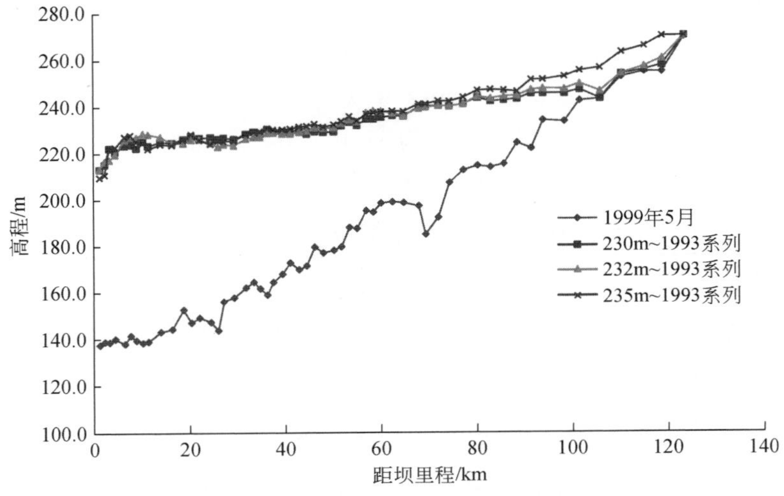

图 6-16　不同汛限水位方案干流淤积纵剖面图

采用 1988 系列和 2004 系列对 232m 方案进行敏感性分析计算，丰水丰沙的 1988 系列水库淤积较快，库区淤积纵剖面较高，平水平沙的 1993 系列库区淤积三角洲顶点推进较快，而枯水枯沙的 2004 系列，由于入库沙量较少，淤积较慢，淤积高程最低，三角洲推进也最慢，如图 6-17 所示。

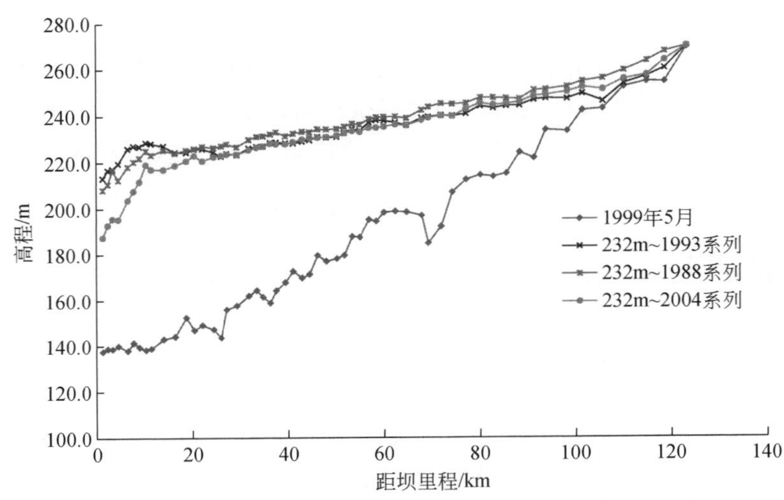

图 6-17　232m 方案不同水沙系列条件下干流淤积纵剖面图

6.4.3.2 下游冲淤变化

下游河道冲淤变化情况统计见表 6-46。

表 6-46 1993 系列不同汛限水位方案下游冲淤变化及减淤效果表

方案	主槽累计冲淤量/亿 t					主槽累计减淤量/亿 t				
	花园口以上	花园口–高村	高村–艾山	艾山–利津	利津以上	花园口以上	花园口–高村	高村–艾山	艾山–利津	利津以上
无小浪底	0. 17	1. 47	0. 87	0. 52	3. 03					
230m	–0. 04	–2. 49	–1. 12	–1. 11	–4. 76	0. 21	3. 96	1. 99	1. 63	7. 79
232m	–0. 05	–2. 84	–1. 16	–1. 24	–5. 29	0. 22	4. 31	2. 03	1. 75	8. 32
235m	–0. 07	–2. 89	–1. 34	–1. 40	–5. 70	0. 24	4. 36	2. 21	1. 92	8. 73
方案	全断面累计冲淤量/亿 t					全断面累计减淤量/亿 t				
	花园口以上	花园口–高村	高村–艾山	艾山–利津	利津以上	花园口以上	花园口–高村	高村–艾山	艾山–利津	利津以上
无小浪底	0. 29	2. 13	1. 18	0. 68	4. 28					
230m	–0. 03	–2. 17	–1. 02	–0. 99	–4. 21	0. 32	4. 30	2. 20	1. 67	8. 49
232m	–0. 03	–2. 48	–1. 04	–1. 11	–4. 66	0. 32	4. 61	2. 22	1. 78	8. 94
235m	–0. 06	–2. 60	–1. 26	–1. 31	–5. 23	0. 35	4. 73	2. 44	1. 99	9. 51

从全断面冲淤情况看，无小浪底方案下游河道累计淤积 4. 28 亿 t，230m、232m、235m 方案下游河道冲淤量分别为–4. 21 亿 t、–4. 66 亿 t 和–5. 23 亿 t，累计减淤量分别为 8. 49 亿 t、8. 94 亿 t 和 9. 51 亿 t。

从主槽冲淤情况看，无小浪底方案下游河道主槽累计淤积 3. 03 亿 t，230m、232m、235m 方案下游河道主槽冲淤量分别为–4. 76 亿 t、–5. 29 亿 t 和–5. 70 亿 t，下游河道主槽累计减淤量分别为 7. 79 亿 t、8. 32 亿 t 和 8. 73 亿 t。

230m、232m、235m 方案全下游河道拦沙减淤比分别为 1. 82、1. 79、1. 77，因此，从全下游的减淤量及拦沙减淤比来看，235m 方案最优，232 方案次之。

采用 1988 系列和 2004 系列对 232m 方案进行敏感性分析计算，见表 6-47。从主槽和全断面的累计减淤量看，1988 系列最大，其次为 1993 系列，2004 系列减淤量最小，相应拦沙减淤比分别为 1. 84、1. 79 和 1. 76，即 2004 系列最小。

表 6-47 232m 汛限水位方案下游冲淤及减淤效果敏感性分析表

方案	主槽累计冲淤量/亿 t					主槽累计减淤量/亿 t				
	花园口以上	花园口–高村	高村–艾山	艾山–利津	利津以上	花园口以上	花园口–高村	高村–艾山	艾山–利津	利津以上
1988 系列无小浪底	–0. 05	–0. 33	0. 68	0. 41	0. 71					
1993 系列无小浪底	0. 17	1. 47	0. 87	0. 52	3. 03					

续表

方案	主槽累计冲淤量/亿 t					主槽累计减淤量/亿 t				
	花园口以上	花园口–高村	高村–艾山	艾山–利津	利津以上	花园口以上	花园口–高村	高村–艾山	艾山–利津	利津以上
2004 系列无小浪底	-0.01	-0.35	0.04	-0.10	-0.42					
1988 系列	-0.18	-4.13	-2.42	-2.02	-8.75	0.13	3.80	3.10	2.43	9.46
1993 系列	-0.05	-2.84	-1.16	-1.24	-5.29	0.22	4.31	2.03	1.76	8.32
2004 系列	-0.03	-2.52	-1.12	-1.18	-4.85	0.02	2.17	1.16	1.08	4.43
方案	全断面累计冲淤量/亿 t					全断面累计减淤量/亿 t				
	花园口以上	花园口–高村	高村–艾山	艾山–利津	利津以上	花园口以上	花园口–高村	高村–艾山	艾山–利津	利津以上
1988 系列无小浪底	0.11	1.05	1.36	1.00	3.52					
1993 系列无小浪底	0.29	2.13	1.18	0.68	4.28					
2004 系列无小浪底	0.00	-0.26	0.09	-0.07	-0.24					
1988 系列	-0.17	-3.85	-2.15	-1.72	-7.90	0.28	4.90	3.51	2.72	11.42
1993 系列	-0.03	-2.48	-1.04	-1.11	-4.66	0.32	4.61	2.22	1.79	8.94
2004 系列	-0.03	-2.52	-1.09	-1.15	-4.79	0.04	2.26	1.18	1.08	4.56

6.4.4 风险效益分析

（1）风险分析

在小浪底水库拦沙期，由于小浪底水库汛限水位以上的实际防洪库容足够大，可在控制下游河道防洪安全流量的同时兼顾减小滩区淹没损失。因此，对于拦沙期，汛限水位调整带来的防洪风险一般可以忽略。

（2）效益分析

各方案效益分析统计见表 6-48。汛限水位 230m、232m 和 235m 各方案减淤量分别为 8.49 亿 t、8.94 亿 t 和 9.51 亿 t；汛期出库流量均满足下游河道供水、生态、发电最小流量 400m^3/s 要求，232m、235m 方案与 230m 方案相比，每年 7 月 11 日 ~8 月 20 日水库平均蓄水量多 1.04 亿 m^3 和 2.33 亿 m^3，年均发电量多 0.51 亿 kW · h 和 1.27 亿 kW · h，而每年汛末蓄水量差别不大，对非汛期供水、发电、防凌的综合效益影响小。

表 6-48　各汛限水位方案综合效益分析表

水沙系列	1993 系列（平）	1993 系列（平）	1993 系列（平）
汛限水位方案	230m	232m	235m
减淤量/亿 t	8.49	8.94	9.51
7 月 10 日 ~8 月 20 日平均蓄水量/亿 m^3	5.89	6.93	8.22
10 月 31 日平均蓄水量/亿 m^3	34.30	33.50	33.16
年均发电量/(亿 kW · h)	52.44	52.95	53.71

6.4.5　多目标综合分析评价

从防洪影响方面看，各汛限水位方案均满足防洪要求；且 254m 以下防洪库容均大于控制中小洪水按 4000m^3/s 运用所需防洪库容（18 亿 m^3），满足滩区减灾的需求。

从减淤效果看，235m 方案综合减淤效果稍好，但水库淤积量较大，尾部淤积形态明显偏高，不利于未来水库冲刷恢复库容，而 232m 方案水库淤积增加少，淤积形态与现状 230m 方案接近，冲淤变化不大。

从其他综合效益来看，各方案均满足水库供水、灌溉、发电、生态等最小流量需求，230m、232m、235m 方案的主汛期蓄水量、发电效益依次增大。

以防洪、减淤为主兼顾其他综合效益为原则，结合近几年小浪底水库调度特点及洪水资源化的需求，综合考虑推荐汛限水位 232m 方案。

6.5　本章小结

研究了黄河中下游分期洪水，提出主要控制站和区间的汛期洪水分期点和分期设计洪水成果；根据小浪底水库运用特点，分正常运用期和拦沙期分别拟定汛限水位优化策略；构建了小浪底水库汛限水位优化模型，通过开展防洪减淤计算及风险效益分析等工作，进行多目标评价，提出小浪底水库不同运用时期的汛限水位优化方案。主要结论如下：

1）综合考虑降雨、洪水、泥沙等多种因子，基于物理成因、采用多种方法，分析提出黄河中下游主要控制站和区间的汛期洪水分期点和分期设计洪水成果。

采用气象成因分析、数理统计法、模糊聚类法、分形分析法、圆形分布法、历史洪水论证等多种方法，对小浪底水库上下游主要洪水泥沙来源区的河三间、三花间降雨分期点和潼关站、花园口站的洪水泥沙分期点识别。本次从防洪安全角度选用分期点偏安全的外包结果；同时，结合以往对黄河中下游汛期洪水特性的认识，考虑分期防洪调度及汛限水位控制的可操作性，综合选定小浪底水库上游潼关（三门峡）站汛期洪水分期点为 9 月 10 日、10 月 10 日；三门峡至花园口区间的汛期洪水分期点为 8 月 20 日、10 月 10 日；黄河下游防洪控制站花园口的汛期洪水分期点为 9 月 10 日、10 月 10 日。

2）提出了小浪底水库正常运用期和拦沙期不同运用阶段的汛限水位优化策略和调控

指标。

考虑不同运用阶段小浪底水库的库容变化特点和防洪减淤运用方式的差异，分别拟定了基于分期运用及干支流水库群联合防洪调度的汛限水位优化策略、基于水库逐步淤积调控的汛限水位调整策略；根据小浪底水库的开发任务，通过防洪减淤计算分析，提出了防洪控泄流量、防洪库容、调控流量、调控库容等汛限水位调整优化的限制指标。

3）构建了小浪底水库汛限水位优化模型。

基于系统分析理论，考虑多目标综合效益最大化，以防洪风险最小、减淤影响最小、供水效益最大、灌溉效益最大、发电量最多等综合利用效益最优为目标函数，以防洪控制条件、防洪特征水位等为约束，构建了小浪底水库汛限水位优化模型。

4）提出了基于汛期分期运用的小浪底水库正常运用期汛限水位优化方案。

根据黄河中下游汛期分期洪水研究成果，分析了不同分期的防洪库容，拟定了分期汛限水位方案；通过开展小浪底水库和黄河下游防洪减淤运用效果及影响分析、供水发电等兴利效益分析、洪水分期的防洪风险计算等工作，采用基于模糊优选理论及误差反馈人工神经网络的多目标评价方法，对各分期汛限水位方案进行多方面比较；推荐干支流双分期点方案小浪底水库 7 月 1 日 ~8 月 20 日、8 月 21 日 ~9 月 10 日、9 月 11 日 ~10 月 10 日和 10 月 11 日 ~10 月 31 日各分期相应的汛限水位分别为 254.0m、260.0m、266.0m 和 271.0m。连续枯水时段计算分析，汛限水位优化可实现年均增加蓄水量约 1.59 亿 m^3。

5）提出了基于水库逐步淤积调控的小浪底水库拦沙期汛限水位优化方案。

根据现状小浪底水库库容、当前汛限水位、拦沙期防洪减淤运用要求等，拟定了汛限水位调整的比较方案，通过开展防洪减淤运用影响及效果分析、供水发电效益计算等进行多目标评价，推荐采用汛限水位 232m 方案。

第7章 应对干旱的黄河大型水库群联合蓄泄规则

水库群调度是复杂流域应对干旱的重要手段，统筹黄河防洪、防凌、减淤、供水（灌溉）、生态环境、发电等综合要求，结合龙羊峡水库旱限水位控制、小浪底水库汛限水位优化，采用长系列模拟和多目标优化相结合方法，建立黄河大型水库群联合优化调度模型。根据黄河流域干旱年份来水和用水的特点，考虑断面流量控制、省（区）用水控制等约束，开展水库群长系列优化调度模拟，分析干旱年份水库群调度与缺水变化的响应关系，提出不同来水、不同旱情需水条件下的黄河大型水库群联合蓄泄规则，集成黄河流域抗旱水资源调度技术体系，为流域抗旱减灾体系建设和水量调度工作提供技术支撑。

7.1 黄河梯级水库群应对干旱的需求

7.1.1 黄河径流与干旱需水分析

黄河流域具有水土资源分布不均衡、水资源年际年内变化大、水旱灾害频繁等特征。黄河兰州以上的产水量占河川径流总量的62%，而流域用水95%以上分布在兰州以下。受季风影响，黄河流域降水量年际变化悬殊、年内分配极不均匀，最大与最小年降水量的比值大都在3倍以上，夏季降水量最多，最大降水量出现在7月，7~10月降水量占全年降水量的约70%；冬季降水量最少，最小降水量出现在12月。黄河流域降水量年际变化大，流域平均年降水量和河川径流量的极值比分别为4.5和3.3，干旱半干旱地区一般在2.5~7.5倍。黄河流域降水量时空分布不均，导致流域水旱灾害频繁。1956~2000年的45年间，出现了1958年、1964年、1967年、1982年等大水年，1960年、1965年、2000年等干旱年，1969~1974年、1977~1980年、1990~2000年等连续干旱期。通过实施流域旱情紧急水资源调度，不仅可合理利用有限的水资源，确保居民和重要部门、地区用水，且能减轻干旱对社会、经济和生态环境的影响。

选取1956年7月~1999年6月共44年长系列水文年，结合流域SPDI-JDI指数对流域旱情进行判别，长系列年份的上游（万家寨以上）、中游（万家寨至小浪底）、下游（小浪底以下）和流域的需求情况及旱情情况见表7-1。可以看出，上游、中游、下游和流域河道外平均需求分别为221.11亿m^3、128.45亿m^3、139.06亿m^3和488.62亿m^3，且上游、中游、下游旱情分布不一致，旱情较重的年份需水较大。

表 7-1　系列年流域需求及旱情分析结果　　（单位：亿 m^3）

年份	河道外需求				旱情			
	上游	中游	下游	流域	上游	中游	下游	流域
1956	223.12	119.82	120.31	463.25	轻旱	无旱	无旱	无旱
1957	217.85	111.23	106.19	435.27	无旱	无旱	无旱	无旱
1958	208.05	113.70	126.30	448.04	无旱	无旱	无旱	无旱
1959	216.75	128.77	151.51	497.03	无旱	无旱	重旱	中旱
1960	218.85	122.55	132.93	474.33	无旱	无旱	无旱	无旱
1961	220.60	122.10	120.27	462.97	无旱	无旱	无旱	无旱
1962	225.78	126.36	118.81	470.96	中旱	无旱	无旱	无旱
1963	212.13	113.58	98.89	424.60	无旱	无旱	无旱	无旱
1964	219.89	123.37	145.96	489.22	无旱	无旱	轻旱	无旱
1965	234.75	132.53	164.57	531.85	特旱	中旱	特旱	特旱
1966	214.18	127.53	140.21	481.92	无旱	无旱	无旱	无旱
1967	209.70	132.98	155.12	497.81	无旱	重旱	重旱	中旱
1968	227.72	141.95	153.35	523.02	中旱	特旱	重旱	特旱
1969	227.85	134.76	150.95	513.55	重旱	重旱	重旱	特旱
1970	228.51	121.66	124.62	474.78	重旱	无旱	无旱	无旱
1971	233.77	127.79	130.84	492.40	特旱	无旱	无旱	轻旱
1972	224.44	130.30	124.68	479.42	中旱	轻旱	无旱	无旱
1973	222.12	130.50	109.53	462.14	无旱	轻旱	无旱	无旱
1974	231.00	130.09	131.29	492.39	特旱	轻旱	无旱	轻旱
1975	223.50	125.46	149.53	498.49	轻旱	无旱	中旱	中旱
1976	218.67	129.21	140.99	488.87	无旱	无旱	无旱	无旱
1977	213.68	128.38	156.28	498.34	无旱	无旱	重旱	中旱
1978	207.13	135.42	152.78	495.33	无旱	重旱	重旱	轻旱
1979	219.28	132.85	144.83	496.96	无旱	中旱	轻旱	中旱
1980	228.86	127.39	167.54	523.79	特旱	无旱	特旱	特旱
1981	228.72	128.14	148.17	505.02	重旱	无旱	中旱	重旱
1982	230.75	121.33	134.71	486.79	特旱	无旱	无旱	无旱
1983	218.54	118.55	132.90	469.99	无旱	无旱	无旱	无旱
1984	211.53	126.03	147.27	484.83	无旱	无旱	中旱	无旱
1985	217.45	142.86	170.69	531.00	无旱	特旱	特旱	特旱
1986	228.10	130.29	159.83	518.22	重旱	轻旱	特旱	特旱
1987	223.76	115.44	151.42	490.62	轻旱	无旱	重旱	无旱
1988	220.77	118.99	149.71	489.46	无旱	无旱	重旱	无旱
1989	220.52	122.43	122.37	465.32	无旱	无旱	无旱	无旱
1990	217.12	129.50	138.64	485.26	无旱	无旱	无旱	无旱
1991	218.01	132.53	144.95	495.49	无旱	中旱	轻旱	中旱
1992	216.11	137.13	114.99	468.23	无旱	重旱	无旱	无旱

续表

年份	河道外需求				旱情			
	上游	中游	下游	流域	上游	中游	下游	流域
1993	220.90	133.51	107.45	461.85	无旱	重旱	无旱	无旱
1994	218.50	140.59	143.66	502.75	无旱	特旱	轻旱	重旱
1995	219.18	132.81	144.04	496.02	无旱	中旱	轻旱	中旱
1996	220.99	147.03	163.68	531.70	无旱	特旱	特旱	特旱
1997	220.00	139.40	142.56	501.97	无旱	特旱	轻旱	重旱
1998	221.44	129.55	145.89	496.88	无旱	无旱	轻旱	中旱
1999	228.39	135.44	137.41	501.23	重旱	重旱	无旱	中旱
平均	221.11	128.45	139.06	488.62				

黄河流域大部分地区属干旱、半干旱地区，水资源短缺，供需矛盾突出，黄河径流年际丰枯变化大，既有总量上的缺水，又有时空分布上的缺水，且枯水年和枯水段缺水严重，如图 7-1 和图 7-2 所示。

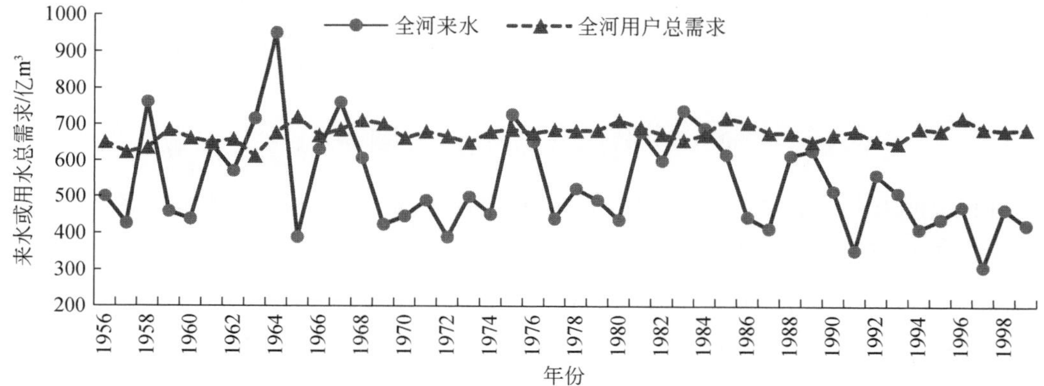

图 7-1　全河来水与用水总需求图

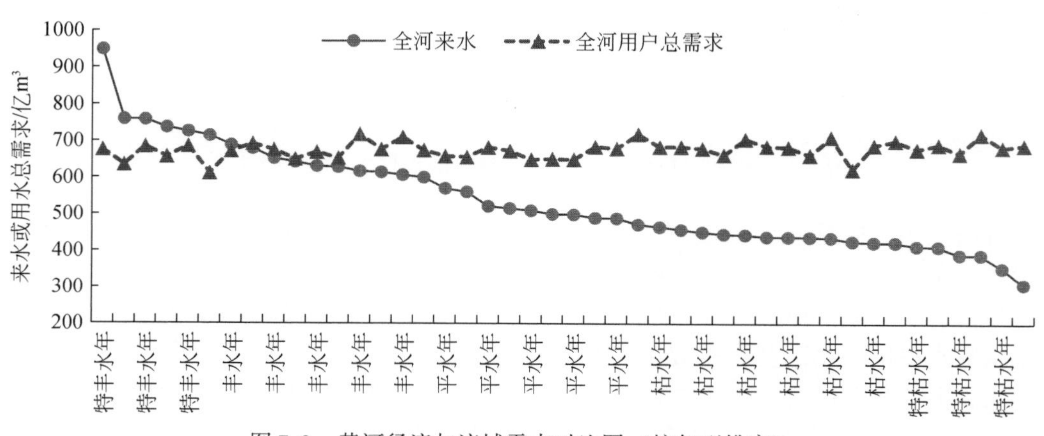

图 7-2　黄河径流与流域需水对比图（按年型排序）

黄河干流水库群是流域蓄水工程的主体，兴利调节库容较大，是流域抗旱减灾的重要工程保障。黄河干流已建成龙羊峡、刘家峡、万家寨、三门峡、小浪底5座骨干水库，通过水库联合运用，在防洪、防凌、减淤、供水、灌溉、发电等方面发挥了巨大作用和效益。

7.1.2 枯水年份旱情农业需水情况分析

从黄河流域上游、中游、下游农业旱情总需水与全河来水的关系图来看（图7-3），农业旱情总需水之间的相关关系不明显。

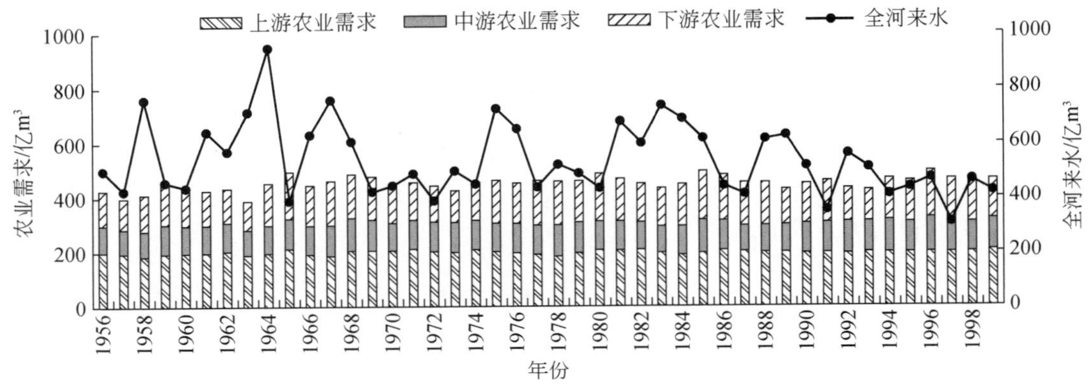

图7-3 黄河流域上、中、下游农业需水

选择全河来水频率大于70%的年份，分析全河来水与农业旱情需水的关系。枯水年份全河来水和上游、中游、下游农业需水如图7-4所示。

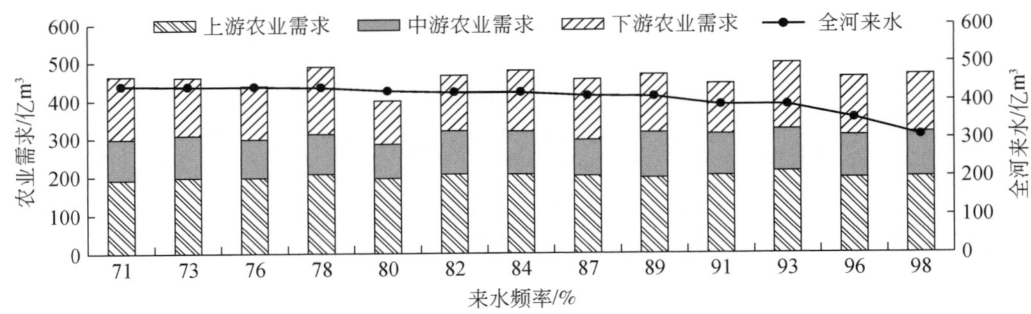

图7-4 黄河流域枯水年份农业旱情总需水与全河来水的关系图

分析图7-3和图7-4可知，黄河流域旱情上游、中游、下游组合较多，大体上有如下规律：一是枯水年份农业需水面临较大缺口，枯水年份全河来水与农业旱情需水接近，再考虑生活、工业需水和河道内需求，以及退水因素，枯水年份农业缺水较大；二是上游农业旱情需水占比例大，上游占47%、中游占22%、下游占32%；三是下游农业旱情需水变幅大，上游相对稳定；四是中游农业旱情需水以支流供水为主，干流梯级水库群调节困难。针对以上黄河流域农业旱情需水情况，干流梯级水库群主要应对问题有两个：一是枯水年份水库蓄丰补枯调节，主要是龙羊峡水库跨年给旱情补水；二是应对干旱年份农业需水的增加，特别是下游随干旱程度增加，需水增加较多的问题，主要依靠梯级水库群调节。

7.2 应对干旱的梯级水库群协同优化调度模型

7.2.1 问题描述

黄河干流已建成相对完善的梯级水库系统，具备联合调度的能力。截至 2012 年，黄河流域内已建大、中、小型水库 5000 余座，总库容超过 700 亿 m^3，形成了黄河梯级水库系统，其中黄河干流梯级建成了 5 座具有调节能力的水库，即龙羊峡水库、刘家峡水库、万家寨水库、三门峡水库和小浪底水库，如图 7-5 所示。由于黄河上游河段与中游、下游河段水沙情况差别较大，以及工程所处地理位置等因素，上游龙羊峡至青铜峡水电站在电力上互相补偿，以发电为主，兼顾防洪、防凌、供水，水库调度实施由电力部门负责；中游三门峡水库和小浪底水库，以防洪减淤为主，兼顾供水、灌溉和发电，水库调度由水利部门负责；万家寨水库库容调节能力低，对长期调度影响不大。

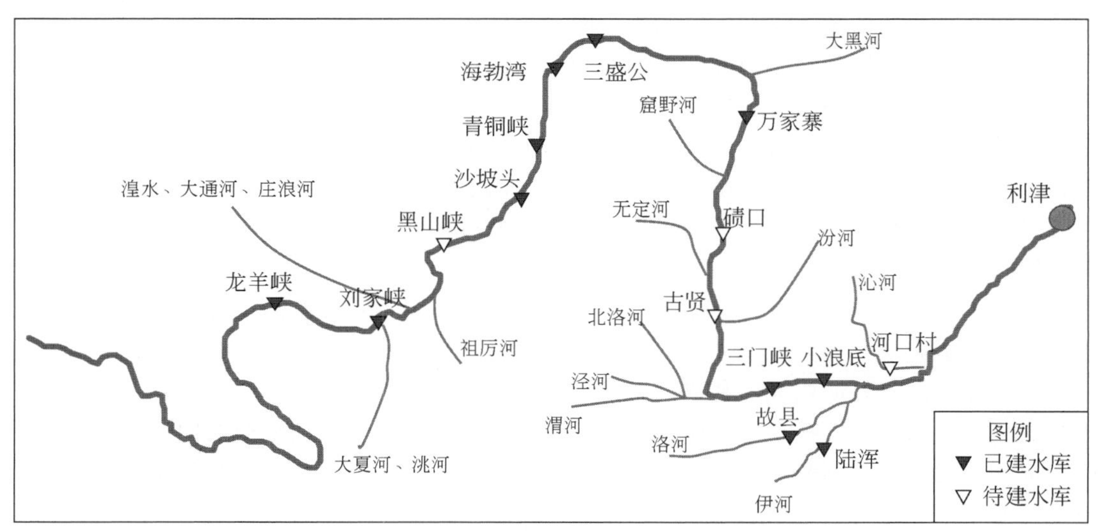

图 7-5　黄河干流梯级水库群示意图

在梯级水库群的联合调度中，梯级水库群各库之间具有联系性（水力联系和电力联系）和补偿性（水文补偿和库容补偿）。入库径流的随机性，决策过程的动态性、实时性和数学模型、优化技术的局限性，使得水库调度决策问题呈现出非结构化的特点。因此梯级水库群优化调度是一个多变量耦合的复杂非线性规划问题，需考虑上游、下游水库之间的水力和电力联系，具有维度高、耦合性强、不确定性多等特征。在干旱年份的确定水文环境下，水库群联合调度可以捕捉入库径流的时空差异，充分发挥库群的库容补偿与水文补偿作用，最大程度地提高梯级系统对水资源在时空上的优化配置能力，根据梯级成员水库蓄水量与联合调度线之间的位置关系决定由哪个水库对公共供水区进行供水。水库群供水能力不仅取决于水库的兴利库容，而且与联合调度规则密切相关。

梯级水库群调度规则的获取通常有两种方式：一是直接假定某种形式的调度规则（含参数），利用水库模拟模型，或水库模拟与优化混合模型（后者更常见）去检验、评价和改进该调度规则；二是利用水库全运行期的最优调度成果，通过统计回归等方法推求调度规则，如调度函数。前者是在有限规则枚举的基础上通过调度效果评价，优选调度规则，因此通常是满意解；后者是对全局优化基础上寻找的最优解。根据梯级水库调度的任务，由于上、下水库之间有一定的联系，影响水库放水流量决策值的因素众多，对黄河干流这样一个复杂的水资源系统来说，制定干旱年份梯级水库群的调度规则关键是建立优化模型求解最优解，实现系统的全局优化，回答两个核心问题：①做出水库群对各用水户的供水方案，确定“对每个用水户供多少水”；②通过优化确定各成员水库供水任务分配因子，并结合供水水库群常规调度规则，实现成员水库间供水任务的分配，回答“由谁供水”的问题。本书通过建立优化模型，探讨算法实现，提取应对干旱的黄河梯级水库群调度规则。

7.2.2 建模思想

以提高干旱年份黄河流域水资源调配能力、减少缺水为目标，以系统科学理论、整体协同思想为基础，以黄河梯级水库群调度为手段，建立包括众多要素和子系统的黄河梯级水库群优化调度模型系统。利用智能优化方法寻求梯级水库群的最优运行调度方式，实现水库群的协同调度、联合抗旱。为合理制定梯级系统运行规则和配水策略提供先进有效的评价工具，实现干旱年份流域水资源调配从定性描述到精准控制转变。

系统在一定的输入条件下，采用不同的运行规则和策略，会产生不同的系统响应，即系统的物理产出和经济效果等指标。对于流域梯级系统，适当改变水库运行规则及配水策略，通过系统分析可以预见运行规则及策略的改变对整个系统带来的影响程度（系统各目标值的变化幅度及其变化过程），从而可为应对干旱的规则和策略制定，以及管理和调度决策提供科学依据。

系统尽可能做到通用灵活和数据驱动。在满足研究要求的前提下，建模时要尽可能使模型通用、灵活，能够在今后工作和其他流域中得以应用，以提高模型的使用价值。建模时也应尽可能做到数据驱动，将流域的特性、各种边界条件、运行规则及策略等作为模型输入的基本数据进行表述，通过输入数据的改变来实现梯级水库群蓄泄优化。

7.2.3 流域概化与节点划分

水资源系统概化是将河流水系实体抽象简化为参数表达的概念性元素，并通过数学语言描述各类元素之间的水力联系。将河段计算分区、主要工程节点、控制节点及供用耗排水等系统元素，采用概化的“点”、“线”元素表达，绘制描述流域水力联系的系统网络节点，既可反映实际系统的主要特征及各组成部分之间的相互联系，又便于使用数学语言对系统中各种变量、参数之间的关系进行表述，以此作为模拟计算的基础。

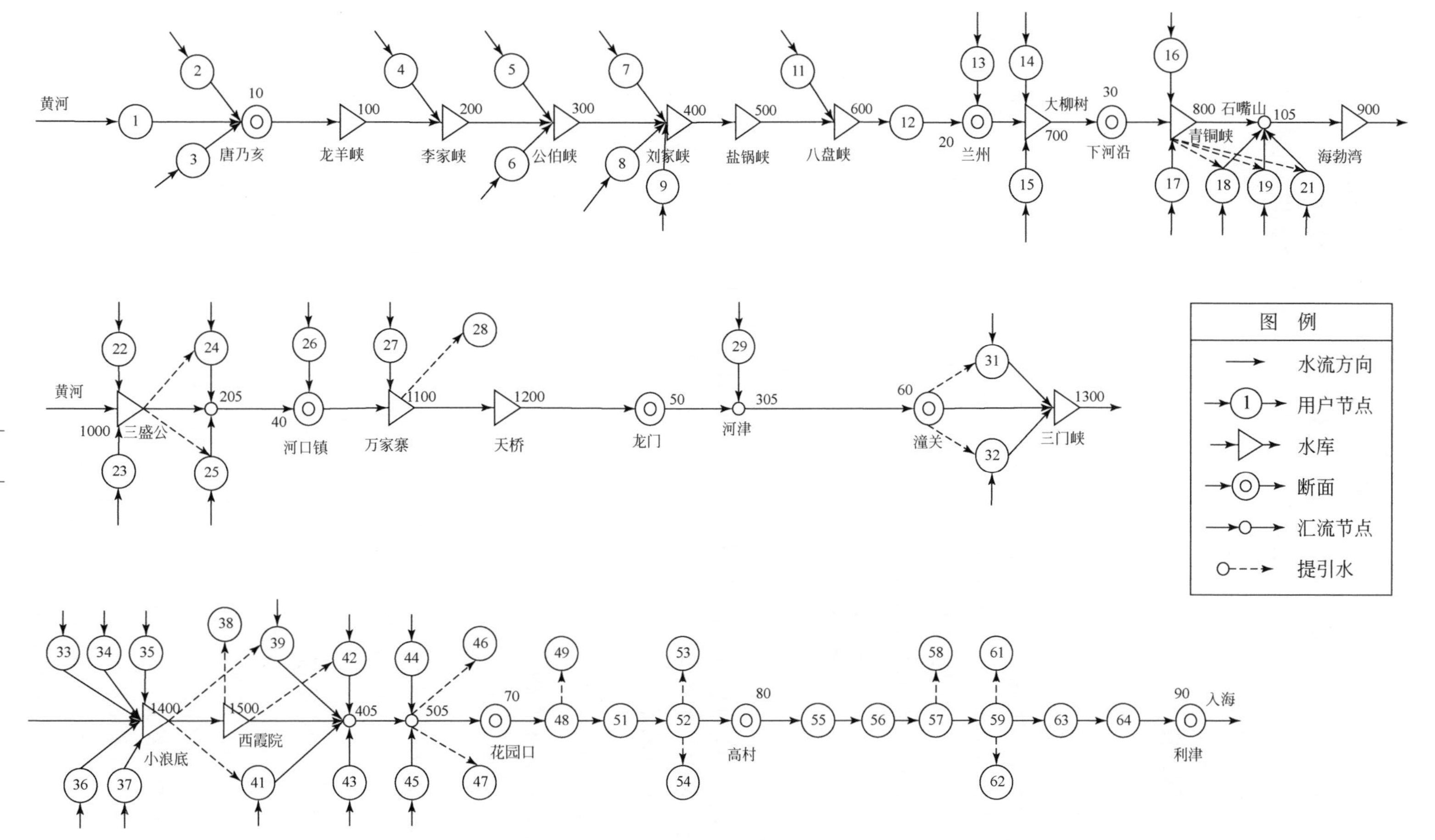

图 7-6 黄河干流梯级水库调度分析节点图

黄河流域地域广阔，研究中依据自然地理情况，结合河段开发条件和行政区划，将全流域划分为上游、中游、下游3个分区。将黄河水资源系统概化为汇流、电站、水库、城镇用水、农业灌溉、径流控制、湿地、水文站8类基本节点，建立系统网络如图7-6所示。优化模型所需基本数据通过节点文件的形式输入，计算结果也以节点形式输出或在节点基础上处理成其他形式成果。

7.2.4 模型构建

7.2.4.1 模型目标

干旱年份供水不能满足需水要求时，通过梯级水库协同调度，优化径流时空分布过程，使流域综合缺水量最小，且分布合理。在实现上述目标的前提下，寻求上游梯级龙羊峡水库、刘家峡水库以及中游万家寨水库、三门峡水库、小浪底水库的合理运行方式，提高干旱年份供水量、减少综合缺水量。目标函数：

$$\min WSS = \sum_{i=1}^{N}\sum_{t=1}^{T}\{\omega(i,\ t)[QD(i,\ t) - QS(i,\ t)]\Delta T(t)\} \tag{7-1}$$

式中，WSS为综合缺水量；QD（i，t）为i节点t时段需水量；QS（i，t）为i节点t时段供水量，根据节点图，i=1，2，…，N；t为计算总时段，t=1，2，…，T；$\omega(i,\ t)$为i节点t时段供水重要性判别系数。节点供水重要性判别系数由层次分析法确定，工业考虑不同工业门类，农业用水考虑作物的不同生育阶段对水需求的重要性，生态环境用水考虑输沙用水与环境水量的差异性。

7.2.4.2 约束条件

(1) 水库水量平衡约束

$$V(m,\ t+1) = V(m,\ t) + [QRu(m,\ t) - QRc(m,\ t)] \times \Delta T(t) - LW(m,\ t) \tag{7-2}$$

式中，$V(m,\ t)$、$V(m,\ t+1)$分别为第m个水库t时段初、末库容；QRu（m，t）、QRc（m，t）分别为第m个水库t时段入库、出库流量；LW（m，t）为第m个水库t时段的损失水量。

(2) 节点水量平衡约束

$$QC(i,\ t) = QC(i-1,\ t) + QR(i,\ t) - QS(i,\ t) - QL(i,\ t) \tag{7-3}$$

式中，第i节点出流QC（i，t）应等于上一节点i-1出流QC（i-1，t）与区间来水QR（i，t）之和，扣除区间实际供水QS（i，t）及区间损失QL（i，t）。

(3) 水库库容约束

满足工程安全要求：

$$V\min(m,\ t) \leqslant V(m,\ t) \leqslant V\max(m,\ t) \tag{7-4}$$

式中，$V\min(m,\ t)$为m水库死库容；$V\max(m,\ t)$为m水库当月最大库容（汛期为汛限水位对应的库容，非汛期为正常蓄水位对应的库容）。

（4）防凌约束

为满足宁蒙河段和下游凌期防凌、过流需要，限制刘家峡水库和小浪底水库凌期的流量。

$$\mathrm{QFmin}(m,\ t) \leqslant \mathrm{QRc}(m,\ t) \leqslant \mathrm{QFmax}(m,\ t) \tag{7-5}$$

上述防凌约束主要针对刘家峡水库和小浪底水库而言。

（5）出库流量约束

$$\mathrm{QRcmin}(m,\ t) \leqslant \mathrm{QRc}(m,\ t) \leqslant \mathrm{QRcmax}(m,\ t) \tag{7-6}$$

式（7-5）和（7-6）中，m 水库 t 时段最小允许出库流量 $\mathrm{QRcmin}(m,\ t)$ 的确定与为满足各省（区）用水水库最小需供水量 $\mathrm{QBu}(m,\ t)$、防凌要求的 $\mathrm{QFmin}(m,\ t)$ 以及生态要求的 QSmin（t）有关。m 水库 t 时段最大允许出库流量 QRcmax（m，t）的确定与最大过机流量 QDmax（m，t）、防凌要求的 QFmax（m，t）有关。

（6）出力约束

$$N\mathrm{min}(m,\ t) \leqslant N(m,\ t) \leqslant N\mathrm{max}(m,\ t) \tag{7-7}$$

一般 $N\mathrm{min}(m,\ t)$ 为机组技术最小出力；$N\mathrm{max}(m,\ t)$ 为装机容量。

（7）变量非负约束

所有变量按非负约束设置。

7.2.4.3 系统结构

模型系统由目标层、执行层和评价层组成的3层总分结构框架构建，逐层求解。首先目标层通过设干旱年份流域缺水容忍限度，引导干旱年份流域水资源调配的方向；执行层通过模型耦合与数据交互，实现在约束条件下的梯级水库调度、河段水量分配的优化；最后评价层通过对干旱年份流域抗旱能力的评估，反馈并修正缺水容忍限度。上一层模型的解可作为内部参数输入下一层模型中，通过参数传递，层层嵌套，模型系统的结构与功能如图7-7所示。

（1）目标层

设置流域抗旱减灾目标。根据干旱枯水年份径流总量和旱情程度，设置流域缺水损失的控制目标及承受限度。总协调泛函表达：

$$f = F(\mathrm{QR},\ \mathrm{CRDI},\ r) \tag{7-8}$$

其中，QR为当年黄河河川径流总量，反映年度的径流丰枯状况；CRDI为当年流域综合干旱指数，可反映年度的干旱程度及旱情的分布；r 为协调当年径流与旱情的缺水影响和损失的容忍度，可由决策者根据当年的径流丰枯和旱情预设，结合抗旱目标评价反馈进行调整。模型通过设置抗旱减灾目标协调函数，适应河川径流丰枯及流域旱情变化，指导流域水库蓄泄和流域配水，实现流域抗旱减灾的目标。

抗旱减灾容忍度 r 定义为流域综合缺水率：

$$r = \frac{\mathrm{WSS}}{\sum_{t=1}^{12}\sum_{i=1}^{I}\mathrm{QD}(i,\ t)} \tag{7-9}$$

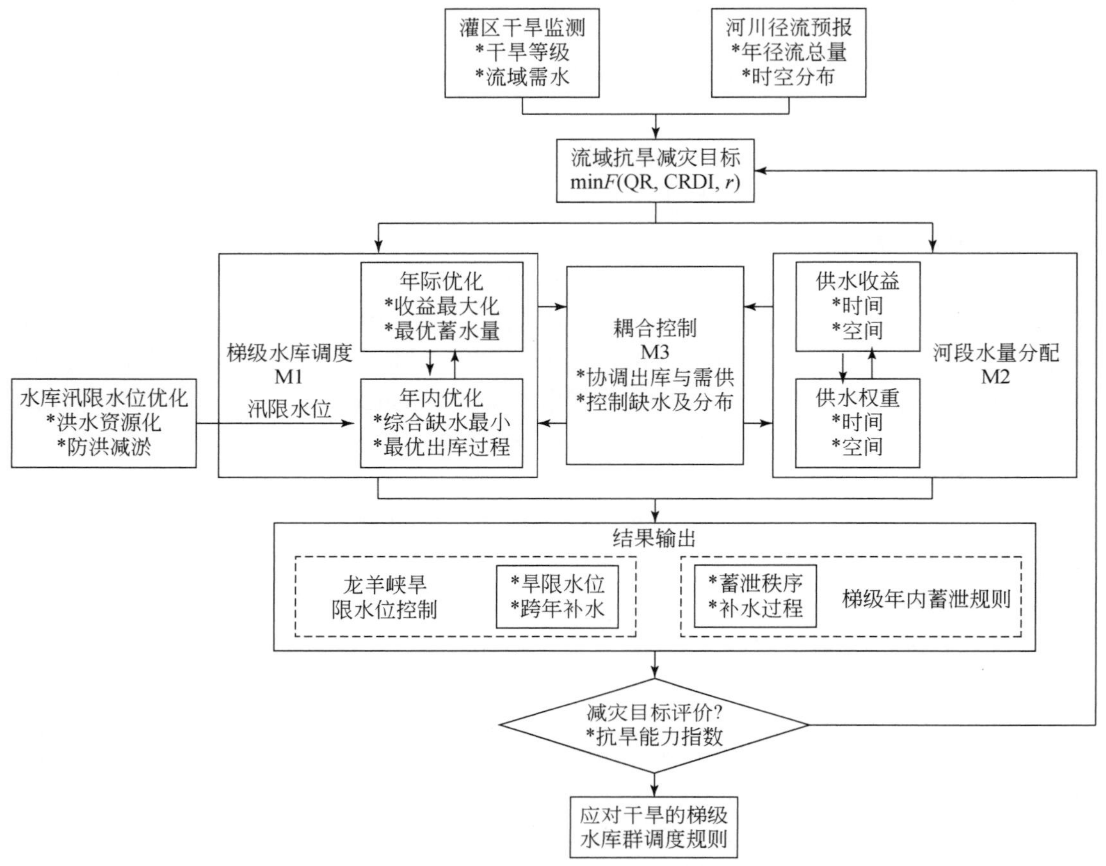

图 7-7　应对干旱的黄河流域梯级水库调度系统模型结构与流程

（2）执行层

优化水库蓄泄过程与河段水量空间分配。水库蓄泄与河段配水优化由 3 个耦合模型实现，分别为梯级水库调度模型 M1、河段水量分配模型 M2 及耦合控制模型 M3。梯级水库调度模型 M1 根据年度入库径流开展 5 座梯级水库调度，输出各水库出库水量过程；河段水量分配模块 M2 根据输入初设的供水权重系数，开展河段及流域的水量分配，输出河段配水及节点缺水量时空分布；耦合控制模块 M3 实现两模型耦合，在线反馈与控制，优化 M1 的水库出库过程以及 M2 的河段水量分配方案，实现综合缺水量最小的控制目标。耦合控制模型 M3，分析黄河梯级水库下泄过程与河段缺水变化之间的互动关系，以交互方式实现黄河梯级水库调度与河段配水的耦合，引导控制水库下泄过程优化实现水量调度减灾的目标。耦合 M1 与 M2，对水库调度模型水量模型输出的河段取水量、断面下泄流量以及河段模型输出的缺水量等进行辨识，在线控制协调水库调度过程与河段配水，通过算法设计对流域抗旱目标实现程度的辨识，反馈、控制、引导 M1、M2 过程的调整，对梯级水库出库过程、河段水量分配的优化，根据系统信息辨识控制目标的满足程度，向 M1 与 M2 反馈水库调度和水量分配的目标偏差，并控制调整修正的方向，引导模型逐步优化。模型组成见表 7-2。

表 7-2　应对干旱的梯级水库调度执行层模型组成

模型层级	模型	建模目标	解决问题	输出变量
执行层	M1	梯级水库调度	梯级水库出库优化	QRc（m，t）
	M2	河段配水	用户配水过程优化	QS（i，t）
	M3	耦合控制	耦合与控制	δ

（3）评价层

评价流域抗旱减灾效果。流域减灾目标的实现程度通过抗旱能力 DCA（Drought Coupling Ability）指数评价，在此定义为一定水平年、一定干旱频率下，梯级水库调节后对流域综合需水的保障程度：

$$\mathrm{DCA}(y, p) = K(y)\frac{\sum_{i=1}^{I}\sum_{t=1}^{12}\mathrm{QS}(i, t)}{\sum_{i=1}^{I}\sum_{t=1}^{12}\mathrm{QD}(i, t)} \tag{7-10}$$

式中，DCA(y) 为 y 年度流域抗旱能力；QS（i，t）为流域供水总量（包括生态环境供水量）；QD（i，t）为流域需水量（包括生态环境需水量）；K（y）为一定干旱年份的抗旱能力系数：

$$K(y) = \frac{\sum_{i=1}^{I}\sum_{t=1}^{12}\mathrm{QD}(i, t)}{\mathrm{WD}} \tag{7-11}$$

其中，WD 为长系列流域多年平均需水量。

随流域旱情加重，流域农业需水量增加，需水量高于正常年份，$K(y)$ 大于 1；在流域无旱，需水量小于正常年份，$K(y)$ 小于 1。因此，通过 $K(y)$ 的设置可以定量评估干旱年份流域需求满足能力提升保障程度 DCA（y），从而为客观评价干旱枯水年份流域抗旱能力提供一个指标。

7.2.4.4　水库调度模型

通过优化梯级水库合理出库过程，调节流域水资源年内分配，减少流域干旱年份因旱损失，提高流域抗旱减灾能力。目标函数表达：

$$f = \mathrm{Opti}[\mathrm{QRc}(i, t)],\ i = 1, 2, \cdots, 5,\ t = 1, 2, \cdots, 12 \tag{7-12}$$

式中，QRc（i，t）为 i 水库 t 时段的出库水量，模型中考虑黄河梯级中的龙羊峡、刘家峡、万家寨、三门峡、小浪底 5 座具有调节功能的水库，通过水库合理蓄泄调节径流、优化水库出库过程。

梯级水库调度优化包括多年调节水库旱限水位优化以及年调节水库年内下泄水量过程优化。多年调节水库旱限水位优化是以干旱年份旱灾损失最小为目标，协调多年调节水库的年际调度蓄留水量，求解过程详见第 6 章。年调节水库年内调度过程的优化，是以干旱年份综合缺水最小为目标，协调梯级水库年内的蓄泄过程，即解决梯级系统什么时间蓄、什么时间泄，由哪一座水库蓄、哪一座水库泄，各水库、各时段分别应蓄多少、泄多少等问题。

水库的补水需求。黄河梯级系统中 t 时段补水的上限值 Qbu（t）由本月参与分配的用水需求之和决定，本月参与分配的需水量是由河段水量分配模型根据供水权重系数排序决定的。

不考虑水量传播时间：

$$\mathrm{Qbu}(t) = \sum_{i=1}^{J(t)} [\mathrm{QD}(i,\ t) - R(i,\ t)] \tag{7-13}$$

式中，$R(i,\ t)$ 为 t 时段 i 区间的来水量。

考虑水量传播时间：

$$\mathrm{Qbu}(m,\ t) = \sum_{i=1}^{J(t)} \{[1-\alpha(i)]\mathrm{QD}(i,\ t) + \alpha(i)\mathrm{QD}(i,\ t+1)\} \tag{7-14}$$

式中，$J(t)$ 为梯级水库 t 时段参与供水分配的节点总数；α（i）为第 i 河段流量演进策略。

7.2.4.5 河段配水模型

河段水量分配模型 M2 通过对供水部门、供水时段的经济效益、缺水损失的比较，确定供水的边际效益和供水权重系数，指导河段的水量分配。

（1）年际优化与旱限水位控制

实施调度序列多年调节水库的年际下泄过程优化，即对年末蓄水量实施控制，使水库供水系统处于理想状态时，流域供水效益达到最大（其对偶问题为缺水损失最小）。

水库调度的目标是决策时段流域供水总收益最大：

$$\max[J(u(t)] = \max \int_{t=0}^{T} \mathrm{mp}[i,\ x(i,\ j,\ t)]x(i,\ j,\ t)\mathrm{d}t \tag{7-15}$$

式中，T 为水库调度的决策时段；J［u（t）］为流域供水效益泛函的一般表达；$\mathrm{mp}[i,\ x(i,\ j,\ t)]$ 为 i 地区 j 部门 t 时段供水量为 x 情况下的边际效益；x（i，j，t）为 i 地区 j 部门 t 时段的供水量。

年际配水均衡求解。河段水量分配模型调用节点供水边际效益方程，计算每个节点当前供水条件下的边际效益，按照边际效益的高低依次配水，实现决策时段供水收益最大化的一般均衡：

$$\frac{\partial J(t_k)}{\partial x} = \frac{\partial J(t_1)}{\partial x} = \mathrm{MP_w} = \lambda \tag{7-16}$$

式中，$\frac{\partial J(t_k)}{\partial x}$、$\frac{\partial J(t_1)}{\partial x}$ 分别为 t_k、t_1 年度的供水边际效益；$\mathrm{MP_w}$ 流域供水边际效益，由不同年度、不同行业、不同地区的生产函数推求；λ 为常数。

（2）年内优化与梯级水库调度

优化梯级水库年内的调度过程，即控制梯级水库合理的蓄泄秩序和出库过程，减少干旱年份的缺水量。

梯级水库调度的目标是将调度年度流域缺水量控制在一定范围内，采用加权非劣解距最优供水量的相对偏差最小为目标协调方程：

$$\min(Z) = \min \sum_{i=1}^{I} \sum_{t=1}^{12} (\omega(i,\ t) \left[\frac{QS(i,\ t) - QS^*(i,\ t)}{QD(i,\ t) - QS_{\min}(i,\ t)}\right] \tag{7-17}$$

式中，Z 为加权的最优供水量相对偏差；QS^*（i，t）为 i 用户 t 时段供水量的理想值；$QS_{\min}$（i，t）为 i 用户 t 时段供水量的低限值。

年内配水均衡求解。河段水量分配模型调用节点供水权重系数，计算每个节点当前时段综合缺水的贡献，按照供水权重系数的高低依次配水，实现时段综合缺水最小化的求解拉格朗日（Lagrange）算子：

$$\frac{\partial WS(t_m)}{\partial x} = \frac{\partial WS(t_n)}{\partial x} = MW_w = C \tag{7-18}$$

式中，$\frac{\partial WS(t_m)}{\partial x}$、$\frac{\partial S(t_n)}{\partial x}$ 分别为 t_m、t_n 时段调整供水对综合缺水的边际贡献；MW_w为流域调整供水的边际贡献，由不同年度、不同行业、不同地区的生产函数推求；C 为常数。

模型在执行河段配水时读取用水户的供水权重系数，供水按照权重系数由高至低的次序供水，等级高的用水需求优先得到满足，依次向低等级用水户配水；可保证重要部门、重要时段的用水优先满足，可实现上游、中游、下游不同区域供水的均衡。

在现有条件和约束下，调整现有的分配方案不会使整体的收益得到改善，符合式（7-16）和式（7-18）条件即满足帕累托（Pareto）最优标准。

节点水量平衡与缺水分析。河段水量分配根据用水门类、时段的供水权重系数的高低依次进行供水，时段用水需求得不到满足的即为缺水。对于 i 节点，若时段配水量 QS（i，t）不能满足区间用水计划 QD（i，t）时，其差值 WS（i，t）为区间缺水。

$$WS(i,\ t) = QR(i,\ t) - QS(i,\ t) - QL(i,\ t) \tag{7-19}$$

当 WS（i，t）≥0 时，有缺水；当 WS（i，t）<0 时，有余水进入下一节点。

7.2.4.6 耦合控制模型

耦合控制模型 M3 通过数据的在线传递与控制，耦合梯级水库调度模型 M1 与河段水量分配模型 M2，实现模型间的数据传递与反馈，并控制流域系统的水资源调配。梯级水库调度优化决策过程如图 7-8 所示。

模型耦合。黄河梯级的第 i 水库 t 时刻下泄的水量受两方面因素影响，一是时段的蓄水量，由式（7-2）水库水量平衡关系得到；二是本时段下游的补水需求和后期的补水要求，由河段供水模块对当前供水需求与后期供水需求的均衡实现。水库调度以断面流量控制和尽可能减小时段补水需求缺口为目标，通过水量自上而下的正向演算或自下而上的反向调控，进行水库调度。

梯级水库调度模型 M1 的出库水量与区间入流经河道演进后，作为河段供水量的重要约束，即河段供水的上限：

$$\sum_{i=1}^{J(t)} QS(i,\ t) \leqslant QRc(m,\ t) + R(i,\ t) \tag{7-20}$$

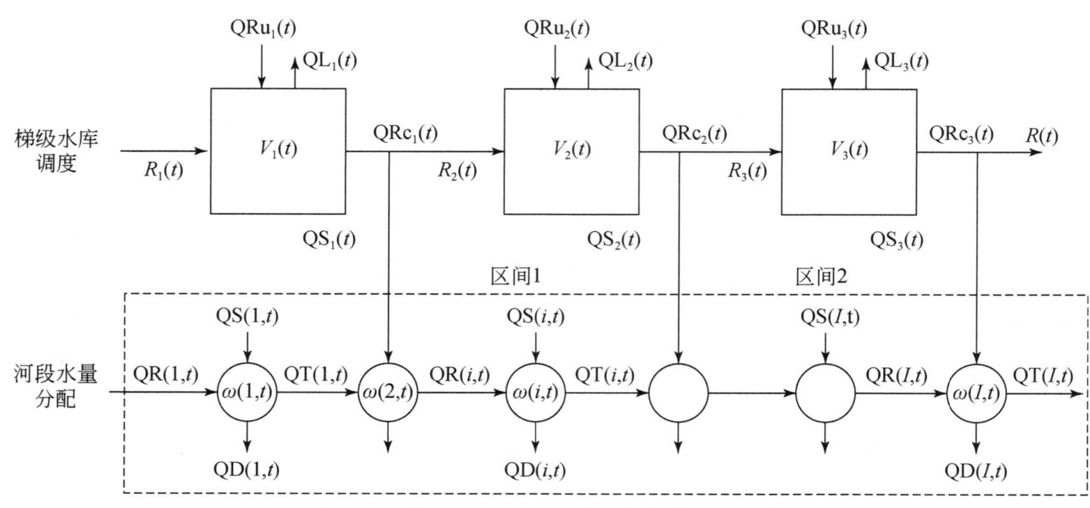

图 7-8　梯级水库调度系统优化决策过程示意

河流梯级系统径流联系表现在上游水库的泄流是下一级水库入流的组成部分，河段取水量影响水库的入库径流，上一水库下泄水量经河段取水后流入下一水库。

$$\mathrm{QRu}(i,\ t) = \mathrm{QRC}(m-1,\ t) + R(i,\ t) - \sum_{i=1}^{J(t)} \mathrm{QS}(i,\ t) + \mathrm{QT}(i,\ t) \tag{7-21}$$

优化控制。M3 在获取梯级水库调度各水库的出库过程、时段蓄水量以及 M2 输出的河段配水量、时段缺水量，通过调控分析器分析对流域、河段、地区、时段综合缺水率进行计算，辨识缺水影响和供水偏离度是否在容忍的限度内。若不满足要求，向上反馈。M3 协调控制是以断面取水量控制和断面下泄流量控制为辨识控制变量，通过水库调度自上而下的正向演算以及河段配水自下而上的反向控制，实时反馈、在线调整、滚动修正水库出库过程和河段配水量，直至干旱年份缺水控制目标满足设定的阈值 r。

黄河梯级水库调度与河段水量分配的基本方法包括水库调度、河段配水、断面下泄水量评价和协调反馈、自适应控制。采用的手段包括：

正向演算。模型从系列初时段开始演算，根据刘家峡以下河段计划用水、区间河段加水及区间损失，初步确定龙羊峡水库、刘家峡水库、万家寨水库、三门峡水库、小浪底水库初始调度线，按照预案流量下泄。在此条件下，模型运行正向演算模块，按正向演进方法进行逐时段逐河段演进，计算河段各个节点水量平衡、分析各个断面的流量。正向演算水库的调度库容推算采用：

$$V_{正}(m,\ t+1) = V_{正}(m,\ t) + R(t) - \mathrm{QD}_{正}(t) - L(t) - W_{正}(t) + Q_{正}(t) \tag{7-22}$$

式中，$V_{正}(t)$ 、$V_{正}(t+1)$ 分别为正向演算第 t 时段、t+1 时段始末水库库容；$R(t)$ 、$L(t)$ 分别为 t 时段水库天然入流量、损失水量；$\mathrm{QD}_{正}(t)$ 、$W_{正}(t)$ 分别为正向演算河段需供水量、河道需下泄水量；$Q_{正}(t)$ 为河段可以接受的缺水量。

反向控制。在龙羊峡水库、刘家峡水库允许增加下泄流量的情况下，以满足河段用水需求和保证控制断面流量不低于生态流量为控制目标，进行反向演算，确定最小的水库下泄流量。以各河段用水计划、主要控制断面（兰州、下河沿、石嘴山、头道拐、龙门、潼关、花园口、利津等）流量要求为控制条件，当控制断面演进成果不满足要求时则自动改变龙羊峡水库、刘家峡水库、万家寨水库、三门峡水库、小浪底水库下泄流量重新计算，如此迭代，直至控制断面流量满足要求。反向控制水库的调度库容推算采用：

$$V_{反}(t)=V_{反}(t+1)-I(t)+D_{反}(t)+L(t)+W_{正}(t)-Q_{正}(t) \tag{7-23}$$

式中，$V_{反}(t)$、$V_{反}(t+1)$ 分别为反向控制第 t 时段、$t+1$ 时段始末水库库容；$D_{反}(t)$、$W_{反}(t)$ 分别为反向控制河段需供水量、河道需下泄水量；$Q_{反}(t)$ 为河段可以接受的缺水量，其他参数意义同前。

供水调整。通过断面流量辨识、水库辨识不满意情况下首先是增加水库泄水，在无法增加龙羊峡水库、刘家峡水库下泄流量的条件下，若单一的流量不足问题则可通过适当压减临近河段用水确保控制断面流量不低于生态流量。

滚动修正。滚动修正就是逐时段更新水量预报、系统状态，并根据上时段水量结算、河段缺水情况，重新计算余留期调度方案，即对先前提出的方案进行修正，实施面临时段方案，以此滚动至调度期结束。

7.2.5 模型边界与输入

7.2.5.1 模型边界

(1) 小浪底水库汛限水位

根据第 6 章结论，综合考虑小浪底水库满足现状水库防洪要求、充分发挥水库减淤及兴利效益、延长拦沙期年限的要求，提出小浪底水库正常运用期和拦沙期不同运用阶段的汛限水位优化策略和调控指标。

通过开展小浪底水库和黄河下游防洪减淤运用效果及影响分析、供水发电等兴利效益分析、洪水分期的防洪风险计算等工作，采用基于模糊优选理论及误差反馈人工神经网络的多目标评价方法，对各分期汛限水位方案进行多方面比较；推荐干支流双分期点方案小浪底水库 7 月 1 日 ~8 月 20 日、8 月 21 日 ~9 月 10 日、9 月 11 日 ~10 月 10 日、10 月 11 日 ~10 月 31 日各分期相应的汛限水位分别为 254. 0m、260. 0m、266. 0m 和 271. 0m，作为各期小浪底水库调度的汛限水位控制依据，对小浪底水库的年度下泄过程进行优化，提出小浪底水库的年度蓄泄规则。

(2) 凌期断面下泄流量

黄河地理位置特殊，上游宁蒙河段、下游花园口以下河段每年冬季都会面临凌期封河，为避免凌期洪水灾害，需要对河道断面的流量按照式（7-13）约束进行控制。

对于刘家峡水库必须满足宁蒙河段凌汛期（11 月 ~ 翌年 3 月）防凌的流量限制要求，凌期刘家峡水库出库流量满足约束。防总国汛［1989］22 号文《黄河刘家峡水库凌期水量调度暂行办法》颁布以后，凌汛期刘家峡水库下泄水量采用月计划、旬安排的调度方式，提前 5 天下达次月的调度计划及次旬的水量调度指令，下泄流量按旬平均流量严格控制，各日出库流量避免忽大忽小，日平均流量变幅不能超过旬平均流量的10%。本次进行凌汛期刘家峡水库出库流量拟定时，考虑以1989～2010年实测月平均流量作为控制条件。凌期花园口断面流量主要通过控制小浪底水库下泄流量，实现凌期封河段的流量平稳。黄河兰州、花园口断面凌期断面下泄流量见表7-3。

表7-3 兰州、花园口断面防凌约束 （单位：m^3/s）

断面 \ 月份		12	1	2	3
兰州	最小约束	498	450	407	424
	最大约束		700	700	500
花园口	最小约束		500	350	
	最大约束		600	500	

(3) 断面预警流量

为了保证非汛期生态基流和汛期冲沙水量，对利津断面流量有一定要求。如果河口镇断面流量小于设定的河口镇补水约束、利津断面流量小于下游河口地区生态需水量，那么需要上游水库放水来满足断面流量约束。

7.2.5.2 模型输入

(1) 节点供水权重系数

在旱情紧急情况下，水库对生活和工业、农业需水按照一定的优先次序进行供水，同时对于不同区域、不同时段的破坏深度进行合理控制，所以对每一项供水，研究目的重在提出一套供水规则，能够有预见地限制供水，避免造成后期的严重缺水。

黄河梯级水库群供水对象包括生活、工业、农业、河道外生态环境和河道内生态环境等不同种类的多个用水户，每个用水户的需水又可根据用水门类和用水时段进行细分。鉴于黄河梯级水库群供水体系的复杂结构和层次特征，本书采用层次分析法确定不同用水户各供水权重指标的权重。节点用水优先序与用水重要性指标的结合：用水重要性、缺水影响。

黄河梯级水库调度和河段配水按照优先等级，全时段进行优化，通过供水权重系数来实现。不同地区、不同部门及不同用水门类/阶段（工业不同门类、农业不同用水阶段、生态需水不同用途）的权重，将黄河流域的需水分为14类用水需求，分别赋予不同的权重系数。根据干旱年份黄河流域各类用户供水的重要性、缺水的影响程度，由专家决策、层次分析法确定不同层次级别的供水权重判别系数：第一层次，城市生活用水，缺水影响特别严重，缺水将直接影响人民生活用水，重要性为9，权重 ω_i 为5.0～4.0；第二层次，工业用水，缺水将影响工业生产，尤其对能源化工、大型采掘业影响重大，重要性为7，权重 ω_i 为4.0～2.0；第三层次，河道内生态环境，缺水影响河道内、外生态环境的正常维持，重要性为5，权重 ω_i 为3.0～1.5；第四层次，河道外生态环境，缺水影响城镇卫生与生态健康，重要性为3，权重 ω_i 为3.0～1.1；第五层次，农业灌溉，缺水影响农业灌溉和灌区发展，重要性为1，权重 ω_i 为2.0～1.1。由于不同用水门类/阶段的用水重要性差异性，各个层次的供水权重判别系数存在交叉，即下一层次用水门类/阶段用户供水权重判别系数有可能高于上一层次。

(2) 水库蓄泄层次

黄河控制性工程包括 5 个调节水库，各工程主要任务不同、功能各异。考虑目前的实际调度管理状况和干旱年份减灾的目标要求，通过应对干旱的模型优化实现全河统一调度、上下游补偿调节。模型考虑黄河流域梯级水库的空间分布特征，将梯级系统分为上游龙羊峡水库、刘家峡水库，供水范围为全河，中游万家寨水库、三门峡水库、小浪底水库，供水范围为下游。

根据水库最优蓄水一般原理，任何梯级水库的蓄放水次序安排中，全河供水一般以上游水库先蓄后放，而下游水库后蓄先放为原则。考虑上游龙羊峡水库距下游小浪底水库河道距离近 3000km，考虑河道水流的传播时间，因此，黄河流域梯级水库必须保留部分水量应对干旱用水需求。

万家寨水库、三门峡水库、小浪底水库调度主要考虑黄河下游河段的生态和工农业用水、防凌和防洪等要求，根据黄河下游目前实际情况，上述目标的优先满足次序为防凌防洪、生态供水、城市生活工农业供水和发电。在调度时首先发挥自身的调节作用，不能满足要求时再由上游龙羊峡、刘家峡水库进行补偿。

龙羊峡水库、刘家峡水库放水次序原则。龙羊峡水库、刘家峡水库负责满足黄河上中游河段的用水、防凌及上游梯级电力要求。黄河上游梯级水库群中，龙羊峡水库每米的库容为 2.0 亿 ~3.7 亿 m^3，而刘家峡水库每米的库容为 0.8 亿 ~1.2 亿 m^3，所以根据一般的规律来说，刘家峡水库应该先蓄后放。但是，由于黄河上游的综合利用任务繁重，刘家峡水库难于独立承担，如果按以上原则进行调度，不仅刘家峡水库能量指标增加不大，而且影响梯级电站指标和开发任务的完成。另外，目前梯级电站补偿、被补偿的效益计算尚未建立和健全，运行调度涉及各省电业部门的效益，鉴于这些原因，龙羊峡水库、刘家峡水库的蓄放水次序除了遵循上述原则外，本书结合用水任务和实际调度经验进行了合理安排，主要体现在以下的龙羊峡水库、刘家峡水库联合运行中。

龙羊峡水库、刘家峡水库调度首先满足刘家峡到三门峡区间的防凌和供水要求，按照上述放水次序原则，在宁蒙河段灌溉用水高峰期，当天然径流满足不了用水要求时，由于刘家峡水库库容小，并且离供水区较近，所以首先由刘家峡水库补水，尽可能使龙羊峡水库多蓄少补，避免刘家峡水库后期弃水。在凌汛前期，刘家峡水库应先放，保持必要的防凌库容，充分存蓄龙羊峡发电泄放水量。在凌汛期，刘家峡水库出库受到限制，此时需由龙羊峡、刘家峡水电站进行出力补偿。在发电控制运用期，为了提高水量利用率，并增加刘家峡水库发电量，把龙羊峡水库作为出力补偿水库，其泄水存于刘家峡水库，以提高用水高峰期的补水量，并抬高发电水头。另外，为满足下游工农业用水和保证生态环境用水，龙羊峡水库、刘家峡水库调度时应保证河口镇断面一定的补水流量。

7.2.6 模型求解方法

梯级水库群协同优化调度是优化库群调度、充分发挥库群联合补偿效益的重要手段，且又是一个复杂多约束的高维度、多阶段、动态的非线性问题，一直都是研究的难点和热点。由于梯级水库群系统是一个多阶段优化决策问题，包含若干个状态变量，其求解的精度与增加的状态数目和离散的网格数有关，随着状态变量和离散网格数的增加，求解的维数呈指数关系增加，即出现所谓的“维数灾”问题。为了克服“维数灾”困难，国内外学者提出了许多动态规划的改进算法，如增量动态规划方法（IDP）、逐次逼近动态规划法（DPSA）、逐步优化算法（POA）等。这类算法都是以逐次渐进的方法逼近最优解，难以获得理论上的全局最优解。为了更好地解决梯级水库群协同优化调度问题，本书引入粒子群算法（PSO）求解梯级水库群协同调度，以更加有效地消除“维数灾”问题，同时获得库群优化调度的最优解。

7.2.6.1 粒子群算法

(1) 基本原理

粒子群优化算法（particle swarm optimization，PSO）是由美国 Kenndy 和 Eberhart 受鸟类觅食行为的启发，于 1995 年提出的，它是一种基于群体智能理论的全局优化算法，通过群体中粒子间的合作和相互竞争产生的群体智能指导优化搜索。研究发现鸟群在寻找食物源时会经常改变方向，但随着时间的推移，其整体总保持着一致性，个体间保持着适宜的距离，最终整个群体聚集到同一位置——食物源。在粒子群优化算法中，每个粒子都知道自己周围的局部最优的粒子以及群体中全局最优的粒子的位置，并根据它们调整下一步的行为，从而整个群体都表现出一定的智能性。

粒子群优化算法是一种基于群体智能的搜索算法，基本原理是通过群体中个体之间的协作及信息共享来搜索最优解。在粒子群优化算法中，每个优化问题的解看做是 D 维搜索空间中的一个点，称为“粒子”（particle）。所有粒子都有一个由被优化的函数决定的适应度值（fitness value），每个粒子还有一个速度决定它们的飞行方向和距离，然后粒子通过追求当前最优粒子在搜索空间中搜索最优点。PSO 算法通过两个“极值”来更新自己，一个是粒子自身寻找到的迄今为止的最好位置（particle best），另一个是所有粒子发现的迄今为止的最好位置（global best）。

(2) 数学描述

假设在一个 D 维搜索空间中，有 m 个代表目标函数解的粒子组成的一个初始种群 $S=(X_1, X_2, \cdots, X_m)$，其中第 i 个粒子的位置记为 $X_i=(x_{i1}, x_{i2}, \cdots, x_{iD})$，$i=1, 2, \cdots, m$；第 i 个粒子的飞行速度记为 $v_i=(v_{i1}, v_{i2}, \cdots, v_{iD})$；根据计算的适应度函数值得到第 i 个粒子迄今为止搜索到的最好位置（个体极值）记为 $P_i=(p_{i1}, p_{i2}, \cdots, p_{iD})$；在整个种群中，所有粒子迄今为止搜索到的最好位置（群体极值）记为 $P_g=(p_{g1}, p_{g2}, \cdots, p_{gD})$。粒子则根据自身经验和迄今为止种群的最好位置来动态调整自身飞行速度，并更新粒子所在的位置。任何一个粒子 i 在其第 d 维空间（$1 \leqslant d \leqslant D$）上的速度和位置更新公式如下：

$$v_{id}^{k+1}=w \times v_{id}^{k}+C_1 \times r_1 \times (p_{id}^{k}-x_{id}^{k})+C_2 \times r_2 \times (p_{gd}^{k}-x_{id}^{k}) \tag{7-24}$$

$$x_{id}^{k+1}=x_{id}^{k}+v_{id}^{k+1} \tag{7-25}$$

式中, w 为惯性权重系数，调节算法的全局搜索和局部搜索；v_{id}^{k+1} 、x_{id}^{k+1} 为第 i 个粒子在第 k+1次迭代中第 d 维的速度和更新后的位置；C_1 和 C_2 为学习因子，通常取 $C_1 = C_2 = 2$；r_1，r_2 是（0，1）的随机数。粒子的每一维速度都被限制在 $[-v_{\max}, +v_{\max}]$，以防粒子远离搜索空间而无法找到最优解。速度限制如下：

$$v_n^{k+1} = \begin{cases} +v_{\max} & v_{id}^{k+1} \geqslant +v_{\max} \\ -v_{\max} & v_{id}^{k+1} \leqslant -v_{\max} \end{cases} \tag{7-26}$$

由式（7-26）可见，粒子的新速度由 3 部分组成。第一部分反映粒子维持原有速度的程度，它维持算法拓展搜索空间的能力；第二部分反映粒子的“自我认知”，表示粒子对自身过去成功经验的肯定，并通过适当的随机扰动防止粒子陷入局部最优解；第三部分反映粒子间的“社会交流”，表示粒子间的信息共享和相互合作。粒子在搜索空间不断跟踪个体极值点和全局极值点进行搜索，直到满足终止条件。

7.2.6.2 改进粒子群算法

由于 PSO 算法在求解优化问题过程中前期收敛速度较快，后期易陷入局部最优，算法易出现停滞现象，即陷入早熟收敛。本书引入差分演化算法（differential evolution，DE）对 PSO 算法进行改进，即 PSO 算法粒子不再仅依据群体自身经验更新其位置，而是同时通过 DE 中的变异、交叉和选择操作来获取新的个体，这样可以规避进入局部最优点的粒子偏离原先的局部最优点（gbest），同时以最大的概率向全局最优点收敛。对 PSO 算法种群改进的操作如下：

（1）变异操作

对于种群中任一个体 X_i^k ，按下式进行变异：

$$V_i^k = X_i^k + \lambda(X_{pb}^k - X_i^k) + \beta(X_{r_1}^k - X_{r_2}^k) \tag{7-27}$$

式中, λ、β 为缩放比例因子，用于控制差向量的影响大小；r_1、r_2 为随机选择互不相同的两个整数，且 $r_1 \neq r_2 \neq i \in [1, m]$ 。

从式（7-27）可知，在迭代初期，由于个体差异（$X_{r_1}^k - X_{r_2}^k$）较大，对个体的影响较大，通过变异操作有利于增强算法的全局搜索能力；而迭代后期，由于个体差异逐渐减小，对个体的影响较小，有利于增强算法的局部搜索能力。变异操作的示意图如图 7-9 所示。

（2）交叉操作

为了增加新种群的多样性，引入交叉操作。将种群中的每一个体 X_i^k 与经过变异操作后的个体 V_i^k 按照一定策略进行交叉操作，进而形成新的个体 U_i^k 。其交叉操作见下式：

$$u_{id}^k = \begin{cases} v_{id}^k & \text{If}(P_c < \text{Rnd})\text{or}(d = \text{Random}[1, D]) \\ x_{id}^k & \text{If}(P_c > \text{Rnd})\text{and}(d \neq \text{Random}[1, D]) \end{cases} \tag{7-28}$$

式中, P_c 为杂交参数；Rnd 为［0，1］的随机数；Random［1，D］为从［1，D］中随机选择的整数，以保证 u_{id}^k 至少通过交叉获得一个元素。

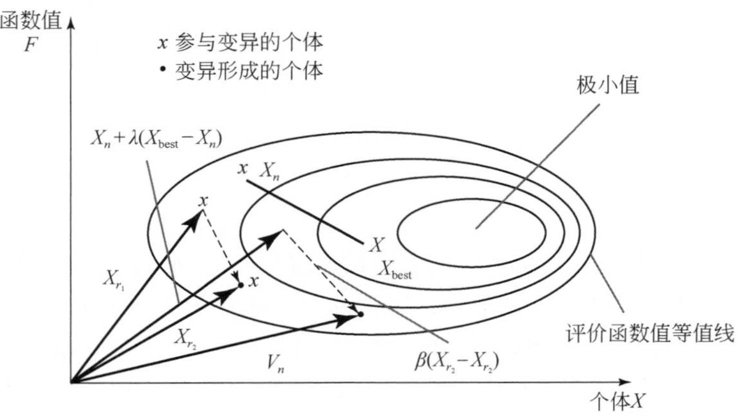

图 7-9　DE 中变异操作示意图

(3) 选择操作

DE 算法中，选择操作通常采用的是“贪婪策略”，即只有当产生的子代个体优于父代个体时，才被保留到下一代群体中；否则，父代个体将被保留作为下一代的父向量。选择操作见下式：

$$X_i^{k+1}=\begin{cases}U_i^k & \text{If}[F(U_i^k)\geqslant F(X_i^k)]\\ X_i^k & \text{If}[F(U_i^k)<F(X_i^k)]\end{cases}\tag{7-29}$$

7.2.6.3　求解流程

根据模型系统建设思想，模型求解的关键是优化节点供水权重和水库蓄泄过程。采用双层嵌套 PSO 算法对模型进行求解，其中，第一层 PSO 算法用于优化水库年内下泄过程，通过初始化生成各水库年内下泄过程，将干流综合缺水量作为适应度值、判断粒子群优化的依据，控制粒子群更新演化方向（搜索适应度值最优的个体），引导干流水库群下泄过程的优化；第二层 PSO 算法用于优化节点供水权重，通过生成各节点的行业供水权重，根据干流水库群时段下泄水量，按节点的行业供水权重高低顺序依次供水，同样以干流综合缺水量作为适应度值、判断粒子群优化的依据，引导粒子群速度和位置更新，在可行域内搜索最优的各节点供水权重，以实现干流水库群下泄过程最优分配到各节点。双层嵌套 PSO 算法通过适应度值干流综合缺水量进行控制与反馈，可实现黄河干流梯级水库群蓄泄过程的优化、节点供水权重的优化、有效控制干旱年份的河段缺水，达到流域综合缺水量最小目标。模型求解流程如图 7-10 所示。

7.2.6.4　求解步骤

Step1：对第一层 PSO 算法初始化种群。初始化迭代次数、种群规模、惯性权重系数、学习因子、最大最小速度等参数，在约束范围内随机生成初始种群，即 n 个粒子的初始位置和速度。以干流水库群年内下泄过程为决策变量初始化种群，生成满足约束的龙羊峡水

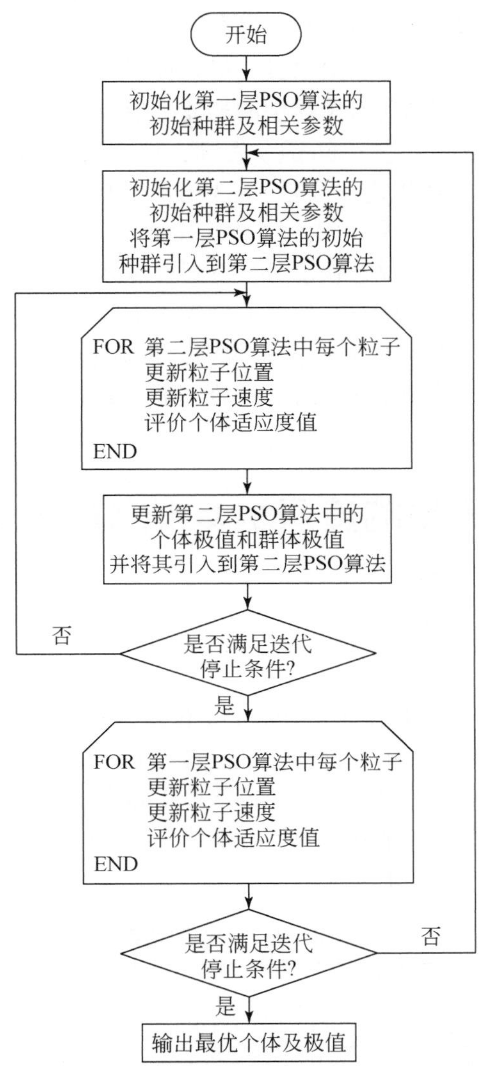

图 7-10　基于双层嵌套 PSO 算法的黄河干流水库群联合调度求解流程

库、刘家峡水库、万家寨水库、三门峡水库、小浪底水库年内下泄过程，即 $Q_i^k(\mathrm{m})=(q_{i1}^k(\mathrm{m}), q_{i2}^k(\mathrm{m}), \cdots, q_{iT}^k(\mathrm{m}))$，($i=1, 2, \cdots, n$；$m=1, 2, \cdots, 5$；$T=12$)。

Step2：对第二层 PSO 算法初始化种群。初始化 PSO 算法参数，在约束范围内随机生成初始种群，即 p 个粒子的初始位置和速度。以各节点供水权重为决策变量初始化种群，生成满足约束的各节点供水权重，即 $W_j^k(mm)=(w_{j1}^k(mm), w_{j2}^k(mm), \cdots, w_{jS}^k(mm))$，($j=1, 2, \cdots, p$；$mm=1, 2, \cdots, pp$；$S=14$)。

Step3：对第二层 PSO 算法优化。基于第一层 PSO 算法生成的种群，根据第二层 PSO 算法生成的各节点供水权重，按照节点供水权重次序依次供水，统计节点缺水量和河段缺水量，根据模型目标函数计算干流综合缺水量，搜索粒子的个体极值和全局极值，并保存粒子的相应位置，采用式（7-24）和式（7-25）进行位置和速度更新，并进行差分演化（DE）操作，计算适应度值干流综合缺水量，得到种群即粒子当前的最优位置，其最优个体即为当前全局最优位置，判断所有个体中的群体极值与上一代群体极值的误差是否满足一定精度，若满足则迭代停止，进入 Step4。否则，重新进入 Step3 计算。

Step4：对第一层 PSO 算法优化。按照 Step3 第二层 PSO 算法优化得到的当前粒子个体极值及全体极值，采用式（7-24）和式（7-25）进行位置和速度更新，并进行差分演化（DE）操作，计算适应度值干流综合缺水量，得到种群即粒子当前的最优位置，其最优个体即为当前全局最优位置，判断所有个体中的群体极值与上一代群体极值的误差是否满足一定精度，若满足则迭代停止，进入 Step5。否则，重新进入 Step4 计算。

Step5：输出黄河干流水库群的最优年内下泄过程、最优节点供水权重，以及河段缺水分布。

7.3 应对干旱的黄河水库群水量调度结果分析

7.3.1 典型年选取

本书选取 1956 年 7 月 ~1999 年 6 月共 44 年长系列水文年，结合流域 SPDI-JDI 指数对流域旱情进行判别，在对典型年进行选择时，选择流域旱情较重，且来水偏枯的年份进行分析。本书典型年选择来水为中等枯水、特殊枯水和连续枯水年份以及流域旱情为中旱以上的年份且龙羊峡初始库容、流域上中下游旱情分布不同的典型年份进行调度结果的分析。典型年份的选取结果见表 7-4。

表 7-4　典型年选取结果　（单位：亿 m^3）

典型年份	旱情				径流		龙羊峡
	流域	上游	中游	下游	频率	来水量	起始库容
1977	中旱	无旱	无旱	重旱	71%	438	185
1991	中旱	无旱	中旱	轻旱	96%	353	195
1994	重旱	无旱	特旱	轻旱	89%	411	153
1997	重旱	无旱	特旱	轻旱	98%	308	111
1969	特旱	重旱	重旱	重旱	85%	422	209
1965	特旱	特旱	中旱	特旱	93%	388	214

根据系列年分析，黄河流域来水中枯年份以上、旱情中旱以上是应对干旱的重点。因此，本书对所选取的典型年份，详细分析水库群调度结果。

7.3.2 中旱年份

7.3.2.1 中旱和中等枯水组合情景（1977 年）

（1）典型年情形描述

流域旱情为中旱，当年全河来水 438 亿 m^3，即频率为 70% 的中等枯水年。未来两年的来水情况分别为 520 亿 m^3 和 490 亿 m^3，来水频率分别为 42% 和 53%；未来两年的流域旱情分别为轻旱和中旱；龙羊峡水库的初始库容为 185 亿 m^3。当年上游、中游、下游的旱情分布和来水特征见表 7-5；全河来水和需求情况及上游、中游、下游年内不同时段旱情需求情况如图 7-11 所示。

表 7-5 典型年上游、中游、下游旱情分布和来水特征（1977 年）

旱情特征	上游	中游	下游
	无旱	无旱	重旱
河道外总需求/亿 m^3	214	128	156
占流域总需求比例/%	43	26	31
来水/亿 m^3	260	152	26
占全河来水比例/%	59	35	6

由表 7-5 可知，在空间分布上，流域来水和用户需求不匹配。本年度上游来水占全河来水比例为 59%，河道外总需求占流域总需求的 43%；下游来水仅占全河来水的 6%，河道外用户总需求却占流域总需求的 31%。当流域遭遇旱情，由于来水和需求空间分布不均衡，造成了部分地区（尤其是下游地区）缺水严重，旱情需水无法得到满足。

由图 7-11 可知，上游和中游为无旱，典型年需求与系列年平均需求接近；下游为重旱，典型年需求高于系列年平均需求，尤其是在灌溉高峰期（农作物用水关键期 3～6 月），用户需水量大。因此，为避免作物在用水关键期缺水量大（如下游 4～6 月），影响作物生长，需对全河来水在时空分布上进行合理调度。

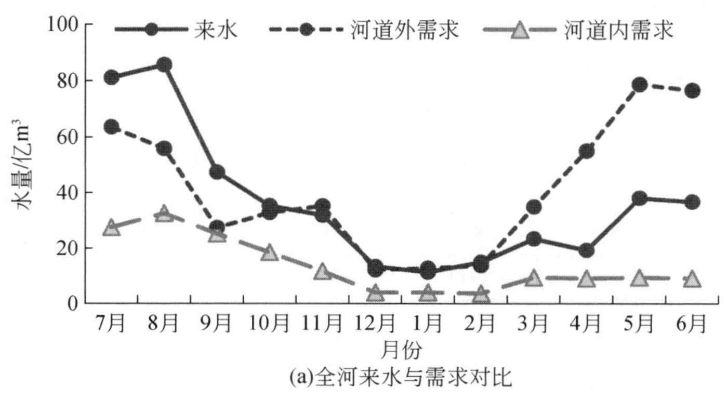

(a)全河来水与需求对比

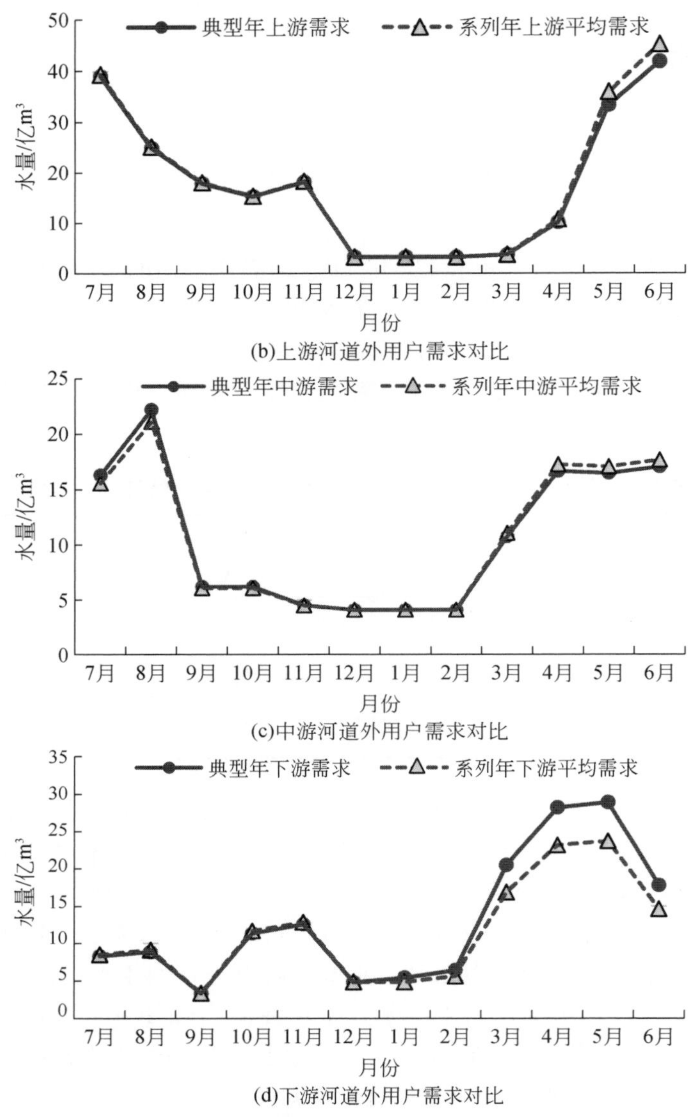

(b)上游河道外用户需求对比

(c)中游河道外用户需求对比

(d)下游河道外用户需求对比

图 7-11　当年来水和用户需求年内分布特征（1977 年）

（2）龙羊峡水库年度补水

结合第 6 章龙羊峡水库旱限水位优化控制策略研究，在该典型年情形下，根据龙羊峡水库初始蓄水，3 年来水和旱情情况，经优化分析，综合确定龙羊峡水库年度补水量见表 7-6。

表 7-6　龙羊峡水库年度补水量（1977 ~ 1979 年）

年份	1977	1978	1979
径流量/亿 m³	438	521	489
龙羊峡年度补水量/亿 m³	28.4	30.6	9.6

(3) 小浪底水库汛限水位分期优化后供水效益分析

结合第 5 章小浪底水库汛限水位分期优化控制策略研究，在该典型年情形下，小浪底水库采用汛限水位分期优化控制后，10 月底蓄水量 10.96 亿 m^3，与现状运用方式相比，水库增加供水量 1.59 亿 m^3。

(4) 梯级水库群年内优化调度结果分析

通过对该典型年份梯级水库的年度下泄过程进行优化，寻求梯级水库群的最优运行调度方式，实现水库群的合理调度、应对干旱。将年内分为汛期（7 ~ 10 月）、11 月、凌期（12 月、1 月、2 月）、用水期（3 ~ 6 月）四个时期，优化计算后的梯级水库年内蓄补水量平衡表见表 7-7，梯级水库（龙羊峡水库、刘家峡水库、小浪底水库）逐月蓄补水量过程如图 7-12 所示，梯级水库群（龙羊峡水库、刘家峡水库、万家寨水库、三门峡水库、小浪底水库）的月初水位过程和下泄过程如图 7-13 所示。

由黄河干流梯级水库蓄补水量和运行过程可知：

1）本年度干流五大水库全年补水总量为 28.4 亿 m^3，其中汛期蓄水 42.5 亿 m^3，11 月补水 0.4 亿 m^3，凌期补水 1.2 亿 m^3，用水高峰期补水 71.8 亿 m^3。刘家峡、万家寨、三门峡、小浪底全年蓄泄平衡。

2）汛期，龙羊峡以上区间和龙刘区间满足用户需求，供水 3.8 亿 m^3；龙羊峡水库和刘家峡水库蓄水运用，其中龙羊峡水库蓄水 8.2 亿 m^3、刘家峡水库蓄水 11.3 亿 m^3，为满足下游河道内和河道外用水需求，龙羊峡水库和刘家峡水库下泄流量较大，刘家峡水库下泄 77.9 亿 m^3；上游无旱，刘家峡至万家寨区间用户供水 75.2 亿 m^3，其中龙羊峡水库和刘家峡水库为刘家峡至万家寨区间供水 35.6 亿 m^3，万家寨水库下泄 63.4 亿 m^3；中游无旱，且由于中游来水量较大，万家寨水库和三门峡水库适当蓄水运用，中游来水满足万家寨至小浪底区间用户供水 43.6 亿 m^3；下游遭遇重旱，为满足下游河道外用水和河道内冲沙用水，上游龙羊峡水库和刘家峡水库为小浪底水库补水 42.3 亿 m^3，小浪底水库蓄水 20.1 亿 m^3，下泄 83.4 亿 m^3，小浪底以下河道外供水 24.6 亿 m^3，利津入海水量 85.4 亿 m^3。

3）凌期，龙羊峡水库补水运用，水位削落，补水量 16.1 亿 m^3；考虑防凌需要，刘家峡水库适当蓄水运用，蓄水量 0.9 亿 m^3；下游遭遇重旱，为满足下游河道外用水和河道内基流用水，上游龙羊峡、刘家峡水库为小浪底水库补水 21.5 亿 m^3，小浪底水库蓄水 14.2 亿 m^3，下泄 19.4 亿 m^3，小浪底以下河道外供水 12.8 亿 m^3，利津入海水量 11.7 亿 m^3。

4）用水高峰期（3 ~ 6 月），龙羊峡以上区间和龙羊峡至刘家峡区间满足用户需求，供水 5.9 亿 m^3；河道外用水量大，梯级水库处在补水状态，水库加大下泄水量，水库水位削落，其中龙羊峡水库补水 19.1 亿 m^3，刘家峡水库补水 10.1 亿 m^3，刘家峡水库下泄 91.0 亿 m^3；上中游无旱，龙羊峡水库和刘家峡水库为上中游供水 51.4 亿 m^3，其中刘家峡至万家寨区间用户供水量 70.4 亿 m^3，万家寨至小浪底区间用户供水量 50.7 亿 m^3；下游遭遇重旱，用水高峰期需求大，为缓解下游旱情和河道内基流用水，上游龙羊峡和刘家峡水库为小浪底水库补水 39.6 亿 m^3，小浪底水库补水 34.9 亿 m^3，下泄 112.3 亿 m^3，小浪底以下河道外供水 75.9 亿 m^3，利津入海水量 37.6 亿 m^3。

表 7-7　梯级水库年内蓄补水量平衡表（1977 年）　　（单位：亿 m^3）

时间	龙羊峡以上			龙羊峡水库		龙羊峡至刘家峡区间			刘家峡水库		刘家峡至万家寨区间			万家寨水库	
	来水	需求	供水	下泄	蓄补水量	来水	需求	供水	下泄	蓄补水量	来水	需求	供水	下泄	蓄补水量
汛期	72.86	0.99	0.99	63.76	8.24	27.67	2.78	2.78	77.90	11.25	39.65	93.23	75.22	63.42	2.68
11 月	9.02	0.16	0.16	10.37	−1.49	3.34	0.83	0.83	15.03	−2.02	5.78	17.16	12.77	11.57	0.73
凌期	11.88	0.04	0.04	27.99	−16.13	6.02	0.39	0.39	32.97	0.89	−2.21	9.19	9.19	26.78	−0.59
用水期	52.66	1.44	1.44	70.51	−19.10	14.21	4.49	4.49	91.00	−10.13	18.99	82.98	70.41	64.75	−2.82
全年	146.42	2.63	2.63	172.64	−28.48	51.24	8.49	8.49	216.89	0.00	62.21	202.56	167.58	166.51	0.00

时间	万家寨至三门峡区间			三门峡水库		三门峡至小浪底区间			小浪底水库		小浪底以下			利津	
	来水	需求	供水	下泄	蓄补水量	来水	需求	供水	下泄	蓄补水量	来水	需求	供水	需求	供水
汛期	80.79	50.83	43.33	103.68	0.21		0.34	0.30	83.38	20.11	23.41	31.38	24.55	103.61	85.36
11 月	10.82	4.51	4.37	18.01	1.79		0.09	0.07	17.37	0.60	1.65	12.48	8.76	11.66	11.06
凌期	16.29	12.26	12.26	33.65	2.83		0.14	0.14	19.37	14.22	3.85	16.43	12.79	11.66	11.68
用水期	29.20	60.79	49.82	78.04	−4.83		1.00	0.83	112.29	−34.93	−2.81	94.42	75.93	36.89	37.56
全年	137.10	128.38	109.78	233.39	0.00		1.56	1.34	232.40	0.00	26.09	154.72	122.03	163.83	145.66

注：负值为水库补水量，正值为水库蓄水量。

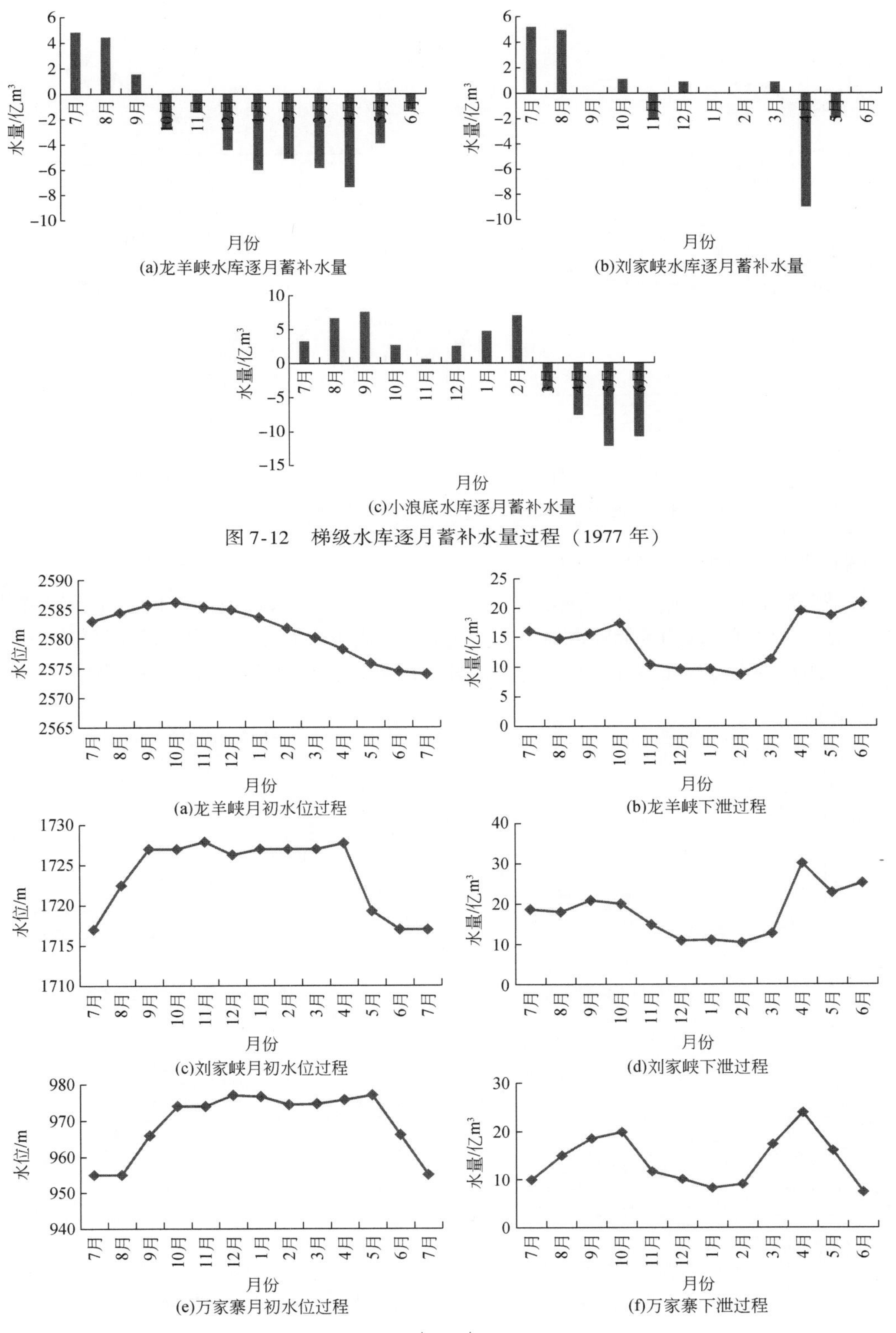

图 7-12　梯级水库逐月蓄补水量过程（1977 年）

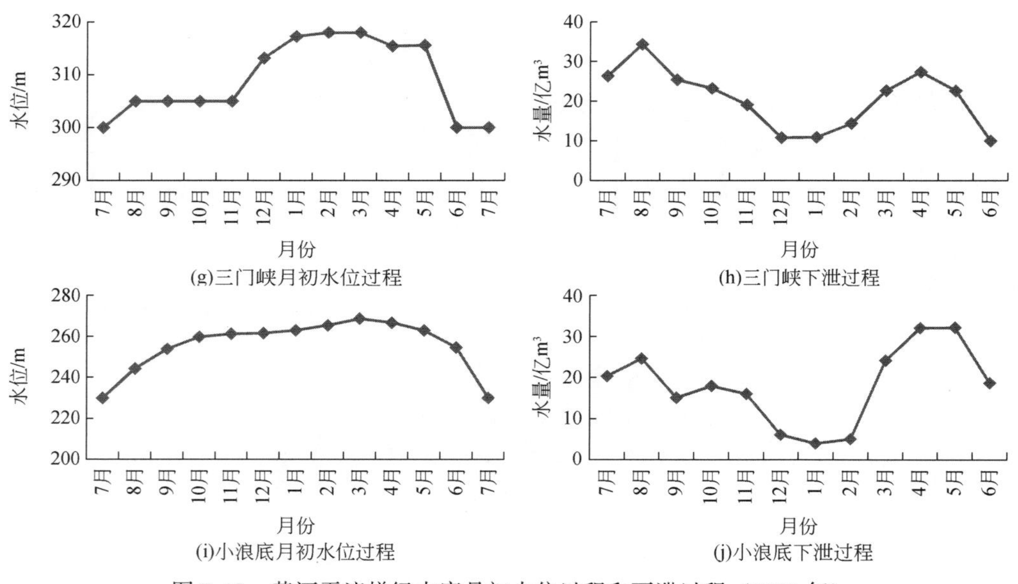

(g)三门峡月初水位过程　(h)三门峡下泄过程

(i)小浪底月初水位过程　(j)小浪底下泄过程

图 7-13　黄河干流梯级水库月初水位过程和下泄过程（1977 年）

（5）典型年应对干旱效果分析

在该典型情形下，通过优化配水计算，河道外用户总供水量为 413.1 亿 m³，河道外生活、工业等重要部门的用水能够得到满足，缺水主要集中于农业用水户，优化后的上游、中游、下游用户供水过程和逐月缺水率过程如图 7-14 所示，利津断面入海过程如图 7-15 所示。

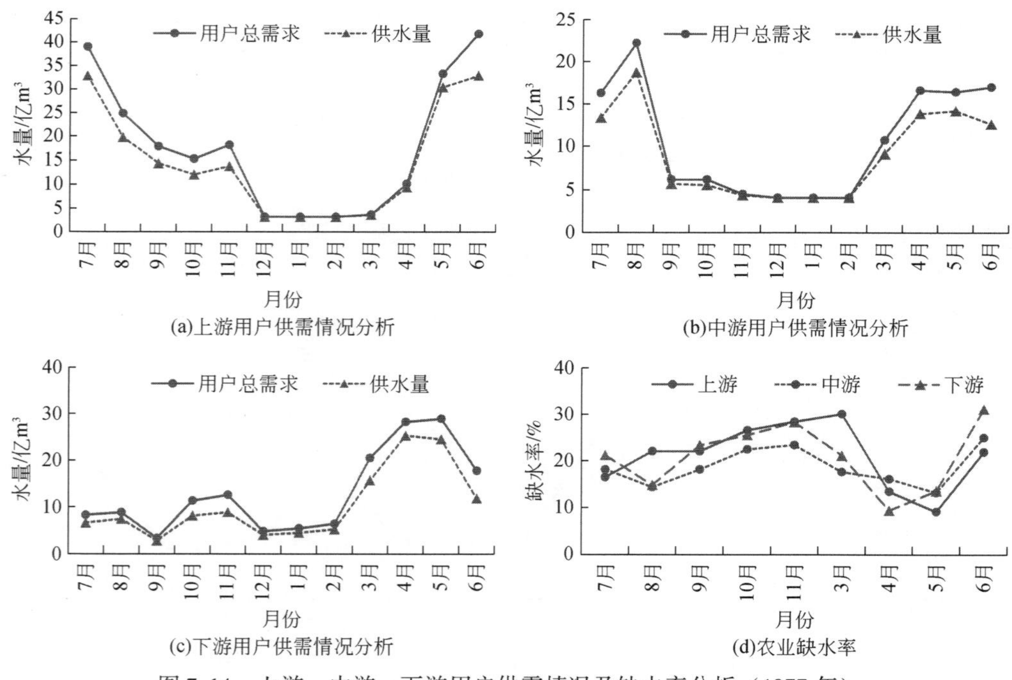

(a)上游用户供需情况分析　(b)中游用户供需情况分析

(c)下游用户供需情况分析　(d)农业缺水率

图 7-14　上游、中游、下游用户供需情况及缺水率分析（1977 年）

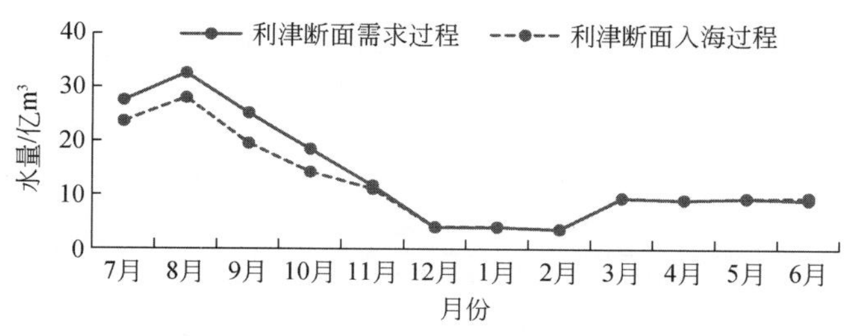

图 7-15 利津断面入海过程分析（1977 年）

在对农业用户配水时，上游、中游作物主要考虑春小麦和春玉米，关键期排序依次为 5 月>4 月>6 月>3 月，7 月>8 月；下游作物主要考虑冬小麦和夏玉米，关键期排序依次为 4 月>5 月>3 月>6 月，8 月>7 月>9 月>10 月。由图 7-14 可知，由于旱情严重程度依次为下游>上中游，因此缺水率依次为下游>上中游。不同地区农业用户在用水的各个月份均有缺水，但在上游、中游、下游主要农作物的灌溉关键期（上中游为 4 月，下游为 5 月）缺水率较低，优化配置后减少了农业用户重要时段的缺水，同时实现了上游、中游、下游不同区域供水的均衡。

由于来水偏枯和干旱，本年度利津断面的入海水量为 145 亿 m³，利津断面年内入海过程如图 7-15 所示。由图 7-5 可知，经优化调度后，非汛期（11 月～翌年 6 月）河道内基本用水能够得到保证，汛期减少下泄，相对多年平均汛期下泄需求减少 42 亿 m³。

旱情为中旱需水量高于正常年份，流域抗旱能力系数 $K=1.01$，大于 1；通过梯级水库调节后，该年度对流域综合需水的保障程度，即流域抗旱能力指数 DCA=85%。

7.3.2.2 中旱和极端枯水组合情景（1991 年）

(1) 典型年情形描述

流域旱情为中旱，当年全河来水 353 亿 m³，即频率为 96% 的特枯水年。未来两年的来水情况分别为 560 亿 m³ 和 509 亿 m³，来水频率分别为 40% 和 47%；未来两年的流域旱情均为无旱；龙羊峡水库的初始库容为 195 亿 m³。当年上游、中游、下游的旱情分布和来水特征见表 7-8；全河来水和需求情况情况如图 7-16 所示。

表 7-8 典型年上游、中游、下游旱情分布和来水特征（1991 年）

特征	上游	中游	下游
旱情	无旱	中旱	轻旱
河道外总需求/亿 m³	218	133	145
占流域总需求比例/%	44	27	29
来水/亿 m³	225	101	27
占全河来水比例/%	64	28	8

由表 7-8 可知，在空间分布上，流域来水和用户需求不匹配。本年度上游来水占全河来水比例为 64%，河道外总需求占流域总需求的 44%；下游来水仅占全河来水的 8%，河道外

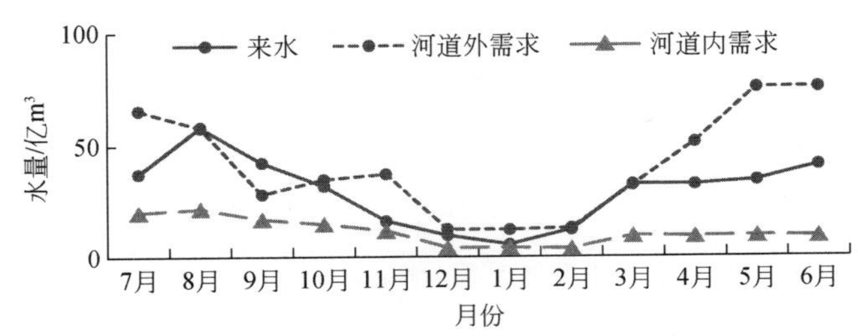

图 7-16　用户需求年内分布特征

用户总需求却占流域总需求的29%。上游为无旱，典型年需求与系列年平均需求接近；中游为中旱，在汛期的7月、8月和用水高峰期的4～6月典型年需求高于系列年平均需求；下游为轻旱，在汛期的7月、8月、10月和11月，典型年需求高于系列年平均需求。

(2) 龙羊峡水库年度补水

根据龙羊峡水库初始蓄水，3年来水和旱情情况，经优化分析，综合确定龙羊峡水库年度补水量见表7-9。

表 7-9　龙羊峡水库年度补水量（1991～1993年）

年份	1991	1992	1993
径流量/亿 m^3	353	560	509.5
龙羊峡年度补水量/亿 m^3	56.1	蓄水 27.9	8.7

(3) 小浪底水库汛限水位分期优化后供水效益分析

小浪底水库采用汛限水位分期优化控制后，10月底蓄水量13.57亿 m^3，与现状运用方式相比，水库增加供水量5.19亿 m^3。

(4) 梯级水库群年内优化调度结果分析

优化计算后的梯级水库逐月蓄补水量过程如图7-17所示，梯级水库群的月初水位过程和下泄过程如图7-18所示。

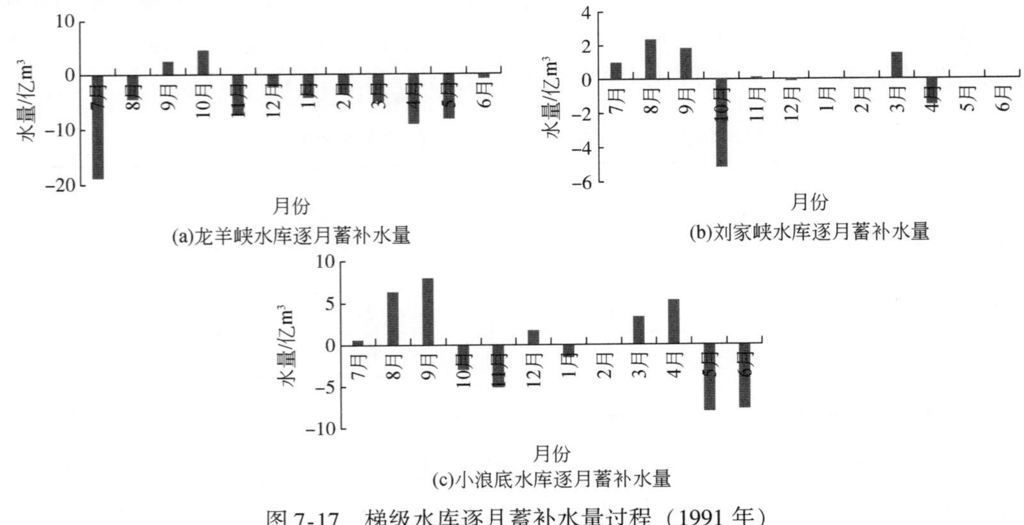

图 7-17　梯级水库逐月蓄补水量过程（1991年）

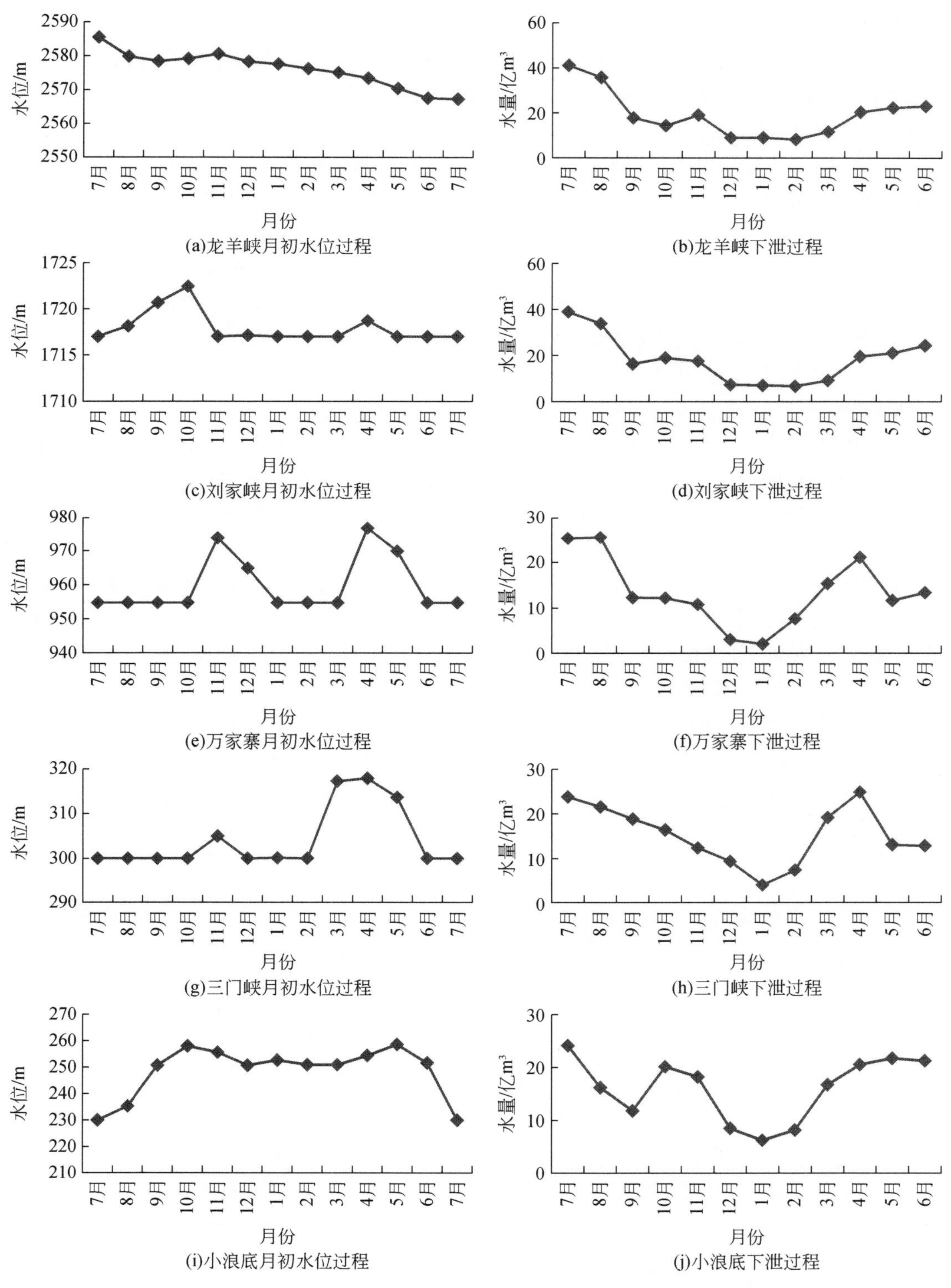

(a)龙羊峡月初水位过程
(b)龙羊峡下泄过程
(c)刘家峡月初水位过程
(d)刘家峡下泄过程
(e)万家寨月初水位过程
(f)万家寨下泄过程
(g)三门峡月初水位过程
(h)三门峡下泄过程
(i)小浪底月初水位过程
(j)小浪底下泄过程

图 7-18　黄河干流梯级水库月初水位过程和下泄过程（1991 年）

由梯级水库蓄补水量和运行过程可知：

1）本年度干流五个水库全年补水总量为56.8亿m^3，其中汛期补水1.4亿m^3，11月补水14.1亿m^3，凌期补水6.8亿m^3，用水高峰期补水34.5亿m^3。刘家峡水库、万家寨水库、三门峡水库、小浪底水库全年蓄泄平衡。

2）汛期，龙羊峡以上区间和龙羊峡至刘家峡区间满足用户需求，供水3.4亿m^3；龙羊峡水库补水运用，水位削落，补水量16.3亿m^3；刘家峡水库蓄补平衡，龙羊峡水库和刘家峡水库下泄流量较大，龙羊峡水库和刘家峡水库下泄116.6亿m^3；龙羊峡水库和刘家峡水库为上中游用户供水57.0亿m^3，万家寨水库下泄79.2亿m^3；上游无旱刘家峡至万家寨区间用户供水量69.8亿m^3，中游遭遇中旱，万家寨至小浪底区间用户供水40.6亿m^3；下游遭遇轻旱，为满足下游河道外用水和河道内汛期冲沙用水，上游龙羊峡水库和刘家峡水库为小浪底水库补水59.6亿m^3，小浪底水库蓄水12.0亿m^3，下泄71.9亿m^3，小浪底以下河道外供水25.7亿m^3，利津入海水量66.9亿m^3。

3）凌期，龙羊峡水库和刘家峡水库补水运用，水库水位削落，龙羊峡水库补水10.1亿m^3；下游遭遇轻旱，上游龙羊峡水库和刘家峡水库为小浪底水库补水9.4亿m^3。

4）用水高峰期（3~6月），龙羊峡水库补水23.1亿m^3，刘家峡水库蓄补平衡，刘家峡水库下泄81.5亿m^3；龙羊峡水库和刘家峡水库为上中游供水36.4亿m^3；下游遭遇轻旱，用水高峰期需求大，为缓解下游旱情和河道内基流用水，上游龙羊峡水库和刘家峡水库为小浪底水库补水45.2亿m^3，小浪底水库下泄80.0亿m^3，小浪底以下河道外供水55.5亿m^3，入海水量36.9亿m^3。

（5）典型年抗旱效果分析

在该典型情形下，通过优化配水计算，河道外用户总供水量为373.3亿m^3，河道外生活、工业等重要部门的用水能够得到满足，缺水主要集中于农业，优化后的上游、中游、下游用户供水过程和逐月缺水率过程如图7-19所示，利津断面入海过程如图7-20所示。

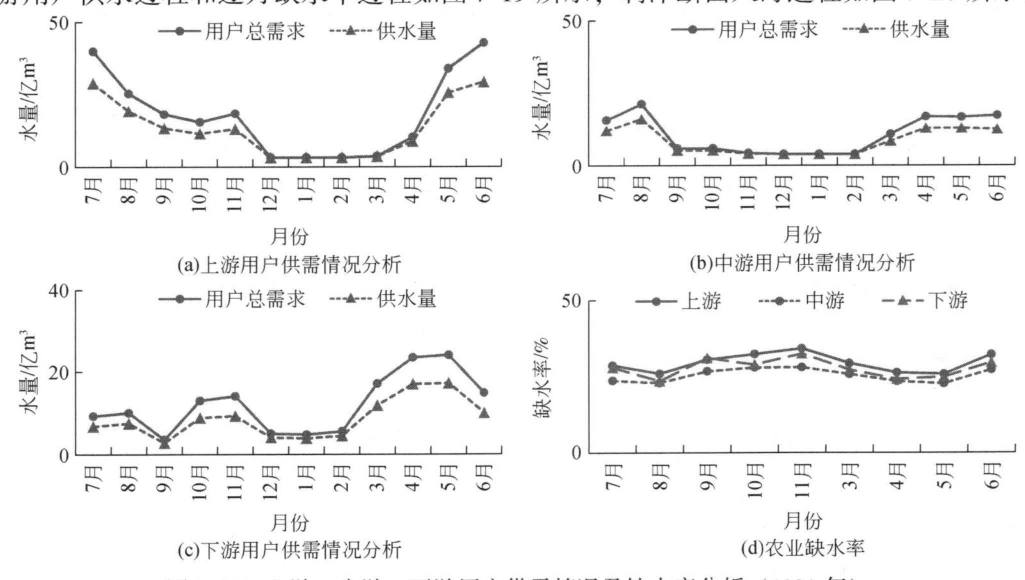

图7-19 上游、中游、下游用户供需情况及缺水率分析（1991年）

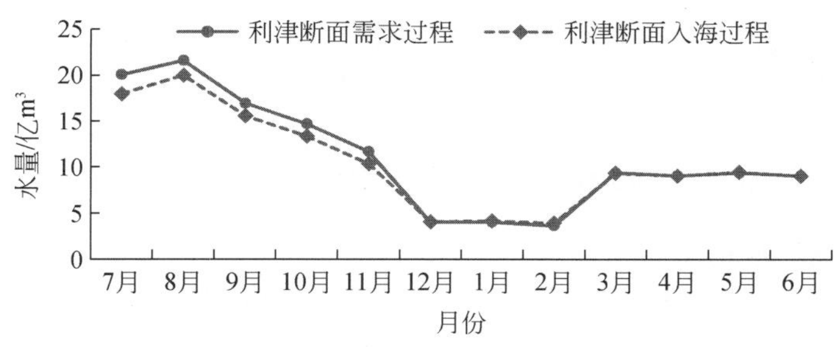

图 7-20　利津断面入海过程分析（1991 年）

由图 7-19 可知，旱情严重程度为中游>下游>上游，上游缺水率较低。不同地区农业用户在用水的各个月份均有缺水，但在上游、中游、下游主要农作物的灌溉关键期缺水率较低，减少了农业用户重要时段的缺水，实现上游、中游、下游不同区域供水均衡。

在维持河道外不同区域供水均衡和保证关键用水期的基本用水外，优化调度同时保证了一定程度的河道内供水，本年度利津断面的入海水量为 126 亿 m^3。经优化调度后，非汛期（11 月～翌年 6 月）河道内基本用水能够得到保证，汛期减少下泄，相对多年平均汛期下泄需求减少 61 亿 m^3。

该年度流域旱情为中旱，需水量高于正常年份，流域抗旱能力系数 $K=1.01$，大于 1；通过梯级水库调节后，流域抗旱能力指数 DCA=78%。

7.3.2.3　中旱年份调度总结

中旱年份，龙羊峡水库跨年度补水，梯级水库群采取联合协调优化调度、汛期蓄水和控制河道内水量等方式协调河道内外需求，应对流域旱情。龙羊峡水库跨年度补水能够有效缓解流域缺水，中等枯水年份龙羊峡跨年度补水一般在 30 亿 m^3左右，在水库前期蓄水情况较好的年份或来水特枯年份，水库可以多补水。梯级水库群可通过汛期蓄水、非汛期补水调配年内水源分配过程，当遭遇中等枯水年时，一般梯级水库群汛期蓄水量在 40 亿 m^3左右，非汛期补水量一般为 60 亿～70 亿 m^3。

为缓解下游旱情需求，梯级水库群采取联合协同调度和小浪底水库加大汛期蓄水等方式，满足下游用水需求，在用水高峰期，下游遭遇重旱时，龙羊峡水库和刘家峡水库需向下游小浪底水库补水 40 亿 m^3左右。与轻旱年份相比，下游供水量增加 20 亿 m^3左右。

中旱年份，全流域农业需水在 395 亿 m^3左右，河道内外地表水供水需求在 680 亿 m^3左右，来水偏枯情况下无法满足河道内外需求。通过梯级水库群联合协同优化调度，可以将农业缺水控制在 20% 左右，当遭遇中等枯水年时，流域河道外用户供水量较大，流域综合需水保障程度大于 80%，但随来水减少，河道外用户供水量减小，流域综合需水保障程度降低，缺水有所增加。通过控制河道内水量以满足抗旱需求，利津断面入海水量低于断面平均入海水量 187 亿 m^3，随来水减少，缺水有所增加，河道内水量控制在全河来水的 35%，与多年平均入海水量需求相比，入海水量减少 20%～30%。

7.3.3 重旱年份

7.3.3.1 重旱和特枯来水组合情景（1994 年）

（1）典型年情形描述

本年度流域重旱，全河来水 410 亿 m^3（来水频率 89% 的特枯水年）。其后两年的来水情况分别为 437 亿 m^3 和 471 亿 m^3，来水频率分别为 73% 和 58%；未来两年的流域旱情分别为特旱和无旱；龙羊峡水库的初始库容为 153 亿 m^3。当年上游、中游、下游的旱情分布和来水特征见表 7-10；全河来水和需求情况如图 7-21 所示。

表 7-10　典型年上游、中游、下游旱情分布和来水特征（1994 年）

旱情特征	上游	中游	下游
	无旱	特旱	轻旱
河道外总需求/亿 m^3	218	141	144
占流域总需求比例/%	43	28	29
来水/亿 m^3	243	125	42
占全河来水比例/%	59	31	10

由表 7-10 可知，本年度上游来水占全河来水比例为 59%，河道外总需求占流域总需求的 43%；下游来水仅占全河来水的 10%，河道外用户总需求却占流域总需求的 29%。当遭遇旱情时，来水和需求空间分布的不均衡，造成了部分地区旱情需水无法得到满足。

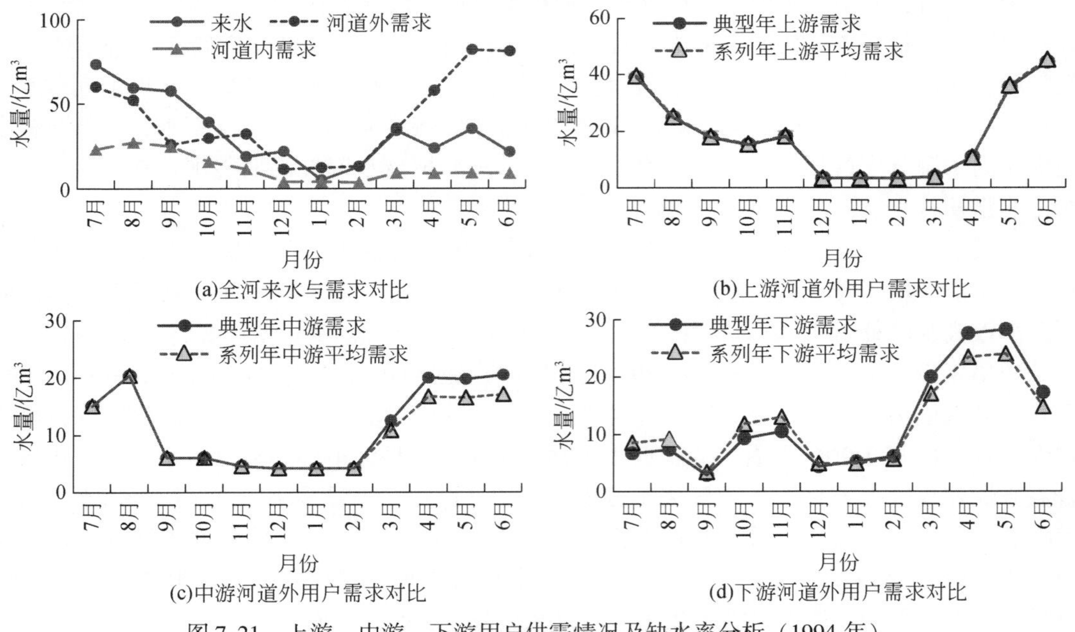

图 7-21　上游、中游、下游用户供需情况及缺水率分析（1994 年）

由图 7-21 可知，上游为无旱，典型年需求与系列年平均需求接近；中游为特旱，在用水高峰期典型年需求高于系列年平均需求；下游为轻旱，在汛期的 7 月、8 月、10 月和 11 月，典型年需求小于系列年平均需求，在用水高峰期典型年需求高于系列年平均需求。为避免部分地区和时段缺水量集中，需对全河来水在时空分布上进行合理调度。

（2）龙羊峡水库年度补水

根据龙羊峡水库初始蓄水，3 年来水和旱情情况，经优化分析，综合确定龙羊峡水库年度补水量见表 7-11。

表 7-11　龙羊峡水库年度补水量（1994 ~ 1996 年）

年份	1994	1995	1996
径流量/亿 m^3	411	437	472
龙羊峡年度补水量/亿 m^3	37.7	蓄水 6.1	13.2

（3）小浪底水库汛限水位分期优化后供水效益分析

小浪底水库采用汛限水位分期优化控制后，10 月底蓄水量 14.1 亿 m^3，与现状年相比，水库增加供水量 1.14 亿 m^3。

（4）梯级水库群年内蓄补水量

通过梯级水库的年度下泄过程进行年内优化，实现水库群的合理调度、应对干旱，优化计算后的梯级水库年内蓄补水量平衡见表 7-12。梯级水库逐月蓄补水量过程如图 7-22 所示，梯级水库群的月初水位过程和下泄过程如图 7-23 所示。

由黄河干流梯级水库蓄补水量规则和运行过程可知：

1）本年度干流龙羊峡、刘家峡、万家寨、三门峡、小浪底 5 个水库全年补水总量为 37.8 亿 m^3，其中汛期蓄水 40.4 亿 m^3，11 月补水 11.6 亿 m^3，凌期蓄水 4.9 亿 m^3，用水高峰期补水 71.4 亿 m^3。刘家峡水库、万家寨水库、三门峡水库、小浪底水库全年蓄泄平衡。

2）汛期，龙羊峡以上区间和龙羊峡至刘家峡区间满足用户需求，供水 3.6 亿 m^3；龙羊峡水库和刘家峡水库蓄水运用，其中龙羊峡水库蓄水 7.8 亿 m^3，刘家峡水库蓄水 7.9 亿 m^3，为满足下游河道内和河道外用水需求，龙羊峡水库和刘家峡水库下泄流量较大，龙羊峡水库和刘家峡水库下泄 86.5 亿 m^3；龙羊峡水库和刘家峡水库为上中游用户供水 40.7 亿 m^3，万家寨水库下泄 67.4 亿 m^3；上游无旱刘家峡至万家寨区间用户供水量 77.0 亿 m^3，中游遭遇特旱，万家寨至小浪底区间用户供水 40.9 亿 m^3；下游遭遇轻旱，为满足下游河道外用水和河道内汛期冲沙用水，上游龙羊峡水库和刘家峡水库为小浪底水库补水 45.8 亿 m^3，小浪底水库蓄水 21.8 亿 m^3，下泄 70.2 亿 m^3，小浪底以下河道外供水 20.2 亿 m^3，利津入海水量 78.2 亿 m^3。

3）凌期，龙羊峡以上区间和龙羊峡至刘家峡区间满足用户需求，供水 0.4 亿 m^3；龙羊峡水库补水运用，水库水位削落，龙羊峡水库补水 13.8 亿 m^3；刘家峡水库蓄水运用，蓄水 5.8 亿 m^3，刘家峡水库下泄 25.6 亿 m^3；上中游凌期无农业需求，满足上游刘家峡至万家寨区间和中游万家寨至小浪底区间相关用水需求，供水量分别为 9.2 亿 m^3和 12.3 亿 m^3，其中龙羊峡水库和刘家峡水库为上中游供水 16.4 亿 m^3；下游遭遇轻旱，为满足下游河道外用水和河道内基流用水，上游龙羊峡水库和刘家峡水库为小浪底水库补水 9.2 亿 m^3，

表 7-12　重旱年份梯级水库群蓄补水量表（1994 年）　　（单位：亿 m^3）

时间	龙羊峡以上			龙羊峡水库		龙羊峡至刘家峡区间			刘家峡水库		刘家峡至万家寨区间			万家寨水库	
	来水	需求	供水	下泄	蓄补水量	来水	需求	供水	下泄	蓄补水量	来水	需求	供水	下泄	蓄补水量
汛期	77.01	0.90	0.90	68.45	7.79	28.16	2.67	2.67	86.49	7.94	36.30	93.06	76.95	67.41	2.68
11 月	8.88	0.15	0.15	9.07	-0.31	0.94	0.80	0.80	12.96	-3.62	2.53	17.13	12.89	8.99	-2.11
凌期	13.40	0.04	0.04	27.22	-13.83	4.37	0.39	0.39	25.63	5.80	-7.19	9.19	8.28	13.93	0.44
用水期	51.15	1.44	1.44	81.30	-31.40	12.39	5.65	5.65	98.90	-10.13	15.23	87.09	75.03	63.74	-1.01
全年	150.44	2.52	2.52	186.03	-37.76	45.86	9.51	9.51	223.98	0.00	46.87	206.47	173.15	154.08	0.00

时间	万家寨至三门峡区间			三门峡水库		三门峡至小浪底区间			小浪底水库		小浪底以下			利津	
	来水	需求	供水	下泄	蓄补水量	来水	需求	供水	下泄	蓄补水量	来水	需求	供水	需求	供水
汛期	61.27	48.77	40.54	92.23	0.21		0.40	0.35	70.22	21.77	25.82	25.50	20.23	93.39	78.19
11 月	5.95	4.48	4.35	12.59	-0.21		0.10	0.08	17.88	-5.35	-0.25	10.28	7.37	11.66	10.86
凌期	16.81	12.26	12.26	24.14	2.55		0.14	0.14	14.16	9.92	9.57	15.41	13.06	11.66	12.62
用水期	26.12	75.09	59.95	74.46	-2.55		1.05	0.90	100.04	-26.33	7.26	90.78	70.96	36.89	35.87
全年	110.15	140.59	117.09	203.41	0.00		1.69	1.47	202.30	0.00	42.39	141.97	111.62	153.61	137.53

注：负值为水库补水量，正值为水库蓄水量。

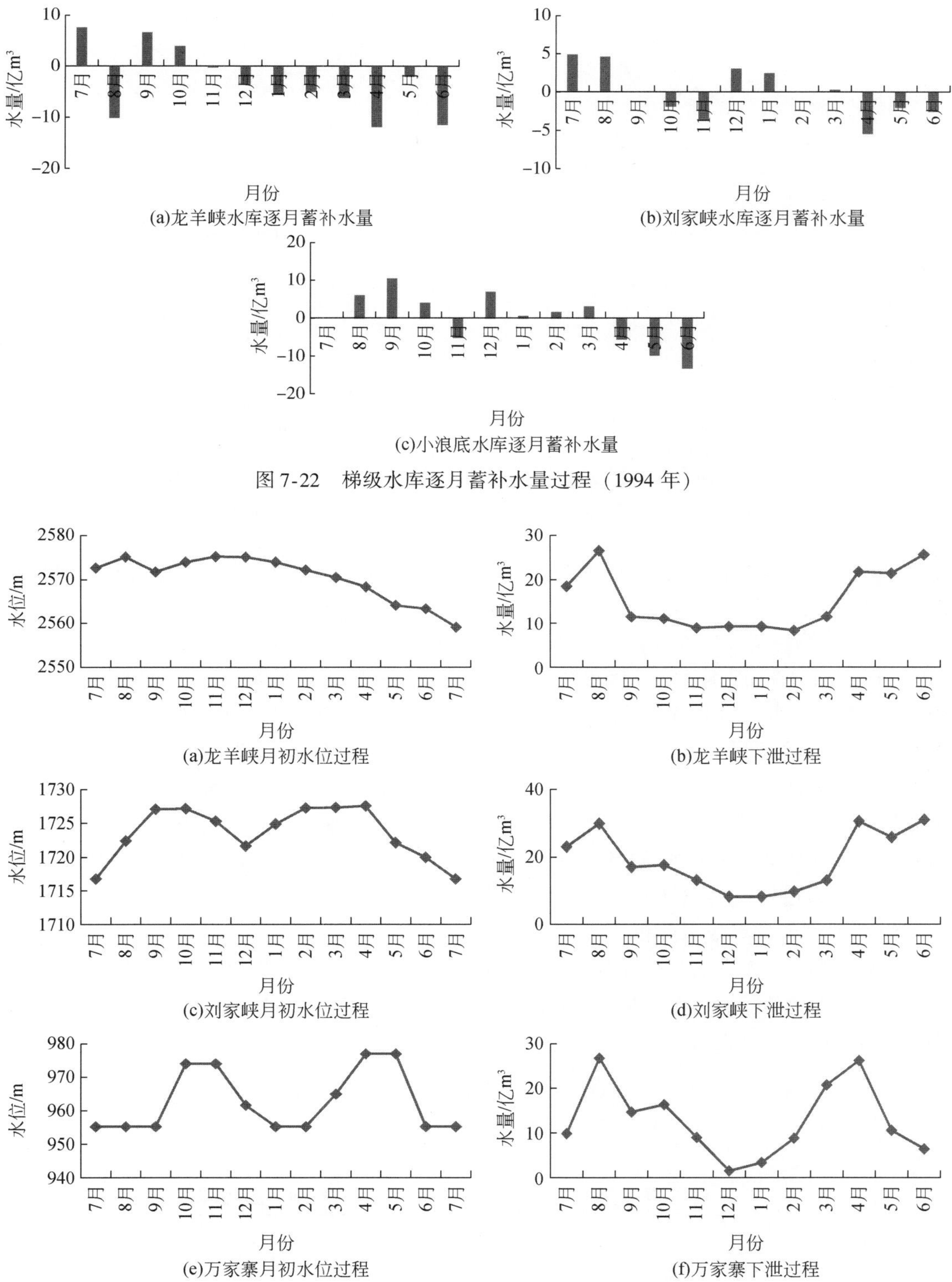

图 7-22 梯级水库逐月蓄补水量过程（1994 年）

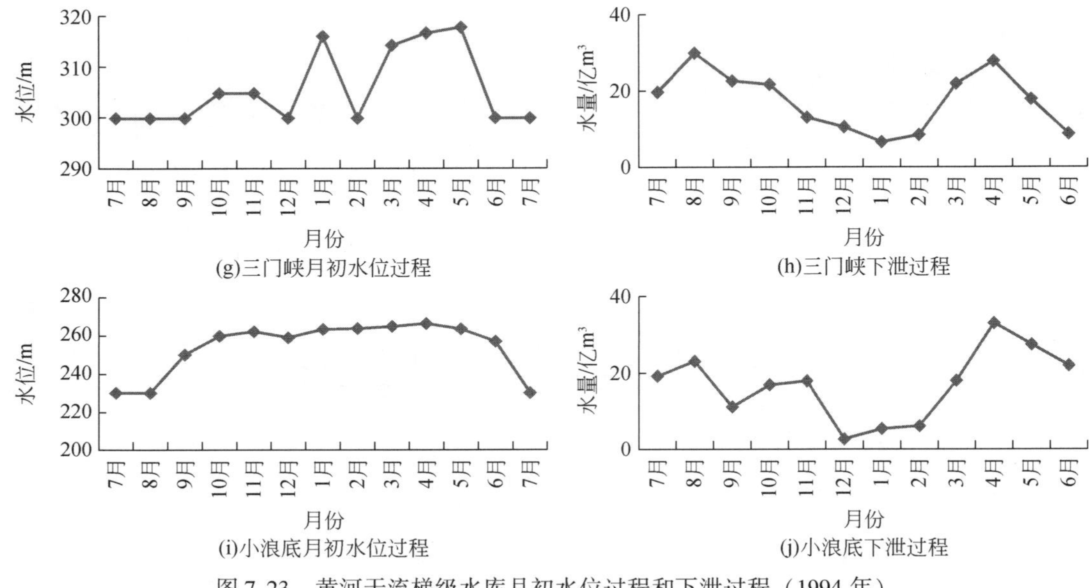

(g)三门峡月初水位过程

(h)三门峡下泄过程

(i)小浪底月初水位过程

(j)小浪底下泄过程

图 7-23　黄河干流梯级水库月初水位过程和下泄过程（1994 年）

小浪底水库蓄水 9.9 亿 m^3，下泄 14.2 亿 m^3，小浪底以下河道外供水 13.1 亿 m^3，利津入海水量 12.6 亿 m^3。

4）用水高峰期（3 ~6 月），龙羊峡以上区间和龙羊峡至刘家峡区间满足用户需求，供水 7.1 亿 m^3；河道外用水量大，梯级水库处在补水状态，水库加大下泄水量，水库水位削落，其中龙羊峡水库补水 31.4 亿 m^3，刘家峡水库补水 10.1 亿 m^3，刘家峡水库下泄 98.9 亿 m^3；万家寨水库下泄 63.7 亿 m^3，龙羊峡水库和刘家峡水库为上中游供水 59.8 亿 m^3，其中刘家峡至万家寨区间用户供水量 75.0 亿 m^3，万家寨至小浪底区间用户供水量 60.0 亿 m^3；下游遭遇轻旱，用水高峰期需求大，为缓解下游旱情和河道内基流用水，上游龙羊峡水库和刘家峡水库为小浪底水库补水 39.1 亿 m^3，小浪底水库补水 26.3 亿 m^3，下泄 100.0 亿 m^3，小浪底以下河道外供水 71.0 亿 m^3，利津入海水量 35.9 亿 m^3。

（5）典型年抗旱效果分析

在该典型情形下，通过优化配水计算，河道外用户总供水量为 406.6 亿 m^3，河道外生活、工业等重要部门的用水能够得到满足，缺水主要集中于农业用水户，优化后的上游、中游、下游用户供水过程和逐月缺水率过程如图 7-24 所示，利津断面入海过程如图 7-25 所示。

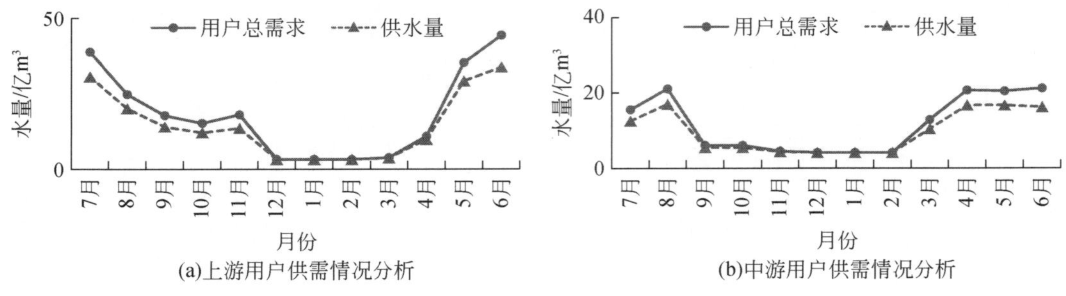

(a)上游用户供需情况分析

(b)中游用户供需情况分析

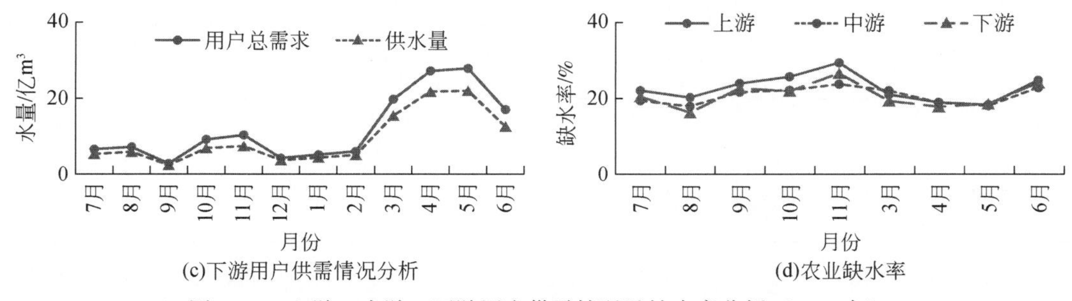

(c)下游用户供需情况分析　　(d)农业缺水率

图 7-24　上游、中游、下游用户供需情况及缺水率分析（1994 年）

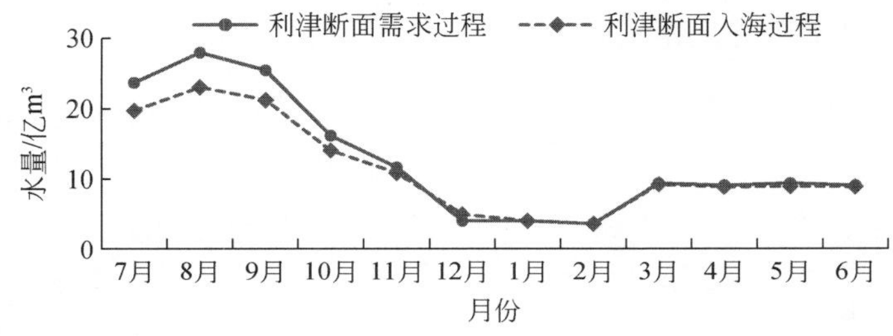

图 7-25　利津断面入海过程分析（1994 年）

由图 7-25 可知，由于中游旱情严重程度高于上游和下游，因此中游缺水率最高。农业用户在用水的各个月份均有缺水，但在上游、中游、下游主要农作物的灌溉关键期（上中游为 4 月，下游为 5 月）缺水率较低，优化配置后减少了农业用户重要时段的缺水，同时实现了上游、中游、下游不同区域供水的均衡。

在维持河道外不同区域供水均衡和保证关键用水期的基本用水外，优化调度同时保证了一定程度的河道内供水。本年度利津断面的入海水量为 137 亿 m^3，利津断面入海过程如图 7-25 所示。由图 7-25 可知，经优化调度后，非汛期（11～翌年 6 月）河道内基本用水能够得到保证，汛期减少下泄，相对多年平均汛期下泄需求减少 50 亿 m^3。

该年度流域旱情为重旱，需水量高于正常年份，流域抗旱能力系数 $K=1.02$，大于 1；通过梯级水库调节后，对流域综合需水的保障程度即流域抗旱能力指数 DCA＝83%。

7.3.3.2　重旱和极端枯水组合情景（1997 年）

（1）典型年情形描述

流域旱情为重旱，当年全河来水 308 亿 m^3，即频率大于 95% 的极端枯水年。未来两年的来水情况分别为 465 亿 m^3 和 422 亿 m^3，来水频率分别为 60% 和 82%；未来两年的流域旱情分别为中旱和轻旱；龙羊峡水库的初始库容为 110 亿 m^3。当年上游、中游、下游的旱情分布和来水特征见表 7-13；全河来水和需求情况及上游、中游、下游年内不同时段旱情需求情况如图 7-26 所示。

表 7-13　当年上游、中游、下游旱情分布和来水特征（1997 年）

旱情特征	上游	中游	下游
	无旱	特旱	轻旱
河道外总需求/亿 m^3	220	139	143
占流域总需求比例/%	44	28	28
来水/亿 m^3	233	78	-4
占全河来水比例/%	76	25	-1

由表 7-13 可知，在空间分布上，流域来水和用户需求不匹配。本年度上游来水占全河来水比例为 76%，河道外总需求占流域总需求的 44%；下游来水为负值，河道外用户总需求却占流域总需求的 28%。当流域遭遇旱情时，由于来水和需求空间分布的不均衡，造成了部分地区旱情需水无法得到满足。

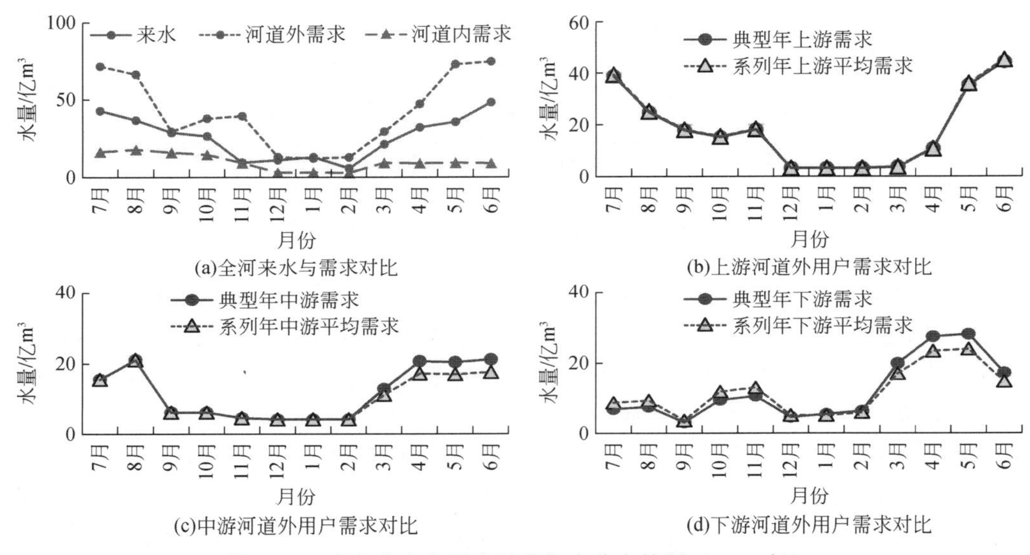

(a)全河来水与需求对比　(b)上游河道外用户需求对比
(c)中游河道外用户需求对比　(d)下游河道外用户需求对比

图 7-26　当年来水和用户需求年内分布特征（1997 年）

由图 7-26 可知，上游为无旱，典型年需求与系列年平均需求接近；中游为特旱，在用水高峰期典型年需求高于系列年平均需求；下游为轻旱，在汛期的 7 月、8 月、10 月和 11 月，典型年需求小于系列年平均需求，用水高峰期典型年需求高于系列年平均需求。因此，为避免部分地区和时段缺水量太大，需对全河来水在时空分布上合理调度。

（2）龙羊峡水库年度补水

根据龙羊峡水库初始蓄水，3 年来水和旱情情况，经优化分析，综合确定龙羊峡水库年度补水量见表 7-14。

表 7-14　龙羊峡水库年度补水量（1997 ~ 1999 年）

年份	1997	1998	1999
径流量/亿 m^3	308	465	422
龙羊峡年度补水量/亿 m^3	48.4	蓄水 33.8	0.2

(3) 小浪底水库汛限水位分期优化后供水效益分析

小浪底水库采用汛限水位分期优化控制后，10 月底蓄水量 7.12 亿 m^3，由于 9 月、10 月来水量较少，水库未蓄到汛限水位，与现状年相比，水库增加供水量 0.01 亿 m^3。

(4) 梯级水库群年内蓄补水量

通过对该典型年份梯级水库的年度下泄过程进行优化，寻求梯级水库群的最优运行调度方式，实现水库群的合理调度、抗旱减灾。优化计算后的梯级水库逐月蓄补水量过程如图 7-27 所示，梯级水库群的月初水位过程和下泄过程如图 7-28 所示。

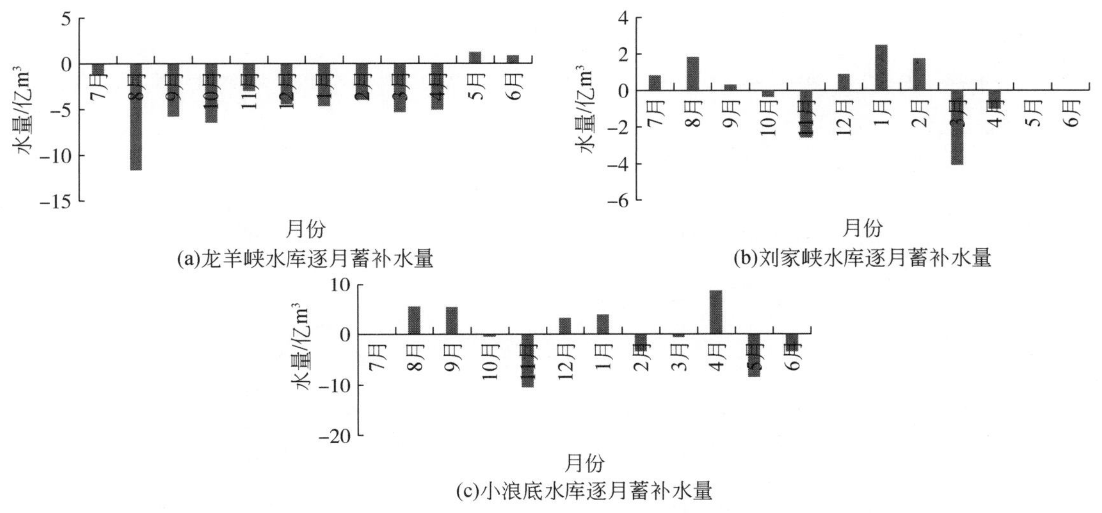

(a)龙羊峡水库逐月蓄补水量
(b)刘家峡水库逐月蓄补水量
(c)小浪底水库逐月蓄补水量

图 7-27 梯级水库逐月蓄补水量过程（1997 年）

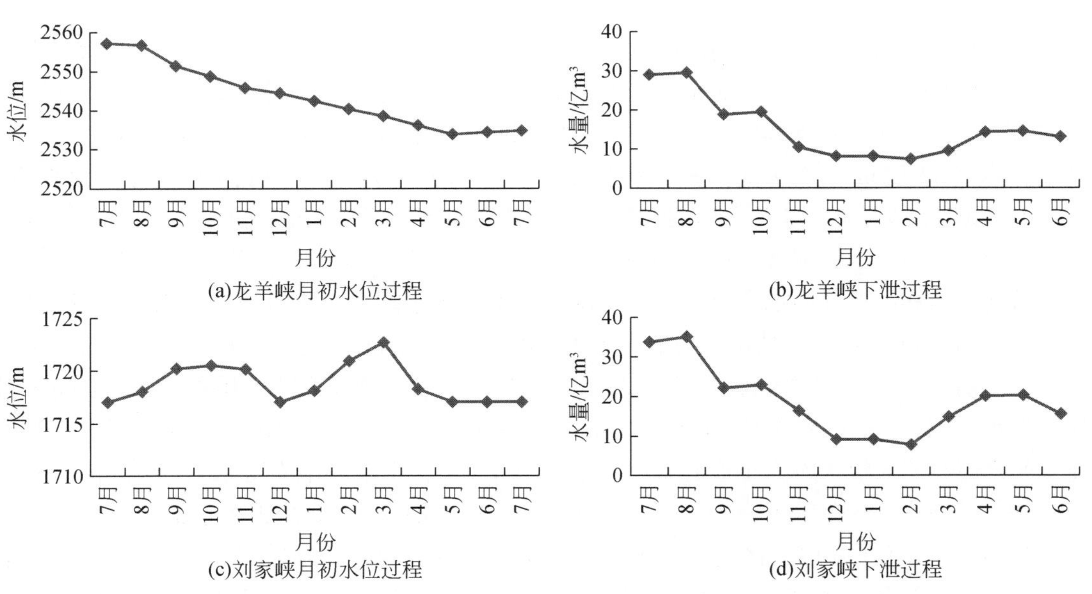

(a)龙羊峡月初水位过程
(b)龙羊峡下泄过程
(c)刘家峡月初水位过程
(d)刘家峡下泄过程

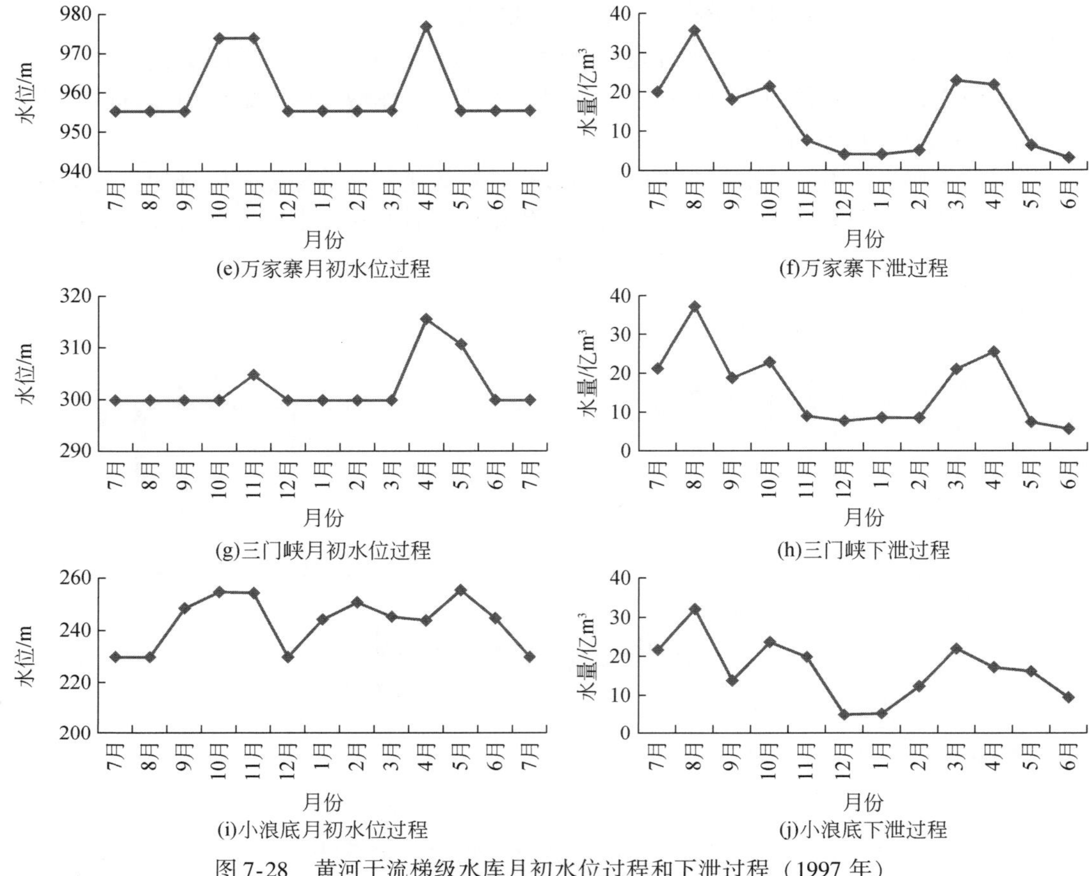

(e)万家寨月初水位过程
(f)万家寨下泄过程
(g)三门峡月初水位过程
(h)三门峡下泄过程
(i)小浪底月初水位过程
(j)小浪底下泄过程

图 7-28　黄河干流梯级水库月初水位过程和下泄过程（1997 年）

由黄河干流梯级水库蓄补水量规则和运行过程可知：

1）本年度干流龙羊峡、刘家峡、万家寨、三门峡、小浪底 5 个水库全年补水总量为 48.4 亿 m^3，其中汛期补水 8.5 亿 m^3，11 月补水 19.0 亿 m^3，凌期补水 3.8 亿 m^3，用水高峰期补水 17.2 亿 m^3。刘家峡水库、万家寨水库、三门峡水库、小浪底水库全年蓄泄平衡。

2）汛期，龙羊峡以上区间和龙羊峡至刘家峡区间满足用户需求，供水 3.5 亿 m^3；龙羊峡水库补水运用，水位削落，补水 24.6 亿 m^3，刘家峡水库适当蓄水，蓄水 2.7 亿 m^3，为满足下游河道内和河道外用水需求，龙羊峡水库和刘家峡水库下泄流量较大，水库下泄 113.1 亿 m^3；龙羊峡水库和刘家峡水库为上中游用户供水 36.3 亿 m^3，万家寨水库下泄 95.2 亿 m^3；上游无旱刘家峡至万家寨区间用户供水量 65.2 亿 m^3，中游遭遇特旱，万家寨至小浪底区间用户供水 43.1 亿 m^3；下游遭遇轻旱，为满足下游河道外用水和河道内汛期冲沙用水，上游龙羊峡水库和刘家峡水库为小浪底水库补水 76.8 亿 m^3，小浪底水库蓄水 10.5 亿 m^3，下泄流量 91.0 亿 m^3，小浪底以下河道外供水 27.3 亿 m^3，利津入海水量 53.9 亿 m^3。

3）凌期，龙羊峡以上区间和龙羊峡至刘家峡区间满足用户需求，供水 0.4 亿 m^3；龙羊峡水库补水运用，水库水位削落，龙羊峡水库补水 12.8 亿 m^3；刘家峡水库蓄水运用，蓄水 5.3 亿 m^3，刘家峡水库下泄 26.0 亿 m^3；上中游凌期无农业需求，满足上游刘家峡至万家寨区间和中游万家寨至小浪底区间相关用水需求，供水量分别为 9.2 亿 m^3 和 12.3 亿 m^3，其中龙羊峡水库和刘家峡水库为上中游供水 16.5 亿 m^3；下游遭遇轻旱，为满足下游河道外用水和河道内基流用水，上游龙羊峡水库和刘家峡水库为小浪底水库补水 9.5 亿 m^3，小浪底水库蓄水 3.7 亿 m^3，下泄 22.1 亿 m^3，小浪底以下河道外供水 11.2 亿 m^3，利津入海水量 8.7 亿 m^3。

4）用水高峰期（3～6 月），龙羊峡以上区间和龙羊峡至刘家峡区间满足用户需求，供水 5.6 亿 m^3；河道外用水量大，梯级水库处在补水状态，水库水位削落，其中龙羊峡水库补水 8.1 亿 m^3，刘家峡水库补水 5.3 亿 m^3，刘家峡水库下泄 70.3 亿 m^3；龙羊峡水库和刘家峡水库为上中游供水 36.8 亿 m^3，其中刘家峡至万家寨区间用户供水量 66.1 亿 m^3，万家寨至小浪底区间用户供水量 40.1 亿 m^3；下游遭遇轻旱，用水高峰期需求大，为缓解下游旱情和河道内基流用水，上游龙羊峡水库和刘家峡水库为小浪底水库补水 33.5 亿 m^3，小浪底水库补水 3.7 亿 m^3，下泄 64.5 亿 m^3，小浪底以下河道外供水 48.3 亿 m^3，利津入海水量 35.5 亿 m^3。

（5）典型年抗旱效果分析

在该典型情形下，通过优化配水计算，河道外用户总供水量为 358.9 亿 m^3，河道外生活、工业等重要部门的用水能够得到满足，缺水主要集中于农业用水户，优化后的上游、中游、下游用户供水过程和逐月缺水率过程如图 7-29 所示，利津断面入海过程如图 7-30 所示。

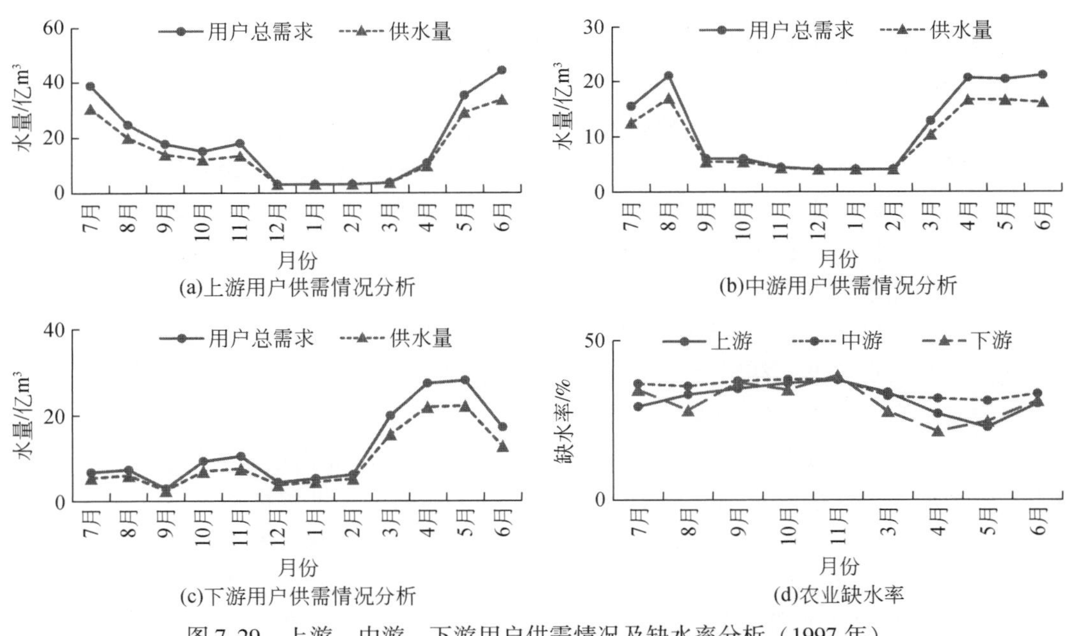

图 7-29　上游、中游、下游用户供需情况及缺水率分析（1997 年）

由图 7-29 可知，由于中游旱情严重程度高于上游和下游，因此中游缺水率最高。农业用户在用水的各个月份均有缺水，但在上游、中游、下游主要农作物的灌溉关键期（上中游为 4 月，下游为 5 月）缺水率较低，优化配置后减少了农业用户重要时段的缺水，同时实现了上游、中游、下游不同区域供水的均衡。

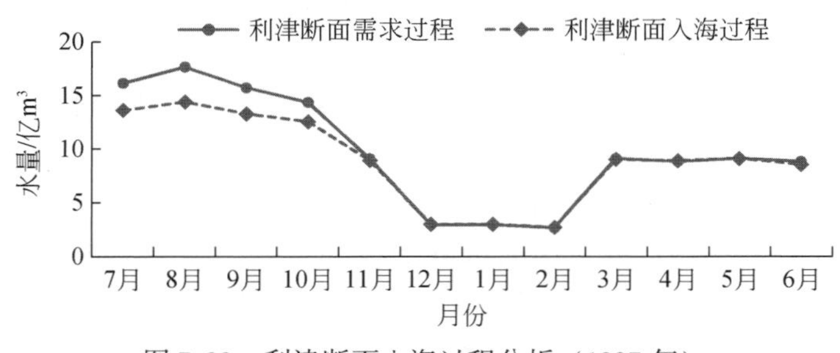

图 7-30 利津断面入海过程分析（1997 年）

在维持河道外不同区域供水均衡和保证关键用水期的基本用水外，优化调度同时保证了一定程度的河道内供水。本年度利津断面的入海水量为 107 亿 m^3，利津断面年内入海过程如图 7-30 所示。由图 7-30 可知，由于该年度为极端枯水年份，经优化调度后，汛期减少下泄，相对多年平均汛期下泄需求减少 80 亿 m^3。

该年度流域旱情为重旱，需水量高于正常年份，流域抗旱能力系数 $K=1.02$，大于 1；通过梯级水库调节后，该年度对流域综合需水的保障程度，即流域抗旱能力指数 DCA=74%。

7.3.3.3 重旱年份调度总结

遇重旱年份，龙羊峡水库采取跨年度补水，梯级水库群采取联合协调优化调度、汛期蓄水和控制河道内水量等方式协调河道内外需求，缓解流域旱情。

龙羊峡水库跨年度补水能够有效缓解重旱年份流域缺水，年度补水量为 35 亿～45 亿 m^3，随水库前期蓄水增加和流域来水减少，水库年度补水量有所增加。梯级水库群通过汛期蓄水、非汛期补水调配年内水源分配过程，当遭遇中等枯水以上年份时，一般梯级水库群汛期蓄水量为 35 亿～40 亿 m^3，非汛期补水量一般为 70 亿～80 亿 m^3，但在遭遇极端枯水年份时，汛期梯级水库适当补水，非汛期梯级水库补水量有所减少。

为缓解下游旱情需求，梯级水库群采取联合协同调度和小浪底水库加大汛期蓄水等方式，满足下游用水需求，在用水高峰期，下游遭遇轻旱时，龙羊峡水库和刘家峡水库需向下游小浪底水库补水 35 亿～40 亿 m^3。

重旱年份，全流域农业需水在 405 亿 m^3左右，相比中旱年份增加 10 亿 m^3，河道内外地表水供水需求为 690 亿 m^3左右，缺水矛盾进一步加剧，来水偏枯情况下无法满足河道内外需求。通过梯级水库群联合协同优化调度，可以将农业缺水控制在 25% 左右，当遭遇中等枯水以上年份时，流域河道外用户供水量为 385 亿～405 亿 m^3，流域综合需水保障程度约 80%，但在遭遇极端枯水年份时，流域综合需水保障程度约 75%，流域河道外用户供水量减少，缺水有所增加。

重旱年份，通过控制河道内水量以满足抗旱需求，利津断面入海水量低于断面平均入海水量 187 亿 m^3，缺水主要集中于汛期，且随来水减少，缺水有所增加，河道内水量控制在全河来水的 35%，与多年平均入海水量相比，入海水量减少 25% ~30%。

7.3.4 特旱年份

7.3.4.1 特旱和中等枯水组合情景（1969 年）

（1）典型年情形描述

流域旱情为特旱，当年全河来水 422 亿 m³，即频率为 84% 的中等枯水年。未来两年的来水情况分别为 445 亿 m³ 和 488 亿 m³，来水频率分别为 67% 和 56%；未来两年的流域旱情分别为轻旱和特旱；龙羊峡水库的初始库容为 209 亿 m³。当年上游、中游、下游的旱情分布和来水特征见表 7-15；全河来水和需求情况及上游、中游、下游年内不同时段旱情需求情况如图 7-31 所示。

表 7-15 当年上游、中游、下游旱情分布和来水特征（1969 年）

旱情特征	上游	中游	下游
	重旱	重旱	重旱
河道外总需求/亿 m³	228	136	150
占流域总需求比例/%	44	27	29
来水/亿 m³	259	132	31
占全河来水比例/%	62	31	7

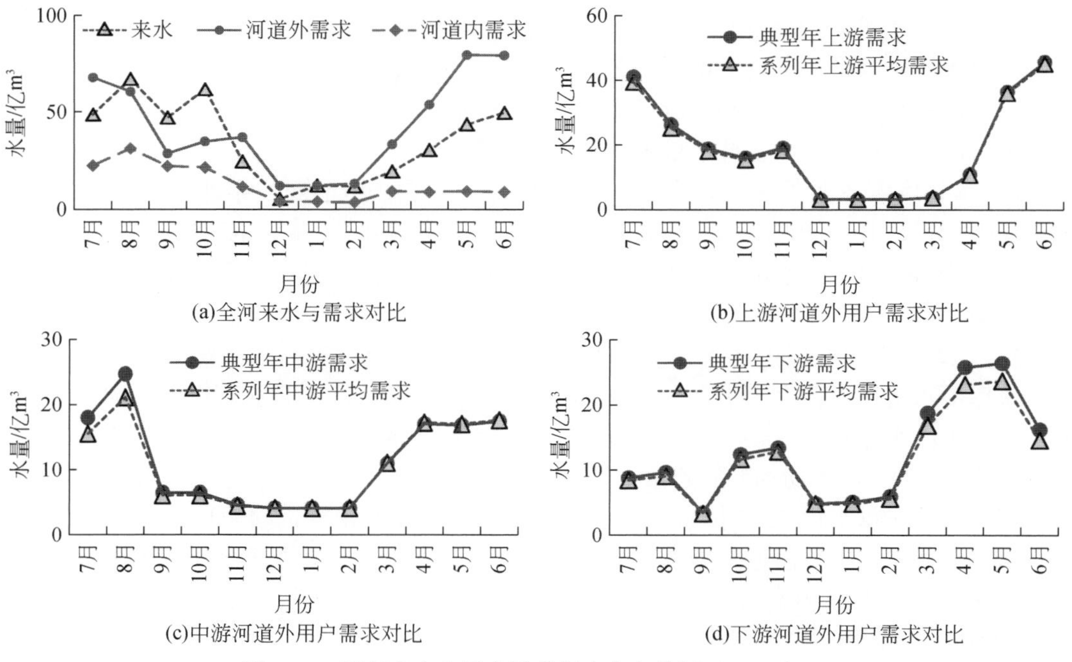

图 7-31 当年来水和用户需求年内分布特征（1969 年）

由表7-15可知，在空间分布上，流域来水和用户需求不匹配。本年度上游来水占全河来水比例为62%，河道外总需求占流域总需求的44%；下游来水仅占全河来水的7%，河道外用户总需求却占流域总需求的29%。当流域遭遇旱情时，由于来水和需求空间分布的不均衡，造成了部分地区旱情需水无法得到满足。

由图7-31可知，上游、中游、下游均为重旱，典型年需求均高于系列年平均需求。因此，为避免部分地区和时段缺水量太大，需对全河来水在时空分布上进行合理调度。

(2) 龙羊峡水库年度补水

根据龙羊峡水库初始蓄水，3年来水和旱情情况优化，综合确定龙羊峡水库年度补水量见表7-16。

表7-16　龙羊峡水库年度补水量（1969～1971年）

年份	1969	1970	1971
径流量/亿 m^3	422	445	488
龙羊峡年度补水量/亿 m^3	23.4	88.9	8.1

(3) 小浪底水库汛限水位分期优化后供水效益分析

小浪底水库采用汛限水位分期优化控制后，10月底蓄水量17.86亿 m^3，与现状运用方式相比，水库增加供水量2.49亿 m^3。

(4) 梯级水库群年内蓄补水量

寻求梯级水库群的最优运行调度方式，实现水库群的合理调度、抗旱减灾。分为汛期（7～10月）、11月、凌期（12月、1月、2月）、用水期（3～6月）四个时期，优化计算后的梯级水库年内蓄补水量平衡表见表7-17。梯级水库逐月蓄补水量过程如图7-32所示，梯级水库群的月初水位过程和下泄过程如图7-33所示。

由黄河干流梯级水库蓄补水量规则和运行过程可知：

1）本年度干流龙羊峡、刘家峡、万家寨、三门峡、小浪底5个水库全年补水总量为23.4亿 m^3，其中汛期蓄水29.8亿 m^3，11月补水7.0亿 m^3，凌期补水6.2亿 m^3，用水高峰期补水39.9亿 m^3。刘家峡水库、万家寨水库、三门峡水库、小浪底水库全年蓄泄平衡。

2）汛期，龙羊峡以上区间和龙羊峡至刘家峡区间满足用户需求，供水3.8亿 m^3；龙羊峡水库蓄水运用，蓄水5.7亿 m^3，刘家峡蓄补平衡，为满足下游河道内和河道外用水需求，龙羊峡水库和刘家峡水库下泄流量较大，水库下泄98.8亿 m^3；龙羊峡水库和刘家峡水库为上中游用户供水42.8亿 m^3，万家寨水库下泄76.2亿 m^3；上游重旱，刘家峡至万家寨区间用户供水量72.7亿 m^3，中游重旱，万家寨至小浪底区间用户供水44.4亿 m^3；下游重旱，为满足下游河道外用水和河道内汛期冲沙用水，上游龙羊峡水库和刘家峡水库为小浪底水库补水56.0亿 m^3，下泄78.1亿 m^3，小浪底以下河道外供水24.8亿 m^3，入海水量81.0亿 m^3。

表 7-17　特旱年份梯级水库群蓄补水量表（1969 年）

（单位：亿 m^3）

时间	龙羊峡以上			龙羊峡水库		龙羊峡至刘家峡区间			刘家峡水库		刘家峡至万家寨区间			万家寨水库	
	来水	需求	供水	下泄	蓄补水量	来水	需求	供水	下泄	蓄补水量	来水	需求	供水	下泄	蓄补水量
汛期	93.21	0.96	0.96	86.66	5.72	14.51	2.86	2.86	98.81	0.00	29.42	98.40	72.73	76.19	2.40
11 月	10.23	0.16	0.16	7.78	2.32	3.73	0.86	0.86	10.78	0.00	-3.34	18.05	12.63	1.42	-2.40
凌期	12.59	0.04	0.04	23.33	-10.76	4.77	0.39	0.39	24.05	3.90	-1.76	9.19	9.19	17.73	0.00
用水期	47.76	1.39	1.39	67.21	-20.67	20.30	5.35	5.35	86.76	-3.90	27.99	90.19	69.01	67.71	0.00
全年	163.78	2.55	2.55	184.98	-23.40	43.31	9.46	9.46	220.42	0.00	52.30	215.83	163.57	163.05	0.00

时间	万家寨至三门峡区间			三门峡水库		三门峡至小浪底区间			小浪底水库		小浪底以下			利津	
	来水	需求	供水	下泄	蓄补水量	来水	需求	供水	下泄	蓄补水量	来水	需求	供水	需求	供水
汛期	58.18	55.61	44.08	99.75	0.21		0.41	0.34	78.08	21.43	24.48	33.91	24.78	97.69	80.97
11 月	9.62	4.56	4.39	8.61	-0.21		0.10	0.08	15.29	-6.74	3.13	13.34	8.97	11.66	10.27
凌期	12.48	12.26	12.26	20.70	4.51		0.14	0.14	24.47	-3.83	-2.27	15.80	12.51	11.66	11.64
用水期	37.05	62.32	49.46	81.23	-4.51		0.79	0.62	91.61	-10.86	5.16	86.46	63.93	36.89	37.11
全年	117.34	134.76	110.19	210.30	0.00		1.44	1.18	209.46	0.00	30.50	149.51	110.20	157.91	139.98

注：负值为水库补水量，正值为水库蓄水量。

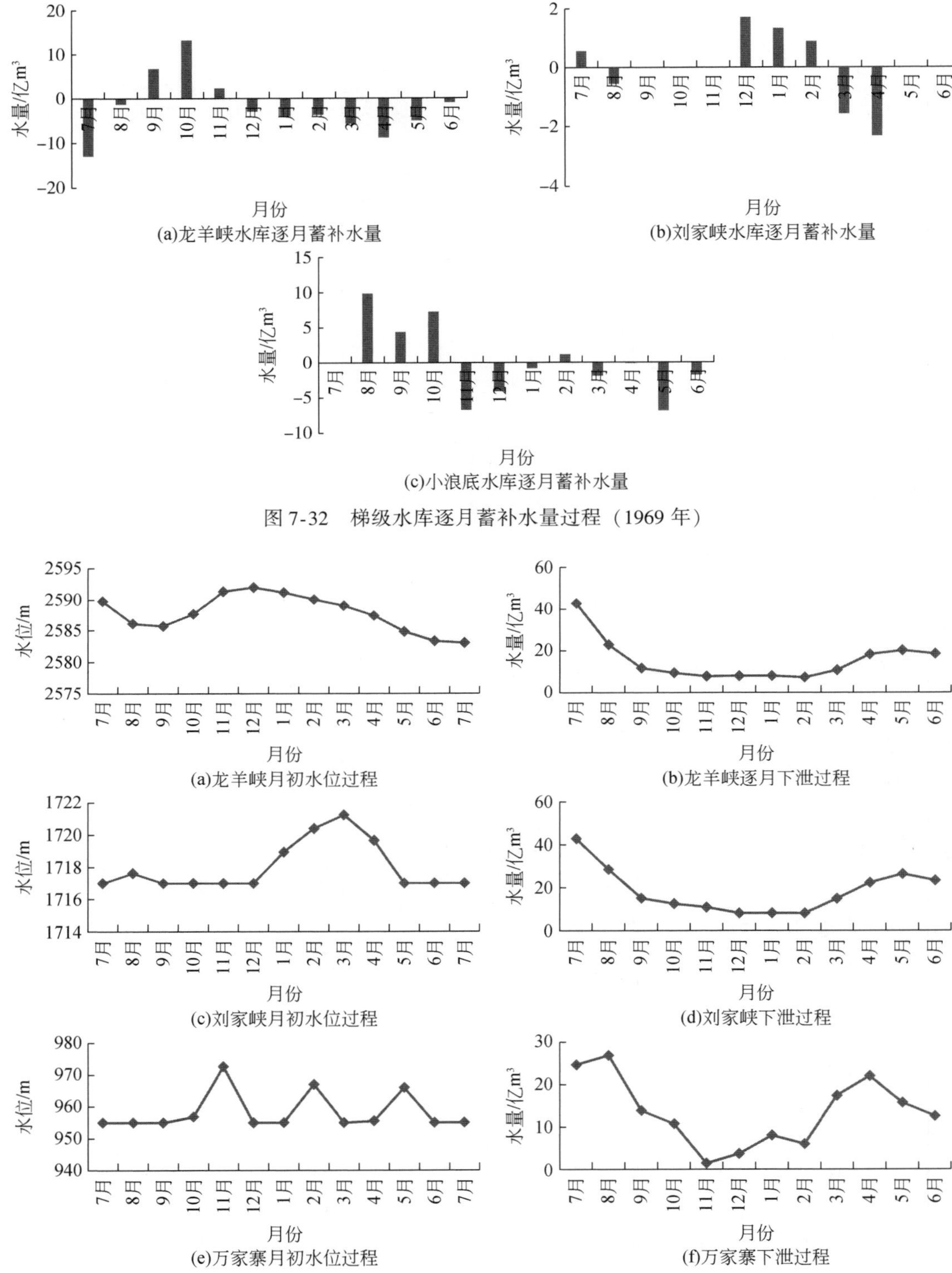

(a)龙羊峡水库逐月蓄补水量

(b)刘家峡水库逐月蓄补水量

(c)小浪底水库逐月蓄补水量

图 7-32　梯级水库逐月蓄补水量过程（1969 年）

(a)龙羊峡月初水位过程

(b)龙羊峡逐月下泄过程

(c)刘家峡月初水位过程

(d)刘家峡下泄过程

(e)万家寨月初水位过程

(f)万家寨下泄过程

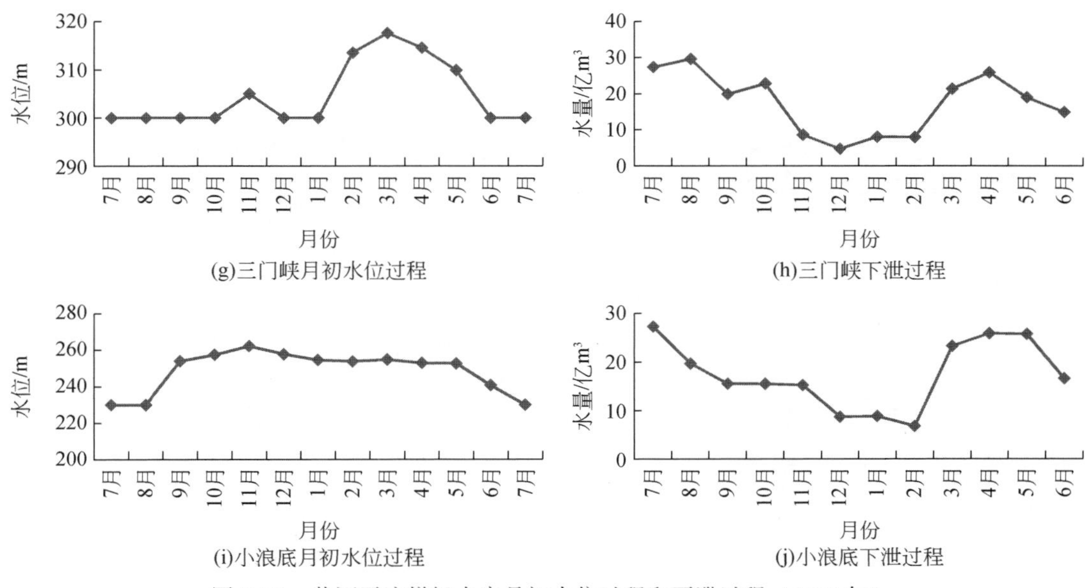

(g)三门峡月初水位过程

(h)三门峡下泄过程

(i)小浪底月初水位过程

(j)小浪底下泄过程

图 7-33　黄河干流梯级水库月初水位过程和下泄过程（1969 年）

3）凌期，龙羊峡以上区间和龙羊峡至刘家峡区间满足用户需求，供水 0.4 亿 m^3；龙羊峡水库补水运用，水库水位削落，龙羊峡水库补水 10.8 亿 m^3；刘家峡水库蓄水运用，蓄水 3.9 亿 m^3，刘家峡水库下泄 24.1 亿 m^3；上中游凌期无农业需求，满足上游刘家峡至万家寨区间和中游万家寨至小浪底区间相关用水需求，供水量分别为 9.2 亿 m^3 和 12.3 亿 m^3，其中龙羊峡水库和刘家峡水库为上中游供水 11.0 亿 m^3，万家寨水库下泄 17.7 亿 m^3；下游遭遇重旱，为满足下游河道外用水和河道内基流用水，上游龙羊峡水库和刘家峡水库为小浪底水库补水 13.1 亿 m^3，小浪底水库蓄水 3.8 亿 m^3，下泄 24.5 亿 m^3，小浪底以下河道外供水 12.5 亿 m^3，利津入海水量 11.6 亿 m^3。

4）用水高峰期（3～6 月），龙羊峡以上区间和龙羊峡至刘家峡区间满足用户需求，供水 6.7 亿 m^3；河道外用水量大，梯级水库处在补水状态，水库加大下泄水量，水库水位削落，其中龙羊峡水库补水 20.7 亿 m^3，刘家峡水库补水 3.9 亿 m^3，刘家峡水库下泄 86.8 亿 m^3；龙羊峡水库和刘家峡水库为上中游供水 41.0 亿 m^3，其中刘家峡至万家寨区间用户供水量 69.0 亿 m^3，万家寨水库下泄 67.7 亿 m^3，万家寨至小浪底区间用户供水量 50.1 亿 m^3；下游遭遇重旱，用水高峰期需求大，为缓解下游旱情和河道内基流用水，上游龙羊峡水库和刘家峡水库为小浪底水库补水 45.8 亿 m^3，小浪底水库补水 10.9 亿 m^3，下泄 91.6 亿 m^3，小浪底以下河道外供水 63.9 亿 m^3，利津入海水量 37.1 亿 m^3。

（5）典型年抗旱效果分析

在该典型情形下，通过优化配水计算，河道外用户总供水量为 397.2 亿 m^3，河道外生活、工业等重要部门的用水能够得到满足，缺水主要集中于农业用水户，优化后的上游、中游、下游用户供水过程和逐月缺水率过程如图 7-34 所示，利津断面入海过程如图 7-35 所示。

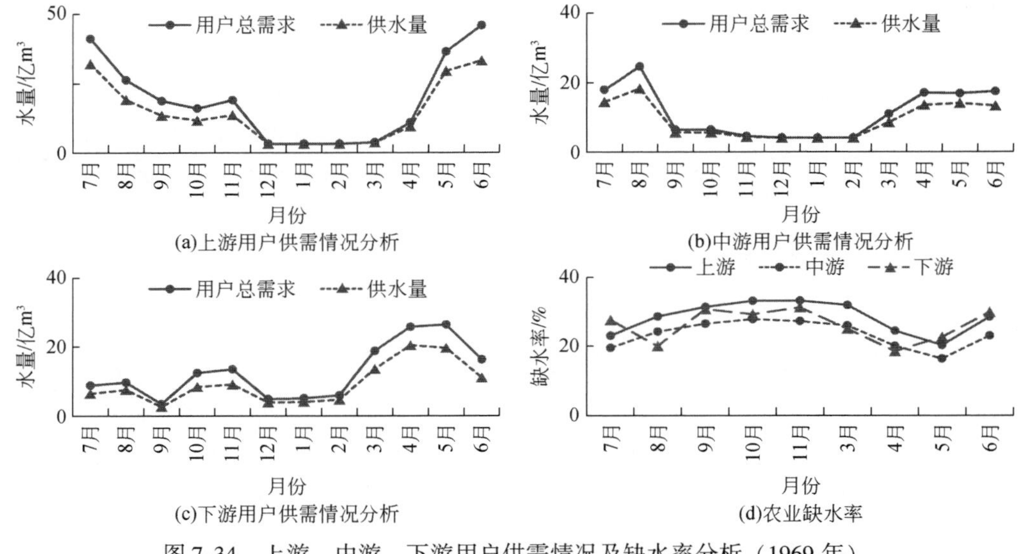

图 7-34　上游、中游、下游用户供需情况及缺水率分析（1969 年）

图 7-35　利津断面入海过程分析（1969 年）

由图 7-34 可知，由于上游、中游旱情相同，上游、中游农业用户的缺水率相同。农业用户在用水的各个月份均有缺水，但在上游、中游、下游主要农作物的灌溉关键期（上中游为 4 月，下游为 5 月）缺水率较低，优化配置后减少了农业用户重要时段的缺水，同时实现了上游、中游、下游不同区域供水的均衡。

在维持河道外不同区域供水均衡和保证关键用水期的基本用水外，优化调度同时保证了一定程度的河道内供水。本年度利津断面的入海水量为 140 亿 m^3，利津断面年内入海水量过程如图 7-35 所示。由图 7-35 可知，经水库群优化调度后，增加汛期蓄水，减少汛期河道内水量，为应对干旱储备水量。

该年度流域旱情为特旱，需水量高于正常年份，流域抗旱能力系数 K=1.03，大于 1；通过梯级水库调节后，该年度对流域综合需水的保障程度，即流域抗旱能力指数 DCA=83%。

7.3.4.2　特旱和特枯来水组合情景（1965 年）

（1）典型年情形描述

流域旱情为特旱，当年全河来水 388 亿 m^3，即频率为 93% 的特枯水年。未来两年的来水情况分别为 630 亿 m^3 和 758 亿 m^3，来水频率分别为 24% 和 7%，来水量较丰；未来两年的流域旱情分别为中旱和无旱；龙羊峡水库的初始库容为 214 亿 m^3。当年上游、中游、下游的旱情分布和来水特征见表 7-18；全河来水和需求情况及上游、中游、下游年内不同时段旱情需求情况如图 7-36 所示。

表 7-18　当年上游、中游、下游旱情分布和来水特征（1965 年）

旱情特征	上游	中游	下游
	特旱	中旱	特旱
河道外总需求/亿 m^3	235	133	165
占流域总需求比例/%	44	25	31
来水/亿 m^3	255	103	31
占全河来水比例/%	66	26	8

由表 7-18 可知，在空间分布上，流域来水和用户需求不匹配。本年度上游来水占全河来水比例为 66%，河道外总需求占流域总需求的 44%；下游来水仅占全河来水的 8%，河道外用户总需求却占流域总需求的 31%。当流域遭遇旱情时，由于来水和需求空间分布的不均衡，造成了部分地区旱情需水无法得到满足。

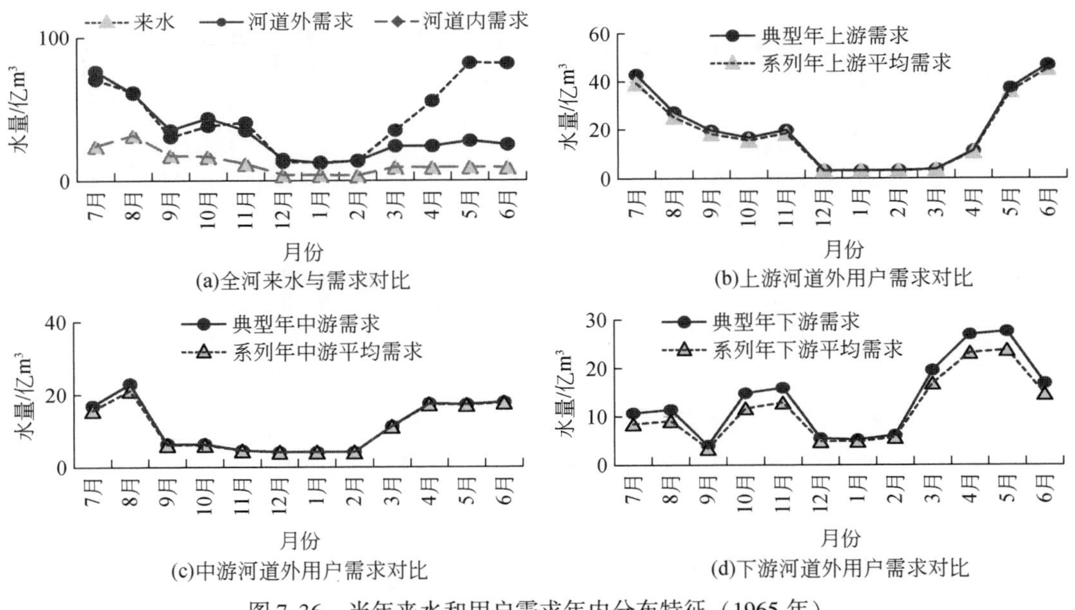

图 7-36　当年来水和用户需求年内分布特征（1965 年）

由图 7-36 可知，上游和下游为特旱，典型年需求高于系列年平均需求；中游为中旱，在汛期的 7 月、8 月，典型年需求略高于系列年平均需求，其他月份与系列年平均需求接近。因此，为避免用户部分地区和时段缺水量太大，需对全河来水在时空分布上进行合理调度。

（2）龙羊峡水库年度补水

结合第5章龙羊峡水库旱限水位优化控制策略，在该典型情形下，根据龙羊峡水库初始蓄水，3年来水和旱情情况，经优化分析，综合确定龙羊峡水库年度补水量见表7-19。

表7-19 龙羊峡水库年度补水量（1965～1967年）

年份	1965	1966	1967
径流量/亿 m^3	388	631	759
龙羊峡年度补水量/亿 m^3	34.9	蓄水45.7	0

（3）小浪底水库汛限水位分期优化后供水效益分析

结合第4章小浪底水库汛限水位分期优化控制策略研究，在该典型年情形下，小浪底水库采用汛限水位分期优化控制后，10月底蓄水量7.8亿 m^3，由于9月、10月来水量较少，水库未蓄到汛限水位，与现状年相比，水库供水量基本没有差别。

（4）梯级水库群年内蓄补水量

优化计算后的梯级水库逐月蓄补水量过程如图7-37所示，梯级水库群（龙羊峡、刘家峡、万家寨、三门峡、小浪底）的月初水位过程和下泄过程如图7-38所示。

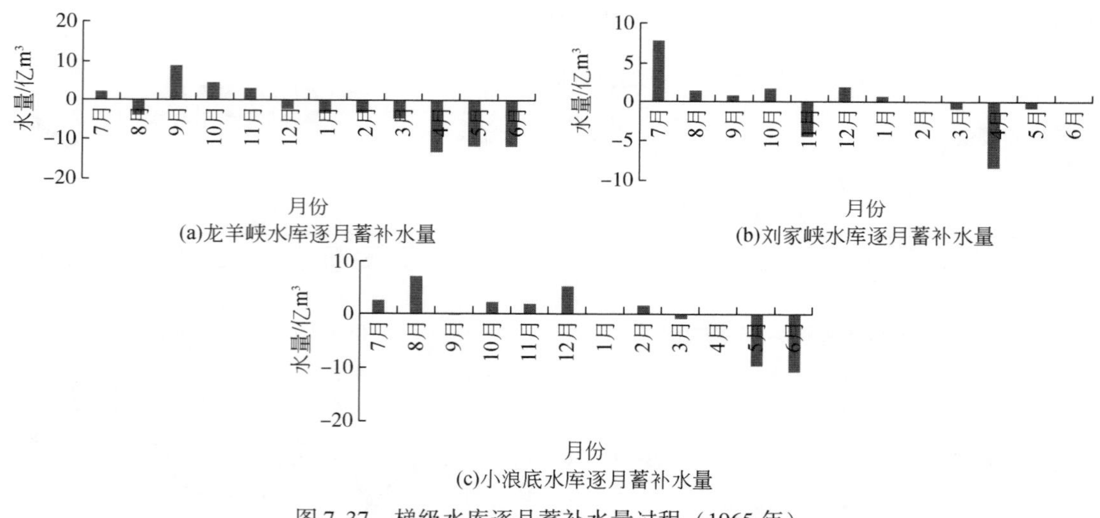

图7-37 梯级水库逐月蓄补水量过程（1965年）

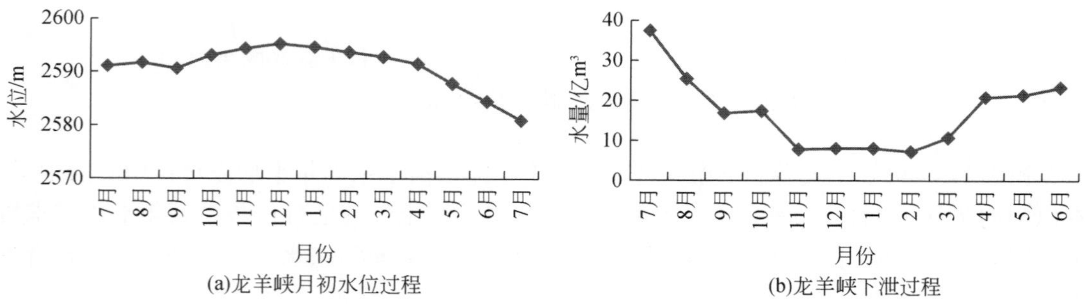

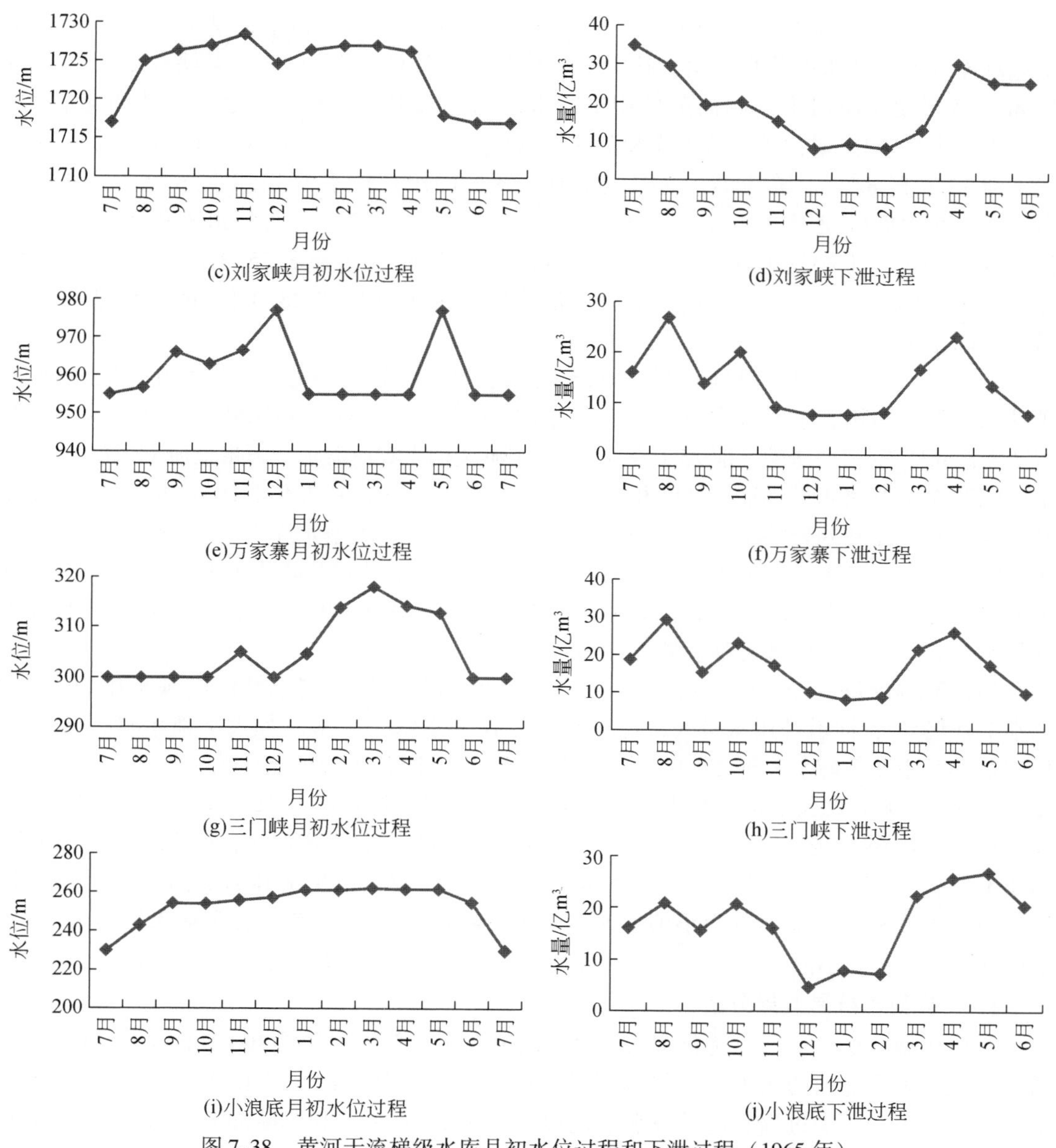

图 7-38 黄河干流梯级水库月初水位过程和下泄过程（1965 年）

由黄河干流梯级水库蓄补水量规则和运行过程可知：

1）本年度虽为特旱年份，且全年来水为特枯水年，但由于后两年来水较丰（均为特丰年份）、旱情较轻（分别为中旱和无旱），且龙羊峡水库初始蓄水较多。因此，相对典型年 1969 年，为满足本年度的抗旱需求，梯级水库补水量有所增多。本年度干流龙羊峡、刘家峡、万家寨、三门峡、小浪底 5 个水库全年补水总量为 34.9 亿 m^3，其中汛期蓄水 38.3 亿 m^3，11 月蓄水 1.8 亿 m^3，凌期蓄水 2.1 亿 m^3，用水高峰期补水 77.1 亿 m^3。刘家峡水库、万家寨水库、三门峡水库、小浪底水库全年蓄泄平衡。

2）汛期，龙羊峡以上区间和龙羊峡至刘家峡区间满足用户需求，供水 3.7 亿 m^3；龙羊峡水库和刘家峡水库蓄水运用，其中龙羊峡水库蓄水 12.0 亿 m^3，刘家峡水库蓄水 11.9 亿 m^3，为满足下游河道内和河道外用水需求，龙羊峡水库和刘家峡水库下泄流量较大，水库下泄 103.7 亿 m^3；龙羊峡水库和刘家峡水库为上中游用户供水 48.4 亿 m^3，万家寨水库下泄 75.9 亿 m^3；上游特旱，刘家峡至万家寨区间用户供水量 71.8 亿 m^3，中游中旱，万家寨至小浪底区间用户供水 41.4 亿 m^3；下游特旱，为满足下游河道外用水和河道内汛期冲沙用水，上游龙羊峡水库和刘家峡水库为小浪底水库补水 55.3 亿 m^3，小浪底水库蓄水 11.9 亿 m^3，下泄 73.0 亿 m^3，小浪底以下河道外供水 28.4 亿 m^3，利津入海水量 69.6 亿 m^3。

3）凌期，龙羊峡以上区间和龙羊峡至刘家峡区间满足用户需求，供水 0.4 亿 m^3；龙羊峡水库补水运用，水库水位削落，龙羊峡水库补水 8.9 亿 m^3；刘家峡水库蓄水运用，蓄水 2.7 亿 m^3，刘家峡水库下泄 25.6 亿 m^3；上中游凌期无农业需求，满足上游刘家峡至万家寨区间和中游万家寨至小浪底区间相关用水需求，供水量分别为 9.2 亿 m^3 和 12.3 亿 m^3，其中龙羊峡水库和刘家峡水库为上中游供水 9.8 亿 m^3，万家寨水库下泄 23.8 亿 m^3；下游遭遇特旱，为满足下游河道外用水和河道内基流用水，上游龙羊峡水库和刘家峡水库为小浪底水库补水 15.8 亿 m^3，小浪底水库蓄水 7.1 亿 m^3，下泄 19.9 亿 m^3，小浪底以下河道外供水 13.3 亿 m^3，利津入海水量 11.9 亿 m^3。

4）用水高峰期（3～6 月），龙羊峡以上区间和龙羊峡至刘家峡区间满足用户需求，供水 7.0 亿 m^3；河道外用水量大，梯级水库处在补水状态，水库加大下泄水量，水库水位削落，其中龙羊峡水库补水 41.2 亿 m^3，刘家峡水库补水 10.1 亿 m^3，刘家峡水库下泄 93.2 亿 m^3；龙羊峡水库和刘家峡水库为上中游供水 53.7 亿 m^3，其中刘家峡至万家寨区间用户供水量 68.1 亿 m^3，万家寨水库下泄 61.2 亿 m^3，万家寨至小浪底区间用户供水量 48.6 亿 m^3；下游遭遇特旱，用水高峰期需求大，为缓解下游旱情和河道内基流用水，上游龙羊峡水库和刘家峡水库为小浪底水库补水 39.5 亿 m^3，小浪底水库补水 20.9 亿 m^3，下泄 95.0 亿 m^3，小浪底以下河道外供水 61.0 亿 m^3，利津入海水量 37.9 亿 m^3。

（5）典型年抗旱效果分析

在该典型情形下，通过优化配水计算，河道外用户总供水量为 390.6 亿 m^3，河道外生活、工业等重要部门的用水能够得到满足，缺水主要集中于农业用水户，优化后的上游、中游、下游用户供水过程和逐月缺水率过程如图 7-39 所示，利津断面入海过程如图 7-40 所示。

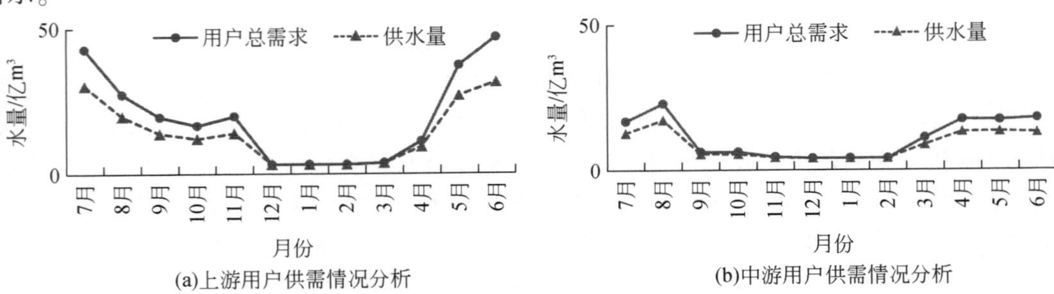

(a)上游用户供需情况分析

(b)中游用户供需情况分析

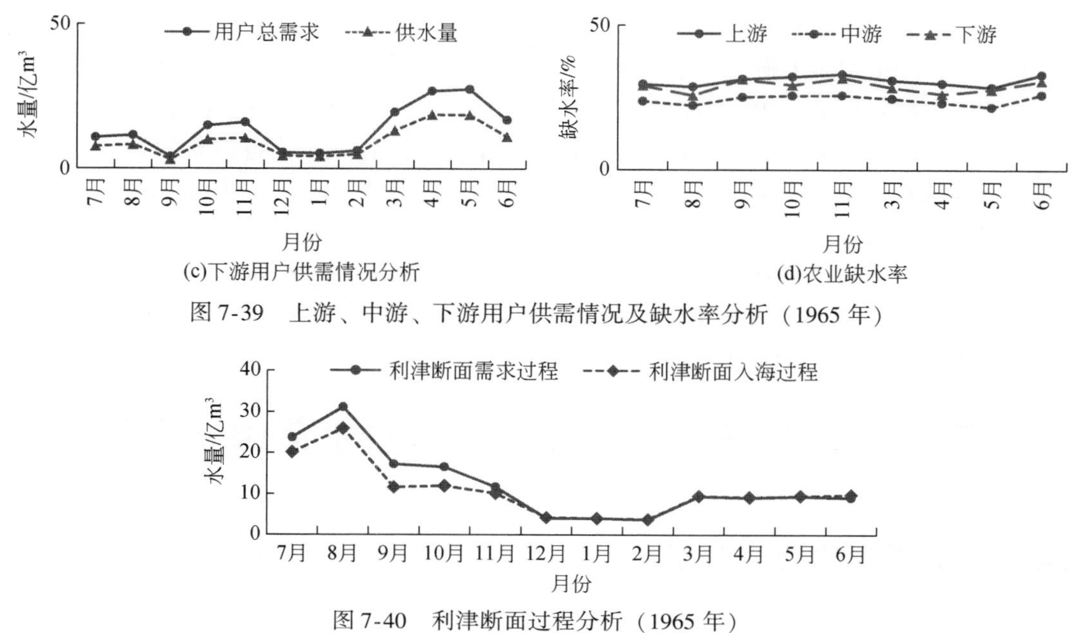

图 7-39　上游、中游、下游用户供需情况及缺水率分析（1965 年）

图 7-40　利津断面过程分析（1965 年）

由图 7-39 可知，由于上游旱情（特旱）比中游旱情（重旱）严重，上游农业用户的缺水率高于中游。农业用户在用水的各个月份均有缺水，但在上游、中游、下游主要农作物的灌溉关键期（上中游为 4 月，下游为 5 月）缺水率较低，优化配置后减少了农业用户重要时段的缺水，同时实现了上游、中游、下游不同区域供水的均衡。

在维持河道外不同区域供水均衡和保证关键用水期的基本用水外，优化调度同时保证了一定程度的河道内供水。本年度利津断面的入海水量为 130 亿 m³，利津断面年内入海过程如图 7-40 所示。由图 7-40 可知，经水库群优化调度后，增加汛期蓄水，减少汛期河道内水量，为应对干旱储备水量。

该年度流域旱情为特旱，需水量高于正常年份，流域抗旱能力系数 $K=1.05$，大于 1；通过梯级水库调节后，该年度对流域综合需水的保障程度，即流域抗旱能力指数 DCA＝80%。

7.3.4.3　特旱年份调度总结

特旱年份，龙羊峡水库采取跨年度补水，梯级水库群采取联合协调优化调度、汛期蓄水和控制河道内水量等方式协调河道内外需求，缓解流域旱情。

龙羊峡水库跨年度补水能够有效缓解特旱年份流域缺水，年度补水量为 25 亿～35 亿 m³，随着水库前期蓄水增加和流域来水减少，水库年度补水量有所增加，但干流水库群尚不能完全满足特旱年份年际调节要求。梯级水库群可通过汛期蓄水、非汛期补水调配年内水源分配过程，当遭遇中等枯水以上年份时，一般梯级水库群汛期蓄水量为 30 亿～35 亿 m³，非汛期补水量一般为 55 亿～65 亿 m³。

为缓解下游旱情需求，梯级水库群采取联合协同调度和小浪底水库加大汛期蓄水等方式，满足下游用水需求，在用水高峰期，下游遭遇重旱及以上年份时，龙羊峡水库和刘家峡水库需向下游小浪底水库补水 40 亿 ~45 亿 m^3。

特旱年份一般发生上游、中游、下游普遍重旱或以上，全流域农业需水在 420 亿 m^3 左右，相比中旱年份增加 25 亿 m^3，河道内外地表水供水需求在 710 亿 m^3左右，缺水矛盾加剧明显，来水偏枯情况下无法满足河道内外需求。通过梯级水库群联合协同优化调度，可以将农业缺水控制在 30% 左右，流域河道外用户供水量为 390 亿 ~410 亿 m^3，当遭遇中等枯水以上年份时，流域综合需水保障程度约 80%。

特旱年份，通过控制河道内水量以满足抗旱需求，利津断面入海水量低于断面平均入海水量 187 亿 m^3，缺水主要集中于汛期，且随来水减少，缺水有所增加，河道内水量控制在全河来水的 35%，与多年平均入海水量相比，入海水量减少 25% ~35%。

7.4 应对干旱的黄河梯级水库群水量调度规则

7.4.1 主要影响因素分析

黄河流域范围大，跨湿润、半干旱、干旱多个气候区，主要产水区在上游兰州以上，主要用水区在兰州以下，来水与旱情需水的时空分布不均。因此主要通过水库群调度进行年际和年内水量来应对流域旱情。应对流域干旱是复杂的决策过程，分析应对干旱的水库群调度规则的影响因素，主要包括来水、农业旱情和决策者心理预期。

(1) 来水因素

黄河河川径流量具有年际变化大、年内分布不均、连续枯水段长的特征，干流径流的丰枯极值比可到达 3.1 ~3.5，汛期（7 ~10 月）径流量占全年径流总量的 60%，自有资料记载以来，先后出现了 1922 ~1932 年、1969 ~1974 年、1977 ~1980 年、1990 ~2000 年的连续枯水段，因此应对干旱需要考虑年际、年内的径流量变化以及长历时枯水问题，通过梯级水库群调度合理蓄泄，优化调节径流过程。

黄河径流空间分布不均，龙羊峡水库以上径流量占黄河河川径流量的 38%，兰州断面径流占全河径流量的 62%，龙羊峡水库、刘家峡水库联合调节对于缓解黄河流域干旱具有重要作用，龙羊峡水库蓄丰补枯年际调节水量，枯水年份增加补水量，缓解流域干旱缺水，与刘家峡水库联合运用下泄合理的年内过程满足高峰时段的用水需求。

(2) 旱情因素

根据黄河流域农业用水空间分布不均衡，上游、中游、下游农业需水比例为 5∶2∶3。上游和中游主要作物为春小麦、春玉米，需水主要集中在 4 ~6 月，下游主要作物为冬小麦和夏玉米，需水主要集中在 3 ~6 月和 7 ~10 月，农业需水量年内相对集中。

根据黄河流域干旱与需水的关系研究结果，特旱年份农业需水量为 410 亿 ~430 亿 m^3，重旱年份农业需水量为 400 亿 ~410 亿 m^3，中旱年份农业需水量为 395 亿 ~400 亿 m^3，轻旱年份农业需水量为 390 亿 ~395 亿 m^3，无旱年份农业需水量低于 390 亿 m^3。特旱年份较无旱年份农业需水增加 50 亿 m^3以上，农业需水量年际变化大。

从空间上来看，宁蒙灌区是黄河上游农业用水大户，降水量少、受干旱影响相对较小、农业需水年际变化小，对灌溉依赖程度高，缺水易造成较高的损失，需要龙羊峡和刘家峡联合调节提供灌溉水源。中游和下游灌区降水量相对丰富，受干旱波动影响较大，农业需水年际变化大，首先由万家寨水库、小浪底水库提供水源，当水量不足时由黄河上游梯级水库群协同优化提供水量补给。从时间上来看，黄河流域干旱具有连续干旱历时长的特点，因此梯级水库调度需要应对较长历时干旱的用水需求。

(3) 决策者心理预期

梯级水库群调度规则制定面临全河径流的随机性变化以及流域干旱发生的不确定性，决策者心理预期决定水库操作的方向和风险，决策者需要在特定认知范围内，通过风险与收益的综合比较，在可控风险范围内选择决策方案。

多年调节水库年末旱限水位控制以及年调节水库汛限水位优化，均要面对一定的决策风险，较高的旱限水位是以减少当年供水量和承受弃水风险为代价，汛限水位抬高可实现洪水资源化利用但也需要承担防洪风险，需要决策者在预期收益与风险之间博弈，寻求利益均衡点。

随着手段完善和技术提升，决策者能够更进一步获取更长期来水和洪水预报、更精确的旱情预测，应对干旱从被动应急调度向预案调度转变，从粗放式调度向精细化调度转变。

7.4.2 梯级水库群调度规则

根据黄河流域应对干旱的梯级水库群水量调度模型多方案、长系列分析结果，集成应对干旱的黄河水库群调度规则，包括应对不同旱情供水规则，年际调控、年内优化规则，水库群协同优化控制规则。

(1) 应对不同旱情供水规则

当流域农业旱情在中旱以下，农业需水小于 395 亿 m^3，梯级水库群通过协同优化调度可基本满足年度的用水需求。随着流域农业旱情由中旱向特旱逐渐加剧时，农业需水由 395 亿 m^3增加到 420 亿 m^3，通过跨年度和年内水库群调度保障河道外用户需求，供水量为 385 亿 ~410 亿 m^3，来水频率 85% ~95% 的枯水年份时，流域综合需水保障程度（流域抗旱能力指数由 85% 逐渐降低到 80%；遭遇频率 95% 以上极端枯水年份时，供水量为 360 亿 ~375 亿 m^3，流域综合需水的保障程度（流域抗旱能力指数低于 80%），见表 7-20。

表 7-20 不同旱情农业供水和流域抗旱能力分析

流域农业旱情	农业需水/亿 m^3	85% ~95% 来水年份		95% 以上极端枯水年份	
		流域用户供水量/亿 m^3	流域抗旱能力指数（DCA）	流域用户供水量/亿 m^3	流域抗旱能力指数（DCA）
中旱	395	375 ~ 385	85% 左右	360 ~ 375	<80%
重旱	405	385 ~ 405	80% ~85%	360 ~ 375	<80%
特旱	420	390 ~ 410	80% 左右	360 ~ 375	<80%

（2）年际调控、年内优化规则

黄河流域梯级水库群按调节能力分别承担不同任务，在应对干旱时运用方式和蓄泄次序有所不同。龙羊峡为多年调节水库，发挥多年调节作用，在丰水年份蓄水，干旱年份补水，根据长系列计算，龙羊峡水库应对旱情年际可补水 17 亿 ~ 50 亿 m^3，以补充干旱枯水年份农业用水不足。刘家峡和小浪底属年调节水库，发挥年内调节作用，基本实现年度蓄泄平衡，在汛期蓄水、非汛期补水，汛期蓄水 27 亿 m^3 左右，在用水高峰期 3 ~ 6 月补水。万家寨和三门峡为季调节水库，由于库容较小，承担很小的汛期蓄水、非汛期补水作用，万家寨水库汛期蓄水在 2 亿 m^3 左右，三门峡水库汛期蓄水在 4 亿 m^3 左右。

应对干旱黄河流域通过跨年度和年内水库群调度，调蓄丰水年和丰水期水量，补充到干旱期特别是用水高峰期。随流域农业旱情由中旱向特旱加剧，梯级水库群汛期蓄水量由 45 亿 m^3 逐渐减少到 30 亿 m^3；非汛期补水量一般为 55 亿 ~ 80 亿 m^3；龙羊峡水库的跨年度补水量一般为 25 亿 ~ 50 亿 m^3，见表 7-21。

表 7-21　不同旱情黄河梯级水库群蓄补水量　（单位：亿 m^3）

流域农业旱情	梯级水库群		龙羊峡水库
	汛期蓄水量	非汛期补水量	年度补水量
中旱	40 ~ 45	60 ~ 70	30 ~ 50
重旱	35 ~ 40	70 ~ 80	35 ~ 45
特旱	30 ~ 35	55 ~ 65	25 ~ 35

农业用水高峰期是旱情高发期，也是应对旱情的关键期，黄河梯级水库群通过分时补水提高农业用水高峰期的供水保证程度。黄河上游宁蒙灌区农业用水高峰在 4 ~ 6 月，下游引黄灌区在 3 ~ 6 月，根据作物种植结构和作物产出对水分敏感程度不同，农业用水关键期不同。上游、中游作物主要考虑春小麦和春玉米，关键期排序依次为 5 月>4 月>6 月>3 月、7 月>8 月；下游作物主要考虑冬小麦和夏玉米，关键期排序依次为 4 月>5 月>3 月>6 月、8 月>7 月>9 月>10 月。农业用水高峰期，黄河梯级水库群通过增加下泄流量，以增加农业供水量，减少农业损失。

（3）水库群协同优化控制规则

根据黄河梯级水库群的布局和主要灌区分布，应对干旱的黄河水库群采取协同优化控制，即"龙刘水库控制宁蒙灌区+下游，小浪底水库控制下游"。由于黄河流域的来水 60% 以上在兰州以上，用水主要在兰州以下，因此龙羊峡水库和刘家峡水库主要控制宁蒙灌区的旱情，且由于宁蒙灌区降水很少，主要依靠龙羊峡水库和刘家峡水库供水，农业旱情供水相对稳定，一般为 40 亿 ~ 50 亿 m^3；同时，龙羊峡水库和刘家峡水库通过汛期蓄水、非汛期补水，向中下游补水，提高下游引黄灌区应对旱情的农业供水量，一般为 25 亿 ~ 50 亿 m^3。小浪底水库主要控制小浪底以下的下游引黄灌区的农业旱情供水，一般为 20 亿 ~ 40 亿 m^3。

流域发生旱情时，龙羊峡水库和刘家峡水库汛期蓄水，非汛期补水以满足流域用水需求；下游发生旱情时，小浪底水库汛期先蓄水，非汛期先补水以满足下游用水需求，随下游旱情加重，龙羊峡水库和刘家峡水库向下游补水，其中，在用水高峰期，中旱和重旱年份龙羊峡水库和刘家峡水库向下游补水 35 亿 ~40 亿 m^3；特旱年份，龙羊峡水库和刘家峡水库向下游补水 40 亿 ~45 亿 m^3。小浪底水库进入正常运用期后，可优化小浪底水库汛限水位，汛期多蓄水增加供水量。

7.5 黄河干流水量调度示范

7.5.1 应对干旱的黄河干流水量调度系统

7.5.1.1 模型系统开发

系统以应对干旱的梯级水库群协同优化调度模型为基础，主要模块包括：①汛前水库入库径流预报模块；②旱情实时监控模块；③龙羊峡水库旱限水位控制年度补水量模块；④小浪底汛限水位控制模块；⑤梯级水库群协同优化模块；⑥应对干旱的水库群蓄泄规则制定模块；⑦应急情况下水库群蓄泄预案制定模块。系统的主要功能是制定黄河干流大型水库群调度规则和调度预案，作为黄委水调局水调大厅一个软件与业务运行系统，在制定应对干旱的黄河大型水库群联系蓄泄规则时应用。

软件采用流程方式控制，按照流程可顺利完成相应功能。主界面（图 7-41）以黄河流域地形图为背景，流程清晰。按照“方案管理→信息录入→优化计算→调度预案→结果管理”逐流程进行操作，即可实现软件功能操作（图 7-42、图 7-43）。

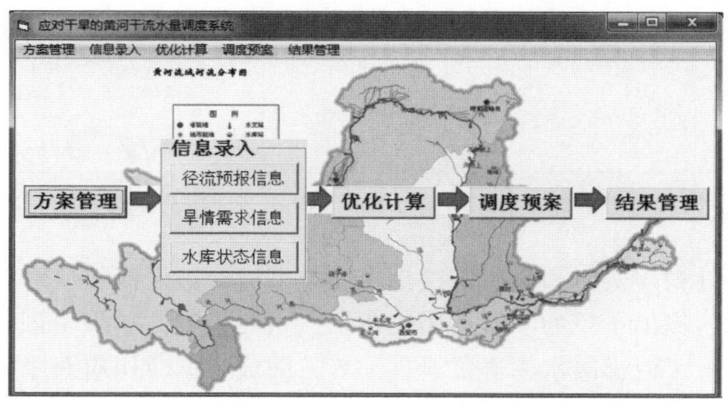

图 7-41 系统主界面

7.5.1.2 应对干旱的黄河干流水量调度方案

黄河流域水库调度在全河水量统一调度中作用显著，应对干旱调度的实施形式主要通过年内（年度、月、旬）水量调度计划、实时和应急调度指令进行调度，实施部门主要通过黄河防汛抗旱指挥部办公室、黄委水资源管理与调度局，实施过程为径流预报、旱情预

编号	方案名称	编制时间	编制人	备注
1	2012.7~2015.6系列	2016/3/1	规划院水资源所	

信息录入

径流水库信息：

年份	非汛期径流	全年径流	年型	龙羊峡入库	旱限水位控制	年度蓄补水量
2012.7~2013.6	73	640	丰水年	277.53	215.3	20.74
2013.7~2014.6	71	520	枯水年	227.76	205.3	-8.47
2014.7~2015.6	81	490	枯水年	168.28	150.3	-19.07

旱情需求信息：

年份	降水/mm	蒸发/mm	RDI	干旱情况	农业需水量（亿 m³）
2012.7~2013.6	490.1	579.2	3.19	无旱	361.2
2013.7~2014.6	481.6	606.3	2.99	无旱	331.4
2014.7~2015.6	486.9	1178.0	-1.63	重旱	320.8

确定　返回

图 7-42　方案管理与信息录入界面

年份	月份	龙羊峡水位	小浪底水位	上游供水	中游供水	下游
2012	7月	2580.51	230.00	37.32	13.71	7
2012	8月	2583.63	251.25	23.84	18.36	7
2012	9月	2586.82	252.00	17.15	5.75	3
2012	10月	2590.72	262.36	14.72	5.75	1(
2012	11月	2596.30	275.28	17.45	4.42	11
2012	12月	2599.48	280.00	3.21	4.09	4
2013	1月	2599.39	280.00	3.21	4.09	4
2013	2月	2598.65	280.00	3.21	4.09	5
2013	3月	2598.59	280.00	3.75	10.89	14
2013	4月	2597.89	280.00	11.30	16.93	1!

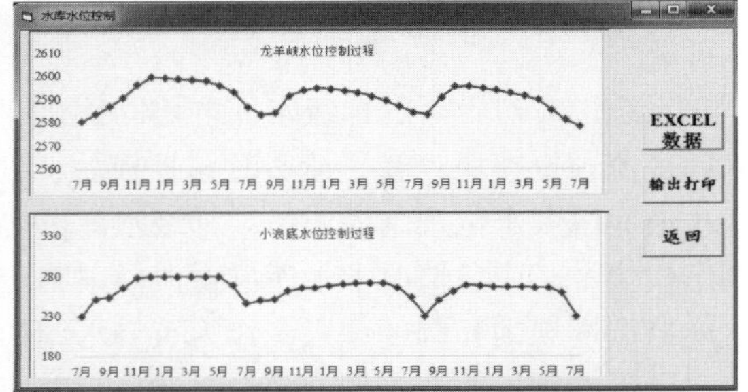

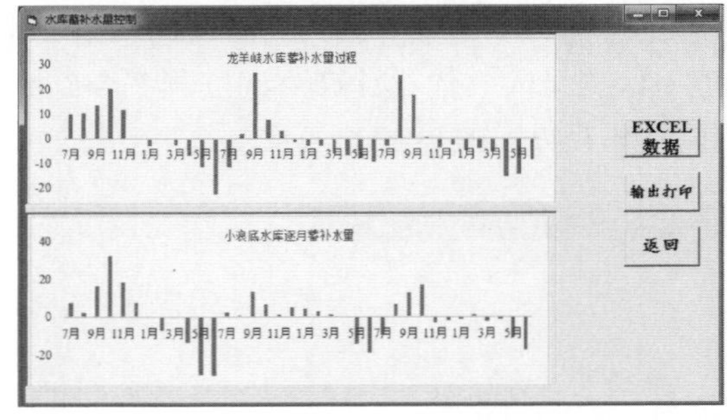

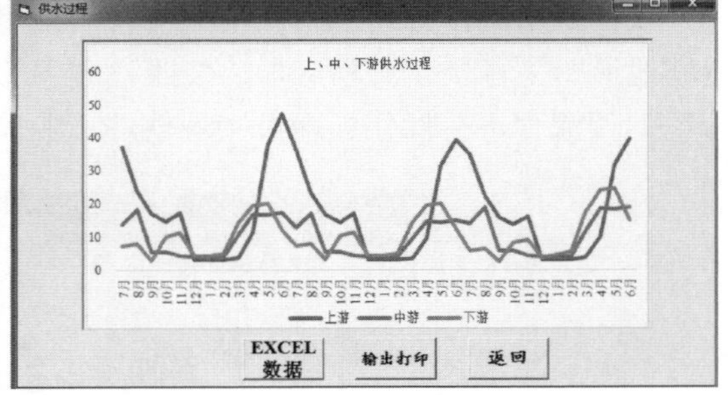

图 7-43　调度预案（水库水位控制、蓄补水量、用户供水过程）界面

测、年内水量调度计划、实时和应急调度指令。本书针对黄河流域应对干旱的水库调度主要环节和重点难点，提出了较为丰富实用的成果，主要集成龙羊峡旱限水位控制、小浪底汛限水位动态控制、干流梯级水库群蓄泄规则等方面成果，应用应对干旱的黄河梯级水库优化调度系统，制定应对干旱的黄河干流水量调度方案，有效提升黄河流域应对干旱水库调度的科学性和可操作性。

本书提出应对干旱应在汛前制定年度水量调度方案，且针对旱情的水库汛期蓄水规则，汛前制定年度水量调度方案主要通过以下步骤实现：①采用前期气象水文信息预报龙羊峡汛期入库径流总量；②根据龙羊峡汛期入库径流总量与全河汛期来水和全河全年来水的相关性，预测全河全年来水量级，判断当年来水丰枯；③根据水库蓄水情况，结合流域旱情预判、河道输沙要求，确定汛期水库蓄水策略；④根据汛期来水与非汛期相关性较高的规律，汛期即可大体判断非汛期来水丰枯情况，再结合决策者对水情旱情形势的判断，拟定年度水量调度方案。黄河干流水量调度方案制定示意如图 7-44 所示。

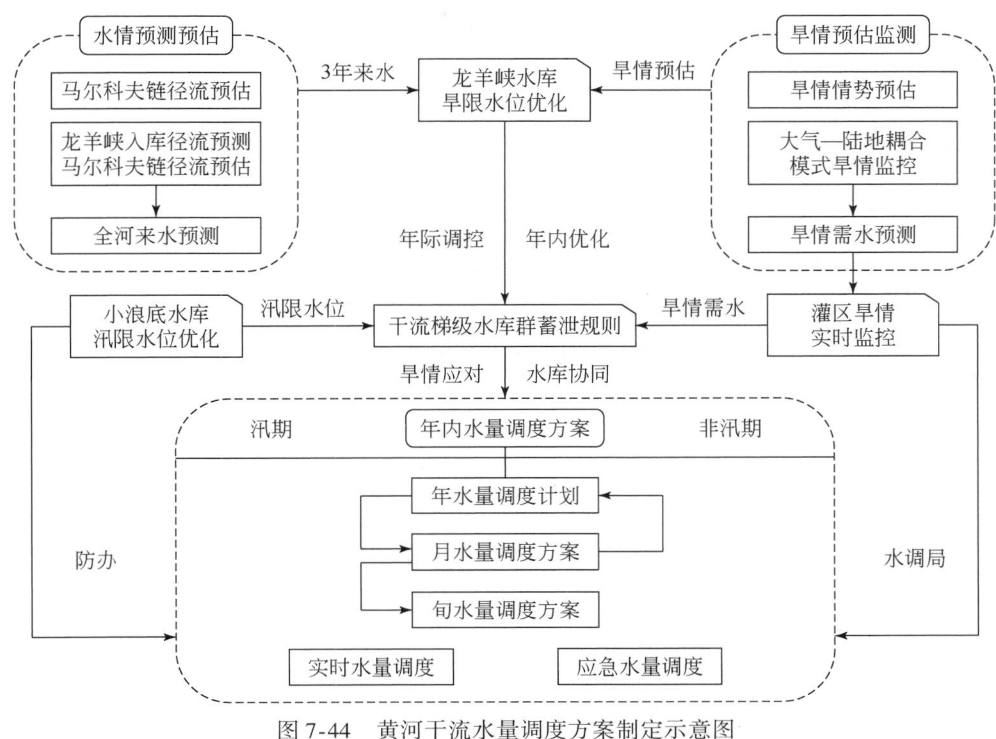

图 7-44　黄河干流水量调度方案制定示意图

7.5.2　2012～2014 年调度实例分析

采用龙羊峡汛期入库径流总量预测成果推测全河全年来水情况，采用马尔科夫链预测后两年径流等级，确定本年度龙羊峡旱限水位控制，得到本年度跨年度补水量；根据旱情 SPDI-JDI 指数得到本年度旱情等级和旱情需水，运用应对干旱的水库群蓄泄规则进行水库调度。

运用龙羊峡旱限水位控制、小浪底汛限水位动态控制和应对干旱的黄河梯级水库蓄泄规则，制定 2012 年 7 月～2015 年 6 月梯级水库调度方案，分析在调度方案效果，与实际调度效果进行对比，验证研究成果的合理性和先进性。

7.5.2.1　径流预报

以 2012 年 6 月为基础滚动开展 2012 年、2013 年、2014 年径流预报，为水库调度提供基础的径流数据。

(1) 龙羊峡入库径流状态预测

采用加权马尔可夫链预测方法，以 2008～2011 年的径流为基础，构建状态转移矩阵及权重系数，对 2012 ~ 2014 年龙羊峡水库入库径流丰枯状态进行预测，结果表明 2012 ~ 2014 年径流丰枯状态分别为偏丰年、偏枯年和偏丰年，见表 7-22。

表 7-22　2012 ~ 2014 年径流状态预测结果

年份	枯水年	偏枯年	平水年	偏丰年	丰水年	预测丰枯状态
2012	0.03	0.19	0.09	0.41	0.28	偏丰年
2013	0.08	0.29	0.28	0.18	0.17	偏枯年
2014	0.03	0.16	0.22	0.45	0.14	偏丰年

(2) 龙羊峡水库非汛期入库径流预报

通过分析，黄河唐乃亥断面非汛期径流量主要受前期径流和 4 ~ 6 月降水量影响，特别是 11 月 ~ 翌年 3 月径流总量与前期径流有很好的相关关系，因此预报因子选用 10 月下旬径流量和 4 ~ 6 月降水量，建立非汛期径流总量预报模型：

$$y = 18.27 + 0.032x_1 + 0.753x_2 - 0.070x_3 + 0.226x_4 \qquad (7\text{-}30)$$

式中，x_1为 10 月平均流量（m^3/s）；x_2、x_3、x_4分别为 4 月、5 月、6 月区间平均降水量（mm）。y 为 11 月 ~ 翌年 6 月径流总量（亿 m^3）。前期径流量因子主要是本站 10 月下旬平均流量或 10 月月平均流量，降水量因子为河源区 4 ~ 6 月分月降水量。预测 2012 年、2013 年、2014 年非汛期径流量见表 7-23。

表 7-23　唐乃亥站非汛期径流总量预报检验结果　　（单位：亿 m^3）

年份	时间尺度	预报径流	观测径流	许可误差	计算误差	合格否
2012	11 月 ~ 翌年 6 月	74.54	79.64	15.928	-5.10	Y
2013	11 月 ~ 翌年 6 月	70.89	65.32	13.064	5.57	Y
2014	11 月 ~ 翌年 6 月	81.34	80.74	16.148	0.60	Y

(3) 龙羊峡水库汛期入库径流预报

采用多元回归方法建立唐乃亥以上来水区间汛期径流总量预估模型：

$$y = -1.529X_1 + 2.6906X_2 - 2.4426X_3 - 7.7296X_4 + 1.083 \qquad (7\text{-}31)$$

式中，X_1为前一年 7 月东太平洋副高北界（175W-115W）-39 号指数；X_2为前一年 11 月东亚槽位置（CW）-65 号指数；X_3为 2 月太平洋副高脊线（110E-115W）-33 号指数；X_4为 6 月北非副高脊线（20W-60E）-24 号指数，y 为汛期径流总量（亿 m^3）。预测 2012 年、2013 年、2014 年汛期径流量见表 7-24。

表 7-24　汛期径流量预报方案试预报相对误差统计

年份	预报值/亿 m^3	观测值/亿 m^3	误差/亿 m^3	相对误差/%	合格情况
2012	163.44	141.78	22.34	16	合格
2013	90.20	111.66	-21.46	-19	合格
2014	142.13	118.42	23.71	20	合格

（4）黄河径流总量预测

通过对黄河流域 1956～2000 年径流演变规律分析，采用模型预测方法，对黄河径流进行预测，预估 2012～2014 年黄河径流量分别为 640 亿 m^3、520 亿 m^3、490 亿 m^3。2012 年来水较多年平均偏丰 20%，2013 年来水较多年平均偏枯 3%，2014 年来水较多年平均偏枯 8%。

7.5.2.2 黄河流域旱情预测

2013～2014 年黄河流域大部分省（区）出现了不同程度的旱情。2013 年 7 月，河南郑州、开封等市部分地区发生旱情。入秋以后，黄河下游出现降水偏少情况，气温偏高，土壤失墒加快，旱情发展迅速。9 月，河南省平均降水量 44mm，较多年同期均值偏少 40%。山东省平均降水量 38.1mm，比多年同期偏少 40%，菏泽、聊城、德州、滨州等市自 8 月 12 日以后一直无有效降雨，山东严重干旱 64 万亩。2014 年 3～4 月，黄河流域普遍干旱少雨，气温偏高，土壤失墒快，导致流域旱情发展较快，上游部分地区出现大旱，中下游地区均出现不同程度的旱情。加之当时正值中下游地区尤其是河南、山东两省沿黄灌区小麦返青，逐步进入起身拔节期，灌溉需水量大。

根据黄河流域降水、蒸发及土壤墒情预报，对 2012～2014 年旱情做定性预报（表 7-25），分析年度农业需水量，作为调度的基础。分析方法：以降水与蒸发数据为基础，按照 SPDI-JDI 计算方法计算 SPDI-JDI 值，结合 SPDI-JDI 等级划分标准评估黄河流域干旱情况；再根据黄河流域 SPDI-JDI 与农业需水量的拟合关系方程（$D=-27.331\text{SPDI-JDI}+390.45$，$R^2=0.6819$），计算各年农业需水量，可参照相似年份农业需水过程确定 2012～2014 年农业需水过程。2012～2014 年黄河流域旱情预测评估结果见表 7-25。

表 7-25　2012～2014 年黄河流域旱情预测评估结果

年份	降水/mm	蒸发/mm	降水/蒸发	SPDI-JDI	干旱情况
2012	490.1	579.2	0.846	3.19	无旱
2013	481.6	606.3	0.794	2.99	无旱
2014	486.9	1178.0	0.413	-1.63	重旱

7.5.2.3 应对干旱的黄河流域梯级水库调度

（1）旱限水位控制

根据唐乃亥以上来水区间 2012～2014 年的径流预报和黄河流域 2012～2014 年的干旱预估情况，进行龙羊峡旱限水位计算。

2011 年龙羊峡水库年末蓄水量为 177.7 亿 m^3，旱限水位最优控制系统基于未来 3 年的龙羊峡入库径流、黄河径流总量预测，结合旱情预报结果，开展优化，控制 3 年年际间缺水尺度，优化缺水空间分布，控制 2012 年、2013 年、2014 年末蓄水量分别为 198.4 亿 m^3、190.0 亿 m^3和 170.9 亿 m^3，2012 年黄河径流偏丰、流域无旱，龙羊峡水库蓄水量为 20.70 亿 m^3，2013 年黄河径流平水偏枯，流域无旱，龙羊峡水库补水 8.47 亿 m^3，2014 年流域重旱、黄河径流偏枯，龙羊峡补水 19.07 亿 m^3。3 年调度，2013 年丰水年流域缺水率为 5%以下，基本满足用水需求，龙羊峡水库蓄水量接近汛限水位，2013 年、2014 年龙羊峡通过补水流域旱情得到有效控制，缺水率分别为 10% 和 12%。龙羊峡水库旱限水位控制结果见表 7-26。

表 7-26　2012～2014 年龙羊峡水库旱限水位最优控制结果　（单位：亿 m^3）

年份	干旱情况	总需求	龙羊峡入库	黄河径流	旱限水位控制	年度蓄补水量
2012	无旱	463.18	277.53	640	198.4	20.70
2013	无旱	470.21	227.76	520	190.0	-8.47
2014	重旱	502.97	168.28	490	170.9	-19.07

（2）小浪底水库汛限水位优化

经过上游水库调度，2012 年 7 月～2015 年 6 月，小浪底年均入库水量分别为 299.27 亿 m^3、282.62 亿 m^3 和 273.70 亿 m^3，平均为 285.20 亿 m^3。水库进入正常运行期后，水库达到冲淤平衡状态，剩余槽库容约 10 亿 m^3，同时要求长期保持 254m 以上约 40.5 亿 m^3 的防洪库容。通过对汛限水位进行分期优化，水库增蓄部分汛期洪水资源用于调节期供水。2012 年汛期入库水量较丰，汛末增蓄水量 15.24 亿 m^3；2013 年、2014 年汛期入库水量均较 2012 年偏少，但流域无旱，加上上游水库补水，水库汛末仍分别增蓄洪水量 4.83 亿 m^3 和 5.95 亿 m^3。总体来看，来水较丰的年份通过汛限水位分期优化可以多蓄一些洪水量，平水年份则少蓄一些，2012 年 7 月～2015 年 6 月，水库年均增蓄洪水资源量为 8.67 亿 m^3。

（3）梯级水库群协同优化

通过龙羊峡水库入库径流预报和旱情预估，梯级水库群协同优化控制，合理制定年度蓄泄方案。在来水较丰时，提高梯级水库群特别是龙羊峡水库蓄水量，2012 年为丰水年、流域无旱，通过梯级水库年内调节有效增加非汛期可供水量，流域全年缺水率控制在 5%，通过实施龙羊峡水库旱限水位控制，龙羊峡水库年度蓄水 20.7 亿 m^3；2013 年为平水年、流域无旱，龙羊峡年度补水量为 8.5 亿 m^3，流域年度缺水控制为 10%；2014 年来水较枯，流域遭遇重旱，龙羊峡水库补水量为 19.1 亿 m^3，梯级水库协同优化，年度缺水率控制在 12%，与实际调度相比，2014 年重旱年份多组织抗旱水源 27.9 亿 m^3，如图 7-45、图 7-46 所示。

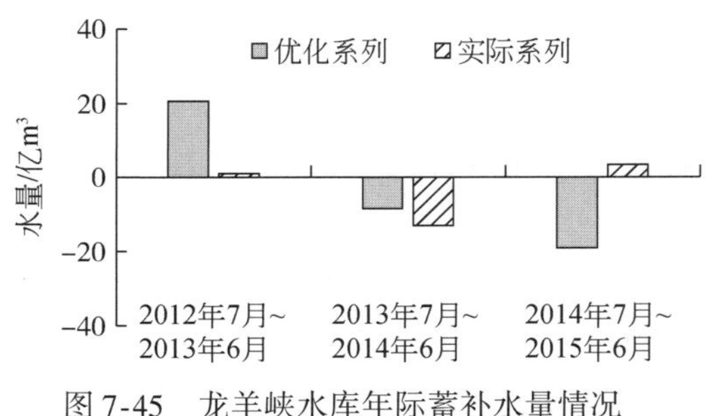

图 7-45　龙羊峡水库年际蓄补水量情况

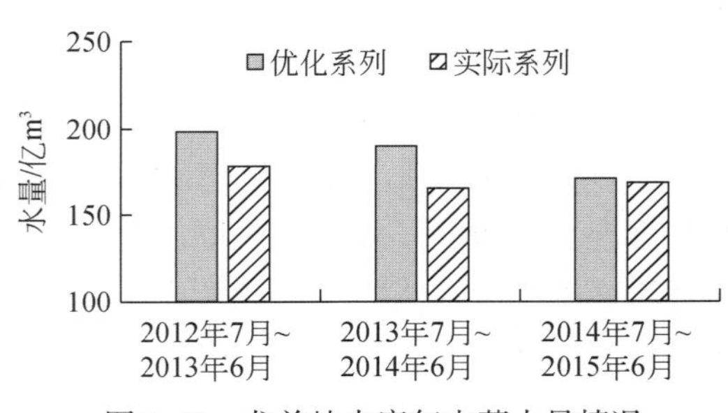

图 7-46　龙羊峡水库年末蓄水量情况

2012 年 7 月 ~2015 年 6 月，龙羊峡水库和小浪底水库逐月蓄补水量过程如图 7-47 和图 7-48 所示。梯级水库蓄补水量过程见表 7-27 ~ 表 7-29。

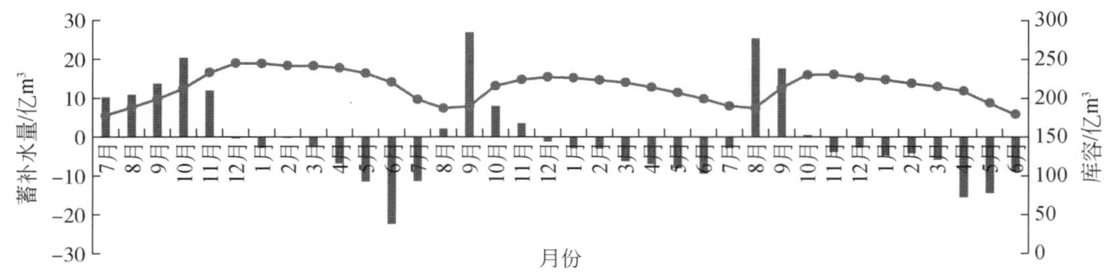

图 7-47　2012 年 7 月 ~2015 年 6 月龙羊峡水库逐月蓄补水量与月初库容变化情况

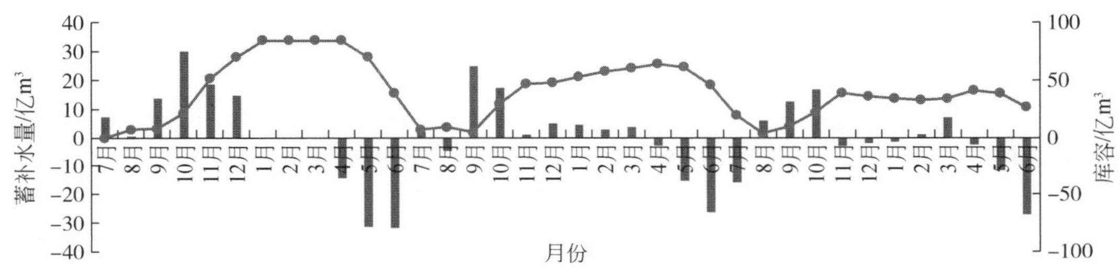

图 7-48　2012 年 7 月 ~2015 年 6 月小浪底水库逐月蓄补水量与月初库容变化情况

2012 年度汛期（7 ~ 10 月），龙羊峡水库和刘家峡水库蓄水运用，两库分别蓄水 55.4 亿 m^3、20.1 亿 m^3，刘家峡水库和万家寨水库分别下泄 119.6 亿 m^3、98.7 亿 m^3；龙羊峡水库和刘家峡水库为上游用户补水 45.9 亿 m^3，上游用户供水 89.3 亿 m^3，中游用户供水 43.6 亿 m^3；上游龙羊峡水库和刘家峡水库为小浪底水库补水 73.7 亿 m^3，小浪底水库蓄水 51.6 亿 m^3，下泄 103.6 亿 m^3，小浪底以下河道外供水 28.1 亿 m^3。非汛期（11 月 ~ 翌年 6 月），梯级水库处在补水状态，龙羊峡水库和刘家峡水库分别补水 34.7 亿 m^3、15.9 亿 m^3，刘家峡水库下泄 176.7 亿 m^3，龙羊峡水库和刘家峡水库为上中游用户补水 132.1 亿 m^3；万家寨水库下泄 128.4 亿 m^3；上游用户供水量为 119.0 亿 m^3，中游用户供水量为 79.8 亿 m^3；上游龙羊峡水库和刘家峡水库为下游小浪底补水 44.6 亿 m^3，小浪底水库补水 44.4 亿 m^3，下泄 188.4 亿 m^3，小浪底以下河道外供水 90.6 亿 m^3。

2013 年度汛期（7 ~ 10 月），龙羊峡水库和刘家峡水库蓄水运用，两库分别蓄水 25.6 亿 m^3、16.3 亿 m^3，刘家峡和万家寨水库分别下泄 125.2 亿 m^3、102.4 亿 m^3；龙羊峡水库和刘家峡水库为上游用户补水 47.2 亿 m^3，上游用户供水 87.3 亿 m^3，中游用户供水 41.6 亿 m^3；上游龙羊峡水库和刘家峡水库为小浪底水库补水 77.9 亿 m^3，小浪底水库蓄水 39.7 亿 m^3，下泄 118.3 亿 m^3，小浪底以下河道外供水 28.9 亿 m^3。非汛期（11 月 ~ 翌年 6 月），龙羊峡水库和刘家峡水库分别补水 34.1 亿 m^3、14.4 亿 m^3，刘家峡水库下泄 141.8 亿 m^3；龙羊峡水库和刘家峡水库为上中游用户补水 77.1 亿 m^3；上游用户供水量为 103.5 亿 m^3，万家寨水库下泄 95.7 亿 m^3，中游用户供水量为 71.0 亿 m^3；上游龙羊峡水库和刘家峡水库

表 7-27　梯级水库群运用方案与河段量表（2012 年）　（单位：亿 m^3）

时间	龙羊峡以上			龙羊峡水库		龙羊峡至刘家峡区间			刘家峡水库		刘家峡至万家寨区间			万家寨水库	
	来水	需求	供水	下泄	蓄补水量	来水	需求	供水	下泄	蓄补水量	来水	需求	供水	下泄	蓄补水量
汛期	138.75	0.96	0.96	82.56	55.36	59.36	2.74	2.74	119.58	20.09	43.44	89.33	89.33	98.70	2.68
11 月	19.87	0.16	0.16	7.78	11.96	9.67	0.82	0.82	16.51	0.25	12.92	16.48	16.48	17.50	0.73
凌期	17.58	0.04	0.04	20.91	-3.34	11.23	0.39	0.39	42.43	-10.44	1.99	9.19	9.19	41.16	-1.31
用水期	61.48	1.44	1.44	103.51	-43.28	13.44	5.69	5.69	117.72	-5.74	14.50	93.37	93.37	69.69	-2.10
全年	237.68	2.60	2.60	214.75	20.70	93.70	9.63	9.63	296.25	4.16	72.85	208.36	208.36	227.06	0.00

时间	万家寨至三门峡区间			三门峡水库		三门峡至小浪底区间			小浪底水库		小浪底以下			利津	
	来水	需求	供水	下泄	蓄补水量	来水	需求	供水	下泄	蓄补水量	来水	需求	供水	需求	供水
汛期	91.05	43.56	43.56	155.45	0.21		0.34	0.34	103.59	51.62	27.76	28.09	28.09	179.00	106.49
11 月	31.56	4.42	4.42	41.94	4.62		0.09	0.09	23.33	18.55	12.06	11.24	11.24	11.66	25.00
凌期	25.67	12.26	12.26	60.25	0.00		0.14	0.14	45.50	14.69	14.20	13.96	13.96	11.66	47.69
用水期	19.44	61.87	61.87	42.83	-4.83		1.00	1.00	119.60	-77.60	1.28	65.41	65.41	36.89	59.75
全年	167.72	122.10	122.10	300.47	0.00		1.56	1.56	292.02	7.26	55.30	118.70	118.70	239.22	238.93

注：负值为水库补水量，正值为水库蓄水量。

表 7-28　梯级水库群蓄补水量表（2013 年）　　（单位：亿 m^3）

时间	龙羊峡以上			龙羊峡水库		龙羊峡至刘家峡区间			刘家峡水库		刘家峡至万家寨区间			万家寨水库	
	来水	需求	供水	下泄	蓄补水量	来水	需求	供水	下泄	蓄补水量	来水	需求	供水	下泄	蓄补水量
汛期	117. 65	0. 90	0. 90	91. 24	25. 64	52. 47	2. 70	2. 70	125. 17	16. 34	40. 05	95. 63	87. 26	102. 40	2. 68
11 月	13. 94	0. 15	0. 15	10. 37	3. 45	6. 85	0. 81	0. 81	16. 85	−0. 30	5. 39	17. 57	16. 12	10. 57	0. 73
凌期	16. 38	0. 04	0. 04	23. 33	−6. 96	11. 09	0. 39	0. 39	40. 18	−5. 91	−4. 83	9. 19	9. 17	30. 98	−0. 19
用水期	39. 70	1. 30	1. 30	69. 16	−30. 60	11. 10	4. 34	4. 34	84. 73	−8. 18	19. 82	85. 53	78. 18	54. 09	−3. 22
全年	187. 67	2. 38	2. 38	194. 10	−8. 47	81. 52	8. 23	8. 23	266. 92	1. 95	60. 43	207. 93	190. 73	198. 06	0. 00

时间	万家寨至三门峡区间			三门峡水库		三门峡至小浪底区间			小浪底水库		小浪底以下			利津	
	来水	需求	供水	下泄	蓄补水量	来水	需求	供水	下泄	蓄补水量	来水	需求	供水	需求	供水
汛期	87. 37	44. 09	41. 31	158. 19	0. 21		0. 33	0. 31	118. 28	39. 70	18. 18	31. 58	28. 90	134. 00	110. 81
11 月	12. 67	4. 42	4. 39	18. 01	2. 72		0. 08	0. 08	16. 85	1. 11	5. 32	12. 53	11. 40	11. 66	11. 62
凌期	14. 96	12. 26	12. 26	39. 19	0. 17		0. 14	0. 14	26. 60	12. 52	−1. 77	14. 88	13. 76	11. 66	13. 03
用水期	35. 24	57. 79	53. 64	67. 62	−3. 10		0. 57	0. 53	107. 91	−40. 70	4. 80	72. 79	65. 99	36. 89	50. 94
全年	150. 25	118. 55	111. 60	283. 02	0. 00		1. 12	1. 06	269. 65	12. 64	26. 52	131. 78	120. 05	194. 22	186. 40

注：负值为水库补水量，正值为水库蓄水量。

表 7-29　梯级水库群蓄补水量表（2014 年）

（单位：亿 m^3）

时间	龙羊峡以上			龙羊峡水库		龙羊峡至刘家峡区间			刘家峡水库		刘家峡至万家寨区间			万家寨水库	
	来水	需求	供水	下泄	蓄补水量	来水	需求	供水	下泄	蓄补水量	来水	需求	供水	下泄	蓄补水量
汛期	146.50	0.90	0.90	104.93	40.79	60.36	2.67	2.67	150.41	12.71	29.17	93.06	83.33	119.60	2.68
11 月	11.77	0.15	0.15	15.55	-3.90	2.83	0.80	0.80	18.14	-0.43	-2.16	17.13	15.43	8.22	-2.68
凌期	15.64	0.04	0.04	27.22	-11.59	8.02	0.39	0.39	37.23	-2.15	2.63	9.19	9.17	31.91	3.41
用水期	41.39	1.44	1.44	84.50	-44.36	11.80	5.65	5.65	101.51	-10.13	24.01	87.09	78.08	75.32	-3.41
全年	215.29	2.52	2.52	232.20	-19.07	83.01	9.51	9.51	307.29	0.00	53.64	206.47	186.01	235.04	0.00

时间	万家寨至三门峡区间			三门峡水库		三门峡至小浪底区间			小浪底水库		小浪底以下			利津	
	来水	需求	供水	下泄	蓄补水量	来水	需求	供水	下泄	蓄补水量	来水	需求	供水	需求	供水
汛期	54.33	48.77	44.88	139.49	0.21		0.40	0.37	119.97	19.26	10.42	25.50	23.03	123.00	110.46
11 月	9.48	4.48	4.43	15.35	-0.21		0.10	0.09	18.14	-2.86	3.97	10.28	9.19	11.66	13.73
凌期	7.92	12.26	12.26	33.02	3.00		0.14	0.14	34.99	-2.04	-1.01	15.41	14.00	11.66	21.93
用水期	32.64	75.09	68.04	87.02	-3.00		1.05	0.95	120.50	-34.27	4.70	90.78	80.47	36.89	49.52
全年	104.38	140.59	129.61	274.88	0.00		1.69	1.55	293.60	-19.90	18.07	141.97	126.68	183.22	195.64

注：负值为水库补水量，正值为水库蓄水量。

为下游小浪底补水 64.7 亿 m^3，小浪底水库补水 27.1 亿 m^3，下泄 151.4 亿 m^3，小浪底以下河道外供水 91.2 亿 m^3。

2014 年度汛期（7 ~ 10 月），龙羊峡水库和刘家峡水库分别蓄水 40.8 亿 m^3、12.7 亿 m^3，刘家峡水库下泄 150.4 亿 m^3；龙羊峡水库和刘家峡水库为上游用户补水 54.2 亿 m^3，万家寨水库下泄 119.6 亿 m^3；为上游用户供水 83.3 亿 m^3，中游用户供水 45.3 亿 m^3；上游龙羊峡水库和刘家峡水库为小浪底水库补水 96.3 亿 m^3，小浪底水库蓄水 19.3 亿 m^3，水库下泄 119.9 亿 m^3，小浪底以下河道外供水 23.0 亿 m^3。非汛期（11 月 ~ 翌年 6 月），龙羊峡以下河道外用水量大，龙羊峡水库和刘家峡水库分别补水 59.9 亿 m^3、12.7 亿 m^3，刘家峡水库下泄 156.9 亿 m^3；龙羊峡水库和刘家峡水库为上中游用户补水 117.9 亿 m^3；上游用户供水量为 102.7 亿 m^3，万家寨水库下泄 115.5 亿 m^3，中游用户供水量为 85.9 亿 m^3；本年度下游遭遇重旱，为满足下游河道外旱情用水和河道内基本生态环境用水，上游龙羊峡水库和刘家峡水库为下游小浪底补水 39.0 亿 m^3，小浪底水库补水 39.2 亿 m^3，下泄 173.6 亿 m^3，小浪底以下河道外供水 103.7 亿 m^3。

7.5.2.4 调度效果分析

2012 ~ 2014 年三年期调度期，2012 年黄河流域无旱，黄河径流偏丰（相当于来水频率 22.2%），通过实施龙羊峡水库旱限水位控制与梯级水库群协同优化，流域用水可基本得到满足，农业缺水率为 5%。2013 年黄河流域无旱，黄河径流接近于多年平均水平（相当于来水频率 42.2%），龙羊峡水库跨年度补水 8.5 亿 m^3，年度农业缺水率控制在 10%。2014 年黄河流域遭遇重旱、下游伏旱，农业灌区需水增加较大，黄河径流属平水年（相当于来水频率 53.3%），龙羊峡水库跨年度补水 19.1 亿 m^3，小浪底水库洪水资源化利用水量 8.8 亿 m^3，年度农业缺水率控制在 12%。

在黄河流域遭遇重旱、下游伏旱，黄河径流平水年的 2014 年，通过实施黄河流域梯级水库的协同优化调度，组织抗旱水源 27.9 亿 m^3，开展过程调节，改善径流的时空过程，实现流域水资源的高效利用，有效减轻流域干旱形势。通过梯级水库协同优化调度 2014 年黄河流域上游、中游、下游的农业缺水率均控制在 12% 左右，实现缺水量的均匀分布；基本保证了农业关键用水期的灌溉用水量，年内最大缺水率为 14%，年内缺水过程合理，如图 7-49 所示，实现了流域水资源调配的时空均衡，为黄河下游 1100 万亩灌区提供抗旱水源，极大缓解了黄河下游的夏季旱情，使 500 万亩灌区免遭干旱损失。

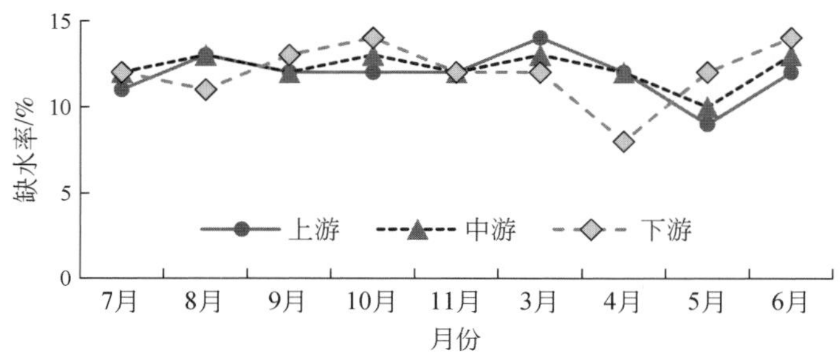

图 7-49　2014 年 7 月 ~ 2015 年 6 月黄河流域农业缺水过程变化

7.6 本章小结

结合黄河流域干旱年份来水和用水的特点，考虑龙羊峡旱限水位控制、小浪底汛限水位优化，研究不同干旱年份情形下黄河干流梯级水库群联合蓄泄规则，主要结论如下：

(1) 应对干旱的黄河梯级水库群协调优化调度模型

以系统科学理论、整体协同思想为基础，以提高干旱年份黄河流域水资源调配能力、减少缺水为目标，建立黄河梯级水库群协同优化调度模型系统，研究基于改进粒子群嵌套优化方法求解梯级水库群的最优运行调度方式，实现水库群的协同调度、联合应对干旱。

(2) 不同干旱年份水库群优化调度

采用应对干旱的黄河梯级水库群协调优化调度模型，开展长系列优化调度，选择中旱、重旱、特旱以及中等枯水、特殊枯水5个典型年份，分析龙羊峡水库跨年度补水、小浪底水库汛限水位分期优化洪水资源化以及梯级水库群年内优化调度增供水量、应对干旱效果等。结果表明：重旱以上年份，遭遇来水频率85%~95%的枯水年份时，通过梯级水库群协同调度、优化年际年内水量下泄过程，流域农业供水量可达到385亿~410亿m^3，流域综合需水保障程度在80%以上；遭遇频率95%以上极端枯水年份时，农业供水量达到360亿~375亿m^3，流域综合需水的保障程度接近80%。

(3) 应对干旱的黄河水库群水量调度规则

根据黄河流域应对旱情水库群调度模型多方案、长系列计算和结果分析，从来水、农业旱情和决策者心理预期等方面分析应对干旱的水库群调度规则的影响因素，集成应对干旱的黄河水库群调度规则，包括应对不同旱情规则、年际调控规则、年内优化规则、库群协同优化规则。

(4) 黄河干流水量调度示范基地

以应对干旱的梯级水库群协同优化调度模型为基础，开发了应对干旱的黄河干流水量调度系统，以2012~2014年为调度实例开展了黄河干流水量调度方案编制，建成黄河干流水量调度示范基地。2012~2014年调度结果表明：系统基于黄河流域灌区旱情监测、干流骨干水库洪水/径流预报、龙羊峡旱限水位控制、小浪底汛限水位动态控制以及梯级水库群协同优化等方面的计算，实现了流域水资源调配的时空均衡，提出的黄河水量调度方案，与实际调度相比，2012年丰水年份多蓄水量20.7亿m^3，2014年重旱年份多供水量27.9亿m^3，为黄河下游1100万亩灌区提供抗旱水源，使500万亩灌区免遭干旱损失，有序应对了流域重旱、有效控制了流域缺水，显著提升了黄河流域应对干旱能力，系统的科学性、可靠性和可操作性得到了验证。

第 8 章　黄河流域干旱应对与风险管理

以下游引黄灌区为研究区，分析干旱过程及主要致灾因子，提出干旱风险识别与应对策略，从需水管理、供水管理、灾害控制、应急机制等方面提出抗旱策略和对策措施，架构一套干旱应急响应风险管理保障系统，实现干旱风险管理模式由被动应急向主动响应、从单一应急向全面响应、从危机管理向风险管理的转变，对区域水资源合理调配、旱灾风险管理、减灾及救灾具有重要意义。

8.1　干旱风险识别与应对技术

选择黄河下游引黄灌区为典型研究区，分析旱灾过程及主要致灾因子，从流域干旱监测与预警、旱灾风险评估、区域水资源供需管理、水库调度策略等方面研究流域短期及长期尺度干旱风险识别与应对策略，提升黄河流域应对干旱的综合管理能力。

8.1.1　干旱监测与预警技术

利用先进的监测与预警技术，构建模型工具系统，包括建立干旱指标体系、构建基于陆气耦合模式（WRF）的大气降水与土壤墒情干旱监测技术，实现流域干旱的全过程与综合管理相结合。

构建适用于黄河流域的干旱指标体系。针对黄河流域降水、蒸发、土壤特性、作物种植情况，依据气象台站观测数据，考虑降水、蒸散发过程及土壤墒情的综合效应，构建适用于黄河流域、能反映水分联合亏缺状态的综合干旱指标 SPDI-JDI。

实现多源信息的快速同化。影响旱情的因素众多，包括降水、蒸散发、气温、土壤墒情、地下水位、湖库蓄水量等水文气象要素，这些数据信息来自于地面站观测、卫星遥感反演及气候模式模拟，利用这些信息计算干旱指标，客观、综合评估旱情发展。研究了多源信息快速同化融合方法，对旱情多源数据进行可靠性、一致性、代表性审查及检验并进行时空尺度转换，建立具有连续点面对应关系的旱情信息场。

创建“天地一体化”的陆气耦合模式平台。采用多源信息融合技术，以区域气候模式为基础平台，构建具有同步模拟大气降水、土壤墒情的灌区旱情监测系统，实现对干旱的近实时监测和预警。

开发干旱早期预警技术。根据旱情等级、发展趋势及范围，对干旱所在地发布相应干旱等级下的区域预警，当黄河流域及供水区多个省份同时发生干旱且旱情仍在快速发展时，可启动全流域级别的预警。

8.1.2 旱灾风险评估方法

风险评估是风险识别、分析和评价的全部过程。旱灾风险评估包含干旱风险的识别和量化、干旱向旱灾的转化、致灾因子分析、脆弱性分析等内容。

旱灾风险评估需要合理确定致灾因子。联合国国际减灾战略定义致灾因子为可能造成人员伤亡或影响健康、财产损失、生计和服务设施丧失、社会和经济混乱或环境破坏的危险现象、物质、人类活动或局面。该定义表明致灾因子为可能对生命、财产和环境带来威胁的各种自然现象和社会现象，因此干旱即为一种致灾因子。灾害则是各种致灾因子造成的后果。若致灾因子达到某种程度并超出人们的应对能力时，即发展为灾害。例如，若旱情持续发展，水分短缺严重，影响日常生产生活并在短时间内无法恢复供水时，干旱将发展为旱灾。致灾因子的基本决定因素包括位置、时间、强度和频率等。通常旱灾风险评估可采用干旱历时、烈度、频率等特征变量表示干旱强度。由于该类特征量通常依赖于干旱指标的选取且仅能在每场干旱事件结束后计算，无法实时预测旱情的发展，不具有直接指示作用。因此，选取旱灾致灾因子需遵循干旱的形成机理，能客观表征旱情的发生和发展过程，且需具备一定的预见期并适用于干旱的实时或近实时监测，为干旱风险管理提供科学依据。

灾害是致灾因子和人类社会相互作用的结果。若致灾因子的强度超过人类的应对能力则发生灾害。目前通常采用脆弱性衡量人类社会应对灾害的能力。脆弱性和致灾因子互为条件。无致灾因子，就谈不上脆弱性；若某社会经济系统应对干旱并不脆弱，则不存在致灾因子。暴露度或风险元素为可能遭受干旱破坏的系统，如农田、河道、湖泊，也称为物理脆弱性。分析暴露度的类型、数量、价值、用途、分布等特征，可评估某种致灾因子作用下的干旱成灾风险。

本书采用干旱指标定量描述黄河下游引黄灌区历史旱情的演变过程，选取与旱灾密切相关的致灾因子，分析灌区内农业条件的脆弱性，采用历史旱灾造成的农业损失表征旱灾风险，从灌区气象、水文、农业、受灾等方面综合评估农业旱灾风险。

8.1.2.1 干旱指标和致灾因子

黄河下游引黄灌区为桃花峪至入海口之间以黄河干流水为灌溉水源的灌区，涉及河南、山东两省沿黄地区，位于113°24′E～118°59′E、34°12′N～38°02′N，在黄河两岸沿河道走向呈条带状分布（图8-1）。黄河下游引黄灌区横跨黄河、淮河、海河三大流域，覆盖河南省的焦作、新乡、郑州、开封、商丘、濮阳、鹤壁、安阳，以及山东省的菏泽、济宁、聊城、滨州、德州、泰安、济南、淄博、东营等17个市（地）86个县（区），受益土地总面积为9.2万km^2，其中黄河流域1.44万km^2，淮河流域2.75万km^2，海河流域面积3.81万km^2，其他流域面积1.18万km^2。

黄河下游引黄灌区属暖温带半湿润季风气候，多年平均降水量637.9mm（1955～2012年），其中6～9月降水量占全年降水的60%～80%，冬春季雨雪稀少，春旱较频繁。下游

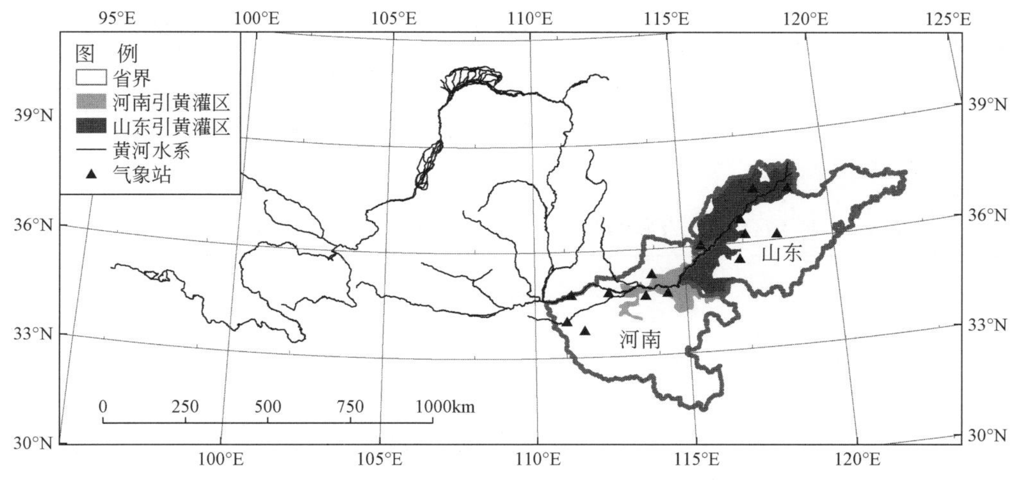

图 8-1　黄河流域下游引黄灌区概况图

灌区是我国重要的粮棉油生产基地，引黄受益县作物总播种面积 1349.7 万亩，黄河下游河南、山东两省共建成万亩以上引黄灌区 98 处。下游灌区平均年取水量 130.3 亿 m^3（河南 41.5 亿 m^3、山东 88.8 亿 m^3），其中黄河水 78.4 亿 m^3（表 8-1 列举了黄河下游 1950 ~ 2008 年不同时期引黄水量）、当地地表水 8.5 亿 m^3、地下水 43.4 亿 m^3。黄河水、当地地表水、地下水占总取水量百分比分别为 60%、7% 和 33%，其中河南分别为 43%、5% 和 52%；山东分别为 69%、7% 和 24%。

（1）区域综合干旱指数 CRDI

干旱指标 SPDI-JDI 融合了多种水文气象要素（降水、气温、蒸散发、径流、土壤含水量）及多时间尺度（1 个月、3 个月、6 个月、12 个月和 24 个月），综合考虑了影响干旱的水循环过程、干旱的累积效应和不同类型干旱的时间尺度问题。CRDI 是 SPDI-JDI 指数的面积加权平均值，考虑了干旱的发生面积，能有效识别区域性干旱过程。

表 8-1　黄河下游不同时期引水统计表

时期	来水量/亿 m^3	引水量/亿 m^3	引水比/%
1950 ~ 1960	480.0	27.8	6
1960 ~ 1964	590.1	38.4	7
1964 ~ 1973	425.4	39.7	9
1973 ~ 1980	394.8	87.1	22
1980 ~ 1985	481.7	95.2	20
1985 ~ 1999	273.9	100.7	37
1999 ~ 2008	178.7	75.0	42

以河南、山东两省引黄灌区为研究区，采用干旱指标 CRDI 识别区域性干旱年份，采用 CRDI 的百分位数划分旱涝等级，即以 CRDI 为 0、-0.5、-1.5 和-2.0 分别表征轻度干

旱、中度干旱、重度干旱和极度干旱。如表 8-2 所示，根据 1957 ~ 2012 年的 CRDI 序列，共计识别河南灌区发生 5 个特旱年、10 个重旱年和 2 个无旱年；山东灌区发生 3 个特旱年、9 个重旱年和 2 个无旱年。对比历史旱情记录（摘自《中国气象灾害大典》），CRDI 能够较准确地识别各等级干旱，尤其对重灾年份的识别最为准确，并能合理识别河南和山东灌区少数无旱年份。

表 8-2　基于区域综合干旱指数和历史旱情记录的黄河下游灌区干旱年识别

年份	河南灌区			山东灌区		
	CRDI	干旱类型	历史记录	CRDI	干旱类型	历史记录
1957	-0.86	轻旱年	夏秋连旱	-1.19	中旱年	春秋重旱
1958	-0.82	轻旱年	春夏连旱	-0.97	轻旱年	春夏轻旱
1959	-1.08	中旱年	局部重旱	-0.93	轻旱年	局部夏旱
1960	-1.80	重旱年	重灾年	-1.13	中旱年	春夏秋连旱
1961	-1.33	中旱年	局部重旱	-1.04	中旱年	局部重旱
1962	-1.41	中旱年	局部重旱	-0.83	轻旱年	局部轻旱
1963	-0.68	轻旱年	春夏冬旱	-0.36	轻旱年	局部轻旱
1964	0.39	无旱年	局部轻旱	0.46	无旱年	无旱
1965	-0.98	轻旱年	局部轻旱	-1.03	中旱年	春夏连旱
1966	-2.49	特旱年	重灾年	-1.61	重旱年	重灾年
1967	-1.98	重旱年	春夏重旱	-1.58	重旱年	春夏连旱
1968	-1.89	重旱年	春夏重旱	-2.32	特旱年	重灾年
1969	-1.42	中旱年	夏秋重旱	-1.53	重旱年	局部重旱
1970	-1.41	中旱年	中旱年	-1.40	中旱年	局部重旱
1971	-1.08	中旱年	夏秋连旱	-0.35	轻旱年	轻度春旱
1972	-0.19	轻旱年	重灾年	-0.39	轻旱年	春夏连旱
1973	-0.62	轻旱年	局部夏旱	-0.53	轻旱年	冬春连旱
1974	-0.79	轻旱年	局部轻旱	-0.56	轻旱年	春夏连旱
1975	-0.58	轻旱年	局部轻旱	-0.33	轻旱年	局部轻旱
1976	-0.46	轻旱年	局部轻旱	-0.46	轻旱年	局部轻旱
1977	-1.53	重旱年	重灾年	-1.27	中旱年	中旱年
1978	-0.86	轻旱年	局部重旱	-1.19	中旱年	重灾年
1979	-0.85	轻旱年	夏秋连旱	-0.64	轻旱年	轻度夏旱
1980	-0.70	轻旱年	轻旱年	-0.32	轻旱年	春夏连旱
1981	-2.30	特旱年	中旱年	-1.45	中旱年	重灾年
1982	-1.61	重旱年	重灾年	-1.39	中旱年	局部重旱
1983	-0.79	轻旱年	局部中旱	-1.34	中旱年	局部重旱
1984	-1.24	中旱年	冬春连旱	-1.09	中旱年	局部重旱

续表

年份	河南灌区			山东灌区		
	CRDI	干旱类型	历史记录	CRDI	干旱类型	历史记录
1985	0.04	无旱年	局部夏旱	-0.44	轻旱年	春夏连旱
1986	-1.65	重旱年	重灾年	-1.24	中旱年	局部重旱
1987	-1.37	中旱年	重灾年	-0.77	轻旱年	冬春连旱
1988	-1.69	重旱年	重灾年	-1.62	重旱年	重灾年
1989	-1.34	中旱年	重灾年	-1.95	重旱年	重灾年
1990	-0.48	轻旱年	夏秋连旱	-1.14	中旱年	春夏连旱
1991	-0.87	轻旱年	夏秋连旱	-0.14	轻旱年	轻旱年
1992	-1.07	中旱年	重灾年	-1.60	重旱年	重灾年
1993	-0.34	轻旱年	春夏秋连旱	-0.95	轻旱年	冬春夏连旱
1994	-0.43	轻旱年	冬夏轻旱	-0.31	轻旱年	春夏连旱
1995	-0.45	轻旱年	轻度春旱	-0.40	轻旱年	夏秋连旱
1996	-0.74	轻旱年	局部轻旱	-0.82	轻旱年	局部重旱
1997	-2.23	特旱年	重灾年	-1.58	重旱年	重灾年
1998	-1.46	中旱年	重灾年	-1.24	中旱年	局部重旱
1999	-2.17	特旱年	重灾年	-2.02	特旱年	重灾年
2000	-1.84	重旱年	重度春旱	-1.44	中旱年	局部重旱
2001	-1.88	重旱年	重灾年	-1.60	重旱年	重灾年
2002	-2.15	特旱年	重灾年	-2.37	特旱年	重灾年
2003	-1.42	中旱年	局部重旱	-1.83	重旱年	重灾年
2004	-0.36	轻旱年	轻旱年	0.01	无旱年	轻旱年
2005	-0.43	轻旱年	轻旱年	-0.44	轻旱年	轻旱年
2006	-0.95	轻旱年	轻旱年	-1.31	中旱年	轻旱年
2007	-0.51	轻旱年	轻旱年	-0.49	轻旱年	轻旱年
2008	-0.87	轻旱年	轻度冬旱	-0.61	轻旱年	轻旱年
2009	-0.92	轻旱年	中旱年	-0.95	轻旱年	中旱年
2010	-1.55	重旱年	局部重旱	-1.13	中旱年	秋冬连旱
2011	-1.36	中旱年	重灾年	-1.49	中旱年	重灾年
2012	-1.04	中旱年	轻度夏旱	-0.50	轻旱年	轻旱年

以上表明，干旱指标 CRDI 融合了多种水文气象要素，且联合了多时间尺度的水分累积亏缺，对识别短期干旱（气象、水文干旱）和长期干旱（农业、社会经济干旱）均有较好的适应性。由于机理性干旱指数计算复杂，且受观测资料、模型结构和参数不确定性影响，结果可能存在偏差，因此在实际干旱风险管理工作中，为确保旱情监测的准确性和实时性，须选择与干旱和旱灾成因紧密联系的因子，即致灾因子，辅助干旱指标进行旱灾

风险分析。

(2) 旱灾致灾因子

选取旱灾致灾因子不仅需遵循干旱的发生演变规律，还应遵循致灾因子观测的准确性、实时性和简便性的原则。造成干旱的最直接原因是降水量相对期望值的持续偏少。目前降水观测技术比较成熟，且黄河下游区雨量站密度大，降水数据容易获取且质量较高，因此可采用降水作为主要致灾因子。对于农业干旱，直接致旱因子是土壤含水量，且当土壤含水量降低到一定程度后，农业灌溉开始受水文干旱所造成的缺水程度影响。由于人类活动对黄河天然径流影响显著，非天然来水量在历史旱灾分析中不具备旱情指示作用，不适合选取为致灾因子。土壤墒情的监测较降水观测滞后，监测站点稀少、系列较短，不便于对长系列历史旱灾进行分析。因此选用降水作为主要致灾因子，依据降水的减少程度指示农业干旱的发展，用于辅助干旱指标分析。

图 8-2 为河南、山东灌区 1957 ~2012 年降水量和 CRDI 时间序列，该图表明降水与干旱的年际波动趋势基本一致，极度干旱年份均与降水显著低于均值的年份对应，但仍存在降水偏多的年份 CRDI 却识别为旱，如 2003 年河南灌区 [图 8-2 (a)] 降水量为 1039.2mm，而该年 CRDI 为-1.42，识别为中旱年，根据旱情记录，2003 年河南灌区旱灾受灾 22.4 万 hm^2，成灾 15.4 万 hm^2，因旱损失粮食 11.3 亿 kg。

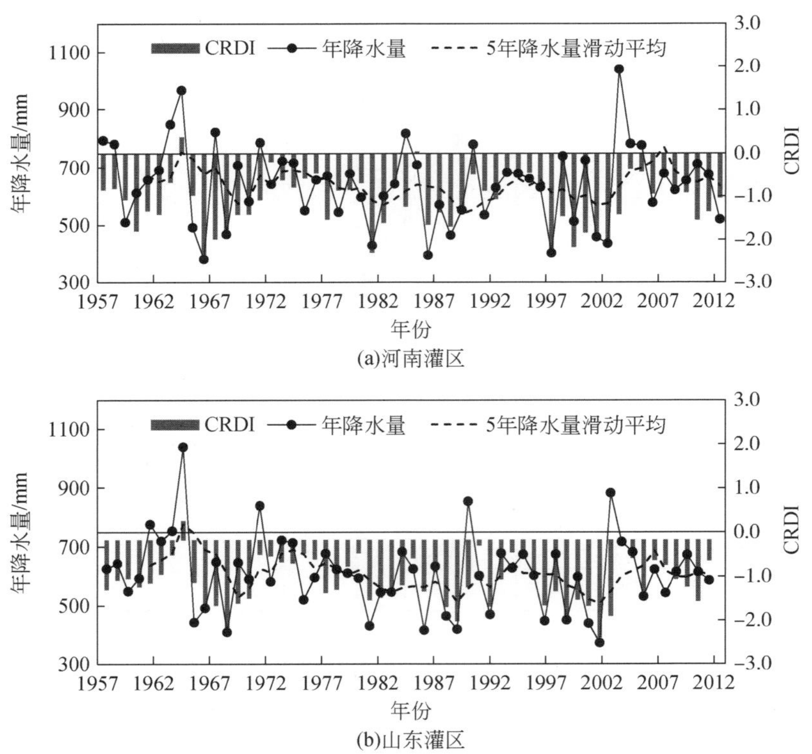

图 8-2 1957 ~2012 年黄河下游灌区降水量及区域综合干旱指数变化趋势

图 8-3 为河南灌区 2001～2004 年逐月降水距平百分率及 CRDI 序列，表明降水能指示旱涝波动趋势，但在持续干旱期后出现的个别正距平降水，如 2001 年 12 月，降水距平百分率为 227%，对旱情有一定的缓解，并不能解除干旱。

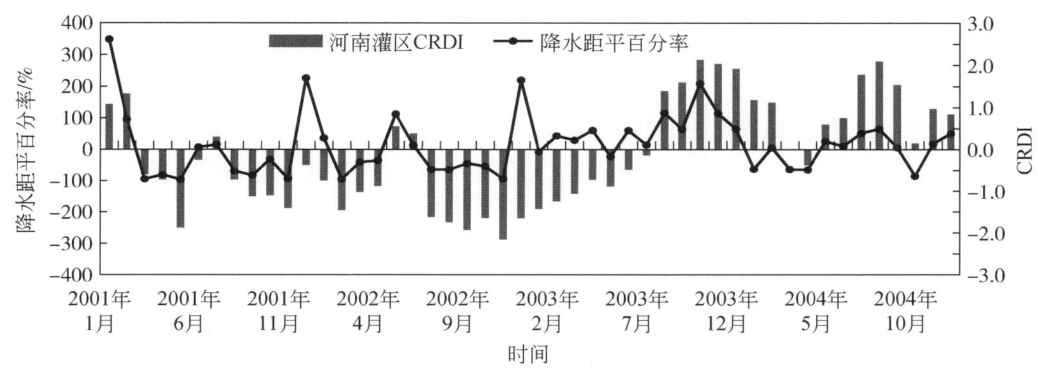

图 8-3　2001～2004 年河南灌区降水距平百分率及 CRDI 变化趋势

造成以上降水和实际旱情不一致的主要原因是旱情的发生、发展和解除不仅与降水有关，还与气温、蒸发等水文气象因子以及作物品种、生长特性、用水效率等农作物条件有关；单一降水量仅能在一定程度上指示干旱的发展，但很难准确地定量表征旱情。此外干旱是一种缓变且持续的大范围缺水现象，2003 年之前河南灌区连续多年出现重旱，短期大量降水可能不足以解除旱情。

8.1.2.2　农作物脆弱性分析

旱灾承灾体的脆弱性为承灾体面对潜在旱灾危险性时，受自然、社会、经济和环境等因素影响，所表现的物理暴露度、应对干旱的损失敏感性以及人类社会预防、抵抗旱灾风险的能力。就农业干旱脆弱性而言，降水亏缺是客观原因，作物种植结构、耕地利用情况、农业用水效率、农田水利科学技术与管理水平、农村和农业建设等因素是根本原因。

黄河下游灌区是全国重要的粮油棉生产基地，水资源是农业生产的基本要素。由于人口不断增长以及社会经济快速发展，水资源的需求量大幅增加，农业干旱脆弱性不断增加，旱灾造成的农业损失日趋严重。长期以来，由于农业生产一直将提高粮食产量作为主要目标，大量种植小麦、玉米、水稻等高产作物，开垦草原，减少其他作物的种植，不考虑合理利用当地水土资源，反而使农民的生计、生态环境受到损害，使全社会对干旱的脆弱性增加。黄河下游缺水地区具有多种农作物适宜的水热条件。以荞麦为例，其生长期短，当发生春旱时，可延后种植以减少旱灾损失，由于荞麦耗水量较玉米等作物少，是干旱缺水地区适宜种植的作物。但长期以来，为追求高产并忽略自然条件的限制，黄河下游灌区大量种植玉米等高产作物。由于其耐旱性差，在多数年份可能欠收，在重旱年份甚至绝收，加剧了农业的脆弱性。

农业区域传统的抗旱方式主要是“打井抗旱”，在河流具有一定流量的情况下，采用临时性的小型引提水工程等取水措施，甚至采用车拉肩挑的取水方式。农村和农业基本建设状况在很大程度上决定了农民、农业的脆弱性和应对旱灾的能力。传统的抗旱措施在短时间内难以发挥作用，无法有效减轻干旱损失，须加大农业基本建设投入，实施节水灌溉，从根本上改变农业对干旱的脆弱性。

8.1.2.3 农业受灾损失分析

农业旱灾损失的评估方法有两类：①依据作物本身不同生长阶段的缺水量，应用作物水分生产力模型（如 Jensen 模型、Blank 模型和作物生产力 D-K 模型）进行损失估算；②通过旱灾统计资料估算，首先确定农作物正常产量，通过分析历年的农业产量序列，分离趋势产量和气象产量。

农作物产量依赖于各种自然和非自然因素，难以准确定量分离农作物产量中受某一单一因素影响的分量。国内外学者通常将这些因素按影响的性质、时间及尺度划分为农业技术措施、气象条件和随机“噪声”三大类。据此农作物产量可分解为趋势产量、气象产量和随机产量三部分，即

$$y=y_t+y_w+\Delta y \tag{8-1}$$

式中，y 为农作物的实际产量（kg/hm^2）；y_t为农作物的趋势产量（kg/hm^2）；y_w为农作物的气象产量（kg/hm^2）；Δy 为农作物的随机产量（kg/hm^2）。

趋势产量是由农业生产技术等非自然因素影响的农作物产量分量，通常表现为随时间的推移产量不断提高。气象产量指受天气气候要素变化影响的农作物产量分量，可正可负，具有脉动的特点。气象产量在一定程度上能反映干旱对农作物产量的影响程度。随机产量指由地震、社会变革等随机因子影响的农作物产量分量，该分量无规律可循，且受局地性的偶然因素影响不显著，因此在实际产量分解中，随机产量一般不计入方程。式（8-1）可简化为

$$y = y_t + y_w \tag{8-2}$$

为估算气象因子对产量的影响，需从农作物产量序列中去除趋势项。通常以时间为自变量，以某种函数逼近农作物产量，获得各年的趋势产量 y_t，则相应年份的气象产量为

$$y_w = y - y_t \tag{8-3}$$

气象产量表征了气候气象条件波动对作物产量的影响，可在一定程度上反映干旱引起的农业损失。本书采用气象产量对趋势产量的相对偏差值表示作物减产率 y_d，即

$$y_d = \frac{y - y_t}{y_t} \times 100\% \tag{8-4}$$

考虑到资料序列的长度和计算的复杂性，本书采用多元高阶非线性模拟方法分析河南、山东两省灌区 1978 ~2012 年主要粮食作物（小麦、玉米）的总产量和单产量变化趋势。如图 8-4 所示，河南和山东灌区在 20 世纪 90 年代之后小麦的播种面积有所减少，玉米播种面积整体呈上升的趋势。表 8-3 和表 8-4 分别给出了基于多项式函数逼近的下游灌区小麦和玉米总产量及单产量的趋势模拟方程，各项趋势模拟均通过显著性水平为 0. 05 的 F 检验。据此可分离趋势产量和气象产量。

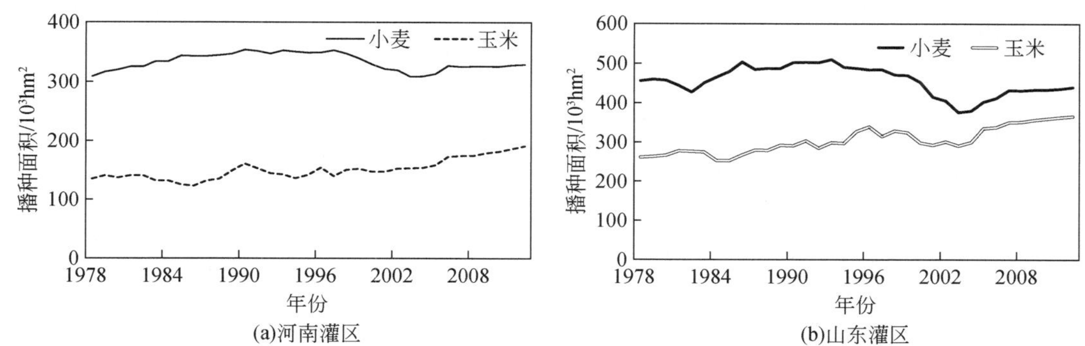

图 8-4 黄河下游灌区 1978～2012 年主要粮食作物播种面积变化趋势

表 8-3 黄河下游灌区 1978～2012 年主要粮食作物总产量趋势模拟方程

灌区	粮食种类	总产量趋势方程	相关系数 R^2
河南灌区	小麦	$y_t = 0.043x^3 - 2.31x^2 + 56.6x + 239$	0.95
	玉米	$y_t = 0.013x^3 - 0.434x^2 + 8.57x + 58.5$	0.94
山东灌区	小麦	$y_t = 0.068x^3 - 4.55x^2 + 94.2x + 51.6$	0.70
	玉米	$y_t = 0.019x^3 - 0.946x^2 + 23.4x + 84.7$	0.90

注：趋势方程中 y_t 为作物趋势产量；x 为按自然年份的序号，$x=1$，2，…，35。

表 8-4 黄河下游灌区 1978～2012 年主要粮食作物单产量趋势模拟方程

灌区	粮食种类	单产量趋势方程	相关系数 R^2
河南灌区	小麦	$y_t = 0.053x^3 - 2.05x^2 + 118x + 2319$	0.94
	玉米	$y_t = 0.085x^3 - 5.29x^2 + 172x + 2607$	0.75
山东灌区	小麦	$y_t = 0.138x^3 - 10.3x^2 + 318x + 1581$	0.93
	玉米	$y_t = 0.192x^3 - 12.2x^2 + 310x + 2732$	0.88

注：趋势方程中 y_t 为作物趋势产量；x 为按自然年份的序号，$x=1$，2，…，35。

小麦总产量减产率受连续干旱年组影响较大，如河南灌区 20 世纪 90 年代末期、山东灌区 80 年代初及 90 年代末期干旱年组，均导致小麦减产成数较一般干旱年份更多，而对于前期水分条件相对较好的情况，小麦产量对重旱的反应不敏感，如 1997 年河南和山东均遭遇大旱，但是小麦的气象产量仍为增产，主要原因是 1994～1996 年均只发生轻旱或局部重旱，并未出现连续重旱年。玉米的需水量整体上比小麦少，因此在旱情较轻的年份，其用水保证率更高，减产成数较小麦更小，如山东灌区 20 世纪 80 年代和 90 年代末的连续干旱年组，而玉米的产量对单个典型干旱年份反应灵敏，如河南灌区 90 年代初旱情较轻，玉米增产明显，1997 年玉米产量随旱情加重突然回落；山东灌区 1994～1996 年旱情较轻，玉米增产幅度上升，至 1997 年，旱情突然加重，玉米显著减产。

气象总产量除受气象因子波动影响外，还受播种面积影响（即播种面积不一致性），河南灌区小麦和玉米播种面积总体上波动不大，山东灌区小麦播种面积在 2000 年左右显著减少，故2000年左右小麦总产量大幅减产，可能受到种植规模缩减和干旱灾害路等多重因素影响。图8-5为下游灌区小麦和玉米单产量减产率波动图，可见，单产量减产率的波动范围较总产量小。随着时间的推移，小麦气象产量的波动减小，以河南灌区20世纪90年代末期连续干旱年组为例，小麦单产量减产成数不大，主要原因是历史数据中包含了引提水等抗旱措施的影响，即随着抗灾措施的完善和应对旱灾能力的增强，总体上旱灾造成的损失在减小。但玉米产量对典型干旱年反应灵敏，如河南灌区2003年和山东灌区1997年遭遇的特大旱灾，导致玉米单产减产成数显著增加。

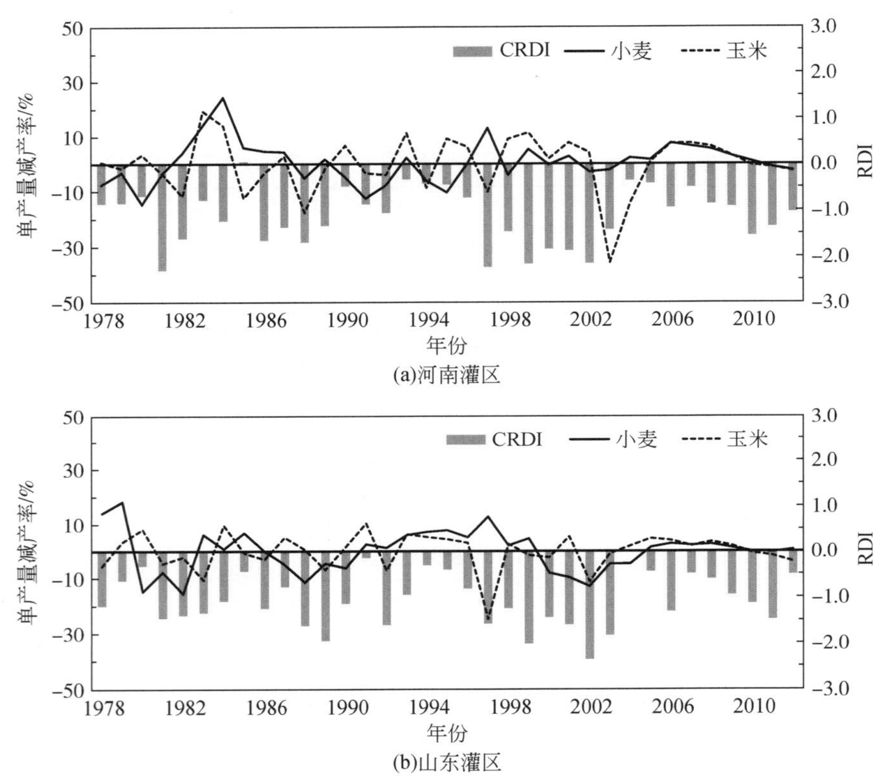

图8-5　黄河下游灌区1978～2012年主要粮食作物单产量减产率变化趋势

8.1.3　供需水管理策略

8.1.3.1　需水管理

(1) 长尺度管理策略

1）水资源合理配置。在水资源配置系统网络构建上，建设多种水源开发利用的水利工程体系，建立多种水资源联合利用、统一开发、统一分配、统一调度的管理机制，形成多源配水，形成多源供水、丰枯调节的保障格局（彭少明等，2013）。在配置内容上，不仅对可控的地表水和地下水进行配置，还对半可控的土壤水以及不可控的天然降水进行配置，配置的内容更加丰富；在配置对象上，在考虑传统的对生产、生活和人工生态的基础上，增加了对天然生态配水项，配置对象更加全面；在配置指标上，将配置指标分为三层，最高一层是广义水资源（包括降水转化的土壤水在内）的供需平衡指标，即经济和生态系统实际蒸腾蒸发消耗的水量与理想状态下所需水量的差值，反映的是所有供水水源与实际耗水量之间的缺口（赵建世，2003；裴源生等，2006；裴源生等，2008）。

2）水资源高效利用。水资源高效利用是减少用水需求的有效途径。随着流域用水日趋紧张，黄河下游缺水将愈发严重，干旱年份缺水更多。加快推进节水型社会建设，提高用水效率可有效降低用水浪费、减少用水需求，坚持在节约的基础上扩大供水能力，控制需水的过度增长。

3）产业优化布局。黄河流域属缺水流域，干旱年份缺水更加严重，因此从长期应对来看，需要科学评价流域水资源承载能力，分析流域缺水的分析，从流域水安全的角度需水管理，合理布局形成与水资源承载能力相适应的产业规模和布局。从流域产业规模上，限制过量的高用水、高污染、高保证率要求项目密集的布局，从产业结构上，合理安排产业结构和农业种植结构，增加耐旱作物的种植面积，减少工业引黄水量，避免给农业用水造成压力，加大缺水量。

（2）中尺度应对策略

水资源统一优化调度。自 1999 年实施黄河水量统一调度以来，依靠行政、工程、科技、经济、法律等综合手段，黄委积极开展了流域水量统一调度工作，已成功实现了连续 16 年不断流，有力支持了流域抗旱工作，最大限度减少了由于干旱造成的经济损失。应对干旱的黄河水量统一调度主要措施如下：①行政措施，黄河水量调度计划、调度方案和调度指令的执行，实行各级行政首长和主要领导负责制；②工程措施，通过黄河干流龙羊峡水库、刘家峡水库、万家寨水库、三门峡水库、小浪底水库和支流陆浑水库、故县水库、东平湖水库的联合调度，调节水资源时空分布提高了水资源的利用率；③科技措施，通过建设黄河水量调度管理系统，提升应急反应能力和决策水平，实现在线监视全河水雨旱情和引水信息；④经济措施，经济手段主要表现在征收水资源费和调整供水价格上；⑤法律措施，根据黄河水量调度需要，加强制度和法律、法规建设，法律手段不断健全。

（3）短时间尺度的应急策略

1）应急的需水管理。根据不同行业的缺水敏感性、不同作物的耐性预留应急水源，根据作物不同生长期的用水特征，适当安排非充分灌溉，减少农业对灌溉水源的需求。在来水频率 90% 以上枯水年份，适当降低城镇居民生活用水和一般工业用水定额，减少城镇需水量。枯水年份适度减少城镇生态和景观的用水量，控制娱乐、奢侈行业的用水。

2）应急的水源管理。根据干旱的尺度适度开发应急水源，应急水源包括劣质水的利用，将劣质水用于农业的灌溉，在一些地区适度开发微咸水和苦咸水，具备条件的适度利用雨水。在特殊枯水年份、重旱以上等级的干旱年份，适度超采千层地下水，并适量开采深层水作为应急水源。

8.1.3.2 供水管理

黄河水资源配置是缺水配置，即需求一般情况是大于供水的配置方式，主要表现为农业需水与河道内生态需水被挤占和相互挤占，既有总量上的缺水，又有时空分布上的缺水。因此，供水管理的核心是农业用水与河道内生态需水的协调。

农业需水按照其他专题研究成果，由规划水平年灌溉面积的降雨量，推算农业需水量，其年际和年内需水过程根据长系列确定。河道内需水方案以《黄河流域水资源综合规划》2020 年水平河道内生态环境需水量为总量控制，考虑丰增枯减，按照实际全年或汛期来水情况，确定汛期生态需水控制比例，以断面最大、最小流量要求为边界，按照 8 月、7 月、9 月、10 月的冲沙次序，设置河口镇断面和利津断面 1956 ~ 2000 年生态需水过程。

为便于抗旱调度计算，将抗旱需水进行分级设定，并对不同级别设定不同优先序。抗旱需水量优先序的设定应低于工业、生活、农业保灌、生态环境、冲淤等用户的优先序。用水优先级规则是制定和实施取水紧急限制办法的前提和依据。当发生重度或极度干旱，无法保证区域内的全部类型用水时，须实施限制取水措施控制用水量，通过限制低效益、高污染用水，保证干旱时期的用水效益最大化。供水顺序按用水优先规则进行，即优先向用水优先序的部分供水。

制定用水优先级一般坚持“先生活、后生产，先地表、后地下，先重点、后一般，先节水、后调水”的原则，具体可采用以下办法：

1）收集并核实区域内所有取水户的取水许可档案和实际取水量的计量数据。

2）对所有取水用户按用水行业进行详细分类，分类时考虑经济、社会、环境效益相同或相近性，对每类用水行业中包括所有用水户进行明确的记录备案。

3）依据环境、社会、经济综合效益，对取水户进行用水优先排序。

4）为保证公平，用水优先级的排序要以公开透明的方式进行，可首先由指挥部办公室制定初步方案，再由指挥部召集各成员部门进行讨论修改后，向社会公开征求意见，最后由指挥部召开会议讨论决定，向全社会发布。

表 8-5 为下游区域（包括农村和城市）主要用水行业的用水优先级排序，其中生活用水优先级最高，重污染、高耗水型工业用水优先级最低。

表 8-5 黄河下游区域各行业用水优先级排序

优先顺序号	用水行业	优先顺序制定原则
1	基本生活用水	生活用水的保证率最高，但必须有节制，干旱缺水时期要高度节制，人人都要有节水自律的意识
2	最小生态需水	在优先保证生存生活用水的基础上，其次要保证生态环境所需的最小用水量，同时，要考虑对流域下游重要引用水源的影响
3	能源化工工业用水	重要的工业企业，如发电厂等经济支柱企业，涉及整个国计民生的，是经济用水中需优先保证的

续表

优先顺序号	用水行业	优先顺序制定原则
4	蔬菜灌溉用水	蔬菜灌溉用水对于保证城乡居民的生活十分重要，需尽可能保证
5	采掘、冶金工业用水	缺水将对设备造成一定影响，并进一步影响相关行业的发展，需尽可能保证
6	农业灌溉关键期用水	在作物灌浆期，缺水会影响作物的产量，因此尽可能保证
7	一般工业用水	一般工业，如食品、木材、建筑等，对于经济有着重要的作用，用水应尽可能保证
8	旱田作物灌溉用水	由于农业灌溉水利用率较低，水资源浪费大，因此需降低其用水优先级
9	城镇公共用水	涉及城镇卫生、公共洒水以及绿化、景观，缺水期减少用水，降低优先级
10	重污染工业用水	造纸、纺织等工业不仅耗水量大，而且排污量大，对环境造成的破坏大，在干旱缺水时期，要尽可能减少其耗水量和排污量
11	生活奢侈用水	生活奢侈用水包括清洗交通工具用水、娱乐等，这些用水只影响人们的生活舒适度，对生存生活没有本质影响，因此，当发生重度和极度干旱时，要首先加以限制

农业用水高峰期是旱情高发期，也是应对旱情的关键期，黄河梯级水库群通过分时补水提高农业用水高峰期的供水保证程度。黄河上游宁蒙灌区农业用水高峰在 4 ~ 6 月，下游引黄灌区在 3 ~ 6 月，根据作物种植结构和作物产出对水分敏感程度不同，农业用水关键期不同。上游、中游作物主要考虑春小麦和春玉米，关键期排序依次为 5 月>4 月>6 月>3 月、7 月>8 月；下游作物主要考虑冬小麦和夏玉米，关键期排序依次为 4 月>5 月>3 月>6 月、8 月>7 月>9 月>10 月。

8.1.4 水库调度策略

黄河干流已建成完善的梯级水库系统，具备联合调度的能力。截至 2012 年，黄河流域内已建大、中、小型水库 5000 余座，总库容超过 900 亿 m^3，形成了黄河梯级工程系统，其中黄河干流梯级建成了 5 座具有调节能力的水库，即龙羊峡水库、刘家峡水库、万家寨水库、三门峡水库和小浪底水库。由于黄河上游河段与中游、下游河段水沙情况差别较大，以及工程所处地理位置等因素，上游龙羊峡至青铜峡梯级同属西北电网，在电力上互相补偿，以发电为主，兼顾防洪、防凌、供水，工程的调度实施由电力部门负责；中游三门峡水库和小浪底水库，以防洪减淤为主，兼顾供水、灌溉和发电，工程调度由水利部门负责；万家寨水库主要是为山西供水而建，库容调节能力低，对长期调度影响不大。

通过梯级水库群联合调度对于优化黄河径流时空分布过程，合理配置流域水资源具有重要意义。入库径流的随机性，决策过程的动态性、实时性和数学模型，优化技术的局限性，使得水库调度决策问题呈现出非结构化的特点，因此梯级水库群优化调度是一个复杂的系统问题。在梯级水库的联合调度中，梯级水库群各库之间具有的联系性（水力联系和电力联系）和补偿性（水文补偿和库容补偿）。梯级水库群优化调度是一个多变量耦合的复杂非线性规划问题，需考虑上游、下游水库之间的水力和电力联系，具有维度高、耦合性强、不确定性多等特征。实施梯级水库群联合优化调度，将有限的水资源进行统一调控，可产生更多的社会、经济和生态效益。在干旱年份的确定水文环境下，水库群联合调度可以捕捉入库径流的时空差异，充分发挥库群的库容补偿与水文补偿作用，最大程度地提高梯级系统对水资源在时空上的优化配置能力。

(1) 龙羊峡水库旱限水位控制，跨年度“蓄丰补枯”

黄河径流具有年际变化大的特征，开展龙羊峡水库旱限水位控制，发挥多年调节作用，在丰水年份蓄水，干旱年份补水，减少流域缺水量及缺水损失。根据龙羊峡水库旱限水位最优控制的结论，按照 3 年连续、滚动优化的调度模式，根据可预见 3 年的黄河河川径流预测、流域旱情预报以及龙羊峡入库径流条件实时滚动优化。

根据长系列和典型干旱年份计算，龙羊峡水库应对旱情可补水 17 亿 ~56 亿 m^3，以补充农业旱情全流域供水。通过对 1990 ~ 1999 年黄河连续干旱枯水时段的调度结果与实际调度对比，年均可增加供水量 11. 36 亿 m^3，在一定程度上缓解了流域的旱情。

(2) 小浪底水库汛限水位优化，实施洪水资源化利用

小浪底水库是一座防洪、减淤为主兼顾供水、发电的综合利用水利枢纽，是黄河下游地区的主要供水工程。小浪底水库秋季蓄水是解决下游灌溉用水的重要水源，然而常常由于防洪和减淤运用的限制小浪底水库不能蓄水，导致下游秋灌水量无法得到有效保证，造成农业缺水、影响生产。

开展黄河干支流洪水分期点识别、小浪底水库分期洪水调度，优化小浪底汛限水位，在汛期提前蓄水，增加可以利用的水资源量，实现洪水资源化利用的目标。经连续枯水时段计算分析，小浪底水库实时洪水分期调度和汛限水位优化可为下游增加水源，实现洪水资源化利用 1. 59 亿 m^3。

(3) 梯级水库群协同优化调度，提高水资源调控能力

1）年际年内协同调度。黄河流域梯级水库群按照库容系数，分为龙羊峡多年调节水库、刘家峡和小浪底年调节水库，以及万家寨和三门峡季调节水库，三类水库在应对干旱时蓄泄次序不同。龙羊峡水库发挥多年调节作用，在丰水年份蓄水，干旱年份补水，根据长系列和典型干旱年份计算，龙羊峡水库应对旱情可补水 17 亿 ~56 亿 m^3，以补充农业旱情全流域供水。当流域农业旱情在中旱以下，农业需水小于 450 亿 m^3，梯级水库群通过增加非汛期补水量和适当断面减少下泄即可有效保证农业干旱供水。随流域农业旱情加剧，农业需水由中旱 450 亿 m^3 左右向特旱 480 亿 m^3 增加，龙羊峡水库汛期由蓄水 20 亿 m^3 逐渐转变为补水 20 亿 m^3，非汛期补水量则由 38 亿 m^3 增加到 41 亿 m^3，提供跨年度补水。随流域农业旱情加剧，梯级水库群（龙羊峡水库、刘家峡水库、万家寨水库、三门峡水库、小浪底水库）汛期由补水 3 亿 m^3 转变为蓄水 45 亿 m^3，非汛期补水量则从 51 亿 m^3 增加到 70 亿 m^3，用水高峰期 3 ~6 月补水量由 52 亿 m^3 增加到 63 亿 m^3，充分发挥梯级水库群应对干旱的蓄丰补枯，增加农业旱情供水。刘家峡水库和小浪底水库主要发挥年内调节作用，在汛期蓄水、非汛期补水，基本实现年度蓄泄平衡，干旱年份一般到 6 月底泄空，刘家峡水库、小浪底水库一般汛期蓄水 27 亿 m^3左右，在用水高峰期 3 ~6 月补水；刘家峡水库和小浪底水库承担上游和下游防凌任务，凌前 11 月泄水，凌期蓄水防凌，一般应对干旱时凌期泄水较小，刘家峡水库和龙羊峡水库共同防凌，小库蓄水一般在 10 亿 m^3 左右。万家寨水库和三门峡水库由于库容较小，承担很小的汛期蓄水、非汛期补水作用，万家寨水库一般汛期蓄水在 2 亿 m^3左右；凌期万家寨水库蓄水可达到 3 亿 m^3，三门峡水库在 4 亿 m^3左右。

2）分区协同控制。根据黄河梯级水库群的布局和主要灌区分布，应对干旱的黄河水库群采取分区控制，即“刘家峡水库和龙羊峡水库控制宁蒙灌区+下游，小浪底水库控制下游”。由于黄河特殊的来水 60% 以上在兰州以上区间，用水主要在兰州以下，因此龙羊峡水库和刘家峡水库主要控制宁蒙灌区的旱情，且由于宁蒙灌区降水很少，主要依靠龙羊峡水库和刘家峡水库供水，农业旱情供水相对稳定，一般为 40 亿 ~50 亿 m^3；同时，龙羊峡水库和刘家峡水库通过汛期蓄水、非汛期补水，向中下游补水，提高下游引黄灌区应对旱情的农业供水量，一般为 40 亿 ~60 亿 m^3。小浪底水库主要控制小浪底以下的下游引黄灌区的农业旱情供水，一般为 20 亿 ~40 亿 m^3。

8.2 流域干旱风险管理

干旱管理目标是减少因旱缺水造成的损失。受供水条件的限制，干旱时期人类社会、经济和生态环境需水无法得到满足。由于传统的干旱管理方式效率低，难以满足各行业的基本用水需求，并难以保持生态环境的可持续发展。因此必须建立结合供水和需水管理、适应水资源高度开发利用情况下的干旱应急响应风险管理保障系统。

本书建立以水资源供需结合为主、考虑干旱缺水风险的多层级、多部门联动干旱管理体系，突破了传统应急式、短期式抗旱模式，构建以中长期旱情监测预警为基础的流域层面水资源优化调配机制，具有更具体、系统、准确的组织体系和行动方案，突出管理定量化、精细化和高效化。

8.2.1 干旱风险管理框架

旱灾风险管理的目标是根据干旱缺水风险，采取相应措施，一方面开源节流，提高用水效率，尽可能保证各行业的用水需求，提高用水效益；另一方面通过科学的技术和管理方法，尽可能降低损失，包括日常防旱抗旱信息的宣传和培训，旱情的监测和预测，旱灾预警信息的发布，灾害自救的培训和演习等。

干旱管理的有效实施依赖于能否将既定的干旱管理策略和行动方案高效落实。随着旱情的发展和管理措施的深入，干旱管理涉及部门更多，工作的复杂性和协作性明显增加。为保证各项行动的有序开展和有效落实，必须理清干旱管理的各个环节和重要工作内容。图 8-6 为旱灾风险管理的基本框架，旱灾风险管理体系由如下部分构成：

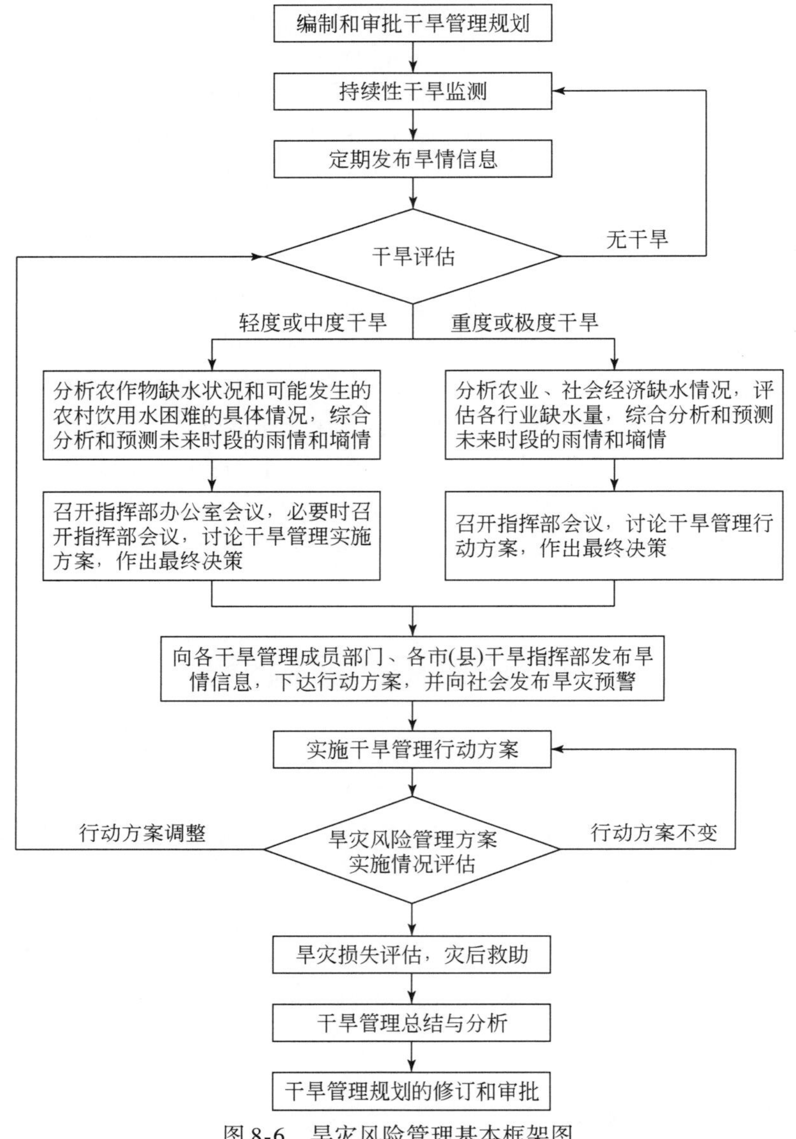

图 8-6　旱灾风险管理基本框架图

资料来源：郭东明等，2012；Wilhite，2008

（1）干旱管理的行政组织体系建立

架构合理的组织管理体系，明确机构职责，强化部门协调，规划和管理行动方案。

（2）干旱管理规划编制

确定干旱管理的基本规则和行动方案，包括构建干旱管理行政组织体系、确定干旱监测方法和干旱指标体系，选取干旱致灾因子、脆弱性评估方法及干旱风险评估方法，制定用水优先级规则和旱灾分级响应措施等。

(3) 干旱监测与风险评估

实时监测降水、径流、土壤墒情等致灾因子，采用干旱指标分析旱情的发展情势，评估不同地区、不同行业面临的旱灾风险。

(4) 旱灾分级响应措施实施

依据干旱监测和风险评估的结果，采取不同等级的干旱灾害响应措施。

(5) 旱灾损失评估、救助与总结

准确评估旱灾损失，既是公平救助的基础，也是重要的旱灾历史资料记录，为未来可能发生的旱灾提供评估管理依据。

8.2.2 干旱风险管理机制

8.2.2.1 干旱管理组织机构

(1) 管理组织机构

黄河流域抗旱指挥机构由黄河防汛抗旱总指挥部、黄河水利委员会、沿黄有关省（区）防汛抗旱指挥机构、水库管理单位等组成，负责协调所辖范围内的抗旱工作；黄河水利委员会承担流域抗旱指挥机构的具体工作。

组织机构：黄河防汛抗旱总指挥部（以下简称黄河防总）、黄河水利委员会（以下简称黄委）。

执行机构：青海、四川、甘肃、宁夏、内蒙古、山西、陕西、河南、山东 9 省（区）防汛抗旱指挥部和水行政主管部门，龙羊峡、刘家峡、万家寨、三门峡、小浪底等水库调度单位。

以黄河下游灌区为研究对象，以省界将其划分为河南和山东下游灌区的干旱管理工作，由黄河防总牵头，黄委协调并组织下游两省采取干旱管理行动措施。以省为抗旱单元，引黄灌区干旱管理组织机构如图 8-7 所示。

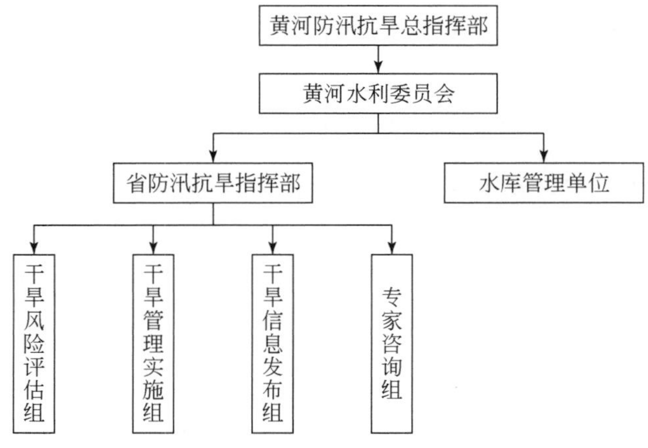

图 8-7 干旱管理组织机构图

(2) 干旱管理组织机构分工和职责

为使干旱管理组织机构的职责更为具体明确，本书将按照各政府部门在现行行政体系下的部门职责，将干旱管理的具体工作内容分解到各部门。

1）黄河防总。贯彻落实国家有关抗旱工作的方针政策和法律法规；组织拟订黄河流域防汛抗旱相关规章制度，并监督实施；组织、协调、监督、指导黄河流域的抗旱工作，重点会同有关省（区）和水库管理单位加强黄河干流及重要跨省（区）支流河道、水库等重大工程和非工程措施的抗旱管理；按照规定和授权负责对黄河流域重要的水利、水电工程、涵闸等实施抗旱调度；协调解决黄河干流及跨省（区）支流涉及重大抗旱工作的水事纠纷；掌握黄河流域重要旱情和灾情，组织流域旱情紧急情况下的会商会议；提出黄河流域抗旱决策部署和调度意见，指导、协调、监督黄河流域抗旱减灾工作；承办国家防汛抗旱总指挥部办公室交办的其他事项。

2）黄委。编制黄河水量调度计划、调度方案和实时调度指令，并组织实施和监督检查；全面掌握旱情信息，发布黄河流域旱情预警信息；指导省（区）抗旱工作；向水利部和黄河防总报告旱情动态，并提供意见。

3）省（区）防汛抗旱指挥机构。编制辖区内旱情紧急情况下的应急抗旱预案，实施辖区内黄河干（支）流水量应急调度，负责旱情、墒情、水情、重要水功能区生态信息的监测、统计、上报；实施辖区内多种水资源的联合配置、备用水源的预筹和启用，组织辖区内抗旱措施的落实等。

4）水库管理单位。按照黄河防总或黄委的调度指令控制水库泄流，保障抗旱水源。

5）指挥部办公室下设干旱管理组。黄河防总及省指挥部办公室下设 4 个干旱管理组，分别为专家咨询组、干旱风险评估组、干旱管理实施组和信息发布组，其主要人员组成和职责见表 8-6。

表 8-6 省指挥部办公室干旱管理组主要成员及职责

机构	主要成员	主要职责
专家咨询组	高级气象学专家、高级水文学专家、高级水资源管理专家、高级水环境专家	1）检查、评估各机构提供的报告和信息 2）为省指挥部提供抗旱策略方面的支持
干旱风险评估组	高级气象预报专家、高级水文预报专家、高级地下水专家、高级水环境专家、高级水资源管理专家	1）开展对干旱的长期监测、评估、预警和预测 2）为省指挥部和其他相关部门提供干旱风险评估信息 3）编制干旱管理实施方案，包括取水量紧急限制方案
干旱管理实施组	省防汛抗旱指挥部各成员单位负责人	1）组织、协调、监督、实施干旱管理行动措施 2）解决干旱时期各行业间的用水冲突
信息发布组	省（市）主要新闻媒体	宣传干旱风险、干旱管理、干旱灾害和减灾、救灾方面的信息，定期通过网络、电视、广播、报纸等媒介发布干旱等级信息

8.2.2.2 流域协调机制

流域协调机制主要解决的事件为区域干旱事件，黄河流域及供水区跨多个省（区），同时多数省（区）跨不同流域，黄委与各省（区）之间在面对处理旱情时应加强协调沟通，有关各方依照各自职责开展抗旱工作。黄河流域及供水区的多数省（区）跨不同流域，当省（区）内不同流域旱情差异较大时，旱情等级应主要依据本流域及供水区旱情确定。黄河流域及供水区地域范围大，执行中根据旱情发生的特定区域，视情况实施局部预警和响应。

对于区域干旱事件，黄河防总定期或不定期组织召开会议，研究部署抗旱重要工作，协调解决流域抗旱的有关问题，向国家防汛抗旱总指挥部办公室报告流域抗旱工作情况，发布和解除旱情预警信息，必要时派出工作组指导抗旱工作。

黄委主要是加强与有关省（区）的联系，密切关注水情、墒情和旱情，加强对地方水量调度工作的指导，积极筹措水源，协调审批计划外用水。

省（区）防汛抗旱指挥机构在加强黄河干支流水量和工程的统一调度、科学配水、挖潜当地水资源潜力和确保城乡居民生活用水的前提下，保证重点用水户的用水，及时监测报送水情、墒情和灾情信息，发生特大旱灾和供水危机时请求部队支援。

水库管理单位，严格执行黄委的调度指令，保证泄流精度，保障抗旱水源。

干旱日常管理行动主要是对指挥部、指挥部办公室及其成员单位工作的细化，主要内容见表 8-7。此外，日常干旱管理还包括流域水资源中长期规划和配置，即需根据降水、径流等要素的中长期预报，根据遭遇不同来水年型，提前制定黄河干流水库群调度方案。

表 8-7　干旱日常管理行动时间表

干旱日常管理行动	时间表
持续的干旱监测和预测	每周、每月、每季
收集国际、国内与干旱有关的评估、预测信息	每月，枯季每周进行
整理年度供水工程、取水许可及用水变化情况	每年 1 ~ 2 月
整理主要取用水户的信息，更新取排水（排污）量	每年 1 ~ 2 月
根据上一年度干旱管理行动措施，总结并修订干旱管理规划	2 月完成
召开指挥部或指挥部办公室季度（枯季可召开月度）干旱管理会议，讨论分析干旱情势及旱灾风险，制定干旱管理行动方案任务	每季度或每月进行
进行必要的干旱管理演习，根据历史旱灾情景，检验准备工作是否就绪，行动方案中存在的问题	按需确定
根据干旱监测信息，每月编制《干旱月报》并向有关部门报送	每月进行
开展干旱管理培训，提高干旱管理能力	按需确定
分行业开展节水管理培训，向社会宣传节水自律意识	按需确定

8.2.2.3 管理规划编制

(1) 基础性文件

为提高抗旱工作的计划性、主动性和应变能力，减轻旱灾影响和损失，保障黄河流域及供水区经济发展及生活、生产和生态环境用水安全，黄河流域先后编制《黄河流域抗旱预案（试行)》(以下简称《预案》) 和《黄河干流抗旱应急调度预案》(以下简称《应急预案》)。

《预案》在编制的过程中以《黄河水量调度条例》、《黄河水量调度条例实施细则（试行)》为基础，是黄河流域干旱管理的基础性文件，用以指导确定干旱管理的规则和具体行动方案。预案拟解决的主要问题如下：

1）建立和规范抗旱组织指挥机制和程序。

2）建立旱情信息监测、处理、上报和发布机制，掌握旱情发展动态。

3）制定旱情紧急情况和黄河水量调度突发事件的判别标准和应对措施，防止黄河断流，保障黄河流域供水安全和生态安全。

4）明确黄河防总、黄委、沿黄有关省（区）防汛抗旱指挥机构、水库管理单位抗旱工作职责。

根据黄河流域及供水区水情和旱情，预案主要处置事件分为以下三类：一是流域及供水区发生大范围严重干旱或城市供水危机（即区域干旱）；二是供水期来水与水库蓄水严重偏少，生活、生产及生态用水出现困难（即可供水量不足）；三是黄河干流或重要支流控制断面预测即将发生或已发生预警流量（即断面预警）。本书以黄河下游灌区为研究对象，干旱事件表现为区域干旱。《预案》及《应急预案》主要为被动应急方案，缺乏对旱情的全程监控及管理。因此，制定完善的干旱管理规划，实现管理模式由被动应急向主动响应、单一应急向全面响应、危机管理向风险管理的转变是非常必要的。

(2) 干旱管理规划的编制

干旱管理规划是根据干旱管理的理念、策略及框架编制的，用以指导确定干旱管理的规则和具体行动方案。黄河流域干旱管理规划的编制应以《预案》、《应急预案》、《黄河水量调度条例》、《黄河水量调度条例实施细则（试行)》等基础性文件、条例为基础，以尽可能减少旱灾损失为目标，根据所管理行政区的实际情况制定干旱管理（行动）方案。干旱管理规划的内容主要包括：

1）干旱管理的行政组织机构、职责和管理程序，信息交流和对外发布。

2）干旱监测和评估方案。

3）旱灾风险识别和评估方案。

4）干旱管理对策，包括日常干旱管理措施和干旱紧急应对措施。

5）旱灾的救助、重建工作。

6）干旱管理的经验、教训总结，规划的修订。

依据干旱管理规划，当发生流域级别干旱时，黄河防总对旱情进行核实后，发布旱情预警，并根据干旱类型和等级制定相应的干旱管理行动方案，该方案由黄河防总组织编制实施；当发生区域级别干旱时由省防指统一协调，组织实施。当出现重度或极度干旱时，针对干旱类型及缺水程度制定紧急限制用水方案。紧急限制用水方案须按照干旱管理预案所确定的用水优先级和实际干旱缺水量，在优化调度的基础上制定。

随着管理区域水资源供需特性的变化以及人们对干旱规律认识的加深、科学技术和管理水平的提升，干旱管理规划应及时修订。制定并实施具体的方案后，需对实施效果进行总结，并将管理经验和教训纳入规划的修订中。

8.2.3 干旱风险管理流程

应对干旱行动方案是对干旱管理规划的具体化，具有可操作性、针对性、及时性和高效性，能尽可能减小旱灾造成的损失。应对干旱的行动方案主要包括：干旱持续监测和评估、旱灾风险识别和评估、旱灾预警、旱灾应急响应对策、灾后损失评估和救助以及干旱总结和规划修订。

8.2.3.1 干旱监测评估

干旱监测是根据观测水文、气象基本要素，选取适当的干旱指标，对干旱情势进行综合评价，并确定干旱等级。旱情评估应反映各规划单元的具体干旱情势，具体干旱等级按流域、省、市或县为单元确定。反映旱情的水文气象要素包括：降水、气温、蒸散发、河川径流、水质、地下水位、土壤墒情、水库蓄水量、主要排污断面和排污量。

在枯水期或农作物主要需水期，黄委、各省（区）防汛抗旱指挥机构、水库管理单位应加强旱情监测预报，及时报送旱情信息和抗旱工作开展情况，重点对流域降雨、气温、径流量、水质、土壤墒情、水库蓄水量等要素进行监测，流域不同区间监测侧重点不同，流域上游灌区以引黄灌溉为主，可重点监测土壤墒情、径流量等要素，流域中下游可重点监测降雨、气温、土壤墒情等要素。

本书以气象台站观测数据为基础，建立综合干旱评估指标体系，通过流域陆面水文过程模拟，监测流域内土壤湿度、径流等的实时变化，为干旱监测和预警提供数据，构建黄河流域大型灌区实时旱情分析系统。

8.2.3.2 旱灾风险识别

（1）致灾因子和脆弱性分析

致灾因子分析是旱灾风险评估的第一步，本书根据研究区域旱涝特性，选取主要致灾因子，在一定程度上监测和表征干旱的发展。

脆弱性分析反映了当前干旱情势下可能遭到破坏的地区、范围和程度，不仅用于确定风险，还可向较脆弱区域提前预警。

（2）旱灾风险识别和评估

旱灾风险的识别包括水资源供需分析、干旱等级评估、旱灾致灾因子分析及脆弱性评价。步骤为：根据干旱监测和评估的结果，确定干旱等级以及干旱发生、发展的趋势和影响范围，绘制干旱风险图集；对旱灾致灾因子进行持续监测和分析，指示干旱情势的演变；结合区域水资源供需分析，评价当地的旱灾脆弱性，分析可能遭受旱灾破坏的地区，据此作为预警等级判断的依据。

8.2.3.3 旱灾预警等级

根据旱情等级、发展趋势及范围，对干旱所在地发布相应干旱等级下的区域预警，当黄河流域及供水区多个省份同时发生干旱且旱情仍在快速发展时，可启动全流域级别的预警。本书采用区域干旱指数CRDI对旱灾等级进行划分，并采用标准化帕尔默干旱–联合水分亏缺指数SPDI-JDI分析干旱风险的空间分布特征。旱灾预警等级与干旱标准相适应，本书采用四级旱灾预警方式，分别为Ⅰ级预警、Ⅱ级预警、Ⅲ级预警和Ⅳ级预警，分别对应于CRDI分级确定的特旱、重旱、中旱和轻旱（表8-8）。

表8-8　基于区域综合干旱指数CRDI的旱灾预警等级划分

CRDI	−2.0	−1.5	−0.5	0.0
干旱等级	极度干旱	重度干旱	中度干旱	轻度干旱
预警等级	旱灾Ⅰ级预警	旱灾Ⅱ级预警	旱灾Ⅲ级预警	旱灾Ⅳ级预警

由于黄河流域及供水区的多数省（区）跨不同流域，上中下游旱情特征不一，部分地区旱情较为复杂，在确定预警级别时，除了主要参考干旱指数和致灾因子的演变发展趋势，还需综合分析干旱发生范围，尤其是处于干旱中心的农业生产的脆弱性和主要暴露度，结合水资源的供水、需水、取用水及排水状况统一确定。

流域级别的旱情由黄河防总组织召开会议，商讨旱情发展情况，综合评定旱灾预警等级，由黄河防总组织制定干旱管理行动方案，经批准后向有关部门、行业及社会发布预警信息，在黄河防总的指导和监督下，实施行动方案。区域级别的旱情由省（区）防汛抗旱指挥机构统一协调，组织实施。

（1）旱灾Ⅳ级预警

旱灾Ⅳ级预警对应于CRDI数值小于0，此时应综合分析致灾因子（降水量、月降水距平百分率）、干旱的空间范围、农业脆弱性及水资源供需状况，若下一阶段水分条件对旱灾成灾有利，须触发轻度干旱响应行动，发布旱灾Ⅳ级预警。

当发生轻度干旱时，缺水主要影响中下游雨养农业生产区，尤其在小麦、玉米等农作物的关键发育阶段，缺水可能造成的损失更大。

（2）旱灾Ⅲ级预警

旱灾Ⅲ级预警对应于CRDI数值小于−0.5，此时应综合分析致灾因子（降水量、月降水距平百分率）、干旱的空间范围、农业脆弱性及水资源供需状况，若下一阶段水分条件对旱灾持续或进一步发展有利，须触发中度干旱响应行动，发布旱灾Ⅲ级预警。

当发生中度干旱时，土壤失墒较重，雨养农业缺水严重。若受前期持续缺水影响，灌溉可能出现缺水，上中游部分偏远地区可能出现农村人畜饮用水困难。本阶段针对雨养农业干旱和无法获取灌溉用水的农田，继续采取Ⅳ级预警阶段的措施。针对灌溉农业供水不足的农田，采取有限灌溉和节水灌溉的方式，尽可能使有限的水获得更大的边际效益。

(3) 旱灾Ⅱ级预警

旱灾Ⅱ级预警对应于 CRDI 数值小于-1.5，此时应综合分析致灾因子（降水量、月降水距平百分率）、干旱的空间范围、农业脆弱性及水资源供需状况，若下一阶段水分条件对旱灾持续或进一步发展有利，须触发重度干旱响应行动，发布旱灾Ⅱ级预警。

由于干旱的缓变性，通常重度干旱前都存在数月的轻度至中度干旱的发展，当水分亏缺进一步扩大时，可能造成更大的损失，并达到重度干旱的等级。此时，农业生产很可能已经遭到重创，旱灾成灾面积、绝收面积进一步扩大，灌溉水供给不足，农作物面临大面积减产，甚至绝收的风险。由于长期降水亏缺对河道流量补给不足，河川径流量显著减少，当河道水位下降至引提水位以下，灌溉取水受到限制，对流域引黄灌溉构成威胁，将进一步加重农业干旱。当河道水位下降至城市取水口高程以下，干旱可能进一步发展，波及沿河大中小城市社会经济用水。本阶段除对局部旱情较轻的地区继续采取Ⅲ级预警的措施，还需要根据实际旱情的发展，启动取水量紧急限制方案，控制部分行业用水量，提高社会经济整体用水效益。通过经济机制和激励机制促进干旱期间公众和各类用水户的节水自律。

(4) 旱灾Ⅰ级预警

旱灾Ⅰ级预警对应于 CRDI 数值小于-2.0，此时应综合分析致灾因子（降水量、月降水距平百分率）、干旱的空间范围、农业脆弱性及水资源供需状况，若下一阶段水分条件对旱灾持续或进一步发展有利，须触发极度干旱响应行动，发布旱灾Ⅰ级预警。

极度干旱的发生将导致农业生产严重缺水，农作物减产成数急剧增加，甚至颗粒无收；农业干旱向水文干旱发展，并最终波及社会经济用水，部分城市出现生活用水困难。本阶段的干旱管理措施将比重度干旱时期的更加严格，实施更严格的水资源管理，尽最大可能调动全社会的节水积极性，避免因缺水对社会经济可持续发展造成重大影响。

8.2.3.4 干旱风险保障

持续缺水引起不同程度的旱灾，对当地农业、社会经济造成一定破坏，为尽可能保证城乡居民正常生活，减少旱灾损失，应采取必要行动措施，黄河防总需联合各成员单位及时做出具体可行的、针对不同等级干旱的管理响应措施。

抗旱措施的实施须根据干旱实时监测和评估结果以及行动措施实施的情况，及时做出调整。此外，当高等级旱灾预警响应发生时，应在保证低等级预警响应措施持续进行的同时，继续深化和推进抗旱措施，采取更有力的减灾方案。

(1) 干旱风险应对措施

在流域面临干旱的风险时，建立完善的措施保障是减少灾害的重要措施，应对措施主要包括：加强水库实时调度，调整水库泄流指标；相关省（区）根据水情调整生产用水指标，适时启动应急备用水源；加大水文水质测验频次，有关各方要实现监测资料共享；加强现场监督检查；等等。各部门抗旱响应措施详见表 8-9。

表 8-9　黄河流域各部门抗旱应对措施

响应等级	黄河防汛抗旱总指挥部	黄河水利委员会	相关省（区）防汛抗旱指挥机构	相关水库管理单位
一级响应措施	派出工作组、专家组赴灾区检查指导抗旱工作。建立值班制度，及时掌握水情、旱情和灾情发展趋势和抗旱救灾动态	水量调度部门和单位加强，24h 值班。密切监视水情；加强与相关省（区）联系，关注旱情和灾情的发展趋势。加强水量实时调度，实行日调度。根据黄河干流和跨省（区）支流的水情、旱情，协调处理好重点旱区水量指标的调剂。及时派出检查组，加强省（区）用水及省际断面流量控制督查	派出工作组、专家组到灾区检查指导抗旱救灾工作。抗旱指挥机构及水量调度部门加强 24h 值班。及时启动和组织实施当地抗旱预案。严格控制和压减各类用水，分解细化用水指标到河段及重要用水户，合理配置各类用水，采取一切必要措施保障生活用水和必要生产用水。强化引退水工程实时调度和监管，确保省际和重要控制断面达到规定的流量指标。负责辖区抗旱队伍组织、抗旱措施及备用水源落实。做好抗旱减灾的宣传工作，保障社会安定	严格执行黄河水量调度指令，保证泄流平稳，日均泄流误差控制在±2%以内。加强枢纽和电力安全运行检查维护，加强调度值班，确保水库正常运行
二级响应措施	视情况派出工作组、专家组赴灾区检查指导抗旱工作	水量调度部门和单位加强值班。密切监视水情；加强与相关省（区）联系，关注旱情和灾情的发展趋势。加强水量实时调度，必要时实行日调度。根据黄河干流和跨省（区）支流的水情、旱情，协调处理好重点旱区水量指标的调剂。及时派出检查组，加强省（区）用水及省际断面流量控制督查	派出工作组、专家组到灾区检查指导抗旱救灾工作。抗旱指挥机构及水量调度部门加强值班。及时启动和组织实施当地抗旱预案。严格控制和压减各类用水，分解细化用水指标到河段及重要用水户，合理配置各类用水，保障生活用水和最大限度满足重要生产用水。强化引退水工程实时调度和监管，确保省际和重要控制断面达到规定的流量指标。负责辖区抗旱队伍组织、抗旱措施及备用水源落实。做好抗旱减灾的宣传工作，保障社会安定	严格执行黄河水量调度指令，保证泄流平稳，日均泄流误差控制在±2%以内。加强枢纽和电力安全运行检查维护，加强调度值班，确保水库正常运行
三级响应措施		水量调度部门和单位加强值班。密切监视水情；加强与相关省（区）联系，关注旱情和灾情的发展趋势。加强水量实时调度，必要时实行日调度。必要时，派出检查组，加强省（区）用水及省际断面流量控制督查	派出工作组、专家组到灾区检查指导抗旱救灾工作。抗旱指挥机构及水量调度部门加强值班。及时启动和组织实施当地抗旱预案。严格控制和压减农业、高耗水产业用水，分解细化用水指标到河段及重要用水户，合理配置各类用水，保障城乡生活用水和最大限度满足重要生产用水。强化引退水工程实时调度和监管，确保省际和重要控制断面达到规定的流量指标。负责辖区抗旱队伍组织、抗旱措施及备用水源落实。做好抗旱减灾的宣传工作，保障社会安定	严格执行黄河水量调度指令，保证泄流平稳，日均泄流误差控制在±5%以内。加强枢纽和电力安全运行检查维护，加强调度值班，确保水库正常运行

续表

响应等级	黄河防汛抗旱总指挥部	黄河水利委员会	相关省（区）防汛抗旱指挥机构	相关水库管理单位
四级响应措施		密切监视水情、旱情和灾情，及时调整和优化水调方案，加强实时调度。必要时，派出水调检查组，加强省（区）用水、及省际断面流量控制督查	视情况派出工作组、专家组到灾区具体指导抗旱救灾工作。及时启动和组织实施当地抗旱预案。严格控制和压减农业、高耗水产业用水；细化用水指标，合理配置各类用水，保障城乡居民生活用水，最大限度满足生产用水。负责辖区抗旱队伍组织、抗旱措施及备用水源落实。强化引退工程实时调度和监管，确保省际和重要控制断面达到规定的流量指标。做好抗旱减灾的宣传工作，保障社会安定	严格执行黄河水量调度指令，保证泄流平稳，日均泄流误差控制在±5%以内。加强枢纽和电力安全运行检查维护，加强调度值班，确保水库正常运行

调整水库下泄流量指标时，要综合分析下游受旱程度和水库蓄水量，应在满足生活用水和确保黄河不断流的基础上，最大限度地满足区域抗旱用水。

（2）抗旱水源工程

黄河流域抗旱水源工程主要包括水库、地下水、非常规水源等，水库管理单位严格执行黄委水量调度指令，各省（区）根据旱情适时打井抗旱，最大限度利用各项非常规水源。其中黄河干流抗旱水源工程主要包括龙羊峡、刘家峡、万家寨、三门峡和小浪底等干流枢纽工程。龙羊峡水库为黄河干流唯一具有多年调节能力的水库，其他水库为年调节或不完全年调节水库。黄河干流主要枢纽工程的具体情况见表 8-10。

表 8-10　黄河干流抗旱调度主要枢纽工程具体情况表

工程名称	涉及相关省（区）	重要断面列表
龙羊峡水库	青海	贵德
刘家峡水库	甘肃、宁夏、内蒙古	兰州、下河沿、石嘴山、头道拐
万家寨水库	陕西、山西	龙门、潼关
三门峡水库、小浪底水库	河南、山东	高村、利津

（3）取水量紧急限制

当发生重度或极度干旱时，水资源进一步短缺，用水矛盾更加突出。此时除采取节水灌溉、跨流域或区域引水等开源节流的措施，还须直接限制用水，尤其限制高耗水、低效益、高排污等行业的用水。按照用水优先级别规则，优先保证优先级别较高的用水行业，限制优先级较低的行业。

取水量紧急限制方案根据供水、需水量及用水优先规则确定。具体方法为：根据流域降水、径流、蒸发等观测数据分析可供水量；分析不同行业需水量，按照用水优先级进行优化调度；综合考虑环境、经济效益最大化，初步拟定限制的取水户和取水量。方案由省指挥部办公室报送指挥部，经批准后向社会发布，并按取水许可制度和本地制定的行政程序实施。

(4) 旱灾损失评估和救助

准确的旱灾损失评估是公平救灾的基础，也是反映不同程度旱灾破坏力的重要历史记录，对未来的干旱管理工作具有非常重要的参考价值。因此需要准确评估和记录旱灾损失。本书采用作物减产率、减产量、旱灾受灾面积、成灾面积等指标，定量评价旱灾对农业生产造成的损失。

旱灾的救助包括两部分：

1）政府援助。当旱灾发生后，须重点关注农村或偏远地区受灾严重的区域，及时救助贫困人口和弱势群体，保障基本生存生活用水，提高灾害补贴。

2）民众自救。即在干旱时期（尤其发生严重的持续性干旱时），政府应通过大众传媒广泛宣传如何通过自救减少企业、单位、家庭、个人的损失，如何强化节水意识，提高水循环利用率，减少或杜绝奢侈用水等。自救措施比政府援助更及时有效，但需要通过广泛的宣传教育，提高民众的节水意识和自救能力。

8.2.3.5 干旱总结评价

旱灾后的总结评价有利于分析干旱管理行动措施的合理性和有效性，提供了一种改善干旱管理体系的机制。干旱总结和评价应包括：干旱时期水文气象特性分析；旱灾的经济、社会、环境后果；针对减轻旱灾损失、旱灾地区的救援和帮助以及灾后恢复等方面，分析干旱管理行动方案的有效性；行动方案的弱点，没有考虑到或涵盖的问题；对重大旱灾事件需要重点评价，若再次发生类似旱情，可作为重要参考。为保证干旱行动评价的公正性，可将该工作交给非政府组织进行。

依据干旱总结和评价，指挥部办公室每年 1 ~ 2 月进行上年度干旱管理规划的修订，记录、分析上一年干旱管理行动的经验和教训，同时详细记录旱灾的发展状况、重要的决策和行动以及旱灾损失等。此外规划还要根据人员变动、政策法规、管理手段、技术能力、供水工程变化、用水户和用水量变动等方面的信息，进行全面、系统的修订，以适应新的变化情况。规划修订最终报黄河防总，经批准后作为本年度的新规划执行。

8.3 黄河下游灌区干旱应对与管理方案

黄河下游引黄灌区涉及河南省的焦作、新乡、郑州、开封、商丘、濮阳、鹤壁、安阳，山东省的菏泽、济宁、聊城、滨州、德州、泰安、济南、淄博、东营 17 个市（地）86 个县（区）。由于其空间跨度较大，导致两省灌区在气候、水文等方面存在差异。

由于降水的季节分配不均、空间分布差异及年际间的波动，河南的干旱灾害具有明显的季节性、区域性和年际变化特点。河南引黄灌区位于豫北及豫东平原干旱区，以春旱和夏旱为主。根据 CRDI 所识别的旱情及统计数据记载，1966 年、1986 年、1988 年、1997 年及 1999 年为主要的重旱年份。

山东气候温和、四季分明，雨热同季，属于暖温带季风气候。山东多年平均降水量约 600mm，而农作物需水量全年约 900mm，且降水的年际波动较大、年内分配不均。因此，农作物生产受干旱制约较大。自 1949 年以来，山东引黄灌区除 1964 年无旱灾外，其他年份均发生不同范围、不同程度的旱灾。灌区内平均每年因旱灾引起农作物受灾 22.6 万 hm^2，成灾 14.0 万 hm^2，绝收 1.2 万 hm^2，受灾人口 104 万，减产粮食 20.8 万 t。根据逐年 CRDI 识别结果，1966 年、1968 年、1988 年、1989 年、1992 年、1997 年、1999 年等均遭遇了严重旱灾，而降水是主要的旱灾致灾因子。

本节针对黄河下游灌区，以历史典型旱灾年（1997 年）为情景，重点剖析旱情和灾情，包括干旱的发生、发展和成灾过程，致灾因子的演变，农业脆弱性以及旱灾对农业造成的损失。依据干旱管理体系，提出相应的干旱管理方案。该方案既可与历史旱灾互为验证，也可作为未来干旱管理的重要参考依据。

8.3.1 灌区旱情评估

1997 年是北半球大气环流十分异常的一年，也是一个强厄尔尼诺年。在大气环流和厄尔尼诺-南方涛动事件的共同影响下，1997 年我国天气气候发生明显异常。在西北太平洋上生成的热带气旋 26 个，仅 4 个登陆我国，是 1955 年以来登陆的热带气旋最少的一年。受大尺度环流异常的影响，河南和山东两省均遭遇了历史罕见的干旱年份。河南灌区年降水距平百分率-37.3%，CRDI 识别为特旱年，全年累计干旱烈度达 10.3，排 56 年第 6 位［图 8-8（a）］；山东灌区降水距平百分率 27.4%，CRDI 识别为重旱年，全年累积干旱烈度 7.8，排 56 年第 12 位［图 8-8（b）］。

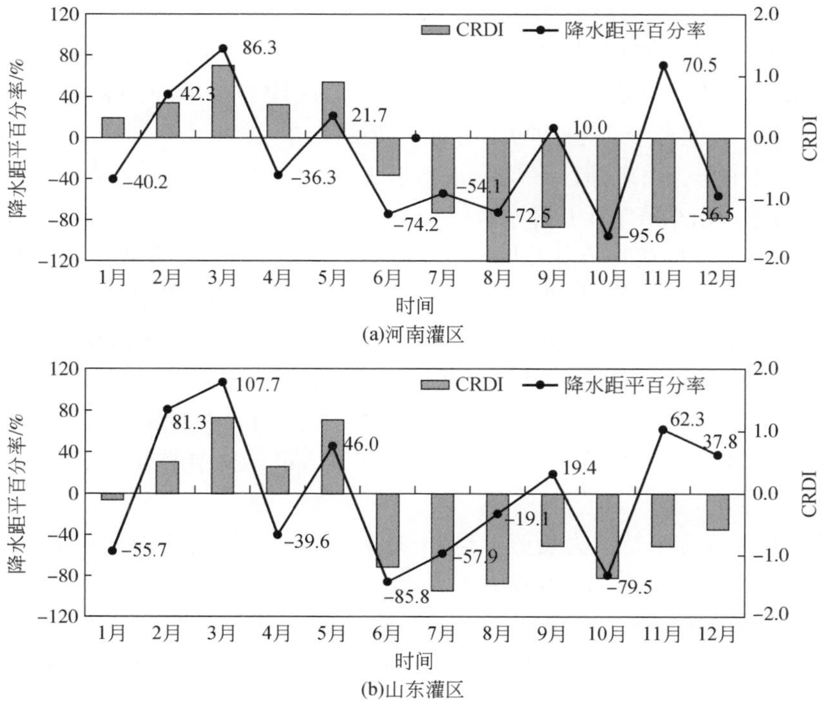

图 8-8　黄河下游引黄灌区 1997 年月干旱指数及致灾因子波动趋势

图 8-9 ~ 图 8-13 为 1996 年冬季及 1997 年春季、夏季、秋季、冬季下游灌区干旱风险图集，包括致灾因子（降水距平百分率）和干旱指数（SPDI-JDI）空间分布图，据此可分析旱灾的时空演变过程。

1996 年 11 月上中旬后灌区降水持续偏少，12 月几乎无降水（图 8-9），加之气温偏高，部分地区开始出现旱情。至 1997 年 2 月，河南灌区受旱总面积 10.19 万 hm^2，其中严重受旱面积 1.43 万 hm^2，山东灌区大部分地区降水较常年偏少 60% 以上，灌区南部出现中旱，冬小麦返青出现旱情。2 月下旬开始灌区出现大范围降水过程，至 3 月降水均为正距平（图 8-10），干旱逐渐得到缓解或解除。4 月降水距平普遍偏负，但由于前期水分条件充足，以及干旱的累积、缓变效应，4 ~ 5 月并未出现大范围干旱。

进入 6 月，降水开始显著偏少（图 8-10），较常年偏少 70% 以上。6 月底，河南灌区干旱面积达 13.6 万 hm^2，其中严重干旱 5.7 万 hm^2，秋作物干枯 0.96 万 hm^2，2.4 万 hm^2 以上旱地缺墒不能下种，0.7 万 hm^2 水田缺水无法插秧。干旱造成河南灌区内 2.1 万人、6000 余头大牲畜饮水困难。7 月初，大部分地区出现降雨，但三门峡、洛阳两市因降水量较小，旱情仍未得到缓解。河南灌区内秋作物受旱面积仍有 3.9 万 hm^2，1 万余人、3000 余头大牲畜饮水困难。7 月下旬以后，河南灌区持续高温少雨，旱情再次出现。8 月初，灌区内基本没有降水，旱情急剧发展。8 月 28 日墒情显示，开封等地区 20cm 深土壤含水率仅为 2%，出现严重干旱。至 8 月底，河南灌区秋作物受旱面积达 22.1 万 hm^2，占灌区秋播面积的一半以上，其中严重受旱面积 11.6 万 hm^2，旱死绝收 3.7 万 hm^2，近 16 万人、5 万头大牲畜饮水困难。干旱严重的洛阳市受旱面积占播种的 90% 以上，三门峡市受旱面积占播种面积的近 80%。河南省大中型水库蓄水量 25.58 亿 m^3，较常年同期减少 30%，2343 座中型水库近一半干涸，大多数河流断流，地下水位普遍下降 3 ~ 5m，绝大多数机井枯竭。8 月河南夏旱发展至高峰，干旱指数识别全灌区均为特旱（图 8-11），夏季干旱持续时间长、范围广、危害中，是 1949 年来最严重的一年。

5 月底至 7 月中旬，山东灌区平均降水不足 30mm，比常年减少 7 成。黄河断流一个多月，旱情发展迅速。山东济宁 6 月降水量仅 1.1mm，较常年偏少 98%，轻灾害区域棉花叶子上部卷起，重灾害区域棉花叶子白天凋萎，夜间不能恢复，农作物受灾面积 1.28 万 hm^2，其中棉花占 10%，重灾 3 万 hm^2，棉花占 9%。至 8 月中旬，山东灌区农田受灾面积达 42 万 hm^2，多数城市用水紧张，严重的干旱和持续的干热风，极大地影响了夏播的进行。

9 月上旬灌区降水有小幅增加，但由于前期久旱无雨，灌区大部分地区仍为中度至重度干旱（图 8-12），土壤墒情极差，10 ~ 30cm 土壤含水率长期低于 10%，对各种秋作物的后期生长极为不利。9 月上旬河南灌区受旱面积达 22.1 万 hm^2，其中严重受旱 11.1 万 hm^2，绝收 4.4 万 hm^2。

10 月降水距平百分率持续为负值，至 11 月上旬河南灌区受旱面积达 17.2 万 hm^2，其中严重受旱面积 2.2 万 hm^2。河南省大中型水库蓄水量为 21.6 亿 m^3，比常年同期减少 24%，小型水库及塘坝干涸 300 余座，沟渠断流，黄河引水困难，地下水位普遍下降 3m 左右。至 11 月中旬，山东灌区开始出现大范围降水过程，旱情基本得到缓解。至 12 月，降水增多，灌区旱情得到进一步缓解（图 8-13）。

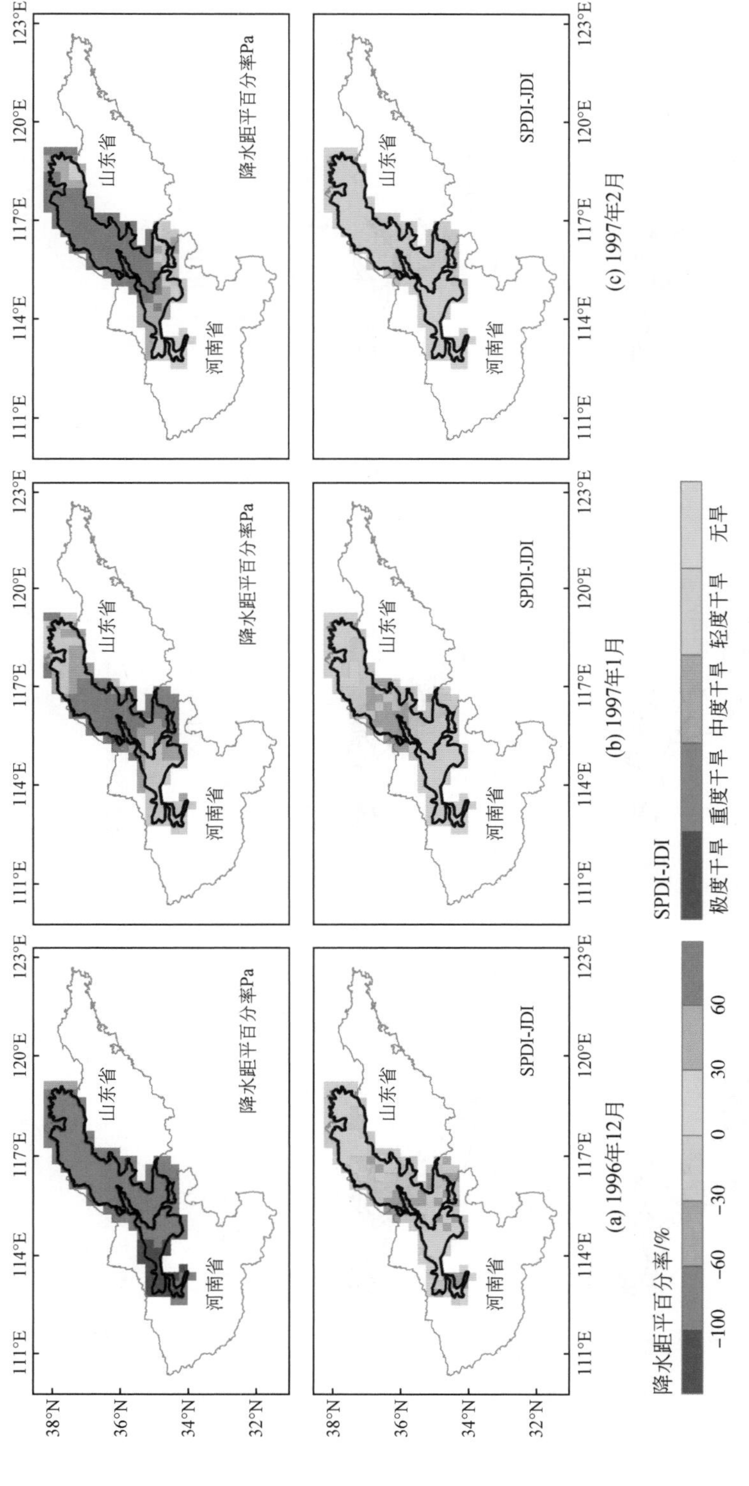

图 8-9　黄河下游灌区1996年冬季(12月~翌年2月)干旱风险图集

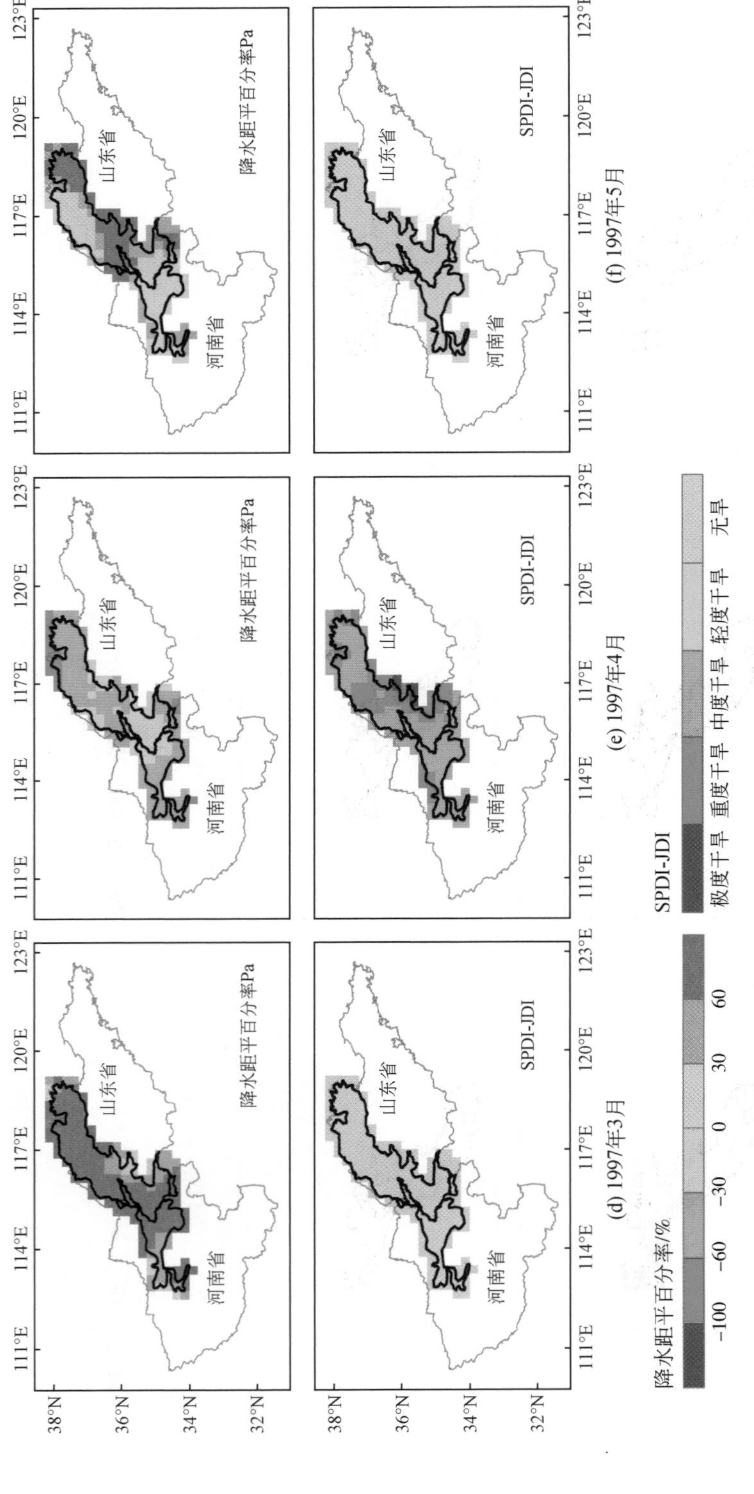

图 8-10　黄河下游灌区1997年春季(3~5月)干旱风险图集

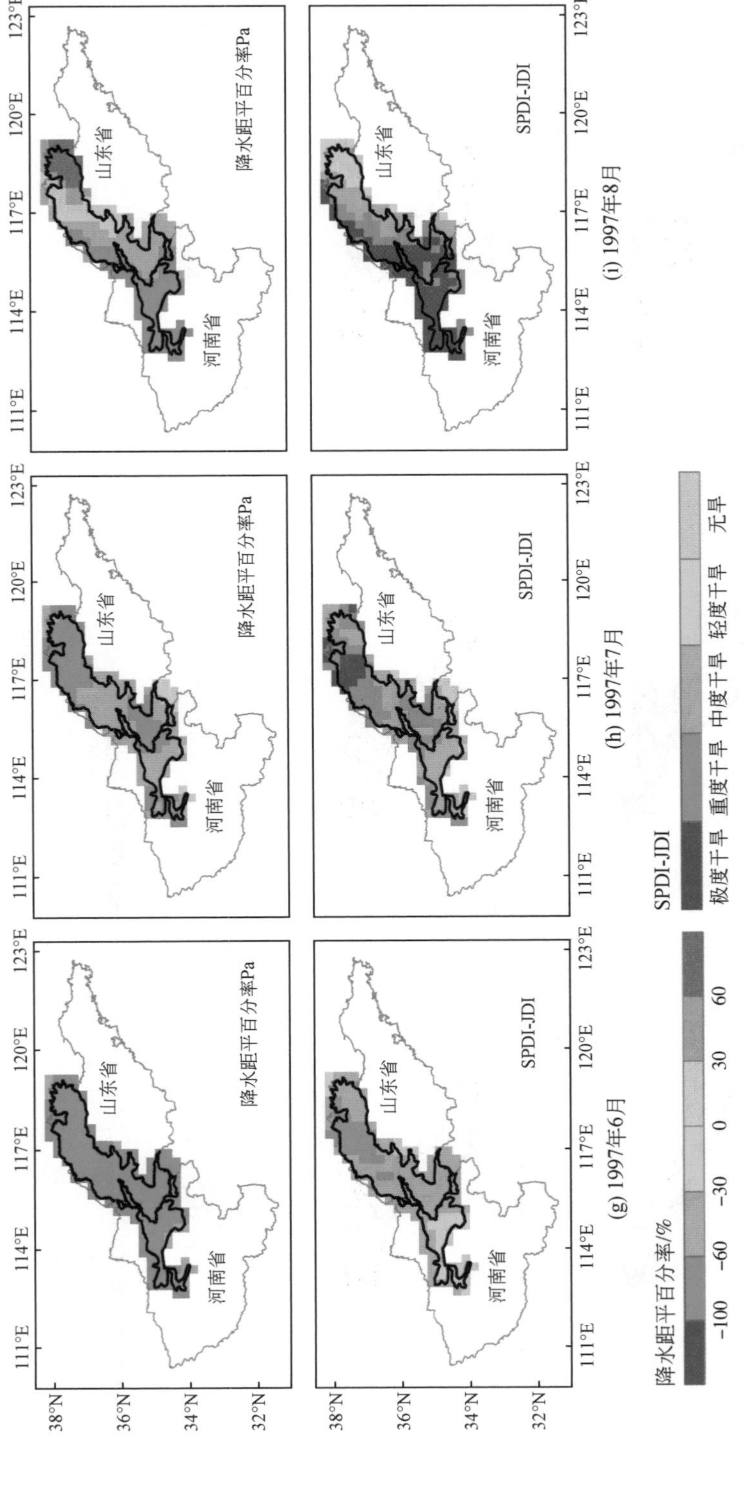

图 8-11　黄河下游灌区 1997 年夏季(6~8月)干旱风险图集

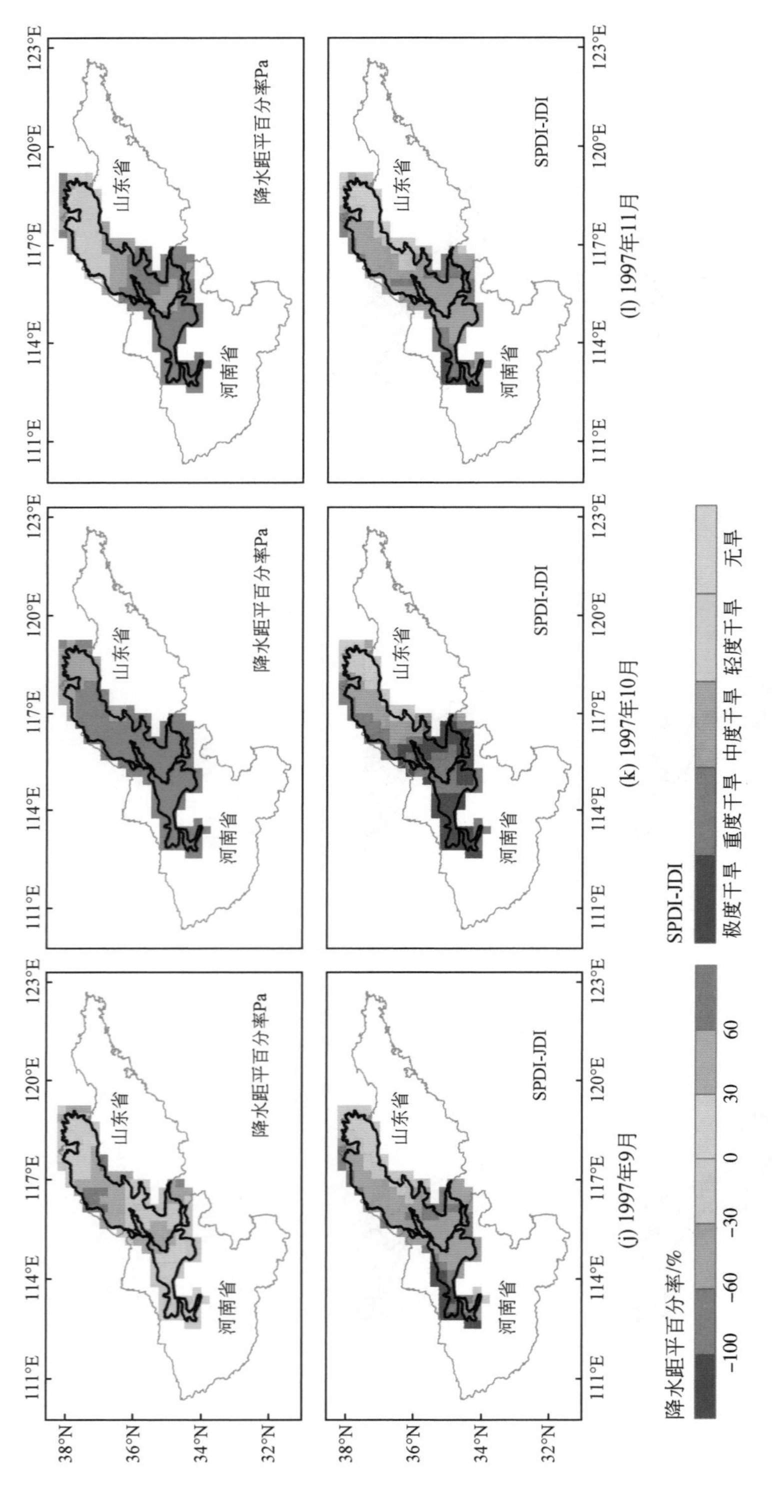

图 8-12 黄河下游灌区1997年秋季(9~11月)干旱风险图集

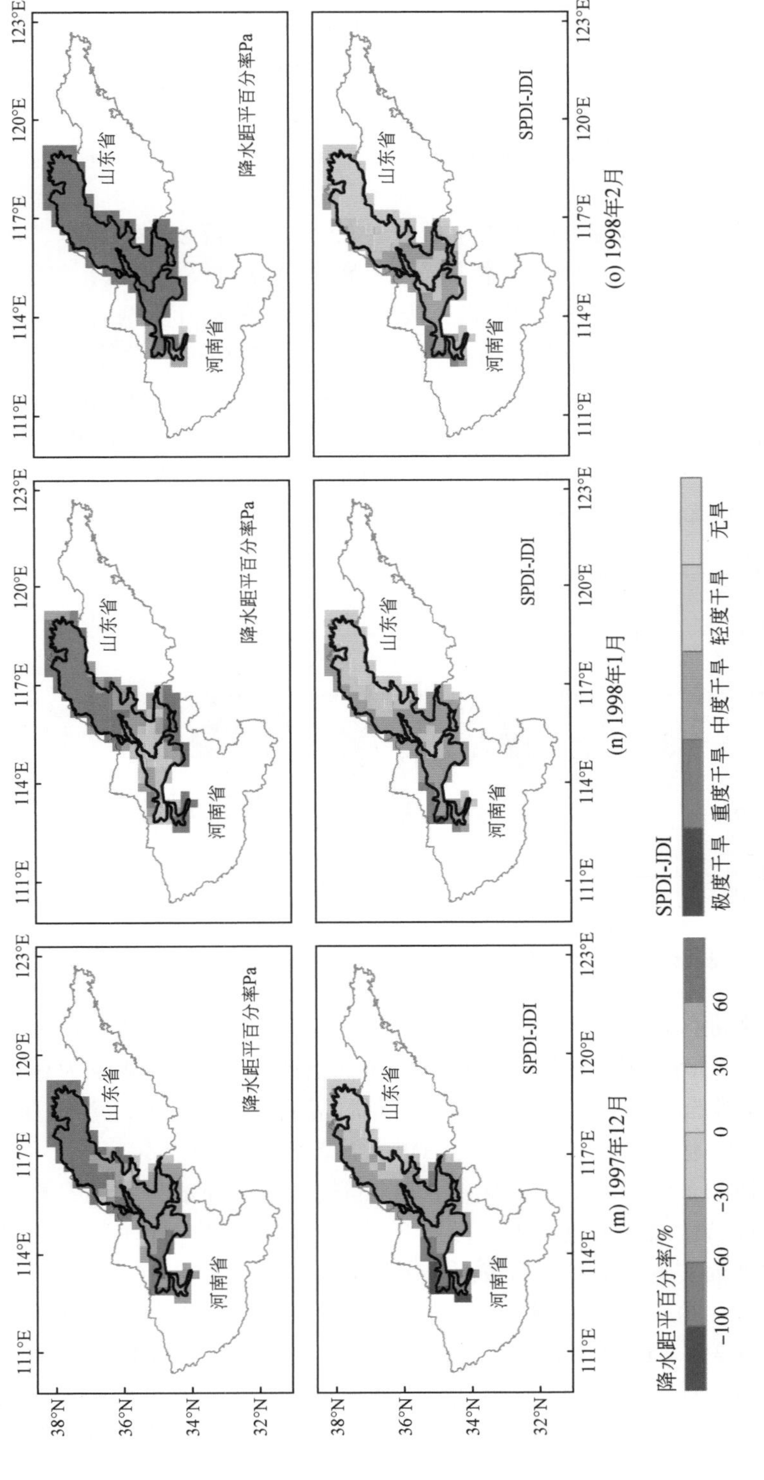

图 8-13　黄河下游灌区1997年冬季(12月~翌年2月)干旱风险图集

1997 年严重的夏旱和秋旱，对灌区农业生产造成了巨大的损失。据统计，1997 年河南灌区内受灾面积 25.9 万 hm^2，成灾面积 15.7 万 hm^2，成灾率达 61%；山东灌区内受灾面积 72.7 万 hm^2，成灾面积 50.0 万 hm^2，成灾率达 69%。

8.3.2 灌区需水与可供水量分析

黄河下游引黄灌区水资源供给主要包括三个方面：大气降水、土壤水、地下水和灌溉水，其中灌溉水主要是引黄河径流。本书采用反距离平方加权插值法，将下游灌区 14 个气象站降水数据插值到 0.25°×0.25°网格，按照面积加权分别计算两省灌区及整个灌区平均面降水量（图 8-14）。下游灌区多年平均降水量为 637.9mm，总体上南部降水多于北部，河南多于山东。降水年内分配不均，汛期（6～9 月）降水量为 458.0mm，占全年的 71.8%，春灌期（3～5 月）降水量仅 100.5mm，占全年的 15.8%。降水主要集中在夏季，冬春季雨雪稀少，严重影响灌区作物生长。降水年际变化大，如 1964 年灌区降水 1025.5mm，2002 年降水仅 406.5mm，相差 619.0mm。

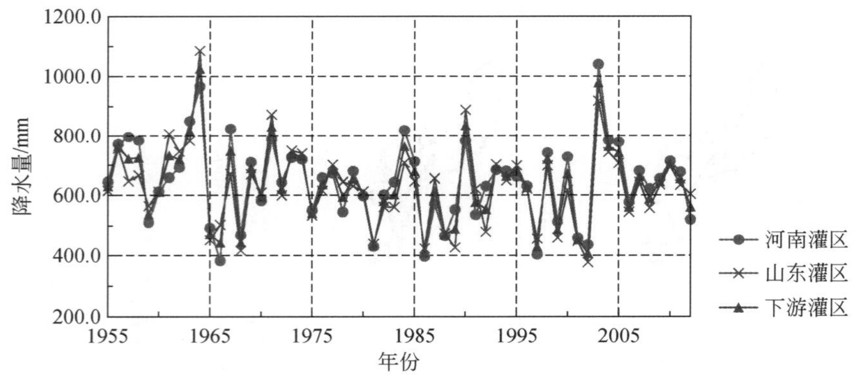

图 8-14 黄河下游灌区（河南、山东）1955～2012 年降水量曲线

黄河下游沿黄灌区现状用水部门主要包括农业、工业、城镇生活和农村人畜等，其中农业灌溉用水所占比例较大。1996～1997 年，黄河下游灌区 CRDI 识别为重旱年，全年累积干旱烈度 7.8，排 56 年第 12 位，根据第 6 章研究结论重旱年份，黄河下游灌区农业灌溉需水量范围为 110 亿～120 亿 m^3，较无旱年份需水增加约 20 亿 m^3。

黄河水是下游引黄灌区的主要水源，主要来自上中游以降水为主形成的河道径流。受大气环流、下垫面特性以及土地利用和覆被变化等多种因素共同作用，黄河水资源贫乏。以花园口水文站断面实测径流量表示黄河上中游来水情况（图 8-15），发现 20 世纪 60 年代来水较丰沛，70～80 年代有所减少，90 年代之后明显转枯，2000 年后偏枯程度更显著，较 60 年代减少 50.3%。1972 年黄河下游河段首次出现断流，90 年代断流次数增加，1997 年断流 13 次，累积时间达 226 天，330 天无黄河水入海。

黄河下游引黄灌区地下水资源量主要依靠大气降水补给，此外包括河道渗漏、灌溉入

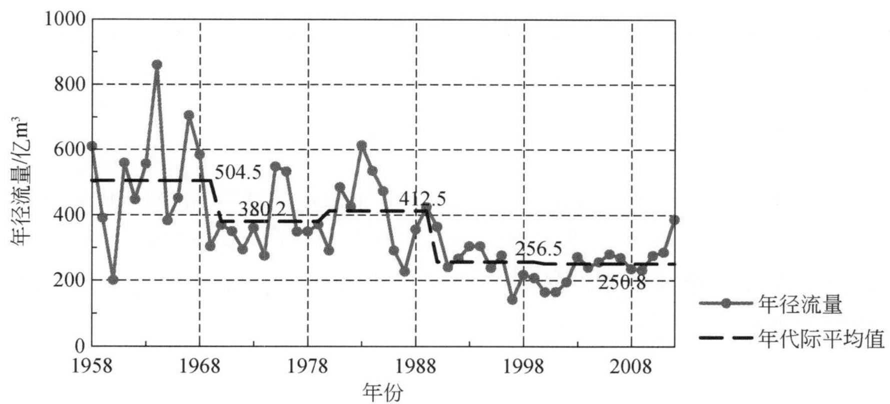

图 8-15　黄河下游花园口水文站 1958 ~ 2012 年逐年径流量

渗、湖泊及水库渗漏、山前侧渗及地下含水层越流补给。据统计，河南灌区地下水年均可开采量为 41.4 亿 m^3，山东灌区地下水年均可开采量为 68.1 亿 m^3。1995 ~ 2000 年，河南灌区地下水年均开采量为 32.5 亿 m^3，其中农业灌溉 29.7 亿 m^3，工业和生活用水 2.8 亿 m^3；山东灌区地下水年均开采量为 28.6 亿 m^3，其中农业灌溉 24.8 亿 m^3，工业和生活用水 3.8 亿 m^3。

8.3.3　干旱应对管理方案

本节主要以历史典型旱灾年为情景，应用上述研究提出的干旱管理保障系统，对旱灾情景年的干旱管理工作提出对策。

8.3.3.1　干旱管理规划编制或修订

每年年初（1 ~ 2 月），由省指挥部办公室组织编制干旱规划（若上一年度已编制，则根据上一年度的干旱工作经验，对规划进行修订），报省指挥部批准后作为本年度干旱管理工作的行动指南。干旱管理规划包括干旱监测与评估方案，旱灾风险识别和评估方案，干旱等级划分和旱灾分级响应行动措施，旱灾的救助、灾后重建方案，以及对上一年度规划的修订、补充和完善内容。

本书采用 CRDI 作为综合干旱评估指标体系，用于监测和识别短期、中长期和长期干旱；采用降水作为主要致灾因子，表征干旱的发展，辅助旱情分析。

根据对气温、降水、径流量、取用水部门的监测，分析下游灌区水资源供需状况，评价该地区的需水量和缺水量。重点分析农业用水的状况，包括灌区当年的种植结构、不同季节作物最小需水量、农业灌溉用水效率等方面，进而评估下游灌区农业脆弱性。风险管理须重点关注脆弱性较高，即易受到旱灾破坏的地区。

以“先生活、后生产，先地表、后地下，先重点、后一般，先节水、后调水”为原则，确定用水优先级规则，据此制定取水量紧急限制预案，当重大干旱发生时，及时进行用水限制。

根据干旱指标体系和历史旱灾评估结果，确定旱灾分级响应策略，明确各部门在干旱管理中的职责，当发生重大干旱时，做到各司其职、及时响应、高效管理。

8.3.3.2 干旱监测与评估

日常干旱管理工作的重点是持续不断的监测和评估流域或区域尺度的干旱过程，通过观测或模拟降水、气温、蒸发、径流量、水质、地下水位、土壤墒情、水库及湖泊蓄水量、主要排污断面排污量等要素，结合综合干旱指标体系，评估分析旱情的时空演变特性，并定期向省指挥部成员单元以及全社会发布干旱信息。

8.3.3.3 干旱管理措施

（1）水资源供需分析

根据下游灌区内气象、水文中长期预报结果，结合区域水资源需求，对月尺度以上水资源量进行时空配置的规划。

首先，根据降水、径流预报，预估未来时段（月、季或年）下游灌区来水情况，评估1997年下游区域来水条件。其次，由降水、气温等预报结果，驱动陆面模式预测未来水文过程，模拟旱情发展，估算下游灌区未来时段内农业灌溉需水量及其时程分配过程。最后，结合下游灌区水资源规划成果，计算不同旱情等级需耗地表水量及其时程分配过程。

（2）水库调度方案

根据水资源供需分析结果，制定长期水库调度方案，为干旱管理预留足够的水量，并尽可能减少丰水期弃水，提高水库整体效益。以1997年为例，根据径流中长期预报，该年为枯水年，且1996年为干旱年，预测1998～1999年可能出现连续枯水状态，制定水库群调度方案。

（3）旱灾应急响应措施

以1997年为例，1997年1月灌区降水局部较常年偏少60%以上，山东灌区局部发生中度干旱（图8-9），此时正值冬小麦返青季节，缺水对小麦十分不利。考虑此时灌区内仅局部发生中旱，部分地区仍无旱，故可发布轻度干旱预警，即旱灾Ⅳ级预警。本阶段主要是向农民发布旱情发展的信息，向农民提供早期耕作的技术指导，帮助农民提高抵御干旱的能力，同时充分利用干旱时期有限的水资源；通过向农民宣传干旱的信息，引导农民自主抗旱，根据自身情况和技术，采取减灾行动，如选用耐旱作物、采取抗旱栽培的种植方式。本阶段的主要工作内容是向农民提供帮助和建议，同时密切监测旱情的发展态势，及时发布干旱信息，农民视情况自愿采取措施。

进入2月，灌区内降水迎来大范围降水过程，旱情得到缓解（图8-9）。3月降水持续偏多，灌区干旱基本消退。此时可以解除旱灾预警。

4月降水偏少，但干旱指数识别为无旱（图8-10）。5月灌区内局部降水较常年增多60%以上，无旱情出现。在此期间，主要日常干旱管理工作除对旱情进行检测评估，还可以根据需求，进行必要的干旱演习，检验旱灾应急准备工作是否就绪，及时解决行动方案中的问题。

进入 6 月，降水开始持续偏少，干旱指数识别灌区大部分为中旱，局部出现重旱（图 8-11）。此时秋作物生长困难，甚至还可能出现人畜饮用水困难。故可发布中度干旱预警，即旱灾Ⅲ级预警。针对雨养农业干旱和无法获取灌溉用水的农田，继续采取Ⅳ级预警阶段的措施。针对灌溉农业供水不足的农田，采取有限灌溉和节水灌溉的方式，尽可能使有限的水获得更大的边际效益。重点关注重旱区域人畜饮用水困难的情况，及时给予必要的援助。

7 月灌区降水稀少，旱情急剧发展，大部分地区干旱加剧，干旱指数识别为重旱（图 8-11）。此时可发布重度干旱预警，即旱灾Ⅱ级预警。除对局部旱情较轻的地区继续采取Ⅲ级预警的措施，还可能要根据实际旱情的发展，启动取水量紧急限制方案，控制部分行业用水量，提高社会经济整体用水效益。通过经济机制和激励机制促进干旱期间公众和各类用水户的节水自律。进一步关注饮用水困难地区，继续采取Ⅲ级预警的措施保证农村人畜饮用水安全。8 月山东灌区东部出现降水，旱情有所缓解，其余地区旱情发展至重旱，此时可继续保持Ⅱ级预警，采取有力的节水措施。

进入 9 月后灌区出现大范围降水，大部分地区旱情减弱至中旱，此时可发布旱灾Ⅲ级预警。10 月河南灌区几乎无降水，旱情急剧发展，干旱指数识别河南灌区为极度干旱。此时可发布极度旱灾预警，即旱灾Ⅰ级预警，实行比重度干旱时期更为严格的干旱管理措施，实施更严格的水资源管理，尽最大可能调动全社会的节水积极性，避免因缺水对社会经济可持续发展造成重大影响。11 月河南灌区降水持续偏少，可继续保持旱灾Ⅰ级预警；山东灌区旱情有所缓和，但由于前期降水持续减少，可继续保持旱灾Ⅰ级预警。

重大干旱期间，除采取有力的开源节流措施，缓解干旱时期供用水矛盾，还需特别关注受灾严重的地区，首先解决人畜生存用水的问题，并定期评估农业受损情况，及时给予补贴和救助。

8.3.3.4 灾后损失评估和救助

采用作物减产率、减产量、旱灾受灾面积、成灾面积等指标定量评价旱灾对农业生产造成的损失。

旱灾的救助包括两部分：一是政府援助，当旱灾发生后，须重点关注农村或偏远地区受灾严重的区域，及时救助贫困人口和弱势群体，保障基本生存生活用水，提高灾害补贴；二是民众自救，政府应当通过大众传媒广泛宣传干旱时期（尤其发生严重的持续性干旱时）如何通过自救减少企业、单位、家庭、个人的损失，如何强化节水意识，提高水循环利用率，减少或杜绝奢侈用水等。自救措施比政府援助更及时有效，但需要通过广泛的宣传教育，提高民众的节水意识和自救能力。

8.3.3.5 干旱总结和规划修订

1998 年 1 ~ 2 月，指挥部办公室进行上年度干旱管理规划的修订，记录、分析上一年干旱管理行动的经验和教训，同时详细记录旱灾的发展状况、重要的决策和行动及旱灾损失等。此外规划还要根据人员变动、政策法规、管理手段、技术能力、供水工程变化、用水户和用水量变动等方面的信息，进行全面、系统的修订，以适应新的变化情况。规划修订最终报指挥部，经批准后作为本年度的新规划执行。

8.4 本章小结

选择黄河流域下游引黄灌区，分析旱灾主要致灾因子，研究了干旱风险识别与应对策略，根据旱灾风险控制标准，构建了黄河流域典型区域干旱应急响应风险管理保障系统，并制定了干旱应对管理方案。主要结论如下：

(1) 提出流域干旱风险识别与应对策略

本书提出了流域干旱风险识别与应对策略，包括流域干旱监测与预警、旱灾风险评估、区域水资源供需管理、水库调度策略等。该体系基于水文、气象中长期预测结果，模拟流域水文过程，预估未来干旱的演变过程，据此分析流域供需水及缺水量，根据不同的来水年型和相应规则，实施干流主要水库来水调度，实现在遭遇不同等级的干旱时，区域需水量能按一定比例得到满足，下游控制断面有一定保证量的河道内需水，尽可能减小干旱造成的损失。

(2) 提出以中长期旱情监测预警为基础的流域层面水资源优化调配和管理机制

建立了以水资源供需结合为主、考虑干旱缺水风险的多层级、多部门联动的干旱应急响应风险管理保障系统，提出以中长期旱情监测预警为基础的流域层面水资源优化调配和管理机制，突破了传统应急式、短期式的抗旱模式，实现流域干旱风险管理的定量化、精细化和高效化。

(3) 制定系统合理的组织体系和干旱管理方案

以黄河下游灌区干旱为特例，制定了包括干旱监测和评估、旱灾致灾因子和区域脆弱性分析、取水量紧急限制方案制定、旱灾风险识别和评估、旱灾应急响应对策、灾后损失评估和救助以及干旱总结和规划修订等方面具体、系统、准确的组织体系和干旱管理方案。本书将该系统应用于历史旱灾情景的分析中，表明该系统具有合理的组织体系和完善的技术体系，能系统高效管理抗旱工作，为流域抗旱减灾提供重要技术支撑。

第 9 章 总结与展望

9.1 总　　结

本书创建了干旱评估、灌区旱情监测以及应对干旱的水资源调配与风险管理 7 项关键技术，取得流域干旱、洪水发生演变以及干旱与灌区需水关系 3 项认识，形成黄河流域旱情监测、抗旱水资源调度等综合适应技术体系；研发灌区实时监测系统、应对干旱的黄河梯级水库群优化调度模型、黄河干流洪水预报系统 3 套模型系统，形成支撑流域旱情监测与水资源高效利用的技术平台。在黄河流域建设灌区旱情监测、黄河三门峡至花园口河段水文预报以及黄河干流水量调度 3 个应用示范基地。

9.1.1 关键技术创建

创建多时间尺度的干旱评估与演变特征识别技术、基于陆气耦合的灌区干旱实时监测技术、基于多源降雨信息的洪水/径流多尺度嵌套耦合预报技术、多年调节水库旱限水位优化控制技术、多泥沙河流综合运用水库汛限水位优化、应对干旱的流域梯级水库群协同优化调度以及干旱应对与风险管理技术 7 项关键技术，形成黄河流域旱情监测与水资源调配的适应技术体系，显著提升灌区旱情监测水平和流域水资源优化调度水平，提高适应气候变化的黄河水资源调配能力。

(1) 多时间尺度干旱评估与演变特征识别

基于物理机制分布式水文模型，融合降水、气温、蒸散发、土壤含水量、径流等多种水文气象要素，运用 Copula 函数，构建适用于多时间尺度干旱监测评估的机理性综合干旱指标 SPDI-JDI（标准化帕尔默–联合水分亏缺指数）。构建了黄河流域 1956 ~ 2012 年 $0.25°\times0.25°$ 网格尺度的旱涝演变序列，建立黄河流域旱涝等级划分标准，采用多种干旱特征变量（干旱历时、烈度、频次等），识别多时间尺度干旱初现、发展和持续的全过程演变特征，诠释了黄河流域旱涝变化空间格局，为建立旱灾预警指标体系提供科学依据。

(2) 陆气耦合的灌区干旱实时监测技术

综合考虑大气降水、土壤墒情、水文水循环过程，建立了流域尺度高时空分辨率的陆气耦合区域模式应用平台，通过对包括观测数据、卫星遥感数据、再分析数据及模式模拟数据等多源数据的融合和对比，构建具有同步模拟大气降水、风场、径流、土壤墒情的灌区旱情监测系统，实现对灌区大气、农业生态、水文等过程的实时监测和评估，应用于黄河流域灌区旱情的监测，准确率达到 86.2% 以上，在流域旱情监测上实现了从统计方法向物理模型的发展。

(3) 基于多源降雨信息的洪水/径流多尺度嵌套耦合预报技术

针对黄河防汛抗旱、水资源优化调配中的洪水预报与中长期径流预报难题，采用多源降雨信息同化与融合技术，生成时间、空间连续的降雨场，为洪水/径流预报提供了不同空间尺度的72h定量降水预报输入。根据流域河网水系拓扑结构关系，构建了基于HIMS的流域分布式洪水/径流预报模型，实现了泾渭河主要水文控制站的场次洪水与逐日径流过程预报。基于贝叶斯概率预报系统（BFS-HUP）与贝叶斯模型平均法（BMA）建立了预报不确定分析模型，定量评估预报结果的不确定性，生成洪水/径流概率预报。利用流域多尺度水文模拟嵌套耦合技术，集成短期定量降水预报、分布式洪水/径流预报、河道洪水演进、中长期径流预报等模型，建立黄河骨干水库入库洪水/径流预报模型系统，将三门峡入库洪水预报预见期从目前的12h提高到24h。

(4) 多年调节水库旱限水位最优控制技术

多年调节水库通常位于梯级水库群的龙头位置，在梯级系统发挥补偿作用，其运行调度的好坏直接影响整个梯级水库群未来一年或几年的效益发挥，设置多年调节水库的旱限水位对于跨年度补水减少干旱年份流域旱灾损失具有重要意义。

首次明确提出多年调节水库旱限水位的概念和内涵，引入最优控制理论，建立多年调节旱限水位最优控制模型，研究旱限水位最优控制的人工鱼群智能求解算法，采用自适应控制技术通过闭环控制、反馈修正、在线控制、迹线引导实现多年调节水库出库过程的最优化控制。以3年为时段连续滑动优化提出龙羊峡水库旱限水位控制方案，构建由龙羊峡水库旱限水位与入库径流、年初蓄水量、流域旱情关系的三维复杂响应曲面，集成应对不同干旱等级的多年调节水库旱限水位控制策略，实现应对干旱的多年调节水库旱限水位控制技术从经验向精细化的转变，优化控制表明黄河流域干旱枯水年份年均可增供水量11.36亿m^3。

(5) 多沙河流综合利用水库多分期汛限水位优化技术

针对多泥沙河流综合利用同时承担防洪、减淤、供水、灌溉、发电等任务，汛限水位优化、洪水资源化多目标协调的复杂技术难题。提出基于降雨、洪水、泥沙等多类因子的汛期分期点分析方法，识别黄河中游不同区域洪水泥沙分期点。考虑多泥沙河流水库多目标分阶段运用特点，研究水库拦沙运用阶段汛限水位调整策略、正常运用阶段多分期的汛限水位优化策略。考虑防洪减淤、供水灌溉发电等综合利用效益最优，基于模糊优选理论及误差反馈人工神经网络技术，构建小浪底水库汛限水位多目标优选模型。提出多分期汛限水位优化方案，连续枯水时段小浪底水库正常运用阶段汛期年均增蓄水量1.59亿m^3，提高洪水资源化利用水平。

(6) 应对干旱的流域梯级水库群协同优化调度技术

针对应对干旱的流域径流旱情时空协调、水沙电多目标优化难题，运用分解、协调、耦合、控制等协同优化技术，综合考虑流域防洪、防凌、减淤、供水（灌溉）、生态环境、发电等约束要求和抗旱减灾目标，构建应对干旱的黄河梯级水库群多时空尺度协同优化调度模型。通过开展长系列优化调度，建立干旱年份水库调度与流域缺水变化的响应关系。

提出应对不同等级干旱和不同频率来水组合情景的梯级水库群调度运用方案和蓄泄规则，提升黄河流域应对干旱的水资源调控能力。

(7) 流域干旱应对与风险管理技术

研究黄河流域灌区旱灾致灾因子和区域脆弱性，评估和识别灌区旱灾风险，从供水管理、需水管理、水库调度、灾害控制等方面提出包括流域干旱监测与预警、旱灾风险评估、区域水资源供需管理、水库调度等流域干旱的应对策略；建立以中长期旱情监测预警为基础的流域层面水资源优化调配机制，构建以水资源供需结合为主、考虑干旱缺水风险的多层级、多部门联动干旱管理体系，提出具体、系统、准确的组织体系和行动方案，实现流域干旱管理的定量化、精细化和高效化，突破了传统被动应急式、短期危机式的抗旱模式。

9.1.2 重要特征认识

开展了干旱、洪水、农业灌溉与干旱的关系研究，揭示黄河流域干旱、洪水发生和演变的特征以及灌区灌溉需水对干旱的响应，为开展黄河流域洪水干旱管理应对的技术研究提供重要科学基础。

(1) 重新认识黄河流域干旱特征

基于游程理论和干旱指标 SPDI-JDI 时间序列识别干旱过程，提取干旱特征变量（干旱历时、烈度、频次等），揭示黄河流域各年代际及全序列干旱统计变量的时空变化特性，干旱特征识别表明近期黄河流域干旱的历时、烈度和频次均有所增加。

黄河流域 1956～2012 年最大干旱历时平均为 36.4 个月，上游和汾河流域干旱最大历时较长，最大干旱历时达到 100 个月以上。从年代际来看，1980～1989 年和 2000～2009 年最大干旱历时较长，1970～1979 年干旱最大历时较短。

20 世纪 60 年代、70 年代、80 年代、90 年代和 21 世纪前十年的黄河流域平均干旱累积历时分别为 54.2 个月、54.1 个月、58.9 个月、62.7 个月、64.7 个月，流域整体干旱累积历时呈增加的趋势。与 60～70 年代相比，90 年代黄河流域西北及东部区域累积干旱历时显著增加。1990～1999 年流域南部及东部区域累积干旱历时超过 60 个月，局部地区达 100 个月。2000～2009 年累积干旱历时大于 80 个月的区域较 90 年代继续扩大，除西部及北部的部分区域，黄河流域整体干旱累积历时增加。各年代际最大干旱烈度在空间上变化不明显，2000～2009 年出现较大干旱烈度的区域面积在 5 个年代际中最大。唐乃亥站附近区域、河套灌区西北、汾河流域中游、渭河流域上游以及黄河下游部分区域的最大干旱烈度较大，均在 100 以上。60 年代、70 年代、80 年代、90 年代和 21 世纪前十年全流域平均干旱烈度分别为 3.35、2.14、2.52、3.60 和 4.33，60 年代、70 年代、80 年代、90 年代和 21 世纪前十年全流域平均干旱频次分别为 14.5 次/10 年、18.3 次/10 年、16.8 次/10 年、15.8 次/10 年和 14.9 次/10 年。全序列干旱发生频次为 15.3 次/10 年，黄河流域主要划分为 12～15 次/10 年区和 15～18 次/10 年区，另外渭河流域个别地区干旱频次超过 20 次/10 年。针对不同年代干旱频次的空间分布，1960～1969 年流域西部及南部干旱频发，北部地区频次较低；1970～1979年全流域整体频次增加，流域西部、南部及北部区域频次较高；1980～1989年干旱相对较轻，1990～1999年流域西部干旱频次有所增加，2000～2009年流域南部部分区域频次较高。

（2）重新认识黄河泥沙分期特性

采用气象成因分析、数理统计法、模糊聚类法、分形分析法、圆形分布法、历史洪水论证等多种方法，研究小浪底水库上下游主要洪水泥沙来源区的代表站点（区间）潼关、花园口和三花间的洪水泥沙分期特性，结果表明，黄河中游各区间汛期洪水泥沙不仅在时间上有较明显的多分期特点，而且在空间上也有显著的分期时间差异。

黄河流域降雨是大气环流季节变化的反映，受大气环流影响，黄河中游河龙间降雨开始晚、结束早，龙三间、三花间降雨开始早、结束晚，泾渭河和洛河上游受“华西秋雨”影响较明显，受各区域降雨特性和下垫面特点的影响，黄河中游洪水泥沙的分期在时间和空间上具有显著差异性。汛期潼关站、花园口站和三花间在洪水和泥沙上都呈现出了明显的多分期特性，不同分期之间的洪水和泥沙特性存在较大差别。河三间和三花间汛期降雨量在时间上有较明显的变化特点，河三间逐日最大降雨量可分为三个时期，一般9月上旬前为20～40mm，9月上旬至10月上旬为15～30mm，10月中下旬为10～20mm；三花间逐日最大降雨量可分为三个时期，一般8月下旬为35～80mm，8月下旬至10月上旬为25～50mm，10月中下旬一般为20～40mm。汛期潼关站逐日最大流量分为三个时期，一般9月10日前为6000～10000m^3/s，9月10日～10月10日为5000～6500m^3/s，10月中下旬为3500～5000m^3/s；三花间逐日最大流量一般在8月20日之前为2500～10000m^3/s，8月20日～10月10日为2000～4500m^3/s，10月10日后一般小于2500 m^3/s。黄河中游大洪水的发生时间在三门峡上下游发生变化，三门峡以上为9月10日之前，三花间为8月20日之前。黄河中游泥沙主要来自河三间洪水，9月10日之前潼关站逐日最大含沙量一般为200～550kg/m^3，9月中下旬明显减小为不超过120kg/m^3，10月不超过55kg/m^3，9月10日可作为潼关站泥沙的分期点。

在时间上，汛期潼关站、花园口站和三花间在洪水和泥沙上都呈现出了明显的多分期特性，不同分期之间的洪水和泥沙特性存在较大差别；在空间上，潼关站和花园口站的分期点一般是9月10日和10月10日左右，而三花间的分期点一般是8月20日和10月10日左右，地区差异显著。黄河中游汛期洪水泥沙的多分期特点及其显著的空间差异性，增加了小浪底水库调度和洪水资源化利用的复杂性。

（3）认识干旱和水源调度之间的关系

黄河流域主要灌区灌溉需水与综合干旱指数SPDI-JDI（标准化帕尔默-联合水分亏缺指数）存在显著的线性关系，随干旱指数降低灌区灌溉需水量增加，不同灌区灌溉需水增加的量有所不同，揭示了灌区灌溉需水对综合干旱指数的依存关系，为农业抗旱和水源调度提供科学依据。

构建了综合考虑降水、蒸散发、径流和土壤含水量等水文要素，融合气象干旱、水文干旱及农业干旱的综合干旱指数（SPDI-JDI），评估了黄河流域主要灌区历史干旱情况。通过分析灌区灌溉需水与综合干旱指数变化过程，发现灌区灌溉需水与综合干旱指数呈反向波动。为进一步定量揭示灌区灌溉需水与综合干旱指数 SPDI-JDI 的关系，采用灰色关联度和回归分析方法，定量研究了黄河流域上游（青铜峡灌区、河套灌区）、中游（汾河灌区、渭河灌区）、下游（河南、山东引黄灌区）主要灌区灌溉需水与综合干旱指数的关联长度及响应关系。

结果表明，黄河流域主要灌区灌溉需水量与综合干旱指数 SPDI-JDI 线性相关关系显著，灌溉需水量随综合干旱指数 SPDI-JDI 的降低而增加；各灌区灌溉需水量对 SPDI-JDI 变化的响应程度不一，上游灌区灌溉需水对 SPDI-JDI 变化响应相对较弱，中、下游灌区灌溉需水对 SPDI-JDI 的变化响应强烈。上游青铜峡灌区 SPDI-JDI 指数每减小 0.1，灌溉需水量增加 0.136 亿 m^3，干旱每增加一个等级（SPDI-JDI 指数减少 0.5），灌溉需水平均增加约 0.68 亿 m^3；河套灌区 SPDI-JDI 指数每减小 0.1，灌溉需水量增加 0.281 亿 m^3，干旱每增加一个等级，灌溉需水平均增加约 1.41 亿 m^3；中游汾河灌区 SPDI-JDI 指数每减小 0.1，灌溉需水量增加 0.380 亿 m^3，干旱每增加一个等级，灌溉需水平均增加约 1.90 亿 m^3；中游渭河灌区 SPDI-JDI 值每减小 0.1，灌溉需水量增加 0.496 亿 m^3，干旱每增加一个等级，灌溉需水平均增加约 2.48 亿 m^3；下游引黄灌区 SPDI-JDI 指数每减小 0.1，灌溉需水量增加 1.243 亿 m^3，干旱每增加一个等级，灌溉需水平均增加约 6.22 亿 m^3。从灌区需水与综合干旱指数的响应程度来看，下游引黄灌区灌溉需水受干旱影响较大，干旱指数变动引起灌溉需水量增加明显高于上游灌区。

9.1.3 模型系统开发

研发基于土壤墒情监测和大气降水观测等多源信息耦合的大型灌区旱情实时监测系统、应对干旱的黄河大型梯级水库群优化调度模型、黄河干流洪水预报系统 3 套模型系统，形成支撑流域旱情实时监测与应对水资源优化调配的技术平台。

（1）黄河流域大型灌区实时旱情分析系统

依据气候系统科学理论，考虑气候-水文过程的相互作用，基于热力学理论和土壤水分运动原理，建立实时更新侧边界场的技术方案和多源信息融合的初始化方法，采用 WRF 模式的动力学框架，耦合了具有完善的物理过程、生态过程和水文过程的陆面模式（CLM3.5）；针对黄河流域，采用三重嵌套技术，建成流域尺度基于陆气耦合模式可同步开展大气降水、风场、径流深、土壤墒情的适用于黄河上、中、下游不同灌区旱情监测系统，既可以作为黄河流域、主要灌区的干旱监测系统，也能用于季节内干旱的预测，为黄河流域旱情监测提供重要系统工具。

（2）黄河干流洪水预报系统

研究时空插值方法，以中尺度数值模式为基础，对地面实测降雨、遥测降雨、卫星云图反演降雨等进行多源降水信息同化，将实测降水插值到与预报降水一致的网格点上，实现实测降水与预报降水自动拼接，生成泾渭河流域 72h 时间、空间连续的降雨场。基于 HIMS（Hydro-Informatic Modeling System）平台，利用流域多尺度水文模拟嵌套耦合技术，集成短期定量降水预报、分布式洪水/径流预报、河道洪水演进、中长期径流预报等模型，建立黄河骨干水库入库洪水/径流预报模型系统，提高三门峡入库洪水预见期，为黄河水情预报与中下游防洪提供重要工具。

（3）应对干旱的黄河梯级水库群优化调度模型

集成多年调节水库旱限水位最优控制、小浪底水库多分期点汛限水位优化技术，采用系统分解、协调、耦合、控制手段，以干旱年份综合缺水最小为目标，建立具有三层结构、可应对不同等级干旱和来水频率、实施年际年内多时空尺度协同优化功能的黄河流域梯级水库群调度系统，采用人工智能求解技术，优化应对不同等级干旱的梯级水库优化调度方案。模型作为黄河水量分配和调度的重要组成部分应用于黄河防汛抗旱和水量统一调度，为黄河流域应对干旱的水量调度提供重要的系统平台。

9.1.4 干旱应对方案

通过模型分析与方案比较，优化提出黄河流域应对干旱的水资源调配方案及水资源管理策略，实现流域干旱的有序应对。

（1）黄河龙羊峡水库旱限水位最优控制方案

黄河流域农业灌溉需水从时间角度上可以划分为两段，即上半年3～6月的春灌和下半年7～10月的秋浇，因此需要龙羊峡水库2月底预留春灌水量，6月底预设年末水位。引入最优控制理论，采用多年调节水库自适应技术，通过长系列连续滚动优化，集成龙羊峡水库旱限水位控制策略方案。结果表明，通过三年调度期的最优控制，龙羊峡水库序列年末（6月底）旱限水位，可实现龙羊峡水库跨年度补水、蓄丰补枯，减少干旱年份缺水，通过连续枯水时段（1990～1999年）调度分析，龙羊峡水库通过“蓄丰补枯”可为流域提供抗旱水源，年均可实现增供抗旱水量11.36亿m^3。

（2）小浪底水库汛限水位优化方案

通过研究黄河洪水下游特征，提出洪水分期方案，根据分期洪水特征，研究多泥沙河流综合利用水库汛限水位优化方法，推荐提出了基于分期优化的小浪底水库正常运用期分期汛限水位以及拦沙期合理淤积水平的汛限水位。小浪底水库正常运用期，根据干支流洪水分期点将汛期划分为4个分期，各分期相应的汛限水位分别为254.0m、260.0m、266.5m和271.0m。经连续枯水时段计算分析，推荐方案可在汛末较现有方案年均增加蓄水量约1.59亿m^3。

（3）黄河梯级水库群蓄泄方案

根据模型方案计算结果，推荐的黄河流域梯级水库群协同优化调度方案可提高枯水年和连续枯水段应对干旱的供水量，结果表明，按照推荐的调度规则调度，通过组织抗旱水源、实施洪水资源化等途径，连续枯水段（1990～1999年）可增加供水量12.95亿m^3，特旱年、特殊年份（1997年）可增加供水量34亿m^3，实现龙羊峡水库蓄丰补枯、梯级水库上下协同调度、河段供水合理控制的目的。方案可为黄河水量调度和旱情控制提供技术支撑。

（4）黄河下游抗旱的管理方案

从供水管理、需水管理、水库调度、灾害控制等方面构建流域干旱的监测与预警、旱灾风险评估、区域水资源供需管理、水库调度策略等的流域干旱应对技术体系；建立以水资源供需结合为主，考虑干旱缺水风险的多层级、多部门联动干旱管理体系，突破了传统应急式、短期式抗旱模式，提出具体、系统、有效的组织体系和行动方案，实现流域干旱管理的定量化、精细化和高效化。

9.1.5 成果应用示范

主要成果应用于黄河流域的干旱应对及水资源调度管理的实践，建成黄河流域主要灌区旱情监测、黄河干流水量调度以及黄河三门峡至花园口河段水文预报三大示范基地，有效提升流域应对干旱的水资源调度管理水平。

（1）黄河流域大型灌区旱情实时监测示范

针对黄河流域上游内蒙古河套灌区、中游渭河陕西洛惠渠灌区以及下游河南赵口引黄灌区的地理区位特征、历史干旱情况以及作物种植情况，采用研发的基于陆气耦合的大型灌区干旱实时监测系统，提出了黄河上中下游灌区旱情实时监测应用方案。2014年夏季对3个主要灌区旱情开展了连续实时监测和预测，结果显示在上游灌区预测准确率超过86%，在中下游灌区预测准确率超过90%，建成大型灌区旱情实时监测示范基地。

（2）黄河三门峡至花园口河段水文预报示范

针对三门峡至花园口河段的径流/洪水特征，采用开发基于多源降雨信息的洪水/径流多尺度嵌套耦合预报模型系统，开展了2014年7月~2015年6月的黄河三门峡至花园口河段洪水径流/洪水作业预报、调水调沙期小花间径流预报以及洪水实时作业预报，模型的可靠性和精度得到了验证，建成黄河三门峡至花园口河段水文预报示范基地。

（3）黄河干流水量调度示范

研究创建的黄河龙羊峡水库旱限水位控制策略、小浪底水库汛限水位优化技术以及黄河梯级水库群蓄泄规则制定技术应用于年度黄河水量调度的实践中，开发的黄河梯级水库群优化调度模型嵌入黄河水量调度模型，应用于黄河干流年度水量调度方案编制。通过调度对比，蓄丰补枯、组织抗旱水源27.9亿m^3，有序应对2014年的黄河下游伏旱，有效控制下游灾情，有效减少灌区旱灾损失。

9.2 创新性成果

9.2.1 创新点

本书针对黄河流域大型灌区旱情实时监测和应对干旱的水资源调配等重大科学问题开展研究，在应对干旱的流域水资源调配领域取得一系列创新性成果，显著提高流域适应气候变化的能力以及水资源调度和管理水平。

（1）创建应对干旱的水库群协同调控技术体系

基于灌区旱情监测评估和水文预报技术新进展，创新多年调节水库旱限水位控制、汛限水位优化和水库群协同优化技术，集成应对干旱的水库群协同调控技术体系，实现流域水资源年际调控、年内优化、库群协同、空间协调，开创流域有序应对气候变化和流域干旱的新途径。

首次明确提出多年调节水库旱限水位的概念和内涵，基于自适应最优控制技术建立多年调节水库最优控制模型，构建龙羊峡水库旱限水位的三维控制曲面，集成应对不同等级干旱的多年调节水库旱限水位控制策略。识别黄河中下游干支流汛期洪水泥沙分期特性，构建小浪底水库多分期汛限水位优化模型，提出小浪底水库汛限水位优化方案。以系统协同优化理论为基础集成应对干旱的黄河梯级水库群协同优化调度模型，实现应对干旱的年际/年内、干流/支流水资源多维时空协同优化，提出应对不同等级干旱的黄河水库群调度方案和蓄泄规则，干旱年份实现黄河流域增供水量 12.95 亿 m^3。

（2）提出区域综合干旱评估新指标

综合考虑水文、气象、下垫面等因素对区域干旱演变的影响，构建了适用于多时间尺度综合干旱监测与评估的 SPDI-JDI（标准化帕尔默–联合干旱指数），可全面揭示水通量转化过程对干旱演进的影响，有效评估区域干旱程度、历时和频率等时空格局特征，为区域干旱评估提供重要的量化指标。

（3）创建陆气耦合的灌区实时监测技术

以区域陆气耦合模式为基础平台，通过发展侧边界实时技术和多源数据融合模式初始化方案并采用多层嵌套技术，建立了流域尺度高时空分辨率的陆面与大气耦合的灌区旱情实时监测系统，实现气象、水文、农业、生态等过程的灌区干旱实时监测和评估，灌区尺度监测准确率达 86.2%，在旱情监测上实现从单纯的统计方法向物理模型的转变，为灌区旱情的监测和预报提供基础平台。

（4）创建多尺度嵌套和多源信息同化融合的水文预报技术

以多源信息融合与水文预报技术为基础，提出了集观测与预报数据相衔接、确定性与不确定性预报相耦合、短中长时间尺度相结合的洪水/径流预报技术，提高了水文预报的精度与预见期，将三门峡水库入库洪水预见期从目前的 12h 提高到 24h。

（5）建立多层级多部门联动的应对干旱风险管理机制

以干旱预警和干旱缺水风险识别为基础，建立多层级多部门联动干旱风险管理机制，突破了传统应急式、短期式抗旱模式，提出具体、系统、有效的组织体系和行动方案，实现流域干旱管理的定量化、精细化和高效化，为流域有序应对干旱提供重要技术支撑。

9.2.2 对领域贡献

在全球气候变化的作用下，流域径流量持续减少而干旱发生的频度和强度不断深化，流域干旱应对面临重大技术挑战。本书将信息技术、模拟技术及空间分析技术等前沿技术融合，在旱情的监测、径流/洪水的预报、梯级水库调度及干旱应对管理领域取得多项创新性成果，为推动流域干旱应对及水资源调配水平的提升提供科技支撑。研究对于气候变化适应领域的贡献包括：

1）集成梯级水库协同优化调度技术体系，显著提升流域应对干旱的水资源调配能力。

基于灌区旱情监测评估和水文预报技术的新发展，创新多年调节水库旱限水位控制、汛限水位优化和水库群协同优化技术，集成应对干旱的流域水库群协同调控技术体系，开创流域水资源系统优化的新途径，将显著提升流域应对干旱水资源调度的水平。

2）发展流域尺度的多源信息同化、融合新技术，提高流域灾害监测预报技术水平。

基于自适应卡尔曼滤波、克里金插值及模式同化等技术，实现流域地面观测、卫星遥感及模式模拟等获取的降水、蒸散发、土壤墒情的融合，为流域气候变化及影响研究提供技术支撑。

3）建设黄河流域灌区实时监测、洪水预报、梯级水库群调度三大应用平台，提供干旱监测与水资源调配的系统工具。

建立了基于大气降水和土壤墒情的同步模拟耦合区域模式，发展了流域尺度多源信息耦合的干旱实时监测模型系统；建立具有物理机制的分布式洪水/径流预报系统，提升了黄河洪水/径流预报能力；集成黄河梯级水库群调度系统，引导流域水量调度从常规调度向应急调度的发展。

4）提出流域干旱管理方案和适应性策略，形成流域干旱有序应对的管理示范。

在管理能力提升方面，建立流域干旱分级预警机制，完善流域干旱应急管理机构、制度和行动方案；在管理策略方面，提出需水管理、供水管理、调度管理的流域综合方案，为指导流域有序应对干旱管理提供行动指南，有效提高抗旱管理的科学化、精细化水平。

9.3 展　望

本书在应对干旱的监测、预报和调配等方面形成一系列成果，在一定程度上推动了流域干旱管理和水源调配水平的提升，但由于气候变化对流域干旱及水资源影响的科学问题极为复杂，随着研究的深入、认识的深化，发现当前对流域适应的研究不系统，从系统提高适应能力的角度，对以下几个方面问题仍需持续深入地开展研究。

（1）气候变化背景下流域生态系统与水循环系统相互作用机制研究

干旱和半干旱地区气候、水文过程与生态系统的相互作用极其复杂，在缺水环境下植被的生长很大程度上受可利用水分的多少决定，植被的生长同时又会通过冠层截留及蒸腾等过程影响水量平衡。过去几十年黄河流域土地利用和覆盖发生了重大的变化，尤其是近十几年国家实施“退耕还林还草”以来，流域植被覆盖状况整体好转，土地利用和覆盖变化对流域水资源和区域水循环的影响不容忽视。目前水循环对植被等生态系统的影响过程和机制还不清楚，生态系统变化对水循环的反馈机理尚不清楚。有必要系统研究气候变化背景下，黄河流域土地利用和覆盖变化与水资源的相互作用与反馈的机制，提出流域生态系统修复改善的方法。

（2）变化环境下的黄河流域水安全保障研究

气候变化与人类活动对水资源量与质产生了一定的影响，作用于水利工程的运行，进一步影响水资源的承载能力，因此需要动态认识变化环境下水资源量、质变化，科学评价水资源承载能力，指导水资源开发利用的布局。气候变化不仅造成流域干旱、洪水等极端事件频发，而且对流域水资源产生趋势性影响。例如，水循环发生深刻变化，将造成径流量减少，时空分布更加不均，可利用量不足，流域水安全面临重大挑战。黄河流域水资源短缺、供需矛盾突出，且气候变化改变了天然来水量及其时空分布，旱涝等极端气候事件的强度和频度不断增加使流域供水系统稳定性降低。黄河流域土地利用/土地覆被变化、水利工程建设和城市化推进等导致下垫面发生了剧烈变化，流域水循环发生了深刻变化，使水资源量进一步减少，增加了供水难度，黄河流域供水安全面临重大挑战。气候变化对流域水循环影响如何定量识别分析？气候变化对流域水安全的影响以及如何提高流域供水安全保证程度？是解决流域水安全、保障流域可持续发展的重大科学问题。

（3）应对极端气候事件的水资源保障应急响应机制研究

黄河流域历史上就是我国洪旱灾害频发的地区之一，灾害损失巨大，严重制约了流域经济社会的持续发展，气候变化背景下，黄河流域极端事件发生的频次增加、影响深化、灾害损失加大。目前我国应对极端气候事件的应急响应体系尚不完善，尚未针对流域极端气候事件确定致灾的等级标准，提出应对不同极端干旱气候事件所致不同灾害类型的应急响应技术体系。需要从技术层面和管理层面，针对黄河流域极端干旱事件的时空特征，制定应对未来极端干旱事件的具有普适性的灾害预警、风险管理应急保障系统。

参 考 文 献

班晓娟，宁淑荣，涂序彦．2008. 人工鱼群高级自组织行为研究．自动化学报，34（10）：1327-1332.

曹永强，殷峻遥，胡和平．2005. 水库防洪预报调度关键问题研究及其应用．水利学报，36（1）：51-55.

常军，王永光，赵宇，等．2014. 近 50 年黄河流域降水量及雨日的气候变化特征．高原气象，33（1）：43-54.

陈广才．2011. 长江干支流水库群综合调度的多利益主体协调框架探讨．长江科学院院报，28（12）：64-67.

陈家其．1993. 黄河中游 1500 年水旱序列的历史检验与黄河大洪水．人民黄河，(12)：8-10.

陈守煜．1995. 从研究汛期描述论水文系统模糊集分析的方法论．水科学进展，6（2)：133-138.

陈守煜．1997. 中长期水文预报综合分析理论模式与方法．水利学报，(4)：15-21.

陈雄波，杨振立，赵麦换，等．2010. 黄河干流骨干水库综合利用调度模型研究．人民黄河，32（7)：135-136.

邓红兵，刘天星，熊晓波，等．2010. 基于生产函数的中国水资源利用效率探讨．水利水电科技进展，30（5)：16-20.

丁毅，李安强，何小聪．2013. 以三峡水库为核心的长江干支流控制性水库群综合调度研究．中国水利，（13)：12-16.

方宏阳．2014. 黄河流域多时空尺度干旱演变规律研究．邯郸：河北工程大学硕士学位论文．

冯平，李绍飞，王仲珏．2002. 干旱识别与分析指标综述．中国农村水利水电，(7)：13-15.

冯锐，张玉书，纪瑞鹏，等．2009. 基于 GIS 的干旱遥感监测及定量评估系统．安徽农业科学，37（26)：12626-12628.

符淙斌，安芷生．2002. 我国北方干旱化研究——面向国家需求的全球变化科学问题．地学前缘，9（2)：271-275.

龚志强，封国林．2008. 中国近 1000 年旱涝的持续性特征研究．物理学报，57（6)：3920-3931.

郭东明，霍延昭，郭清，等. 2012. 干旱管理方法研究. 北京：中国水利水电出版社．

郭涛，王巍．2009. 自适应控制方法研究与发展．安阳师范学院学报，(5)：81-84.

郭旭宁，胡铁松，吕一兵，等．2012. 跨流域供水水库群联合调度规则研究．水利学报，43（7)：757-766．

何福力，胡彩虹，王纪军，等．2015. 基于标准化降水、径流指数的黄河流域近 50 年气象水文干旱演变分析. 地理与地理信息科学，31（3)：69-75.

侯威，张存杰，高歌．2013. 基于标准降水指数的多尺度叠加干旱监测指标及其等级划分．干旱区研究，30（1)：74-88.

侯玉，吴伯贤，郑国权．1999. 分形理论用于洪水分期的初步探讨．水科学进展，10（2)：140-143.

胡彩虹，王纪军，柴晓玲，等．2013. 气候变化对黄河流域径流变化及其可能影响研究进展．气象与环境科学，36（2)：57-65.

黄草，王忠静，鲁军，等．2014. 长江上游水库群多目标优化调度模型及应用研究Ⅱ：水库群调度规则及蓄放次序．水利学报，45（10)：1175-1183.

黄嘉佑．2000. 气象统计分析与预报方法．北京：气象出版社.

贾仰文．2003. WEP 模型的开发和应用．水科学进展，14（增刊)：50-56.

贾仰文，王浩，倪广恒，等．2005a. 分布式流域水文模型原理与实际．北京：中国水利水电出版社.

贾仰文，王浩，王建华．2005b. 黄河流域分布式水文模型开发和验证．自然资源学报，20（2）：300-308.
蒋高明．2007. 植物生理生态学．北京：高等教育出版社．
解阳阳，王义民，黄强．2014. 龙羊峡水库年末水位控制与汛期弃水研究．西北农林科技大学学报（自然科学版），42（1）：223-227.
李芳芳，曹广晶，王光谦．2012. 考虑径流不确定性的水库优化调度响应曲面方法．水力发电学报，31（6）：49-54.
李景宗．2006. 黄河小浪底水利枢纽规划设计丛书之工程规划．北京：中国水利水电出版社．
李明星．2010. 中国区域土壤湿度变化的模拟研究．中国科学院大气物理研究所博士学位论文．
李世祥，成金华，吴巧生．2008. 中国水资源利用效率区域差异分析．中国人口资源与环境，18（3）：215-220.
林琳，刘健，陈学群，等．2012. 黄河三角洲 1961-2000 年水资源时空变化特征．水资源保护，28（1）：29-33.
刘昌明．2004. 黄河流域水循环演变若干问题的研究．水科学进展，15（5）：608-614.
刘昌明，郑红星，王中根，等．2006. 流域水循环分布式模拟．郑州：黄河水利出版社．
刘吉峰，王金花，焦敏辉，等．2011. 全球气候变化背景下中国黄河流域的响应．干旱区研究，28（5）：860-865.
刘攀，郭生练，王才君，等．2004. 三峡水库动态汛限水位与蓄水时机选定的优化设计．水利学报，35（7）：86-91.
刘攀，郭生练，王才君，等．2005 三峡水库汛期分期的变点分析方法研究．水文，25（1）：18-23.
刘攀，李立平，吴荣飞，等．2012. 论水库旱限水位分期控制的必要性与计算方法探讨．水资源研究，（1）：52-56.
刘时银，鲁安新，丁永建，等．2002. 黄河上游阿尼玛卿山区冰川波动与气候变化．冰川冻土，21（6）：701-707.
刘晓藜．2008. 流域水资源实时调控方法和模型研究．西安：西安理工大学博士学位论文．
刘晓伟，狄艳艳，许珂艳，等．2012. 渭河下游洪水预报模型研究及应用//中国水文科技新发展：中国水文学术讨论会论文集．
刘晓伟，王来顺．1997. 黄河洪水预报系统及其开发技术．人民黄河，19（11）：27-29.
刘秀华，宋君，张志会，等．1999. 河水库汛期分期研究．水利水电技术，30（增刊）：60-61.
龙爱华，徐中民，张志强，等．2002. 基于边际效益的水资源空间动态优化配置研究——以黑河流域张掖地区为例．冰川冻土，24（4）：407-413.
吕素冰．2012. 水资源利用的效益分析及结构演化研究．大连：大连理工大学博士学位论文．
马柱国．2005. 黄河径流量的历史演变规律及成因．地球物理学报，48（6）：1270-1275.
马柱国，符淙斌．2006. 1951～2004 年中国北方干旱化的基本事实．科学通报，51（20）：2429-2439.
牛国跃，洪钟祥，孙菽芬．1997. 陆面过程研究的现状与发展趋势．地球科学进展，12（1）：20-25.
裴源生，赵勇，陆垂裕，等．2006. 经济生态系统广义水资源合理配置．郑州：黄河水利出版社．
裴源生，赵勇，张金萍，等．2008. 广义水资源高效利用理论与核算．郑州：黄河水利出版社．
彭少明，王浩，王煜等．2013. 泛流域水资源系统优化研究．水利学报，（1）：6-11.
彭思岭．2010. 气象要素时空插值方法研究．长沙：中南大学硕士学位论文．
邱新法，刘昌明，曾燕．2003. 黄河流域近 40 年蒸发皿蒸发量的气候变化特征．自然资源学报，18（4）：437-442.

任立良．2000. 流域数字水文模型研究．河海大学学报, 28（4）：1-7.
邵晓梅，严昌荣，魏红兵．2006. 基于 Kriging 插值的黄河流域降水时空分布格局．中国农业气象, 27（2）：65-69.
佘敦先, 夏军, 杜鸿, 等．2012. 黄河流域极端干旱的时空演变特征及多变量统计模型研究．应用基础与工程科学学报, 20（9）：15-29.
盛绍学，马晓群，荀尚培，等．2003. 基于 GIS 的安徽省干旱遥感监测与评估研究．自然灾害学报, 12（1）：151-157.
师彪, 李郁侠, 于新花, 等．2009. 自适应人工鱼群-BP 神经网络算法在径流预测中的应用．自然资源学报, 24（11）：2005-2013.
宋树东, 朱文才．2014. 水库旱限水位分期确定的研究．长春理工大学学报（自然科学版),（3）：160-163.
孙才志, 张戈, 林学钰．2003. 加权马尔可夫模型在降水丰枯状况预测中的应用．系统工程理论与实践,（4）：100-104
孙小玲, 钟勇．2011. 海河流域国民经济用水边际效益初探．水利发展研究,（11）：34-37.
孙秀玲, 尹起亮, 项传慈．1997. 门楼水库汛期模糊分析研究．山东科学, 10（4）：19-22.
王本德, 周惠成．2004. 汛限水位动态控制方法及应用研究．大连理工大学土木水利学院科研报告．
王才君, 郭生练, 刘攀，等．2004. 三峡水库动态汛限水位实时调度风险指标及综合评价模型研究．水科学进展, 15（3）：376-381.
王浩．2010. 综合应对中国干旱的几点思考．中国水利,（8）：4-6.
王劲峰, 刘昌明, 王智勇, 等．2001. 水资源空间配置的边际效益均衡模型．中国科学（D 辑), 31（5）：421-427.
王劲松, 李忆平, 任余龙, 等．2013. 多种干旱监测指标在黄河流域应用的比较．自然资源学报, 28（8）：1337-1349.
王静, 胡兴林．2011. 黄河上游主要支流径流时空分布规律及演变趋势分析．水文, 31（3）：90-96.
王俊, 刘亚玲, 郃文河, 等．2011. 干旱指标 SPI 在通辽地区干旱监测评估中的应用．现代农业科技,（15）：262-263.
王琦, 张亚民, 康玲玲, 等．2004. 黄河中游干旱化趋势及其对径流的影响．人民黄河, 26（8）：34-36.
王庆斋, 刘晓伟, 许珂艳．2003. 黄河小花间暴雨洪水预报耦合技术研究．人民黄河, 25（2）：17-19.
王舒, 严登华, 秦天玲, 等．2011. 基于 PER-Kriging 插值方法的降水空间展布．水科学进展, 22（6）：756-763.
王素艳, 郑广芬, 杨洁, 等．2012. 几种干旱评估指标在宁夏的应用对比分析．中国沙漠, 32（2）：517-524.
王文, 马骏．2005. 若干水文预报方法综述．水利水电科技进展, 25（1）：56-60.
王煜．2006. 流域水资源实时调控理论方法和系统实现研究．西安：西安理工大学博士学位论文．
王智勇, 王劲峰, 于静洁, 等．2000. 河北省平原地区水资源利用的边际效益分析．地理学报, 55（3）：318-328.
魏加华, 王光谦, 翁文斌．2004. 流域水量调度自适应模型研究．中国科学 E 辑, 34（增刊 I）：185-192.
翁白莎, 严登华．2010a. 变化环境下我国干旱灾害的综合应对．中国水利, 7：4-7.
翁白莎, 严登华．2010b. 变化环境下中国干旱综合应对措施探讨．资源科学, 32（2）：309-312.
wilhite D A. 2008. 干旱与水危机：科学技术和管理．彭顺风等译．南京：东南大学出版社．
武见, 杨振立, 赵麦换, 等．2010. 黄河干流骨干水库综合利用调度模型的应用．人民黄河, 32（8）：

107-108.
许继军，杨大文．2010. 基于分布式水文模拟的干旱评估预报模型研究．水利学报，41（6）：739-747.
薛松贵，张会言．2011. 黄河流域水资源利用与保护问题及对策．人民黄河，33（11）：32-34.
闫桂霞，陆桂华．2009. 基于 PDSI 和 SPI 的综合气象干旱指数研究．水利水电技术，40（4）：10-13.
杨扬，安顺清，刘巍巍，等．2007. 帕尔默旱度指数方法在全国实时旱情监测中的应用．水科学进展，18（1）：52-57.
尹盟毅，赵西社，刘新生，等．2012. 几种干旱评估指标在黄土高原的应用对比分析．安徽农业科学，40（7）：4190-4193.
员汝安，曹升乐．1998. 潍水流域大型水库汛限水位设计研究．山东水利科技，(1)：10-13.
张德二，李小泉，梁有叶．2003.《中国近五百年旱涝分布图集》的再续补（1993-2000）．应用气象学报，14（3）：379-384.
张国宏，王晓丽，郭慕萍，等．2013. 近 60a 黄河流域地表径流变化特征及其与气候变化的关系．干旱区资源与环境，27（7）：105-109.
张继权，李宁．2007. 主要气象灾害风险评价与管理的数量化方法及其应用．北京：北京师范大学出版社．
张家团，屈艳萍．2008. 近 30 年来中国干旱灾害演变规律及抗旱减灾对策探讨．中国防汛抗旱，(5)：48-52.
张建云，王国庆，贺瑞敏，等．2009. 黄河中游水文变化趋势及其对气候变化的响应．水科学进展，20（2）：153-158.
张强，潘学标，马柱国，等．2009. 干旱．北京：气象出版社．
张芹，陈诗越．2013. 历史时期黄河下游地区的洪水及其对东平湖变迁的影响．聊城大学学报（自然科学版），26（1）：70-74.
张少文．2005. 黄河流域天然年径流变化特性分析及其预测．成都：四川大学博士学位论文．
张世法，苏逸深，宋德敦，等．2008. 中国历史干旱（1949-2000）．南京：河海大学出版社．
张树誉，孙威，王鹏新．2010. 条件植被温度指数干旱监测指标的等级划分．干旱区研究，27（4）：600-606.
张双虎，张忠波，徐卫红，等. 2012. 基于决策树技术的多年调节水库年末消落水位研究．水力发电学报，（6）：44-48.
张玉虎，向柳，孙庆，等．2016. 贝叶斯框架的 Copula 季节水文干旱预报模型构建及应用．地理科学，36（9）：1437-1444.
赵建世．2003. 基于复杂适应理论的水资源优化配置整体模型研究．北京：清华大学博士学位论文．
周庆义，皇甫淑贤，马友春．1995. 音河水库汛期分时段控制运用研究．黑龙江水利科技，23（3）：69-74.
庄晓翠，杨森，赵正波，等．2010. 干旱指标及其在新疆阿勒泰地区干旱监测分析中的应用．灾害学，25（3）：81-84.
邹进，何士华．2006. 确定梯级水库中多年调节水库年末消落水位的模糊多目标决策法．水利水运工程报，(2)：18-23.
邹旭恺，任国玉，张强．2010. 基于综合气象干旱指数的中国干旱变化趋势研究．气候与环境研究，15（4）：371-378.
Adam D. 2002. Gravity measurement：amazing grace. Nature，416（6876）：10-11.
Andreadis K M，Lettenmaier D P. 2006. Trends in 20th century drought over the continental United States.

Geophysical Research Letters, 33 (10): 1-4.

Awange J L, Gebremichael M, Forootan E, et al. 2014. Characterization of Ethiopian mega hydrogeological regimes usingGRACE, TRMM and GLDAS datasets. Advances in Water Resources, 74: 64-78.

Bergman K H, Sabol P, Miskus D. 1988. Experimental indices for monitoring global drought conditions//Proc. 13th Annual Climate Diagnostics Workshop, Cambridge, MA, U. S. Dept. of Commerce: 190-197.

Ellett K M, Walker J P, Western A W, et al. 2005. Can the GRACE satellite mission help in the Murray-Darling Basin? In 29th Hydrology and Water Resources Symposium: Water Capital, 20-23 February 2005, Rydges Lakeside, Canberra (p. 591). Engineers Australia.

Friedman D G. 1957. Prediction of Long Continuing Drought in South and Southwest Texas.

Garcia D, Ramillien G, Lombard A, et al. 2007. Steric sea-level variations inferred from combined Topex/Poseidon altimetry and GRACE gravimetry. Pure and Applied Geophysics, 164 (4): 721-731.

Kim T, Valdes J B. 2003. Nonlinear model for drought forecasting based on a conjunction of wavelet transforms and neural networks. Journal of Hydrologic Engineering, 8 (6): 319-328.

Kim T, Valds J B, Yoo C. 2003. Nonparamet ric approach for est imating return periods of droughts in arid regions. Journal of Hydrologic Engineering, 8 (5): 237-246.

Liu W T, Kogan F N. 1996. Monitoring regional drought using the vegetation condition index. Journal of Remote Sensing, 17: 2761-2782.

Mishra A K, Desai V R, Singh V P, 2007. Drought forecasting using a hybrid stochastic and neural network model. Journal of Hydrologic Engineering, 12 (6): 626-638.

Mishra A K, Singh V P. 2011. Drought modeling - A review. Journal of Hydrology, 403 (1-2): 157-175.

Nelson R B. 1999. An introduction to Copulas. NewYork: Springer.

Niu G Y, Yang Z L. 2006. Assessing a land surface model's improvements with GRACE estimates. Geophysical Research Letters, 33 (7): L07401.

Oleson K W, Dai Y, Bonan G, et al. 2004. Technical description of the Community Land Model (CLM), NCAR Tech. Note NCAR/TN-461+STR, Natl. Cent. for Atmos. Res., Boulder, Colo.

Palmer W C. 1965. Meteorological Drought. Washington, DC: US Department of Commerce, Weather Bureau.

Rodell M, Famiglietti J S, Chen J, et al. 2004. Basin scale estimates of evapotranspiration using GRACE and other observations. Geophysical Research Letters, 31 (20): L20504.

Shafer B A , Dezman L E. 1982. Development of a surface water supply index (SWSI) to assess the severity of drought conditions in snowpack runoff areas//P P Proceedings of the (50th) 1982 Annual Western Snow Conference , Fort Collins , CO: Colorado State University: 164-175.

Sheffield J, Goteti G, Wood E F. 2006. Development of a 50-year high-resolution global dataset of meteorological forcings for land surface modeling. Journal of Climate, 19 (13): 3088-3111.

Sheffield J, Wood E F. 2007. Characteristics of global and regional drought, 1950-2000: Analysis of soil moisture data from off-line simulation of the terrestrial hydrologic cycle. Journal of Geophysical Research: Atmospheres, 112 (D17).

Shukla S, Wood A W. 2008. Use of a standardized runoff index for characterizing hydrologic drought. Geophysical research letters, 35 (2): L20504.

Skamarock W, Klemp J, Dudhia J, et al. 2008. A Description of the Advanced Research WRF Version 3. NCAR TECHNICAL NOTE, NCAR/TN-475+STR.

Swenson S, Wahr J. 2006. Post-processing removal of correlated errors in GRACE data. Geophysical Research

Letters, 33 (8): L08402.

Syed T H, Famiglietti J S, Chen, J, et al. 2005. Total basin discharge for the Amazon and Mississippi River basins from GRACE and a land-atmosphere water balance. Geophysical Research Letters, 32 (24): 348-362.

Zaitchik B F, Rodell M, Reichle R H. 2008. Assimilation of GRACE terrestrial water storage data into a land surface model: Results for the Mississippi River basin. Journal of Hydrometeorology, 9 (3): 535-548.